Anton Liebetrau

TopSpeed Modula-2 von A..Z

TopSpeed Modula-2 von A..Z

von Anton Liebetrau

ANTON LIEBETRAU

TOPSPEED MODULA-2 VON A..Z

Ein alphabetisches Nachschlagewerk zur Programmiersprache mit Beispielen und Querverweisen

CIP-Titelaufnahme der Deutschen Bibliothek

Liebetrau, Anton:
TopSpeed Modula-2 von A ... Z: ein alphabetisches Nachschlagewerk zur Programmiersprache mit Beispielen und Querverweisen / Anton Liebetrau. – Braunschweig: Vieweg, 1990

ISBN-13:978-3-322-83042-5 e-ISBN-13:978-3-322-83041-8
DOI: 10.1007/978-3-322-83041-8

NE: TopSpeed Modula-2 von A bis Z

Das in diesem Buch enthaltene Programm-Material ist mit keiner Verpflichtung oder Garantie irgendeiner Art verbunden. Der Autor und der Verlag übernehmen infolgedessen keine Verantwortung und werden keine daraus folgende oder sonstige Haftung übernehmen, die auf irgendeine Art aus der Benutzung dieses Programm-Materials oder Teilen davon entsteht.

Der Verlag Vieweg ist ein Unternehmen der Verlagsgruppe Bertelsmann International.

Umschlaggestaltung: Schrimpf & Partner, Wiesbaden

ISBN-13:978-3-322-83042-5

Vorwort

Seit TopSpeed Modula-2 auf dem Software-Markt erhältlich ist, hat die moderne Programmiersprache Modula-2 unter den Software-Entwicklern sichtlich an Beliebtheit gewonnen. Dazu beigetragen haben die komfortable Entwicklungsumgebung, die ausgezeichneten Bibliotheks-Module (Prozeß-Verwalter, Fenstertechnik ...), der schnelle Compiler, der intelligente Linker, der kompakte und optimierte Programmcode und nicht zuletzt der günstige Preis des gesamten Entwicklungs-Systems.

Mit der Version 2.0 ist nun auch die objektorientierte Programmierung unter TopSpeed Modula-2 möglich. Nachdem sich die strukturierte Programmierung in den 80er Jahren erfolgreich durchgesetzt hat und als nützliches Hilfsmittel erkannt worden ist, wurde mit der objektorientierten Programmierung eine verfeinerte Methode geschaffen, die es ermöglicht, große Programm-Projekte noch übersichtlicher zu organisieren und den Programmieraufwand weiter zu minimieren.

Es kann nicht die Aufgabe dieses Buches sein, Ihnen die Grundlagen der Programmiersprache Modula-2 beizubringen (siehe jedoch *Literaturhinweise* im Anhang) oder das Benutzerhandbuch von TopSpeed Modula-2 zu ersetzen. Dieses Buch versteht sich als umfassendes Nachschlagewerk und enthält zu allen wichtigen Begriffen von TopSpeed Modula-2 (Versionen 1.x und 2.x) eine prägnante Beschreibung mit Beispielen und Querverweisen (übrigens sind auch viele der Begriffe, die im Original-Handbuch keine Beachtung finden, in dieses Buch aufgenommen worden). Die zahlreichen Tips und Zusatz-Informationen, die ich während meiner praxisbezogenen Programmier-Arbeit und des Studiums der Original-Quelltexte von TopSpeed Modula-2 sammeln konnte, machen auf mögliche Fallgruben und Fehlerquellen aufmerksam und ergänzen dabei das Original-Handbuch auf eine wirkungsvolle Weise.

Ich habe mich stets bemüht, die typischen Anwendungsgebiete der einzelnen Routinen und Begriffe von TopSpeed Modula-2 in kurzen Beispielprogrammen aufzuzeigen. So sind Programme entstanden, die einen Winterbaum zeichnen (siehe *Line*) oder die Laufzeit einzelner Routinen bestimmen (siehe *Install*). Alle Beispiel-Prozeduren und -Programme, die von besonderer Bedeutung sind oder einen gewissen (Unterhaltungs-) Wert besitzen, finden Sie im Sachwortverzeichnis unter den Einträgen *Prozedur* und *Programm* aufgeführt.

Bei allen in diesem Buch beschriebenen Begriffen wird angegeben, welchen Modulen sie zuzuordnen sind. Fehlt diese Angabe oder weicht sie einer allgemeinen Beschreibung (z.B. *Operator* oder *Datentyp*), braucht der Begriff nicht importiert zu werden. Darüber hinaus wird vermerkt, wenn ein Begriff nur in einer bestimmten Version verfügbar ist; allfällige Versions-Unterschiede werden ebenfalls berücksichtigt.

Die mit einem Assembler geschriebenen Routinen sind in den Modulen *AsmLib* (Version 1.x) oder *CLB* (ab Version 2.0) zusammengefaßt. Sie sollten nur dann von dort importiert werden, wenn sie in keinem anderen Modul enthalten sind (denn *Str.Append* ist lesbarer und aufschlußreicher als *AsmLib.Append*).

Auf eine ausführliche Beschreibung der Standard-Module *ASCII*, *FileSystem* (ab Version 2.0), *InOut*, *RealInOut*, *Strings* und *Terminal* wird in diesem Buch verzichtet, da die darin enthaltenen Routinen einerseits leicht zu verstehen sind und andererseits durch weit verbesserte, vielseitigere und praxisgerechtere Routinen ersetzt werden.

Dieses Buch ist in zwei Teile gegliedert. Im lexikalischen Teil finden Sie die einzelnen Begriffe des gesamten Sprachumfanges von TopSpeed Modula-2 alphabetisch geordnet, im Anhang werden nützliche Tabellen, Fehlercodes und spezielle Zeichen aufgeführt sowie die Bedienung des gesamten Entwicklungs-Systems (Editor, Compiler ...), die einzelnen Speichermodelle und die Compiler-Befehle beschrieben.

Ich hoffe, daß Ihnen dieses Buch bei vielen Fragen weiterhelfen kann.

Winterthur, Juli 1990

Anton Liebetrau

Inhaltsverzeichnis

Lexikalischer Teil

_activepage CLB (ab Version 2.0)

Zweck
Ermittelt die aktuelle Textbildschirm-Seite.

Struktur

```
_activepage():SHORTCARD;
```

Bemerkung
Die Funktion *_activepage* ermittelt die aktive Textbildschirm-Seite (die Seite 0 entspricht dem Standard). Genauere Informationen hierzu erhalten Sie bei *SetActivePage*.

Siehe auch
SetActivePage

_buffertoscreen CLB (ab Version 2.0)

Zweck
Schreibt den Inhalt eines Puffers in den Bildschirm.

Struktur

```
_buffertoscreen(x,y:CARDINAL; pu:ADDRESS; len:CARDINAL);
```

Bemerkung
Die Prozedur *_buffertoscreen* schreibt den Inhalt des Puffers *pu* ab der Stelle *(x,y)* in den Bildschirm. Insgesamt werden *len* Worte des Puffers geschrieben (ein Wort entspricht 2 Bytes; jedes Wort stellt ein Bildschirmzeichen dar, das aus ASCII-Code und Farb-Attribut (siehe *_bufferwrite*) besteht); der Punkt *(0,0)* entspricht der linken oberen Bildschirmecke.

Die beim Schreiben entstehenden Bildschirmstörungen (im Zusammenhang mit einer CGA-Karte) können mit *_initscreentype* unterdrückt werden.

Wichtig: Damit *_buffertoscreen* ordnungsgemäß arbeitet, muß das Modul *Window* importiert werden.

Beispiel

```
FROM CLB IMPORT
  _screentobuffer,_buffertoscreen;
IMPORT
  Window;
VAR
  pu:ARRAY [0..24],[0..79] OF WORD;
```

```
BEGIN
  _screentobuffer(0,0,ADR(pu),2000);  (* liest Bildschirm     *)
  Window.Clear;
  _buffertoscreen(0,0,ADR(pu),2000);  (* beschreibt Bildschirm *)
```

Siehe auch
_bufferwrite, _initscreentype, _screentobuffer

_bufferwrite CLB (ab Version 2.0)

Zweck
Fügt eine Zeichenkette in den Puffer ein.

Struktur

```
_bufferwrite(pu:ADDRESS; str:ADDRESS; len:CARDINAL; attr:CARDINAL);
```

Bemerkung
Die Prozedur *_bufferwrite* schreibt die Zeichenkette *str* (die *len* Bytes umfaßt) in den Puffer *pu*. Falls sich bereits an dieser Stelle Daten befinden, werden sie überschrieben.

Jedes Zeichen innerhalb des Puffers erhält das Farbattribut *attr* zugeordnet (denn jedes Bildschirmzeichen besteht aus ASCII-Code und Farbattribut). Der Pufferinhalt kann zu einem späteren Zeitpunkt mit *_buffertoscreen* in den Bildschirm geschrieben werden.

Die einzelnen Bits im Bereich 0..7 des Parameters *attr* haben folgende Bedeutung (die Bits im Bereich 8..15 sind unbenutzt):

7	6	5	4	3	2	1	0	Bit-Nummer
b	h	h	h	v	v	v	v	Bedeutung

Die Bits 0..3 legen die Vordergrundfarbe fest und 4..6 die Hintergrundfarbe. Falls Bit 7 gesetzt ist, wird ein Text blinkend dargestellt. Mit folgender Formel kann das Farbattribut leicht berechnet werden:

```
farbattribut:=vordergrund+hintergrund*16;
farbattribut:=vordergrund+hintergrund*16+128;  (* blinkend *)
```

Zu beachten ist:

```
vordergrund liegt im Bereich 0..15
hintergrund liegt im Bereich 0..7
```

Für die Berechnung des Farbattributs lassen sich die einzelnen Werte des Datentyps *Colors* (Modul *Window*) heranziehen:

```
farbattribut:=CARDINAL(Yellow)+CARDINAL(Blue)*16;
```

Beispiel

```
MODULE Test;
FROM CLB IMPORT
  _screentobuffer,_buffertoscreen,_bufferwrite;
IMPORT
  IO,Str,Window;  (* <Window> wird für <_buffertoscreen> gebraucht *)
VAR
  scr:ARRAY [0..24],[0..79] OF WORD;
  z:ARRAY [0..255] OF CHAR;
  i:INTEGER;
BEGIN
  z:='TopSpeed M2 kann alles!';
  FOR i:=1 TO 2000 DO IO.WrChar('.') END;
  _screentobuffer(0,0,ADR(scr),2000);
  _bufferwrite(ADR(scr[8,0]),ADR(z),Str.Length(z),112);
  _buffertoscreen(0,0,ADR(scr),2000)
END Test.
```

Siehe auch

_buffertoscreen, _screentobuffer

_initscreentype CLB (ab Version 2.0)

Zweck

Ermöglicht das Verhindern von "Schnee", der beim Schreiben in den Bildschirm-Speicher entstehen kann.

Struktur

```
_initscreentype(schnee:BOOLEAN);
```

Bemerkung

Die Prozedur *_initscreentype* dient dazu, Bildschirmstörungen ("Schnee") zu verhindern. Diese Störungen können bei den Routinen des Moduls *Window* auftreten, wenn Sie eine CGA-Bildschirmkarte besitzen (*_initscreentype(FALSE);* entspricht der Standardeinstellung).

Nach *_initscreentype(TRUE);* werden die Schreib-Routinen des Moduls *IO* etwas langsamer ausgeführt (nur dann, wenn das Modul *Window* importiert worden ist).

Bitte beachten Sie, daß die beschriebenen Bildschirmstörungen nur mit der Prozedur *_initscreentype* verhindert werden können. Im Modul *Window* ist zwar die Konstante *CGASnow* (=*FALSE*) definiert; diese teilt den einzelnen Routinen des Moduls *Window* mit, ob der "Schnee" unterdrückt werden soll. Es hat jedoch wenig Zweck, dieser Konstanten im Definitions-Modul von *Window* den

Wert *TRUE* zuzuordnen, wenn das Implementations-Modul nicht zur Verfügung steht (denn dieses sollte nach dieser Änderung nochmals compiliert werden).

_screentobuffer CLB (ab Version 2.0)

Zweck
Schreibt einen Bildschirm-Ausschnitt in einen Puffer.

Struktur

```
_screentobuffer(x,y:CARDINAL; pu:ADDRESS; len:CARDINAL);
```

Bemerkung
Die Prozedur *_screentobuffer* überträgt *len* Worte des Bildschirmes ab der Position *(x,y)* in den Puffer *pu*. Ein Wort entspricht einem einzelnen Bildschirmzeichen, das aus ASCII-Code und Farb-Attribut (siehe *_bufferwrite*) besteht. Der Punkt *(0,0)* entspricht der linken oberen Bildschirm-Ecke.

Die beim Lesen entstehenden Bildschirmstörungen (im Zusammenhang mit einer CGA-Karte) können mit *_initscreentype* unterdrückt werden.

Wichtig: Damit *_screentobuffer* ordnungsgemäß arbeitet, muß das Modul *Window* importiert werden.

Siehe auch
_buffertoscreen, _bufferwrite, _initscreentype, DirectWrite

ABS — Standard-Funktion

Zweck
Berechnet den absoluten Betrag einer Zahl.

Struktur

```
Abs(x):wie_argument;
```

Bemerkung
Die Funktion *Abs* berechnet den absoluten Betrag des Argumentes *x* (numerischer Typ, siehe *TYPE*), d.h. multipliziert ein negatives Argument mit -1.

Beispiel

```
VAR
  i:INTEGER;
  r:REAL;
BEGIN
  i:=-23;
  r:=-23.45;
  i:=ABS(i);  (* i=23    *)
  r:=ABS(r);  (* r=23.45 *)
```

Siehe auch
FLOAT, ODD, TRUNC

ACos — MATHLIB

Zweck
Berechnet den Arcuscosinus.

Struktur

```
ACos(x:LONGREAL):LONGREAL;
```

Bemerkung
Die Funktion *ACos* berechnet den Arcuscosinus des Argumentes *x* (Wertebereich für *x*: *-1 <= x <= 1*; Wertebereich des Ergebnisses *y*: *0 <= y <= Pi*). Das Funktionsergebnis *y* entspricht einem Winkel im Bogenmaß.

```
Grad     = Bogenmaß*180/Pi
Bogenmaß = Grad*Pi/180
```

Siehe auch
ASin, ATan, ATan2, Cos, CosH

ActivePage — AsmLib (nur Version 1.x)

Zweck
Ermittelt die aktuelle Textbildschirm-Seite.

Struktur

```
ActivePage():SHORTCARD;
```

Bemerkung
Die Funktion *ActivePage* ermittelt die aktive Textbildschirm-Seite (die Seite 0 entspricht dem Standard). Genauere Informationen hierzu erhalten Sie bei *SetVideoPage*.

Siehe auch
SetVideoPage

AddAddr — Lib

Zweck
Erhöht eine Adresse.

Struktur

```
AddAddr(a:ADDRESS; inc:CARDINAL):ADDRESS;
AddFarAddr(a:FarADDRESS; inc:CARDINAL):FarADDRESS;      (* ab Version 2.0 *)
AddNearAddr(a:NearADDRESS; inc:CARDINAL):NearADDRESS;   (* ab Version 2.0 *)
```

Bemerkung
Die Funktion *AddAddr* addiert den Wert *inc* zur Adresse *a* und gibt die neue, höhere Adresse zurück.

- **Ab Version 2.0:** Der Zeigertyp *ADDRESS* paßt sich dem aktuellen Speichermodell an. Er umfaßt 2 Bytes (*near*) in den Speichermodellen *Small* und *Medium*, jedoch 4 Bytes (*far*) in den Speichermodellen *Compact*, *Large*, *XLarge* und *MThread*. Mit den beiden Funktionen *AddFarAddr* und *AddNearAddr* kann explizit einer der beiden Zeiger-Typen (*near* oder *far*) gewählt werden (die einzelnen Speichermodelle werden im Anhang D erläutert).

Siehe auch
DecAddr, IncAddr, SubAddr

AddExtension — FIOR (ab Version 2.0)

Zweck
Fügt einem Dateinamen eine Erweiterung hinzu.

Struktur

```
AddExtension(VAR name:ARRAY OF CHAR; erw:ExtStr);
```

Bemerkung
Die Prozedur *AddExtension* erweitert den Dateinamen *name* mit der Dateierweiterung *erw*. Bitte beachten Sie, daß *name* vor dem Aufruf von *AddExtension* keine Dateierweiterung besitzen darf (ein Punkt gilt bereits als Erweiterung), da sonst diese Prozedur keine Wirkung zeigt (siehe jedoch *ChangeExtension*). Der Datentyp *ExtStr* ist wie folgt im Modul *FIOR* definiert:

```
TYPE
  ExtStr=ARRAY [0..2] OF CHAR;
```

Siehe auch
ChangeExtension, IsExtension, RemoveExtension

ADDRESS — Datentyp

Zweck
Allgemeiner Adreß- oder Zeigertyp.

Bemerkung
Ein Datentyp definiert die Art oder Beschaffenheit der Werte, die eine Variable aufnehmen kann. Jeder Variablen kann dabei in einem Programm nur ein einziger Datentyp zugeordnet werden.

ADDRESS ist ein allgemeiner Adreß-Typ, der zu allen Zeigertypen (siehe auch *POINTER*) kompatibel ist. *ADDRESS* bezeichnet eine Speicherstelle (bestehend aus Segment und Offset) und ist wie folgt definiert:

```
TYPE
  ADDRESS=POINTER TO WORD;
  ADDRESS=POINTER &lt;segment&gt; TO WORD;  (* ab Version 2.0, falls 16-Bit-Adresse *)
```

ADDRESS läßt sich auch bei der Umwandlung von Typen einsetzen:

```
FROM Storage IMPORT
  ALLOCATE;  (* damit <NEW> funktioniert *)
IMPORT
  IO;
```

```
VAR
  r:POINTER TO REAL;
  i:POINTER TO INTEGER;
BEGIN
  NEW(r);
  r^:=-123.0;
  i:=ADDRESS(r);
  IO.WrInt(i^,1);
```

Eine Speicheradresse kann mit den beiden Prozeduren *DecAddr* und *IncAddr* verkleinert bzw. vergrößert werden (siehe auch *AddAddr* und *SubAddr*).

In TopSpeed Modula-2 ist es möglich, absolute Zeigerwerte zu generieren:

```
CONST
  scrseg=0B800H;
TYPE
  scr=ARRAY [1..25],[1..80],[1..2] OF BYTE;
VAR
  crt:POINTER TO scr;
BEGIN
  crt:=[scrseg:0];*  (* ordnet Zeigerwert zu *)
```

Ein 16-Bit-Wert an einer absoluten Speicheradresse läßt sich wie folgt ermitteln:

```
VAR
  c:CARDINAL;
BEGIN
  c:=[0:0]^;  (* Stellt 16-Bit-Wert (Wort) zur Verfügung, ... *)
              (* ... der ab der Adresse [0:0] abgelegt ist.   *)
```

Wird die Adreß-Angabe um einen Zeigertyp erweitert, können praktisch beliebige Werte an absoluten Adressen gelesen werden:

```
TYPE
  RealPtr=POINTER TO REAL;
  BytePtr=POINTER TO BYTE;
VAR
  r:REAL;
  i:SHORTCARD;
  rp:RealPtr;
BEGIN
  rp:=[0:0 RealPtr];         (* Zeigerwert 0:0 vom Typ <RealPtr> *)
  i:=[12H:12H BytePtr]^;     (* Stellt nur 1 Byte zur Verfügung  *)
  r:=[100H:0H RealPtr]^;     (* Stellt 4 Bytes zur Verfügung     *) (* A *)
  r:=REAL([100H:0H]^);       (* Achtung! Wandelt 16-Bit- ...     *) (* B *)
                             (* ... Wert in REAL-Wert um.        *)
```

---

* Bitte beachten Sie, daß ab der Version 2.0 von TopSpeed Modula-2 in den Speichermodellen *Small* und *Compact* hier eine 16-Bit-Adresse, in allen anderen Speichermodellen hingegen eine 32-Bit-Adresse erzeugt wird.

Bitte beachten Sie, daß die beiden Zeilen *A* und *B* (siehe oben) nicht dasselbe bewirken. *A* liefert einen *REAL*-Wert (4 Bytes), *B* hingegen nur einen *CARDINAL*-Wert (2 Bytes), der anschließend in einen *REAL*-Wert umgewandelt wird.

Intern benötigt eine *ADDRESS*-Variable 4 Bytes Speicherplatz.

- **Ab Version 2.0:** Bitte beachten Sie, daß der Datentyp *ADDRESS* in den Speichermodellen *Small* und *Compact* eine 16-Bit-Adresse bezeichnet (in allen übrigen Modellen jedoch eine 32-Bit-Adresse, entsprechend der Version 1.x). Neu hinzugekommen sind zusätzlich die Datentypen *FarADDRESS* und *NearADDRESS*, mit denen sich explizit 32-Bit- bzw. 16-Bit-Adressen bilden lassen.

Siehe auch
ADR, SHORTADDR

ADR — Standard-Funktion

Zweck
Liefert die Adresse einer Variablen oder einer Prozedur.

Struktur

```
ADR(bezeichner):ADDRESS;
FarADR(bezeichner):FarADDRESS;     (* ab Version 2.0 *)
NearADR(bezeichner):NearADDRESS;   (* ab Version 2.0 *)
```

Bemerkung
Die Funktion *ADR* gibt die Speicher-Adresse von *bezeichner* zurück; *bezeichner* kann beispielsweise eine Variable, Prozedur oder Funktion sein (siehe auch *Ofs* und *Seg*).

Die Adresse einer Routine, die einer prozeduralen Variablen zugeordnet ist, läßt sich wie folgt ermitteln:

```
VAR
  alarm:PROCEDURE(CARDINAL);
  a:ADDRESS;

  PROCEDURE Beep(anz:CARDINAL);
  VAR
    i:CARDINAL;
  BEGIN
    FOR i:=1 TO anz DO IO.WrChar(7C) END
  END Beep;

BEGIN
  alarm:=Beep;
  a:=ADDRESS(alarm);  (* a:=ADR(alarm); führt nicht zum Ziel *)
```

```
IO.WrStr('Segment-Teil: '); IO.WrHex(SYSTEM.Seg(a^),1); IO.WrLn;
IO.WrStr(' Offset-Teil: '); IO.WrHex(SYSTEM.Ofs(a^),1); IO.WrLn;
```

- **Ab Version 2.0:** Die Funktion *ADR* liefert in den Speichermodellen *Small* und *Compact* immer eine 16-Bit-Adresse, in allen übrigen Modellen jedoch eine 32-Bit-Adresse. Mit Hilfe der neuen Funktionen *FarADR* und *NearADR* lassen sich explizit 32-Bit- bzw. 16-Bit-Adressen ermitteln.

Siehe auch
ADDRESS, Ofs, Seg

A

ALLOCATE — Storage

Zweck
Reserviert auf dem Standard-Heap Speicherplatz.

Struktur

```
ALLOCATE(VAR p:ADDRESS; groesse:CARDINAL);
FarAllocate(VAR p:FarADDRESS; groesse:CARDINAL);      (* ab Version 2.0 *)
NearAllocate(VAR p:NearADDRESS; groesse:CARDINAL);    (* ab Version 2.0 *)
```

Bemerkung
Die Prozedur *ALLOCATE* reserviert auf dem Standard-Heap (siehe *MakeHeap*) einen Speicherblock von der Größe *groesse* (immer in Bytes; siehe auch *HeapAllocate*). Nach *ALLOCATE* zeigt *p* auf den reservierten Block. Wenn der Standard-Heap vor dem Aufruf von *ALLOCATE* bereits voll ist, erscheint die Fehlermeldung *'Heap overflow'* (ab Version 2.0 siehe auch *RunTimeError*). Mit Hilfe von *Available* können Sie jedoch feststellen, ob ein Speicherblock bestimmter Größe noch auf dem Heap Platz findet.

Falls die Variable *ClearOnAllocate* bei einem Aufruf von *ALLOCATE* den Wert *TRUE* enthält (*FALSE* ist Standard), wird der zu reservierende Bereich mit dem Wert 0 gefüllt. *ClearOnAllocate* ist wie folgt im Modul *Storage* vordefiniert:

```
VAR
  ClearOnAllocate:BOOLEAN;
```

Bitte beachten Sie, daß die kleinste Einheit, die TopSpeed Modula-2 wirklich auf dem Heap reservieren kann, 16 Bytes umfaßt (auch dann, wenn Sie beispielsweise *ALLOCATE(p,1);* aufrufen). Die wirkliche Größe des reservierten Speicherblockes berechnet sich wie folgt:

```
PROCEDURE WriteTrueSize(size:CARDINAL);
BEGIN
  IF size>65520 THEN
    IO.WrStr('65536 Bytes = 4096 Paragraphen')
```

```
    ELSE
      size:=(size+15) DIV 16;
      IO.WrCard(size*16,1); IO.WrStr(' Bytes = ');
      IO.WrCard(size,1); IO.WrStr(' Paragraphen')
    END
  END WriteTrueSize;
```

Wenn Sie Speicherblöcke auf dem Heap erzeugen wollen, die mehr als 64 KBytes umfassen, verwenden Sie bitte die Prozedur *HeapAllocate*.

- **Ab Version 2.0:** *ALLOCATE* wird in den Speichermodellen *Small* und *Medium* der Prozedur *NearAllocate*, in den Speichermodellen *Compact*, *Large*, *XLarge* und *MThread* jedoch *FarAllocate* zugeordnet. Mit den beiden Prozeduren *FarAllocate* und *NearAllocate* kann explizit einer der beiden Zeiger-Typen (*near* oder *far*) gewählt werden (die einzelnen Speichermodelle werden im Anhang D erläutert). Im Original-Handbuch wird empfohlen, die Routinen des Moduls *ShtHeap* anstelle der *near*-Routinen zu verwenden.

Beispiel

Folgendes Programm liest Textzeilen ein und speichert diese auf dem Heap, wobei jeder Textzeile ein Speicherblock von angemessener Größe zur Verfügung gestellt wird.

```
MODULE Test;
  (* Ab Version 2.0: Eines der Speichermodelle <Compact>, <Large>, <XLarge> *)
  (*                 oder <MThread> wählen!                                 *)
FROM Storage IMPORT
  ALLOCATE,DEALLOCATE,HeapTotalAvail,MainHeap;
IMPORT
  Str,IO,Lib;
TYPE
  str=ARRAY [0..255] OF CHAR;
  lineptr=POINTER TO line;
  line=RECORD
    next:lineptr;
    len:CARDINAL;
    txt:POINTER TO str;
  END;

  PROCEDURE NewLine(VAR l:lineptr);
  BEGIN
    NEW(l);
    l^.next:=NIL;
    l^.len:=0;
    l^.txt:=NIL
  END NewLine;

  PROCEDURE DeleteLine(l:lineptr);
  BEGIN
    IF l^.len>0 THEN
      DEALLOCATE(l^.txt,l^.len)
```

```
    END;
    DISPOSE(l)
  END DeleteLine;

  PROCEDURE PutTxt(l:lineptr; s:str);
  BEGIN
    IF l^.len>0 THEN  (* bereits Text vorhanden? *)
      DEALLOCATE(l^.txt,l^.len)
    END;
    l^.len:=Str.Length(s);
    ALLOCATE(l^.txt,l^.len);
    Lib.Move(ADR(s),l^.txt,l^.len)
  END PutTxt;

  PROCEDURE GetTxt(l:lineptr; VAR s:str);
  BEGIN
    IF l^.len=0 THEN
      s:=''
    ELSE
      Lib.Move(l^.txt,ADR(s),l^.len)
    END;
    IF l^.len<SIZE(str) THEN s[l^.len]:=0C END;
  END GetTxt;

VAR
  start,akt:lineptr;
  z:str;
BEGIN
  IO.WrCard(HeapTotalAvail(MainHeap),1); IO.WrStr(' Paragraphen frei.');
  IO.WrLn; IO.WrLn;
  (* Aufnehmen *)
  NewLine(start);
  akt:=start;
  LOOP
    IO.WrCard(HeapTotalAvail(MainHeap),5); IO.WrStr(': '); IO.RdStr(z);
    IF z[0]=0C THEN EXIT END;
    PutTxt(akt,z);
    NewLine(akt^.next);  (* hier wird verkettet *)
    akt:=akt^.next
  END;
  (* Anzeigen *)
  IO.WrLn;
  akt:=start;
  WHILE akt<>NIL DO
    GetTxt(akt,z); IO.WrStr('> '); IO.WrStr(z); IO.WrLn;
    akt:=akt^.next
  END;
  (* Löschen *)
  akt:=start;
  WHILE akt<>NIL DO
    start:=akt^.next;
    DeleteLine(akt);
```

```
      akt:=start
    END;
    IO.WrLn;
    IO.WrCard(HeapTotalAvail(MainHeap),1); IO.WrStr(' Paragraphen frei.');
  END Test.
```

Siehe auch

Available, DEALLOCATE, DISPOSE, HeapAllocate, NEW

Allocate ShtHeap (ab Version 2.0)

Zweck

Reserviert auf dem kurzen Heap einen Speicherblock.

Struktur

```
Allocate(heap:Segment; VAR p:Pointer; anz:Size);
```

Bemerkung

Die Prozedur *Allocate* reserviert auf dem kurzen Heap *heap* (siehe *Initialize*) einen Speicherblock von der Größe *anz* (in Bytes) und liefert die Adresse mit Hilfe des Parameters *p* zurück. Die notwendigen Datentypen sind wie folgt im Modul *ShtHeap* definiert:

```
TYPE
  Segment = CARDINAL;
  Size    = CARDINAL;
  Pointer = SHORTADDR;
```

Falls *Allocate* keinen Block reservieren konnte, enthält *p* die in *ShtHeap* definierte Konstante *Nil* (nur wenn die Variable *check* den Wert *FALSE* enthält, entspricht nicht dem Standard).

Bitte beachten Sie, daß die Größe *anz* innerhalb von *Allocate* so verändert wird, daß sie ein Vielfaches von *Align* ist (*anz* wird bei Bedarf etwas vergrößert; die kleinste Blockgröße, die reserviert werden kann, beträgt 4 Bytes):

```
CONST
  Align=4;
```

Folgende Variablen sind im Modul *ShtHeap* vordefiniert und arbeiten mit *Allocate* zusammen:

Clear — *:BOOLEAN*; *TRUE*, wenn der mit *Allocate* reservierte Speicherblock mit dem Wert 0 initialisiert werden soll (Standard ist *FALSE*)

Check — *:BOOLEAN*; *TRUE*, wenn *Allocate* das laufende Programm abbrechen soll, falls der gewünschte Speicher-

	block nicht auf dem kurzen Heap reserviert werden konnte; andernfalls liefert *Allocate* die Konstante *ShtHeap.Nil* mit Hilfe des Parameters *p* zurück (Standard ist *TRUE*)
Debug	*BOOLEAN*; *TRUE*, wenn *Allocate* zuerst prüfen soll, ob der kurze Heap in Ordnung ist (Standard ist *FALSE*)

Bei *Initialize* finden Sie ein Beispiel, das die Prozedur *Allocate* verwendet.

Siehe auch
Free, Initialize

AND (&) — Operator

Zweck
Logisches UND.

Bemerkung
Der Operator *AND* verknüpft zwei *BOOLEAN*-Werte miteinander (logisches UND) und liefert einen Wert aufgrund der vordefinierten Logiktabelle:

o1	o2	o1 AND o2
TRUE	TRUE	TRUE
TRUE	FALSE	FALSE
FALSE	TRUE	FALSE
FALSE	FALSE	FALSE

AND (oder *&*) wird meist bei Verknüpfungen von Tests verwendet:

```
IF (a=b) AND (b=c) THEN ...
WHILE (p<>NIL) AND NOT IO.KeyPressed() DO ...
REPEAT ... UNTIL fertig1 AND fertig2;
```

Die Auswertung zusammengesetzter Ausdrücke wird bei *IF ... THEN ... ELSIF ... ELSE* genau beschrieben.

Ein arithmetisches UND (bitweises Verknüpfen, wobei *1=TRUE* und *0=FALSE*) kann mit Hilfe des Typs *BITSET* erreicht werden (siehe auch *SET OF*):

```
PROCEDURE bitAND(a,b:WORD):WORD;
BEGIN
  RETURN BITSET(a)*BITSET(b)
END bitAND;
```

Der Operator *MOD* kann in gewissen Fällen durch die Funktion *bitAND* ersetzt werden: *res:=i1 MOD i2;* entspricht *res:=bitAND(i1,i2-1);*, wenn sich *i2* aus 2 "hoch" *x* (*x* ganzzahlig) bilden läßt (Beispiel: *res:=27 MOD 16;* entspricht *res:=bitAND(27,15);*). Der dadurch erzielte Geschwindigkeitsvorteil ist enorm.

Siehe auch
NOT, OR

Append FIO

Zweck
Öffnet eine bestehende Datei, die erweitert werden soll.

Struktur

```
Append(name:ARRAY OF CHAR):File;
```

Bemerkung
Die Funktion *Append* öffnet die bestehende Datei *name* und stellt den Datei-Zeiger an deren Ende. Als Funktionsergebnis wird ein Zahlenwert (entspricht der Kanalnummer) zurückgegeben, der bei weiteren Datei-Routinen angegeben werden muß (falls *FIO.IOcheck* den Wert *FALSE* enthält, wird bei einem Fehler der Wert *MAX(CARDINAL)* zurückgegeben; siehe auch *FIO.IOresult*).
Der Datentyp *File* ist im Modul *FIO* wie folgt definiert:

```
TYPE
  File=CARDINAL;
```

Eine bestehende Datei kann auch mit *FIO.Open* geöffnet werden.

Siehe auch
AssignBuffer, Close (FIO), Create, Erase, Open (FIO), OpenRead, Rename

Append Str

Zweck
Erweitert eine Zeichenkette.

Struktur

```
Append(VAR hpt:ARRAY OF CHAR; teil:ARRAY OF CHAR);
```

Bemerkung
Die Prozedur *Append* hängt die Zeichenkette *teil* an *hpt* an; der Parameter *hpt* wird jedoch nur dann erweitert, wenn er noch Zeichen aufnehmen kann (d.h. die Gesamtlänge von *hpt* nicht überschritten wird).

Eine Zeichenkette wird mit dem Zeichen *0C* abgeschlossen (siehe hierzu *ARRAY*).

A

Beispiel

```
MODULE Append_Test;
IMPORT
  Str,IO;
VAR
  s:ARRAY [0..255] OF CHAR;
BEGIN
  s:='Such-';
  Str.Append(s,'Algorithmus');
  IO.WrStr(s)  (* Ausgabe: 'Such-Algorithmus' *)
END Append_Test.
```

Siehe auch
ARRAY, Concat, Insert, Prepend

AppendStream FIO (ab Version 2.0)

Zweck
Wandelt einen Dateizeiger der Programmiersprache C in eine unter Modula-2 gültige Kanalnummer um.

Struktur

```
AppendStream(fptr:FileInf):File;
```

Bemerkung
Die Funktion *AppendStream* wandelt den Dateizeiger *fptr*, der in der Programmiersprache *C* verwendet wird, in eine Modula-2-Kanalnummer um. Der Datentyp *FileInf* ist wie folgt definiert:

```
TYPE
  File=CARDINAL;
  FileInf=POINTER TO CoreType.CStream;

TYPE  (* im Modul <CoreType> definiert *)
  StreamPtr=POINTER TO CHAR;
  CStream=RECORD
    Ptr    : StreamPtr;  (* Zeigt auf aktuelle Puffer-Stelle  *)
    Cnt    : INTEGER;    (* Freier Speicher im Puffer         *)
    Size   : INTEGER;    (* Gesamte Puffer-Größe              *)
    Base   : StreamPtr;  (* Speicher-Adresse des Puffers      *)
    Flag   : BITSET;     (* Zugriffs-Modus; siehe <ShareMode> *)
    Handle : INTEGER;    (* Datei-Handler (Kanalnummer)       *)
    Pback  : INTEGER;
    Sem    : LONGCARD;
```

```
    Ctrl    : SHORTCARD;
    SCnt    : SHORTCARD;
  END;
```

Siehe auch
GetStreamPointer

Arc — Graph (ab Version 2.0)

Zweck
Zeichnet einen elliptischen Bogen.

Struktur

```
Arc(xm,ym,a,b,x1,y1,x2,y2:CARDINAL; farbe:CARDINAL);
```

Bemerkung
Die Prozedur *Arc* zeichnet einen elliptischen Bogen. Der Punkt *(xm,ym)* bezeichnet das Zentrum der vollständigen Ellipse, die Parameter *a* und *b* entsprechen den Halbachsen der Ellipse (*a* bezeichnet die Halbachse in x-Richtung). Die Linien durch die Punkte *(xm,ym)* und *(x1,y1)* sowie *(xm,ym)* und *(x2,y2)* begrenzen den zu zeichnenden Bogen (oder schneiden aus der vollständigen Ellipse einen Bogen heraus). Der Bogen erstreckt sich gegen den Uhrzeigersinn von der Linie *(xm,ym,x1,y1)* zur Linie *(xm,ym,x2,y2)*. Der Parameter *farbe* bezeichnet die Zeichenfarbe und muß im Bereich *0..(Graph.NumColor-1)* liegen (genauere Informationen zur Farbe erhalten Sie bei *RemapAllPalette* und *SetPalette*).

Folgende Prozedur *NewArc* ermöglicht das Zeichnen von elliptischen Bögen unter Angabe eines Start- und eines Endwinkels (in Grad anzugeben). Ein Winkel von 90° bezeichnet dabei einen Punkt, der senkrecht über dem Zentrum *(xm,ym)* liegt. Eine Vergrößerung des Winkels entspricht einer Drehung gegen den Uhrzeigersinn.

```
PROCEDURE CalcCoords(mx,my,winkel:CARDINAL; VAR x,y:INTEGER);
CONST
  Pi=LONGREAL(3.141592654);
VAR
  rad:LONGREAL;
BEGIN
  winkel:=winkel MOD 360;
  rad:=LONGREAL(winkel)*Pi/180.0;
  x:=INTEGER(mx)+INTEGER(100.0*MATHLIB.Cos(rad));
  y:=INTEGER(my)-INTEGER(100.0*MATHLIB.Sin(rad));
END CalcCoords;
```

```
PROCEDURE NewArc(mx,my,a,b,start,ende,col:CARDINAL);
VAR
  x1,y1,x2,y2:INTEGER;
BEGIN
  CalcCoords(mx,my,start,x1,y1);
  CalcCoords(mx,my,ende,x2,y2);
  Graph.Arc(mx,my,a,b,ORD(x1),ORD(y1),ORD(x2),ORD(y2),col)
END NewArc;
```

Siehe auch
Circle, Cube, Disc, Ellipse, HLine, Line, Pie, Plot, Point, Polygon, Rectangle, TrueCircle, TrueDisc

ARRAY — Reserviertes Wort

Zweck
Ermöglicht die Bildung eines strukturierten Datentyps mit einer festgelegten Anzahl von Komponenten, die alle vom gleichen Typ sind.

Bemerkung
Mit dem reservierten Wort *ARRAY* wird ein Feld definiert, das aus gleichartigen Komponenten besteht (beliebiger Datentyp). Die einzelnen Komponenten werden mit Hilfe eines Index (vom Typ *CHAR*, *BOOLEAN*, *CARDINAL* oder *INTEGER*; auch Aufzähl- und Unterbereichs-Typen) angesprochen.

```
TYPE
  wer=(hans,fritz,klara,paula,ich);
  akte=RECORD
    name:ARRAY [0..20] OF CHAR;
    suenden:CARDINAL
  END;
  brett=ARRAY [1..8] OF ARRAY [1..8] OF INTEGER;
  spiel=ARRAY [1..8],[1..8] OF INTEGER;
VAR
  schulklasse:ARRAY [hans..paula] OF akte;
  buchstaben:ARRAY CHAR OF LONGCARD;
  screen:POINTER TO ARRAY [0..24],[0..79],[0..1] OF BYTE;
```

Die oben aufgeführten Typen *brett* und *spiel* sind identisch und bezeichnen je ein zweidimensionales Feld (*screen* ist sogar dreidimensional).

Da eine Zuweisung zwischen zwei Variablen erlaubt ist, solange sie vom gleichen Datentyp sind, können ganze Arrays mit einer einzigen Anweisung kopiert werden:

```
VAR
  a,b:ARRAY [1..5],[1..10] OF CARDINAL;
BEGIN
  ...
  a:=b;  (* erlaubt *)
```

Die Komponente mit dem niedrigsten Indexwert wird an der niedrigsten Speicheradresse abgelegt. Ein mehrdimensionaler Array wird der Wertigkeit nach abgespeichert, d.h. die rechteste Dimension nimmt als erste zu:

```
VAR schach:ARRAY [1..8],[1..8] OF INTEGER;

schach[1,1]  -> niedrigste Speicheradresse
schach[1,2]
...
schach[1,8]
schach[2,1]
...
schach[8,8]  -> höchste Speicheradresse
```

Zeichenketten (auch *Strings* genannt) werden mit Hilfe eines Arrays wie folgt definiert:

```
CONST
  lang=10;
VAR
  string:ARRAY [0..lang] OF CHAR;
BEGIN
  string:='Hallo!';  (* siehe auch Modul <Str> *)
```

In der Variablen *string* sind nun 6 Zeichen enthalten (*string[0]..string[5]*), die mit *CHR(0)* abgeschlossen werden (*string[6]*). Die verbleibenden Zeichen (*string[7]..string[10]*) sind unbelegt. Die Konstante *lang* gibt die maximale Länge der Zeichenkette bekannt, die in *string* gespeichert werden kann (siehe hierzu auch *Str*).

- **Nur Version 1.x:** Mit Hilfe des Compiler-Befehls **I** (siehe Anhang E.1) kann die Index-Prüfung ein- oder ausgeschaltet werden (standardmäßig ist sie ausgeschaltet).
- **Ab Version 2.0:** Mit Hilfe der Compiler-Anweisung *check(index ...)* (siehe Anhang E.2) kann die Index-Prüfung ein- oder ausgeschaltet werden (standardmäßig ist sie ausgeschaltet).

Siehe auch
RECORD

ASin — MATHLIB

Zweck
Berechnet den Arcussinus.

Struktur

```
ASin(x:LONGREAL):LONGREAL;
```

Bemerkung
Die Funktion *ASin* berechnet den Arcussinus des Argumentes *x* (Wertebereich für *x*: *-1* <= *x* <= *1*; Wertebereich des Ergebnisses *y*: *-Pi/2* <= *y* <= *Pi/2*). Das Funktionsergebnis *y* stellt einen Winkel im Bogenmaß dar.

```
Grad     = Bogenmaß*180/Pi
Bogenmaß = Grad*Pi/180
```

Siehe auch
ACos, ATan, ATan2, Sin, SinH

AsmLib — Modul (nur Version 1.x)

Zweck
Enthält alle in Maschinen-Code geschriebenen Routinen.

Bemerkung
Das Modul *AsmLib* enthält Routinen, die von den Modulen *Lib* und *Str* verwendet werden; sie alle sind mit einem Assembler geschrieben worden. Die unten aufgeführten Routinen sind nur im Modul *AsmLib* enthalten.

ActivePage	Ermittelt die aktuelle Textbildschirm-Seite
BufferToScreen	Schreibt den Inhalt eines Puffers in den Bildschirm
BufferWrite	Fügt eine Zeichenkette in den Puffer ein
CompareStr	Vergleicht zwei Zeichenketten miteinander
DosExec	Startet ein Programm
GetInProgramFlag	Prüft, ob momentan eine Funktion des Betriebssystems (Interrupt 21H) ausgeführt wird
InitScreenType	Ermöglicht das Verhindern von "Schnee", der beim Schreiben in den Bildschirm-Speicher entstehen kann
PalXlat	Wird von der Fensterverwaltung im Zusammenhang mit Farbpaletten verwendet
ScreenToBuffer	Schreibt einen Bildschirm-Ausschnitt in einen Puffer

SetInProgramFlag	Ermöglicht das Setzen eines Flags, mit dem überprüft werden kann, ob momentan eine DOS-Funktion ausgeführt wird
SetVideoPage	Setzt die aktuelle Textbildschirm-Seite
Speaker	Entlockt dem Computersystem einen Ton

Folgende Datentypen sind im Modul *AsmLib* definiert:

```
TYPE
  LongLabel   = ARRAY [0..3] OF CARDINAL;
  CommandType = POINTER TO ARRAY [0..126] OF CHAR;
```

Folgende Variablen sind im Modul *AsmLib* vordefiniert (siehe auch die Beschreibungen im lexikalischen Teil dieses Buches):

```
VAR
  PSP         : CARDINAL;     (* Programmsegment-Präfix       *)
  CommandLine : CommandType;  (* Parameter beim Programmstart *)
```

AssignBuffer FIO

Zweck
Ordnet einer Datei einen Puffer zu.

Struktur

```
AssignBuffer(f:File; VAR pu:ARRAY OF BYTE);
```

Bemerkung
Die Prozedur *AssignBuffer* ordnet der Datei mit der Nummer *f* den Datenpuffer *pu* zu. Ein Datenpuffer kann die Festplatten- oder Disketten-Zugriffe bedeutend beschleunigen. Die schnellsten Dateizugriffe erhalten Sie mit einer Puffergröße, die nach folgender Formel berechnet wird:

```
Puffer:=n*512+FIO.BufferOverhead; (* wobei n>1 *)
```

Die Konstante *FIO.BufferOverhead* enthält einen Wert, der den Speicherbedarf (in Bytes) für die Pufferorganisation bezeichnet. Damit der Datenpuffer ordnungsgemäß einer Datei zugeordnet wird, muß diese zuerst mit einer der Routinen *FIO.Append*, *FIO.Create* oder *FIO.Open* geöffnet werden.

Wichtig: Der Puffer *pu* wird am besten global in einem Modul definiert; auf diese Weise ist sichergestellt, daß er an jeder Stelle des Moduls verfügbar ist. Falls Sie den Puffer im Deklarationsteil einer Prozedur definieren, wird er auf dem Stack erzeugt. Der reservierte Stackbereich wird jedoch beim Verlassen der Prozedur sofort wieder freigegeben und von den Daten anderer Prozeduren und Funktionen überschrieben:

```
PROCEDURE InitPuffer(f:FIO.File);  (* falsch! *)
VAR
  pu:ARRAY [1..1024+FIO.BufferOverhead] OF BYTE;
BEGIN
  FIO.AssignBuffer(f,pu)
END InitPuffer;
```

Datenpuffer können auch dynamisch auf dem Heap erzeugt werden:

```
FROM Storage IMPORT
  ALLOCATE;  (* damit <NEW> funktioniert *)
IMPORT
  FIO;
CONST
  block=2;
VAR
  pu:POINTER TO ARRAY [1..FIO.BufferOverhead+512*block] OF BYTE;
  f:FIO.File;
BEGIN
  f:=FIO.Create('LIES.DAS');
  NEW(pu);
  FIO.AssignBuffer(f,pu^);
```

Beispiel
Folgendes Programmfragment erzeugt einen günstigen Datenpuffer:

```
MODULE AssignBuffer_Test;
IMPORT
  FIO;
CONST
  max=4;  (* Anzahl Speicherblöche zu 512 Bytes *)
VAR
  p1:ARRAY [1..max*512+FIO.BufferOverhead] OF BYTE;
  f1:FIO.File;
BEGIN
  f1:=FIO.Create('C:LIES.DAS');
  FIO.AssignBuffer(f1,p1);
  ...
```

Siehe auch
Append (FIO), Create, Flush, Open (FIO)

At — Window

Zweck
Ermittelt, in welchem Fenster sich ein bestimmter absoluter Punkt befindet.

Struktur

```
At(x,y:AbsCoord):WinType;
```

Bemerkung

Die Funktion *At* sucht das oberste Fenster, in dem der absolute Punkt *(x,y)* liegt; als Funktions-Ergebnis wird die Referenz des Fensters zurückgegeben. Ist diese *NIL*, liegt *(x,y)* in keinem Fenster (d.h. die Koordinaten bezeichnen einen Punkt außerhalb des Bildschirmes). Wird der Wert *Window.FullScreen* zurückgegeben, liegt *(x,y)* im Grundfenster (dieses entspricht dem gesamten Bildschirm). Der Datentyp *AbsCoord* ist im Modul *Window* wie folgt definiert (*WinType* siehe *Window*):

```
TYPE
  AbsCoord=CARDINAL;  (* (0,0) entspricht der linken oberen Bildschirm-Ecke *)
```

Die Funktion *At* ist sehr interessant im Zusammenhang mit einer Maus. Da Mausroutinen immer mit absoluten Koordinaten rechnen, kann auf diese Weise auf Maus-Klick ein beliebiges Fenster nach vorne geholt werden (siehe Beispiel).

Beispiel

Folgendes Programm öffnet drei Fenster, die sich mit dem simulierten Mauszeiger (steuerbar mit den Cursor-Tasten) nach vorne holen lassen (Mauszeiger in ein gewünschtes Fenster setzen und die RETURN-Taste drücken). Mit der ESC-Taste kann dieses Programm abgebrochen werden.

```
MODULE Test;
IMPORT
  IO;
FROM Window IMPORT
  White,Black,SingleFrame,DoubleFrame,FullScreen,
  Open,Close,At,PutOnTop,Used,WinDef,WinType,SetFrame;

FROM CLB IMPORT                          (* Diese fünf Zeilen ...      *)
  _screentobuffer,_buffertoscreen;       (* ... sind in der ...        *)
CONST                                    (* ... Version 1.x von ...    *)
  ScreenToBuffer=_screentobuffer;        (* ... TopSpeed Modula-2 ... *)
  BufferToScreen=_buffertoscreen;        (* ... zu streichen!          *)

(* FROM AsmLib IMPORT                 *) (* In der Version 1.x sind ...   *)
(*    ScreenToBuffer,BufferToScreen;  *) (* ... Kommentar-Klammern zu ... *)
                                         (* ... entfernen.                *)

CONST
  maus=CHR(219);
VAR
  mx,my:CARDINAL;   (* aktuelle Mausposition       *)
  msave:CARDINAL;   (* Zeichen unter dem Mauscursor *)
```

```
  PROCEDURE MouseInit;
  BEGIN
    mx:=40; my:=12
  END MouseInit;

  PROCEDURE MouseOn;
  VAR
    cur:ARRAY [0..1] OF CHAR;
  BEGIN
    cur[0]:=maus;
    cur[1]:=CHAR(15);  (* Farbe *)
    ScreenToBuffer(mx,my,ADR(msave),1);
    BufferToScreen(mx,my,ADR(cur),1)
  END MouseOn;

  PROCEDURE MouseOff;
  BEGIN
    BufferToScreen(mx,my,ADR(msave),1)
  END MouseOff;

  PROCEDURE MouseMove(dir:CARDINAL);
  VAR
    xn,yn:INTEGER;
  BEGIN
    xn:=mx; yn:=my;
    (* Richtungen entsprechend Ziffernblock *)
    CASE dir OF
      7: DEC(xn); DEC(yn);  | 8: DEC(yn);    | 9: INC(xn); DEC(yn);
    | 4: DEC(xn);                            | 6: INC(xn);
    | 1: DEC(xn); INC(yn);  | 2: INC(yn);    | 3: INC(xn); INC(yn);
    END;
    IF xn>79 THEN xn:=79 END; IF xn<0 THEN xn:=0 END;
    IF yn>24 THEN yn:=24 END; IF yn<0 THEN yn:=0 END;
    MouseOff;
    mx:=xn; my:=yn;
    MouseOn
  END MouseMove;

VAR
  w1,w2,w3,alt,neu:WinType;
  ch:CHAR;
BEGIN
  w1:=Open(WinDef(10,10,40,20,White,Black,TRUE,TRUE,FALSE,TRUE,
                  SingleFrame,White,Black));
  w2:=Open(WinDef(5,13,60,18,White,Black,TRUE,TRUE,FALSE,TRUE,
                  SingleFrame,White,Black));
  w3:=Open(WinDef(35,3,70,22,White,Black,TRUE,TRUE,FALSE,TRUE,
                  SingleFrame,White,Black));
  alt:=Used();
  SetFrame(alt,DoubleFrame,White,Black);
  MouseInit;
  MouseOn;
```

```
    REPEAT
      ch:=IO.RdKey();
      IF ch=0C THEN
        ch:=IO.RdKey();
        CASE CARDINAL(ch) OF
          71: MouseMove(7)  | 72: MouseMove(8)  | 73: MouseMove(9)
        | 75: MouseMove(4)                      | 77: MouseMove(6)
        | 79: MouseMove(1)  | 80: MouseMove(2)  | 81: MouseMove(3)
        END
      ELSIF ch=CHR(13) THEN  (* RETURN-Taste *)
        neu:=At(mx,my);
        IF (neu<>NIL) AND (neu<>FullScreen) AND (neu<>alt) THEN
          MouseOff;
          SetFrame(alt,SingleFrame,White,Black);
          SetFrame(neu,DoubleFrame,White,Black);
          PutOnTop(neu);
          IO.WrStr('Nun bin ich aktiv ... ');
          alt:=neu;
          MouseOn
        ELSE
          IO.WrChar(7C)  (* Signalton *)
        END
      END
    UNTIL ch=CHR(27);  (* ESC-Taste *)
    MouseOff;
    Close(w1); Close(w2); Close(w3);
  END Test.
```

Siehe auch
ObscuredAt, Top, Used

ATan — MATHLIB

Zweck
Berechnet den Arcustangens.

Struktur

```
ATan(x:LONGREAL):LONGREAL;
```

Bemerkung
Die Funktion *ATan* berechnet den Arcustangens des Argumentes *x* (Wertebereich für *x*: *beliebig*; Wertebereich des Ergebnisses *y*: $-Pi/2 < y < Pi/2$). Das Funktionsergebnis *y* entspricht einem Winkel im Bogenmaß.

```
Grad     = Bogenmaß*180/Pi
Bogenmaß = Grad*Pi/180
```

Siehe auch
ACos, ASin, ATan2, Tan, TanH

ATan2 MATHLIB

Zweck
Berechnet den Arcustangens.

Struktur

```
ATan2(x,y:LONGREAL):LONGREAL;
```

Bemerkung
Die Funktion *ATan2* berechnet den Arcustangens von *y/x* (Wertebereich für *y/x*: *beliebig*, wobei *x<>0*; Wertebereich des Ergebnisses *z*: *-Pi/2* < *z* < *Pi/2*). Das Funktionsergebnis *z* entspricht einem Winkel im Bogenmaß.

```
Grad = Bogenmaß*180/Pi
```

Siehe auch
ACos, ASin, ATan, Tan, TanH

Available Storage

Zweck
Prüft, ob der Heap noch über genügend Speicherplatz verfügt.

Struktur

```
Available(groesse:CARDINAL):BOOLEAN;
FarAvailable(groesse:CARDINAL):BOOLEAN;    (* ab Version 2.0 *)
NearAvailable(groesse:CARDINAL):BOOLEAN;   (* ab Version 2.0 *)
```

Bemerkung
Die Funktion *Available* liefert den Wert *TRUE*, wenn auf dem Haupt-Heap noch ein Speicherblock von der Größe *groesse* (immer in Bytes) Platz findet (siehe auch *HeapAvail*).

- **Ab Version 2.0:** *Available* wird in den Speichermodellen *Small* und *Medium* der Funktion *NearAvailable*, in den Speichermodellen *Compact*, *Large*, *XLarge* und *MThread* jedoch *FarAvailable* zugeordnet. Mit den beiden Prozeduren *FarAvailable* und *NearAvailable* kann explizit einer der beiden Zeiger-Typen (*near* oder *far*) gewählt werden (die einzelnen Speichermodelle werden im Anhang D erläutert). Ich empfehle Ihnen, anstelle der *near*-Routinen die Routinen des Moduls *ShtHeap* zu verwenden.

Siehe auch
ALLOCATE, HeapAvail, HeapTotalAvail

Awaited — Process

Zweck
Prüft, ob mindestens ein Prozeß auf ein Signal wartet.

Struktur

```
Awaited(s:SIGNAL):BOOLEAN;
```

Bemerkung
Die Funktion *Awaited* liefert den Wert *TRUE*, wenn mindestens ein Prozeß auf das Signal *s* wartet (siehe *WAIT*). Der Datentyp *SIGNAL* ist als undurchsichtiger Typ im Modul *Process* definiert (undurchsichtige Typen werden bei *IMPLEMENTATION* erklärt).

Siehe auch
Notify, SEND, WAIT

BcdToLong MATHLIB

Zweck
Wandelt einen Wert im BCD-Format in einen *LONGREAL*-Wert um.

Struktur

```
BcdToLong(x:PackedBcd):LONGREAL;
```

Bemerkung
Die Funktion *BcdToLong* wandelt den Parameter *x* vom Typ *PackedBcd* in einen *LONGREAL*-Wert um. *PackedBcd* ist wie folgt im Modul *MATHLIB* definiert:

```
TYPE
  PackedBcd=ARRAY [0..9] OF SHORTCARD;
```

Der Aufbau einer BCD-Zahl wird bei *LongToBcd* erläutert. Die beiden Funktionen *BcdToLong* und *LongToBcd* können dazu verwendet werden, um die Kommastellen eines *LONGREAL*-Wertes zu eliminieren.

Siehe auch
LongToBcd

BEGIN Reserviertes Wort

Zweck
Leitet den Code-Teil eines Moduls oder einer Prozedur ein.

Bemerkung
Das reservierte Wort *BEGIN* schließt innerhalb eines Moduls oder einer Prozedur den Deklarations-Teil ab und markiert diejenige Stelle, bei der der eigentliche Programm-Code beginnt.

Beispiel

```
PROCEDURE beep(anz:CARDINAL);
VAR
  i:CARDINAL;
BEGIN
  FOR i:=1 TO anz DO IO.WrChar(7C) END
END beep;
```

Siehe auch
END

BiosIO — Modul (ab Version 2.0)

Zweck
Stellt Tastatur-Routinen zur Verfügung.

Bemerkung
Die Tastatur-Routinen im Modul *BiosIO* verwenden *BIOS*-Systemroutinen (im Gegensatz zu den Routinen im Modul *IO*, die *DOS*-Routinen verwenden). *BIOS*-Routinen sind immer schneller als *DOS*-Routinen, außerdem können sie in Interrupt-Prozeduren oder speicherresidenten Programmen verwendet werden.

KBFlags	Prüft, welche der Umschalttasten momentan gedrückt werden bzw. aktiv sind
KeyPressed	Prüft, ob sich ein Zeichen im Tastatur-Puffer befindet
RdChar	Liest ein einzelnes Zeichen ein (mit Echo)
RdKey	Liest ein einzelnes Zeichen ein (ohne Echo)

Folgender Datentyp ist im Modul *BiosIO* vordefiniert:

```
TYPE
  KBFlagSet=SET OF (RShift,LShift,Ctrl,Alt,Scroll,Num,Cap,Ins);
```

Folgende Variablen sind im Modul *BiosIO* vordefiniert:

```
VAR
  LastChar:CHAR;        (* Zeichen, das zuletzt gelesen wurde       *)
  LastScan:SHORTCARD;   (* Scan-Code des zuletzt gelesenen Zeichens *)
```

BITSET — Datentyp

Zweck
Mengentyp, der 16 Elemente aufnehmen kann.

Bemerkung
Ein Datentyp definiert die Art oder Beschaffenheit der Werte, die eine Variable aufnehmen kann. Jeder Variablen kann dabei in einem Programm nur ein einziger Datentyp zugeordnet werden.

Eine Variable des Mengen-Typs *BITSET* (siehe auch *SET OF*) kann 16 Elemente (Bereich 0..15) aufnehmen, wobei jedes Element einem einzelnen Bit entspricht. Der Datentyp *BITSET* belegt 2 Bytes Speicherplatz und wird oft zur Bitmanipulation verwendet.

Beispiel

```
VAR
  a,b,c:CARDINAL;
  m1,m2:BITSET;
BEGIN
  a:=1234;
  b:=2345;
  INCL(BITSET(a),0);                  (* setzt das 0. Bit     *)
  EXCL(BITSET(b),2);                  (* löscht das 2. Bit    *)
  c:=CARDINAL(BITSET(a)*BITSET(b));   (* arithmetisches AND   *)
  c:=CARDINAL(BITSET(a)+BITSET(b));   (* arithmetisches OR    *)
  c:=CARDINAL(BITSET(a)/BITSET(b));   (* arith. XOR, siehe OR *)
  c:=CARDINAL({0..15}-BITSET(a));     (* arithmetisches NOT   *)

  m1:={};                    (* leere Menge                     *)
  INCL(m1,2);                (* Element Einfügen                *)
  m2:={1,3,5..9,13};         (* mehrere Elemente zuordnen       *)
  m2:=m2+m1;                 (* beide Mengen vereinigen         *)
  IF 4 IN m2 THEN            (* prüfen, ob Element vorhanden *)
    IO.WrStr('4. Element enthalten')
  END;
```

Siehe auch
SET OF, TYPE

BOOLEAN — Datentyp

Zweck
Datentyp für die beiden logischen Werte *TRUE* und *FALSE*.

Bemerkung
Ein Datentyp definiert die Art oder Beschaffenheit der Werte, die eine Variable aufnehmen kann. Jeder Variablen kann dabei in einem Programm nur ein einziger Datentyp zugeordnet werden.

Eine Variable des Typs *BOOLEAN* kann nur die beiden Wahrheitswerte *TRUE* (wahr) und *FALSE* (falsch) aufnehmen. Beispielsweise resultiert aus einem Vergleich ein Wert vom Typ *BOOLEAN*; dieser kann direkt einer Variablen zugeordnet werden:

```
VAR
  gleich:BOOLEAN;
  a,b:INTEGER;
BEGIN
  gleich:=(a=b);
```

BOOLEAN läßt sich auch bei der Umwandlung von Typen einsetzen (*BOOLEAN(x)* ergibt *FALSE*, wenn $x=0$; andernfalls *TRUE*):

```
VAR
  ok:BOOLEAN;
  i:CARDINAL;
BEGIN
  i:=Lib.RANDOM(2);
  ok:=BOOLEAN(i);  (* BOOLEAN(0)=FALSE und BOOLEAN(1)=TRUE *)
```

Intern benötigt eine *BOOLEAN*-Variable 1 Byte Speicherplatz.

Siehe auch
TYPE

BufferToScreen — AsmLib (nur Version 1.x)

Zweck
Schreibt den Inhalt eines Puffers in den Bildschirm.

Struktur

```
BufferToScreen(x,y:CARDINAL; pu:ADDRESS; len:CARDINAL);
```

Bemerkung
Die Prozedur *BufferToScreen* schreibt den Inhalt des Puffers *pu* ab der Stelle *(x,y)* in den Bildschirm. Insgesamt werden *len* Worte des Puffers geschrieben (ein Wort entspricht 2 Bytes; jedes Wort stellt ein Bildschirmzeichen dar, das aus ASCII-Code und Farb-Attribut besteht); der Punkt *(0,0)* entspricht der linken oberen Bildschirmecke.

Die beim Schreiben entstehenden Bildschirmstörungen (im Zusammenhang mit einer CGA-Karte) können mit *InitScreenType* unterdrückt werden.

Wichtig: Damit *BufferToScreen* ordnungsgemäß arbeitet, muß das Modul *Window* importiert werden.

Beispiel

```
FROM AsmLib IMPORT
  ScreenToBuffer,BufferToScreen;
IMPORT
  Window;
VAR
  pu:ARRAY [0..24],[0..79] OF WORD;
BEGIN
  ScreenToBuffer(0,0,ADR(pu),2000);  (* liest Bildschirm      *)
  Window.Clear;
  BufferToScreen(0,0,ADR(pu),2000);  (* beschreibt Bildschirm *)
```

Siehe auch
BufferWrite, InitScreenType, ScreenToBuffer

BufferWrite AsmLib (nur Version 1.x)

B

Zweck
Fügt eine Zeichenkette in den Puffer ein.

Struktur

```
BufferWrite(pu:ADDRESS; str:ADDRESS; len:CARDINAL; attr:CARDINAL);
```

Bemerkung
Die Prozedur *BufferWrite* schreibt die Zeichenkette *str* (die *len* Bytes umfaßt) in den Puffer *pu*. Falls sich bereits an dieser Stelle Daten befinden, werden sie überschrieben.

Jedes Zeichen innerhalb des Puffers erhält das Farbattribut *attr* zugeordnet (denn jedes Bildschirmzeichen besteht aus ASCII-Code und Farbattribut). Der Pufferinhalt kann zu einem späteren Zeitpunkt mit *BufferToScreen* in den Bildschirm geschrieben werden.

Die einzelnen Bits im Bereich 0..7 des Parameters *attr* haben folgende Bedeutung (die Bits im Bereich 8..15 sind unbenutzt):

7	6	5	4	3	2	1	0	Bit-Nummer
b	h	h	h	v	v	v	v	Bedeutung

Die Bits 0..3 legen die Vordergrundfarbe fest und 4..6 die Hintergrundfarbe. Falls Bit 7 gesetzt ist, wird ein Text blinken dargestellt. Mit folgender Formel kann das Farbattribut leicht berechnet werden:

```
farbattribut:=vordergrund+hintergrund*16;
farbattribut:=vordergrund+hintergrund*16+128;  (* blinkend *)
```

Zu beachten ist:

```
vordergrund liegt im Bereich 0..15
hintergrund liegt im Bereich 0..7
```

Für die Berechnung des Farbattributs lassen sich die einzelnen Werte des Datentyps *Colors* (Modul *Window*) heranziehen:

```
farbattribut:=CARDINAL(Yellow)+CARDINAL(Blue)*16;
```

Beispiel

```
MODULE BufferWrite_Test;
FROM AsmLib IMPORT
  ScreenToBuffer,BufferToScreen,BufferWrite;
IMPORT
  IO,Str,Window;  (* <Window> wird für <BufferToScreen> gebraucht *)
```

```
VAR
  scr:ARRAY [0..24],[0..79] OF WORD;
  z:ARRAY [0..255] OF CHAR;
  i:INTEGER;
BEGIN
  z:='TopSpeed M2 kann alles!';
  FOR i:=1 TO 2000 DO IO.WrChar('.') END;
  ScreenToBuffer(0,0,ADR(scr),2000);
  BufferWrite(ADR(scr[8,0]),ADR(z),Str.Length(z),112);
  BufferToScreen(0,0,ADR(scr),2000);
END BufferWrite_Test.
```

Siehe auch
BufferToScreen, ScreenToBuffer

BYTE — Datentyp

Zweck
Universal-Typ, dem alle Werte zugeordnet werden können, die ein Byte umfassen.

Bemerkung
Ein Datentyp definiert die Art oder Beschaffenheit der Werte, die eine Variable aufnehmen kann. Jeder Variablen kann dabei in einem Programm nur ein einziger Datentyp zugeordnet werden.

Einer Variablen des Universal-Typs *BYTE* kann eine beliebige andere Variable zugeordnet werden (und umgekehrt), die ein einziges Byte (8 Bit) umfaßt (*CHAR*, *BOOLEAN*, *SHORTINT*, *SHORTCARD*).

```
VAR
  c:CHAR;
  s:SHORTCARD;
  b:BYTE;
BEGIN
  c:='T'; b:=c; s:=b;  (* oder s:=SHORTCARD(c); *)
```

Wird der Datentyp *BYTE* im Zusammenhang mit einem offenen Array verwendet, kann diesem Parameter jeder beliebige Wert übergeben werden (siehe hierzu *HIGH*).

Siehe auch
ADDRESS, LONGWORD, WORD

CAP Standard-Funktion

Zweck
Wandelt einen Kleinbuchstaben in den entsprechenden Großbuchstaben um.

Struktur
```
CAP(ch:CHAR):CHAR;
```

Bemerkung
Die Funktion *CAP* wandelt das Zeichen *ch* in den entsprechenden Großbuchstaben um. Die deutschen Umlaute und das 'ß' bleiben unverändert.

Beispiel
```
ch:=CAP('a');  (* ch='A' *)
ch:=CAP('ü');  (* ch='ü' *)
ch:=CAP('1');  (* ch='1' *)
```

Siehe auch
Caps, CHR, Lows, ORD

Caps Str

Zweck
Wandelt alle Kleinbuchstaben einer Zeichenkette in Großbuchstaben um.

Struktur
```
Caps(VAR s:ARRAY OF CHAR);
```

Bemerkung
Die Prozedur *Caps* wandelt alle Kleinbuchstaben der Zeichenkette *s* in die entsprechenden Großbuchstaben um. Die deutschen Umlaute und das 'ß' werden dabei nicht beachtet.

Beispiel
```
MODULE Caps_Test;
IMPORT
  Str,IO;
VAR
  s:ARRAY [0..255] OF CHAR;
BEGIN
  s:='Wären die Hüte nur nicht so naß!';
  Str.Caps(s);
```

```
    IO.WrStr(s)  (* Ausgabe: WäREN DIE HüTE NUR NICHT SO NAß! *)
  END Caps_Test.
```

Folgende Prozedur berücksichtigt auch die deutschen Umlaute:

```
PROCEDURE Caps(VAR s:ARRAY OF CHAR);
VAR
  i:CARDINAL;
BEGIN
  FOR i:=0 TO Str.Length(s) DO
    CASE s[i] OF
      'a'..'z': s[i]:=CAP(s[i]);
    | 'ä': s[i]:='Ä';
    | 'ö': s[i]:='Ö';
    | 'ü': s[i]:='Ü'
    END
  END
END Caps;
```

Siehe auch
CAP, Match, Pos

CARDINAL Datentyp

Zweck
Typ für die ganzzahligen Werte 0..65535.

Bemerkung
Ein Datentyp definiert die Art oder Beschaffenheit der Werte, die eine Variable aufnehmen kann. Jeder Variablen kann dabei in einem Programm nur ein einziger Datentyp zugeordnet werden.

Einer Variablen des Typs *CARDINAL* können ganzzahlige Werte im Bereich 0..65535 (0..0FFFFH) zugeordnet werden (16-Bit-Variable). *CARDINAL* läßt sich auch bei der Umwandlung von Typen einsetzten:

```
VAR
  ch:CHAR;
  c:CARDINAL;
BEGIN
  ch:='*';
  c:=CARDINAL(ch);
```

Intern benötigt eine *CARDINAL*-Variable 2 Bytes Speicherplatz.

Siehe auch
INTEGER, LONGCARD, REAL, SHORTCARD

CardToStr Str

Zweck
Wandelt einen *LONGCARD*-Wert in eine Zeichenkette um.

Struktur

```
CardToStr(x:LONGCARD; VAR s:ARRAY OF CHAR; ba:CARDINAL; VAR ok:BOOLEAN);
```

Bemerkung
Die Prozedur *CardToStr* wandelt den Zahlenwert *x* in die Zeichenkette *s* um unter Verwendung der Basis *ba* (Bereich: 2..16). Falls *s* zu wenig Zeichen aufnehmen kann, enthält *ok* nach der Prozedur-Ausführung den Wert *FALSE*.

Beispiel

```
VAR
  s:ARRAY [0..10] OF CHAR;
  ok:BOOLEAN;
BEGIN
  Str.CardToStr(12,s,2,ok);    (* s='1100' *)
  Str.CardToStr(255,s,16,ok);  (* s='FF'   *)
```

Siehe auch
FixRealToStr, IntToStr, RealToStr, StrToCard

CASE ... OF Reserviertes Wort

Zweck
Ermöglicht die Auswahl unter mehreren Möglichkeiten (Selektion).

Bemerkung
Die *CASE*-Anweisung besteht aus einem Sortierer (Variable vom Typ *CHAR*, *BOOLEAN*, *INTEGER* oder *CARDINAL*; auch Aufzähl- oder Teilbereichs-Typ) und einer Liste von Anweisungen (oder Anweisungsblöcken), denen jeweils ein Label vom Typ des Sortierers vorausgeht. Die einzelnen Anweisungsblöcke werden mit Hilfe des Zeichens '|' (ASCII-Code 124) voneinander getrennt. Der optionale *ELSE*-Zweig wird dann ausgeführt, wenn kein Label zum aktuellen Wert des Sortierers paßt.

Eine allgemeine *CASE*-Struktur läßt sich mit *IF ... THEN ... ELSIF ... ELSE* verwirklichen (siehe dort).

Beispiel

```
VAR
  ch:CHAR;
BEGIN
  ch:=IO.RdKey();
  CASE ch OF
    'a','A':
      IO.WrStr('Buchstabe <A>')
  | 'B':
      IO.WrStr('Großbuchstabe <B>')
  | CHR(27):
      IO.WrStr('<ESC>-Taste'); IO.WrLn;
      IO.WrStr('Gehört zu den Sonderzeichen ...')
  | 'b'..'z':
      IO.WrStr('Kleiner Buchstabe')
  ELSE
    IO.WrStr('Nichts gefunden ...'); IO.WrLn;
    IO.WrStr('Vielleicht das nächste Mal?')
  END;
  IO.WrLn;
```

Siehe auch

IF ... THEN ... ELSIF ... ELSE

Change — Window

Zweck

Verändert die Größe und/oder Lage eines Fensters.

Struktur

```
Change(w:WinType; x1,y1,x2,y2:AbsCoord);
```

Bemerkung

Die Prozedur *Change* verändert die Lage und/oder die Größe des Fensters *w*. Der Punkt *(0,0)* entspricht der linken oberen Bildschirmecke (Datentypen siehe *Window*). Folgende Routinen verändern weitere Parameter eines Fensters:

CursorOff	Cursor ausschalten
CursorOn	Cursor einschalten
Hide	Fenster verstecken (mit *PutOnTop* läßt es sich wieder anzeigen)
SetFrame	Rahmen zeichnen
SetPalette	Farbpalette setzen (nur möglich, wenn ein Fenster mit *PaletteOpen* geöffnet worden ist)
SetWrap	Zeilenumbruch ein- oder ausschalten

TextColor Textfarbe setzen
TextBackground Hintergrundfarbe setzen

Mit Hilfe der Prozedur *Info* können die aktuellen Parameter eines Fensters ermittelt werden.

Siehe auch
Info

ChangeExtension FIOR (ab Version 2.0)

Zweck
Tauscht die aktuelle Erweiterung eines Dateinamens gegen eine neue aus.

Struktur

```
ChangeExtension(VAR name:ARRAY OF CHAR; erw:ExtStr);
```

Bemerkung
Die Prozedur *ChangeExtension* tauscht die Erweiterung der Datei *name* gegen die in *erw* enthaltene aus; dabei spielt es keine Rolle, ob *name* bereits eine Dateierweiterung besitzt oder nicht (im Gegensatz zu *AddExtension*). Der Datentyp *ExtStr* ist wie folgt im Modul *FIOR* definiert:

```
TYPE
  ExtStr=ARRAY [0..2] OF CHAR;
```

Siehe auch
AddExtension, IsExtension, RemoveExtension

CHAR Datentyp

Zweck
Typ für ein einzelnes Zeichen (IBM-Zeichensatz).

Bemerkung
Ein Datentyp definiert die Art oder Beschaffenheit der Werte, die eine Variable aufnehmen kann. Jeder Variablen kann dabei in einem Programm nur ein einziger Datentyp zugeordnet werden.

Eine Variable des Typs *CHAR* kann ein einzelnes Zeichen aufnehmen. Der IBM-Zeichensatz umfaßt 256 Zeichen (ASCII-Codes im Bereich 0..255), wobei die ersten 32 (ASCII-Codes 0..31) in der Regel als Steuerzeichen verwendet werden.

Ein Zeichen wird von Hochkommas umschlossen (' oder ") oder als oktaler Wert geschrieben, dem der Großbuchstabe **C** folgt (siehe Beispiel). *CHAR* läßt sich auch bei der Umwandlung von Typen einsetzen (wie die Funktion *CHR*). Intern benötigt eine *CHAR*-Variable 1 Byte Speicherplatz.

Beispiel

```
VAR
  ch:CHAR;
BEGIN
  ch:='A';
  ch:="Z";
  ch:=7C;          (* Glocke            *)
  ch:=CHR(27);     (* Steuerzeichen ESC *)
  ch:=CHAR(13);    (* RETURN-Taste      *)
```

Siehe auch
BYTE, CHR, ORD, Str, TYPE

CharPos — Str (ab Version 2.0)

Zweck
Sucht ein einzelnes Zeichen in einer Zeichenkette.

Struktur

```
CharPos(s:ARRAY OF CHAR; ch:CHAR):CARDINAL;
```

Bemerkung
Die Funktion *CharPos* sucht das Zeichen *ch* innerhalb der Zeichenkette *s* und gibt bei erfolgreicher Suche die Position der Fundstelle bekannt (0 entspricht dem ersten Zeichen). Bei erfolgloser Suche wird der Wert *MAX(CARDINAL)* zurückgegeben. *CharPos* arbeitet schneller als ein entsprechender Aufruf von *Pos*.

Siehe auch
FindSubStr, Match, NextPos, Pos, RCharPos, Subst

CHARSET — IO, Str

Zweck
Mengentyp, der alle Zeichen (IBM-Zeichensatz) aufnehmen kann.

Struktur

```
TYPE CHARSET=SET OF CHAR;
```

Bemerkung

Ein Datentyp definiert die Art oder Beschaffenheit der Werte, die eine Variable aufnehmen kann. Jeder Variablen kann dabei in einem Programm nur ein einziger Datentyp zugeordnet werden.

Eine Variable des Mengen-Typs *CHARSET* kann alle Zeichen des IBM-Zeichensatzes aufnehmen (genauere Angaben zu Mengen finden Sie bei *SET OF*).

Intern benötigt eine *CHARSET*-Variable 32 Bytes Speicherplatz. Jedem Element (insgesamt sind es hier 256) ist ein bestimmtes Bit zugeordnet, das genau dann gesetzt wird, wenn das betreffende Element in der Menge enthalten ist (aus diesem Grund lassen sich Mengen zur Bit-Manipulation verwenden, siehe hierzu *BITSET*).

Beispiel

```
VAR
  gross,ziffer:IO.CHARSET;
  ch:CHAR;
BEGIN
  gross:=IO.CHARSET{'A'..'Z','Ä','Ö','Ü'};
  ziffer:=IO.CHARSET{'0'..'9'};
  ch:=IO.RdKey();
  IF ch IN gross THEN
    IO.WrStr('Großbuchstabe eingegeben ...')
  ELSIF ch IN ziffer THEN
    IO.WrStr('Ziffer eingegeben ...')
  ELSE
    IO.WrStr('Unbekannte Taste gedrückt ...')
  END;
```

Siehe auch

BITSET, SET OF

ChDir FIO

Zweck

Wechselt das aktuelle Verzeichnis.

Struktur

```
ChDir(name:ARRAY OF CHAR);
```

Bemerkung
Die Prozedur *ChDir* aktiviert das Verzeichnis (Directory) mit dem Namen *name*. Falls die Variable *FIO.IOcheck* den Wert *TRUE* enthält, wird ein I/O-Fehler erzeugt, wenn das Verzeichnis *name* nicht existiert oder ungültig ist (siehe hierzu *FIO.IOresult*).

Beispiel

```
ChDir('C:\WORD\LEX');  (* Directory aktivieren      *)
ChDir('..');           (* C:\WORD wieder aktiv      *)
```

Folgende Programmzeile sollte eigentlich das aktuelle Verzeichnis des Laufwerkes A: anwählen (entsprechend dem MS-DOS-Befehl *ChDir*):

```
ChDir('A:');           (* Laufwerk A: voreinstellen *)
```

Leider meldet TopSpeed Modula-2 bei obiger Programmzeile einen I/O-Fehler (der zwar mit *FIO.IOcheck:=FALSE;* unterdrückt werden kann). Die folgende Prozedur *NewChDir* arbeitet wunschgemäß:

```
PROCEDURE NewChDir(name:ARRAY OF CHAR);
VAR
  reg:SYSTEM.Registers;
BEGIN
  IF name[1]=':' THEN
    reg.AH:=0EH;  (* Laufwerk wählen *)
    reg.DL:=SHORTCARD(CAP(name[0]))-65;
    Lib.Dos(reg);
    IF Str.Length(name)=2 THEN RETURN END;
  END;
  reg.AH:=3BH;  (* aktuelles Verzeichnis wechseln *)
  reg.DS:=SYSTEM.Seg(name);
  reg.DX:=SYSTEM.Ofs(name);
  Lib.Dos(reg);
  IF FIO.IOcheck AND (SYSTEM.CarryFlag IN BITSET(reg.Flags)) THEN
    IO.WrStr('I/O-Fehler (NewChDir): ');
    IO.WrCard(reg.AX,1);
    IO.WrLn;
    HALT
  END
END NewChDir;
```

Siehe auch
GetDir, GetDrive, MkDir, RmDir, SetDrive

Check — ProcTrace (nur Version 1.x)

Zweck
Prüft, ob sich der Inhalt einer 16-Bit-Variablen verändert hat.

Struktur

```
Check(s:ARRAY OF CHAR);
```

Bemerkung
Die Prozedur *Check* prüft, ob sich der Inhalt einer 16-Bit-Variablen (*INTEGER*, *CARDINAL*, *BITSET*, *WORD*) verändert hat und gibt die Zeichenkette *s* aus, wenn dies zutrifft (weitere Informationen bei *Monitor*).

Siehe auch
Get_Name, Install, Monitor

CHR — Standard-Funktion

Zweck
Liefert das zu einem ASCII-Code gehörende Zeichen.

Struktur

```
CHR(x:CARDINAL):CHAR;
```

Bemerkung
Die Funktion *CHR* gibt das dem Parameter *x* (= ASCII-Code) entsprechende Zeichen zurück. *CHR* kann durch die Umwandlungsfunktion *CHAR* ersetzt werden.

```
VAR
  ch:CHAR;
BEGIN
  ch:=CHR(65);  (* ch='A'        *)
  ch:=CHR(27);  (* ch=<ESC>      *)
  ch:=CHAR(7);  (* ch=<Glocke>   *)
```

Siehe auch
CHAR, ORD

Circle — Graph

Zweck
Zeichnet einen Kreis.

Struktur

```
Circle(x,y,r,c:CARDINAL);
```

Bemerkung
Die Prozedur *Circle* zeichnet einen Kreis mit dem Radius *r* und der Farbe *c* (Bereich für *c*: *0..(Graph.NumColor-1)*; siehe auch *RemapAllPalette* und *SetPalette*); *(x,y)* bezeichnet den Kreismittelpunkt (die gültigen Bereiche werden bei *Init<karte>* aufgeführt).

Mit Hilfe der beiden Prozeduren *Disk* und *Ellipse* lassen sich gefüllte Kreise bzw. Ellipsen zeichnen.

Beispiel
Folgendes Programm bewegt einen Kreis durch den Bildschirm.

```
MODULE Circle_Test;
IMPORT
  Graph,IO,Lib;
FROM Graph IMPORT
  NumColor,Width,Depth;
CONST
  step=5;
VAR
  rad:CARDINAL;

  PROCEDURE CircOff(x,y:INTEGER);
  BEGIN
    Graph.Circle(x,y,rad,0)
  END CircOff;

  PROCEDURE CircOn(x,y:INTEGER);
  BEGIN
    Graph.Circle(x,y,rad,NumColor-1)
  END CircOn;

VAR
  ch:CHAR;
  x,y,x2,y2,dx,dy:INTEGER;
BEGIN
  Graph.GraphMode;  (* siehe auch Init<karte> *)
  rad:=Depth DIV 10;
  x:=rad;
  y:=Depth DIV 2;
  dx:=step; dy:=step;
```

```
  REPEAT
    CircOn(x,y);
    x2:=x+dx; y2:=y+dy;
    IF (CARDINAL(x2)>Width-rad) OR (CARDINAL(x2)<rad) THEN
      dx:=-dx; x2:=x+dx;
      Lib.Sound(440)
    END;
    IF (CARDINAL(y2)>Depth-rad) OR (CARDINAL(y2)<rad) THEN
      dy:=-dy; y2:=y+dy;
      Lib.Sound(440)
    END;
    Lib.Delay(10);
    Lib.NoSound;
    CircOff(x,y);
    x:=x2; y:=y2
  UNTIL IO.KeyPressed();
  ch:=IO.RdKey();
  Graph.TextMode;
END Circle_Test.
```

Siehe auch
Arc, Cube, Disc, Ellipse, HLine, Line, Pie, Plot, Point, Polygon, Rectangle, TrueCircle, TrueDisc

CLASS — Reserviertes Wort (ab Version 2.0)

Zweck
Ermöglicht das Definieren von Objekten.

Bemerkung
Nachdem sich die strukturierte Programmierung in den 80er Jahren erfolgreich durchgesetzt hat und als nützliches Hilfsmittelt erkannt worden ist, wird mit der objektorientierten Programmierung eine verfeinerte Methode geschaffen, die es ermöglicht, große Programm-Projekte noch übersichtlicher zu organisieren und den Programmieraufwand weiter zu minimieren.

In der **strukturierten** Programmierung werden einzelne Einheiten (Prozeduren und Funktionen) gebildet, die eine bestimmte Teilaufgabe lösen; Ein- und Ausgabe-Werte werden hauptsächlich mit Hilfe von Parametern übergeben. Neben den Prozeduren und Funktionen existieren oft globale Variablen, die allgemeine Daten speichern. So speichert beispielsweise ein Graphikprogramm für jede definierte Figur (z.B. Linie, Rechteck, Kreis) die aktuellen Daten (z.B. Eckpunkte, Mittelpunkte, Farben) in globalen Variablen; diese sollten nur von bestimmten Prozeduren verändert werden. Das **Hauptproblem** der strukturierten Programmierung liegt darin, daß nicht unmittelbar ersichtlich wird, welche Prozeduren zur Verwaltung von Graphik-Figuren gehören und welche Variablen zugehörige Daten enthalten.

Das Ziel der **objektorientierten** Programmierung besteht nun darin, diesen Mangel der strukturierten Programmierung zu beheben. Deshalb werden zusammengehörige Variablen (z.B. Farben) und Prozeduren (z.B. Farben ändern) in einer einzigen Struktur miteinander verknüpft, deren Aufgabe es sein soll, Graphik-Figuren zu verwalten. Diese neue Struktur wird **Klasse** (oder Objekt-Typ) genannt; eine Variable, die eine Klasse als Typ hat, wird hingegen als **Objekt** bezeichnet.

Der Aufbau einer Klasse sieht demjenigen eines Record-Typs sehr ähnlich (wir wollen annehmen, daß sich die unten aufgeführte Deklaration in einem Definitions-Modul befindet):

```
DEFINITION MODULE GraphObj;
TYPE
  Line=CLASS
    a1,b1,a2,b2:INTEGER;  (* Eckpunkte der Linie *)
    col:CARDINAL;         (* Farbe der Linie     *)
    visi:BOOLEAN;         (* Linie sichtbar?     *)
    PROCEDURE Init(x1,y1,x2,y2:INTEGER; color:CARDINAL);
    PROCEDURE Show;
    PROCEDURE Hide;
    PROCEDURE MoveX(x:INTEGER);
    PROCEDURE MoveY(y:INTEGER);  (* Strichtpunkt (;) muß hier stehen! *)
  END;
END GraphObj.
```

Innerhalb einer Klasse werden Datenfelder (z.B. *a1*, *col*, *visi*) und die Köpfe von zugehörigen Prozeduren und Funktionen (z.B. *Init*, *Show*, *Hide*) definiert*. Diese Prozeduren und Funktionen einer Klasse werden **Methoden** (oder Verfahren) genannt und unterscheiden sich nicht von gewöhnlichen Prozeduren oder Funktionen. Bitte beachten Sie, daß Datenfelder immer vor den einzelnen Methoden definiert werden müssen.

Die Methoden einer Klasse werden, falls diese in einem Definitions-Modul deklariert worden ist, im dazugehörenden Implementations-Modul codifiziert, wobei dieselbe Klasse nochmals definiert werden muß und die einzelnen Methoden nun einen Programmcode erhalten:

---

* Falls eine Klasse ausschließlich in einem Haupt-Modul definiert wird, müssen die zugehörigen Methoden (Prozeduren und Funktionen) direkt innerhalb der Klassen-Definition codifiziert werden (das Aussehen einer Klassen-Definition entspricht demjenigen innerhalb eines Implementations-Moduls). Diese Vorgehensweise ist jedoch nicht zu empfehlen, da auf diese Weise die Definition einer Klasse äußerst umfangreich und unübersichtlich wird.

```
IMPLEMENTATION MODULE GraphObj;
IMPORT
  Graph;
TYPE
  Line=CLASS
    a1,b1,a2,b2:INTEGER;  (* Eckpunkte der Linie *)
    col:CARDINAL;         (* Farbe der Linie     *)
    visi:BOOLEAN;         (* Linie sichtbar?     *)

    PROCEDURE Init(x1,y1,x2,y2:INTEGER; color:CARDINAL);
    BEGIN
      a1:=x1; a2:=x2;
      b1:=y1; b2:=y2;
      col:=color; visi:=FALSE
    END Init;

    PROCEDURE Show;
    BEGIN
      visi:=TRUE;
      Graph.Line(ORD(a1),ORD(b1),ORD(a2),ORD(b2),col)
    END Show;

    PROCEDURE Hide;
    BEGIN
      visi:=FALSE;
      Graph.Line(ORD(a1),ORD(b1),ORD(a2),ORD(b2),0)
    END Hide;

    PROCEDURE MoveX(x:INTEGER);
    VAR
      sicht:BOOLEAN;
    BEGIN
      sicht:=visi;
      IF sicht THEN Hide END;
      INC(a1,x); INC(a2,x);
      IF sicht THEN Show END
    END MoveX;

    PROCEDURE MoveY(y:INTEGER);
    VAR
      sicht:BOOLEAN;
    BEGIN
      sicht:=visi;
      IF sicht THEN Hide END;
      INC(b1,y); INC(b2,y);
      IF sicht THEN Show END
    END MoveY;  (* Achtung: Strichpunkt (;) muß hier stehen! *)
  END;
END GraphObj.
```

Die innerhalb einer Methode verwendeten Variablen und Methoden bezeichnen automatisch die in der Klasse definierten Felder und Methoden. Bei Namens-

Konflikten steht der vordefinierte Bezeichner *SELF* zur Verfügung. Folgende Methode *MoveX* entspricht der bereits oben definierten (der Bezeichner *SELF* verdeutlicht hier lediglich, daß die Variablen und Methoden der eigenen Klasse verwendet werden):

```
PROCEDURE MoveX(x:INTEGER);
VAR
  sicht:BOOLEAN;
BEGIN
  sicht:=SELF.visi;
  IF sicht THEN SELF.Hide END;
  INC(a1,x); INC(a2,x);
  IF sicht THEN SELF.Show END
END MoveX;
```

Folgende Programm-Zeilen definieren zwei **Objekte** (zwei Linien), denen der Klassen-Typ *Line* zugeordnet ist:

```
VAR
  L1,L2:Line;
```

Auf die einzelnen Datenfelder von *L1* und *L2* wird wie bei Datensätzen (vom Typ *RECORD* ...) zugegriffen:

```
IO.WrStr(' Objekt <L1> ist sichtbar: ');
IO.WrBool(L1.visi,1); IO.WrLn;
IO.WrStr('Linke obere Ecke von <L2>: ');
IO.WrInt(L2.a1,1); IO.WrStr('/'); IO.WrInt(L2.b1,1); IO.WrLn;
```

Die einem Objekt zugeordneten Methoden werden wie gewöhnliche Prozeduren oder Funktionen aufgerufen (wobei eine Methode qualifiziert werden muß, d.h. ihr wird der Objekt-Name und ein Punkt vorangestellt). Mit Hilfe der *WITH*-Anweisung kann hier auf eine vollständige Qualifizierung verzichtet werden:

```
L1.Init(10,10,100,100,Graph.NumColor-1);
L1.Show;
L1.MoveX(20);

WITH L2 DO
  Init(20,20,110,110,Graph.NumColor-1);
  Show;
  MoveY(-10);
END;
```

Und wozu braucht man das?* Lehnen Sie sich nun in Ihrem Stuhl zurück, und denken Sie mit mir nach, was uns die objektorientierte Programmierung bis zu diesem Zeitpunkt für Vorteile bringt. Momentan sind wir in der Lage, eine beliebige Anzahl von Linien zu zeichnen, die alle unanbhängig voneinander angezeigt, versteckt und verschoben werden können, ohne daß wir uns um die

---

* Würde mein Vater fragen ...

Daten der einzelnen Objekte kümmern müssen. Natürlich haben Sie recht, wenn Sie behaupten, daß dasselbe Ergebnis auch mit der strukturierten Programmierung erreicht werden könnte. Sicher, aber nicht so elegant!

Mit Hilfe der strukturierten Programmierung würde das Definitions-Modul vielleicht wie folgt aussehen:

```
DEFINITION MODULE Graph2;  (* strukturierte Programmierung *)
TYPE
  LineDat=RECORD
    a1,b1,a2,b2:INTEGER;  (* Eckpunkte der Linie *)
    col:CARDINAL;         (* Farbe derr Linie    *)
    visi:BOOLEAN;         (* Linie sichtbar?     *)
  END;

  PROCEDURE Init(VAR dat:LineDat; x1,y1,x2,y2:INTEGER; color:CARDINAL);
  PROCEDURE Show(VAR dat:LineDat);
  PROCEDURE Hide(VAR dat:LineDat);
  PROCEDURE MoveX(VAR dat:LineDat; x:INTEGER);
  PROCEDURE MoveY(VAR dat:LineDat; y:INTEGER);
END Graph2.
```

Das Implementations-Modul zum oben aufgeführten Definitions-Modul könnte wie folgt aussehen (nur ein Auszug):

```
IMPLEMENTATIONN MODULE Graph2;  (* strukturierte Programmierung *)
IMPORT
  Graph;
TYPE
  LineDat=RECORD
    a1,b1,a2,b2:INTEGER;  (* Eckpunkte der Linie *)
    col:CARDINAL;         (* Farbe derr Linie    *)
    visi:BOOLEAN;         (* Linie sichtbar?     *)
  END;

  PROCEDURE Init(VAR dat:LineDat; x1,y1,x2,y2:INTEGER; color:CARDINAL);
  BEGIN
    WITH dat DO
      a1:=x1; a2:=x2;
      b1:=y1; b2:=y2;
      col:=color; visi:=FALSE
    END
  END Init;

  PROCEDURE Show(VAR dat:LineDat);
  BEGIN
    WITH dat DO
      visi:=TRUE;
      Graph.Line(ORD(a1),ORD(b1),ORD(a2),ORD(b2),col)
    END
  END Show;
  ...
END Graph2.
```

Wie Sie sehen, muß den einzelnen Prozeduren nun der Parameter *dat* zusätzlich übergeben werden; dieser enthält alle typischen Daten einer einzelnen Linie. Probleme treten dann auf, wenn weitere Graphik-Figuren (z.B. ein Kreis) im selben Definitions-Modul deklariert werden sollen, da die entsprechenden Prozeduren nicht mehr dieselben Namen haben dürfen (in der objektorientierten Programmierung stellt sich dieses Problem gar nicht, siehe weiter unten). Ein weiterer Vorteil der objektorientierten Programmierung ist der, daß die Variablen und Methoden einer Klasse weitervererbt werden können; dies hat zur Folge, daß gewisse Programmteile nicht mehr geschrieben werden müssen (die Vererbung wird weiter unten erläutert).

Folgendes Programm verwendet das oben definierte Modul *GraphObj* und erzeugt zwei Objekte. Diese können mit den Cursor-Tasten [↑], [↓], [←] und [→] bewegt und mit den Tasten [1] und [2] angezeigt bzw. versteckt werden:

```
MODULE Test;
IMPORT
  Graph,IO;
FROM GraphObj IMPORT
  Line;
VAR
  L1,L2:Line;
  ch:CHAR;
BEGIN
  Graph.InitGraph;
  Graph.GraphMode;
  L1.Init(10,10,100,100,Graph.NumColor-1); L1.Show;
  L2.Init(10,100,100,10,Graph.NumColor-1); L2.Show;
  REPEAT
    ch:=IO.RdKey();
    IF ch=0C THEN
      ch:=IO.RdKey();
      CASE CARDINAL(ch) OF
        75: L1.MoveX(-6); L2.MoveX(-3)
      | 77: L1.MoveX(6); L2.MoveX(3)
      | 72: L1.MoveY(-4); L2.MoveY(-2)
      | 80: L1.MoveY(4); L2.MoveY(2)
      END
    ELSE
      CASE ch OF
        '1': IF L1.visi THEN L1.Hide ELSE L1.Show END
      | '2': IF L2.visi THEN L2.Hide ELSE L2.Show END
      END
    END
  UNTIL ch=CHR(27);
  Graph.TextMode
END Test.
```

Vererbung: Nun wollen wir eine Klasse *Rectangle* definieren, die das zeichnen von (gefüllten) Rechtecken ermöglicht. Das Definitions-Modul *GraphOb2* könnte wie folgt ergänzt werden:

```
DEFINITION MODULE GraphOb2;
TYPE
  Line=CLASS
    a1,b1,a2,b2:INTEGER;  (* Eckpunkte der Linie *)
    col:CARDINAL;         (* Farbe der Linie     *)
    visi:BOOLEAN;         (* Linie sichtbar?     *)
    PROCEDURE Init(x1,y1,x2,y2:INTEGER; color:CARDINAL);
    PROCEDURE Show;
    PROCEDURE Hide;
    PROCEDURE MoveX(x:INTEGER);
    PROCEDURE MoveY(y:INTEGER);
  END;

  Rectangle=CLASS
    a1,b1,a2,b2:INTEGER;  (* Eckpunkte des Rechtecks *)
    col:CARDINAL;         (* Farbe des Rechtecks     *)
    visi:BOOLEAN;         (* Rechteck sichtbar?      *)
    filled:BOOLEAN;       (* Rechteck gefüllt?       *)

    PROCEDURE Init(x1,y1,x2,y2:INTEGER; color:CARDINAL; fill:BOOLEAN);
    PROCEDURE Show;
    PROCEDURE Hide;
    PROCEDURE MoveX(x:INTEGER);
    PROCEDURE MoveY(y:INTEGER);
  END;
END GraphOb2.
```

Wie Sie sehen, haben die Datenfelder und die Methoden von *Rectangle* dieselben Namen wie bei *Line*, wobei jedoch das Feld *filled* neu hinzugekommen ist und die Methode *Init* eine andere Parameter-Liste erhalten hat. Das Implementations-Modul *GraphOb2* könnte wie folgt ergänzt werden:

```
IMPLEMENTATION MODULE GraphOb2;
IMPORT
  Graph;
TYPE
  Line=CLASS
    (* wie in <GraphObj> *)
  END;

  Rectangle=CLASS
    a1,b1,a2,b2:INTEGER;
    col:CARDINAL;
    visi:BOOLEAN;
    filled:BOOLEAN;
```

```
    PROCEDURE Init(x1,y1,x2,y2:INTEGER; color:CARDINAL; fill:BOOLEAN);
    BEGIN
      a1:=x1; a2:=x2;
      b1:=y1; b2:=y2;
      col:=color; visi:=FALSE; filled:=fill
    END Init;

    PROCEDURE Show;
    BEGIN
      visi:=TRUE;
      Graph.Rectangle,(ORD(a1),ORD(b1),ORD(a2),ORD(b2),col,filled)
    END Show;

    PROCEDURE Hide;
    BEGIN
      visi:=FALSE;
      Graph.Rectangle(ORD(a1),ORD(b1),ORD(a2),ORD(b2),0,filled)
    END Hide;

    PROCEDURE MoveX(x:INTEGER);
    VAR
      sicht:BOOLEAN;
    BEGIN
      sicht:=visi;
      IF sicht THEN Hide END;
      INC(a1,x); INC(a2,x);
      IF sicht THEN Show END
    END MoveX;

    PROCEDURE MoveY(y:INTEGER);
    VAR
      sicht:BOOLEAN;
    BEGIN
      sicht:=visi;
      IF sicht THEN Hide END;
      INC(b1,y); INC(b2,y);
      IF sicht THEN Show END
    END MoveY;
  END;
END GraphOb2.
```

Die Methoden *MoveX* und *MoveY* sowie die Datenfelder *a1*, *b1*, *a2*, *b2*, *col* und *visi* sind bei *Line* und *Rectangle* identisch. In der objektorientierten Programmierung besteht nun die Möglichkeit, Datenfelder und Methoden einer Subklasse weiterzuvererben (dem reservierten Wort *CLASS* folgt in runden Klammern diejenige Klasse, von der alle Bezeichner geerbt werden sollen):

```
DEFINITION MODULE GraphOb3;
TYPE
  Line=CLASS
    a1,b1,a2,b2:INTEGER;
    col:CARDINAL;
```

```
      visi:BOOLEAN;
      PROCEDURE Init(x1,y1,x2,y2:INTEGER; color:CARDINAL);
      PROCEDURE Show;
      PROCEDURE Hide;
      PROCEDURE MoveX(x:INTEGER);
      PROCEDURE MoveY(y:INTEGER);
    END;

    Rectangle=CLASS(Line)  (* alle Felder und Methoden von <Line> erben *)
      filled:BOOLEAN;
      PROCEDURE Init(x1,y1,x2,y2:INTEGER; color:CARDINAL; fill:BOOLEAN);
      PROCEDURE Show;
      PROCEDURE Hide;
    END;
  END GraphOb3.
```

Die Subklasse *Rectangle* hat nun auf alle Felder und Methoden von *Line* Zugriff; die Methoden *Init*, *Show* und *Hide* werden jedoch nochmals aufgeführt, da sie etwas anders arbeiten als diejenigen von *Line* (wie wir bereits im Implementations-Modul *GraphOb2* bemerkt haben). *Line* wird übrigens **Vorfahr** von *Rectangle* genannt, *Rectangle* hingegen ist der **Nachkomme** von *Line*. Das Implementations-Modul *GraphOb3* sieht nun wie folgt aus:

```
IMPLEMENTATION MODULE GraphOb3;
IMPORT
  Graph;
TYPE
  Line=CLASS
    (* wie in <GraphObj> *)
  END;

  Rectangle=CLASS
    filled:BOOLEAN;

    PROCEDURE Init(x1,y1,x2,y2:INTEGER; color:CARDINAL; fill:BOOLEAN);
    BEGIN
      Line.Init(x1,y1,x2,y2,color);  (* ruft <Init> von <Line> auf *)
      filled:=fill
    END Init;

    PROCEDURE Show;
    BEGIN
      visi:=TRUE;
      Graph.Rectangle,(ORD(a1),ORD(b1),ORD(a2),ORD(b2),col,FALSE)
    END Show;

    PROCEDURE Hide;
    BEGIN
      visi:=FALSE;
      Graph.Rectangle(ORD(a1),ORD(b1),ORD(a2),ORD(b2),0,FALSE)
    END Hide;
  END;
```

```
END GraphOb3.
```

Innerhalb von *Rectangle.Init* wird die Methode *Init* von *Line* aufgerufen, da diese einen Teil der Initialisierung korrekt ausführt (bei Namens-Konflikten können Sie auch *SELF.Line.Init(...)* schreiben).

Dank der Vererbung haben wir uns viele Programmzeilen sparen können. Wenn Sie nun ein Objekt vom Typ *Rectangle* verwenden möchten, werden Sie erkennen, daß es zwar korrekt initialisiert, angezeigt und versteckt werden kann, jedoch nicht verschoben: Anstelle eines Rechtecks wird beim Verschieben eine Linie angezeigt. Was ist passiert?

Um diese Frage zu klären, betrachten wir uns die Methode *MoveX*, die innerhalb von *Line* definiert worden ist und *Rectangle* geerbt hat:

```
PROCEDURE MoveX(x:INTEGER);
VAR
  sicht:BOOLEAN;
BEGIN
  sicht:=visi;     ┌──────── (* Welche Methode ist gemeint? *)
  IF sicht THEN Hide END;
  INC(a1,x); INC(a2,x);
  IF sicht THEN Show END
END MoveX;         └──────── (* Welche Methode ist gemeint? *)
```

Virtuelle Methoden: Obwohl *Rectangle* die eigenen Methoden *Hide* und *Show* definiert hat, ruft *MoveX* dennoch diejenigen von *Line* auf, auch wenn *MoveX* von einem Objekt des Typs *Rectangle* aufgerufen wird. Dies liegt daran, daß die Adressen dieser beiden Methoden *Line.Show* und *Line.Hide* fest im Programm-Code verankert sind (die Methoden werden *statisch* genannt) und somit automatisch weitervererbt werden. Aber die objektorientierte Programmierung kennt auch für dieses Problem eine Lösung: die "späte Bindung" (engl. *late binding*). Die späte Bindung bedeutet nichts anderes, als daß anstelle einer Methoden-Adresse eine Variable im Programm-Code platziert wird, die erst zur Laufzeit eines Programms die korrekten Adresse einer Methode enthält (diese Methoden werden *virtuell* genannt). Um virtuelle Methoden zu erzeugen, müssen diese mit dem reservierten Wort *VIRTUAL* gekennzeichnet werden:

```
DEFINITION MODULE GraphOb4;
TYPE
  Line=CLASS
    a1,b1,a2,b2:INTEGER;  (* Eckpunkte der Linie *)
    col:CARDINAL;         (* Farbe der Linie     *)
    visi:BOOLEAN;         (* Linie sichtbar?     *)
    PROCEDURE Init(x1,y1,x2,y2:INTEGER; color:CARDINAL);
    PROCEDURE Show; VIRTUAL;  (* virtuelle Methode *)
    PROCEDURE Hide; VIRTUAL;  (* virtuelle Methode *)
    PROCEDURE MoveX(x:INTEGER);
    PROCEDURE MoveY(y:INTEGER);
  END;
```

```
    Rectangle=CLASS(Line)
      filled:BOOLEAN;
      PROCEDURE Init(x1,y1,x2,y2:INTEGER; color:CARDINAL; fill:BOOLEAN);
      PROCEDURE Show; VIRTUAL;  (* virtuelle Methode *)
      PROCEDURE Hide; VIRTUAL;  (* virtuelle Methode *)
    END;
  END GraphOb4.
```

Virtuelle Methoden stellen ein mächtiges Hilfsmittel zur Verfügung, das *Polymorphie* (kommt vom Griechischen und bedeutet "Vielgestaltigkeit") genannt wird. Dank der virtuellen Methoden wird es möglich, einer gewissen Aufgabe (z.B. Objekt verstecken) innerhalb einer Objekt-Hierarchie denselben Namen zu geben; dieser kann immer auf dieselbe Art verwendet werden, wobei jedes Objekt in einer bestimmten Hierarchie-Stufe die Aufgabe für sich selbst implementiert.

Bitte beachten Sie, daß die virtuellen Methoden auch im Implementations-Modul mit dem reservierten Wort *VIRTUAL* markiert werden müssen. Folgende Regeln sind bei virtuellen Methoden zu beachten:

- Wenn ein Vorfahr eine virtuelle Methode definiert, muß diese beim Nachkomme ebenfalls virtuell sein (es können jedoch auch virtuelle Methoden geerbt werden).
- Virtuelle Methoden mit denselben Namen müssen innerhalb einer Objekt-Hierarchie identische Parameter-Listen haben (diese Einschränkung gilt jedoch nicht für statische Methoden, wie Sie bei *Init* sehen können).
- Eine einfache Regel besagt, daß mindestens alle Methoden, die in Subklassen nochmals definiert werden, virtuell sein sollten (ausgenommen von dieser Regel ist die Methode, die ein Objekt initialisiert; oft werden auch alle Methoden außer der Initialisierungs-Methode virtuell definiert).

Methoden-Tabelle: Für jede (Sub-) Klasse wird eine Tabelle angelegt, die alle Adressen der einzelnen Methoden enthält (die Adresse der Methoden-Tabelle läßt sich mit der Funktion *MTA* ermitteln). Diese könnte für unsere beiden Klassen *Line* und *Rectangle* wie folgt aussehen:

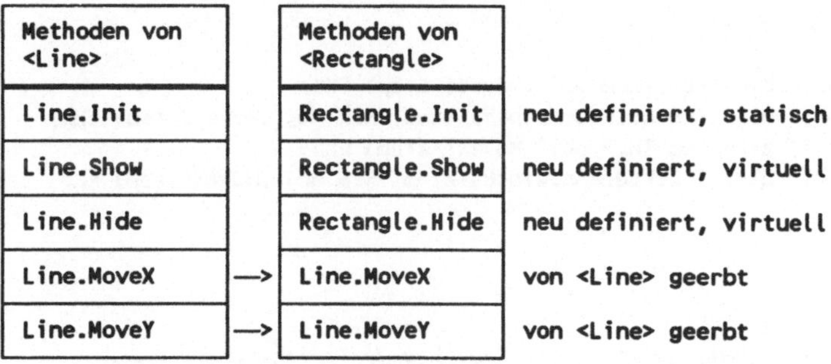

Sobald nun eine Methode virtuell ist, wird vor ihrem Aufruf ihre Adresse (Einsprungs-Stelle) in der entsprechenden Methoden-Tabelle gesucht und erst jetzt mit Hilfe dieser Adresse ausgeführt. Folgende Methode *MoveX* ruft nun *Line.Hide*, *Line.Show* oder *Rectangle.Hide*, *Rectangle.Show* auf (in Abhängigkeit des gewählten Objekt-Typs):

```
PROCEDURE MoveX(x:INTEGER);
VAR
  sicht:BOOLEAN;
BEGIN
  sicht:=visi;    ┌──────── (* <Line.Hide> oder <Rectangle.Hide> *)
  IF sicht THEN Hide END;
  INC(a1,x); INC(a2,x);
  IF sicht THEN Show END
END MoveX;        └──────── (* <Line.Show> oder <Rectangle.Show> *)
```

Dynamisch erzeugte Objekte: So richtig interessant wird die objektorientierte Programmierung erst dann, wenn Objekte dynamisch auf dem Heap erzeugt werden:

```
MODULE Test;
IMPORT
  Graph,IO,GraphOb4,Lib;
FROM Storage IMPORT
  ALLOCATE;  (* damit <NEW> funktioniert *)
TYPE
  LinePtr=POINTER TO GraphOb4.Line;
  RectanglePtr=POINTER TO GraphOb4.Rectangle;
VAR
  Lptr:LinePtr;
  Rptr:RectanglePtr;

  PROCEDURE MoveObj(obj:LinePtr);
  CONST
    step=INTEGER(6);
  VAR
    dir:CARDINAL;
  BEGIN
    dir:=Lib.RANDOM(4);
    CASE dir OF
      0: IF obj^.b1>=step THEN obj^.MoveY(-step) END;
    | 1: IF obj^.b2<INTEGER(Graph.Depth)-step THEN obj^.MoveY(step) END;
    | 2: IF obj^.a1>=step THEN obj^.MoveX(-step) END;
    | 3: IF obj^.a2<INTEGER(Graph.Width)-step THEN obj^.MoveX(step) END
    END
  END MoveObj;

BEGIN
  Graph.GraphMode;
  NEW(Lptr); Lptr^.Init(40,40,140,140,Graph.NumColor-1); Lptr^.Show;
  NEW(Rptr); Rptr^.Init(30,30,60,60,Graph.NumColor-1,TRUE); Rptr^.Show;
```

```
  REPEAT
    MoveObj(Lptr); Lib.Delay(100);
    MoveObj(Rptr); Lib.Delay(100)
  UNTIL IO.KeyPressed();
  Graph.TextMode;
END Test.
```

Der Parameter der oben aufgeführten Prozedur *MoveObj* ist vom Typ *LinePtr*. In der objektorientierten Programmierung ist es nun möglich, diesem Zeigertyp alle "Nachkommen"-Zeigertypen zuzuweisen:

```
TYPE
  LinePtr=POINTER TO GraphOb4.Line;
  RectanglePtr=POINTER TO GraphOb4.Rectangle;
VAR
  Lptr:LinePtr;
  Rptr:RectanglePtr;
  L:GraphOb4.Line;
  R:GraphOb4.Rectangle;
BEGIN
  ...
  Lptr:=Rptr;  (* erlaubt, da der Typ <Rectangle> Nachkomme ist von <Line> *)
  L:=R;        (* hier nicht erlaubt; nur bei Zeiger-Typen                 *)
```

Dieser Umstand wird bei der Prozedur *MoveObj* ausgenützt; ihr wird einmal eine Linie, ein andermal ein Rechteck übergeben. Die Prozedur *MoveObj* selbst weiß normalerweise nicht, welches Objekt ihr übergeben worden ist (kann jedoch mit der Funktion *MTA* festgestellt werden); sie verwendet automatisch die korrekten Methoden, um eine Graphik-Figur zu verschieben (bitte erinnern Sie sich, daß auch hier nur deswegen die korrekten Methoden verwendet werden, weil *Show* und *Hide* virtuell sind). Als einzige Einschränkung gilt, daß die Prozedur *MoveObj* nicht auf das Feld *filled* der Subklasse *Rectangle* zugreifen kann, da ja *Line* dieses Feld noch nicht kennt (und somit *LinePtr* auch nicht).

Da die Verwendung von dynamischen Objekten in der objektorientierten Programmierung fast alltäglich ist, werden die Zeigertypen oft zusätzlich im Definitions-Modul deklariert:

```
DEFINITION MODULE GraphOb5;
TYPE
  LinePtr=POINTER TO Line;
  Line=CLASS
    (* wie im Definitions-Modul <GraphOb4> *)
  END;

  RectanglePtr=POINTER TO Rectangle;
  Rectangle=CLASS(Line)
    (* wie im Definitions-Modul <GraphOb4> *)
  END;
END GraphOb5.
```

Siehe auch
IsOfClass, MTA, SELF, VIRTUAL

CLB — Modul (ab Version 2.0)

Zweck
Enthält alle in Maschinen-Code geschriebenen Routinen.

Bemerkung
Das Modul *CLB* enthält Routinen, die von vielen Modulen (z.B. *Lib* und *Str*) verwendet werden; sie alle sind mit einem Assembler geschrieben worden. Die unten aufgeführten Routinen sind (neben anderen) ausschließlich im Modul *CLB* enthalten.

_activepage	Ermittelt die aktuelle Textbildschirm-Seite
_buffertoscreen	Schreibt den Inhalt eines Puffers in den Bildschirm
_bufferwrite	Fügt eine Zeichenkette in den Puffer ein
_initscreentype	Ermöglicht das Verhindern von "Schnee", der beim Schreiben in den Bildschirm-Speicher entstehen kann
_screentobuffer	Schreibt einen Bildschirm-Ausschnitt in einen Puffer

Clear — Window

Zweck
Löscht den Inhalt des aktiven Fensters.

Struktur

```
Clear;
```

Bemerkung
Die Prozedur *Clear* löscht das aktive Fenster (siehe auch *Used*) und setzt den Cursor in die linke obere Fenster-Ecke (Punkt *(1,1)*).

Siehe auch
Close (Window), ClrEol, DelLine, Hide

ClearExceptions MATHLIB

Zweck
Initialisiert das Status-Register des mathematischen Coprozessors.

Struktur

```
ClearExceptions();
```

Bemerkung
Die Prozedur *ClearExceptions* setzt die sechs Bits *IE..PE* des Coprozessor-Registers *status* auf 0. Diese Bits werden bei Ausnahmezuständen vom Coprozessor gesetzt:

15							08	07							00	
B	C3	ST	ST	ST	C2	C1	C0	IR	..	PE	UE	OE	ZE	DE	IE	Status

B *busy*; ist gesetzt, wenn der Coprozessor momentan einen Befehl ausführt

C0..C3 *condcode*; diese Bits werden bei Vergleichen von Coprozessor-Rechenregister gesetzt

ST *stacktop*; diese drei zusammenhängenden Bits enthalten die Nummer desjenigen Coprozessor-Rechenregisters, das der momentanen Stack-Spitze entspricht (der Coprozessor verfügt über acht Rechenregister, die als "Ring-Stack" organisiert sind)

IR *interrupt*; wird gesetzt, wenn der Coprozessor (8087 ...) die CPU (8088, 8086 ...) unterbrochen hat

PE *precision exception*; wird gesetzt, wenn das Ergebnis bei der letzten Operation auf- oder abgerundet werden mußte

UE *underflow exception*; wird gesetzt, wenn eine Zahl nach einer Operation sehr nahe bei Null zu liegen kommt und diese nicht mehr dargestellt werden kann

OE *overflow exception*; wird gesetzt, wenn eine Zahl nach einer Operation zu groß geworden ist (wird als unendlich gespeichert, siehe Register *tag* bei *StoreEnvironment*)

ZE *zero exception*; wird gesetzt, wenn eine Division durch Null erfolgt ist

DE *denormalized exception*; wird gesetzt, wenn die letzte Operation versucht hat, einen denormalisierten Wert zu verwenden

IE *invalid exception*; wird gesetzt, wenn die letzte Operation ungültig war (z.B. Wurzel einer negativen Zahl)

Der aktuelle Inhalt des Registers *status* kann mit der Prozedur *StoreEnvironment* ermittelt werden.

Falls Ihr Computersystem über keinen mathematischen Coprozessor verfügt, wird dieser bis ins letzte Bit emuliert (d.h. *ClearExceptions* ist auch in diesem Fall anwendbar).

Siehe auch
FloatExc, LoadControlWord, StoreControlWord, StoreEnvironment

ClearScreen — Graph (ab Version 2.0)

Zweck
Löscht den Inhalt des Bildschirmes oder eines Fensters.

Struktur

```
ClearScreen(bereich:CARDINAL);
```

Bemerkung
Die Prozedur *ClearScreen* löscht im Graphik-Modus den gesamten Bildschirm, einen Bereich (siehe *SetClipRgn*) oder ein Text-Fenster (siehe *SetTextWindow*). Im Modul *Graph* sind zu diesem Zweck folgende Konstanten definiert:

```
CONST
  _GCLEARSCREEN = 0;  (* gesamter Bildschirm                *)
  _GVIEWPORT    = 1;  (* Bildschirm-Bereich, siehe <SetClipRgn> *)
  _GWINDOW      = 2;  (* Text-Fenster, siehe <SetTextWindow>    *)
```

Der Bildschirm, der Bereich oder das Text-Fenster erscheinen nach dem Löschen in der Hintergrund-Farbe (siehe *GetBkColor*).

Close — FIO

Zweck
Schließt eine Datei.

Struktur

```
Close(f:File);
```

Bemerkung
Die Prozedur *Close* schließt die Datei mit der Nummer *f*, nachdem der Datenpuffer-Inhalt (falls vorhanden, siehe *AssignBuffer*) auf den Datenträger geschrieben worden ist.

Siehe auch
Append (FIO), Create, Erase, Open (FIO), OpenRead, Rename

Close — Window

Zweck
Schließt ein Fenster.

Struktur

```
Close(VAR w:WinType);
```

Bemerkung
Die Prozedur *Close* schließt das zuvor geöffnete Fenster *w* (siehe auch *Window.Open*). Mit *Used* kann das nun aktive Ausgabe-Fenster ermittelt werden.

Siehe auch
Change, Hide, Open (Window)

ClrEol — Window

Zweck
Löscht alle Zeichen von der aktuellen Cursor-Position bis zum rechten Fensterrand.

Struktur

```
ClrEol;
```

Bemerkung
Die Prozedur *ClrEol* löscht alle Zeichen von der aktuellen Cursor-Position bis zum rechten Fensterrand. Die aktuelle Cursor-Position bleibt dabei unverändert.

Siehe auch
Clear, DelLine, InsLine

CommandLine — Lib

Zweck
Zeigervariable, die auf die beim Programmstart übergebenen Parameter zeigt.

Struktur

```
VAR CommandLine:CommandType;
```

Bemerkung
Die Variable *CommandLine* zeigt auf alle Parameter, die beim Programmstart übergeben worden sind (siehe auch *ParamCount* und *ParamStr*). Der Datentyp *CommandType* ist wie folgt definiert:

```
TYPE
  CommandType=POINTER TO ARRAY [0..126] OF CHAR;
```

Beispiel

```
MODULE CommandLine_Test;
IMPORT
  Lib,IO;
BEGIN
  IO.WrStr('Übergebene Parameter: ');
  IO.WrStr(Lib.CommandLine^)
END CommandLine_Test.
```

Siehe auch
Environment, ParamCount, ParamStr

Compare Lib

Zweck
Vergleicht zwei Speicherblöcke miteinander.

Struktur

```
Compare(a,b:ADDRESS; anz:CARDINAL):CARDINAL;
```

Bemerkung
Die Funktion *Compare* vergleicht zwei Speicherblöcke, die bei den Adressen *a* und *b* beginnen, Byte für Byte miteinander (insgesamt werden *anz* Bytes verglichen). Als Funktionsergebnis wird die Nummer der ersten ungleichen Stelle zurückgegeben. Falls beide Bereiche identisch sind, liefert *Compare* den Wert *anz*.

Bitte beachten Sie, daß dem ersten Byte eines Speicherblockes die Nummer 0 zugeordnet ist. Zeichenketten lassen sich mit der Funktion *Compare* des Moduls *Str* vergleichen.

Beispiel

```
IMPORT
  Lib;
VAR
  pos:CARDINAL;
BEGIN
  pos:=Lib.Compare(ADR('Meyer'),ADR('Meier'),5);  (* pos=2 *)
```

Siehe auch
Fill, Move, WordFill, WordMove

Compare Str

Zweck
Vergleicht zwei Zeichenketten miteinander.

Struktur

```
Compare(s1,s2:ARRAY OF CHAR):INTEGER;
```

Bemerkung
Die Funktion *Compare* vergleicht die beiden Zeichenketten *s1* und *s2* miteinander und liefert folgende Funktionsergebnisse:

```
-1: s1 < s2  (kleiner)
 0: s1 = s2  (gleich)
 1: s1 > s2  (größer)
```

Bitte beachten Sie, daß für den Vergleich die ASCII-Codes der einzelnen Zeichen verwendet werden; deshalb sind folgende Vergleiche wahr:

```
'Apfel' < 'Zitrone'
'apfel' > 'Zitrone'
```

Dies bedeutet, daß mit Hilfe von *Compare* Wörter wie folgt sortiert (z.B. mit *HSort*, siehe Beispiel) werden:

```
'Apfel' < 'Zitrone' < 'apfel' < 'zitrone'
```

Beliebige Speicherblöcke lassen sich mit der Funktion *Compare* des Moduls *Lib* vergleichen.

Beispiel
Folgende Programm sortiert Zeichenketten, wobei auf die Groß- bzw. Kleinschreibung nicht geachtet wird:

```
MODULE Test;
IMPORT
  Str,IO;
FROM Lib IMPORT
  HSort;

TYPE
  str20=ARRAY [0..20] OF CHAR;
VAR
  f:ARRAY [1..9] OF str20;
```

```
PROCEDURE Compare(s1,s2:ARRAY OF CHAR):INTEGER;
VAR
  w1,w2:INTEGER;
BEGIN
  w1:=Str.Compare(s1,s2);
  IF w1=0 THEN RETURN 0 END;   (* s1=s2 *)
  Str.Caps(s1); Str.Caps(s2);
  w2:=Str.Compare(s1,s2);
  IF w2=0 THEN RETURN w1 ELSE RETURN w2 END
END Compare;

PROCEDURE kleiner(a,b:CARDINAL):BOOLEAN;
BEGIN
  RETURN Compare(f[a],f[b])=-1
END kleiner;

PROCEDURE tausch(a,b:CARDINAL);
VAR
  hilf:str20;
BEGIN
  hilf:=f[a]; f[a]:=f[b]; f[b]:=hilf
END tausch;

PROCEDURE Init(VAR anz:CARDINAL);
BEGIN
  f[1]:='apfel'; f[2]:='Zitrone';   f[3]:='zitrone';
  f[4]:='Apfel'; f[5]:='gut';       f[6]:='Gut';
  f[7]:='gut';   f[8]:='Zwetschge'; f[9]:='knödel';
  anz:=9
END Init;

PROCEDURE Ausgabe(anz:CARDINAL);
VAR
  i:CARDINAL;
BEGIN
  FOR i:=1 TO anz DO
    IO.WrStr(f[i]);
    IO.WrLn
  END
END Ausgabe;

VAR
  anz:CARDINAL;
BEGIN
  Init(anz);
  HSort(anz,kleiner,tausch);
  Ausgabe(anz)
END Test.
```

Mit obigem Programm wird nun folgende Reihenfolge erzeugt:

```
Apfel < apfel < Gut < gut < Knödel < Zitrone < zitrone < Zwetschge
```

Siehe auch
Match, Pos

CompareStr — AsmLib (nur Version 1.x)

Zweck
Vergleicht zwei Zeichenketten miteinander.

Struktur

```
CompareStr(s1,s2:ARRAY OF CHAR):INTEGER;
```

Bemerkung
Die Funktion *CompareStr* entspricht der Funktion *Str.Compare* (siehe dort).

Siehe auch
Compare (Str)

Concat — Str

Zweck
Fügt zwei Zeichenketten zusammen.

Struktur

```
Concat(VAR hpt:ARRAY OF CHAR; t1,t2:ARRAY OF CHAR);
```

Bemerkung
Die Prozedur *Concat* fügt die beiden Zeichenketten *t1* und *t2* zusammen und stellt die neue Zeichenkette mit Hilfe des Parameters *hpt* zur Verfügung. Wenn *t1* und *t2* eine für *hpt* zu lange Zeichenkette erzeugen, werden die überzähligen Zeichen ignoriert.

Beispiel

```
VAR
  t1,t2:ARRAY [0..10] OF CHAR;
  hpt:ARRAY [0..255] OF CHAR;
BEGIN
  t1:='Kraut';
  t2:='Hammer';
  Str.Concat(hpt,t1,t2);  (* hpt='KrautHammer' *)
```

Siehe auch
Append (Str), Delete, Insert, Prepend, Slice

CONST — Reserviertes Wort

Zweck
Erlaubt das Definieren von Konstanten.

Bemerkung
Der Konstanten-Definitionsteil führt Bezeichner als Synonyme für konstante Werte ein.

Das reservierte Wort *CONST* steht am Anfang des Konstanten-Definitionsteils, dem eine Liste von Konstantenzuweisungen folgt; diese sind durch einen Strichpunkt (;) voneinander getrennt. Jede Konstantenzuweisung besteht aus einem Bezeichner, dem ein Gleichheitszeichen und ein konstanter Wert folgt:

```
CONST
  LRand=5;
  RRand=65;
  Mitte=(LRand+RRand) DIV 2;
  Copyright='(c) 1990 by Pepe Roni';
  klingel=CHR(7);
```

Es ist nicht erlaubt, zu einem späteren Zeitpunkt einer solchen Konstanten einen Wert zuzuweisen.

Wie oben bereits angedeutet, ist es möglich, im Konstanten-Deklarationsteil Ausdrücke (berechnete Konstanten) zu verwenden. Neben allen Operatoren (+, -, *, /, *MOD*, *DIV*, *AND*, *OR*, *NOT*, <<, >>) sind folgende Standard-Funktionen erlaubt:

ABS	FLOAT	MIN	ORD	TRUNC	VSIZE
CHR	MAX	ODD	SIZE	VAL	

Datentypen können bei der Konstanten-Definition herangezogen werden, um den Typ einer Konstanten explizit zu bestimmen:

```
CONST
  rand=INTEGER(3);          (* nicht CARDINAL *)
  Pi=LONGREAL(3.141592654); (* nicht REAL     *)
```

Aggregate: In TopSpeed Modula-2 ist es möglich, konstante Arrays und Records zu definieren (Aggregate genannt; nur für Version 1.x: siehe auch Compiler-Befehl **H** im Anhang E.1):

```
TYPE
  kunde=RECORD
    name:ARRAY [0..20] OF CHAR;
    guthaben:LONGINT
  END;
  tab=ARRAY [2..5] OF REAL;
```

```
CONST
  letzter=kunde('Zwirschina',-1000);
  SinTab=tab(0.0349,0.0523,0.0698,0.8716);
```

Alias-Deklaration: Im *CONST*-Anweisungsteil können bereits definierte Variablen oder Datentypen mit Hilfe der Zeichenfolge ::= einen neuen Namen erhalten ("Alias-Deklaration"):

```
TYPE
  alttyp=RECORD x,y:CARDINAL END;
VAR
  a:INTEGER;
CONST
  b::=a;
  neutyp::=alttyp;
```

Siehe auch
LABEL, MODULE, PROCEDURE, TYPE, VAR

ConvertCoords — Window

Zweck
Rechnet relative Koordinaten in absolute um.

Struktur

```
ConvertCoords(w:WinType; xr,yr:RelCoord; VAR xa,ya:AbsCoord);
```

Bemerkung
Die Prozedur *ConvertCoords* konvertiert die relativen Koordinaten des Punktes *(xr,yr)* (bezüglich Fenster *w*) in die absoluten Koordinaten *(xa,ya)* (bezüglich Bildschirm). Die verwendeten Datentypen *RelCoord* und *AbsCoord* sind im Modul *Window* wie folgt definiert (*WinType* siehe *Window*):

```
TYPE
  RelCoord=CARDINAL;  (* linke obere Fensterecke     = Punkt (1,1) *)
  AbsCoord=CARDINAL;  (* linke obere Bildschirmecke = Punkt (0,0) *)
```

Siehe auch
At, Info, ObscuredAt

Copy — Str

Zweck
Kopiert eine Zeichenkette in eine Variable.

Struktur

```
Copy(VAR erg:ARRAY OF CHAR; s:ARRAY OF CHAR);
```

Bemerkung

Die Prozedur *Copy* übergibt der Zeichenkette *erg* die Zeichenkette *s*. Wenn *s* für *erg* zu lang ist, werden die überzähligen Zeichen ignoriert.

Copy wird deshalb benötigt, weil die Zuweisung *erg:=s;* nicht möglich ist (einer solchen Variablen können nur konstante Zeichenketten zugeordnet werden). Falls Sie nur Teile von *s* benötigen, benützen Sie bitte die Prozedur *Slice*.

Siehe auch

Append (Str), Concat, Delete, Insert, Prepend, Slice

Cos MATHLIB

Zweck

Berechnet den Cosinus.

Struktur

```
Cos(x:LONGREAL):LONGREAL;
```

Bemerkung

Die Funktion *Cos* berechnet den Cosinus des Winkels x (Wertebereich für x: *beliebig*; Wertebereich des Ergebnisses y: $-1 <= y <= 1$). Das Argument x entspricht einem Winkel im Bogenmaß.

```
Bogenmaß = Grad*Pi/180
Grad     = Bogenmaß*180/Pi
```

Siehe auch

ACos, CosH, Sin, Tan

CosH MATHLIB

Zweck

Berechnet den hyperbolischen Cosinus.

Struktur

```
CosH(x:LONGREAL):LONGREAL;
```

Bemerkung
Die Funktion *CosH* berechnet den hyperbolischen Cosinus des Argumentes *x* (Wertebereich von *x*: *beliebig*; Wertebereich des Ergebnisses *y*: *1 <= y < unendlich*).

Der Graph der Funktion *y:=CosH(x);* wird auch als "Kettenlinie" bezeichnet. Im alltäglichen Leben ist diese Kettenlinie immer dann zu sehen, wenn ein Faden (ein Seil, eine Kette) an zwei Punkten aufgehängt wird und im Schwerefeld frei durchhängen kann. - Die Umkehrfunktion von *CosH* lautet wie folgt:

```
PROCEDURE ACosH(x:LONGREAL):LONGREAL;
BEGIN
  RETURN MATHLIB.Log(x+MATHLIB.Sqrt(x*x-1.0))
END ACosH;
```

Siehe auch
ACos, Cos, SinH, TanH

CpuId — Lib (ab Version 2.0)

Zweck
Ermittelt den verfügbaren Prozessor und Coprozessor.

Struktur

```
CpuId(VAR dat:CpuRec);
```

Bemerkung
Die Prozedur *CpuId* ermittelt den verfügbaren Prozessor und mathematischen Coprozessor. Der Datentyp *CpuRec* ist dabei wie folgt im Modul *Lib* vordefiniert:

```
TYPE
  CpuKind = (cpu_Unknown,cpu_V20,cpu_V30,
             cpu_8088,cpu_8086,
             cpu_80188,cpu_80186,
             cpu_80286,cpu_80386);
  FpuKind = (fpu_none,fpu_8087,fpu_80287,fpu_80387);
  CpuRec  = RECORD
    cpu:CpuKind;
    fpu:FpuKind;
  END;
```

Achtung: Obwohl *CpuId* im Definitions-Modul von *Lib* definiert ist, existiert diese Prozedur nicht wirklich. Im Implementations-Modul *LIB.MOD* wird auf eine Assembler-Routine verwiesen, die eigentlich in der Datei *R_ASMLIB.A* codifiziert sein sollte (dort fehlt sie aber). Aus diesem Grund kann die Prozedur *CpuId* nicht eingesetzt werden (der Linker meldet einen Fehler).

Create FIO

Zweck
Erzeugt eine Datei.

Struktur
```
Create(name:ARRAY OF CHAR):File;
```

Bemerkung
Die Funktion *Create* erzeugt die Datei *name* und ordnet dieser einen Zahlenwert (entspricht der Kanalnummer) zu. Dieser wird als Funktionsergebnis zurückgegeben und muß bei weiteren Datei-Routinen angegeben werden (falls *FIO.IOcheck* den Wert *FALSE* enthält, wird bei einem Fehler der Wert *MAX(CARDINAL)* zurückgegeben; siehe auch *FIO.IOresult*). Der Datentyp *File* ist im Modul *FIO* wie folgt definiert:

```
TYPE
  File=CARDINAL;
```

Eine Datei, die bereits existiert, kann mit *FIO.Open* geöffnet werden.

Siehe auch
Append (FIO), AssignBuffer, Close (FIO), Create (FIOR), Erase, Open (FIO), OpenRead, Rename

Create FIOR (ab Version 2.0)

Zweck
Erzeugt eine neue Datei (mit Hilfe der aktuellen Pfadtabellen-Datei).

Struktur
```
Create(name:ARRAY OF CHAR):File;
```

Bemerkung
Die Funktion *Create* erzeugt eine neue Datei und entspricht der Funktion *FIO.Create*, wobei *FIOR.Create* den Dateinamen *name* zuerst mit Hilfe von *FindNewPath* (siehe dort) erweitert. Als Funktionsergebnis wird eine Kanal-Nummer zurückgegeben, die bei den weiteren Datei-Routinen (siehe Modul *FIO*) angegeben werden muß. Mit Hilfe der Konstanten *Null* kann geprüft werden, ob die Datei *Create* erfolgreich war:

```
CONST
  Null=MAX(CARDINAL);  (* <Create> liefert <Null>, wenn erfolglos *)
```

Der Datentyp *File* ist wie folgt im Modul *FIOR* definiert:

```
TYPE
  File=CARDINAL;
```

Unmittelbar nach der Ausführung von *Create* enthält die in *FIOR* definierte Variable *LastPath* den vollständigen Namen (inkl. Laufwerks- und Pfad-Angabe) der erzeugten Datei:

```
TYPE
  PathStr=ARRAY [0..64] OF CHAR;
VAR
  LastPath:PathStr;
```

Siehe auch

Create (FIO), Erase (FIOR), Open (FIOR), OpenRW

Cube — Graph (ab Version 2.0)

Zweck

Zeichnet ein Quader.

Struktur

```
Cube(deckel:BOOLEAN; x1,y1,x2,y2,tiefe,farbe:CARDINAL; fuellen:BOOLEAN);
```

Bemerkung

Die Prozedur *Cube* zeichnet einen dreidimensionalen Balken. *(x1,y1)* bezeichnet die linke obere, *(x2,y2)* die rechte untere Ecke der Balken-Vorderseite. Der Parameter *tiefe* legt die Balkentiefe (in Bildschirm-Punkten) fest. Falls *fuellen* den Wert *TRUE* enthält, wird der Balken mit dem aktuellen Muster gefüllt (siehe *SetFillMask*); für die Umrißlinien wird automatisch die aktuelle Linien-Art verwendet (siehe *SetLinestyle*).

Erhält der Parameter *deckel* den Wert *TRUE*, wird der Balken mit einem Deckel abgeschlossen. Folgende Konstanten sind im Modul *Graph* definiert und können zusammen mit dem Parameter *deckel* verwendet werden:

```
CONST
  _GTOP   = TRUE;
  _GNOTOP = FALSE;
```

Der Parameter *farbe* legt die Zeichenfarbe fest (gültige Werte liegen im Bereich *0..(Graph.NumColor-1)* und bezeichnet einen Paletten-Eintrag, siehe hierzu *RemapAllPalette* und *SelectPalette*).

Beispiel
Folgendes Programm zeichnet solange dreidimensionale Balkendiagramme, bis Sie eine Taste drücken:

```
MODULE Test;
IMPORT
  Graph,IO,Lib;
CONST
  kugeln=Graph.FillMaskType(8CH,8FH,8FH,77H,0C8H,0F8H,0F8H,77H);
  kacheln=Graph.FillMaskType(10H,38H,7CH,0FEH,0FFH,0FEH,7CH,38H);
  punkte=Graph.FillMaskType(84H,21H,08H,42H,10H,84H,21H,08H);
  quadrate=Graph.FillMaskType(0B1H,30H,03H,1BH,0D8H,0C0H,0CH,8DH);
VAR
  ch:CHAR;
  maxx,maxy:CARDINAL;
  x1,y1,x2,y2,breite,tiefe:CARDINAL;
  i,k:CARDINAL;

  PROCEDURE Wait(zeit:CARDINAL);
  BEGIN
    FOR i:=1 TO (zeit DIV 50) DO
      IF IO.KeyPressed() THEN RETURN END;
      Lib.Delay(50)
    END
  END Wait;

BEGIN
  Graph.GraphMode;
  maxx:=Graph.Width-1;
  maxy:=Graph.Depth-1;
  breite:=maxx DIV 6;
  tiefe:=10;
  REPEAT
    Graph.ClearScreen(0);
    x1:=25;
    y1:=maxy-tiefe DIV 2;
    LOOP
      Graph.Line(x1,y1,maxx,y1,Graph.NumColor-1);
      IF y1<20 THEN EXIT ELSE DEC(y1,20) END
    END;
    Graph.Rectangle(25,maxy-tiefe DIV 2,maxx,0,Graph.NumColor-1,FALSE);
    FOR k:=0 TO 5 DO
      x1:=k*breite;
      x2:=(k+1)*breite;
      y1:=maxy; y2:=maxy;
      FOR i:=0 TO 3 DO
        CASE i OF
          0: Graph.SetFillMask(kugeln);
        | 1: Graph.SetFillMask(kacheln);
        | 2: Graph.SetFillMask(punkte);
        | 3: Graph.SetFillMask(quadrate);
        END;
```

```
        DEC(y1,Lib.RANDOM(maxy DIV 8)+maxy DIV 8);
        Graph.Cube(i=3,x1+15,y1,x2-15,y2,tiefe,Graph.NumColor-1,TRUE);
        y2:=y1
      END
    END;
    Wait(500)
  UNTIL IO.KeyPressed();
  ch:=IO.RdKey();
  Graph.TextMode
END Test.
```

Siehe auch
Arc, Circle, Disc, Ellipse, HLine, Line, Pie, Plot, Point, Polygon, Rectangle, TrueCircle, TrueDisc

CurrentPriority SYSTEM

Zweck
Ermittelt die aktuelle Priorität eines Moduls.

Struktur

```
CurrentPriority():CARDINAL;
```

Bemerkung
Die Funktion *CurrentPriority* ermittelt die aktuelle Priorität eines Moduls. Der gelieferte Funktionswert von *CurrentPriority* ist als Bitmuster zu interpretieren (8 gültige Bits beim PC, 16 beim AT); jedes gesetzte Bit schaltet einen bestimmten Interrupt aus (weitere Informationen zur Modul-Priorität finden Sie bei *MODULE*).

Siehe auch
Listen, MODULE, NewPriority

CurrentProcess SYSTEM

Zweck
Ermittelt die Adresse des aktuellen Prozesses.

Struktur

```
CurrentProcess():ADDRESS;
```

Bemerkung
Die Funktion *CurrentProcess* gibt einen Referenz-Zeigerwert des momentan laufenden Prozesses zurück. Ein neuer Prozeß kann mit *NEWPROCESS* oder *StartProcess* erzeugt werden.

Siehe auch
IOTRANSFER, NEWPROCESS, Process, TRANSFER

Cursor — MsMouse (ab Version 2.0)

Zweck
Schalten den Mauszeiger ein oder aus.

Struktur

```
Cursor(einschalten:BOOLEAN);
```

Bemerkung
Die Prozedur *Cursor* schaltet den Mauszeiger ein (Parameter *einschalten* enthält den Wert *TRUE*) oder aus. Dem Parameter *einschalten* können folgende im Modul *MsMouse* definierten Konstanten übergeben werden:

```
CONST
  _MS_ON   = TRUE;
  _MS_OFF  = FALSE;
  _MS_SHOW = TRUE;
  _MS_HIDE = FALSE;
```

Zu Beginn eines Programmes (nach der Funktion *MsMouse.Reset*) bleibt der Mauszeiger unsichtbar, deshalb muß er explizit mit *Cursor(TRUE)* eingeschaltet werden. Der Mauszeiger folgt selbständig der Mausbewegung (diese Arbeit verrichtet der Maustreiber).

Im Graphik-Modus verändert *SetGraphCursor* das Aussehen des Mauszeigers; im Text-Mouse definiert *SetTextCursor* einen neuen Cursor.

Achtung: Der Maustreiber definiert einen Zähler, der bei sichtbarem Mauszeiger auf 1 gesetzt ist und bei unsichtbarem Mauszeiger einen Wert kleiner oder gleich 0 enthält (jeder Aufruf von *Cursor(FALSE)* verkleinert diesen Zähler um 1). Somit erfordert ein zweimaliges Aufrufen von *Cursor(FALSE)* ebenso ein zweimaliges Aufrufen von *Cursor(TRUE)*, damit der Mauszeiger sichtbar wird. Die Funktion *MsMouse.Reset* setzt diesen Zähler immer auf 0 zurück, außerdem kann er nie größer als 1 werden (auch dann nicht, wenn Sie mehrmals hintereinander *Cursor(TRUE)* schreiben). Leider läßt sich der aktuelle Stand dieses Zählers weder ermitteln noch direkt verändern.

Siehe auch
Reset, SetGraphCursor, SetTextCursor, UpdateScreen

CursorOff Window

Zweck
Schaltet den Cursor aus.

Struktur

```
CursorOff;
```

Bemerkung
Die Prozedur *CursorOff* schaltet den Cursor innerhalb des aktiven Fensters (siehe *Used*) aus, d.h. macht ihn unsichtbar. In jedem Textfenster kann separat bestimmt werden, ob der Cursor sichtbar sein soll oder nicht.

Siehe auch
CursorOn, GotoXY, Info, WhereX, WhereY

CursorOn Window

Zweck
Schaltet den Cursor ein.

Struktur

```
CursorOn;
```

Bemerkung
Die Prozedur *CursorOn* schaltet den Cursor innerhalb des aktiven Fensters (siehe *Used*) ein.

Siehe auch
CursorOff, GotoXY, Info, WhereX, WhereY

DEALLOCATE Storage

Zweck
Gibt zuvor reservierten Speicherplatz auf dem Standard-Heap frei.

Struktur

```
DEALLOCATE(VAR p:ADDRESS; groesse:CARDINAL);
FarDeallocate(VAR p:FarADDRESS; groesse:CARDINAL);      (* ab Version 2.0 *)
NearDeallocate(VAR p:NearADDRESS; groesse:CARDINAL);    (* ab Version 2.0 *)
```

Bemerkung
Die Prozedur *DEALLOCATE* gibt einen zuvor mit *ALLOCATE* reservierten Speicherblock wieder frei. *groesse* (immer in Bytes) sollte dabei der früher reservierten Speichergröße entsprechen (siehe auch ausführliches Beispiel bei *ALLOCATE*).

- **Ab Version 2.0:** *DEALLOCATE* wird in den Speichermodellen *Small* und *Medium* der Prozedur *NearDeallocate*, in den Speichermodellen *Compact*, *Large*, *XLarge* und *MThread* jedoch *FarDeallocate* zugeordnet. Mit den beiden Prozeduren *FarDeallocate* und *NearDeallocate* kann explizit einer der beiden Zeiger-Typen (*near* oder *far*) gewählt werden (die einzelnen Speichermodelle werden im Anhang D erläutert). Im Original-Handbuch wird empfohlen, die Routinen des Moduls *ShtHeap* anstelle der *near*-Routinen zu verwenden.

Siehe auch
ALLOCATE, DISPOSE, HeapDeallocate, NEW

DEC Standard-Prozedur

Zweck
Erniedrigt den Inhalt einer ordinalen Variablen.

Struktur

```
DEC(VAR x);
DEC(VAR x; n);
```

Bemerkung
Die Prozedur *DEC* verkleinert den Wert *x* (ordinaler Typ, siehe *TYPE*) um 1 bzw. *n* (bei Aufzähltypen wird der unmittelbare bzw. der *n*-te Vorgänger zurückgegeben).

Speicher-Adressen können mit den beiden Routinen *DecAddr* und *SubAddr* verkleinert werden.

Beispiel

```
TYPE
  wt=(mo,di,mi,do,fr,sa,so);
VAR
  heute:wt;
BEGIN
  heute:=do;
  DEC(heute,2);   (* heute=di *)
  DEC(heute);     (* heute=mo *)
```

Siehe auch

DecAddr, INC

DecAddr — Lib

Zweck

Vermindert eine Adresse.

Struktur

```
DecAddr(VAR a:ADDRESS; dec:CARDINAL);
DecFarAddr(VAR a:FarADDRESS; dec:CARDINAL);     (* ab Version 2.0 *)
DecNearAddr(VAR a:NearADDRESS; dec:CARDINAL);   (* ab Version 2.0 *)
```

Bemerkung

Die Prozedur *DecAddr* vermindert die Speicher-Adresse *a* um den Wert *dec*.

- **Ab Version 2.0:** Der Zeigertyp *ADDRESS* paßt sich dem aktuellen Speichermodell an. Er umfaßt 2 Bytes (*near*) in den Speichermodellen *Small* und *Medium*, jedoch 4 Bytes (*far*) in den Speichermodellen *Compact*, *Large*, *XLarge* und *MThread*. Mit den beiden Prozeduren *DecFarAddr* und *DecNearAddr* kann explizit einer der beiden Zeiger-Typen (*near* oder *far*) gewählt werden (die einzelnen Speichermodelle werden im Anhang D erläutert).

Siehe auch

AddAddr, IncAddr, SubAddr

DEFINITION — Reserviertes Wort

Zweck

Leitet das Definitions-Modul ein.

Bemerkung
Ob ein großes Software-Paket je mit Erfolg abgeschlossen werden kann, hängt hauptsächlich von der Übersichtlichkeit des Programm-Codes ab. Diese läßt sich besonders dann steigern, wenn einzelne Routinen und Programmteile in kleine Einheiten (Module) aufgeteilt werden können. Ein unter Modula-2 gebildetes (Bibliotheks-) Modul enthält zusammengehörende Routinen und bestehen aus zwei Teilen (Dateien): dem Definitions- und dem Implementations-Modul.

Das reservierte Wort *DEFINITION* leitet das Definitions-Modul ein; dieses gehört zum gleichnamigen Implementations-Modul (siehe *IMPLEMENTATION*) und führt alle Bezeichner auf, die im Implementations-Modul codifiziert sind und von anderen Modulen verwendet werden können (das Definitions-Modul dient als Schnittstelle zur Außenwelt).

Prozeduren und Funktionen werden mit den Parameterlisten aufgeführt, Variablen erhalten ihre Datentypen, Konstanten ihre Werte zugeordnet. Datentypen werden normalerweise bereits im Definitions-Modul spezifiziert, es besteht aber die Möglichkeit, die Struktur eines Datentyps zu verbergen (es entstehen **undurchsichtige Datentypen**). In diesem Fall wird im Definitions-Modul nur der Name des Typs aufgeführt, die genaue Struktur jedoch erst im Implemantations-Modul festgelegt (ein undurchsichtiger Datentyp muß immer ein Zeigertyp sein, genauere Informationen erhalten Sie bei *IMPLEMENTATION*).

Die allgemeinste Form eines Definitions-Moduls sieht wie folgt aus:

```
DEFINITION MODULE <name>;  (* Dateierweiterung .DEF *)
  (* IMPORT    : Importieren von benötigten Bezeichnern       *)
  (* CONST     : Definieren von Konstanten                    *)
  (* TYPE      : Definieren von Datentypen                    *)
  (* VAR       : Definieren von Variablen                     *)
  (* PROCEDURE : Definieren von Prozeduren, Funktionen (nur Köpfe) *)
END <name>.
```

Im Definitions-Modul sollen nur diejenigen Bezeichner importiert werden (meist Datentypen), die unmittelbar im Definitions-Modul benötigt werden.

Der Dateiname muß mit dem Modul-Namen *name* identisch sein (nur die ersten acht Buchstaben sind dabei relevant), als Dateierweiterung ist *.DEF* zu wählen.

Compilieren und Linken: Ein Software-Projekt kann bereits compiliert werden, wenn alle Definitions-Module (nicht aber Implementations-Module) vorhanden sind (ein Linken ist jedoch noch nicht möglich). Auf diese Weise kann geprüft werden, ob alle Routinen mit den richtigen Parametern verwendet werden (siehe auch Anhang B.1 und B.2 unter *Compile*, *Make* und *Link* (hier nur für Version 1.x)). Ein Definitions-Modul selbst kann nur compiliert werden; ein Linken ist nicht erlaubt.

Beispiel

```
DEFINITION MODULE BinTree;  (* Dateiname: BINTREE.DEF *)
TYPE
  tree;  (* Undurchsichtiger Typ, siehe <IMPLEMENTATION> *)
  element    = ARRAY [0..10] OF CHAR;
  GetElement = PROCEDURE(element,CARDINAL);

  PROCEDURE InitTree(VAR t:tree);
  PROCEDURE KillTree(VAR t:tree);

  PROCEDURE InsElement(VAR t:tree; VAR e:element);
  PROCEDURE InOrder(t:tree; out:GetElement);
END BinTree.
```

Das zugehörige Implementations-Modul wird bei *IMPLEMENTATION* aufgeführt.

Siehe auch
IMPLEMENTATION, MODULE

Delay — Lib

Zweck
Unterbricht das aktuelle Programm für eine gewisse Zeit.

Struktur

```
Delay(zeit:CARDINAL);
```

Bemerkung
Die Prozedur *Delay* hält die Programm-Ausführung um *zeit* Millisekunden (=1/1000 Sekunde) an und wird meist zusammen mit der Prozedur *Sound* eingesetzt.

Die von *Delay* erzeugten Programm-Unterbrechungen sind auf allen Computer-System ungefähr gleich lang. Bitte beachten Sie, daß das Modul *Process* auch eine Prozedur mit dem Namen *Delay* enthält (siehe weiter unten).

Siehe auch
NoSound, Sound

Delay — Process

Zweck
Unterbricht den laufenden Prozeß.

Struktur

```
Delay(t:CARDINAL);
```

Bemerkung

Die Prozedur *Delay* unterbricht den aktuellen Prozeß für *t* Einheiten (eine Einheit entspricht rund 1/18.2 Sekunden). Der Unterschied zu *Lib.Delay* besteht darin, daß *Process.Delay* nicht das gesamte Programm in einen Wartezustand versetzt, sondern nur den aktuellen Prozeß. *Delay(0);* bewirkt, daß sofort der nächste Prozeß mit der gleichen oder höheren Priorität (siehe *StartProcess*) zur Ausführung kommt.

Wichtig: Bitte beachten Sie, daß *Delay* nur dann richtig funktioniert, wenn der Scheduler installiert (siehe *StartScheduler*) und der Prozeß beim Aufruf von *Delay* nicht gesperrt ist (siehe *Lock* und *Unlock*).

Beispiel

Folgendes Programm läßt Buchstaben auf dem Bildschirm hin- und hertanzen. Der Prozeß *p1* steuert dabei einen einzelnen Buchstaben und wird 40 Mal erzeugt (somit werden 40 Buchstaben unabhängig voneinander durch den Bildschirm bewegt).

```
MODULE Delay_Test;
  (* Ab Version 2.0 Speichermodell <MThread> wählen! *)
FROM Window IMPORT
  GotoXY,CursorOff,CursorOn;
FROM Process IMPORT
  StartProcess,StartScheduler,StopScheduler,
  Init,SEND,WAIT,SIGNAL,Lock,Unlock,Delay;
IMPORT
  IO,Lib,Str;
VAR
  ende:SIGNAL;

  PROCEDURE p1;
  VAR
    x,y,x2,y2,dx,dy:INTEGER;
    ch:CHAR;
    w:CARDINAL;
  BEGIN
    x:=Lib.RANDOM(79)+1;
    y:=Lib.RANDOM(24)+1;
    dx:=1; IF Lib.RANDOM(2)=0 THEN dx:=-dx END;
    dy:=1; IF Lib.RANDOM(2)=0 THEN dy:=-dy END;
    x2:=x; y2:=y;
    w:=Lib.RANDOM(26);
    ch:=CHAR(65+w);
    w:=(w MOD 4)+1;
    LOOP
      Lock; GotoXY(x2,y2); IO.WrChar(' ');
      GotoXY(x,y); IO.WrChar(ch); Unlock;
```

```
      Delay(w);
      IF (x+dx>79) OR (x+dx<1) THEN dx:=-dx END;
      IF (y+dy>24) OR (y+dy<1) THEN dy:=-dy END;
      x2:=x; y2:=y;
      INC(x,dx); INC(y,dy);
    END
  END p1;

  PROCEDURE p2;
  VAR
    x,dx:INTEGER;
    s:ARRAY [0..79] OF CHAR;
  BEGIN
    s:=' Das tanzende Alphabet ... Ende mit jeder Taste ';
    x:=(80-Str.Length(s)) DIV 2;
    dx:=1;
    LOOP
      Lock; GotoXY(x,25); IO.WrStr(s); Unlock;
      Delay(1);
      IF (x+dx>INTEGER(80-Str.Length(s))) OR (x+dx<1) THEN dx:=-dx END;
      INC(x,dx)
    END
  END p2;

  PROCEDURE p3;
  BEGIN
    LOOP
      Lock;
      IF IO.KeyPressed() THEN
        Unlock;
        SEND(ende);
        Lock
      END;
      Unlock
    END
  END p3;

VAR
  c:CARDINAL;
BEGIN
  CursorOff;
  Init(ende);
  StartScheduler;
  FOR c:=1 TO 40 DO StartProcess(p1,1024,1) END;
  StartProcess(p2,1024,1);
  StartProcess(p3,1024,1);
  WAIT(ende);
  StopScheduler;
  CursorOn
END Delay_Test.
```

Siehe auch
Lock, Unlock, WAIT

Delete — Str

Zweck
Löscht einen Teil einer Zeichenkette.

Struktur

```
Delete(VAR s:ARRAY OF CHAR; pos,anz:CARDINAL);
```

Bemerkung
Die Prozedur *Delete* löscht ab der Stelle *pos* der Zeichenkette *s* eine gewisse Anzahl (*anz*) Zeichen; dem ersten Zeichen ist die Nummer 0 zugeordnet.

Beispiel

```
VAR
  s:ARRAY [0..255] OF CHAR;
BEGIN
  s:='Filzschreiber';
  Str.Delete(s,10,3);  (* s='Filzschrei' *)
  Str.Delete(s,1,6);   (* s='Frei'       *)
```

Siehe auch
Append (Str), Concat, Copy, Insert, Prepend, Slice

DelLine — Window

Zweck
Löscht diejenige Zeile, in der sich der Cursor befindet.

Struktur

```
DelLine;
```

Bemerkung
Die Prozedur *DelLine* löscht diejenige Fenster-Zeile, in der sich der Cursor momentan befindet. Alle darunterliegenden Zeilen werden nach oben verschoben.

Siehe auch
Clear, ClrEol, InsLine

DI SYSTEM

Zweck
Verbietet das Auslösen von Hardware-Interrupts.

Struktur

```
DI();
```

Bemerkung
Die Prozedur *DI* unterdrückt alle Hardware-Interrupts (08H..0FH, z.B. Tastatur, Zeitgeber) und wird benötigt, um kritische Programm-Passagen (z.B. Verändern von Interrupt-Vektoren) ohne Unterbruch ausführen zu lassen. Bitte beachten Sie, daß nach *DI* die Systemuhr stehen bleibt.

Siehe auch
EI, Listen

DirectWrite Window

Zweck
Schreibt eine Zeichenkette direkt in den Bildschirm-Speicher.

Struktur

```
DirectWrite(x,y:RelCoord; a:ADDRESS; len:CARDINAL);
```

Bemerkung
Die Prozedur *DirectWrite* schreibt *len* Zeichen in den Bildschirm, die ab der Adresse *a* gespeichert sind (es ist möglich, auch die Zeichen im Bereich *CHR(0)..CHR(31)* auf dem Bildschirm darzustellen). Der Punkt *(x,y)* bezeichnet diejenige Stelle innerhalb des aktiven Fensters, bei der das erste Zeichen zu liegen kommt (der Punkt *(1,1)* bezeichnet die linke obere Fensterecke). Der Datentyp *RelCoord* ist im Modul *Window* wie folgt definiert:

```
TYPE
  RelCoord=CARDINAL;
```

Ein Umbruch am Zeilenende findet nicht statt (die Zeile wird abgeschnitten), außerdem verändert *DirectWrite* die aktuelle Cursor-Position nicht.

Mögliche Bildschirmstörungen (CGA-Karte) können mit Hilfe der Prozedur *AsmLib.InitScreenType* (nur Version 1.x) bzw. *CLB._initscreentype* (ab Version 2.0) verhindert werden.

Beispiel

Folgendes Programm stellt die gesamte ASCII-Tabelle in einem Fenster dar:

```
MODULE DirectWrite_Test;
FROM Window IMPORT
  DirectWrite,GotoXY;
IMPORT
  Str,IO;
CONST
  dx=20;
  dy=5;
VAR
  ch:CHAR;
  x,y:CARDINAL;
  tit:ARRAY [0..80] OF CHAR;
BEGIN
  GotoXY(dx,dy-1); IO.WrCharRep(CHR(196),31);
  tit:=' ASCII-Tabelle ';
  DirectWrite(dx+(31-Str.Length(tit)) DIV 2,dy-1,ADR(tit),Str.Length(tit));
  FOR y:=0 TO 15 DO
    FOR x:=0 TO 15 DO
      ch:=CHAR(x+16*y);
      DirectWrite(dx+x*2,dy+y,ADR(ch),1)
    END
  END
END DirectWrite_Test.
```

Siehe auch

RdBufferLn, WrBufferLn

DisableBreakCheck Lib

Zweck

Verhindert die Unterbrechung eines Programmes mit *Ctrl-Break*.

Struktur

```
DisableBreakCheck;
```

Bemerkung

Die Prozedur *DisableBreakCheck* verhindert, daß ein laufendes Programm mit der Tastenfolge *Ctrl-Break* abgebrochen werden kann. Das Prozedur-Paar *DisableBreakCheck* und *EnableBreakCheck* kann beliebig oft in einem Programm eingesetzt werden.

- **Version 1.x:** Mit Hilfe des Compiler-Befehls **B** (siehe Anhang E.1) kann in einem Programm die Unterbrechung mit *Ctrl-Break* global verhindert werden.

Bitte beachten Sie, daß trotz ausgeschalteter Prüfung die Zeichenfolge *^C* auf dem Bildschirm erscheint, wenn Sie *Ctrl-Break* drücken (*^C* wird bei der nächsten Schreib- oder Lese-Routine des Moduls *IO* ausgegeben). Diese Unschönheit können Sie weitgehend verhindern, wenn Sie das Modul *Window* in ein Programm einbinden (in diesem Fall erzeugen nur noch die Funktionen *IO.RdKey* und *IO.KeyPressed* die Ausgabe von *^C*). Verwenden Sie bitte folgende Routinen des Moduls *IOplus*, um dieses Problem vollständig zu umgehen:

```
DEFINITION MODULE IOplus;  (* Datei <IOplus.DEF> *)

(* Folgende Routinen verwenden BIOS-Routinen und arbeiten auch dann *)
(* korrekt, wenn die <Ctrl-Break>-Prüfung ausgeschaltet ist (mit    *)
(* Compiler-Befehl B oder der Prozedur <DisableBreakCheck>.)        *)

IMPORT
  Window;  (* Modul <Window> einbinden, damit die meisten Routinen  *)
           (* des Moduls <IO> kein ^C ausgeben.                     *)

  PROCEDURE RdKey():CHAR;
  PROCEDURE KeyPressed():BOOLEAN;

END IOplus.

IMPLEMENTATION MODULE IOplus;  (* Datei <IOplus.MOD> *)
IMPORT
  Lib,SYSTEM;
VAR
  keysave:CHAR;

  PROCEDURE RdKey():CHAR;
  VAR
    reg:SYSTEM.Registers;
    ch:CHAR;
  BEGIN
    IF keysave<>0C THEN ch:=keysave; keysave:=0C; RETURN ch END;
    reg.AH:=0;
    Lib.Intr(reg,16H);
    IF reg.AX=0 THEN reg.AL:=3 END;             (* Ctrl-Break gedrückt *)
    IF reg.AL=0 THEN keysave:=CHAR(reg.AH) END;  (* Taste mit 2 Codes *)
    RETURN CHAR(reg.AL)
  END RdKey;

  PROCEDURE KeyPressed():BOOLEAN;
  VAR
    reg:SYSTEM.Registers;
  BEGIN
    IF keysave<>0C THEN RETURN TRUE END;
    reg.AH:=1;
    Lib.Intr(reg,16H);
    RETURN NOT (SYSTEM.ZeroFlag IN reg.Flags)
  END KeyPressed;
```

```
BEGIN
  keysave:=0C
END IOplus.
```

- **Ab Version 2.0:** Standardmäßig kann ein laufendes Programm nicht mit *Ctrl-Break* unterbrochen werden (*DisableBreakCheck* wird zu Beginn eines Programmes automatisch ausgeführt). Die Probleme der Version 1.x sind ab der Version 2.0 nicht mehr vorhanden.

Beispiel (für Version 1.x)
Folgendes Programm verwendet die beiden Routinen des oben definierten Moduls *IOplus*. Bitte beachten Sie, daß das Modul *Window* bereits im Definitions-Moduls *IOplus* eingebunden wird (das Modul *Window* ordnet den meisten Schreib- und Lese-Routinen von *IO* neue Algorithmen zu; aus diesem Grund wird bei ihnen die Ausgabe von *^C* unterdrückt; siehe auch Bemerkungen oben):

```
(*$B-*)  (* <Ctrl-Break>-Prüfung ausschalten *)
MODULE Test;
IMPORT
  IOplus,IO;
VAR
  ch:CHAR;
BEGIN
  REPEAT
    ch:=IOplus.RdKey();
    IF IOplus.KeyPressed() THEN
      ch:=IOplus.RdKey();
      IO.WrStr('2 Codes: 0, '); IO.WrCard(CARDINAL(ch),1); IO.WrLn
    ELSE
      IO.WrStr('1 Code: '); IO.WrCard(CARDINAL(ch),1); IO.WrLn
    END
  UNTIL ch=CHR(27)
END Test.
```

Siehe auch
EnableBreakCheck

DisableExceptionHandling FloatExc

Zweck
Schaltet die Behandlung von Rechenfehlern ab.

Struktur

```
DisableExceptionHandling;
```

Bemerkung
Die Prozedur *DisableExceptionHandling* ermöglicht das lokale Ausschalten der Fehlerbehandlung-Routine (im Zusammenhang mit *REAL-* und *LONGREAL-*Werten), die beim Importieren des Moduls *FloatExc* selbständig eingebunden wird.

- **Ab Version 2.0:** Obwohl das Modul *FloatExc* weiterhin auf für die Version 2.0 zur Verfügung steht, sollte es nicht wie bei der Version 1.x zur Behandlung von Rechenfehlern verwendet werden (laut Empfehlungen von *Jensen & Partners International*; siehe jedoch *MathError*).

Siehe auch
EnableExceptionHandling

Disc — Graph

Zweck
Zeichnet einen gefüllten Kreis.

Struktur

```
Disc(x,y,r,fuellfarbe:CARDINAL);
```

Bemerkung
Die Prozedur *Disc* zeichnet einen gefüllten Kreis mit dem Radius *r* und der Füllfarbe *fuellfarbe* (für Version 1.x siehe hierzu *Polygon*); *(x,y)* bezeichnet den Kreismittelpunkt (die gültigen Bereiche werden bei *Init<karte>* aufgeführt).

- **Version 1.x:** Die mit *Disc* gezeichneten Kreise können am Rand aufgrund des Füll-Musters etwas ausgefranst sein; mit *Circle* kann jedoch bei Bedarf nachträglich eine Umrißlinie gezeichnet werden.
- **Ab Version 2.0:** *Disc* verwendet das aktuelle Füllmuster (siehe *SetFillMask*). Der Parameter *fuellfarbe* bezeichnet die Nummer des zu verwendenden Paletten-Eintrages (siehe *RemapAllPalette* und *SelectPalette*).

Beispiel
Folgendes Programm zeichnet einige Kreise mit verschiedenen Füll-Mustern.

```
MODULE Disc_Test1;  (* Version 1.0 *)
IMPORT
  Graph,IO,Lib;
FROM Graph IMPORT
  NumColor,Width,Depth;
VAR
  ch:CHAR;
  i,x,y,r:CARDINAL;
```

```
BEGIN
  Graph.GraphMode;  (* siehe auch Init<karte> *)
  x:=Width DIV 12;
  y:=Depth DIV 2;
  r:=Depth DIV 8;
  FOR i:=1 TO 11 DO
    Graph.Disc(x*i,y,r,i);             (* Kreisfläche *)
    Graph.Circle(x*i,y,r,NumColor-1)   (* Umrißlinie  *)
  END;
  ch:=IO.RdKey();
  Graph.TextMode
END Disc_Test1.

MODULE Disc_Test2;  (* ab Version 2.0 *)
IMPORT
  Graph,IO,Lib;
FROM Graph IMPORT
  NumColor,Width,Depth;
CONST
  kugeln=Graph.FillMaskType(8CH,8FH,8FH,77H,0C8H,0F8H,0F8H,77H);
  kacheln=Graph.FillMaskType(10H,38H,7CH,0FEH,0FFH,0FEH,7CH,38H);
  punkte=Graph.FillMaskType(84H,21H,08H,42H,10H,84H,21H,08H);
  quadrate=Graph.FillMaskType(0B1H,30H,03H,1BH,0D8H,0C0H,0CH,8DH);
VAR
  ch:CHAR;
  i,x,y,r:CARDINAL;
BEGIN
  Graph.GraphMode;  (* siehe auch Init<karte> *)
  x:=Width DIV 12;
  y:=Depth DIV 2;
  r:=Depth DIV 8;
  FOR i:=1 TO 11 DO
    CASE i MOD 4 OF
      0: Graph.SetFillMask(kugeln);
    | 1: Graph.SetFillMask(kacheln);
    | 2: Graph.SetFillMask(punkte);
    | 3: Graph.SetFillMask(quadrate);
    END;
    Graph.Disc(x*i,y,r,NumColor-1)
  END;
  ch:=IO.RdKey();
  Graph.TextMode
END Disc_Test2.
```

Siehe auch

Arc, Circle, Cube, Ellipse, HLine, Line, Pie, Plot, Point, Polygon, Rectangle, TrueCircle, TrueDisc

DisplayCursor Graph (ab Version 2.0)

Zweck
Schaltet den Textcursor im Graphik-Modus ein bzw. aus.

Struktur

```
DisplayCursor(ein:BOOLEAN):BOOLEAN;
```


Bemerkung
Die Funktion *DisplayCursor* schaltet den Textcursor im Graphik-Modus ein (*ein:=TRUE*) bzw. aus (*ein:=FALSE*). Als Funktionsergebnis wird der aktuelle Zustand zurückgegeben. Standardmäßig ist der Textcursor im Graphik-Modus ausgeschaltet.

Der Textcursor im Graphik-Modus wird als Block dargestellt und steht an derjenigen Stelle, bei der das erste Zeichen des auszugebenden Textes hingeschrieben wird (siehe *OutText*).

Siehe auch
OutText, SetTextPosition

DISPOSE Standard-Prozedur

Zweck
Gibt den für eine dynamische Variable reservierten Speicherplatz frei.

Struktur

```
DISPOSE(VAR p:ADDRESS);
```

Bemerkung
Die Prozedur *DISPOSE* gibt auf dem Standard-Heap den für die Zeigervariable *p* reservierten Speicherbereich wieder frei (entspricht dem Aufruf *DEALLOCATE(p,SIZE(p^));*).

Bitte beachten Sie, daß *DEALLOCATE* (Modul *Storage*) bei der Verwendung von *DISPOSE* importiert werden muß.

Beispiel

```
MODULE DISPOSE_Test;
  (* Ab Version 2.0: Eines der Speichermodelle <Compact>, <Large>, <XLarge> *)
  (*                 oder <MThread> wählen!                                  *)
FROM Storage IMPORT
  ALLOCATE,DEALLOCATE,HeapTotalAvail,MainHeap;
IMPORT
  IO;
```

```
VAR
  p:POINTER TO LONGREAL;

  PROCEDURE frei;
  BEGIN
    IO.WrStr('Freier Platz auf dem Heap: ');
    IO.WrCard(HeapTotalAvail(MainHeap),1);
    IO.WrStr(' Paragraphen'); IO.WrLn
  END frei;

BEGIN
  frei;
  NEW(p);
  frei;
  DISPOSE(p);
  frei
END DISPOSE_Test.
```

Siehe auch
ALLOCATE, DEALLOCATE, HeapDeallocate, NEW

DIV — Operator

Zweck
Ganzzahlige Division.

Bemerkung
i1 DIV i2 dividiert *i1* durch *i2*; ein eventueller Restbetrag, entstanden bei der Division, wird nicht berücksichtigt (siehe hierzu *MOD*).

Typ der Operanden <i1> und <i2>	Ergebnistyp
SHORTINT	SHORTINT
INTEGER	INTEGER
LONGINT	LONGINT
SHORTCARD	SHORTCARD
CARDINAL	CARDINAL
LONGCARD	LONGCARD

DIV kann teilweise durch das Symbol >> (für "shift right") ersetzt werden: *i1 DIV i2* entspricht *i1* >> *x*, wenn sich *i2* aus 2 "hoch" *x* (*x* ganzzahlig) bilden läßt (Beispiel: *23 MOD 8* entspricht *23* >> *3*). Der daraus resultierende Geschwindigkeitsvorteil ist enorm.

Beispiel

```
VAR
  i:INTEGER;
```

```
BEGIN
  i:=7 DIV 2;          (* i= 3 *)
  i:=7 DIV (-2);       (* i=-3 *)
  i:=(-7) DIV 2;       (* i=-3 *)
  i:=(-7) DIV (-2);    (* i= 3 *)
```

Siehe auch
MOD, Mod

Dos Lib

Zweck
Ruft eine DOS-Funktion mit Hilfe des Interrupts 21H auf.

Struktur

```
Dos(VAR reg:SYSTEM.Registers);
```

Bemerkung
Die Prozedur *Dos* führt eine DOS-Funktion aus (mit Hilfe des Interrupts 21H). Der Datentyp *Registers* ist im Modul *SYSTEM* wie folgt definiert:

```
TYPE
  Registers=RECORD
    CASE : BOOLEAN OF
    | TRUE : AX,BX,CX,DX,BP,SI,DI,DS,ES : CARDINAL;
             Flags                      : BITSET;
    | FALSE: AL,AH,BL,BH,CL,CH,DL,DH    : SHORTCARD;
    END
  END;
```

AX, *BX*, *CX* und *DX* sind 16-Bit-Datenregister. Sie werden jedoch oft auch als 8-Bit-Register verwendet und in eine untere Hälfte *AL*, *BL*, *CL* und *DL* ("lower byte") und in eine obere Hälfte *AH*, *BH*, *CH* und *DH* ("higher byte") unterteilt.

Die Register *BP*, *DI* und *SI* gehören zu den Zeiger- und Indexregistern. BP steht für Basiszeiger ("base pointer"), *DI* bedeutet Zielindexregister ("destination index") und *SI* bezeichnet das Quellindexregister ("source index"). Diese Register werden im Zusammenhang mit dem Stack oder zur Behandlung von Zeichenketten verwendet.

Zu den Segmentregistern gehören *DS* (Daten-Segment) und *ES* (Extra-Segment), die für die Adressierung von Daten gebraucht werden.

Den einzelnen Bits des Registers *Flags* kommen folgende Bedeutungen zu (außer *CF* sind alle anderen Bits bei der Verwendung der Prozedur *Dos* unbedeutend):

```
15                               08   07                          00
.. .. .. .. OF DF IF TF | SF ZF .. AF .. PF .. CF    Flags
```

OF *overflow flag*; wird gesetzt, wenn bei einer Operation ein Überlauf aufgetreten ist.

DF *direction flag*; wird gesetzt bzw. gelöscht, wenn bei Zeichenkettenbefehlen (Assembler) das SI- und/oder das DI-Register automatisch erniedrigt bzw. erhöht werden soll.

IF *interrupt enable flag*; wird auf 0 gesetzt, wenn Hardware-Interrupts unterdrückt werden sollen.

TF *trap flag*; wird gesetzt, wenn ein Programm nach jedem abgearbeiteten Befehl gestoppt werden soll (Einzelschritt-Modus).

SF *sign flag*; wird gesetzt, wenn das Ergebnis einer Operation negativ oder ein Vergleich "ungleich" ist.

ZF *zero flag*; wird gesetzt, wenn das Ergebnis einer Operation 0 oder ein Vergleich "gleich" ist.

AF *auxiliary carry flag*; wird gesetzt, wenn bei einer Operation ein Übertrag vom unteren zum oberen Nibble (4 Bit) stattgefunden hat (wird bei der BCD-Arithmetik gebraucht).

PF *parity flag*; falls gesetzt, enthält das Ergebnis einer Operation eine gerade Anzahl von 1.

CF *carry flag*; wird gesetzt, wenn bei einer Operation ein Übertrag entstanden ist. Falls dieses Flag nach einem Aufruf der Prozedur *Dos* gesetzt ist, konnte die DOS-Routine nicht wunschgemäß ausgeführt werden. In diesem Fall enthält das *AX*-Register einen Fehlercode.

Die Prozedur *Dos* lädt die 16-Bit-Werte des Parameters *reg* in die entsprechenden CPU-Register und löst anschließend den Interrupt 21H aus (d.h. eine Betriebssystem-Routine wird gestartet). Wenn die aufgerufene Routine beendet ist, werden die CPU-Register wieder in die entsprechenden 16-Bit-Werte von *reg* geladen.

Die Nummer der gewünschten DOS-Funktion wird vor dem Aufruf im Register *AH* gespeichert (z.B. *reg.AH:=0BH;*). Genaue Informationen zu den einzelnen DOS-Funktionen finden Sie in einem DOS-Systemhandbuch (z.B. Wolfgang Höfs, MS-DOS Ratgeber, Sybex-Verlag).

Interrupts werden in verschiedene Kategorien eingeteilt, die wie folgt lauten (genauere Informationen erhalten Sie hierzu bei *Intr*):

- CPU-Interrupt
- Hardware-Interrupt
- Software-Interrupt (mit *Intr* auslösbar)
- DOS-Interrupt (mit *Dos* auslösbar)

Wichtig: Falls beim Aufruf von *Dos* ein Laufzeitfehler entsteht, ist momentan bereits eine DOS-Funktion in Arbeit (kann nur im Zusammenhang mit parallelen Prozessen entstehen; siehe hierzu *GetInProgramFlag*).

Beispiel
Die im folgenden Programm enthaltenen Prodezuren *GetTime* und *GetDate* lesen die System-Zeit bzw. das System-Datum:

```
MODULE Dos_Test1;
IMPORT
  Lib,IO,SYSTEM;

  PROCEDURE GetTime(VAR std,min,sek,sek100:CARDINAL);
  VAR
    reg:SYSTEM.Registers;
  BEGIN
    reg.AH:=2CH;  (* Funktionsnummer *)
    Lib.Dos(reg);
    std:=CARDINAL(reg.CH);
    min:=CARDINAL(reg.CL);
    sek:=CARDINAL(reg.DH);
    sek100:=CARDINAL(reg.DL)
  END GetTime;

  PROCEDURE GetDate(VAR jahr,monat,tag,wtag:CARDINAL);
  VAR
    reg:SYSTEM.Registers;
  BEGIN
    reg.AH:=2AH;  (* Funktionsnummer *)
    Lib.Dos(reg);
    jahr:=reg.CX;
    monat:=CARDINAL(reg.DH);
    tag:=CARDINAL(reg.DL);
    wtag:=CARDINAL(reg.AL)  (* 0=Sonntag, ..., 6=Samstag  *)
  END GetDate;

VAR
  std,min,sek,sek100,
  jahr,mon,tg,wtg:CARDINAL;
BEGIN
  GetTime(std,min,sek,sek100);
  GetDate(jahr,mon,tg,wtg);
  IO.WrStr(' Zeit: ');
  IO.WrCard(std,1); IO.WrStr(':');
  IF min<10 THEN IO.WrStr('0') END; IO.WrCard(min,1); IO.WrStr(':');
  IF sek<10 THEN IO.WrStr('0') END; IO.WrCard(sek,1); IO.WrLn;
  IO.WrStr('Datum: ');
  CASE wtg OF
    0:IO.WrStr('Son'); | 1:IO.WrStr('Mon');
  | 2:IO.WrStr('Die'); | 3:IO.WrStr('Mit');
```

D

```
    | 4:IO.WrStr('Don'); | 5:IO.WrStr('Fre');
    | 6:IO.WrStr('Sam');
    END;
    IO.WrStr(', '); IO.WrCard(tg,1); IO.WrStr('.');
    IO.WrCard(mon,1); IO.WrStr('.');
    IO.WrCard(jahr,1);
  END Dos_Test1.
```

Folgendes Programm ermittelt die aktuelle MS-DOS-Version:

```
MODULE Dos_Test2;
IMPORT
  Lib,IO,SYSTEM;

  PROCEDURE Version(VAR ver,rel:SHORTCARD);
  VAR
    reg:SYSTEM.Registers;
  BEGIN
    reg.AH:=30H;
    Lib.Dos(reg);
    ver:=reg.AL;
    rel:=reg.AH
  END Version;

VAR
  ver,rel:SHORTCARD;
BEGIN
  Version(ver,rel);
  IO.WrStr('MS-DOS-Version: '); IO.WrShtCard(ver,1); IO.WrStr('.');
  IF rel<10 THEN IO.WrStr('0') END;  (* z.B. Version 2.01 und nicht 2.1 *)
  IO.WrShtCard(rel,1)
END Dos_Test2.
```

Siehe auch

GetInProgramFlag, Intr

DosExec — AsmLib (nur Version 1.x)

Zweck

Startet ein Programm.

Struktur

```
DosExec(name:ARRAY OF CHAR; par:ADDRESS):CARDINAL;
```

Bemerkung

Die Funktion *DosExec* wird von *Execute* verwendet und startet ein Programm (*DosExec* entspricht der DOS-Funktion *4BH*; siehe DOS-Systemhandbuch).

Siehe auch
Execute

DriverSize

MsMouse (ab Version 2.0)

D

Zweck
Liefert die Größe eines Puffers, in dem die aktuellen Einstellungen des Maustreibers gesichert werden können.

Struktur

```
DriverSize():CARDINAL;
```

Bemerkung
Die Funktion *DriverSize* liefert die minimale Größe eines Puffers, in dem die aktuellen Parameter des Maustreibers gespeichert werden sollen. Weitere Informationen zu diesem Thema erhalten Sie bei *SaveDriver*.

Siehe auch
RestoreDriver, SaveDriver

EI SYSTEM

Zweck
Erlaubt das Auslösen von Hardware-Interrupts.

Struktur

```
EI();
```

Bemerkung
Die Prozedur *EI* ermöglicht die mit *DI* verhinderten Hardware-Interrupts.

Siehe auch
DI, Listen

Ellipse Graph

Zweck
Zeichnet eine (gefüllte) Ellipse.

Struktur

```
Ellipse(x,y,rx,ry,c:CARDINAL; fuellen:BOOLEAN);
```

Bemerkung
Die Prozedur *Ellipse* zeichnet eine Ellipse mit den beiden Halbachsen *rx* und *ry*; falls *fuellen* den Wert *TRUE* enthält, wird die gezeichnete Ellipse mit der Farbe *c* gefüllt. Der Punkt *(x,y)* bezeichnet das Zentrum der Ellipse (die gültigen Bereiche werden bei *Init<karte>* aufgeführt).

- **Version 1.x:** In Abhängigkeit von *fuellen* sind die gültigen Bereiche des Parameters *c* verschieden:

fuellen	Gültiger Bereich für c	Wie bei
TRUE	0 <= c < (NumColor-1)+NumColor*(NumColor-1)	Polygon
FALSE	0 <= c < NumColor	Circle

  Die mit *Ellipse(x,y,rx,ry,c,TRUE);* gezeichneten (gefüllten) Ellipsen können am Rand aufgrund des Füll-Musters etwas ausgefranst sein; mit *Ellipse(x,y, rx,ry,c,FALSE);* kann jedoch bei Bedarf nachträglich eine Umrißlinie gezeichnet werden.
- **Ab Version 2.0:** Falls der Parameter *fuellen* den Wert *TRUE* enthält, wird zum Füllen der Ellipse das aktuelle Muster verwendet (siehe *SetFillMask*). Der Parameter *c* muß im Bereich *0..(Graph.NumColor-1)* liegen und be-

zeichnet den gewünschten Paletten-Eintrag (siehe *RemapAllPalette* und *SelectPalette*).

Beispiel
Folgendes Programm zeichnet eine Ellipse, deren Größe Sie mit den Cursor-Tasten verändern können. Ein Druck auf die ESC-Taste bricht dieses Programm ab.

```
MODULE Ellipse_Test;
IMPORT
  Graph,IO,Lib;
FROM Graph IMPORT
  NumColor,Width,Depth;
CONST
  step=5;
  ESC=CHAR(27);
  auf=CHAR(72);
  ab =CHAR(80);
  li =CHAR(75);
  re =CHAR(77);

  PROCEDURE ElliOff(x,y,rx,ry:INTEGER);
  BEGIN
    Graph.Ellipse(x,y,rx,ry,0,FALSE)
  END ElliOff;

  PROCEDURE ElliOn(x,y,rx,ry:INTEGER);
  BEGIN
    Graph.Ellipse(x,y,rx,ry,NumColor-1,FALSE)
  END ElliOn;

VAR
  ch:CHAR;
  x,y,rx,ry:CARDINAL;
BEGIN
  Graph.GraphMode;  (* siehe auch Init<karte> *)
  x:=Width DIV 2;
  y:=Depth DIV 2;
  rx:=step;
  ry:=step;
  LOOP
    ElliOn(x,y,rx,ry);
    ch:=IO.RdKey();
    IF ch=ESC THEN EXIT END;
    IF IO.KeyPressed() THEN
      ch:=IO.RdKey();
      ElliOff(x,y,rx,ry);
      CASE ch OF
        auf: IF ry+step<Depth DIV 2 THEN ry:=ry+step END;
      | ab : IF INTEGER(ry-step)>0 THEN ry:=ry-step END;
```

E

```
        | li : IF INTEGER(rx-step)>0 THEN rx:=rx-step END;
        | re : IF rx+step<Width DIV 2 THEN rx:=rx+step END;
        END
      END
    END;
    Graph.TextMode
  END Ellipse_Test.
```

Siehe auch

Arc, Circle, Cube, Disc, HLine, Line, Pie, Plot, Point, Polygon, Rectangle, TrueCircle, TrueDisc

EnableBreakCheck — Lib

Zweck

Erlaubt die Unterbrechung eines Programmes mit *Ctrl-Break.*

Struktur

```
EnableBreakCheck;
```

Bemerkung

Die Prozedur *EnableBreakCheck* ermöglicht, daß ein laufendes Programm mit der Tastenfolge *Ctrl-Break* abgebrochen werden kann. Das Prozedur-Paar *DisableBreakCheck* und *EnableBreakCheck* kann beliebig oft in einem Programm eingesetzt werden.

- **Version 1.x:** Mit Hilfe des Compiler-Befehls **B** (siehe Anhang E.1) kann in einem Programm die Unterbrechung mit *Ctrl-Break* global verhindert werden. Standardmäßig kann ein Programm mit *Ctrl-Break* abgebrochen werden.
- **Ab Version 2.0:** Ein Programm kann standardmäßig nicht mit *Ctrl-Break* abgebrochen werden.

Siehe auch

DisableBreakCheck

EnableExceptionHandling — FloatExc

Zweck

Schaltet die Behandlung von Rechenfehlern ein.

Struktur

```
EnableExceptionHandling;
```

Bemerkung
Die Prozedur *EnableExceptionHandling* schaltet die Behandlung von Rechenfehlern (Überlauf, Division durch Null ...) bei *REAL*- und *LONGREAL*-Werten ein, die zuvor mit *DisableExceptionHandling* lokal ausgeschaltet worden ist.

- **Version 1.x:** Bitte beachten Sie, daß durch das Importieren des Moduls *FloatExc* die Fehlerbehandlungs-Routine selbständig installiert wird (siehe auch *MathError* und *MathError2*).
- **Ab Version 2.0:** Obwohl das Modul *FloatExc* weiterhin auf für die Version 2.0 zur Verfügung steht, sollte es nicht wie bei der Version 1.x zur Behandlung von Rechenfehlern verwendet werden (laut Empfehlungen von *Jensen & Partners International*; siehe jedoch *MathError*).

Beispiel

```
MODULE Test;
IMPORT
  IO,FloatExc;  (* probieren Sie auch ohne <FloatExc> *)
VAR
  r:REAL;
BEGIN
  r:=r/0.0;  (* erzeugt Rechenfehler *)
  IO.WrReal(r,10,20)
END Test.
```

Siehe auch
DisableExceptionHandling

END — Reserviertes Wort

Zweck
Schließt einen Anweisungsblock ab.

Bemerkung
Das reservierte Wort *END* schließt einen Anweisungsblock ab. Dieser wird durch eines der reservierten Worte *BEGIN*, *CASE ... OF*, *IF ... THEN ... ELSIF ... ELSE*, *LOOP*, *RECORD*, *WHILE ... DO* oder *WITH ... DO* eingeleitet.

Siehe auch
BEGIN

EndOfRd IO

Zweck
Ermittelt, ob das Ende des Eingabepuffers erreicht ist.

Struktur

```
EndOfRd(skip:BOOLEAN):BOOLEAN;
```

Bemerkung
Die Funktion *EndOfRd* liefert den Wert *TRUE*, wenn das Ende des Tastatur-Eingabepuffers erreicht ist. Falls *skip* den Wert *TRUE* enthält, werden vor der Prüfung zuerst alle in *IO.Separators* definierten Trennzeichen übersprungen. (Standard-Trennzeichen sind *CR*, *LF*, *TAB*, *CTRL-Z* und *Leerzeichen*).

Beispiel

```
MODULE Test;
IMPORT
  IO;
VAR
  wort:ARRAY [0..255] OF CHAR;
  c:CARDINAL;
BEGIN
  IO.WrStr('Bitte geben Sie hintereinander mehrere CARDINAL-'); IO.WrLn;
  IO.WrStr('Werte ein. Diese sind mit der Leertaste voneinander'); IO.WrLn;
  IO.WrStr('zu trennen'); IO.WrLn;
  IO.WrStr('> '); c:=IO.RdCard();  (* liest alle Zahlen-Werte ein *)
  IO.WrCard(c,1); IO.WrLn;      (* schreibt den ersten Zahlen-Wert *)
  WHILE NOT IO.EndOfRd(TRUE) DO   (* solange weitere Zahlen-Werte *)
    c:=IO.RdCard();
    IO.WrCard(c,1); IO.WrLn
  END;
END Test.
```

Siehe auch
WrStr (IO)

Environment Lib

Zweck
Stellt einen Eintrag der Environment-Tabelle zur Verfügung.

Struktur

```
Environment(nr:CARDINAL):CommandType;
```

Bemerkung
Ab der DOS-Version 2.0 ist es möglich, eine Ablaufumgebung (auch Environment genannt) zu bestimmen. Diese enthält Zeichenfolgen, die von einem Programm verwendet werden können.

Überlicherweise wird in der Ablaufumgebung einer Zeichenkette eine andere zugeordnet (einer Variablen wird ein Wert übergeben). Hierzu stellt der Kommando-Interpreter *COMMAND.COM* den internen Befehl *SET* zur Verfügung. Folgendes Beispiel weist also der Variablen *M2MOD* den Wert *c:\m2\mod* zu (in der DOS-Umgebung einzugeben) und erzeugt auf diese Weise einen Eintrag in der Ablaufumgebung:

```
SET M2MOD=c:\m2\mod
```


Der DOS-Befehl *SET*, aufgerufen ohne Parameter, zeigt Ihnen alle vorhandenen Einträge. Die Liste könnte wie folgt aussehen:

```
PATH=C:\DOS;C:\START
COMSPEC=C:\COMMAND.COM
M2SYS=c:\m2\sys
M2LNK=c:\m2\lnk
MSMOD=c:\m2\mod
PROMPT=$p$g
```

Wie Sie erkennen, enthält die Ablaufumgebung den von DOS aus erstellten Suchpfad für Dateien (*PATH=C:\DOS;C:\START*), den verwendeten Kommando-Interpreter (*COMSPEC=C:\COMMAND.COM*), die für ein Anwendungsprogramm definierten Suchpfade (z.B. *M2SYS=c:\m2\sys*) und einen Befehl, der das Aussehen des Bereitschaftszeichens steuert (*PROMPT=pg*).

Die Funktion *Environment* gibt eine Adresse zurück, an der der Environment-Eintrag *nr* steht. Bitte beachten Sie, daß dem ersten Eintrag die Nummer 0 zugeordnet ist.

Der Datentyp *CommandType* ist wie folgt im Modul *Lib* definiert:

```
TYPE
  CommandType=POINTER TO ARRAY [0..126] OF CHAR;
```

Wenn für *nr* kein Eintrag existiert, zeigt die zurückgegebene Adresse auf das Ende der Environment-Tabelle.

Ab der DOS-Version 3.00 ist es möglich, den aktuellen Programmnamen in der Environment-Tabelle zu lesen (siehe drittes Beispiel).

Beispiel
Folgendes Programm schreibt alle Environment-Einträge in den Bildschirm:

```
MODULE Test1;
FROM Lib IMPORT
  Environment;
IMPORT
  Lib,IO,Str;
```

```
VAR
  nr:CARDINAL;
  eintrag:Lib.CommandType;
BEGIN
  nr:=0;
  eintrag:=Environment(nr);
  WHILE Str.Length(eintrag^)>0 DO
    IO.WrStr(eintrag^); IO.WrLn;
    INC(nr); eintrag:=Environment(nr)
  END
END Test1.
```

Die folgende Prozedur *SplitEnvironment* zerlegt einen Environment-Eintrag in zwei Teile, in die Variable und in den ihr zugewiesenen Wert:

```
MODULE Test2;
IMPORT
  Lib,Str,IO;

  PROCEDURE SplitEnvironment(nr:CARDINAL; VAR variable,wert:ARRAY OF CHAR);
  VAR
    temp:Lib.CommandType;
    pos,len:CARDINAL;
  BEGIN
    temp:=Lib.Environment(nr);
    len:=Str.Length(temp^);
    IF len=0 THEN
      variable[0]:=0C;
      wert[0]:=0C;
      RETURN
    END;
    pos:=Lib.ScanR(temp,len,'=');
    IF pos=len THEN
      Str.Copy(variable,temp^);
      wert[0]:=0C
    ELSE
      Str.Slice(variable,temp^,0,pos);
      Str.Slice(wert,temp^,pos+1,len-pos-1)
    END
  END SplitEnvironment;

VAR
  nr:CARDINAL;
  va,we:ARRAY [0..50] OF CHAR;
BEGIN
  nr:=0;
  SplitEnvironment(nr,va,we);
  WHILE Str.Length(va)>0 DO
    IO.WrStr(va); IO.WrStr(' wird ');
    IO.WrStr(we); IO.WrStr(' zugeordnet.'); IO.WrLn;
```

```
    INC(nr); SplitEnvironment(nr,va,we)
  END
END Test2.
```

Folgendes Programm ermittelt mit Hilfe der Prozedur *GetProgName* den aktuellen Programm-Namen (inkl. Laufwerk und Suchpfad). Bitte beachten Sie, daß *GetProgName* erst ab der DOS-Version 3.00 wunschgemäß arbeitet (wie Sie die DOS-Version ermitteln können, wird bei der Prozedur *Dos* beschrieben; ab TopSpeed Modula-2 Version 2.0 siehe *ParamStr*):

```
MODULE Test3;  (* nur für Version 1.x von TopSpeed Modula-2 *)
IMPORT
  IO,Str,Lib;

  PROCEDURE GetProgName(VAR name:ARRAY OF CHAR);  (* ab MS-DOS 3.00 *)
  VAR
    s:Lib.CommandType;
  BEGIN
    s:=Lib.Environment(99);  (* Endadresse des Environments ermitteln *)
    Lib.IncAddr(s,3);
    Str.Copy(name,s^)
  END GetProgName;

VAR
  name:ARRAY [0..127] OF CHAR;
BEGIN
  GetProgName(name);
  IO.WrStr('Programm-Name: '); IO.WrStr(name); IO.WrLn
END Test3.
```

Siehe auch
EnvironmentFind, ParamCount, ParamStr

EnvironmentFind — Lib (ab Version 2.0)

Zweck
Sucht in der Environment-Tabelle nach einem bestimmten Eintrag.

Struktur

```
EnvironmentFind(vari:ARRAY OF CHAR; VAR wert:ARRAY OF CHAR);
```

Bemerkung
Die Prozedur *EnvironmentFind* sucht in der aktuellen Environment-Tabelle nach der Variablen *vari* und stellt den ihr zugeordneten Wert mit Hilfe des Parameters *wert* zur Verfügung. Auf die Groß- und Kleinschreibung einer Variablen braucht nicht geachtet werden (weitere Informationen zur Environment-Tabelle erhalten Sie bei *Environment*).

Beispiel

Folgendes Programm sucht innerhalb der Environment-Tabelle nach den Variablen *PATH*, *COMSPEC* und *PROMPT* und schreibt die ihnen zugeordneten Werte in den Bildschirm.

```
MODULE Test;
IMPORT
  Lib,IO;
VAR
  dat:ARRAY [0..255] OF CHAR;
BEGIN
  Lib.EnvironmentFind('path',dat);
  IO.WrStrAdj('Suchpfade: ',25); IO.WrStr(dat); IO.WrLn;
  Lib.EnvironmentFind('comspec',dat);
  IO.WrStrAdj('Kommando-Interpreter: ',25); IO.WrStr(dat); IO.WrLn;
  Lib.EnvironmentFind('prompt',dat);
  IO.WrStrAdj('DOS-Prompt: ',25); IO.WrStr(dat); IO.WrLn;
END Test.
```

Siehe auch

Environment, ParamCount, ParamStr

Erase FIO

Zweck

Löscht eine Datei.

Struktur

```
Erase(name:ARRAY OF CHAR);
```

Bemerkung

Die Prozedur *Erase* löscht die Datei *name* (Laufwerk und Suchpfad können angegeben werden). Eine zu löschende Datei sollte immer geschlossen sein (siehe *FIO.Close*).

Falls das Dateiattribut *readonly* gesetzt ist, läßt sich eine Datei nicht löschen (siehe *ReadFirstEntry*). Verzeichnisse (Directories) werden mit *RmDir* gelöscht.

Wenn *name* einen ungültigen Suchpfad enthält, wird ein Laufzeitfehler erzeugt (nur, wenn *FIO.IOcheck* den Wert *TRUE* enthält; siehe auch *FIO.IOresult*).

Siehe auch

Append (FIO), Close (FIO), Create, Erase (FIOR), Open (FIO), OpenRead, Rename

Erase FIOR (ab Version 2.0)

Zweck
Löscht eine Datei (mit Hilfe der aktuellen Pfadtabellen-Datei).

Struktur

```
Erase(name:ARRAY OF CHAR);
```

Bemerkung
Die Funktion *Erase* löscht die Datei *name* und entspricht der Funktion *FIO. Erase*, wobei *FIOR.Erase* den Dateinamen *name* zuerst mit Hilfe von *FindPath* (siehe dort) erweitert (*Erase* ändert den Inhalt der Variablen *LastPath* nicht, siehe hierzu *FIOR.Create*).

Siehe auch
Create (FIOR), Erase (FIO), Open (FIOR), OpenRW

EXCL Standard-Prozedur

Zweck
Entfernt ein Element aus einer Menge.

Struktur

```
EXCL(VAR menge; ele);
```

Bemerkung
Die Prozedur *EXCL* entfernt das Elemente *ele* aus der Menge *menge* (falls vorhanden).

Beispiel

```
TYPE
  wt=(mo,di,mi,do,fr,sa,so);
  woche=SET OF wt;
VAR
  arbeit:woche;
  bit:BITSET;
BEGIN
  bit:={0,2..8,14}; EXCL(bit,4);
  arbeit:=woche{mo..fr}; EXCL(arbeit,fr);
```

Siehe auch
BITSET, IN, INCL, SET OF

Exec — Lib (ab Version 2.0)

Zweck
Startet ein Programm (*.EXE*- oder *.COM*-Datei).

Struktur

```
Exec(name,param:ARRAY OF CHAR; env:ExecEnvPtr):CARDINAL;
```

Bemerkung
Die Funktion *Exec* startet das Programm *name* (*.EXE*- oder *.COM*-Datei) und übergibt ihm die Parameter *param* (diese können mit *ParamStr* abgefragt werden). Die Dateierweiterung von *name* braucht nicht angegeben zu werden.

Interne DOS-Befehle (z.B. *DIR*, *COPY* oder *ERASE*) und *.BAT*-Dateien lassen sich mit Hilfe des Kommando-Interpreters *COMMAND.COM* und des zusätzlichen Parameters **/c** starten (siehe aber auch *ExecCmd*; natürlich können auch *.EXE*- und *.COM*-Programme auf diese Weise gestartet werden):

```
err:=Exec('\command','/c dir *.*',NIL);
```

Der Parameter *env* ermöglicht das Definieren einer neuen Environment-Tabelle (siehe hierzu *Environment*), auf die das gestartete Programm *name* mit den Routinen *Environment* und *EnvironmentFind* zugreifen kann. Der Datentyp *ExecEnvPtr* ist dabei wie folgt im Modul *Lib* definiert:

```
TYPE
  ExecEnvType = ARRAY [0..31] OF ADDRESS;
  ExecEnvPtr  = POINTER TO ExecEnvType;
```

Eine neue Environment-Tabelle wird wie folgt definiert:

```
TYPE
  str127=ARRAY [0..127] OF CHAR;
VAR
  env:Lib.ExecEnvPtr;
  eintrag:ARRAY [0..31] OF str127;
BEGIN
  eintrag[0]:='PATH=C:\';
  eintrag[1]:='BLITZ=DONNER';
  env^[0]:=ADR(eintrag[0]);
  env^[1]:=ADR(eintrag[1]);
  env^[2]:=NIL;  (* zur Sicherheit *)
```

Falls dem Parameter *env* die Konstante *NIL* übergeben wird, steht dem mit *Exec* gestarteten Programm die momentane Environment-Tabelle zur Verfügung.

Der Inhalt der Variable *ExecSearchPath* bestimmt, ob das zu startendes Programm *name* in allen Suchpfaden gesucht werden soll (*ExecSearchPath:= TRUE;* entspricht dem Standard); die Suchpfade sind in der Environment-Tabelle definiert und werden dort der Variablen *PATH* zugeordnet (siehe hierzu auch *Environment*). Die Suchpfade werden der "alten" (aktuellen) Environment-Tabelle entnommen (auch dann, wenn Sie mit Hilfe von *env* eine neue Environment-Tabelle festlegen).

Die Variable *ExecSearchPath* ist wie folgt im Modul *Lib* definiert:

```
VAR
  ExecSearchPath:BOOLEAN;
```

Das von *Exec* gelieferte Funktionsergebnis entspricht dem Rückkehr-Wert (siehe *SetReturnCode*) des gestarteten (und nun beendeten) Programmes *name*. Das Funktionsergebnis *MAX(CARDINAL)* zeigt an, daß das gewünschte Programm *name* nicht gestartet werden konnte.

Bitte beachten Sie, daß mit *Exec* keine speicherresidenten Programme gestartet werden sollten, da in diesem Fall ein System-Absturz zu einem späteren Zeitpunkt unvermeidlich ist.

Beispiel

Folgendes Programm startet den Kommando-Interpreter und schreibt den aktuellen Inhalt der Environment-Tabelle in den Bildschirm (mit Hilfe des *DOS*-Befehls *SET*).

```
MODULE Test;
IMPORT
  Lib,IO;
TYPE
  str127=ARRAY [0..127] OF CHAR;
VAR
  err:CARDINAL;
  ch:CHAR;
  env:Lib.ExecEnvPtr;
  eintrag:ARRAY [0..31] OF str127;
BEGIN
  eintrag[0]:='PATH=C:\';
  eintrag[1]:='BLITZ=DONNER';
  env^[0]:=ADR(eintrag[0]); env^[1]:=ADR(eintrag[1]); env^[2]:=NIL;
  err:=Lib.Exec('c:\command','/c set',env);
  IO.WrStr('Fehler: '); IO.WrCard(err,1);
END Test.
```

Siehe auch

ExecCmd, Execute

ExecCmd — Lib (ab Version 2.0)

Zweck

Führt einen internen *DOS*-Befehl (z.B. *COPY*), eine *.BAT*-Datei oder ein Programm (*.COM*- oder *.EXE*-Datei) aus.

Struktur

```
ExecCmd(name:ARRAY OF CHAR):CARDINAL;
```

Bemerkung

Die Funktion *ExecCmd* führt einen internen *DOS*-Befehl, *.BAT*-Dateien oder ein Programm aus und kehrt danach wieder ins aktuelle Programm zurück. Eine *.BAT*-, *.COM*- oder *.EXE*-Datei wird in allen Pfaden gesucht, die in der Environment-Tabelle angegeben sind (siehe hierzu *Environment*). Der Inhalt der Variablen *ExecSearchPath* spielt dabei keine Rolle (siehe *Exec*).

Das von *ExecCmd* gelieferte Funktionsergebnis entspricht dem Rückkehr-Wert (siehe *SetReturnCode*) des gestarteten (und nun beendeten) Befehls oder Programms (falls *name* nicht ausgeführt werden konnte, wird im Gegensatz zu *Exec* kein spezieller Funktionswert zurückgegeben).

Siehe auch

Exec, Execute

Execute — Lib

Zweck

Führt eine Programm (*.EXE*- oder *.COM*-Datei) aus.

Struktur

```
Execute(name,param:ARRAY OF CHAR; wo:ADDRESS; wieviel:CARDINAL):CARDINAL;
  (* nur Version 1.x *)
Execute(name,param:ARRAY OF CHAR; wo:FarADDRESS; wieviel:CARDINAL):CARDINAL;
  (* ab Version 2.0 *)
```

Bemerkung

Die Funktion *Execute* führt das Programm *name* aus und übergibt ihm die Parameter *param* (können mit *ParamStr* abgefragt werden). Der Arbeitsspeicher des gestarteten Programmes beginnt bei der Adresse *wo* und umfaßt *wieviel* Paragraphen (auf dem Heap zu reservieren, siehe Beispiel; 1 Paragraph = 16 Bytes).

Der Parameter *name* enthält den Namen des zu startenden Programms (*.COM*- oder *.EXE*-Datei), wobei die Dateierweiterung angegeben werden muß. Als Funktionsergebnis wird eine Fehlernummer zurückgegeben (siehe auch Anhang F.1 (Überschrift *I/O-Fehler*) und F.2 (Überschrift *Funktion IOresult*)):

0 Fehlerfreie Ausführung
2 Datei nicht gefunden
3 Pfad ungültig
4 Zu viele Dateien geöffnet
5 Zugriff nicht möglich

6 Ungültige Kanalnummer
8 Nicht genügend Speicherplatz
10 Umgebung zu groß

Interne DOS-Befehle (z.B. *DIR*, *COPY* oder *ERASE*) und *.BAT*-Dateien sind mit Hilfe des Kommando-Interpreters *COMMAND.COM* und des zusätzlichen Parameters **/c** zu starten (natürlich können auch *.EXE*- und *.COM*-Programme auf diese Weise gestartet werden):

```
err:=Execute('\command.com','/c dir *.*',wo,wieviel);
```

Bei *SetReturnCode* wird erläutert, wie Sie den Return-Code eines gestarteten Programmes lesen können.

Beispiel
Folgendes Programm führt jedes beliebige Programm, alle DOS-Befehle und *.BAT*-Dateien aus:

```
MODULE Execute_Test;
  (* Ab Version 2.0: Eines der Speichermodelle <Compact>, <Large>, <XLarge> *)
  (*                 oder <MThread> wählen!                                 *)
FROM Lib IMPORT
  Execute;
FROM Storage IMPORT
  MainHeap,HeapAvail,HeapAllocate,HeapDeallocate;
IMPORT
  IO,Str;
VAR
  err,para:CARDINAL;
  p:ADDRESS;
  s:ARRAY [0..127] OF CHAR;
BEGIN
  para:=HeapAvail(MainHeap);      (* maximale Größe ermitteln  *)
  HeapAllocate(MainHeap,p,para);  (* Speicherplatz reservieren *)
  LOOP
    IO.WrStr('> '); IO.RdStr(s);
    IF Str.Length(s)=0 THEN EXIT END;
    Str.Concat(s,'/c ',s);
    err:=Execute('\command.com',s,p,para);  (* Achtung: COMMAND.COM muß ... *)
      (* ... sich hier im Wurzelverzeichnis des aktuellen Laufwerkes ...    *)
      (* ... befinden!                                                      *)
    IO.WrStr('Zurück im Hauptprogramm. Fehlercode: ');
    IO.WrCard(err,1); IO.WrLn
  END;
  HeapDeallocate(MainHeap,p,para)
END Execute_Test.
```

Siehe auch
DosExec, Exec, ExecCmd

Exists FIO

Zweck
Prüft, ob eine bestimmte Datei vorhanden ist.

Struktur

```
Exists(name:ARRAY OF CHAR):BOOLEAN;
```

Bemerkung
Die Funktion *Exists* liefert den Wert *TRUE*, wenn die Datei *name* existiert. *name* kann Laufwerk und Suchpfad enthalten.

Falls *name* einen ungültigen Suchpfad enthält, wird ein Laufzeitfehler erzeugt (nur, wenn *FIO.IOcheck* den Wert *TRUE* enthält; siehe auch *FIO.IOresult*).

Beispiel

```
MODULE Exists_Test;
IMPORT
  FIO,IO;
VAR
  name:ARRAY [0..127] OF CHAR;
  err:CARDINAL;
BEGIN
  FIO.IOcheck:=FALSE;
  LOOP
    IO.WrStr('Datei: '); IO.RdStr(name);
    IF name[0]=0C THEN EXIT END;
    IF FIO.Exists(name) THEN
      IO.WrStr('Datei existiert')
    ELSE
      IO.WrStr('Datei existiert nicht')
    END;
    err:=FIO.IOresult();
    IF err<>0 THEN
      IO.WrLn; IO.WrStr('Fehler: '); IO.WrCard(err,1)
    END;
    IO.WrLn
  END
END Exists_Test.
```

Siehe auch
Erase, ReadFirstEntry, ReadNextEntry, Rename

EXIT — Reserviertes Wort

Zweck
Verläßt unmittelbar eine Endlos-Schleife.

Bemerkung
Verläßt die aktuelle *LOOP*-Schleife augenblicklich, d.h. fährt mit der ersten Anweisung nach der Schleife fort. *EXIT* darf nur innerhalb einer *LOOP*-Schleife (jedoch an beliebiger Stelle und in beliebiger Anzahl) verwendet werden.

Siehe auch
LOOP, RETURN

Exp — MATHLIB

Zweck
Berechnet *e* "hoch" *x*.

Struktur

```
Exp(x:LONGREAL):LONGREAL;
```

Bemerkung
Die Funktion *Exp* berechnet *e* "hoch" *x*, wobei *e* dem Wert 2.718... (Eulersche Konstante) entspricht. *Exp* ist die Umkehrfunktion von *Log*.

Siehe auch
Log, Log10, Pow, Rexp

ExpandPath — FIOR (ab Version 2.0)

Zweck
Vervollständigt einen Verzeichnis- oder einen Datei-Namen.

Struktur

```
ExpandPath(name:ARRAY OF CHAR; VAR fullname:ARRAY OF CHAR);
```

Bemerkung
Die Prozedur *ExpandPath* erweitert den in *name* enthaltenen Verzeichnis- oder Datei-Namen um Laufwerk und kompletten Suchpfad und stellt den neuen Namen mit Hilfe des Parameters *fullname* zur Verfügung (alle Buchstaben werden

automatisch in Großbuchstaben umgewandelt). Die beiden Zeichenfolgen '.' (für aktuelles Verzeichnis) und '..' (für Eltern-Verzeichnis) können den Regeln von DOS entsprechend verwendet werden.

Beispiel
In den folgenden Beispielen wird immer angenommen, daß das Verzeichnis *C:\TSM2* aktiv ist:

<name>	<fullname>	
'TEST.MOD'	'C:\TSM2\TEST.MOD'	
'..\TEST.MOD'	'C:\TEST.MOD'	
'..'	'C:\'	
'.'	'C:\TSM2'	
'C:'	'C:\TSM2'	
'C:\'	'C:\'	
'\TSM2'	'C:\TSM2'	
'\TSM2*.*'	'C:\TSM2*.*'	
'TSM2*.*'	'C:\TSM2\TSM2*.*'	(* Achtung! *)

Aus der letzten Beispiel-Zeile geht hervor, daß einem Unterverzeichnis immer ein Backslash ('\') vorangestellt werden muß (entspricht nicht den Regeln von DOS).

Siehe auch
FindExePath, FindNewPath, FindPath

EXPORT — Reserviertes Wort

Zweck
Exportiert Bezeichner eines inneren Moduls.

Bemerkung
Exportiert einen Bezeichner eines inneren (lokalen) Moduls und macht diesen im äußeren Modul zugänglich (siehe auch *QUALIFIED*). Ein mit *EXPORT* exportierter Bezeichner kann (muß aber nicht) qualifiziert (Voranstellen des Modulnamens) werden.

Beispiel

```
MODULE EXPORT_Test;
IMPORT
  IO;

  MODULE drin;
  IMPORT
    IO;
```

```
    EXPORT          (* <EXPORT drin;> würde alle Bezeichner ... *)
      rrand,warte;  (* ... zugänglich machen.                   *)
    VAR
      rrand:CARDINAL;

      PROCEDURE warte;
      VAR
        i:CARDINAL;
        ch:CHAR;
      BEGIN
        FOR i:=1 TO rrand DO
          IO.WrStr('.');
          IF IO.KeyPressed() THEN
            ch:=IO.RdKey(); IO.WrStr(' Na na ')
          END
        END;
      END warte;

    BEGIN
      rrand:=5555  (* <rrand> initialisieren *)
    END drin;

  BEGIN
    warte;                    (* auch <drin.warte> ist möglich *)
    IO.WrCard(drin.rrand,1)   (* <rrand> hier qualifiziert     *)
  END EXPORT_Test.
```

Siehe auch
IMPORT, QUALIFIED

E

FALSE — Konstante

Zweck
Wahrheitswert FALSCH.

Bemerkung
Die Konstante *FALSE* entspricht dem Wahrheitswert FALSCH und kann einer Variablen vom Typ *BOOLEAN* übergeben werden.

Siehe auch
BOOLEAN, TRUE

FastMove — Lib (ab Version 2.0)

Zweck
Kopiert den Inhalt einer Variable in eine andere.

Struktur

```
FastMove(quelle,ziel:ADDRESS; anz:CARDINAL);
```

Bemerkung
Die Prozedur *FastMove* kopiert direkt im Speicher *anz* Bytes von *quelle* nach *ziel*. *FastMove* wird etwas schneller als die identische Prozedur *Move* ausgeführt.

Siehe auch
Fill, Move, WordFill, WordMove

FatalError — Lib

Zweck
Unterbricht ein Programm mit einer Fehlermeldung.

Struktur

```
FatalError(msg:ARRAY OF CHAR);
```

Bemerkung
Die Prozedur *FatalError* schreibt die Zeichenkette *msg* in den Bildschirm und bricht das laufende Programm ab; zuvor wird jedoch noch die mit *Terminate* installierte Abbruch-Routine ausgeführt.

Siehe auch
HALT, UserBreak, OSFatalError

FieldOfs

Standard-Funktion (ab Version 2.0)

Zweck
Liefert die Offset-Adresse eine Datenfeldes.

Struktur

```
FieldOfs(record_feld):CARDINAL;
```

F

Bemerkung
Die Funktion *FieldOfs* liefert die Offset-Adresse eines Datenfeldes bezüglich der Adresse eines Datensatzes (siehe *RECORD*). *FieldOfs* liefert somit für das erste Feld immer die Offset-Adresse 0.

Beispiel

```
MODULE Test;
IMPORT
  IO;
TYPE
  kk=RECORD
    a,b,c:CARDINAL;
    d:ARRAY [0..5] OF CHAR;
    CASE :BOOLEAN OF
      FALSE : low,high:CARDINAL;
    | TRUE  : total:LONGCARD
    END
  END;
VAR
  one:kk;
BEGIN
  IO.WrStr('    kk.a: '); IO.WrCard(FieldOfs(kk.a),1); IO.WrLn;     (* = 0  *)
  IO.WrStr('    kk.b: '); IO.WrCard(FieldOfs(kk.b),1); IO.WrLn;     (* = 2  *)
  IO.WrStr('   one.c: '); IO.WrCard(FieldOfs(one.c),1); IO.WrLn;    (* = 4  *)
  IO.WrStr('   one.d: '); IO.WrCard(FieldOfs(one.d),1); IO.WrLn;    (* = 6  *)
  IO.WrStr('  kk.low: '); IO.WrCard(FieldOfs(kk.low),1); IO.WrLn;   (* = 12 *)
  IO.WrStr('kk.total: '); IO.WrCard(FieldOfs(kk.total),1); IO.WrLn; (* = 12 *)
END Test.
```

Siehe auch
Ofs, Seg, VSIZE

Fill — Lib

Zweck
Initialisiert einen Speicherblock mit einem beliebigen Wert.

Struktur

```
Fill(was:ADDRESS; anz:CARDINAL; wert:BYTE);
FarFill(was:FarADDRESS; anz:CARDINAL; wert:BYTE);  (* ab Version 2.0 *)
```

Bemerkung
Die Prozedur *Fill* initialisiert den Speicherbereich, der bei der Adresse *was* beginnt, mit dem Wert *wert*. Insgesamt werden *anz* Bytes geschrieben. *Fill* kann beispielsweise dazu verwendet werden, um große Arrays auf 0 zu setzen.

- **Ab Version 2.0:** Der Zeigertyp *ADDRESS* paßt sich dem aktuellen Speichermodell an. Er umfaßt 16 Bits in den Speichermodellen *Small* und *Medium*, jedoch 32 Bits in den Speichermodellen *Compact*, *Large*, *XLarge* und *MThread*. Mit der Prozedur *FarFill* kann explizit ein 32-Bit-Zeiger (*far*) gewählt werden (die einzelnen Speichermodelle werden im Anhang D erläutert).

Beispiel

```
MODULE Fill_Test;
IMPORT
  Lib;
VAR
  brett:ARRAY [1..8],[1..8] OF INTEGER;
BEGIN
  Lib.Fill(ADR(brett),SIZE(brett),0)
END Fill_Test.
```

Siehe auch
FastMove, Move, WordFill, WordMove

FindExePath — FIOR (ab Version 2.0)

Zweck
Sucht den vollständigen Namen einer existierenden Datei, wobei die Verzeichnisse in der aktuellen Pfadtabelle, das *.EXE*-Verzeichnis (in diesem wurde das Programm gestartet) und die mit *PATH* definierten Verzeichnisse durchsucht werden.

Struktur

```
FindExePath(name:ARRAY OF CHAR; exedir:BOOLEAN; VAR fullname:PathStr):BOOLEAN;
```

Bemerkung

Die Funktion *FindExePath* sucht den existierenden Dateinamen *name*:

- in den Verzeichnissen, die innerhalb der Pfadtabellen-Datei definiert sind (siehe auch Beschreibung bei *FIOR*), d.h. *FindExePath* ruft zunächst die Funktion *FindPath* auf.
- im Verzeichnis, in dem das aktuelle Programm gestartet worden ist (nur, wenn der Parameter *exedir* den Wert *TRUE* enthält und Sie mindestens eine MS-DOS-Version 3.0 besitzen).
- in den Verzeichnissen, die innerhalb der DOS-Umgebung der System-Variablen *PATH* zugeordnet worden sind (siehe hierzu auch die Funktion *Environment*).

Falls *name* gefunden werden konnte, enthält der Parameter *fullname* den vollständigen Dateinamen (einschließlich Laufwerks- und Pfadangaben), und *FindExePath* liefert als Funktionsergebnis *TRUE*. Der Datentyp *PathStr* ist wie folgt im Modul *FIOR* definiert:

```
TYPE
  PathStr=ARRAY [0..64] OF CHAR;
```

Siehe auch

ExpandPath, FindNewPath, FindPath

FindNewPath — FIOR (ab Version 2.0)

Zweck

Sucht den vollständigen Namen einer Datei, die noch nicht existiert (mit Hilfe der aktuellen Pfadtabellen-Datei).

Struktur

```
FindNewPath(name:ARRAY OF CHAR; VAR fullname:PathStr):BOOLEAN;
```

Bemerkung

Die Funktion *FindNewPath* erweitert den Dateinamen *name* mit Hilfe der aktuellen Pfadtabelle (siehe Beschreibung bei *FIOR*) und stellt diesen mit dem Parameter *fullname* zur Verfügung. Der Datentyp *PathStr* ist dabei wie folgt im Modul *FIOR* definiert:

```
TYPE
  PathStr=ARRAY [0..64] OF CHAR;
```

Falls während der Funktions-Ausführung kein Fehler aufgetreten ist, liefert *FindNewPath* den Wert *TRUE* zurück.

Im Gegensatz zu *FindNewPath* nimmt *FindPath* an, daß der Dateiname *name* bereits existiert (weitere Erläuterungen siehe dort).

Siehe auch

ExpandPath, FindExePath, FindPath

FindPath — FIOR (ab Version 2.0)

Zweck

Sucht den vollständigen Namen einer existierenden Datei (mit Hilfe der aktuellen Pfadtabellen-Datei).

Struktur

```
FindPath(name:ARRAY OF CHAR; VAR fullname:PathStr):BOOLEAN;
```

Bemerkung

Die Funktion *FindPath* erweitert den Dateinamen *name* mit Hilfe der aktuellen Pfadtabelle (siehe Beschreibung bei *FIOR*) und stellt diesen mit dem Parameter *fullname* zur Verfügung. *FindPath* nimmt an, daß der Dateiname *name* bereits existiert (dies hat zur Folge, daß unter Umständen mehrerer Verzeichnisse durchsucht werden). Der Datentyp *PathStr* ist wie folgt im Modul *FIOR* definiert:

```
TYPE
  PathStr=ARRAY [0..64] OF CHAR;
```

Falls die Funktion *FindPath* den Dateinamen *name* nicht findet, liefert sie als Funktionsergebnis den Wert *FALSE* zurück; der Parameter *fullname* enthält in diesem Fall denselben Dateinamen, den auch *FindNewPath* geliefert hätte.

Im Gegensatz zu *FindPath* nimmt *FindNewPath* an, daß der Dateiname *name* noch nicht existiert. Angenommen, wir haben eine Pfadtabellen-Datei mit folgendem Inhalt eingelesen:

```
*.MOD = C:\TSM2\SRC; C:\TSM2\EXP;
```

Nun wollen wir den vollständigen Dateinamen von *TEST.MOD* mit Hilfe der beiden Funktionen *FindNewPath* und *FindPath* bilden (*TEST.MOD* befindet sich dabei im Verzeichnis *C:\TSM2\EXP*):

```
FROM FIOR IMPORT
  FindNewPath,FindPath,PathStr;
VAR
  fullname:PathStr;
  ok:BOOLEAN;
```

```
BEGIN
  ok:=FindNewPath('TEST.MOD',fullname);  (* fullname='C:\TSM2\SRC\TEST.MOD' *)
  ok:=FindPath('TEST.MOD',fullname);     (* fullname='C:\TSM2\EXP\TEST.MOD' *)
```

Die Funktion *FindPath* sucht in allen bei *.MOD* angegebenen Pfaden nach der Datei *TEST.MOD* (da sie annimmt, daß *TEST.MOD* existiert), *FindNewPath* hingegen vervollständigt den Dateinamen mit der ersten Pfad-Angabe (da die Datei *TEST.MOD* vermeintlich nicht existiert).

Beispiel

```
MODULE Test;
IMPORT
  FIOR,IO;
VAR
  n1:ARRAY [0..100] OF CHAR;
  n2:FIOR.PathStr;
  ok:BOOLEAN;
BEGIN
  LOOP
    IO.WrStr('Name: '); IO.RdStr(n1);
    IF n1[0]=0C THEN EXIT END;
    ok:=FIOR.FindNewPath(n1,n2);
    IO.WrBool(ok,5); IO.WrStr(' -> FindNewPath: '); IO.WrStr(n2); IO.WrLn;
    ok:=FIOR.FindPath(n1,n2);
    IO.WrBool(ok,5); IO.WrStr(' ->    FindPath: '); IO.WrStr(n2); IO.WrLn
  END
END Test.
```

Siehe auch
ExpandPath, FindExePath, FindNewPath

FindSubStr — Str (ab Version 2.0)

Zweck
Prüft, ob eine Maske (die Stellvertreterzeichen enthalten darf) einer Zeichenkette entspricht.

Struktur

```
FindSubStr(hpt,maske:ARRAY OF CHAR; VAR position:ARRAY OF PosLen):BOOLEAN;
```

Bemerkung
Die Funktion *FindSubStr* liefert den Wert *TRUE*, wenn die Zeichenkette *maske* dem Parameter *hpt* entspricht. *maske* kann die folgenden Stellvertreterzeichen enthalten:

- * Ersetzt eine beliebige Zeichenfolge, deren Länge auch 0 Zeichen betragen kann
- ? Ersetzt ein beliebiges Zeichen

Dem Parameter *position* wird ein *ARRAY* übergeben, der darüber Aufschluß gibt, welche Zeichenketten von den Stellvertreterzeichen maskiert worden sind. Der Datentyp *PosLen* ist wie folgt im Modul *Str* definiert:

```
TYPE
  PosLen=RECORD
    Pos,            (* Beginn der maskierten Zeichenkette *)
    Len:CARDINAL;   (* Länge der maskierten Zeichenkette  *)
  END;
```

Die Anzahl der möglichen Komponenten von *position* wird von der Anzahl der Stellvertreterzeichen bestimmt (*position* sollte immer über genügend Komponenten verfügen).

```
VAR
  dat:ARRAY [0..10] OF Str.PosLen;
  i:CARDINAL;
BEGIN
  Str.FindSubStr('Büchergestelle!','*er?es*',dat);
```

i	Zeichen	dat[i].Pos	dat[i].Len
0	Büch	0	4
1	g	6	1
2	telle!	10	6

Die Funktion *Match* arbeitet ähnlich wie *FindSubStr*, jedoch fehlt dort der Parameter *position*.

Beispiel

```
MODULE Test;
IMPORT
  Str,IO,Lib;
VAR
  s1,s2:ARRAY [0..255] OF CHAR;
  tab:ARRAY [0..10] OF Str.PosLen;
  i:CARDINAL;
  ok:BOOLEAN;
BEGIN
  Lib.Fill(ADR(tab),SIZE(tab),0);  (* <tab> initialisieren *)
  s1:="Was soll's denn heute sein?";
  s2:='*s*s*s*';
  ok:=Str.FindSubStr(s1,s2,tab);
  IO.WrStr('     Gefunden: '); IO.WrBool(ok,1); IO.WrLn;
  IO.WrStr('Zeichenkette: '); IO.WrStr(s1); IO.WrLn;
```

```
    IO.WrStr('        Maske: '); IO.WrStr(s2); IO.WrLn; IO.WrLn;
    FOR i:=0 TO 10 DO
      IF (tab[i].Pos+tab[i].Len>0) THEN
        IO.WrCard(i,2); IO.WrStr(': '); IO.WrCard(tab[i].Pos,2);
        IO.WrStr('/'); IO.WrCard(tab[i].Len,2); IO.WrStr(' = ');
        Str.Slice(s2,s1,tab[i].Pos,tab[i].Len); IO.WrStr('<');
        IO.WrStr(s2); IO.WrStr('>'); IO.WrLn
      END
    END
  END Test.
```

Siehe auch
CharPos, Match, NextPos, Pos, RCharPos, Subst

FIO Modul

Zweck
Enthält alle Routinen, die für ein komfortables Arbeiten mit der Festplatte/Diskette notwendig sind.

Bemerkung
Das Modul *FIO* enthält Routinen, die für eine zweckmäßige Verwaltung von Dateien (Festplatte, Diskette) notwendig sind. Die meisten Routinen machen Gebrauch von den DOS-Funktionen (Interrupt 21H, siehe auch *Dos*).

Append	Öffnet eine bestehende Datei, die erweitert werden soll
AppendStream[2.0]	Wandelt einen Dateizeiger der Programmiersprache C in eine unter Modula-2 gültige Kanalnummer um
AssignBuffer	Ordnet einer Datei einen Puffer zu
ChDir	Wechselt das aktuelle Verzeichnis
Close	Schließt eine Datei
Create	Erzeugt eine Datei
Erase	Löscht eine Datei
Exists	Prüft, ob eine bestimmte Datei vorhanden ist
Flush[2.0]	Schreibt den Pufferinhalt auf Diskette/Festplatte
GetCurrentDate[2.0]	Ermittelt das Datum und die Uhrzeit des Systems
GetDir	Ermittelt das aktuelle Verzeichnis
GetDrive[2.0]	Ermittelt das aktuelle Laufwerk
GetFileDate[2.0]	Ermittelt das Datum und die Uhrzeit einer Datei
GetPos	Ermittelt die Position des Datei-Zeigers
GetStreamPointer[2.0]	Wandelt eine Kanalnummer von Modula-2 in einen unter der Programmiersprache C gültigen Dateizeiger um
IOresult	Liefert einen Fehlercode

2.0 Erst ab der Version 2.0 von TopSpeed Modula-2 verfügbar.

MkDir	Erzeugt ein Verzeichnis
Open	Öffnet eine bestehende Datei
OpenRead[2.0]	Öffnen eine Datei, in die nur geschrieben werden kann
Rd<typ>	Liest in einer Datei eine Zeichenkette und wandelt sie in einen bestimmten Typ um
RdBin	Liest eine beliebige Anzahl Bytes
RdItem	Liest in einer Datei ein einzelnes Wort
RdStr	Liest in einer Datei eine ganze Zeile
Rename	Gibt einer Datei einen neuen Namen
ReadFirstEntry	Sucht eine Datei auf dem Datenträger
ReadNextEntry	Sucht nach weiteren Dateien
RmDir	Löscht ein Verzeichnis
Seek	Setzt den Datei-Zeiger an eine bestimmte Position
SetDrive[2.0]	Setzt das aktuelle Laufwerk neu
SetFileDate[2.0]	Setzt das Datum und die Uhrzeit einer Datei neu
Size	Ermittelt die Größe einer Datei
Truncate	Schneidet die Datei an der aktuellen Position des Datei-Zeigers ab
Wr<typ>	Schreibt einen beliebigen Typ als Zeichenkette in eine Datei
WrBin	Schreibt eine beliebige Anzahl Bytes
WrCharRep	Schreibt eine Zeichenkette, die aus ein und demselben Zeichen besteht, in eine Datei
WrLn	Schreibt ein Zeilenende in eine Datei
WrStr	Schreibt eine Zeichenkette in eine Datei
WrStrAdj	Schreibt eine Zeichenkette, die ausgerichtet werden kann, in eine Datei

Folgende Konstanten sind im Modul *FIO* vordefiniert:

```
CONST
  MaxOpenFiles   = 15;
  StandardInput  = 0;     (* Standardeingabe (Tastatur)     *)
  StandardOutput = 1;     (* Standardausgabe (Bildschirm)   *)
  ErrorOutput    = 2;     (* Fehlerausgabe (Bildschirm)     *)
  AuxDevice      = 3;     (* Serielle Schnittstelle         *)
  PrinterDevice  = 4;     (* Parallele Schnittstelle        *)

CONST  (* nur Version 1.x *)
  DiskFull       = 0F0H;  (* Fehlercode, wenn Diskette voll *)
  BufferOverhead = SIZE(BufRec)-1;

CONST  (* ab Version 2.0 *)
  DiskFull       = 112;   (* Fehlercode, wenn Diskette voll *)
  BufferOverhead = 0;
```

[2.0] Erst ab der Version 2.0 von TopSpeed Modula-2 verfügbar.

```
CONST  (* ab Version 2.0; siehe <ShareMode> *)
  ShareCompat    = {};
  ShareDenyRW    = {4};
  ShareDenyWR    = {5};
  ShareDenyRD    = {4,5};
  ShareDenyNone  = {6};
  ShareAll       = {4..6};
  ShareNoInherit = {7};
```

Folgende Datentypen sind im Modul *FIO* vordefiniert:

```
TYPE
  File     = CARDINAL;
  BufRec   = RECORD
    RWPos,EOB,BufSize:CARDINAL;
    Buffer:ARRAY [0..0] OF SHORTCARD
  END;
  FileAttr = SET OF (readonly,hidden,system,volume,directory,archive);
  PathStr  = ARRAY [0..64] OF CHAR;
  PathTail = ARRAY [0..12] OF CHAR;

TYPE  (* nur Version 1.x *)
  DirEntry = RECORD
    rsvd:ARRAY [0..20] OF SHORTCARD;
    attr:FileAttr;          (* Dateiattribut              *)
    time,date:CARDINAL;     (* Zeit und Datum (codiert)   *)
    size:LONGCARD;          (* Dateigröße (Bytes)         *)
    Name:PathTail           (* Dateiname und Erweiterung *)
  END;

TYPE  (* ab Version 2.0 *)
  DirEntry=RECORD
    Reserved_Handle: CARDINAL;
    rsvd:ARRAY[0..18] OF SHORTCARD;
    attr:FileAttr;          (* Dateiattribut              *)
    time,date:CARDINAL;     (* Zeit und Datum (codiert)   *)
    size:LONGCARD;          (* Dateigröße (Bytes)         *)
    Name:PathTail;          (* Dateiname und Erweiterung *)
  END;

TYPE  (* ab Version 2.0 *)
  FileInf=POINTER TO CoreType.CStream;
```

Folgende Variablen sind im Modul *FIO* vordefiniert:

```
VAR
  Separators:Str.CHARSET;         (* gültige Trennzeichen *)
  OK,           (* TRUE, wenn gelesener Wert gültig          *)
  ChopOff,      (* TRUE, wenn Ausgabefeld erweiterbar        *)
  Eng,          (* TRUE bei wissenschaftlicher Darstellung *)
  IOcheck,      (* TRUE, wenn Ein-, Ausgabe geprüft wird    *)
  EOF:BOOLEAN;  (* TRUE, wenn Dateiende erreicht             *)
```

F

```
VAR  (* ab Version 2.0 *)
  ShareMode : BITSET;        (* siehe Beschreibung im lexikalischen Teil *)
  FIOError  : PROCEDURE (CARDINAL,CARDINAL):BOOLEAN;  (* ohne Bedeutung *)
```

- **Ab Version 2.0:** Einige Routinen des Moduls *FIO* rufen im Fehlerfall die der prozeduralen Variablen *Lib.RunTimeError* zugeordneten Routine auf (nur wenn *FIO.IOcheck* den Wert *FALSE* enthält). Standardmäßig schreibt diese Fehlerbehandlungs-Routine eine Fehlermeldung in die Datei *ERRORINF.$$$* und bricht das laufende Programm ab (weitere Informationen bei *RunTimeError*).

FIOR — Modul (ab Version 2.0)

Zweck
Stellt Datei-Routinen zur Verfügung, die eine Pfadtabellen-Datei verwenden.

Bemerkung
Das Modul *FIOR* stellt Datei-Routinen zur Verfügung, wobei Datei-Namen wie in der Entwicklungsumgebung von TopSpeed Modula-2 mit Hilfe einer Pfadtabellen-Datei oder Umadressierungs-Datei (engl. *redirection file*) erweitert werden. Die TopSpeed Entwicklungsumgebung verwendet die Pfadtabellen-Datei *TS.RED* (siehe auch im Anhang B.2), deren Inhalt beispielsweise wie folgt aussehen könnte:

```
*.$$$ = C:\TSM2;
*.SES = C:\TSM2;
*.PRJ = .; C:\TSM2\PRJ;
*.DEF = .; C:\TSM2\INCLUDE;
*.MOD = .; C:\TSM2\SRC; C:\TSM2\EXAMPLES

*.OBJ = .; C:\TSM2\LIB;
*.LIB = .; C:\TSM2\LIB;
*.DLL = .;

*.DOC = .; C:\TSM2\DOC;
*.HLP = C:\TSM2\DOC;
```

Einem Dateinamen (der die Stellvertreterzeichen '*' und '?' enthalten darf) wird hierbei ein Suchpfad zugeordnet (auch mehrere Suchpfade möglich; diese werden durch einen Strichpunkt voneinander getrennt).

Aufgrund der obigen Pfadtabellen-Datei werden alle Dateien mit der Erweiterung *.MOD* zuerst im aktuellen Verzeichnis (aufgrund der Zeichenfolge '.;'), dann in den Verzeichnissen *C:\TSM2\SRC* und *C:\TSM2\EXAMPLES* gesucht, oder aber alle *.$$$*-Dateien werden ins Verzeichnis *C:\TSM2* geschrieben. Falls TopSpeed Modula-2 für einen Datei-Namen keinen passenden Eintrag in *TS.RED* findet, sucht oder speichert es diese Datei im aktuellen Verzeichnis (die Zeichenfolge '.;' in der Datei *TS.RED* steht für das aktuelle Verzeichnis, wie bereits erwähnt).

Das Modul *FIOR* versucht standardmäßig, bei der Initialisierung die Datei *TS.RED* zu öffnen und zu lesen (mit der Prozedur *ReadRedirectionFile* kann jedoch jederzeit eine neue Pfadtabellen-Datei gelesen werden). Der Inhalt einer Pfadtabellen-Datei wird übrigens in den Arbeitsspeicher eingelesen (d.h. auf den Heap gebracht), danach wird die Datei wieder geschlossen. Aus diesem Grund muß eine Pfadtabellen-Datei neu eingelesen werden (mit *ReadRedirectionFile*), wenn sich ihr Inhalt verändert hat.

AddExtension	Fügt einem Dateinamen eine Erweiterung hinzu (der Dateiname darf zuvor keine Erweiterung besitzen)
ChangeExtension	Tauscht die aktuelle Erweiterung eines Dateinamens gegen eine neue aus
Create	Erzeugt eine neue Datei (mit Hilfe der aktuellen Pfadtabellen-Datei)
Erase	Löscht eine Datei (mit Hilfe der aktuellen Pfadtabellen-Datei)
ExpandPath	Vervollständigt einen Verzeichnis- oder Datei-Namen
FindExePath	Sucht den vollständigen Namen einer existierenden Datei, wobei die Verzeichnisse in der aktuellen Pfadtabelle, das *.EXE*-Verzeichnis (in diesem wurde das Programm gestartet) und die mit *PATH* definierten Verzeichnisse durchsucht werden
FindNewPath	Sucht den vollständigen Namen einer Datei, die noch nicht existiert (mit Hilfe der aktuellen Pfadtabellen-Datei)
FindPath	Sucht den vollständigen Namen einer existierenden Datei (mit Hilfe der aktuellen Pfadtabellen-Datei)
Init	Initialisiert gewisse Variablen, die vom Modul *FIOR* verwendet werden
IOresult	Liefert einen Fehlercode
IsExtension	Prüft, ob ein Dateiname eine bestimmte Erweiterung besitzt
MakePath	Fügt den Namen eines Suchpfades und einer Datei zusammen
Open	Öffnet eine bestehende Datei (mit Hilfe der aktuellen Pfadtabellen-Datei)
OpenRW	Öffnet eine bestehende Datei (mit Hilfe der aktuellen Pfadtabellen-Datei)
ReadRedirectionFile	Liest den Inhalt einer beliebigen Pfadtabellen-Datei ein, die in Zukunft verwendet werden soll
RemoveExtension	Entfernt die Erweiterung eines Dateinamens
SplitPath	Teilt den vollständigen Datei-Namen in Suchpfad und einfachen Datei-Namen

Im Modul *FIOR* ist folgende Konstante definiert:

```
CONST
  Null=MAX(CARDINAL);
```

Im Modul *FIOR* sind folgende Datentypen vordefiniert:

```
TYPE
  File     = CARDINAL;
  PathStr  = ARRAY [0..64] OF CHAR;
  PathTail = ARRAY [0..12] OF CHAR;
  ExtStr   = ARRAY [0..2] OF CHAR;
```

Im Modul *FIOR* sind folgende Variablen vordefiniert:

```
VAR
  LastPath:PathStr;  (* vollständiger Dateiname einer Datei           *)
  TextFile:File;     (* Kanal-Nummer der gelesenen Pfadtabellen-Datei *)
```

Einige Routinen des Moduls *FIOR* rufen im Fehlerfall die der prozeduralen Variablen *Lib.RunTimeError* zugeordneten Routine auf (nur wenn *FIO.IOcheck* den Wert *TRUE* enthält). Standardmäßig schreibt diese Fehlerbehandlungs-Routine eine Fehlermeldung in die Datei *ERRORINF.$$$* und bricht das laufende Programm ab (weitere Informationen bei *RunTimeError*).

Bitte beachten Sie, daß die Wirkungsweise möglicher Ein- und Ausgabe-Fehler (Diskette oder Festplatte) mit Hilfe der Variablen *FIO.IOcheck* (Modul *FIO*!) beeinflußt und mit der Funktion *FIOR.IOresult* Fehler-Nummern abgefragt werden können (wenn *FIO.IOcheck=FALSE*); standardmäßig wird der Variablen *FIO.IOcheck* im Initialisierungs-Teil von *FIOR* der Wert *FALSE* zugeordnet (im Modul *FIO* hingegen *TRUE*).

FixRealToStr — Str

Zweck

Wandelt einen *LONGREAL*-Wert in eine Zeichenkette um.

Struktur

```
FixRealToStr(x:LONGREAL; k:CARDINAL; VAR s:ARRAY OF CHAR; VAR ok:BOOLEAN);
```

Bemerkung

Die Prozedur *FixRealToStr* wandelt den Wert *x* (gültiger Bereich für *x*: *-1.0E18 < x < 1.0E18*) in eine Zeichenkette um. *k* steht für die gewünschte Anzahl Kommastellen (gültiger Bereich: 0..17).

Wichtig: Bitte beachten Sie, daß *FixRealToStr* maximal 18 Ziffern einer umzuwandelnden Zahl berücksichtigen kann. Aus diesem Grund hängt die Anzahl der möglichen Kommastellen von der Größe des ganzzahligen Teiles eines Wertes ab:

Bereich für x	Kommastellen
0.0 <= x < 10.0	max. 17
10.0 <= x < 100.0	max. 16
100.0 <= x < 1000.0	max. 15
.	.
.	.

Die Anzahl Ziffern des ganzzahligen Teiles läßt sich mit folgender Formel ermitteln (der ganzzahlige Teil des Wertes 1415.12 umfaßt beispielsweise 4 Ziffern):

```
Ziffern:=INTEGER(MATHLIB.Log10(ABS(x)))+1;
```

Falls Sie sich nicht an diese Regelung halten, liefert *ok* nach der Umwandlung den Wert *FALSE*.

Folgende Prozedur *FixRealToStr* berücksichtigt diese Einschränkung und verkleinert bei Bedarf den Wert von *k* (Kommastellen) so, daß ein *LONGREAL*-Wert im Bereich von *-1.0E18 < x < 1.0E18* in jedem Fall ohne Fehler umgewandelt werden kann.

```
PROCEDURE FixRealToStr(x:LONGREAL; k:CARDINAL; VAR s:ARRAY OF CHAR;
                       VAR ok:BOOLEAN);
VAR
  c:INTEGER;
BEGIN
  c:=INTEGER(MATHLIB.Log10(ABS(x)))+1;
  IF INTEGER(k)+c>18 THEN k:=CARDINAL(18-c) END;
  Str.FixRealToStr(x,k,s,ok)
END FixRealToStr;
```

Wenn *ok* nach der Prozedur-Ausführung den Wert *TRUE* enthält, steht die umgewandelte Zahl in *s* zur Verfügung.

FixRealToStr verwendet im Gegensatz zu *RealToStr* keine Exponenten-Darstellung.

Beispiel

```
VAR
  s:ARRAY [0..20] OF CHAR;
  ok:BOOLEAN;
BEGIN
  Str.FixRealToStr(2.3477,2,s,ok);  (* s='2.35' (gerundet) *)
  Str.FixRealToStr(2.3477,6,s,ok);  (* s='2.347700'        *)
```

Siehe auch

CardToStr, IntToStr, RealToStr, StrToReal

FLOAT — Standard-Funktion

Zweck
Wandelt einen ganzzahligen Wert in einen reellen um.

Struktur

```
FLOAT(x):REAL;
```

Bemerkung
Die Funktion *FLOAT* wandelt das Argument *x* (alle Integer- und Cardinal-Typen) in einen *REAL*-Wert um. Dasselbe kann mit dem Datentyp *REAL* erreicht werden:

```
VAR
  r1,r2:REAL;
  i:INTEGER;
BEGIN
  i:=-123;
  r1:=TRUNC(i);
  r2:=REAL(i);
```

Siehe auch
TRUNC, VAL

FloatExc — Modul

Zweck
Ermöglicht das Ein- und Ausschalten einer Fehlerbehandlungs-Routine.

Bemerkung
TopSpeed Modula-2 verwendet bei mathematischen Operationen mit *REAL*- und *LONGREAL*-Werten automatisch den Coprozessor 8087 (und Brüder). Falls dieser jedoch nicht existiert, wird er vollständig emuliert.

Wenn das Modul *FloatExc* nicht in ein Programm importiert wird, werden Rechenfehler mit *REAL*- und *LONGREAL*-Werten *nicht* behandelt. Durch das Importieren von *FloatExc* hingegen wird die Behandlung von Rechenfehlern selbständig aktiviert; diese kann nun wiederum lokal mit Hilfe der beiden Prozeduren *DisableExceptionHandling* und *EnableExceptionHandling* aus- bzw. eingeschaltlet werden (siehe auch *MathError* und *MathError2*).

DisableExceptionHandling	Schaltet die Behandlung von Rechenfehlern ab
EnableExceptionHandling	Schaltet die Behandlung von Rechenfehlern ein

- **Ab Version 2.0:** Obwohl das Modul *FloatExc* weiterhin auf für die Version 2.0 zur Verfügung steht, sollte es nicht wie bei der Version 1.x zur Behandlung von Rechenfehlern verwendet werden (laut Empfehlungen von *Jensen & Partners International*; siehe jedoch *MathError*).

FloodFill — Graph (ab Version 2.0)

Zweck
Füllt eine beliebige Figur mit einem Muster.

Struktur

```
FloodFill(x,y,musterfarbe,randfarbe:CARDINAL);
```

Bemerkung
Die Prozedur *FloodFill* füllt beliebige Graphik-Figuren. Der Füll-Vorgang beginnt beim Punkt *(x,y)*, als Füll-Muster wird das aktuelle Muster verwendet (siehe *SetFillMask*), *musterfarbe* legt die Farbe des Füll-Musters fest (im Bereich *0..(Graph.NumColor-1)*; bezeichnet eine Paletten-Eintrag, siehe hierzu *RemapAllPalette* oder *SelectPalette*). Der Parameter *grenzfarbe* legt die Farbe der Umrandung fest, bis zu der eine Figur gefüllt werden soll. Falls eine Graphik-Figur nicht geschlossen ist, kann unter Umständen der gesamte Bildschirm mit dem aktuellen Muster gefüllt werden.

Die Prozedur *FloodFill* wird von folgenden Graphik-Figuren zum Füllen verwendet:

```
Disc, Ellipse, Pie, TrueDisk
```

Achtung: Ein Muster, das von *FloodFill* verwendet wird (siehe *SetFillMask*), darf keine horizontalen leeren Linien besitzen (d.h. horizontale Linien ohne einen einizigen gesetzten Punkt), da sonst der Rechner in einer Endlosschleife hängenbleibt. Darüber hinaus arbeitet *FloodFill* nicht in allen Graphik-Modi korrekt (z.B. im Modus *_HRESBW* (=6), 640 x 200 Punkte, Schwarz-Weiß).

Beispiel

```
MODULE Test2;
IMPORT
  Graph,IO;
CONST
  mittel=Graph.FillMaskType(0AAH,55H,0AAH,55H,0AAH,55H,0AAH,55H);
  strich=Graph.FillMaskType(1,2,4,8,10H,20H,40H,80H);
VAR
  ch:CHAR;
```

```
BEGIN
  Graph.GraphMode;
  Graph.Circle(100,100,90,Graph.NumColor-1);
  Graph.Circle(110,90,60,Graph.NumColor-1);
  Graph.FloodFill(171,90,Graph.NumColor-1,Graph.NumColor-1);
  Graph.SetFillMask(mittel);
  Graph.FloodFill(100,100,Graph.NumColor-1,Graph.NumColor-1);
  Graph.SetFillMask(strich);
  Graph.FloodFill(200,100,Graph.NumColor-1,Graph.NumColor-1);
  ch:=IO.RdKey();
  Graph.TextMode
END Test2.
```

Siehe auch
StackFill

Flush — FIO (ab Version 2.0)

Zweck
Schreibt den Pufferinhalt auf Diskette/Festplatte.

Struktur

```
Flush(f:File);
```

Bemerkung
Die Prozedur *Flush* veranlaßt, daß der gesamte Pufferinhalt der Datei *f* auf die Diskette oder Festplatte geschrieben wird. Einer Datei wird nur dann ein Datenpuffer zugeordnet, wenn dieser ausdrücklich mit der Prozedur *AssignBuffer* eingerichtet wird. Vor dem Schließen einer Datei wird der Inhalt des Datenpuffers selbständig auf Diskette bzw. Festplatte geschrieben.

Siehe auch
AssignBuffer

FOR ... TO ... BY ... DO — Reserviertes Wort

Zweck
Ermöglicht es, einen Anweisungsblock mehrmals hintereinander ausführen zu lassen.

Bemerkung
Definiert eine Schleife, die eine bestimmte Anzahl Mal ausgeführt werden soll. Eine *FOR*-Anweisung wird mit dem reservierten Wort *END* abgeschlossen; alle dazwischenliegenden Anweisungen werden zum Schleifenkörper gerechnet.

```
FOR i:=anfang TO ende DO
  IO.WrCard(i,2);
  IO.WrStr('. Durchlauf');
  IO.WrLn
END;
```

Die Laufvariable *i* (von ordinalem Typ, siehe *TYPE*) enthält zu Beginn den Wert *anfang* und wird nach jedem Schleifendurchlauf (= Ausführen aller Anweisungen, die innerhalb der *FOR*-Schleife stehen) um 1 erhöht, solange bis der Wert *ende* überschritten wird. Mit Hilfe des reservierten Wortes *BY* kann eine gewünschte Schrittweite (*LONGINT*- oder *LONGCARD*-Konstante) angegeben werden.

```
FOR i:=0 TO 40 BY 3 DO IO.WrInt(i,4) END;
FOR i:=20 TO 10 BY -1 DO IO.WrInt(i,4) END;
FOR ch:='z' TO 'a' BY -2 DO IO.WrChar(ch) END;
```

Innerhalb der Schleife darf die Laufvariable nicht verändert werden. Ihr Wert ist nach dem Verlassen der Schleife undefiniert.

Siehe auch
LOOP ... END, REPEAT ... UNTIL, WHILE ... DO

FORWARD — Reserviertes Wort

Zweck
Ermöglicht den gegenseiten Aufruf zweier Prozeduren oder Funktionen.

Bemerkung
Da TopSpeed Modula-2 ein Single-Pass-Compiler ist (d.h. er benötigt nur einen Durchgang für die Compilierung eines Programmes), ist es nicht ohne weiteres möglich, zwei Prozeduren zu schreiben, die sich gegenseitig aufrufen (denn in TopSpeed Modula-2 muß jede Routine vor ihrem ersten Aufruf definiert sein).

Um dies dennoch zu ermöglichen, wird der Kopf (einschließlich der Parameterliste) der gewünschten Prozedur (oder Funktion) um das reservierte Wort *FORWARD* erweitert und so im Programm-Text plaziert, daß der Compiler jederzeit auf einen definierten Prozedur-Namen stößt (die eigentliche Routine wird wie gewohnt etwas weiter unten codifiziert).

Beispiel

```
MODULE FORWARD_Test;
IMPORT
  IO;

  PROCEDURE two(stop:BOOLEAN); FORWARD;

  PROCEDURE one(stop:BOOLEAN);
  BEGIN
    IO.WrStr('Prozedur <one>'); IO.WrLn;
    IF stop THEN HALT ELSE two(FALSE) END
  END one;

  PROCEDURE two(stop:BOOLEAN);
  BEGIN
    IO.WrStr('Prozedur <two>'); IO.WrLn;
    IF stop THEN HALT ELSE one(TRUE) END
  END two;

BEGIN
  one(FALSE)
END FORWARD_Test.
```

Siehe auch
PROCEDURE

Free — ShtHeap (ab Version 2.0)

Zweck
Gibt einen zuvor mit *Allocate* reservierten Speicherblock frei.

Struktur

```
Free(heap:Segment; VAR p:Pointer; anz:Size);
```

Bemerkung
Die Prozedur *Free* gibt den Speicherblock, der sich ab der Adresse *p* auf dem kurzen Heap *heap* befindet, wieder frei. *anz* muß dabei der Größe entsprechen, die zuvor bei *Allocate* angegeben worden ist (weitere Informationen bei *Allocate*). Die notwendigen Datentypen sind wie folgt im Modul *ShtHeap* definiert:

```
TYPE
  Segment = CARDINAL;
  Size    = CARDINAL;
  Pointer = SHORTADDR;
```

Siehe auch
Allocate

FROM ... IMPORT — Reserviertes Wort

Zweck
Importiert Bezeichner eines Moduls.

Bemerkung
Importiert die aufgeführten Bezeichner (Typen, Konstanten, Variablen, Prozeduren) ins aktuelle Modul und macht diese verfügbar.

Falls zwei verschiedene Module je einen Bezeichner mit demselben Namen enthalten, muß das ganze Modul importiert werden und der Bezeichner in qualifizierter Form geschrieben werden (Voranstellen des Modulnamens, siehe auch *IMPORT*):

```
IMPORT
  IO,FIO;
VAR
  f:FIO.File;
BEGIN
  ...
  FIO.WrStr(f,'Datei-Routine');     (* qualifizierte Schreibweise ...   *)
  IO.WrStr('Bildschirm-Routine');   (* ... der beiden Prozeduren <WrStr> *)
```

Es ist durchaus möglich, gleichzeitig das gesamte Modul (mit *IMPORT*) und einzelne Routinen daraus (mit *FROM ... IMPORT*) zu importieren:

```
FROM IO IMPORT
  WrStr,RdStr;
IMPORT
  IO;
BEGIN
  IO.WrStr('Qualifizierte Schreibweise'); IO.WrLn;
  WrStr('Direkte Schreibweise, da <WrStr> speziell importiert');
```

Wichtig: Der Linker von TopSpeed Modula-2 sorgt dafür, daß importierte Prozeduren und Funktionen, die innerhalb des Programmes nicht zum Einsatz kommen, nicht in den ausführbaren Programm-Code (*.EXE*-Datei) aufgenommen werden.

Beispiel

```
MODULE Test;
FROM Lib IMPORT
  RANDOM;
FROM IO IMPORT
  WrCard;
VAR
  i:CARDINAL;
```

```
BEGIN
  FOR i:=1 TO 10 DO          (* <IO.WrCard> und ...  *)
    WrCard(RANDOM(10),1)  (* ... <Lib.RANDOM> ... *)
  END                          (* ... nicht erlaubt.   *)
END Test.
```

Siehe auch

EXPORT, IMPORT, QUALIFIED

Get_Name — ProcTrace (nur Version 1.x)

Zweck
Liefert den Namen der aktuellen Prozedur oder Funktion.

Struktur

```
Get_Name():Name;
```

Bemerkung
Die Funktion *Get_Name* liefert den Namen (inklusiv Modul) der aktuellen Prozedur oder Funktion. Damit *Get_Name* auch wirklich den aktuellen Namen liefert, muß zuvor *Install* aufgerufen worden sein, für die aktuelle Prozedur oder Funktion der Compiler-Befehl *(*$Q+*)* gelten und der Linker eine *.MAP*-Datei erstellt haben (der Menüpunkt *Options, Linker, Map File* muß auf *ON* stehen; siehe Anhang B). Ist *(*Q+*)* nicht aktiv, wird automatisch der zuletzt mit *(*Q+*)* markierte Routinen-Name zurückgegeben (siehe Beispiel bei *Install*).

Das Trennzeichen zwischen dem Modul- und dem Routinen-Namen gibt darüber Aufschluß, auf welche Art eine Routine definiert worden ist:

- @ Routine als *near* definiert (Compiler-Befehl **N**)
- $ Routine als *far* definiert (Compiler-Befehl **F**), entspricht dem Standard

Der Datentyp *Name* ist wie folgt im Modul *ProcTrace* definiert:

```
TYPE
  Name:ARRAY [0..30] OF CHAR;
```

Siehe auch
Install

G

GetBkColor — Graph (ab Version 2.0)

Zweck
Liefert die aktuelle Hintergrund-Farbe.

Struktur

```
GetBkColor():LONGCARD;
```

Bemerkung
Die Funktion *GetBkColor* liefert die aktuelle Hintergrund-Farbe des Graphik-Bildschirmes. Bei einer *CGA*-Karte liegt das Funktionsergebnis im Bereich *0..15* (die Farben sind hier wie bei *Window.TextColor* numeriert), bei einer

EGA- oder *VGA*-Karte können folgende Konstanten zur Abfrage verwendet werden:

```
CONST
  _BLACK   = 0000000H;   _GRAY          = 0151515H;
  _BLUE    = 02A0000H;   _LIGHTBLUE     = 03F1515H;
  _GREEN   = 0002A00H;   _LIGHTGREEN    = 0153F15H;
  _CYAN    = 02A2A00H;   _LIGHTCYAN     = 03F3F15H;
  _RED     = 000002AH;   _LIGHTRED      = 015153FH;
  _MAGENTA = 02A002AH;   _LIGHTMAGENTA  = 03F153FH;
  _BROWN   = 000152AH;   _LIGHTYELLOW   = 0153F3FH;
  _WHITE   = 02A2A2AH;   _BRIGHTWHITE   = 03F3F3FH;
```

Siehe auch
SetBkColor

GetCsIp — ProcTrace (nur Version 1.x)

Zweck
Liefert die Inhalte der beiden CPU-Register *CS* und *IP*.

Struktur

```
GetCsIp():ADDRESS;
```

Bemerkung
Die Funktion *GetCsIp* ermittelt die Einsprungsstelle der zuletzt aufgerufenen Prozedur oder Funktion, für die der Compiler-Befehl *(*$Q+*)* gilt. Damit *GetCsIp* auch wirklich die Einsprungsstelle dieser Routine liefert, muß zuvor *Install* ausgeführt worden sein (weitere Informationen bei *Install*).

Der Funktionswert von *GetCsIp* wird aus den beiden CPU-Registern *CS* (*Codesegment*) und *IP* (*Instruktions-Pointer* oder *Befehls-Zeiger*) gebildet. Diese zeigen auf den ersten Befehl einer Routine.

Beispiel

```
MODULE GetCsIp_Test;
FROM ProcTrace IMPORT
  GetCsIp,Get_Name,Install,Entry,Exit;
IMPORT
  IO;
TYPE
  csip=RECORD
    CS,IP:CARDINAL
  END;
VAR
  a:ADDRESS;
  w:csip;
```

```
  PROCEDURE WrCsIp(a:ADDRESS);
  TYPE
    CsIp=RECORD
      IP,CS:CARDINAL  (* Worte sind vertauscht *)
    END;
  VAR
    w:CsIp;
  BEGIN
    w:=CsIp(a);
    IO.WrHex(w.CS,1); IO.WrChar(':'); IO.WrHex(w.IP,1);
  END WrCsIp;

  PROCEDURE ein;
  BEGIN
    IO.WrStr('-> Prozedur-Name: <'); IO.WrStr(Get_Name());
    IO.WrStr('> Speicher-Adresse: '); WrCsIp(GetCsIp()); IO.WrLn;
  END ein;

  PROCEDURE aus;
  BEGIN
    IO.WrStr('<- Ende von <'); IO.WrStr(Get_Name());
    IO.WrStr('>'); IO.WrLn; IO.WrLn
  END aus;

(* Die Prozeduren <eins>, <zwei> und <drei> sollen beobachtet werden. *)

(*$Q+*)
  PROCEDURE eins;
  BEGIN
    IO.WrStr('Ich bin die Prozedur <eins>'); IO.WrLn
  END eins;

  PROCEDURE zwei;
  BEGIN
    IO.WrStr('Mein Name sei <zwei>'); IO.WrLn
  END zwei;

  PROCEDURE drei;
  BEGIN
    IO.WrStr('Ich bin nicht Stiller!'); IO.WrLn
  END drei;
(*$Q-*)

BEGIN
  Install;  (* Öffnet .MAP-Datei *)
  Entry:=ein;
  Exit:=aus;
  eins;
  drei;
  zwei;
  eins
END GetCsIp_Test.
```

G

Siehe auch
Install

GetCurrentDate FIO (ab Version 2.0)

Zweck
Ermittelt das Datum und die Uhrzeit des Systems.

Struktur

```
GetCurrentDate():LONGCARD;
```

Bemerkung
Die Funktion *GetCurrentDate* liefert das aktuelle Datum (inkl. Uhrzeit) des Computer-Systems als 32-Bit-Wert. Dieser Wert kann im Zusammenhang mit den Routinen *GetFileDate* und *SetFileDate* verwendet werden (die einzelnen Bits des Funktionsergebnisses werden bei *GetFileDate* erläutert).

Mit Hilfe der beiden Routinen *GetDate* und *GetTime* können Datum und Uhrzeit des Systems sehr einfach gelesen werden.

Siehe auch
GetDate, GetFileDate, GetTime, SetDate, SetFileDate, SetTime

GetDate Lib (ab Version 2.0)

Zweck
Ermittelt das aktuelle System-Datum.

Struktur

```
GetDate(VAR jahr,monat,tag:CARDINAL; VAR wochentag:DayType);
```

Bemerkung
Die Prozedur *GetDate* ermittelt das aktuelle System-Datum. Der Datentyp *DayType* ist dabei wie folgt definiert:

```
TYPE
  DayType=(Sunday,Monday,Tuesday,Wednesday,Thursday,Friday,Saturday);
```

Siehe auch
GetCurrentDate, GetFileDate, GetTime, SetDate, SetFileDate, SetTime

GetDir FIO

Zweck
Ermittelt das aktuelle Verzeichnis.

Struktur

```
GetDir(lauf:SHORTCARD; VAR name:ARRAY OF CHAR);
```

Bemerkung
Die Prozedur *GetDir* ermittelt das aktuelle Verzeichnis (Directory) des Laufwerkes *lauf* (0=aktuelles Laufwerk, 1=A:, 2=B: ...) und stellt es mit Hilfe des Parameters *name* zur Verfügung.

Wichtig: Bitte beachten Sie, daß der aktuelle Pfad ohne Laufwerksangabe und der Zeichenfolge ':\' zurückgegeben wird. Das Wurzelverzeichnis erscheint aus diesem Grund als leere Zeichenkette (mit der Länge 0). Folgende Prozedur *NewGetDir* beseitigt diesen Mangel:

```
PROCEDURE NewGetDir(lauf:SHORTCARD; VAR name:ARRAY OF CHAR);
VAR
  reg:SYSTEM.Registers;
  ch:CHAR;
BEGIN
  FIO.GetDir(lauf,name);
  IF FIO.IOresult()<>0 THEN name[0]:=0C; RETURN END;
  IF lauf=0 THEN
    reg.AH:=19H;   (* aktuelles Laufwerk ... *)
    Lib.Dos(reg);  (* ... ermitteln          *)
    ch:=CHAR(reg.AL+65);
  ELSE
    ch:=CHAR(64+lauf)
  END;
  Str.Insert(name,':\',0);
  Str.Insert(name,ch,0)
END NewGetDir;
```

Beispiel

```
MODULE GetDir_Test;
IMPORT
  IO,FIO;
VAR
  verz:ARRAY [0..127] OF CHAR;
BEGIN
  FIO.GetDir(0,verz);  (* Versuchen Sie es auch mit <NewGetDir> *)
  IO.WrStr('Aktuelles Verzeichnis: '); IO.WrStr(verz); IO.WrLn
END GetDir_Test.
```

Siehe auch
ChDir, GetDrive, MkDir, RmDir, SetDrive

GetDrive FIO (ab Version 2.0)

Zweck
Ermittelt das aktuelle Laufwerk.

Struktur

```
GetDrive():SHORTCARD;
```

Bemerkung
Die Funktion *GetDrive* liefert die Nummer des aktuellen Laufwerkes (*1=A, 2=B, 3=C ...*).

Siehe auch
ChDir, GetDir, MkDir, RmDir, SetDrive

GetFileDate FIO (ab Version 2.0)

Zweck
Ermittelt das Datum und die Uhrzeit einer Datei.

Struktur

```
GetFileDate(f:CARDINAL):LONGCARD;
```

Bemerkung
Die Funktion *GetFileDate* liefert das Datum und die Uhrzeit der offenen Datei *f*. Das Funktionsergebnis stellt dabei die Datums- und Zeitangabe in einer komprimierten Form dar. Den einzelnen Bits kommen folgende Bedeutungen zu:

```
 31                      25  24   23       21  20              16
|JJ  JJ  JJ  JJ  JJ  JJ  JJ  MM | MM  MM  MM  TT  TT  TT  TT  TT |  Datum
 └──── Jahr-1980 ──────────┘  └── Monat ──┘  └──── Tag ────────┘

 15              11  10       08   07       05  04              00
|HH  HH  HH  HH  HH  MM  MM  MM | MM  MM  MM  SS  SS  SS  SS  SS |  Zeit
 └─── Stunden ─────┘ └───── Minuten ──────┘  └── Sekunden/2 ───┘
```

Mit den folgenden Prozeduren *PackTimeDate* und *UnpackTimeDate* lassen sich Datums- und Zeitangaben komprimieren bzw. in eine lesbare Form bringen:

```
TYPE
  TimeDate = RECORD
    year,month,
    day,hour,
    min,sec:CARDINAL
  END;

  PROCEDURE PackTimeDate(td:TimeDate; VAR pack:LONGCARD);
  VAR
    zeit:RECORD time,date:CARDINAL END;
  BEGIN
    WITH zeit DO
      time:=td.hour<<11;
      time:=time+td.min<<5;
      time:=time+td.sec>>1;
      date:=(td.year-1980)<<9;
      date:=date+td.month<<5;
      date:=date+td.day
    END;
    pack:=LONGCARD(zeit)
  END PackTimeDate;

  PROCEDURE UnpackTimeDate(pack:LONGCARD; VAR td:TimeDate);
  VAR
    zeit:RECORD time,date:CARDINAL END;
  BEGIN
    WITH zeit DO
      Lib.Move(ADR(pack),ADR(zeit),SIZE(pack));
      td.hour  := time>>11;
      td.min   := CARDINAL(BITSET(time)*{5..10})>>5;
      td.sec   := CARDINAL(BITSET(time)*{0..4})<<1;
      td.year  := (date>>9)+1980;
      td.month := CARDINAL(BITSET(date)*{5..8})>>5;
      td.day   := CARDINAL(BITSET(date)*{0..4})
    END
  END UnpackTimeDate;
```

Die von *GetFileDate* gelieferten Werte können direkt miteinander verglichen werden, wobei das jüngste Datum dem größten Wert entspricht. Dieser Umstand ist besonders dann praktisch, wenn mehrere Dateien nach ihrem Datum sortiert werden sollen.

Siehe auch

GetCurrentDate, GetDate, GetTime, SetDate, SetFileDate, SetTime

GetFillMask — Graph (ab Version 2.0)

Zweck
Liefert das aktuelle Füllmuster.

Struktur

```
GetFillMask(VAR muster:FillMaskType);
```

Bemerkung
Die Prozedur *GetFillMask* stellt mit Hilfe des Parameters *muster* das aktuelle Füllmuster zur Verfügung (standardmäßig werden Figuren vollständig ausgefüllt). Der Datentyp *FillMaskType* ist dabei im Modul *Graph* wie folgt definiert (weitere Informationen erhalten Sie bei *SetFillMask*):

```
TYPE
  FillMaskType=ARRAY [0..7] OF SHORTCARD;
```

Siehe auch
GetLinestyle, SetFillMask, SetLinestyle

GetFlags — SYSTEM

Zweck
Liefert den Inhalt des CPU-Registers *flags*.

Struktur

```
GetFlags():CARDINAL;
```

Bemerkung
Die Funktion *GetFlags* liefert den aktuellen Inhalt des CPU-Registers *flags*. Eine genaue Beschreibung dieses Registers finden Sie bei der Prozedur *Dos*.

Folgende beiden Konstanten sind im Modul *SYSTEM* definiert und erleichtern das Abfragen gewisser Zustände:

```
CONST
  CarryFlag = 0;  (* Bit 0 entspricht dem "carry flag" *)
  ZeroFlag  = 6;  (* Bit 6 entspricht dem "zero flag"  *)
```

Mit Hilfe folgender Programmzeilen lassen sich prüfen, ob das "carry flag" bzw. das "zero flag" gesetzt ist:

```
IF CarryFlag IN BITSET(GetFlags()) THEN IO.WrStr('"carry" gesetzt') END;
IF ZeroFlag IN BITSET(GetFlags()) THEN IO.WrStr('"zero" gesetzt') END;
```

Mit der Funktion *GetFlags* kann zu Beginn einer systemnahen Routine (z.B. Interrupt-Routine) der aktuelle Registerinhalt von *flags* ermittelt werden, damit sich dieser am Schluß mit *SetFlags* wieder herstellen läßt (wichtig, wenn eine Routine den Registerinhalt von *flags* nicht bleibend verändern darf; in der Fachwelt wird von einer "Verhinderung möglicher Schatteneffekte" gesprochen).

Siehe auch
SetFlags

GetImage Graph (ab Version 2.0)

Zweck
Kopiert einen rechteckigen Graphik-Ausschnitt in einen Puffer.

Struktur

```
GetImage(x1,y1,x2,y2:CARDINAL; puffer:ADDRESS);
```

Bemerkung
Die Prozedur *GetImage* liest einen rechteckigen Graphik-Ausschnitt mit den Eckpunkten *(x1,y1)* und *(x2,y2)* und speichert ihn in einem Datenpuffer ab, der bei der Adresse *puffer* beginnt. Der notwendige Speicherbedarf des zu lesenden Bildes läßt sich mit der Funktion *ImageSize* ermitteln.

Um ein Bild in einem dynamisch erzeugten Datenpuffer zu speichern, schreiben Sie:

```
VAR
  groesse,
  x1,y1,x2,y2:CARDINAL;
  puffer:ADDRESS;
BEGIN
  ...
  groesse:=CARDINAL(Graph.ImageSize(x1,y1,x2,y2));
  Storage.ALLOCATE(puffer,groesse);    (* Puffer erzeugen *)
  Graph.GetImage(x1,y1,x2,y2,puffer);  (* Bild lesen      *)
  ...
  Graph.PutImage(x2,y2,puffer,Graph._GPSET);
```

Bitte beachten Sie, daß ein Datenpuffer ohne weiteres für ein Bild zu groß sein darf (jedoch nie zu klein, da in diesem Fall ein System-Absturz möglich ist).

Siehe auch
ImageSize, PutImage

GetInProgramFlag — AsmLib (nur 1.x), Lib (ab 2.0)

Zweck
Prüft, ob momentan eine Funktion des Betriebssystem (Interrupt 21H) ausgeführt wird.

Struktur

```
GetInProgramFlag():BOOLEAN;
```

Bemerkung
Die Funktion *GetInProgramFlag* liefert den Wert *TRUE*, wenn keine Betriebssystem-Funktion (Interrupt 21H, siehe *Dos*) in Arbeit ist. Liefert *GetInProgramFlag* den Wert *FALSE*, darf die Prozedur *Dos* nicht verwendet werden (nur relevant bei parallelen Prozessen). Bitte beachten Sie, daß viele Routinen des Moduls *FIO* die Prozedur *Dos* benützen.

Siehe auch
Dos, SetInProgramFlag

GetLinestyle — Graph (ab Version 2.0)

Zweck
Liefert die aktuelle Linien-Art.

Struktur

```
GetLinestyle():CARDINAL;
```

Bemerkung
Die Funktion *GetLinestyle* liefert das aktuelle Muster, das beim Zeichnen von Linien verwendet wird (standardmäßig werden durchgezogene Linien gezeichnet; weitere Informationen erhalten Sie bei *SetLinestyle*).

Siehe auch
GetFillMask, SetFillMask, SetLinestyle

GetMotion — MsMouse (ab Version 2.0)

Zweck
Ermittelt die relative Mausbewegung in der Einheit "Mickey".

Struktur

```
GetMotion(VAR mp:MsMotion);
```

Bemerkung

Die Prozedur *GetMotion* ermittelt die relative Mausbewegung (in "mickeys"; 1 mickey = 1/200 Zoll = 0.127 mm) seit dem letzten Aufruf dieser Prozedur. Ein negativer Wert deutet eine relative Richtungsveränderung nach links (für *x*) bzw. oben (für *y*) an, ein positiver hingegen eine nach rechts bzw. unten.

Der Datentyp *MsMotion* ist wie folgt im Modul *MsMouse* definiert:

```
TYPE
  MsMotion=RECORD
    vert,horiz:INTEGER;
  END;
```

Siehe auch

GetPress, GetRelease, GetStatus

GetPage — MsMouse (ab Version 2.0)

Zweck

Ermittelt die Bildschirm-Seite, in der der Mauszeiger angezeigt wird.

Struktur

```
GetPage():CARDINAL;
```

Bemerkung

Die Funktion *GetPage* liefert die aktuelle Bildschirm-Seite, in der der Mauszeiger angezeigt wird.

Siehe auch

SetActivePage, SetPage, SetVisualPage

GetPos — FIO

Zweck

Ermittelt die Position des Datei-Zeigers.

Struktur

```
GetPos(f:File):LONGCARD;
```

Bemerkung
Die Prozedur *GetPos* ermittelt die aktuelle Position des Dateizeigers (siehe auch *Seek*). *f* entspricht der Nummer einer zuvor geöffneten oder erzeugten Datei (siehe auch *FIO.Open* und *Create*).

Siehe auch
Seek, Size

GetPress — MsMouse (ab Version 2.0)

Zweck
Ermittelt die Position, bei der eine Maustaste gedrückt wurde.

Struktur

```
GetPress(taste:INTEGER; VAR dat:MsData);
```

Bemerkung
Die Prozedur *GetPress* ermittelt, bei welcher Position die Maustaste *taste* das letzte Mal gedrückt wurde. Verwenden Sie für den Parameter *taste* bitte folgende Konstanten (im Modul *MsMouse* definiert):

```
CONST
  _MS_LEFT   = 0;
  _MS_RIGHT  = 1;
  _MS_MIDDLE = 2;
```

Nach dem Prozeduraufruf enthält der Parameter *dat* die gewünschten Daten. Der Datentyp *MsData* ist wie folgt im Modul *MsMouse* definiert:

```
TYPE
  MsData=RECORD
    left_pressed,middle_pressed,right_pressed:BOOLEAN;
    actions:CARDINAL;  (* Anzahl Knopfdrücke   *)
    row,col:INTEGER;   (* y- und x-Koordinaten *)
  END;
```

Der Punkt *(dat.col,dat.row)* bezeichnet den Punkt, bei dem *taste* gedrückt worden ist, *dat.actions* hingegen gibt darüber Auskunft, wie oft die Maustaste seit dem letzten Aufruf von *GetPress* gedrückt wurde.

Bitte beachten Sie, daß die linke obere Bildschirm-Ecke immer dem Punkt *(0,0)* entspricht (die vom Maustreiber gelieferten Koordinaten werden nicht automatisch umgewandelt; weitere Informationen hierzu erhalten Sie bei *MsMouse*).

Der von *GetPress* ermittelte Punkt muß nicht mit der aktuellen Mausposition (siehe *GetStatus*) übereinstimmen.

Siehe auch
GetRelease, GetStatus

GetRelease — MsMouse (ab Version 2.0)

Zweck
Ermittelt die Position, bei der eine Maustaste losgelassen wurde.

Struktur

```
GetRelease(taste:INTEGER; VAR dat:MsData);
```

Bemerkung
Die Prozedur *GetRelease* ermittelt, bei welcher Position die Maustaste *taste* das letzte Mal losgelassen wurde. Verwenden Sie für den Parameter *taste* bitte folgende Konstanten (im Modul *MsMouse* definiert):

```
CONST
  _MS_LEFT   = 0;
  _MS_RIGHT  = 1;
  _MS_MIDDLE = 2;
```

Nach dem Prozeduraufruf enthält der Parameter *dat* die gewünschten Daten. Der Datentyp *MsData* ist wie folgt im Modul *MsMouse* definiert:

```
TYPE
  MsData=RECORD
    left_pressed,middle_pressed,right_pressed:BOOLEAN;
    actions:CARDINAL;  (* Anzahl Knopfdrücke      *)
    row,col:INTEGER;   (* y- und x-Koordinaten *)
  END;
```

Der Punkt *(dat.col,dat.row)* bezeichnet den Punkt, bei dem *taste* losgelassen worden ist, *dat.actions* hingegen gibt darüber Auskunft, wie oft die Maustaste seit dem letzten Aufruf von *GetPress* freigegeben wurde.

Bitte beachten Sie, daß die linke obere Bildschirm-Ecke immer dem Punkt *(0,0)* entspricht (die vom Maustreiber gelieferten Koordinaten werden nicht automatisch umgewandelt; weitere Informationen hierzu erhalten Sie bei *MsMouse*).

Der von *GetRelease* ermittelte Punkt muß nicht mit der aktuellen Mausposition (siehe *GetStatus*) übereinstimmen.

Siehe auch
GetPress, GetStatus

GetSensitivity MsMouse (ab Version 2.0)

Zweck
Ermittelt die aktuellen Werte, die für die Auswirkung der Mausbewegung und die Verdoppelung der Mausgeschwindigkeit verantwortlich sind.

Struktur

```
GetSensitivity(VAR dat:MsSense);
```

Bemerkung
Die Prozedur *GetSensitivity* liefert die aktuellen Werte der Maus- und Grenzgeschwindigkeit (ausfühliche Informationen erhalten Sie bei *SetDouble* und *SetMickeys*). Der Datentyp *MsSense* ist wie folgt im Modul *MsMouse* definiert:

```
TYPE
  MsSense=RECORD
    h_speed,v_speed,threshold:INTEGER;
  END;
```

Siehe auch
SetDouble, SetMickeys, SetSensitivity

GetStatus MsMouse (ab Version 2.0)

Zweck
Ermittelt die gedrückten Maustasten und die aktuelle Position des Mauszeigers.

Struktur

```
GetStatus(VAR dat:MsData);
```

Bemerkung
Die Prozedur *GetStatus* ermittelt, welche Maustasten momentan gedrückt werden und an welcher Position der Mauszeiger steht. Der Datentyp *MsData* ist wie folgt im Modul *MsData* definiert:

```
TYPE
  MsData=RECORD
    left_pressed,middle_pressed,right_pressed:BOOLEAN;
    actions:CARDINAL;
    row,col:INTEGER;    (* y- und x-Koordinate *)
  END;
```

Enthält eine der drei Variablen *dat.left_pressed*, *dat.middle_pressed* oder *dat.right_pressed* den Wert *TRUE*, wird die entsprechende Maus-Taste gedrückt (mehrere Tasten können gleichzeitig gedrückt sein). Der Punkt *(dat.col, dat.row)* bezeichnet den Bildschirm-Punkt, bei dem sich der Mauszeiger zur Zeit befindet.

Bitte beachten Sie, daß die linke obere Bildschirm-Ecke immer dem Punkt *(0,0)* entspricht (die vom Maustreiber gelieferten Koordinaten werden nicht automatisch umgewandelt; weitere Informationen hierzu erhalten Sie bei *MsMouse*).

Beispiel

```
MODULE Test;
IMPORT
  MsMouse,IO,Window;
VAR
  ch:CHAR;
  dat:MsMouse.MsData;
BEGIN
  IF MsMouse.Reset()=MAX(INTEGER) THEN
    IO.WrStr('Maus nicht verfügbar ...');
    HALT
  END;
  Window.GotoXY(1,25); IO.WrStr('Abbruch mit <ESC> ...');
  MsMouse.Cursor(TRUE);
  Window.CursorOff;
  LOOP
    IF IO.KeyPressed() THEN
      ch:=IO.RdKey(); IF ch=CHR(27) THEN EXIT END
    END;
    Window.GotoXY(1,1);
    MsMouse.GetStatus(dat);
    IO.WrStr('X: '); IO.WrInt(dat.col,-4); IO.WrLn;
    IO.WrStr('Y: '); IO.WrInt(dat.row,-4); IO.WrLn;
    IF dat.left_pressed THEN IO.WrStr('L') ELSE IO.WrStr('-') END;
    IF dat.middle_pressed THEN IO.WrStr('M') ELSE IO.WrStr('-') END;
    IF dat.right_pressed THEN IO.WrStr('R') ELSE IO.WrStr('-') END;
  END;
  MsMouse.Cursor(FALSE);
  Window.CursorOn
END Test.
```

Siehe auch

GetPress, GetRelease, SetPosition

GetStreamPointer FIO (ab Version 2.0)

Zweck
Wandelt eine Kanalnummer von Modula-2 in einen unter der Programmiersprache C gültigen Dateizeiger um.

Struktur

```
GetStreamPointer(f:File):FileInf;
```

Bemerkung
Die Funktion *GetStreamPointer* wandelt eine Kanalnummer, die unter Modula-2 für Dateizugriffe benötigt wird, in einen Dateizeiger um (dieser wird von der Programmiersprache *C* verwendet). Der Datentyp *FileInf* ist wie folgt definiert:

```
TYPE
  File=CARDINAL;
  FileInf=POINTER TO CoreType.CStream;

TYPE  (* im Modul <CoreType> definiert *)
  StreamPtr=POINTER TO CHAR;
  CStream=RECORD
    Ptr    : StreamPtr;  (* Zeigt auf aktuelle Puffer-Stelle  *)
    Cnt    : INTEGER;    (* Freier Speicher im Puffer         *)
    Size   : INTEGER;    (* Gesamte Puffer-Größe              *)
    Base   : StreamPtr;  (* Speicher-Adresse des Puffers      *)
    Flag   : BITSET;     (* Zugriffs-Modus; siehe <ShareMode> *)
    Handle : INTEGER;    (* Datei-Handler (Kanalnummer)       *)
    Pback  : INTEGER;
    Sem    : LONGCARD;
    Ctrl   : SHORTCARD;
    SCnt   : SHORTCARD;
  END;
```

Siehe auch
AppendStream

GetTextColor Graph (ab Version 2.0)

Zweck
Liefert die aktuelle Farbe eines Textes im Graphik-Modus.

Struktur

```
GetTextColor():CARDINAL;
```

Bemerkung
Die Funktion *GetTextColor* liefert die Nummer der Paletten-Farbe, die für die Textausgabe (siehe *OutText*) verwendet wird (weitere Informationen erhalten Sie bei *RemapAllPalette* und *SelectPalette*).

Siehe auch
SetTextColor

GetTextPosition — Graph (ab Version 2.0)

Zweck
Ermittelt die aktuelle Position des Text-Cursors.

Struktur

```
GetTextPosition():TextCoords;
```

Bemerkung
Die Funktion *GetTextPosition* liefert die aktuelle Position, bei der sich der Text-Cursor befindet. Das erste Zeichen eines mit *OutText* ausgegebenen Textes wird an diese Stelle geschrieben. Der Datentyp *TextCoords* ist dabei im Modul *Graph* wie folgt definiert:

```
TYPE
  TextCoords=RECORD
    row,col:INTEGER  (* y- und x-Koordinate *)
  END;
```

Die linke obere Bildschirmecke entspricht dem Punkt *(1,1)*, die rechte untere hingegen dem Punkt *(40,25)*, *(80,25)* oder *(80,30)* (in Abhängigkeit des aktuellen Graphik-Modus, siehe auch *GetVideoConfig*).

Siehe auch
OutText, SetTextPosition, SetTextWindow, Wrapon

GetTime — Lib (ab Version 2.0)

Zweck
Ermittelt die aktuelle System-Zeit.

Struktur

```
GetTime(VAR std,min,sek,sek100:CARDINAL);
```

Bemerkung
Die Prozedur *GetTime* ermittelt die aktuelle System-Zeit. Der Parameter *sek100* enthält nach der Prozedurausführung die Hundertstel-Sekunden (bei manchen Computern immer 0).

Siehe auch
GetCurrentDate, GetDate, GetFileDate, SetDate, SetFileDate, SetTime

GetVideoConfig

Graph (ab Version 2.0)

Zweck
Ermittelt die für eine Graphik-Karte typischen Werte.

Struktur

```
GetVideoConfig(VAR dat:VideoConfig);
```

Bemerkung
Die Prozedur *GetVideoConfig* ermittelt die für den aktuellen Bildschirm-Modus typischen Daten. Der Datentyp *VideoConfig* ist dabei wie folgt definiert:

```
TYPE
  VideoConfig=RECORD
    numxpixels:CARDINAL;       (* Anzahl Punkte der X-Achse *)
    numypixels:CARDINAL;       (* Anzahl Punkte der Y-Achse *)
    numtextcols:CARDINAL;      (* Anzahl Text-Zeichen in einer Zeile *)
    numtextrows:CARDINAL;      (* Anzahl Text-Zeilen *)
    numcolors:CARDINAL;        (* Anzahl der möglichen Farben *)
    bitsperpixel:CARDINAL;     (* Anzahl Bits pro Graphik-Punkt *)
    numvideopages:CARDINAL;    (* Anzahl der verfügbaren Bildschirm-Seiten *)
    mode:CARDINAL;             (* Aktueller Bildschirm-Modus *)
    adapter:CARDINAL;          (* Aktiver Bildschirm-Adapter *)
    monitor:CARDINAL;          (* Aktiver Bildschirm *)
    memory:CARDINAL;           (* Speicher des Adapters (in KBytes) *)
  END;
```

Für das Datenfeld *adapter* können folgende Konstanten verwendet werden:

```
CONST
  _MDPA = 0001H;   (* Monochromer-Bildschirm (MDPA) *)
  _CGA  = 0002H;   (* CGA-Karte *)
  _EGA  = 0004H;   (* EGA-Karte *)
  _VGA  = 0008H;   (* VGA-Karte *)
  _MCGA = 0010H;   (* MCGA-Karte *)
  _HGC  = 0020H;   (* Hercules-Karte *)
```

Für das Datenfeld *monitor* können folgende Konstanten verwendet werden:

```
CONST
  _MONO     = 0001H;    (* Schwarz-Weiß *)
  _COLOR    = 0002H;    (* Farbe *)
  _ENHCOLOR = 0004H;    (* Erweiterte Farbe *)
  _ANALOG   = 0018H;    (* Analog *)
```

Siehe auch
SetVideoMode

GOTO — Reservierte Wort

Zweck
Ermöglicht Sprünge innerhalb eines Blockes.

Bemerkung
GOTO wird dazu gebraucht, um zu der mit einem Label bezeichneten Stelle zu springen. Eine *GOTO*-Anweisung besteht aus dem reservierten Wort *GOTO* und dem Namen eines Labels (siehe Beispiel). Vor dem Gebrauch müssen die Labels deklariert werden (siehe *LABEL*).

Ein Label ist nur in demjenigen Block gültig, in dem es deklariert worden ist. Aus diesem Grund ist es nicht möglich, aus einer (in eine) Prozedur zu springen:

```
LABEL
  hupf;

  PROCEDURE no;
  VAR
    i:INTEGER;
  BEGIN
    FOR i:=1 TO 10 DO IO.WrStr('No ') END;
  hupf:
    IO.WrLn
  END no;

BEGIN
  GOTO hupf;  (* nicht möglich *)
```

Niklaus Wirth hat bei der Sprach-Definition von Modula-2 bewußt auf ein *GOTO* verzichtet, da Sprünge die Lesbarkeit eines Programmes erschweren können und der strukturierten Programmierung entgegenwirken (*GOTOs* sind in Hochschulkreisen sehr verpönt und haben schon manch häßliche Diskussion ausgelöst). TopSpeed Modula-2 verfügt jedoch über *GOTO* und *LABEL* und ermöglicht somit unbedingte Sprünge.

In der Praxis zeigt es sich, daß die Verwendung von *GOTOs* in Ausnahme-Situationen durchaus die Übersichtlichkeit oder die Effizienz eines Programmes begünstigen können. Als Ausnahme-Situationen sind Fehler (Tastatur-Eingabe,

Datei-Handling ...) oder das Eintreten besonderer Umstände (Taste gedrückt ...) zu betrachten.

Beispiel

Folgende drei Prozeduren *CopyFile1*, *CopyFile2* und *CopyFile3* kopieren Dateien. *CopyFile1* verwendet *GOTOs*, *CopyFile3* hingegen ist im strengsten Sinne strukturiert programmiert. *CopyFile2* kommt ohne *GOTOs* aus, erfüllt jedoch nicht alle Grundsätze der strukturierten Programmierung (da die Prozedur mit *RETURN* an verschiedenen Stellen verlassen werden kann).

```
PROCEDURE CopyFile1(quelle,ziel:ARRAY OF CHAR; VAR ok:BOOLEAN);
LABEL
  error;
CONST
  max=2048;
VAR
  q,z:FIO.File;
  pu:ARRAY [1..max] OF BYTE;
  gelesen:CARDINAL;
  save:BOOLEAN;
BEGIN
  save:=FIO.IOcheck;
  FIO.IOcheck:=FALSE;
  q:=FIO.Open(quelle); IF FIO.IOresult()<>0 THEN GOTO error END;
  z:=FIO.Create(ziel); IF FIO.IOresult()<>0 THEN GOTO error END;
  REPEAT
    gelesen:=FIO.RdBin(q,pu,max);
    IF FIO.IOresult()<>0 THEN GOTO error END;
    FIO.WrBin(z,pu,gelesen);
    IF FIO.IOresult()<>0 THEN GOTO error END;
  UNTIL gelesen<>max;
error:
  ok:=FIO.IOresult()=0;
  FIO.Close(q); FIO.Close(z);
  FIO.IOcheck:=save
END CopyFile1;


PROCEDURE CopyFile2(quelle,ziel:ARRAY OF CHAR; VAR ok:BOOLEAN);
CONST
  max=2048;
VAR
  q,z:FIO.File;
  pu:ARRAY [1..max] OF BYTE;
  gelesen:CARDINAL;
  save:BOOLEAN;

  PROCEDURE Ende;
  BEGIN
    ok:=FIO.IOresult()=0;
    FIO.Close(q); FIO.Close(z);
```

```
    FIO.IOcheck:=save
  END Ende;

BEGIN
  save:=FIO.IOcheck;
  FIO.IOcheck:=FALSE;
  q:=FIO.Open(quelle); IF FIO.IOresult()<>0 THEN Ende; RETURN END;
  z:=FIO.Create(ziel); IF FIO.IOresult()<>0 THEN Ende; RETURN END;
  REPEAT
    gelesen:=FIO.RdBin(q,pu,max);
    IF FIO.IOresult()<>0 THEN Ende; RETURN END;
    FIO.WrBin(z,pu,gelesen);
    IF FIO.IOresult()<>0 THEN Ende; RETURN END;
  UNTIL gelesen<>max;
  Ende
END CopyFile2;


PROCEDURE CopyFile3(quelle,ziel:ARRAY OF CHAR; VAR ok:BOOLEAN);
CONST
  max=2048;
VAR
  q,z:FIO.File;
  pu:ARRAY [1..max] OF BYTE;
  gelesen:CARDINAL;
  save:BOOLEAN;
BEGIN
  save:=FIO.IOcheck;
  FIO.IOcheck:=FALSE;
  q:=FIO.Open(quelle); ok:=FIO.IOresult()=0;
  IF ok THEN
    z:=FIO.Create(ziel); ok:=FIO.IOresult()=0;
    IF ok THEN
      REPEAT
        gelesen:=FIO.RdBin(q,pu,max);
        ok:=FIO.IOresult()=0;
        IF ok THEN
          FIO.WrBin(z,pu,gelesen);
          ok:=FIO.IOresult()=0
        END
      UNTIL (gelesen<>max) OR NOT ok
    END
  END;
  FIO.Close(q); FIO.Close(z);
  FIO.IOcheck:=save
END CopyFile3;
```

Siehe auch

LABEL, LongJmp, SetJmp

G

GotoXY — Window

Zweck
Setzt den Cursor an eine bestimmte Position.

Struktur

```
GotoXY(x,y:RelCoord);
```

Bemerkung
Die Prozedur *GotoXY* setzt den Cursor an den Punkt *(x,y)* innerhalb des aktiven Fensters. *RelCoord* ist wie folgt definiert:

```
TYPE
  RelCoord=CARDINAL;
```

Der Punkt *(1,1)* entspricht der linken oberen Fensterecke.

Siehe auch
WhereX, WhereY

Graph — Modul

Zweck
Ermöglicht das Zeichnen von Graphiken auf allen handelsüblichen Graphik-Karten.

Bemerkung
Die unter TopSpeed Modula-2 verfügbaren Graphik-Routinen sind auf den heute gebräuchlichen Bildschirm-Adaptern lauffähig (*CGA*, *Hercules*, *AT&T* und *Olivetti* (jedoch nur in der Version 1.x), *EGA*, *VGA*).

Arc[2.0]	Zeichnet einen elliptischen Bogen
Circle	Zeichnet einen Kreis
ClearScreen[2.0]	Löscht den Inhalt des Bildschirmes oder eines Fensters
Cube[2.0]	Zeichnet ein Quader
Disc	Zeichnet einen gefüllten Kreis
DisplayCursor[2.0]	Schaltet den Textcursor im Graphik-Modus ein bzw. aus
Ellipse	Zeichnet eine (gefüllte) Ellipse
FloodFill[2.0]	Füllt eine beliebige Figur mit einem Muster
GetBkColor[2.0]	Liefert die aktuelle Hintergrund-Farbe
GetFillMask[2.0]	Liefert das aktuelle Füllmuster

[2.0] Diese Routine ist erst ab der Version 2.0 von TopSpeed Modula-2 verfügbar.

GetImage[2.0]	Kopiert einen rechteckigen Graphik-Ausschnitt in einen Puffer
GetLinestyle[2.0]	Liefert die aktuelle Linien-Art
GetTextColor[2.0]	Liefert die aktuelle Farbe eines Textes im Graphik-Modus
GetTextPosition[2.0]	Ermittelt die aktuelle Position des Text-Cursors
GetVideoConfig[2.0]	Ermittelt die für eine Graphik-Karte typischen Werte
GraphMode	Aktiviert den Graphik-Modus
HLine	Zeichnet eine horizontale Linie
ImageSize[2.0]	Ermittelt die Größe des Puffers, der einen rechteckigen Graphik-Ausschnitt aufnehmen soll
Init<karte>	Initialisiert das Graphik-Paket
Line	Zeichnet eine Linie
OutText[2.0]	Schreibt einen Text in den Graphik-Bildschirm
Pie[2.0]	Zeichnet einen Sektor (Kuchenstück)
Plot	Zeichnet einen Punkt
Point	Ermittelt die Farbe eines Punktes
Polygon	Zeichnet ein gefülltes Vieleck
PutImage[2.0]	Schreibt einen zuvor gesicherten rechteckigen Graphik-Ausschnitt in den Bildschirm
Rectangle[2.0]	Zeichnet ein (gefülltes) Rechteck
RemapAllPalette[2.0]	Verändert die gesamte Farb-Palette (nur *EGA* und *VGA*)
RemapPalette[2.0]	Verändert einen einzigen Eintrag der aktuellen Farb-Palette (nur *EGA* und *VGA*)
SelectPalette[2.0]	Wechselt die aktuelle Farb-Palette (nur *CGA*)
SetActivePage[2.0]	Legt diejenige Bildschirm-Seite fest, auf der gezeichnet werden soll
SetBkColor[2.0]	Setzt die aktuelle Hintergrund-Farbe neu
SetClipRgn[2.0]	Legt einen rechteckigen Ausschnitt fest; Linien, Muster ... werden von nun an nur noch gezeichnet, wenn sie in diesen definierten Ausschnitt fallen
SetFillMask[2.0]	Definiert ein Füll-Muster
SetLinestyle[2.0]	Definiert eine Linien-Art
SetTextColor[2.0]	Legt die Farbe eines Textes fest
SetTextPosition[2.0]	Legt die Position des Text-Cursors fest
SetTextWindow[2.0]	Bestimmt einen rechteckigen Ausschnitt als Text-Fenster
SetVideoMode[2.0]	Aktiviert einen beliebigen Bildschirm-Modus
SetVisualPage[2.0]	Legt diejenige Bildschirm-Seite fest, die sichtbar sein soll
StackFill[2.0]	Füllt eine beliebige Figur mit einem Muster
TextMode	Aktiviert den Text-Modus

[2.0] Diese Routine ist erst ab der Version 2.0 von TopSpeed Modula-2 verfügbar.

TrueCircle[2.0] Zeichnet einen echten Kreis
TrueDisc[2.0] Zeichnet einen echten gefüllten Kreis
Wrapon[2.0] Legt fest, ob Text am Rande eines Fensters abgeschnitten werden soll oder nicht

Folgende Konstanten sind im Modul *Graph* definiert:

```
CONST  (* nur Version 1.xx *)
  CGAWidth  = 320;   CGADepth  = 200;   CGANumColor  = 4;
  EGAWidth  = 640;   EGADepth  = 350;   EGANumColor  = 16;
  VGAWidth  = 640;   VGADepth  = 480;   VGANumColor  = 16;
  HercWidth = 720;   HercDepth = 348;   HercNumColor = 2;
  ATTWidth  = 640;   ATTDepth  = 400;   ATTNumColor  = 2;

CONST  (* ab Version 2.0 *)
  AutoDetect=TRUE;   (* Soll geeignete Graphik-Karte gesucht werden? *)

  CGAWidth     = 320;   CGADepth     = 200;   CGANumColor  = 4;
  HercWidth    = 720;   HercDepth    = 348;   HercNumColor = 2;
  EGAWidth     = 640;   EGADepth     = 350;   EGANumColor  = 16;
  VGAWidth     = 640;   VGADepth     = 350;   VGANumColor  = 16;
  VGA256Width = 320;    VGA256Depth = 200;

CONST  (* ab Version 2.0; Graphik-Modi für <SetVideoMode> *)
  _DEFAULTMODE  = MAX(CARDINAL);  (* Standard-Modus *)
  _TEXTBW40     = 0;        (* Text, 40x25 Zeichentext, 16 Grautöne *)
  _TEXTC40      = 1;        (* Text, 40x25 Zeichentext, 16 Farben *)
  _TEXTBW80     = 2;        (* Text, 80x25 Zeichentext, 16 Grautöne *)
  _TEXTC80      = 3;        (* Text, 80x25 Zeichentext, 16 Farben *)
  _MRES4COLOR   = 4;        (* CGA, 320x200 Punkte, 4 Farben *)
  _MRESNOCOLOR  = 5;        (* CGA, 320x200 Punkte, 4 Grautöne *)
  _HRESBW       = 6;        (* CGA, 640x200 Punkte, Schwarz-Weiß *)
  _TEXTMONO     = 7;        (* Text, 80x25 Zeichen, Monochrom-Bildschirm *)
  _HERCMONO     = 8;        (* Hercules, 720x348 Punkte, Scharz-Weiß *)
  _MRES16COLOR  = 13;       (* EGA, 320x200 Punkte, 16 Farben *)
  _HRES16COLOR  = 14;       (* EGA, 640x200 Punkte, 16 Farben *)
  _ERESNOCOLOR  = 15;       (* EGA, 640x350 Punkte, Schwarz-Weiß *)
  _ERESCOLOR    = 16;       (* EGA, 640x350 Punkte, 4 oder 16 Farben *)
  _VRES2COLOR   = 17;       (* VGA, 640x480 Punkte, Schwarz-Weiß *)
  _VRES16COLOR  = 18;       (* VGA, 640x480 Punkte, 16 Farben *)
  _MRES256COLOR = 19;       (* VGA, 320x200 Punkte, 256 Farben *)

CONST  (* ab Version 2.0; definiert für <GetVideoConfig> *)
  _MDPA      = 0001H;       (* Monochromer-Bildschirm (MDPA) *)
  _CGA       = 0002H;       (* CGA-Karte *)
  _EGA       = 0004H;       (* EGA-Karte *)
  _VGA       = 0008H;       (* VGA-Karte *)
  _MCGA      = 0010H;       (* MCGA-Karte *)
  _HGC       = 0020H;       (* Hercules-Karte *)
```

2.0 Diese Routine ist erst ab der Version 2.0 von TopSpeed Modula-2 verfügbar.

```
  _MONO     = 0001H;          (* Schwarz-Weiß *)
  _COLOR    = 0002H;          (* Farbe *)
  _ENHCOLOR = 0004H;          (* Erweiterte Farbe *)
  _ANALOG   = 0018H;          (* Analog *)

CONST (* ab Version 2.0; Graphik-Figuren füllen? *)
  _GBORDER        = FALSE;  (* Nur Umriße zeichnen *)
  _GFILLINTERIOR = TRUE;    (* Füllen mit aktuellem Muster *)

CONST  (* ab Version 2.0; definiert für <Cube> *)
  _GTOP           = TRUE;
  _GNOTOP         = FALSE;

CONST  (* ab Version 2.0; definiert für <ClearScreen> *)
  _GCLEARSCREEN   = 0;
  _GVIEWPORT      = 1;
  _GWINDOW        = 2;

CONST  (* ab Version 2.0; definiert für <DisplayCursor> *)
  _GCURSOROFF     = FALSE;
  _GCURSORON      = TRUE;

CONST  (* ab Version 2.0; definiert für <Wrapon> *)
  _GWRAPOFF       = FALSE;
  _GWRAPON        = TRUE;

CONST  (* ab Version 2.0; definiert für <PutImage> *)
  _GPSET          = 3;
  _GPRESET        = 2;
  _GAND           = 1;
  _GOR            = 0;
  _GXOR           = 4;

CONST  (* ab Version 2.0; Farben für EGA- und VGA-Karten *)
  _BLACK   = 0000000H;    _GRAY         = 0151515H;
  _BLUE    = 02A0000H;    _LIGHTBLUE    = 03F1515H;
  _GREEN   = 0002A00H;    _LIGHTGREEN   = 0153F15H;
  _CYAN    = 02A2A00H;    _LIGHTCYAN    = 03F3F15H;
  _RED     = 000002AH;    _LIGHTRED     = 015153FH;
  _MAGENTA = 02A002AH;    _LIGHTMAGENTA = 03F153FH;
  _BROWN   = 000152AH;    _LIGHTYELLOW  = 0153F3FH;
  _WHITE   = 02A2A2AH;    _BRIGHTWHITE  = 03F3F3FH;
```

Folgende Datentypen sind im Modul *Graph* definiert:

```
TYPE (* ab Version 2.0; definiert für <GetVideoConfig> *)
  VideoConfig=RECORD
    numxpixels:CARDINAL;        (* Anzahl Punkte der X-Achse *)
    numypixels:CARDINAL;        (* Anzahl Punkte der Y-Achse *)
    numtextcols:CARDINAL;       (* Anzahl Text-Zeichen in einer Zeile *)
    numtextrows:CARDINAL;       (* Anzahl Text-Zeilen *)
    numcolors:CARDINAL;         (* Anzahl der möglichen Farben *)
    bitsperpixel:CARDINAL;      (* Anzahl Bits pro Graphik-Punkt *)
    numvideopages:CARDINAL;     (* Anzahl der verfügbaren Bildschirm-Seiten *)
```

```
      mode:CARDINAL;               (* Aktueller Bildschirm-Modus *)
      adapter:CARDINAL;            (* Aktiver Bildschirm-Adapter *)
      monitor:CARDINAL;            (* Aktiver Bildschirm *)
      memory:CARDINAL;             (* Speicher des Adapters (in KBytes) *)
    END;

  TYPE  (* ab Version 2.0 *)
    GraphCoords=RECORD
      xcoord,ycoord:INTEGER
    END;
    TextCoords=RECORD
      row,col:INTEGER
    END;

  TYPE  (* ab Version 2.0; Füllmuster *)
    FillMaskType=ARRAY [0..7] OF SHORTCARD;
```

Folgende Variablen sind im Modul *Graph* definiert:

```
  VAR
    Width    : CARDINAL ;     (* Maximale X-Koordinate    *)
    Depth    : CARDINAL ;     (* Maximale Y-Koordinate    *)
    NumColor : CARDINAL ;     (* Anzahl verfügbare Farben *)

  VAR (* ab Version 2.0 *)
    FillState:BOOLEAN;
```

GraphMode — Graph

Zweck

Aktiviert den Graphik-Modus.

Struktur

```
GraphMode;
```

Bemerkung

Die Prozedur *GraphMode* schaltet in den Graphik-Modus um und ermöglicht das Zeichnen mit den Graphik-Routinen.

- **Version 1.x:** Standardmäßig wird der *CGA*-Modus eingeschaltet, dies kann jedoch mit *Init<karte>* geändert werden.
- **Ab Version 2.0:** Im Initialisierungs-Teil des Moduls *Graph* wird *InitGraph* ausgeführt; diese Prozedur ermittelt automatisch die verfügbare Graphik-Karte und wählt einen geeigneten Gaphik-Modus. Die maximalen *x*- und y-Koordinaten werden in den Variablen *Graph.Width* und *Graph.Depth* gespeichert, die verfügbaren Farben in der Variablen *Graph.NumColor*:

Graphik-Karte	Gewähler Modus	Width	Depth	NumColor
Herc	_HERCMONO (=8)	720	348	2
CGA, MCGA	_MRES4COLOR (=4)	320	200	4
EGA, VGA	_ERESCOLOR (=16)	640	350	16

Diese Graphik-Modi werden von <InitGraph> gewählt (ab Version 2.0)

Mit Hilfe der Funktion *SetVideoMode* kann ein beliebiger (verfügbarer) Graphik-Modus aktiviert werden (in diesem Fall muß *GraphMode* nicht aufgerufen werden).

Beispiel

```
MODULE GraphMode_Test;
IMPORT
  Lib,IO,Graph;
VAR
  ch:CHAR;
  x1,y1,x2,y2:CARDINAL;
BEGIN
  Graph.GraphMode;
  Lib.RANDOMIZE;
  LOOP
    IF IO.KeyPressed() THEN EXIT END;
    x1:=Lib.RANDOM(Graph.Width);
    x2:=Lib.RANDOM(Graph.Width);
    y1:=Lib.RANDOM(Graph.Depth);
    y2:=Lib.RANDOM(Graph.Depth);
    Graph.Line(x1,y1,x2,y2,Graph.NumColor-1)
  END;
  ch:=IO.RdKey();  (* Tastatur-Puffer leeren *)
  Graph.TextMode
END GraphMode_Test.
```

Siehe auch

Init<karte>, SetVideoMode, TextMode

HALT

Standard-Prozedur

Zweck
Bricht das laufende Programm ab.

Struktur

```
HALT;
```

Bemerkung
Die Prozedur *HALT* bricht das laufende Programm ab, wobei zuerst die mit *Terminate* installierte Abbruch-Routine ausgeführt wird. Mit Hilfe der Prozedur *SetReturnCode* (Modul *Lib*) läßt sich ein Rückkehr-Wert festlegen, der von der DOS-Variablen *ERRORLEVEL* gelesen werden kann.

Beispiel
Folgendes Programm läßt den Benutzer einen Menüpunkt auswählen und übergibt der Batchdatei *MENU.BAT* (siehe weiter unten) einen Return-Code.

Bitte beachten Sie, daß dieses Programm als Datei vorliegen muß mit dem Namen TEST.EXE.

```
MODULE Test;
IMPORT
  Lib,IO;
VAR
  ch:CHAR;
  code:SHORTCARD;
BEGIN
  LOOP
    IO.WrStr('Menü-Übersicht'); IO.WrLn; IO.WrLn;
    IO.WrStr('A) Mein erstes Programm'); IO.WrLn;
    IO.WrStr('B) Variablen'); IO.WrLn;
    IO.WrStr('C) Ein- und Ausgabe'); IO.WrLn;
    IO.WrStr('E) Ende'); IO.WrLn; IO.WrLn;
    IO.WrStr('Ihre Wahl: '); ch:=CAP(IO.RdKey());
    IO.WrChar(ch); IO.WrLn; IO.WrLn;
    CASE ch OF
      'A': code:=1; | 'B': code:=2;
    | 'C': code:=3; | 'E': code:=0
    ELSE
      code:=99
    END;
    IF code<4 THEN
      Lib.SetReturnCode(code);
      HALT
    END
  END
END Test.
```

Folgende *.BAT*-Datei arbeitet mit dem obigen Modula-Programm zusammen:

```
rem ---------------------------------- Anfang MENU.BAT ---
:start
echo off
cls
rem >> Diese ist die Batch-Datei MENU.BAT. Sie übernimmt
rem >> die Return-Codes vom Modula-Programm TEST.EXE
test.exe
if errorlevel 3 goto pktc
if errorlevel 2 goto pktb
if errorlevel 1 goto pkta
if errorlevel 0 goto ende

:pktc
echo Menüpunkt C) Ein- und Ausgabe
pause
goto start

:pktb
echo Menüpunkt B) Variablen
pause
goto start

:pkta
echo Menüpunkt A) Mein erstes Programm
pause
goto start

:ende
echo on
cls
rem ------------------------------------ Ende MENU.BAT ---
```

Siehe auch
FatalError, RETURN, Terminate, UserBreak

HashString Lib

Zweck
Ordnet einer Zeichenkette einen Zahlenwert zu.

Struktur

```
HashString(s:ARRAY OF CHAR; b:CARDINAL):CARDINAL;
```

Bemerkung
Die Funktion *HashString* ordnet der Zeichenkette *s* einen bestimmten Zahlen-Wert im Bereich *0..(b-1)* zu und gibt diesen als Funktions-Ergebnis zurück.

Diese Technik wird in der Fachwelt als "Schlüssel-Transformation" bezeichnet (engl. *hashing*) und wird dazu verwendet, um in einem *ARRAY* (oder einer Datei) mit einer festgelegten Anzahl von Datensätzen schnell gewisse Daten zu finden (siehe auch: Niklaus Wirth; Algorithmen und Datenstrukturen mit Modula-2; Teubner-Verlag).

Der Vorteil dieser Technik liegt darin, daß gespeicherte Daten sehr schnell gefunden werden können; als Nachteil gilt jedoch allgemein, daß die Anzahl der Datensätze bereits zu Beginn der Datenaufnahme festgelegt werden muß.

Beispiel

Folgendes Programm verwaltet die Daten einer bestimmten Anzahl Personen (siehe Konstante *max*):

```
MODULE HashString_Test;
FROM Lib IMPORT
  HashString;
FROM Str IMPORT
  Compare,Copy;
IMPORT
  IO;
CONST
  max=20;
TYPE
  status=(leer,geloescht,besetzt);
  akte=RECORD
    stat:status;
    name,    (* Wird als Suchschlüssel verwendet *)
    beruf,
    wohnort:ARRAY [0..20] OF CHAR;
  END;
VAR
  dorf:ARRAY [0..max-1] OF akte;
  anzahl:CARDINAL;

  PROCEDURE Init;
  VAR
    i:CARDINAL;
  BEGIN
    FOR i:=0 TO max-1 DO dorf[i].stat:=leer END;
    anzahl:=0;
  END Init;

  PROCEDURE NextKey(h,max:CARDINAL):CARDINAL;
  BEGIN
    INC(h);
    RETURN h MOD max
  END NextKey;

  PROCEDURE bekannt(name:ARRAY OF CHAR; VAR wo:CARDINAL):BOOLEAN;
  VAR
    h,i:CARDINAL;
```

```
BEGIN
  h:=HashString(name,max);
  FOR i:=0 TO max-1 DO
    IF dorf[h].stat=leer THEN
      RETURN FALSE  (* Name nicht vorhanden *)
    ELSIF (dorf[h].stat=besetzt) AND (Compare(dorf[h].name,name)=0) THEN
      wo:=h; RETURN TRUE  (* Name vorhanden *)
    END;
    h:=NextKey(h,max)
  END;
  RETURN FALSE
END bekannt;

PROCEDURE Aufnehmen;
VAR
  einer:akte;
  p,wo:CARDINAL;
BEGIN
  IF anzahl=max-1 THEN
    IO.WrStr('<!> Kein Speicherplatz mehr'); IO.WrLn;
    RETURN
  END;
  IO.WrStr('    Name    : '); IO.RdStr(einer.name);
  IO.WrStr('    Beruf   : '); IO.RdStr(einer.beruf);
  IO.WrStr('    Wohnort: '); IO.RdStr(einer.wohnort);
  IF bekannt(einer.name,p) THEN
    IO.WrStr('<!> Bereits vorhanden, Daten wurden mutiert'); IO.WrLn
  ELSE
    p:=HashString(einer.name,max);
    INC(anzahl);
    LOOP
      IF (dorf[p].stat=leer) OR (dorf[p].stat=geloescht) THEN EXIT END;
      p:=NextKey(p,max)
    END
  END;
  WITH dorf[p] DO
    stat:=besetzt; Copy(name,einer.name);
    Copy(beruf,einer.beruf); Copy(wohnort,einer.wohnort)
  END
END Aufnehmen;

PROCEDURE Suchen;
VAR
  p:CARDINAL;
  e:akte;
BEGIN
  IO.WrStr('    Name    : '); IO.RdStr(e.name);
  IF bekannt(e.name,p) THEN
    IO.WrStr('    Beruf   : '); IO.WrStr(dorf[p].beruf); IO.WrLn;
    IO.WrStr('    Wohnort: '); IO.WrStr(dorf[p].wohnort); IO.WrLn
```

H

```
      ELSE
        IO.WrStr('<!> Suche erfolglos, Daten nicht vorhanden'); IO.WrLn
      END
    END Suchen;

    PROCEDURE Loeschen;
    VAR
      p:CARDINAL;
      e:akte;
    BEGIN
      IF anzahl=0 THEN
        IO.WrStr('<!> Bereits alle Datensätze gelöscht'); IO.WrLn;
        RETURN
      END;
      IO.WrStr('     Name    : '); IO.RdStr(e.name);
      IF bekannt(e.name,p) THEN
        dorf[p].stat:=geloescht;
        IO.WrStr('<!> Daten gelöscht'); IO.WrLn; DEC(anzahl)
      ELSE
        IO.WrStr('<!> Datensatz nicht gefunden'); IO.WrLn
      END
    END Loeschen;

    PROCEDURE Total;
    VAR
      i:CARDINAL;
    BEGIN
      FOR i:=0 TO max-1 DO
        IF dorf[i].stat=besetzt THEN
          IO.WrCard(i,2); IO.WrStr(': '); IO.WrStr(dorf[i].name);
          IO.WrStr('; '); IO.WrStr(dorf[i].beruf); IO.WrStr('; ');
          IO.WrStr(dorf[i].wohnort); IO.WrLn
        END
      END;
    END Total;

  VAR
    ch:CHAR;
  BEGIN
    Init;
    LOOP
      IO.WrLn;
      IO.WrStr('<?> [A]ufnehmen, [S]uchen, [L]öschen, [T]otal, [E]nde: ');
      ch:=CAP(IO.RdKey()); IO.WrChar(ch); IO.WrLn;
      CASE ch OF
        'A': Aufnehmen;  | 'S': Suchen;
      | 'L': Loeschen;   | 'T': Total;
      | 'E': EXIT
      END
    END
  END HashString_Test.
```

HeapAllocate — Storage

Zweck
Reserviert Speicherplatz auf einem definierten Heap.

Struktur

```
HeapAllocate(org:HeapRecPtr; VAR p:ADDRESS; anz:CARDINAL);
FarHeapAllocate(org:FarHeapRecPtr; VAR p:FarADDRESS; anz:CARDINAL);
  (* ab Version 2.0 *)
NearHeapAllocate(org:NearHeapRecPtr; VAR p:NearADDRESS; anz:CARDINAL);
  (* ab Version 2.0 *)
```

Bemerkung
Die Prozedur *HeapAllocate* reserviert auf dem Heap mit der Anfangsadresse *org* einen Speicherblock. Nach *HeapAllocate* zeigt *p* auf den reservierten Block; wenn der Heap bereits voll ist, erscheint eine Fehlermeldung (*'Heap overflow'*); ab Version 2.0 siehe jedoch *RunTimeError*.

Wird *org* die vordefinierte Variable *Storage.MainHeap* übergeben, kann auf den Standard-Heap zugegriffen werden (weitere Informationen bei *MakeHeap*).

- **Version 1.x:** Der Parameter *anz* entspricht den Paragraphen (= 16-Byte-Einheiten), die reserviert werden sollen.
- **Ab Version 2.0:** Der Parameter *anz* entspricht in den Speichermodellen *Small* und *Medium* und bei *NearHeapAllocate* den Bytes, in allen übrigen Speichermodellen und bei *FarHeapAllocate* den Paragraphen (= 16-Byte-Einheiten), die reserviert werden sollen.

  HeapAllocate wird in den Speichermodellen *Small* und *Medium* der Funktion *NearHeapAllocate*, in den Speichermodellen *Compact*, *Large*, *XLarge* und *MThread* jedoch *FarHeapAllocate* zugeordnet. Mit den beiden Prozeduren *FarHeapAllocate* und *NearHeapAllocate* kann explizit einer der beiden Zeiger-Typen (*near* oder *far*) gewählt werden (die einzelnen Speichermodelle werden im Anhang D erläutert). Im Original-Handbuch wird empfohlen, die Routinen des Moduls *ShtHeap* anstelle der *near*-Routinen zu verwenden.

  Wenn die Variable *Check* den Wert *FALSE* enthält (Standard ist *TRUE*), meldet *NearHeapAllocate* bei Speichermangel keinen Fehler. In diesem Fall wird lediglich der Zeicherwert *NearNIL* zurückgegeben (Parameter *p*).

Beispiel

```
MODULE Test;
  (* Ab Version 2.0: Eines der Speichermodelle <Compact>, <Large>, <XLarge> *)
  (*                 oder <MThread> wählen!                                 *)
FROM Storage IMPORT
  HeapAvail,HeapAllocate,MainHeap;
VAR
  pu:ADDRESS;
```

H

```
BEGIN
  IF HeapAvail(MainHeap)>=1024 THEN  (* genügend Speicher? *)
    HeapAllocate(MainHeap,pu,1024)   (* 16 KBytes         *)
  END;
```

Siehe auch
ALLOCATE, HeapAvail, HeapChangeAlloc, HeapDeallocate

HeapAvail — Storage

Zweck
Ermittelt den freien Speicherplatz eines definierten Heaps.

Struktur

```
HeapAvail(org:HeapRecPtr):CARDINAL;
FarHeapAvail(org:FarHeapRecPtr):CARDINAL;     (* ab Version 2.0 *)
NearHeapAvail(org:NearHeapRecPtr):CARDINAL;   (* ab Version 2.0 *)
```

Bemerkung
Die Funktion *HeapAvail* ermittelt den Umfang (in Paragraphen = 16-Byte-Einheiten; in Bytes bei *NearHeapAvail*, siehe auch Bemerkung ab Version 2.0) des größten Speicherblockes, der auf dem Heap mit der Startadresse *org* reserviert werden kann (siehe hierzu auch *MakeHeap*).

Um den freien Speicherplatz auf dem Standard-Heap zu ermitteln, können Sie dem Parameter *org* die vordefinierte Variable *MainHeap* (Modul *Storage*) übergeben:

```
VAR
  MainHeap:HeapRecPtr;  (* <HeapRecPtr> siehe <Storage> *)
```

Im Gegensatz zu *HeapAvail* ermittelt *HeapTotalAvail* den gesamten verfügbaren Speicherplatz auf dem Heap.

- **Ab Version 2.0:** *HeapAvail* wird in den Speichermodellen *Small* und *Medium* der Funktion *NearHeapAvail*, in den vier Speichermodellen *Compact*, *Large*, *XLarge* und *MThread* jedoch *FarHeapAvail* zugeordnet. Mit den beiden Prozeduren *FarHeapAvail* und *NearHeapAvail* kann explizit einer der beiden Zeiger-Typen (*near* oder *far*) gewählt werden (die einzelnen Speichermodelle werden im Anhang D erläutert). Im Original-Handbuch wird empfohlen, die Routinen des Moduls *ShtHeap* anstelle der *near*-Routinen zu verwenden.

Siehe auch
Available, HeapTotalAvail

HeapBase SYSTEM

Zweck
Enthält den Segment-Teil des Heap-Beginns.

Struktur

```
VAR HeapBase:CARDINAL;
```

Bemerkung
Die Variable *HeapBase* enthält den Segment-Teil der Adresse, bei der der Heap beginnt. Der Offset-Teil des Heap-Beginns ist 0, somit heißt seine vollständige Adresse *[HeapBase:0]*.

Der Heap steht dem Programmierer zur freien Verfügung und kann mit *AL-LOCATE*, *NEW* und *HeapAllocate* beschrieben werden (siehe auch *Storage*).

Siehe auch
Ofs, PSP, Seg

H

HeapChangeAlloc Storage

Zweck
Ändert die Größe eines zuvor reservierten Speicherblockes.

Struktur

```
HeapChangeAlloc(org:HeapRecPtr; p:ADDRESS; altegr,neuegr:CARDINAL):BOOLEAN;
FarHeapChangeAlloc(org:FarHeapRecPtr; p:FarADDRESS;
  altegr,neuegr:CARDINAL):BOOLEAN;  (* ab Version 2.0 *)
NearHeapChangeAlloc(org:NearHeapRecPtr; p:NearADDRESS;
  altegr,neuegr:CARDINAL):BOOLEAN;  (* ab Version 2.0 *)
```

Bemerkung
Die Funktion *HeapChangeAlloc* ändert die Größe des Blockes, auf den *p* zeigt, von *altegr* auf *neuegr* Paragraphen (= 16-Byte-Einheiten; in Bytes bei *Near-HeapChangeAlloc*, siehe auch Bemerkung ab Version 2.0); *org* bezeichnet dabei die Startadresse des gewünschten Heaps (siehe weiter unten). Falls diese Funktion erfolgreich ausgeführt werden konnte, wird als Funktions-Ergebnis *TRUE* zurückgegeben.

Bitte beachten Sie, daß diese Funktion keine Daten kopiert (im Gegensatz zu *HeapChangeSize*) und bei einer Block-Vergrößerung nur dann erfolgreich sein kann, wenn sich unmittelbar nach dem aktuellen Speicherblock genügend freier Speicherplatz befindet (eine Verkleinerung des Speicherblockes kann in jedem Fall erfolgreich ausgeführt werden).

Wird *org* die vordefinierte Variable *Storage.MainHeap* übergeben, kann auf den Standard-Heap zugegriffen werden (weitere Informationen bei *MakeHeap*).

- **Ab Version 2.0:** *HeapChangeAlloc* wird in den Speichermodellen *Small* und *Medium* der Funktion *NearHeapChangeAlloc*, in den Speichermodellen *Compact*, *Large*, *XLarge* und *MThread* jedoch *FarHeapChangeAlloc* zugeordnet. Mit den beiden Prozeduren *FarHeapChangeAlloc* und *NearHeapChangeAlloc* kann explizit einer der beiden Zeiger-Typen (*near* oder *far*) gewählt werden (die einzelnen Speichermodelle werden im Anhang D erläutert). Im Original-Handbuch wird empfohlen, die Routinen des Moduls *ShtHeap* anstelle der *near*-Routinen zu verwenden.

Siehe auch
HeapAvail, HeapChangeSize

HeapChangeSize — Storage

Zweck
Ändert die Größe eines zuvor reservierten Speicherblockes.

Struktur

```
HeapChangeSize(org:HeapRecPtr; VAR p:ADDRESS; altegr,neuegr:CARDINAL);
FarHeapChangeSize(org:FarHeapRecPtr; VAR p:FarADDRESS;
  altegr,neuegr:CARDINAL);  (* ab Version 2.0 *)
NearHeapChangeSize(org:NearHeapRecPtr; VAR p:NearADDRESS;
  altegr,neuegr:CARDINAL);  (* ab Version 2.0 *)
```

Bemerkung
Die Prozedur *HeapChangeSize* arbeitet ähnlich wie *HeapChangeAlloc*, kopiert jedoch bei Bedarf Daten. Um Laufzeitfehler zu vermeiden (*'Heap overflow'*; ab Version 2.0 siehe auch *RunTimeError*), sollte zuerst mit *HeapAvail* überprüft werden, ob ein Speicherblock von *neuegr* Paragraphen (bei *NearHeapChangeSize* jedoch Bytes) auf dem Heap *org* Platz findet.

Wird *org* die vordefinierte Variable *Storage.MainHeap* übergeben, kann auf den Standard-Heap zugegriffen werden (weitere Informationen bei *MakeHeap*).

- **Ab Version 2.0:** *HeapChangeSize* wird in den Speichermodellen *Small* und *Medium* der Prozeduren *NearHeapChangeSize*, in den vier Speichermodellen *Compact*, *Large*, *XLarge* und *MThread* jedoch *FarHeapChangeSize* zugeordnet. Mit den beiden Prozeduren *FarHeapChangeSize* und *NearHeapChangeSize* kann explizit einer der beiden Zeiger-Typen (*near* oder *far*) gewählt werden (die einzelnen Speichermodelle werden im Anhang D erläutert). Im Original-Handbuch wird empfohlen, die Routinen des Moduls *ShtHeap* anstelle der *near*-Routinen zu verwenden.

Siehe auch
HeapChangeAlloc

HeapDeallocate — Storage

Zweck
Gibt zuvor reservierten Speicherplatz auf einem definierten Heap frei.

Struktur

```
HeapDeallocate(org:HeapRecPtr; VAR p:ADDRESS; anz:CARDINAL);
FarHeapDeallocate(org:FarHeapRecPtr; VAR p:FarADDRESS; anz:CARDINAL);
  (* ab Version 2.0 *)
NearHeapDeallocate(org:NearHeapRecPtr; VAR p:NearADDRESS; anz:CARDINAL);
  (* ab Version 2.0 *)
```

Bemerkung
Die Prozedur *HeapDeallocate* gibt einen zuvor mit *HeapAllocate* reservierten Speicherblock wieder frei. *anz* sollte der früher reservierten Anzahl Paragraphen (bzw. Bytes bei *NearHeapDeallocate*) entsprechen; der Parameter *org* bezeichnet die Startadresse des gewünschten Heaps (siehe auch *MakeHeap*).

Ein Freigeben von Speicherblöcken kann bewirken, daß ein Loch auf dem Heap entsteht (d.h. vor und hinter dem Loch befinden sich reservierte Bereiche). Die Heap-Verwaltung belegt diese Löcher jedoch zu einem späteren Zeitpunkt wieder.

Wird *org* die vordefinierte Variable *Storage.MainHeap* übergeben, kann auf den Standard-Heap eingegriffen werden.

- **Ab Version 2.0:** *HeapDeallocate* wird in den Speichermodellen *Small* und *Medium* der Prozeduren *NearHeapDeallocate*, in den vier Speichermodellen *Compact*, *Large*, *XLarge* und *MThread* jedoch *FarHeapDeallocate* zugeordnet. Mit den beiden Prozeduren *FarHeapDeallocate* und *NearHeapDeallocate* kann explizit einer der beiden Zeiger-Typen (*near* oder *far*) gewählt werden (die einzelnen Speichermodelle werden im Anhang D erläutert). Im Original-Handbuch wird empfohlen, die Routinen des Moduls *ShtHeap* anstelle der *near*-Routinen zu verwenden.

Siehe auch
DEALLOCATE, DISPOSE

H

HeapTotalAvail — Storage

Zweck
Ermittelt den gesamten verfügbaren Speicherplatz eines definierten Heaps.

Struktur

```
HeapTotalAvail(org:HeapRecPtr):CARDINAL;
FarHeapTotalAvail(org:FarHeapRecPtr):CARDINAL;      (* ab Version 2.0 *)
NearHeapTotalAvail(org:NearHeapRecPtr):CARDINAL;    (* ab Version 2.0 *)
```

Bemerkung
Die Funktion *HeapTotalAvail* ermittelt den gesamten freien Speicherplatz (normalerweise in Paragraphen = 16-Byte-Einheiten; *NearHeapTotalAvail* liefert jedoch Bytes) auf dem Heap *org* (siehe hierzu auch *MakeHeap*).

Um den freien Speicherplatz auf dem Standard-Heap zu ermitteln, können Sie dem Parameter *org* die vordefinierte Variable *MainHeap* (Modul *Storage*) übergeben:

```
VAR
  MainHeap:HeapRecPtr;  (* <HeapRecPtr> siehe <Storage> *)
```

Im Gegensatz zu *HeapTotalAvail* ermittelt *HeapAvail* den größten verfügbaren Speicherblock auf dem Heap. Da der Heap durchlöchert sein kann (d.h. zwischen reservierten Speicherblöcken befinden sich freie Stellen), ist die Unterscheidung von *HeapTotalAvail* und *HeapAvail* notwendig.

- **Ab Version 2.0**: *HeapTotalAvail* wird in den Speichermodellen *Small* und *Medium* der Funktion *NearHeapTotalAvail*, in den Speichermodellen *Compact*, *Large*, *XLarge* und *MThread* jedoch *FarHeapTotalAvail* zugeordnet. Mit den beiden Prozeduren *FarHeapTotalAvail* und *NearHeapTotalAvail* kann explizit einer der beiden Zeiger-Typen (*near* oder *far*) gewählt werden (die einzelnen Speichermodelle werden im Anhang D erläutert). Im Original-Handbuch wird empfohlen, die Routinen des Moduls *ShtHeap* anstelle der *near*-Routinen zu verwenden.

Beispiel

```
MODULE Test;
  (* Ab Version 2.0: Eines der Speichermodelle <Compact>, <Large>, <XLarge> *)
  (*                 oder <MThread> wählen!                                 *)
FROM Storage IMPORT
  HeapTotalAvail,HeapAvail,MainHeap;
IMPORT
  IO;
BEGIN
  IO.WrStr('Gesamter Speicherplatz: ');
  IO.WrCard(HeapTotalAvail(MainHeap),1);
```

```
    IO.WrStr(' Paragraphen'); IO.WrLn;
    IO.WrStr(' Größter Speicherblock: ');
    IO.WrCard(HeapAvail(MainHeap),1);
    IO.WrStr(' Paragraphen'); IO.WrLn;
    IF HeapTotalAvail(MainHeap)=HeapAvail(MainHeap) THEN
      IO.WrStr('Heap ist nicht durchlöchert.')
    ELSE
      IO.WrStr('Im Heap befinden sich Löcher.')
    END
  END Test.
```

Siehe auch
Available, HeapAllocate, HeapAvail

Hide — Window

Zweck
Macht ein Fenster unsichtbar.

Struktur

```
Hide(w:WinType);
```

Bemerkung
Die Prozedur *Hide* macht das Fenster *w* unsichtbar (der Fensterinhalt bleibt jedoch erhalten). Mit *PutOnTop* kann es wieder sichtbar gemacht werden. *Window.Close* schließt ein Fenster für immer.

Siehe auch
Clear, Close (Window), PutOnTop

HIGH — Standard-Funktion

Zweck
Liefert den größten Index eines offenen Arrays.

Struktur

```
HIGH(a):CARDINAL;
```

Bemerkung
Die Funktion *HIGH* ermittelt die obere Grenze des offenen Arrays *a* (siehe auch *PROCEDURE*); auf die einzelnen Komponenten des Arrays kann mit einem Index zugegriffen werden, der im Bereich *0..HIGH(a)* liegen muß.

Beispiel

Folgende Prozedur ist in der Lage, einen beliebigen Cardinal-Typ auszugeben:

```
PROCEDURE WrtCard(x:ARRAY OF BYTE; len:INTEGER);
  (* In der Version 1.x muss die Funktion <FarADR> ... *)
  (* ... überall durch <ADR> ersetzt werden.         *)
VAR
  s:POINTER TO SHORTCARD;
  c:POINTER TO CARDINAL;
  l:POINTER TO LONGCARD;
BEGIN
  CASE HIGH(x) OF
    0: s:=FarADR(x); IO.WrShtCard(s^,len);
  | 1: c:=FarADR(x); IO.WrCard(c^,len);
  | 3: l:=FarADR(x); IO.WrLngCard(l^,len)
  END
END WrtCard;
```

Folgende Prozedur wandelt alle Großbuchstaben einer Zeichenkette in entsprechende Kleinbuchstaben um:

```
PROCEDURE Lower(VAR s:ARRAY OF CHAR);
VAR
  i:CARDINAL;
BEGIN
  FOR i:=0 TO HIGH(s)-1 DO
    CASE s[i] OF
      'A'..'Z': INC(s[i],32);
    | 'Ä': s[i]:='ä';
    | 'Ö': s[i]:='ö';
    | 'Ü': s[i]:='ü'
    END
  END
END Lower;
```

Siehe auch

ARRAY, MAX, MIN

HLine — Graph

Zweck

Zeichnet eine horizontale Linie.

Struktur

```
HLine(x1,y,x2:CARDINAL; farbe:CARDINAL);
```

Bemerkung
Die Prozedur *HLine* zeichnet eine horizontale Linie, d.h. verbindet die beiden Punkte *(x1,y)* und *(x2,y)* miteinander (*HLine* ist schneller als *Line*).

- **Version 1.x:** Der Parameter *farbe* bestimmt die Farbe der zu zeichnenden Linie, wobei diese nach folgender Formel zu berechnen ist:

```
farbe:=farbe1+Graph.NumColor*farbe2;
```

  farbe1 und *farbe2* sollten je im Bereich *0..(Graph.NumColor-1)* liegen; erhalten *farbe1* und *farbe2* denselben Wert, wird eine durchgehende und einfarbige Linie gezeichnet, anderfalls eine gepunktete Linie, die aus den beiden angegebenen Farben (die Farben werden bei *Init<karte>* aufgeführt) gebildet wird.

  Bitte beachten Sie, daß *HLine* zum Füllen von Graphik-Figuren (siehe *Disc*, *Ellipse* und *Polygon*) verwendet wird.
- **Ab Version 2.0:** Der Parameter *farbe* bezeichnet die Nummer des Paletten-Eintrages, der verwendet werden soll (siehe *RemapAllPalette* und *SelectPalette*). *HLine* zeichnet immer eine durchgehende Linie, d.h. verwendet *nicht* die mit *SetLinestyle* gesetzte Linien-Art.

Beispiel

```
MODULE HLine_Test;  (* Version 1.x *)
FROM Graph IMPORT
  GraphMode,HLine;
BEGIN
  GraphMode;  (* Graphik-Modus aktivieren *)
  HLine(0,0,100,1+4*1);  (* blaue Linie        *)
  HLine(0,2,100,0+4*1);  (* schwarz-blaue Linie *)
  HLine(0,4,100,2+4*3);  (* rot-weiße Linie     *)
END HLine_Test.
```

Siehe auch
Arc, Circle, Cube, Disc, Ellipse, Line, Pie, Plot, Point, Polygon, Rectangle, TrueCircle, TrueDisc

HSort Lib

Zweck
Sortiert Werte mit Hilfe des Heap-Sorts.

Struktur

```
HSort(n:CARDINAL; less:CompareProc; swap:SwapProc);
```

Bemerkung

Die Prozedur *HSort* sortiert mit Hilfe des Heap-Sorts beliebige Werte (Zahlen, Zeichenketten ...). Der Heap-Sort zählt zu den schnellen Sortier-Methoden und zeigt auch bei vielen Elementen eine äußerst gute Leistung. Er ist zwar etwas langsamer als der Quick-Sort (siehe *QSort*; dort können Sie außerdem dem Quick- und Heap-Sort bei der Arbeit zusehen), benötigt jedoch zur Sortierung keinen Zusatzspeicher (wie etwa der Quick-Sort).

Die beiden Datentypen *CompareProc* und *SwapProc* sind im Modul *Lib* wie folgt definiert:

```
TYPE
  CompareProc = PROCEDURE(CARDINAL,CARDINAL):BOOLEAN;
  SwapProc    = PROCEDURE(CARDINAL,CARDINAL);
```

Der Parameter *n* bezeichnet die Anzahl Elemente (diese sind meist als Array gespeichert; erstes Element trägt die Nummer 1), die sortiert werden sollen (*n>0*). *less* erwartet den Namen einer Funktion, die dem prozeduralen Typ *CompareProc* entspricht; *swap* hingegen muß der Name einer Prozedur übergeben werden, die mit dem Typ *SwapProc* übereinstimmt. *less* vergleicht die beiden Elemente mit den übergebenen Indizes und liefert den Wert *TRUE*, wenn das erste Element kleiner ist als das zweite (bewirkt, daß die Werte aufsteigend sortiert werden); *swap* vertauscht die beiden Elemente (*less* und *swap* sind vom Benutzer zu schreiben, siehe Beispiel).

- **Nur Version 1.x:** Die beiden Routinen, die den Parametern *less* und *swap* übergeben werden, müssen als *far* (siehe auch Compiler-Befehl **F** im Anhang E.1) definiert sein (andernfalls meldet der Compiler einen Fehler). Dies hat zur Folge, daß diese beiden Routinen global definiert werden müssen und nicht innerhalb einer anderen Routine deklariert werden können. Folgender Programm-Code ist deshalb **falsch** (die beiden Prozeduren *kleiner* und *tausche* werden trotz des Compiler-Befehls **F** nicht als *far* definiert):

```
PROCEDURE Sort(n:CARDINAL);  (* falsch! *)

  PROCEDURE (*$F*) kleiner(i,j:CARDINAL):BOOLEAN;
  BEGIN
    (* ... *)
  END kleiner;

  PROCEDURE (*$F*) tausche(i,j:CARDINAL);
  BEGIN
    (* ... *)
  END tausche;

BEGIN
  HSort(n,kleiner,tausche)  (* falsch! *)
END Sort;
```

Obiger Programm-Code muß also wie folgt geschrieben werden:

```
PROCEDURE kleiner(i,j:CARDINAL):BOOLEAN;
BEGIN
  (* ... *)
END kleiner;

PROCEDURE tausche(i,j:CARDINAL);
BEGIN
  (* ... *)
END tausche;

PROCEDURE Sort(n:CARDINAL);  (* richtig *)
BEGIN
  HSort(n,kleiner,tausche)
END Sort;
```

Beispiel

```
MODULE Test;
FROM Lib IMPORT
  HSort,RANDOMIZE,RAND;
IMPORT
  IO,Str;
TYPE
  str=ARRAY [0..20] OF CHAR;
CONST
  max=10000;  (* maximale Anzahl Werte *)
VAR
  f:ARRAY [1..max] OF REAL;
  s:ARRAY [1..9] OF str;
  i,anz:CARDINAL;

  PROCEDURE kleiner(i,j:CARDINAL):BOOLEAN;
  BEGIN
    RETURN f[i]<f[j]  (* f[i]>f[j] bewirkt eine absteigende Sortierung *)
  END kleiner;

  PROCEDURE tausche(i,j:CARDINAL);
  VAR
    temp:REAL;
  BEGIN
    temp:=f[i]; f[i]:=f[j]; f[j]:=temp
  END tausche;

  PROCEDURE kleiner2(i,j:CARDINAL):BOOLEAN;
  BEGIN
    RETURN Str.Compare(s[i],s[j])=-1
  END kleiner2;

  PROCEDURE tausche2(i,j:CARDINAL);
  VAR
    temp:str;
```

H

```
    BEGIN
      temp:=s[i]; s[i]:=s[j]; s[j]:=temp
    END tausche2;

  BEGIN
    IO.WrStr('Anzahl (<='); IO.WrCard(max,1); IO.WrStr('): ');
    anz:=IO.RdCard(); IF anz>max THEN anz:=max END;
    IO.WrStr('Zahlen Erzeugen ...'); IO.WrLn;
    RANDOMIZE; FOR i:=1 TO anz DO f[i]:=RAND() END;
    IO.WrStr('Start Zahlensortierung ...'); IO.WrLn;
    HSort(anz,kleiner,tausche);
    IO.WrStr('... Ende'); IO.WrLn; IO.WrLn;
    s[1]:='Auch'; s[2]:='Zeichenkette'; s[3]:='können';
    s[4]:='problemlos'; s[5]:='mit'; s[6]:='dem';
    s[7]:='Heap-Sort'; s[8]:='sortiert'; s[9]:='werden.';
    IO.WrStr('Start Stringsortierung ...'); IO.WrLn;
    HSort(9,kleiner2,tausche2);
    IO.WrStr('... Ende'); IO.WrLn
  END Test.
```

Siehe auch

QSort

Idler Process (ab Version 2.0)

Zweck
Prozeß, der ausgeführt wird, wenn keine anderen Prozesse laufen.

Struktur

```
Idler;
```

Bemerkung
Die Prozedur *Idler* wird im Initialisierungs-Teil des Moduls *Process* als Prozeß mit einer Priorität von 0 (= geringste Priorität) installiert und genau dann ausgeführt, wenn kein vom Programmierer installierter Prozeß zur Ausführung kommt. Dies kann dann der Fall sein, wenn alle Prozesse mit *Process.Delay* für eine gewisse Zeit unterbrochen sind. Rufen Sie *Idler* nie als reine Prozedur auf, da diese kein Ende findet (Endlosschleife).

Nur nebenbei: Eigentlich wird der Prozedur *Idler* die Priorität *MAX(CARDINAL)* zugeordnet. Diese Priorität wird jedoch innerhalb von *StartProcess* um 1 erhöht, worauf sie den Wert 0 erhält (die Überlauf-Prüfung ist dabei abgeschaltet; siehe auch Bemerkung bei *StartProcess*).

IF ... THEN ... ELSIF ... ELSE Reserviertes Wort

Zweck
Bedingte Ausführung von Anweisungen.

Bemerkung
Ermöglicht das Ausführen einer Anweisungen oder eines Anweisungsblockes unter bestimmten Bedingungen. Wenn die Bedingung (vom Typ *BOOLEAN*) nach dem reservierten Wort *IF* wahr ist, wird der Anweisungsblock nach *THEN* ausgeführt. Andernfalls werden alle Bedingungen der *ELSIF*-Zweige geprüft (wenn vorhanden) und schließlich, wenn keine der Bedingungen *TRUE* ergeben hat, wird der Anweisungsblock des *ELSE*-Zweiges ausgeführt (wenn vorhanden). Eine *IF*-Anweisung muß immer mit dem reservierten Wort *END* abgeschlossen werden.

```
IF a=b THEN
  IO.WrStr('gleich')
END;
```

Folgende Zeilen könnten als *CASE*-Anweisung der allgemeinsten Form betrachtet werden (*dBASE*-ähnliche *CASE*-Struktur):

```
IF z MOD t=0 THEN
  IO.WrStr('<z> ohne Rest teilbar')
```

```
ELSIF ODD(z) THEN
  IO.WrStr('<z> ist ungerade')
ELSIF t*t>z THEN
  IO.WrStr('<z> ist keine Primzahl.'); IO.WrLn;
  IO.WrStr('<t> enthält den Wert: ');
  IO.WrCard(t,1)
ELSE
  IO.WrStr('Keine der obigen Bedingungen'); IO.WrLn;
  IO.WrStr('konnte erfüllt werden ...')
END;
IO.WrLn;
```

Zusammengesetzte Boolesche Ausdrücke (mit den Operatoren *AND* und *OR*) werden nur solange ausgewertet, bis das Gesamtresultat feststeht:

a AND b	WENN a="wahr" DANN
	  Gesamtresultat:=b
	SONST
	  Gesamtresultat:="falsch"
	ENDEWENN

a OR b	WENN a="wahr" DANN
	  Gesamtresultat:="wahr"
	SONST
	  Gesamtresultat:=b
	ENDEWENN

Einerseits wird mit dieser Auswertung ("Kurzschließung") von Booleschen Ausdrücken eine Geschwindigkeits-Steigerung erreicht, andererseits können Ausdrücke in gewissen Fällen kürzer und prägnanter werden:

```
CONST
  max=200;
VAR
  pu:ARRAY [1..max] OF CHAR;
  i:CARDINAL;
BEGIN
  i:=1;
  WHILE (i<=max) AND (pu[i]<>CHR(26)) DO
    pu[i]:=CAP(pu[i]);
    INC(i)
  END;
```

Wenn Modula-2 immer den gesamten Booleschen Ausdruck bewerten würde, wäre *pu[i]<>CHR(26)* nicht immer zulässig (nämlich dann, wenn *i>max*).

Siehe auch
CASE ... OF

ImageSize — Graph (ab Version 2.0)

Zweck
Ermittelt die Größe des Puffers, der einen rechteckigen Graphik-Ausschnitt aufnehmen soll.

Struktur

```
ImageSize(x1,y1,x2,y2:CARDINAL):LONGCARD;
```

Bemerkung
Die Prozedur *ImageSize* liefert den Speicherbedarf (in Bytes), um einen rechteckigen Graphik-Ausschnitt mit den Eckpunkten *(x1,y1)* und *(x2,y2)* abzuspeichern (mit Hilfe von *GetImage*).

Siehe auch
GetImage, PutImage

IMPLEMENTATION — Reserviertes Wort

Zweck
Leitet das Implementations-Modul ein.

Bemerkung
Ob ein großes Software-Paket je mit Erfolg abgeschlossen werden kann, hängt hauptsächlich von der Übersichtlichkeit des Programm-Codes ab. Diese läßt sich besonders dann steigern, wenn einzelne Routinen und Programmteile in kleine Einheiten (Module) aufgeteilt werden können. Ein unter Modula-2 gebildetes (Bibliotheks-) Modul enthält zusammengehörende Routinen und besteht aus zwei Teilen (Dateien): dem Definitions- und dem Implementations-Modul.

Das reservierte Wort *IMPLEMENTATION* leitet das Implementations-Modul ein; in ihm werden alle Prozeduren codifiziert, die im Definitions-Modul (siehe *DEFINITION*) aufgeführt sind.

Die allgemeinste Form eines Implementations-Moduls sieht wie folgt aus:

```
IMPLEMENTATION <name>;  (* Dateierweiterung .MOD *)
  (* IMPORT    : Importieren von benötigten Bezeichnern *)
  (* CONST     : Definieren von privaten Konstanten     *)
  (* TYPE      : Definieren von privaten Datentypen     *)
  (* VAR       : Definieren von privaten Variablen      *)
  (* PROCEDURE : Definieren von (privaten) Prozeduren   *)
BEGIN
  (* Initialisierung-Teil, wird genau einmal ausgeführt *)
END <name>.
```

Prozeduren, Funktionen, Konstanten, Variablen und Datentypen, die im Implementations-Modul definiert werden (und nicht im Definitions-Modul), sind privat (oder unsichtbar), d.h. sie können in einem Programm, das dieses Modul einbindet, nicht verwendet werden. Die Köpfe der Prozeduren und Funktionen, die bereits im Definitions-Modul aufgeführt worden sind, müssen im Implementations-Modul identisch sein.

Undurchsichtige Datentypen (diese sind im Definitions-Modul ohne genaue Spezifizierung aufgeführt) werden erst im Implementations-Modul exakt definiert. Bitte beachten Sie, daß undurchsichtige Datentypen immer Zeigertypen sein müssen (siehe Datentyp *tree* im folgenden Beispiel).

Initialisierungs-Teil: Jedes Implementations-Modul kann einen Initialisierungs-Teil erhalten, der genau einmal ausgeführt und meist dazu verwendet wird, um Variablen zu initialisieren, auf dem Heap einen Puffer einzurichten oder eine Abbruch-Routine zu installieren.

Abbruch-Routine: Jedes Implementations-Modul kann eine Abbruch-Routine enthalten, die bei einem Programm-Ende oder einem Laufzeit-Fehler automatisch ausgeführt wird. Sie kann beispielsweise dazu verwendet werden, um noch offene Dateien zu schließen oder gewisse Eigenschaften des Computersystems zurückzusetzen, die während der Ausführung eines Programmes verändert worden sind (z.B. Cursor-Größe oder Bildschirm-Modus). Eine typische Installation einer Abbruch-Routine könnte wie folgt aussehen (weitere Informationen hierzu erhalten Sie bei *Terminate*):

```
IMPLEMENATION MODULE test;
IMPORT
  Lib;
VAR
  SaveOld:PROC;
  ...
  PROCEDURE Ende;
  BEGIN
    (* Code, der beim Programmende ausgeführt werden soll. *)
    ...
    SaveOld  (* ruft alte Abbruch-Routine auf *)
  END Ende;

BEGIN
  (* Initialisierungs-Teil *)
  Lib.Terminate(Ende,SaveOld);
  ...
END test.
```

Compilieren und Linken: Ein Software-Projekt kann bereits compiliert werden, wenn alle Definitions-Module (nicht aber Implementations-Module) vorhanden sind (ein Linken ist jedoch noch nicht möglich). Auf diese Weise kann geprüft werden, ob alle Routinen mit den richtigen Parametern verwendet werden (siehe auch Anhang B.1 bzw. B.2 unter *Compile*, *Make* und *Link* (hier jedoch nur für Version 1.x)). Ein Implementations-Modul selbst kann nur compiliert werden, wenn das zugehörige Definitions-Modul existiert; ein Linken ist nicht möglich.

Beispiel
Das zum folgenden Implementations-Modul gehörende Definitions-Modul wird bei *DEFINITION* aufgeführt.

```
IMPLEMENTATION MODULE BinTree;  (* Dateiname: BINTREE.MOD *)
  (* Ab Version 2.0: Eines der Speichermodelle <Compact>, <Large>, <XLarge> *)
  (*                 oder <MThread> wählen!                                 *)
FROM Storage IMPORT
  ALLOCATE,DEALLOCATE;
IMPORT
  Str;
TYPE
  tree=POINTER TO node;
  node=RECORD
    left,right:tree;
    e:element;
    anz:CARDINAL;
  END;

  PROCEDURE InitTree(VAR t:tree);
  BEGIN
    t:=NIL
  END InitTree;

  PROCEDURE KillTree(VAR t:tree);
  BEGIN
    IF t<>NIL THEN
      KillTree(t^.left);
      KillTree(t^.right);
      DISPOSE(t)
    END
  END KillTree;

  PROCEDURE InsElement(VAR t:tree; VAR e:element);
  BEGIN
    IF t=NIL THEN
      NEW(t);
      t^.left:=NIL;
      t^.right:=NIL;
      t^.e:=e;
      t^.anz:=1;
    ELSIF Str.Compare(t^.e,e)>0 THEN
      InsElement(t^.left,e)
    ELSIF Str.Compare(t^.e,e)<0 THEN
      InsElement(t^.right,e)
```

```
      ELSE
        (* Element bereits enthalten *)
        INC(t^.anz)
      END
    END InsElement;

    PROCEDURE InOrder(t:tree; out:GetElement);
    BEGIN
      IF t<>NIL THEN
        InOrder(t^.left,out);
        out(t^.e,t^.anz);
        InOrder(t^.right,out)
      END;
    END InOrder;

  BEGIN
    (* Initialisierungs-Teil; hier leer *)
  END BinTree.
```

Folgendes Programm liest alle Wörter einer Datei ein und gibt diese schließlich in sortierter Reihenfolge aus; um diese Aufgabe zu lösen, verwendet dieses Programm das von uns definierte Bibliotheks-Modul *BinTree*:

```
  MODULE Test;
    (* Ab Version 2.0: Eines der Speichermodelle <Compact>, <Large>, <XLarge> *)
    (*                 oder <MThread> wählen!                                 *)
  FROM BinTree IMPORT
    tree,element,InitTree,KillTree,InsElement,InOrder;
  FROM Storage IMPORT
    MainHeap,HeapTotalAvail;
  IMPORT
    IO,FIO,Str;

    PROCEDURE WriteElement(e:element; anz:CARDINAL);
    VAR
      ch:CHAR;
    BEGIN
      IO.WrStrAdj(e,11); IO.WrStr(': '); IO.WrCard(anz,-3);
      IF IO.KeyPressed() THEN
        ch:=IO.RdKey(); ch:=IO.RdKey()
      END
    END WriteElement;

  CONST
    trenn=Str.CHARSET{'.',',','=',';',':','(',')','[',']','{','}','<','>',
                      '"',"'",'+','-','*','/','\','|','&','~','#','^'};
    KB=8;  (* Puffergröße in KBytes *)
    max=FIO.BufferOverhead+KB*1024;
  VAR
    t:tree;
    wort:element;
    datei,w:ARRAY [0..127] OF CHAR;
```

```
    f:FIO.File;
    anz:LONGCARD;
    pu:ARRAY [1..max] OF BYTE;
    ch:CHAR;
  BEGIN
    IO.WrStr('Dateiname: '); IO.RdStr(datei);
    IF datei[0]=0C THEN HALT END;
    f:=FIO.Open(datei);
    FIO.AssignBuffer(f,pu);
    FIO.Separators:=FIO.Separators+trenn;
    InitTree(t);
    anz:=0;
    REPEAT
      FIO.RdItem(f,w);
      IF Str.Pos('0123456789',w[0])=MAX(CARDINAL) THEN  (* Zahl? *)
        INC(anz);
        IF anz MOD 32=0 THEN IO.WrLngCard(anz,1); IO.WrChar(CHR(13)) END;
        Str.Copy(wort,w);
        InsElement(t,wort)
      END
    UNTIL FIO.EOF;
    IO.WrLn;
    InOrder(t,WriteElement);
    KillTree(t);
    FIO.Close(f)
  END Test.
```

Siehe auch
DEFINITION, MODULE

IMPORT — Reserviertes Wort

Zweck
Importiert ein gesamtes Modul.

Bemerkung
Das reservierte Wort *IMPORT* ermöglicht den Zugriff auf alle in einem Bibliotheks-Modul enthaltenen Bezeichner (Typen, Variablen, Konstanten, Prozeduren). Die einzelnen Bezeichner müssen in qualifizierter Form (Voranstellen des Modulnamens) angegeben werden (siehe auch *FROM ... IMPORT*).

IMPORT stellt im Gegensatz zu *FROM ... IMPORT* alle in einem Bibliotheks-Modul enthaltenen Bezeichner zur Verfügung. Es ist durchaus möglich, einzelne Bezeichner, die bereits durch *IMPORT* verfügbar geworden sind, nochmals mit *FROM ... IMPORT* zu importieren.

Wichtig: Der intelligente Linker von TopSpeed Modula-2 sorgt dafür, daß importierte Prozeduren und Funktionen, die innerhalb des Programmes nicht zum Einsatz kommen, nicht in den ausführbaren Programm-Code (*.EXE*-Datei) aufgenommen werden.

Beispiel

```
MODULE IMPORT_Test;
IMPORT
  Lib,IO;
VAR
  i:INTEGER;
BEGIN
  FOR i:=1 TO 10 DO
    IO.WrCard(Lib.RANDOM(10),1)
  END
END IMPORT_Test.
```

Siehe auch
EXPORT, FROM ... IMPORT

IN — Operator

Zweck
Prüft, ob ein Element in einer Menge enthalten ist.

Bemerkung
Der Operator *IN* prüft, ob ein bestimmtes Element in einer Menge enthalten ist (siehe auch *SET OF*). Der erste Operand ist ein Element, der zweite bezeichnet eine Menge.

Beispiel

```
TYPE
  CHARSET=SET OF CHAR;
VAR
  trenn:CHARSET;
  c:CARDINAL;
BEGIN
  ...
  IF ':' IN trenn THEN IO.WrStr('":" enthalten'); IO.WrLn END;
  IF 2 IN BITSET(c) THEN IO.WrStr('2. Bit gesetzt!') END;
```

Siehe auch
EXCL, INCL, SET OF

In SYSTEM

Zweck
Liest den aktuellen Wert (1 Byte) eines Ports ein.

Struktur

```
In(p:CARDINAL):SHORTCARD;
```

Bemerkung
Die Funktion *In* liest den aktuellen Wert des Datenports *p*. Der Mikroprozessor (CPU) 80x86 oder 8088 steht mit vielen Teilen des Computers in Verbindung. Er kommuniziert mit den verschiedenen ICs über die Input- und Output-Ports. Diese Datenports werden also für die interne Kommunikation zwischen CPU und Peripheriegeräten (z.B. Tastatur, Bildschirm, Drucker, Festplatte) benötigt und sind *nicht* Bestandteil des Systemspeichers.

Normalerweise braucht sich der Programmierer nicht mit den Datenports zu beschäftigen, denn die wichtigsten Funktionen werden bereits von den BIOS-Routinen (siehe *Intr*; die BIOS-Routinen wirken direkt auf die Datenports ein), den DOS-Funktionen (siehe *Dos*) oder den Routinen der verwendeten Programmiersprache zur Verfügung gestellt.

Achtung: Es ist nicht empfehlenswert, ziellos und ohne Fachwissen mit den beiden Routinen *In* und *Out* zu experimentieren, da in einigen Fällen gewisse Teile des Computer-Systems zerstört werden können.

Siehe auch
InW, Out

INC Standard-Prozedur

Zweck
Erhöht den Inhalt einer ordinalen Variablen.

Struktur

```
INC(VAR x);
INC(VAR x; n);
```

Bemerkung
Die Prozedur *INC* vergrößert den Wert *x* (ordinaler Typ, siehe *TYPE*) um 1 bzw. *n* (bei Aufzähltypen wird der unmittelbare bzw. der *n*-te Nachfolger zurückgegeben).

Speicheradressen lassen sich mit den beiden Routinen *IncAddr* und *AddAddr* erhöhen.

Beispiel

```
TYPE
  beatles=(john,paul,georges,ringo);
VAR
  who:beatles;
BEGIN
  who:=john;
  INC(who);    (* who=paul  *)
  INC(who,2);  (* who=ringo *)
```

Siehe auch

DEC, IncAddr

IncAddr Lib

Zweck

Erhöht eine Adresse.

Struktur

```
IncAddr(VAR a:ADDRESS; inc:CARDINAL);
IncFarAddr(VAR a:FarADDRESS; inc:CARDINAL);     (* ab Version 2.0 *)
IncNearAddr(VAR a:NearADDRESS; inc:CARDINAL);   (* ab Version 2.0 *)
```

Bemerkung

Die Prozedur *IncAddr* erhöht die Adresse *a* um den Wert *inc*.

- **Ab Version 2.0:** Der Zeigertyp *ADDRESS* paßt sich dem aktuellen Speichermodell an. Er umfaßt 2 Bytes (*near*) in den Speichermodellen *Small* und *Medium*, jedoch 4 Bytes (*far*) in den Speichermodellen *Compact*, *Large*, *XLarge* und *MThread*. Mit den beiden Prozeduren *IncFarAddr* und *IncNearAddr* kann explizit einer der beiden Zeiger-Typen (*near* oder *far*) gewählt werden (die einzelnen Speichermodelle werden im Anhang D erläutert).

Siehe auch

AddAddr, DecAddr, SubAddr

INCL Standard-Prozedur

Zweck

Fügt ein Element in eine Menge ein.

Struktur

```
INCL(VAR menge; ele);
```

Bemerkung
Die Prozedur *INCL* fügt das Element *ele* in die Menge *menge* ein (falls noch nicht vorhanden).

Siehe auch
EXCL, IN, SET OF

Increase — ShtHeap (ab Version 2.0)

Zweck
Vergrößert einen bereits bestehenden Heap.

Struktur

```
Increase(heap:Segment; anz:Size);
```

Bemerkung
Die Prozedur *Increase* vergrößert den Heap *heap* um *anz* Bytes. Der kurze Heap kann jedoch nur dann vergrößert werden, wenn zu einem früheren Zeitpunkt genügend Speicher reserviert worden ist (siehe *Initialize*).

Siehe auch
Initialize

Info — Window

Zweck
Stellt die aktuellen Daten eines Fensters zur Verfügung.

Struktur

```
Info(w:WinType; VAR wd:WinDef);
```

Bemerkung
Die Prozedur *Info* stellt die Daten des Fensters *w* mit Hilfe des Parameters *wd* zur Verfügung. Der Datentyp *WinDef* ist wie folgt im Modul *Window* definiert (weitere Datentypen siehe *Window*):

```
WinDef=RECORD
  X1,Y1,            (* linke obere Ecke   *)
  X2,Y2:AbsCoord;   (* rechte untere Ecke *)
```

```
    Foreground,          (* Zeichenfarbe        *)
    Background:Color;    (* Hintergrundfarbe    *)
    CursorOn,            (* Cursor sichtbar?    *)
    WrapOn,              (* Zeilenumbruch ein?  *)
    Hidden,              (* Fenster sichtbar?   *)
    FrameOn:BOOLEAN;     (* Rahmen sichtbar?    *)
    FrameDef:FrameStr;   (* Rahmen-Art          *)
    FrameFore,           (* Rahmen-Farbe        *)
    FrameBack:Color;     (* Rahmen-Hintergrund  *)
  END;
```

Mit Hilfe der Prozedur *Change* läßt sich die Größe und die Lage eines Fensters verändern.

Siehe auch
At, Change, ObscuredAt, Used

Init — FIOR (ab Version 2.0)

Zweck
Initialisiert gewisse Variablen, die vom Modul *FIOR* verwendet werden.

Struktur

```
Init;
```

Bemerkung
Die Prozedur *Init* wird automatisch im Initialisierungs-Teil des Moduls *FIOR* aufgerufen und initialisiert gewisse Variablen (z.B. *FIO.IOcheck:=TRUE;*), die vom Modul *FIOR* verwendet werden. Daneben veranlaßt *Init*, daß die Pfadtabellen-Datei *TS.RED* eingelesen wird (siehe *ReadRedirectionFile*).

Siehe auch
ReadRedirectionFile

Init — Process

Zweck
Initialisiert ein Signal.

Struktur

```
Init(VAR s:SIGNAL);
```

Bemerkung
Die Prozedur *Init* initialisiert das Signal *s*; ein Signal muß vor dem ersten Aufruf von *SEND* oder *WAIT* initialisiert werden, da sonst das laufende Programm abstürzen kann. Der Datentyp *SIGNAL* ist als undurchsichtiger Typ im Modul *Process* definiert (siehe hierzu *IMPLEMENTATION*).

Signale werden zur Kommunikation zwischen parallelen Prozessen benötigt.

Siehe auch
SEND, WAIT

Init<karte> Graph

Zweck
Initialisiert das Graphik-Paket.

Struktur

```
InitATT;    (* nur Version 1.x *)
InitCGA;
InitEGA;
InitGraph;  (* ab Version 2.0  *)
InitHerc;
InitVGA;
```

Bemerkung
Diese Prozeduren initialisieren das Graphik-Modul *Graph* und bereiten die Graphik-Ausgabe für eine der Karten *AT&T* (auch Olivetti; nur in der Version 1.x), *CGA*, *EGA*, *Hercules* oder *VGA* vor. Um eine Wirkung zu erzielen, muß die Prozedur *Init<karte>* vor *GraphMode* ausgeführt werden.

- **Version 1.x:** Falls Sie keine dieser Prozeduren ausführen, ist automatisch die *CGA*-Karte aktiviert. Die drei Variablen *Width* (maximale x-Koordiante), *Depth* (maximale y-Koordinate) und *NumColor* (Anzahl Farben) sind im Modul *Graph* definiert und werden von *Init<karte>* wie folgt gesetzt:

	Width	Depth	NumColor
ATT	640	400	2 (a)
CGA	320	200	4 (b)
EGA	640	350	16 (c)
Herc	720	348	2 (a)
VGA	640	480	16 (c)

  Die Farben-Tabellen *(a)*, *(b)* und *(c)* werden etwas weiter unten aufgeführt.
- **Ab Version 2.0:** Im Initialisierungs-Teil des Moduls *Graph* wird *InitGraph* ausgeführt; diese Prozedur ermittelt automatisch die verfügbare Graphik-

Karte und wählt einen geeigneten Gaphik-Modus. Die maximalen *x*- und y-Koordinaten werden in den Variablen *Graph.Width* und *Graph.Depth* gespeichert, die verfügbaren Farben in der Variablen *Graph.NumColor*:

Graphik-Karte	Gewähler Modus	Width	Depth	NumColor
Herc	_HERCMONO (=8)	720	348	2
CGA, MCGA	_MRES4COLOR (=4)	320	200	4
EGA, VGA	_ERESCOLOR (=16)	640	350	16

Diese Graphik-Modi werden von <InitGraph> gewählt

Mit einer der Prozeduren *InitCGA*, *InitEGA*, *InitHerc* und *InitVGA* kann die gewünschte Graphik-Karte explizit bestimmt werden. Die einzelnen typischen Werte sehen wie folgt aus:

Prozedur	Gewähler Modus	Width	Depth	NumColor
InitCGA	_MRES4COLOR (=4)	320	200	4
InitEGA	_ERESCOLOR (=16)	640	350	16
InitHerc	_HERCMONO (=8)	720	348	2
InitVGA	_MRES256COLOR (=19)	320	200	16 *

Diese Graphik-Modi werden bei direkter Initialisierung gewählt (der mit * markierte Wert sollte eigentlich 256 heißen).

Mit Hilfe der Funktion *SetVideoMode* kann ein beliebiger (verfügbarer) Graphik-Modus aktiviert werden (in diesem Fall muß *GraphMode* nicht aufgerufen werden).

Den einzelnen Farbnummern (anzugeben bei den Zeichenroutinen) sind standardmäßig folgende Farben zugeordnet (sie liegen immer im Bereich *0..(Graph. NumColor-1)*; siehe auch *RemapAllPalette* und *SelectPalette*):

Nr	Farbe (a)	Nr	Farbe (a)
0	Schwarz	1	Weiß

Nr	Farbe (b)	Nr	Farbe (b)
0	Schwarz	2	Rot
1	Blau	3	Hellgrau

Nr	Farbe (c)	Nr	Farbe (c)
0	Schwarz	8	Dunkelgrau
1	Blau	9	Hellblau
2	Grün	10	Hellgrün
3	Türkis	11	Helltürkis
4	Rot	12	Hellrot
5	Lila	13	Rosa
6	Braun	14	Gelb
7	Hellgrau	15	Weiß

Nach einem Aufruf von *Init<karte>* ist der Graphik-Modus noch nicht aktiviert; dies geschieht erst mit Hilfe der Prozedur *GraphMode*.

Beispiel

Folgendes Programm ordnet alle positiven Zahlen spiralförmig an (in der Mitte des Bildschirms beginnend). Jede Zahl entspricht dabei einem Graphikpunkt, wobei die Primzahlen durch einen weißen, alle anderen durch einen schwarzen Punkt dargestellt werden (in der nebenstehenden Abbildung umgekehrt). Interessant ist dabei, daß die so entstehende Struktur eine gewisse Ordnung enthält (diese innere Ordnung der Primzahlen ist von einem Computer-Fachmann entdeckt worden, der sich während eines Kurses gelangweilt hat; sein Name ist mir leider nicht bekannt).

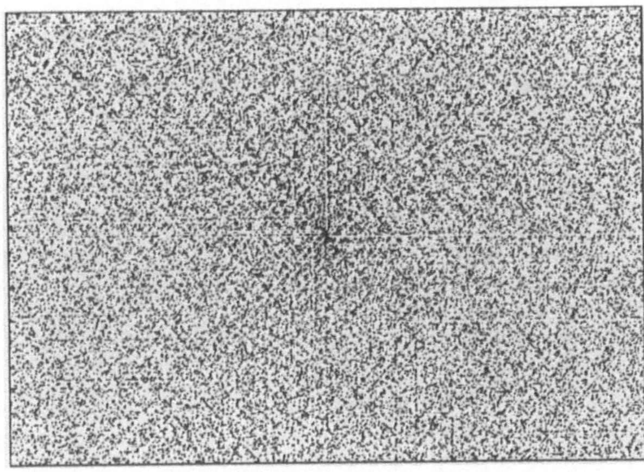

I

```
MODULE Spirale;
IMPORT
  Graph;
FROM MATHLIB IMPORT
  Sqrt;
FROM Graph IMPORT
  Width,Depth,NumColor,
  GraphMode,TextMode,Plot,Line;
FROM IO IMPORT
  KeyPressed,RdKey;
TYPE
  dir=(auf,links,ab,rechts);
VAR
  richtung:dir;
  x,y,mx,my,
  farbe,i,strecke:INTEGER;
  ch:CHAR;
  zahl:LONGINT;

  PROCEDURE Prim(z:LONGINT):BOOLEAN;
  VAR
    grenze,teiler:LONGINT;
  BEGIN
    IF z=1 THEN RETURN FALSE END;
    IF z<4 THEN RETURN TRUE END;
    IF NOT ODD(z) THEN RETURN FALSE END;
    grenze:=LONGINT(TRUNC(Sqrt(LONGREAL(z))));
    teiler:=5;
```

```
      REPEAT
        IF z MOD teiler=0 THEN RETURN FALSE END;
        INC(teiler,2)
      UNTIL teiler>grenze;
      RETURN TRUE
    END Prim;

  BEGIN
    Graph.InitVGA;  (* Initialisiert die VGA-Karte *)
    GraphMode;
    x:=Width DIV 2;
    y:=Depth DIV 2;
    mx:=Width-1;
    my:=Depth-1;
    farbe:=NumColor-1;
    Line(0,0,mx,0,farbe);
    Line(mx,0,mx,my,farbe);
    Line(mx,my,0,my,farbe);
    Line(0,my,0,0,farbe);
    strecke:=0;
    richtung:=auf;
    zahl:=0;
    REPEAT
      IF (richtung=auf) OR (richtung=ab) THEN INC(strecke) END;
      FOR i:=1 TO strecke DO
        IF Prim(zahl) THEN Plot(x,y,farbe) END;
        CASE richtung OF
          auf   : DEC(y);
        | ab    : INC(y);
        | links : DEC(x);
        | rechts: INC(x)
        END;
        INC(zahl);
      END;
      IF richtung=rechts THEN richtung:=auf ELSE INC(richtung) END
    UNTIL KeyPressed();
    WHILE KeyPressed() DO ch:=RdKey() END;
    TextMode
  END Spirale.
```

Siehe auch
GraphMode, SetVideoMode, TextMode

Initialize — ShtHeap (ab Version 2.0)

Zweck
Initialisiert einen kurzen Heap.

Struktur

```
Initialize(heap:Segment; anz:Size);
```

Bemerkung

Die Prozedur *Initialize* initialisiert einen kleinen Heap, der bei der Segment-Adresse *heap* beginnt; *anz* entspricht der Heap-Größe (in Bytes).

Sie müssen sicherstellen, daß ein Speicherbereich, der als kurzer Heap verwendet werden soll, nicht ungewollt verändert wird. Aus diesem Grund ist es empfehlenswert, einen Speicherblock zunächst auf dem großen Heap mit *FarAllocate* (Modul *Storage*) zu reservieren und dann *Initialize* die entsprechende Segment-Adresse bekanntzugeben:

```
VAR
  HeapAddr:FarADDRESS;
  HeapSeg:ShtHeap.Segment;
BEGIN
  Storage.FarAllocate(HeapAddr,1000);    (* 1000 Paragraphen = 16000 Bytes *)
  HeapSeg:=Seg(HeapAddr^);               (* Segment bestimmen *)
  ShtHeap.Initialize(HeapSeg,12000);     (* 12000 Bytes reservieren *)
```

Wenn *Initialize* nicht den gesamten verfügbaren Speicherplatz reserviert (wie oben), kann der Heap zu einem späteren Zeitpunkt mit *Increase* vergrößert werden (und nur dann).

Bitte beachten Sie, daß der Wert *anz* innerhalb von *Initialize* so verändert wird, daß er einem Vielfachen von 4 entspricht (*anz* wird bei Bedarf verkleinert).

Beispiel

Folgendes Programm erzeugt einen kleinen Heap und speichert einen *CARDINAL*-Wert auf diesem ab. - Hat Ihnen das Beispiel im Original-Handbuch weitergeholfen?

```
MODULE Test;
IMPORT
  ShtHeap,Storage,IO;
VAR
  HeapAddr:FarADDRESS;
  HeapSeg:ShtHeap.Segment;
  c:POINTER HeapSeg TO CARDINAL;  (* siehe hierzu <POINTER> *)

  PROCEDURE WriteFree(h:ShtHeap.Segment);
  BEGIN
    IO.WrStr('Auf dem kurzen Heap sind ');
    IO.WrCard(ShtHeap.Total(h),1);
    IO.WrStr(' Bytes frei ...'); IO.WrLn
  END WriteFree;

BEGIN
  Storage.FarAllocate(HeapAddr,1000);    (* 1000 Paragraphen = 16000 Bytes *)
  HeapSeg:=Seg(HeapAddr^);               (* Segment bestimmen *)
```

```
   ShtHeap.Initialize(HeapSeg,12000);      (* 12000 Bytes reservieren *)
   WriteFree(HeapSeg);
   ShtHeap.Allocate(HeapSeg,c,SIZE(c^));  (* kleinste Blockgröße = 4 Bytes *)
   WriteFree(HeapSeg);
   c^:=1234;
   IO.WrStr('Inhalt von c^: '); IO.WrCard(c^,1); IO.WrLn;
   ShtHeap.Free(HeapSeg,c,SIZE(c^));
   WriteFree(HeapSeg)
END Test.
```

Siehe auch
Increase

InitScreenType — AsmLib (nur Version 1.x)

Zweck
Ermöglicht das Verhindern von "Schnee", der beim Schreiben in den Bildschirm-Speicher entstehen kann.

Struktur

```
InitScreenType(schnee:BOOLEAN);
```

Bemerkung
Die Prozedur *InitScreenType* dient dazu, Bildschirmstörungen ("Schnee") zu verhindern. Diese Störungen können bei den Routinen des Moduls *Window* auftreten, wenn Sie eine CGA-Bildschirmkarte besitzen (*InitScreenType(FALSE);* entspricht der Standardeinstellung).

Nach *InitScreenType(TRUE);* werden die Schreib-Routinen etwas langsamer ausgeführt (nur dann, wenn das Modul *Window* importiert worden ist).

INLINE — Reserviertes Wort (ab Version 2.0)

Zweck
Ermöglicht das Definieren von kurzen Maschinen-Routinen.

Bemerkung
Mit Hilfe des reservierten Wortes *INLINE* wird es möglich, innerhalb eines Definitions-Modul Routinen zu definieren, denen direkt Maschinen-Code zugeordnet wird. Eine Inline-Prozedur oder -Funktion ist wie folgt aufgebaut:

```
INLINE PROCEDURE <Name> (<Parameter_Liste>):<fkt_typ>=<Maschinen-Code>;
  (* Inline-Funktion im Definitions-Modul *)
INLINE PROCEDURE <Name> (<Parameter_Liste>)=<Maschinen-Code>;
  (* Inline-Prozedur im Definitions-Modul *)
```

Der Maschinen-Code wird in der Regel wie folgt dargestellt:

```
DEFINITION MODULE INLINE_Test;
TYPE
  A2=ARRAY [0..1] OF SHORTCARD;  (* ermöglicht Definition eines 2-Byte-Codes *)
  A5=ARRAY [1..5] OF SHORTCARD;  (* ermöglicht Definition eines 5-Byte-Codes *)

(*# save, call(reg_param => (), inline => on) *)
  INLINE PROCEDURE Rol7(wert:CARDINAL):CARDINAL=A5(58H,0B1H,07H,0D3H,0C0H);
    (* POP AX; MOV CL,7; ROL AX,CL *)
(*# call(reg_param => (ax,cx)) *)
  INLINE PROCEDURE Rol(wert:CARDINAL; anz:SHORTCARD):CARDINAL=A2(0D3H,0C0H);
    (* ROL AX,CL *)
(*# restore *)
END INLINE_Test.
```

Bitte beachten Sie, daß die Inline-Routinen *Rol7* und *Rol* nicht mehr im dazugehörigen Implementations-Modul definiert werden dürfen.

Zum Zeitpunkt einer *INLINE*-Definition muß die Compiler-Anweisung *call (inline => on)* gelten. Eventuell müssen auch die Standard-Einstellungen der drei Compiler-Anweisungen *call(reg_param ...)*, *call(reg_saved ...)* und *call (reg_return ...)* verändert werden (siehe hierzu im Anhang E.2).

Inline-Routinen im Haupt- bzw. Implementations-Modul: Die Definition von Inline-Prozeduren oder -Funktionen im Haupt- bzw. Implementations-Modul entspricht weitgehend derjenigen innerhalb eines Definitions-Moduls. Hier muß lediglich das reservierte Wort *INLINE* weggelassen werden:

```
(*# save, call(reg_param => (ax,cx), inline => on) *)
  PROCEDURE Rol(wert:CARDINAL; anz:SHORTCARD):CARDINAL=A2(0D3H,0C0H);
(*# restore *)
```

Bei der Compiler-Anweisung *call(reg_param ...)* im Anhang E.2 wird beschrieben, auf welche Weise die Parameter einer Routine übergeben werden. Die Erläuterungen zur Compiler-Anweisung *call(reg_return ...)* informieren Sie darüber, mit Hilfe welcher Register die Funktions-Ergebnisse zurückgegeben werden.

Siehe auch
PROCEDURE

InputStr — Window (ab Version 2.0)

Zweck
Liest eine Zeichenkette ein (Eingabe kann editiert werden).

Struktur

```
InputStr(VAR s:ARRAY OF CHAR);
```

Bemerkung
Die Prozedur *InputStr* liest an der aktuellen Cursor-Position eine Zeichenkette ein. Die Eingabe kann mit folgenden Tasten editiert werden:

←, →	Cursor um ein Zeichen nach links, rechts verschieben
Home	Cursor an den Anfang der Eingabe setzen
End	Cursor an das Ende der Eingabe setzen
Del	Zeichen unter dem Cursor löschen
|← (BS)	Zeichen links des Cursors löschen
Ins	Umschalten zwischen Einfügen/Überschreiben
Return	Eingabe beenden

Nach der Prozedur-Ausführung wird die eingegebene Zeichenkette mit Hilfe des Parameters *s* zur Verfügung gestellt. Die Länge des Eingabefeldes wird automatisch der Länge des Parameters *s* angepaßt:

```
VAR
  s:ARRAY [0..12] OF CHAR;
BEGIN
  Window.InputStr(s);  (* maximal 13 Zeichen können eingegeben werden *)
```

Bitte beachten Sie, daß die Prozedur *InputStr* nur die Zeichen im Bereich *CHR(32)..CHR(126)* akzeptiert; aus diesem Grund können die deutschen Umlaute und das 'ß' nicht eingegeben werden.

Siehe auch
Rd<typ> (IO)

Insert — Str

Zweck
Fügt eine Zeichenkette in eine andere ein.

Struktur

```
Insert(VAR hpt:ARRAY OF CHAR; teil:ARRAY OF CHAR; pos:CARDINAL);
```

Bemerkung

Die Prozedur *Insert* fügt an der Stelle *pos* der Zeichenkette *hpt* die Zeichenkette *teil* ein. Dem ersten Zeichen von *hpt* ist die Nummer 0 zugeordnet.

Falls *hpt* für die Aufnahme von *teil* nicht über genügend freie Stellen verfügt, werden Zeichen am Ende von *hpt* weggelassen. Wenn Sie für *pos* einen Wert angeben, der größer als die aktuelle Länge von *hpt* ist, wird *teil* direkt an *hpt* angefügt.

Beispiel

```
VAR
  s:ARRAY [0..255] OF CHAR;
BEGIN
  s:='1234567890';
  Str.Insert(s,'**',3);    (* s='123**4567890'   *)
  Str.Insert(s,'++',100);  (* s='123**4567890++' *)
```

Siehe auch

Append (Str), Concat, Copy, Delete, Prepend, Slice

InsLine — Window

Zweck

Fügt eine Leerzeile an der aktuellen Cursor-Position ein.

Struktur

```
InsLine;
```

Bemerkung

Die Prozedur *InsLine* fügt an der aktuellen Cursorposition eine Leerzeile ein; dabei werden alle darunterliegenden Zeilen nach unten geschoben (die letzte Zeile rutscht aus dem Fenster).

Siehe auch

Clear, ClrEol, DelLine

Install — ProcTrace (nur Version 1.x)

Zweck

Installiert das System so, daß Prozedur-Aufrufe beobachtet werden können.

Struktur

```
Install;
```

Bemerkung
Alle Routinen, für die der Compiler-Befehl *(*$Q+*)* gilt (siehe auch Anhang E.1), werden nach der Ausführung von *Install* speziell behandelt. Am Anfang und am Ende solcher Routinen werden zusätzlich parameterlose Prozeduren ausgeführt (sie sind den beiden prozeduralen Variablen *Entry* und *Exit* zugeordnet), die den Programmierer genau darüber informieren können, wann eine Routine aufgerufen und wieder verlassen wird.

Die beiden prozeduralen Variablen *Entry* und *Exit* sind wie folgt im Modul *ProcTrace* definiert:

```
VAR
  Entry,Exit:PROC;
```

Install ordnet ihnen vordefinierte Prozeduren zu, die jedoch leicht durch eigene ersetzt werden können (siehe Beispiel).

Bitte beachten Sie, daß *Install* versucht, die dem Hauptprogramm zugehörige *.MAP*-Datei zu öffnen (vom Linker erstellt; der Menüpunkt *Options, Linker, Map file* muß auf *ON* stehen). Falls *Install* diese *.MAP*-Datei nicht findet, erhalten Sie die Möglichkeit, den vollständigen Namen (inkl. Suchpfad) einzugeben. Keine Probleme diesbezüglich ergeben sich, wenn sich die *.MAP*-Datei im selben Verzeichnis wie die *.EXE*-Datei befindet; dies läßt sich leicht mit Hilfe der Datei *M2.RED* verwirklichen (siehe Anhang B.1). Falls Sie jedoch noch mit MS-DOS 2.xx arbeiten, müssen Sie immer den Namen der *.MAP*-Datei angeben, da hier das Computersystem nicht den aktuellen Programmnamen ermitteln kann (siehe hierzu auch *Environment*).

Laufzeit-Optimierung: Da sich mit Hilfe des Moduls *ProcTrace* sehr einfach die Ausführungszeit und die Anzahl der Aufrufe jeder beliebigen Routine feststellen lassen, kann dieses Modul dazu verwendet werden, um die Laufzeit eines gesamten Programmes zu analysieren und so gewisse Schwachstellen aufzudecken (siehe zweites Beispiel *test2*, das Ihnen einige Denkanstöße geben soll).

Beispiel
Folgendes Programm meldet die Programm-Aufrufe einiger Routinen.

```
MODULE Install_Test;
FROM ProcTrace IMPORT
  Install,Get_Name,Entry,Exit;
IMPORT
  IO;

(*$Q+*)
  PROCEDURE schreib;
  VAR
    i:INTEGER;
  BEGIN
    FOR i:=1 TO 10 DO IO.WrInt(i,3) END;
    IO.WrLn
  END schreib;
```

```
    PROCEDURE ok():BOOLEAN;
    BEGIN
      RETURN TRUE
    END ok;
  (*$Q-*)

    PROCEDURE ein;
    BEGIN
      IO.WrStr('--> '); IO.WrStr(Get_Name()); IO.WrLn
    END ein;

    PROCEDURE aus;
    BEGIN
      IO.WrStr('<-- '); IO.WrStr(Get_Name()); IO.WrLn; IO.WrLn
    END aus;

  BEGIN
    Install;
    Entry:=ein;
    Exit:=aus;
    schreib;
    IF ok()=ok() THEN schreib END
  END Install_Test.
```

Folgendes Programm demonstriert, wie die **Laufzeiten** derjenigen Routinen bestimmt werden können, für die der Compiler-Befehl *(*$Q+*)* gilt.

Die Zeitmessung erfolgt in Clock-Ticks, wobei ein einzelner Clock-Tick etwa 1/18.2 Sekunden entspricht. Da diese Zeiteinheit in der Computerwelt äußerst grob und ungenau ist, sollten die gemessenen Zeiten bei sehr kurzen Routinen (z.B. *tausch*, siehe unten) nur mit Vorsicht genossen werden. Bitte vergessen Sie außerdem nicht, daß Ihr Computersystem kein Chronometer ist und die interne Uhr ohne Probleme gestoppt werden kann (mit der Prozedur *SYSTEM.DI*).

Die weiter unten definierte Funktion *SearchOrInsert* ist nicht besonders günstig, wenn die Laufzeiten vieler Routinen überwacht werden sollen (da die einzelnen Routinen sequentiell gesucht werden). Bei vielen Routinen-Namen steht mit der Schlüssel-Transformation ("hashing") eine gute Such-Technik zur Verfügung (siehe *HashString*).

```
MODULE test2;
IMPORT
  IO,Str,ProcTrace,MATHLIB,Lib,SYSTEM;
CONST
  max=1000;
VAR
  z:ARRAY [1..max] OF LONGCARD;
```

```
(*$Q+*)

  PROCEDURE Prim(n:LONGCARD):BOOLEAN;
  VAR
    i,w:LONGCARD;
  BEGIN
    IF NOT ODD(n) OR (n=1) THEN RETURN FALSE END;
    w:=LONGCARD(MATHLIB.Sqrt(LONGREAL(n)));
    FOR i:=3 TO w BY 2 DO
      IF n MOD i=0 THEN RETURN FALSE END
    END;
    RETURN TRUE
  END Prim;

  PROCEDURE erzeugen(n:CARDINAL);
  VAR
    i:CARDINAL;
    w:LONGCARD;
  BEGIN
    w:=1;
    FOR i:=1 TO n DO
      WHILE NOT Prim(w) DO INC(w) END;
      z[i]:=w;
      INC(w)
    END
  END erzeugen;

  PROCEDURE tausch(VAR a,b:LONGCARD);
  VAR
    t:LONGCARD;
  BEGIN
    t:=a; a:=b; b:=t
  END tausch;

  PROCEDURE mischen(n:CARDINAL);
  VAR
    i:CARDINAL;
  BEGIN
    FOR i:=1 TO n DO tausch(z[Lib.RANDOM(n)+1],z[i]) END
  END mischen;

  PROCEDURE bubble(n:CARDINAL);
  VAR
    i,j:CARDINAL;
  BEGIN
    FOR i:=1 TO n-1 DO
      FOR j:=i+1 TO n DO
        IF z[i]>z[j] THEN tausch(z[i],z[j]) END
      END
    END
  END bubble;

(*$Q-*)
```

```
(* --- Folgende Zeile werden zur Programm-Zeitanalyse verwendet ---- *)

CONST
  tiefe=10;    (* Verschachtelungs-Tiefe der Routinen  *)
  maxproc=10;  (* Anzahl der zu beobachtenden Routinen *)
TYPE
  str=ARRAY [0..10] OF CHAR;
VAR
  clock[0:46CH]:LONGCARD;  (* System-Zeitzähler *)
  time:ARRAY [0..tiefe] OF LONGCARD;
  akt:CARDINAL;  (* aktuelle Verschachtelungs-Tiefe *)
  feld:ARRAY [1..maxproc] OF RECORD
    name:str;
    addr:ADDRESS;  (* Adresse der Routine               *)
    anz:LONGCARD;  (* Anzahl Aufrufe einer Routine      *)
    time:LONGCARD  (* gesamter Zeitverbrauch der Routine *)
  END;
  korr:LONGCARD;   (* Zeitkorrektur *)

  PROCEDURE SearchOrInsert(a:ADDRESS):CARDINAL;
  VAR
    i:CARDINAL;
  BEGIN
    FOR i:=1 TO maxproc DO
      IF a=feld[i].addr THEN RETURN i END;
      IF feld[i].addr=NIL THEN  (* leer? *)
        feld[i].addr:=a;
        Str.Copy(feld[i].name,ProcTrace.Get_Name());
        RETURN i
      END;
    END;
    IO.WrStr('Liste kann nicht alle Routinen-Namen aufnehmen!'); IO.WrLn;
    IO.WrStr('Bitte die Konstante <maxproc> erhöhen ...'); IO.WrLn;
    HALT
  END SearchOrInsert;

  PROCEDURE ein;
  BEGIN
    INC(akt);
    IF akt>tiefe THEN
      IO.WrStr('Verschachtelungstiefe reicht nicht aus!'); IO.WrLn;
      IO.WrStr('Bitte die Konstante <tiefe> erhöhen ...');
      HALT
    END;
    time[akt]:=clock
  END ein;

  PROCEDURE aus;
  VAR
    nr:CARDINAL;
    t,c:LONGCARD;
```

```
  BEGIN
    t:=clock;
    nr:=SearchOrInsert(ProcTrace.GetCsIp());
    INC(feld[nr].anz);
    INC(feld[nr].time,t-time[akt]);
    c:=clock;
    DEC(akt);
    INC(korr,c-t);
    SYSTEM.DI;  (* Zeit vor <SearchOrInsert> einstellen, damit ... *)
    clock:=t;   (* ... diese Laufzeit nicht fälschlicherweise ...  *)
    SYSTEM.EI   (* ... einer anderen Routine zugeschrieben wird.   *)
  END aus;      (* Diese Zeitkorrektur wird in <WriteAnalyse> ...  *)
                (* ... wieder rückgängig gemacht.                  *)
  PROCEDURE InitAnalyse;
  VAR
    i:CARDINAL;
  BEGIN
    ProcTrace.Install;
    ProcTrace.Entry:=ein;
    ProcTrace.Exit:=aus;
    akt:=0;
    FOR i:=1 TO maxproc DO
      feld[i].name[0]:=0C;
      feld[i].addr:=NIL;
      feld[i].anz:=0;
      feld[i].time:=0
    END;
    korr:=0
  END InitAnalyse;

  PROCEDURE WriteAnalyse;
  VAR
    i:CARDINAL;
  BEGIN
    SYSTEM.DI;
    INC(clock,korr);  (* Zeit berichtigen, siehe <aus> *)
    SYSTEM.EI;
    FOR i:=1 TO maxproc DO
      IF feld[i].addr=NIL THEN RETURN END;
      IO.WrStrAdj(feld[i].name,SIZE(str)); IO.WrStr(' - Aufrufe: ');
      IO.WrLngCard(feld[i].anz,6); IO.WrStr(' - Zeit: ');
      IO.WrLngCard(feld[i].time,10); IO.WrStr(' ClockTicks'); IO.WrLn;
      (* 18.2 ClockTicks entsprechen ungefähr 1 Sekunde *)
    END
  END WriteAnalyse;

(* --- Ende der Zeitanalyse ---------------------------------------- *)

BEGIN
  InitAnalyse;
  erzeugen(max);
  mischen(max);
```

```
    bubble(max);
    WriteAnalyse
  END test2.
```

Siehe auch
Check, Get_Name, GetCsIp, Monitor

INTEGER Datentyp

Zweck
Typ für die ganzzahligen Werte im Bereich -32768..32767.

Bemerkung
Ein Datentyp definiert die Art oder Beschaffenheit der Werte, die eine Variable aufnehmen kann. Jeder Variablen kann dabei in einem Programm nur ein einziger Datentyp zugeordnet werden.

Eine Variable des Datentyps *INTEGER* kann ganzzahlige Werte im Bereich -32768..32767 aufnehmen (16-Bit-Variable mit Vorzeichen). *INTEGER* läßt sich auch bei der Umwandlung von Typen einsetzen:

```
VAR
  ch:CHAR;
  i:INTEGER;
BEGIN
  ch:='A';
  i:=INTEGER(ch);
```

Intern benötigt eine *INTEGER*-Variable 2 Bytes Speicherplatz.

Siehe auch
CARDINAL, LONGINT, REAL, SHORTINT, TYPE, WORD

InterruptRegisters SYSTEM (nur Version 1.x)

Zweck
Liest die wichtigsten Register eines unterbrochenen Prozesses.

Struktur

```
InterruptRegisters(p:ADDRESS):ADDRESS;
```

Bemerkung
Die Funktion *InterruptRegisters* ermöglicht innerhalb einer Interrupt-Prozedur (siehe *IOTRANSFER*) das Lesen (und Verändern) der CPU-Register, die dem

vorübergehend unterbrochenen Prozeß *p* gehören. Als Funktions-Ergebnis wird ein Zeiger zurückgegeben, der auf eine Struktur zeigt, die der folgenden entspricht (*ExtReg* ist in keinem Modul definiert):

```
TYPE
  ExtReg=RECORD;
    r:Registers;  (* siehe Prozedur <Dos>       *)
    IP,           (* IP=Offset, CS=Segment ... *)
    CS,           (* ... des nächsten Befehls. *)
    RetFlags:CARDINAL
  END;
```

Beispiel
Folgendes Programm installiert die Prozedur *Int24*, die immer dann vom Computer-System aufgerufen wird, wenn ein kritischer Fehler (z.B. *Laufwerk nicht griffbereit*, *Diskette schreibgeschützt*, *Ungültiges Diskettenformat* ...) auftritt. Das Betriebssystem schreibt in diesem Fall folgende Meldung (oder eine ähnliche) in den Bildschirm:

```
Gerät nicht bereit!
Abbrechen, Wiederholen, Fortfahren?
```

Mit Hilfe unseres Programmes unterbleibt diese Meldung, ein aufgetretener Fehler kann jedoch direkt mit der Funktion *GetError* abgefragt werden (genaue Informationen zu diesem Thema erhalten Sie in Betriebssystem-Büchern; siehe dort die Beschreibung zum Interrupt 24H).

Wichtig: Folgende Fehlerbehandlung funktioniert ausgezeichnet, wenn Sie keine parallelen Prozesse verwenden. Falls Sie jedoch nicht auf diese verzichten wollen oder können, finden Sie im TopSpeed-Zusatzprodukt *TechKit* das Modul *Int24*, das kritische Fehler in jedem Fall auffangen kann.

```
MODULE test;
FROM SYSTEM IMPORT
  IOTRANSFER,NEWPROCESS,TRANSFER,DI,EI,InterruptRegisters,Registers;
IMPORT
  FIO,IO,SYSTEM,Lib,Str;
VAR
  i24,main:ADDRESS;
  pu:ARRAY [1..2000] OF BYTE;
  save24:ADDRESS;
  intvec[0:0]:ARRAY [0..255] OF ADDRESS;
(*$W+*)
  errorcode:CARDINAL;
(*$W-*)

  PROCEDURE Int24;
  TYPE
    ExtReg=RECORD
      r:Registers;
```

```
      IP,CS,RetFlags:CARDINAL
    END;
  VAR
    reg:POINTER TO ExtReg;
  BEGIN
    errorcode:=0;
    LOOP
      IOTRANSFER(i24,main,24H);
      reg:=InterruptRegisters(main);
      reg^.r.AL:=3;  (* Funktionsaufruf abbrechen *)
      errorcode:=reg^.r.DI+1
    END
  END Int24;

  PROCEDURE GetError():CARDINAL;
    (* Einige Fehlermeldungen (siehe       *)
    (* auch im Anhang E.1 unter "Kritische *)
    (* Fehler"):                           *)
    (*                                     *)
    (*  0: Kein Fehler                     *)
    (*  1: Diskette ist schreibgeschützt   *)
    (*  2: Unbekannte Einheit              *)
    (*  3: Laufwerk nicht bereit           *)
    (* 10: Drucker ohne Papier             *)
  VAR
    temp:CARDINAL;
  BEGIN
    temp:=errorcode;
    errorcode:=0;
    RETURN temp
  END GetError;

  PROCEDURE Install;
  BEGIN
    DI; save24:=intvec[24H]; EI;
    NEWPROCESS(Int24,ADR(pu),SIZE(pu),i24);
    TRANSFER(main,i24)
  END Install;

  PROCEDURE Deinstall;
  BEGIN
    DI; intvec[24H]:=save24; EI
  END Deinstall;

VAR
  err:INTEGER;
  ch:CHAR;
  name:ARRAY [0..127] OF CHAR;
BEGIN
  Install;
  FIO.IOcheck:=FALSE;
  IO.WrStr('Laufwerk eingeben (A..G): ');
```

```
    REPEAT
      ch:=CAP(IO.RdKey())
    UNTIL Str.Pos('ABCDEFG',ch)<>MAX(CARDINAL);
    IO.WrChar(ch); IO.WrLn;
    FIO.GetDir(SHORTCARD(ch)-64,name);
    IO.WrStr('Aktueller Pfad: '); IO.WrChar(ch);
    IO.WrStr(':\'); IO.WrStr(name); IO.WrLn;
    IF FIO.IOresult()<>0 THEN
      IO.WrStr('IOresult meldet Fehler: ');
      IO.WrCard(FIO.IOresult(),1); IO.WrLn
    END;
    err:=GetError();
    IF err<>0 THEN
      IO.WrStr('Int24-Fehler aufgetreten: ');
      IO.WrCard(err,1)
    END;
    Deinstall
  END test.
```

Siehe auch
IOTRANSFER

IntPow — MATHLIB (ab Version 2.0)

Zweck
Potenziert eine Zahl.

Struktur

```
IntPow(x:LONGREAL; y:INTEGER):LONGREAL;
```

Bemerkung
Die Funktion *IntPow* berechnet *x* "hoch" *y*, wobei *IntPow* in der Regel schneller arbeitet als ein entsprechender Aufruf von *Pow*.

```
IntPow(2.0,-4) = 1.0/IntPow(2.0,4)
```

Siehe auch
Pow

Intr — Lib

Zweck
Führt eine Interrupt-Routine aus.

Struktur

```
Intr(VAR reg:SYSTEM.Registers; nr:CARDINAL);
```

Bemerkung

Die Prozedur *Intr* ruft eine Routine des Interrupts *nr* auf. Der hierzu notwendige Datentyp *Registers* ist im Modul *SYSTEM* wie folgt definiert (Erläuterungen zu den einzelnen Registern finden Sie bei *Dos*):

```
TYPE
  Registers=RECORD
    CASE : BOOLEAN OF
    | TRUE : AX,BX,CX,DX,BP,SI,DI,DS,ES : CARDINAL;
             Flags                      : BITSET;
    | FALSE: AL,AH,BL,BH,CL,CH,DL,DH    : SHORTCARD;
    END
  END;
```

Es existieren verschiedene Interrupt-Kategorien, die folgend kurz beschrieben werden:

CPU-Interrupts sind direkt auf dem Mikroprozessor vorhanden. Ihnen sind die Nummern 00H..04H zugeordnet und werden bei Fehlern (z.B. Division durch Null) oder von einem Debugger aufgerufen.

Hardware-Interrupts sind fest verdrahtet und werden von der Peripherie (z.B. Tastatur, Laufwerk) ausgelöst. Sie können bei Bedarf gesperrt werden (siehe *DI* und *EI*), und ihnen werden die Nummern 08H..0FH zugeordnet (siehe auch *MODULE* im Zusammenhang mit Prioritäten).

Software-Interrupts sind Routinen, die die Grundfunktionen des Betriebssystem erfüllen und zum BIOS gehören. Sie lassen sich generell mit der Prozedur *Intr* auslösen. Die Interrupt-Nummern 05H, 10H..1CH und 48H werden zu den Software-Interrupts gezählt.

Der **DOS-Interrupt** (Nummer 21H) hat viele Unterfunktionen, die zum eigentlichen Betriebssystem (DOS) gehören. Sie lassen sich mit der Prozedur *Dos* ausführen.

Ausführliche Beschreibungen zu den einzelnen Interrupt-Routinen finden Sie in Systemhandbüchern (z.B. Peter Norton, Richard Wilton; Peter Nortons neues Programmierhandbuch für IBM PC und PS/2; Vieweg-Verlag).

Beispiel

Folgendes Programm prüft den aktuellen Status des Druckers, der an der parallelen Schnittstelle LPT1: angeschlossen ist:

```
MODULE Intr_Test;
IMPORT
  Lib,IO,SYSTEM;
```

```
  PROCEDURE LstStatus():CARDINAL;
  VAR
    reg:SYSTEM.Registers;
  BEGIN
    reg.AH:=02H; (* Funktionsnummer    *)
    reg.DX:=0;   (* 0=LPT1, 1=LPT2 ... *)
    Lib.Intr(reg,17H);
    RETURN CARDINAL(reg.AH)
  END LstStatus;

BEGIN
  CASE LstStatus() OF
    002H: IO.WrStr('Schnittstelle nicht vorhanden');
  | 010H: IO.WrStr('Drucker arbeitet');
  | 030H: IO.WrStr('Drucker ausgeschaltet');
  | 080H: IO.WrStr('Drucker im OFF-LINE Betrieb');
  | 090H: IO.WrStr('Drucker bereit');
  | 0A0H: IO.WrStr('Drucker ohne Paper');
  ELSE
    IO.WrStr('Unbekannter Druckerzustand')
  END
END Intr_Test.
```

Siehe auch
Dos

IntToStr — Str

Zweck
Wandelt einen *LONGINT*-Wert in eine Zeichenkette um.

Struktur

```
IntToStr(x:LONGINT; VAR s:ARRAY OF CHAR; ba:CARDINAL; VAR ok:BOOLEAN);
```

Bemerkung
Die Prozedur *IntToStr* wandelt den Wert *x* in eine Zeichenkette um unter Verwendung der Basis *ba* (Bereich: 2..16). Falls *s* zu wenig Zeichen aufnehmen kann, enthält *ok* nach der Prozedur-Ausführung den Wert *FALSE*.

Beispiel

```
VAR
  s:ARRAY [0..255] OF CHAR;
  ok:BOOLEAN;
BEGIN
  Str.IntToStr(43981,s,16,ok);  (* s='ABCD'  *)
  Str.IntToStr(29,s,2,ok);      (* s='11101' *)
```

Siehe auch
CardToStr, FixRealToStr, RealToStr, StrToInt

InW — SYSTEM (ab Version 2.0)

Zweck
Liest ein Wort (= 2 Bytes) eines bestimmten Ports ein.

Struktur

```
InW(p:CARDINAL):CARDINAL;
```

Bemerkung
Die Funktion *InW* liest den aktuellen Wert des Datenports *p* und liefert diesen als Funktionsergebnis zurück (weitere Informationen erhalten Sie bei *In*).

Siehe auch
In, OutW

IO — Modul

Zweck
Stellt alle Routinen zur Verfügung, die zur Ein- und Ausgabe benötigt werden (Tastatur und Bildschirm).

Bemerkung
Dieses Modul stellt Lese- und Schreib-Routinen (Tastatur und Bildschirm) zur Verfügung. Sie alle arbeiten fensterbezogen, sobald das Modul *Window* eingebunden wird.

EndOfRd	Ermittelt, ob das Ende des Eingabepuffers erreicht ist
KeyPressed	Prüft, ob sich Daten im Tastaturpuffer befinden
Rd<typ>	Liest von der Tastatur eine Zeichenkette ein und wandelt diese in einen bestimmten Typ um
RdItem	Liest ein einzelnes Wort ein
RdKey	Liest ein einzelnes Zeichen ein
RdLn	Überliest alle Daten, die sich im Eingabepuffer befinden
RdStr	Liest eine beliebige Zeichenkette ein
RedirectInput	Legt eine neue Eingabe-Einheit fest
RedirectOutput	Legt eine neue Ausgabe-Einheit fest
Wr<typ>	Schreibt einen Wert beliebigen Typs als Zeichenkette in den Bildschirm

WrCharRep	Schreibt eine Zeichenkette, die aus ein und demselben Zeichen besteht, in den Bildschirm
WrLn	Erzeugt einen Zeilenumbruch
WrStr	Schreibt eine beliebige Zeichenkette in den Bildschirm
WrStrAdj	Schreibt eine beliebige Zeichenkette, die in einem Feld ausgerichtet werden kann, in den Bildschirm

Folgende Konstante ist im Modul *IO* vordefiniert:

```
CONST
  MaxRdLength=256;  (* Länge des Eingabe-Puffers *)
```

Folgender Datentyp ist im Modul *IO* vordefiniert:

```
TYPE
  WrStrType = PROCEDURE (ARRAY OF CHAR);
  RdStrType = PROCEDURE (VAR ARRAY OF CHAR);
  CHARSET   = SET OF CHAR;
```

Folgende Variablen sind im Modul *IO* vordefiniert:

```
VAR
  Separators:CHARSET;              (* gültige Trennzeichen *)
  RdLnOnWr,     (* TRUE, wenn Eingabepuffer geleert wird   *)
  Prompt,       (* TRUE, wenn Ausgabe von '?' beim Lesen   *)
  OK,           (* TRUE, wenn gelesener Wert gültig        *)
  ChopOff,      (* TRUE, wenn Ausgabefeld erweiterbar      *)
  Eng:BOOLEAN;  (* TRUE bei wissenschaftlicher Darstellung *)

VAR  (* ab Version 2.0 *)
  InputRedirected  : BOOLEAN;    (* TRUE, wenn Eingabe umgeleitet *)
  OutputRedirected : BOOLEAN;    (* TRUE, wenn Ausgabe umgeleitet *)
  WrStrRedirect    : WrStrType;  (* Siehe im lexikalischen ...    *)
  RdStrRedirect    : RdStrType;  (* ... Teil dieses Buches        *)
```

IOresult FIO

Zweck
Liefert einen Fehlercode.

Struktur

```
IOresult():CARDINAL;
```

Bemerkung
Die meisten Routinen des Moduls *FIO* unterbrechen das laufende Programm bei einem Ein- oder Ausgabefehler. Wird der Variablen *FIO.IOcheck* aber der Wert *FALSE* zugeordnet, wird das Programm in keinem Fall unterbrochen. Mit Hilfe

von *IOresult* kann jedoch ermittelt werden, ob ein Ein- oder Ausgabefehler aufgetreten ist (Funktionsergebnis<>0).

Den einzelnen Werten von *IOresult* kommen folgende Bedeutungen zu:

0	Kein Fehler
2	Datei nicht gefunden
3	Suchpfad nicht gefunden
4	Zu viele Dateien geöffnet
5	Dateizugriff verweigert
6	Datei-Handler (Kanalnummer) ungültig
15	Unzulässige Laufwerksnummer
16	Aktuelles Verzeichnis kann nicht gelöscht werden
17	*Rename* kann nicht ausgeführt werden (triff auf, wenn Sie versuchen, eine Datei mittels *Rename* von einem Laufwerk in ein anderes zu kopieren)
112	Ab Version 2.0: Diskette oder Festplatte voll (hierzu existiert die vordefinierte Konstante *FIO.DiskFull*)
240	Nur Version 1.x: Diskette oder Festplatte voll (hierzu existiert die vordefinierte Konstante *FIO.DiskFull*)

Eine vollständige Liste aller möglichen Fehlernummern finden Sie im Anhang F.1 und F.2 dieses Buches.

Bitte beachten Sie, daß kritische Fehler (z.B. "Laufwerksklappe offen") mit *FIO.IOcheck:=FALSE;* nicht abgefangen werden können (im Zusatzprodukt *TopSpeed Modula-2 Techkit* ist jedoch das Modul *Int24* enthalten, das die Behandlung solcher Fehler ermöglicht; siehe auch zu diesem Thema *InterruptRegisters*).

- **Ab Version 2.0:** Falls die Variable *IOcheck* den Wert *TRUE* enthält, wird bei einem Ein- oder Ausgabefehler standardmäßig die Datei *ERRORINF.$$$* erzeugt (enthält Fehler-Informationen) und das aktuelle Programm abgebrochen. Mit Hilfe der prozeduralen Variablen *Lib.RunTimeError* (siehe dort) kann diese Fehlerbehandlung problemlos abgeändert werden.

  Mit Hilfe der Routinen *OSErrorMessage* und *WrDosError* und dem Funktionswert von *IOresult* kann eine Fehlermeldung in englischer Sprache ermittelt bzw. geschrieben werden. Bitte beachten Sie jedoch, daß der Funktionswert *112* (Konstante *FIO.DiskFull*) in den Wert *240* übersetzt werden muß, damit eine korrekte Fehlermeldung geliefert wird.

Siehe auch

Rd<typ> (FIO), Wr<typ> (FIO)

IOresult FIOR (ab Version 2.0)

Zweck
Liefert einen Fehlercode.

Struktur

```
IOresult():CARDINAL;
```

Bemerkung
Die Funktion *IOresult* liefert einen Fehlercode, wenn bei einer der Routinen des Moduls *FIOR* ein Fehler aufgetreten ist (nur dann, wenn die Variable *FIO.IOcheck* (Modul *FIO*!) den Wert *TRUE* enthält; dies entspricht dem Standard, wenn *FIOR* nach dem Modul *FIO* importiert wird). Die einzelnen Fehlercodes werden im Anhang F.2 aufgeführt.

Siehe auch
IOresult (FIO)

IOTRANSFER SYSTEM

Zweck
Ordnet einem beliebigen Interrupt einen Prozeß zu.

Struktur

```
IOTRANSFER(VAR palt,pneu:ADDRESS; intrnr:CARDINAL);       (* nur Version 1.x *)
IOTRANSFER(VAR palt,pneu:FarADDRESS; intrnr:CARDINAL);   (* ab Version 2.0  *)
```

Bemerkung
Die Prozedur *IOTRANSFER* unterbricht den Prozeß *palt* und fährt mit der Ausführung des Prozesses *pneu* fort (siehe auch *TRANSFER*). Der Wert des Parameters *intrnr* bezeichnet dabei die Nummer des Interrupts, die dem Prozeß *palt* zugeordnet wird. Die Ausführung von *palt* wird genau dann aufgenommen, wenn ein Interrupt mit der Nummer *intrnr* ausgelöst wird (die Daten des dabei laufenden Prozesses werden automatisch in *pneu* gespeichert; siehe auch *InterruptRegister*). Die Eigenschaften einen Prozesses werden bei *StartProcess* aufgeführt.

Ein Prozeß, der bei einem gewissen Interrupt abgearbeitet werden soll, ist zunächst mit *NEWPROCESS* einzurichten und mit *TRANSFER* zu starten. *IOTRANSFER* selbst wird erst im Interrupt-Prozeß aufgerufen (siehe auch *PrtScr* im folgenden Beispiel):

```
PROCEDURE InterruptProcess;
  (* Variablen-, Typen-Deklarationen *)
BEGIN
  (* Werte initialisieren *)
  LOOP
    IOTRANSFER(palt,pneu,intrnr);
    (* eigentlicher Code der Interrupt-Routine *)
  END
END InterruptProcess;
```

Die Prozedur *IOTRANSFER* im obigen Prozeß bewirkt, daß *InterruptProcess* unmittelbar verlassen wird (die Ausführung des Prozesses *pneu* wird wieder aufgenommen). Erst nach dem Auslösen des Interrupts *intrnr* wird der Programm-Code, der *IOTRANSFER* folgt, ausgeführt.

Achtung: Ein Prozeß, der mit *IOTRANSFER* einem Interrupt zugeordnet worden ist, wird unter Umständen auch noch nach dem Programm-Ende aufgerufen (TopSpeed Modula-2 desaktiviert diesen Prozeß (diese Interrupt-Routine) nicht selbständig). Da ein erneuter Aufruf zu einem System-Absturz führen kann, muß diese Interrupt-Routine vom Programmierer eigenhändig desaktiviert werden. Hierzu stehen zwei Wege offen:

1) Am Ende eines Programmes wird mit Hilfe einer globalen Variablen signalisiert, daß sich die Interrupt-Routine beim nächsten Aufruf zu deaktivieren hat (d.h. daß sie die Kontrolle mit *TRANSFER* und nicht mit *IOTRANSFER* zurückgeben soll). Anschließend wird mit der Prozedur *Intr* der entsprechende Interrupt ausgelöst, worauf die Interrupt-Routine ausgeführt wird und sich selbst desaktiviert (siehe Programm *Test1*). Bitte beachten Sie, daß Variablen, die zur Kommunikation von Prozessen eingesetzt werden, volatil sein sollten (siehe hierzu Compiler-Befehl W im Anhang E.1 bzw. Compiler-Anweisung *date(volatile ...)* im Anhang E.2).
2) Bevor die Interrupt-Prozedur mit *TRANSFER* aktiviert wird, soll der Original-Vektor des entsprechenden Interrupts gelesen werden (siehe *GetIntVec* im Programm *Test2*). Auf diese Weise kann dieser am Ende des Programmes wieder auf seinen ursprünglichen Wert zurückgesetzt werden (jedem Interrupt ist ein Vektor zugeordnet, der die Einsprungsstelle der Interrupt-Routine bezeichnet; *IOTRANSFER* verändert diesen Vektor).

Beispiel

Im folgenden Beispielprogramm wird bei einem Druck auf die <PrtScr>-Taste (löst den Interrupt 5 aus) der gesamte Bildschirm invertiert (ein weiteres Beispiel finden Sie bei *InterruptRegisters*).

```
MODULE Test1;
  (* Ab Version 2.0: Speichermodell <MThread> wählen! *)
FROM SYSTEM IMPORT
  TRANSFER,NEWPROCESS,IOTRANSFER;
IMPORT
  Lib,IO,SYSTEM;
```

```
VAR
  p1,main,int05,temp:ADDRESS;
  pu1,puint:ARRAY [1..2000] OF BYTE;
  reg:SYSTEM.Registers;
(*# save, data(volatile => on) *)  (* für Version 1.x: (*$W+*) *)
  deinstall:BOOLEAN;  (* TRUE, wenn <PrtScr> desaktiviert werden soll *)
(*# restore *)  (* für Version 1.x: (*$W-*) *)

  PROCEDURE PrtScr;
  CONST
    scrseg=0B800H;  (* 0B000H für Monochrom *)
  VAR
    aktiv:BOOLEAN;
    scr:POINTER TO ARRAY [1..2000],[1..2] OF CHAR;
    i:CARDINAL;
  BEGIN
    (* Initialisieren von Werten *)
    aktiv:=FALSE;
    scr:=[scrseg:0];
    LOOP
      REPEAT
        IOTRANSFER(int05,temp,5);  (* Kontrolle zurückgeben *)
        IF deinstall THEN
          TRANSFER(int05,temp)   (* Ende ohne Installierung *)
        END
      UNTIL NOT aktiv;     (* Damit diese Routine nicht ...  *)
      aktiv:=TRUE;         (* ... 2x aufgerufen werden kann. *)
      FOR i:=1 TO 2000 DO
        scr^[i,2]:=CHAR(BITSET(scr^[i,2])/{0..7})  (* XOR *)
      END;
      aktiv:=FALSE
    END
  END PrtScr;

  PROCEDURE proc1;
  BEGIN
    LOOP
      IO.WrStr('Unter '); TRANSFER(p1,main)
    END
  END proc1;

BEGIN
  deinstall:=FALSE;
  NEWPROCESS(proc1,ADR(pu1),2000,p1);
  NEWPROCESS(PrtScr,ADR(puint),2000,int05);
  TRANSFER(temp,int05);  (* Interrupt-Routine aktivieren *)
  REPEAT
    TRANSFER(main,p1);
    IO.WrStr('Haupt ')
  UNTIL IO.KeyPressed();
```

```
    deinstall:=TRUE;
    Lib.Intr(reg,5)
  END Test1.
```

Folgendes Programm installiert den Prozeß *Musik*, der vom Interrupt *1CH* aufgerufen wird. Dieser Interrupt wird in der Sekunde rund 18.2 Mal ausgelöst und steht dem Benutzer frei zur Verfügung.

```
MODULE Test2;
  (* Ab Version 2.0: Speichermodell <MThread> wählen! *)
FROM SYSTEM IMPORT
  TRANSFER,NEWPROCESS,IOTRANSFER;
IMPORT
  Lib,IO,SYSTEM;
VAR
  temp,Int1C:ADDRESS;
  puInt1C:ARRAY [1..2000] OF BYTE;

  PROCEDURE Musik;
  CONST
    max=9;
  VAR
    t440:BOOLEAN;
    d:CARDINAL;
  BEGIN
    t440:=TRUE;
    d:=0;
    Lib.Sound(440);
    LOOP
      IOTRANSFER(Int1C,temp,1CH);
      INC(d);
      IF d=max THEN
        d:=0;
        IF t440 THEN Lib.Sound(880) ELSE Lib.Sound(440) END;
        t440:=NOT t440
      END;
    END;
  END Musik;

VAR
  int[0:0]:ARRAY [0..255] OF ADDRESS;
  save1C:ADDRESS;  (* enthält Original-Vektor vom INT 1C *)

  PROCEDURE SetIntVec(nr:SHORTCARD; a:ADDRESS);
  BEGIN
    SYSTEM.DI; int[CARDINAL(nr)]:=a; SYSTEM.EI
  END SetIntVec;

  PROCEDURE GetIntVec(nr:SHORTCARD; VAR a:ADDRESS);
  BEGIN
    SYSTEM.DI; a:=int[CARDINAL(nr)]; SYSTEM.EI
  END GetIntVec;
```

```
BEGIN
  GetIntVec(1CH,save1C);          (* Original-Vektor ermitteln *)
  NEWPROCESS(Musik,ADR(puInt1C),2000,Int1C);  (* Installieren *)
  TRANSFER(temp,Int1C);                       (* Aufrufen     *)

  (* Hauptprogramm, das nichts von der Interrupt-Routine weiß *)
  IO.WrStr('Ende mit jeder Taste ...');
  REPEAT
    IO.WrCard(Lib.RANDOM(10),2)
  UNTIL IO.KeyPressed();
  Lib.NoSound;
  SetIntVec(1CH,save1C);  (* Original-Vektor herstellen ...   *)
END Test2.                (* ... = <Musik> abbrechen          *)
```

Siehe auch
NEWPROCESS, TRANSFER

IsExtension — FIOR (ab Version 2.0)

Zweck
Prüft, ob ein Dateiname eine bestimmte Erweiterung besitzt.

Struktur

```
IsExtension(name:ARRAY OF CHAR; erw:ExtStr):BOOLEAN;
```

Bemerkung
Die Funktion *IsExtension* liefert den Wert *TRUE*, wenn der Dateiname *name* die Dateierweiterung *erw* enthält. Auf die Groß- bzw. Kleinschreibung wird nicht geachtet. Der Datentyp *ExtStr* ist wie folgt im Modul *FIOR* definiert:

```
TYPE
  ExtStr=ARRAY [0..2] OF CHAR;
```

Siehe auch
AddExtension, ChangeExtension, RemoveExtension

IsOfClass — Lib (ab Version 2.0)

Zweck
Prüft, ob ein Objekt zu einer bestimmten Klasse gehört.

Struktur

```
IsOfClass(n,v:MTablePtr):BOOLEAN;
```

Bemerkung

Die Funktion *IsOfClass* liefert den Wert *TRUE*, wenn das Objekt (oder die Unterklasse) *n* Nachkomme des Objektes (oder der (Unter-)Klasse) *v* ist. Der Datentyp *MTablePtr* ist wie folgt im Modul *Lib* definiert (dieser wird jedoch nicht unbedingt benötigt):

```
TYPE
  MTablePtr=POINTER TO MHeader;
  MHeader=RECORD
    Size:CARDINAL;
    Parent:MTablePtr;
  END;
```

Ein Wert vom Typ *MTablePtr* kann mit der Funktion *MTA* ermittelt werden (ausführliche Informationen zur objektorientierten Programmierung erhalten Sie bei *CLASS*).

Beispiel

```
MODULE Test;
IMPORT
  Lib,IO;
TYPE
  point=CLASS  (* Klasse, Vorfahr von <line>, <circle>, <ellipse> *)
    x,y:INTEGER;
  END;

  line=CLASS(point)  (* Subklasse, Nachkomme von <point> *)
    x2,y2:INTEGER;
    PROCEDURE Init(a1,b1,a2,b2:INTEGER);
    BEGIN
      x:=a1; y:=b1; x2:=a2; y2:=b2
    END Init;
  END;

  circle=CLASS(point)  (* Subklasse, Nachkomme von <point> *)
    r:CARDINAL;
    PROCEDURE Init(mx,my:INTEGER; rad:CARDINAL);
    BEGIN
      x:=mx; y:=my; r:=rad
    END Init;
  END;

  ellipse=CLASS(circle)  (* Subklasse, Nachkomme von <circle>, <point> *)
    r2:CARDINAL;
    PROCEDURE Init(mx,my:INTEGER; a,b:CARDINAL);
    BEGIN
      x:=mx; y:=my; r:=a; r2:=b
    END Init;
  END;
```

I

```
VAR
  obj1:point;
  obj2:circle;
BEGIN
  IO.WrStr('  point -> line  : ');  (* FALSE *)
  IO.WrBool(Lib.IsOfClass(MTA(point),MTA(line)),1); IO.WrLn;
  IO.WrStr('   line -> point : ');  (* TRUE *)
  IO.WrBool(Lib.IsOfClass(MTA(line),MTA(point)),1); IO.WrLn;
  IO.WrStr(' circle -> point : ');  (* TRUE *)
  IO.WrBool(Lib.IsOfClass(MTA(circle),MTA(point)),1); IO.WrLn;
  IO.WrStr(' circle -> line  : ');  (* FALSE *)
  IO.WrBool(Lib.IsOfClass(MTA(circle),MTA(line)),1); IO.WrLn;
  IO.WrStr('ellipse -> circle: ');  (* TRUE *)
  IO.WrBool(Lib.IsOfClass(MTA(ellipse),MTA(circle)),1); IO.WrLn;
  IO.WrStr('ellipse -> point : ');  (* TRUE *)
  IO.WrBool(Lib.IsOfClass(MTA(ellipse),MTA(point)),1); IO.WrLn;
  IO.WrStr('   obj2 -> obj1  : ');  (* TRUE *)
  IO.WrBool(Lib.IsOfClass(MTA(obj2),MTA(obj1)),1); IO.WrLn; IO.WrLn;
  IO.WrStr('-> bedeutet "ist Nachkomme von"')
END Test.
```

Siehe auch
CLASS, MTA

Item — Str

Zweck
Sucht innerhalb einer Zeichenkette ein einzelnes Wort und stellt dieses zur Verfügung.

Struktur

```
Item(VAR teil:ARRAY OF CHAR; hpt:ARRAY OF CHAR; trenner:CHARSET; nr:CARDINAL);
```

Bemerkung
Die Prozedur *Item* sucht innerhalb von *hpt* nach dem Wort mit der Nummer *nr* und stellt dieses mit Hilfe von *teil* zur Verfügung. Die einzelnen Wörter sind durch mindestens eines der in *trenner* definierten Zeichen getrennt. Der Datentyp *CHARSET* ist im Modul *Str* wie folgt definiert:

```
TYPE
  CHARSET=SET OF CHAR;
```

Dem ersten Wort von *hpt* ist die Nummer 0 zugeordnet. Falls *nr* einen zu großen Wert enthält, wird unter Umständen eine leere Zeichenkette mit der Länge 0 zurückgegeben.

Beispiel

```
VAR
  teil:ARRAY [0..255] OF CHAR;
  i:INTEGER;
BEGIN
  i:=0;
  REPEAT
    Str.Item(teil,'so war es',Str.CHARSET{' ','='},i);
    IF teil[0]<>0C THEN  (* leere Zeichenkette? *)
      IO.WrStr(teil);
      IO.WrLn
    END;
    INC(i)
  UNTIL teil[0]=0C;
  IO.WrLn;
  IO.WrCard(i-1,1);
  IO.WrStr(' Komponente(n)');
```

Siehe auch
ItemS

ItemS Str

Zweck
Sucht innerhalb einer Zeichenkette ein einzelnes Wort und stellt dieses zur Verfügung.

Struktur

```
ItemS(VAR teil:ARRAY OF CHAR; hpt,trenner:ARRAY OF CHAR; nr:CARDINAL);
```

Bemerkung
Die Prozedur *ItemS* entspricht der Prozedur *Item*; der Unterschied besteht darin, daß die Trennzeichen als Zeichenkette übergeben werden können.

Beispiel

```
ItemS(teil,'so war es',' =.,:',1);  (* teil='war' *)
```

Siehe auch
Item

I

KBFlags BiosIO (ab Version 2.0)

Zweck
Prüft, welche der Umschalttasten momentan gedrückt werden bzw. aktiv sind.

Struktur

```
KBFlags():KBFlagSet;
```

Bemerkung
Der IBM-PC kennt einige Umschalttasten (*Shift*, *Alt*, *Ctrl* ...), die bei gedrücktem Zustand die Bedeutung vieler Tasten verändern; sie verlieren ihre Wirkung wieder, sobald sie losgelassen werden. Andere Umschalttasten (*NumLock*, *CapsLock* ...) wählen beim ersten Tastendruck einen bestimmten Tastatur-Modus (z.B. sollen alle Buchstaben groß geschrieben werden), der erst durch einen zweiten Tastendruck aufgehoben wird. Der Datentyp *KBFlagSet* ist wie folgt definiert:

```
TYPE
  KBFlagSet=SET OF (RShift,LShift,Ctrl,Alt,Scroll,Num,Cap,Ins);
```

Folgende Anweisung prüft, ob die *Alt*-Taste gedrückt wird:

```
IF BiosIO.Alt IN BiosIO.KBFlags() THEN
  IO.WrStr('Alt-Taste gedrückt ...')
END;
```

Wenn Sie prüfen wollen, ob mehrere Umschalttasten gleichzeitig gedrückt werden, schreiben Sie folgende Anweisung:

```
IF BiosIO.KBFlagSet{BiosIO.Ctrl,BiosIO.Alt} <= BiosIO.KBFlags() THEN
  IO.WrStr('Ctrl- und Alt-Taste werden gedrückt ...')
END;
```

Beispiel
Folgendes Programm zeigt Ihnen, welche der Umschalttasten momentan gedrückt werden bzw. aktiv sind:

```
MODULE Test;
IMPORT
  BiosIO,IO,Window;
VAR
  i:CARDINAL;
  ch:CHAR;
BEGIN
  Window.GotoXY(1,25);
  IO.WrStr('Ende mit <ESC> ...');
  Window.CursorOff;
  ch:=0C;
```

```
  REPEAT
    FOR i:=0 TO 7 DO
      Window.GotoXY(1,i+1);
      IF i IN BITSET(BiosIO.KBFlags()) THEN
        CASE i OF
          0: IO.WrStr('Rechte Shift-Taste');
        | 1: IO.WrStr('Linke Shift-Taste');
        | 2: IO.WrStr('Ctrl-Taste');
        | 3: IO.WrStr('Alt-Taste');
        | 4: IO.WrStr('ScrollLock-Modus');
        | 5: IO.WrStr('NumLock-Modus');
        | 6: IO.WrStr('CapsLock-Modus');
        | 7: IO.WrStr('Einfüge-Modus');
        END
      ELSE
        Window.ClrEol
      END
    END;
    IF IO.KeyPressed() THEN ch:=IO.RdKey() END
  UNTIL ch=CHR(27)
END Test.
```

Siehe auch
KeyPressed (BiosIO)

KeyPressed — BiosIO (ab Version 2.0)

Zweck
Prüft, ob sich ein Zeichen im Tastatur-Puffer befindet.

Struktur

```
KeyPressed():BOOLEAN;
```

Bemerkung
Die Funktion *KeyPressed* liefert den Wert *TRUE*, wenn sich im Tastatur-Puffer ein Zeichen befindet (maximal können 15 Zeichen zwischengespeichert werden), andernfalls *FALSE*.

Die Funktion *BiosIO.KeyPressed* ist im Gegensatz zu *IO.KeyPressed* reentrant (und schneller); aus diesem Grund kann sie in speicherresidenten Programmen verwendet werden.

Siehe auch
KBFlags, RdKey (BiosIO)

KeyPressed IO

Zweck
Prüft, ob sich Daten im Tastaturpuffer befinden.

Struktur

```
KeyPressed():BOOLEAN;
```

Bemerkung
Die Funktion *KeyPressed* liefert den Wert *TRUE*, wenn sich mindestens ein Zeichen im Tastaturpuffer befindet. Ein einzelnes Zeichen des Tastaturpuffers kann mit Hilfe der Funktion *RdKey* gelesen werden.

Bitte beachten Sie, daß Funktions- und Cursortasten zwei lesbare Einträge im Tastaturpuffer erzeugen (siehe hierzu auch *RdKey* und Anhang I).

Beispiel

```
MODULE Test;
IMPORT
  IO,Lib;
VAR
  ch:CHAR;
BEGIN
  IO.WrStr('Pause von 5 Sekunden ...'); IO.WrLn;
  IO.WrStr('Bitte drücken Sie einigen Tasten Ihrer Tastatur! ');
  Lib.Delay(5000);  (* 5 Sekunden warten *)
  IO.WrLn;
  IO.WrStr('Folgende Tasten haben Sie gedrückt: ');
  WHILE IO.KeyPressed() DO
    ch:=IO.RdKey();
    IO.WrChar(ch)
  END
END Test.
```

Siehe auch
RdKey

LABEL Reserviertes Wort

Zweck
Definiert Marken, die innerhalb des Programmes angesprungen werden können.

Bemerkung
LABEL steht im Deklarationsteil eines Moduls, einer Prozedur oder Funktion und definiert eine Sprungmarke, die mit *GOTO* zu einem späteren Zeitpunkt angesprungen werden kann.

Das reservierte Wort *LABEL* steht am Anfang einer Deklaration, ihm folgt eine Liste mit Bezeichnern. Einzelne Bezeichner werden dabei mit einem Komma (,) voneinander getrennt; die gesamte Liste wird mit einem Strichpunkt (;) abgeschlossen:

```
LABEL
  ausgang,fehler,spaghetti;
```

Innerhalb des Programm-Codes wird ein Label an derjenigen Stelle aufgeführt, zu der später mit *GOTO* gesprungen werden soll (das Label wird dabei um einen Doppelpunkt (:) erweitert; siehe Beispiel). Ein bestimmtes Label darf innerhalb eines Programmes nur an einer einzigen Stelle aufgeführt werden.

Bitte beachten Sie, daß *LABEL* und *GOTO* nicht zum Standard-Modula gehören (siehe auch Bemerkungen bei *GOTO*).

Beispiel

```
PROCEDURE Bildaufbau;
LABEL
  weiter;
VAR
  i:CARDINAL;
BEGIN
  FOR i:=obrand TO unrand DO
    WriteLine(i);
    IF IO.KeyPressed() THEN GOTO weiter END
  END;
weiter:  (* Marke mit abschließendem Doppelpunkt *)
  WriteNumber;
  WriteCursor
END Bildaufbau;
```

Siehe auch
GOTO, LongJmp, SetJmp

L

Largest

ShtHeap (ab Version 2.0)

Zweck

Liefert die Anzahl Bytes des größten Blockes, der auf dem kurzen Heap reserviert werden kann.

Struktur

```
Largest(Heap:Segment):Size;
```

Bemerkung

Die Funktion *Largest* liefert die Größe (in Bytes) des größten Blockes, der auf dem kurzen Heap *heap* (siehe *Initialize*) maximal mit *Allocate* reserviert werden kann. Die hierzu notwendigen Datentypen sind im Modul *ShtHeap* wie folgt definiert:

```
TYPE
  Segment = CARDINAL;
  Size    = CARDINAL;
```

Siehe auch

Total

Length

Str

Zweck

Ermittelt die Länge einer Zeichenkette.

Struktur

```
Length(s:ARRAY OF CHAR):CARDINAL;
```

Bemerkung

Die Funktion *Length* ermittelt die Länge der Zeichenkette *s*. Ein abschließendes *CHR(0)* (entspricht dem Zeichen *0C*) wird dabei nicht mitgerechnet (siehe hierzu *ARRAY*).

Beispiel

```
VAR
  s:ARRAY [0..10] OF CHAR;
BEGIN
  s:='1234';  (* Zeichenkette wird mit 0C abgeschlossen *)
  IO.WrCard(Str.Length(s),1);  (* ergibt 4  *)
  IO.WrLn;
  s:='12345678901';
  IO.WrCard(Str.Length(s),1);  (* ergibt 11 *)
```

Siehe auch
ARRAY

Lib — Modul

Zweck
Enthält systemnahe Routinen, die die Möglichkeiten des Programmierers erweitern (Tongenerator, Zufallszahlen, Sortier-Routinen ...).

Bemerkung
Die in diesem Modul enthaltenen Routinen erweitern die Möglichkeiten des Programmierers und lassen sich nicht eindeutig einem einzigen Anwendungsgebiet zuordnen.

AddAddr	Erhöht eine Adresse
Compare	Vergleicht zwei Speicherblöcke miteinander
CpuId[2.0]	Ermittelt den verfügbaren Prozessor und Coprozessor
DecAddr	Erniedrigt eine Adresse
Delay	Unterbricht das laufende Programm für eine gewisse Zeit
DisableBreakCheck	Verhindert die Unterbrechung eines Programmes mit *Ctrl-Break*
Dos	Ruft eine DOS-Funktion mit Hilfe des Interrupts 21H auf
EnableBreakCheck	Erlaubt die Unterbrechung eines Programmes mit *Ctrl-Break*
Environment	Stellt einen Eintrag der Environment-Tabelle zur Verfügung
EnvironmentFind[2.0]	Sucht in der Environment-Tabelle nach einem bestimmten Eintrag
Exec[2.0]	Startet ein Programm (*.EXE*- oder *.COM*-Datei)
ExecCmd[2.0]	Führt einen internen *DOS*-Befehl (z.B. *COPY*), eine *.BAT*-Datei oder ein Programm (*.COM*- oder *.EXE*-Datei) aus
Execute	Führt ein Programm (*.EXE*- oder *.COM*-Datei) aus
FastMove[2.0]	Kopiert den Inhalt einer Variable in eine andere
FatalError	Unterbricht ein Programm mit einer Fehlermeldung
Fill	Initialisiert einen Speicherblock mit einem beliebigen Wert (byteweise)
GetDate[2.0]	Ermittelt das aktuelle System-Datum

[2.0] Erst ab der Version 2.0 von TopSpeed Modula-2 verfügbar.

GetInProgramFlag[2.0]	Prüft, ob momentan eine Funktion des Betriebssystems (Interrupt 21H) ausgeführt wird
GetTime[2.0]	Ermittelt die aktuelle System-Zeit
HashString	Ordnet einer Zeichenkette einen Zahlenwert zu
HSort	Sortiert Werte mit Hilfe des Heap-Sorts
IncAddr	Erhöht eine Adresse
Intr	Führt eine Interrupt-Routine aus
IsOfClass[2.0]	Prüft, ob ein Objekt zu einer bestimmten Klasse gehört
LongJmp	Springt zu einer zuvor markierten Stelle
MakeAllPath[2.0]	Vervollständigt einen Dateinamen
MathError[1.0]	Unterbricht ein Programm und gibt eine Fehlermeldung aus
MathError2[1.0]	Unterbricht ein Programm und gibt eine Fehlermeldung aus
Move	Kopiert einen Speicherblock (byteweise)
NoSound	Schaltet den Tongenerator aus
OSErrorMessage[2.0]	Liefert zu einem bestimmten Fehlercode eine entsprechende Fehlermeldung in englischer Sprache
OSFatalError[2.0]	Bricht das laufende Programm mit einer Fehlermeldung ab
ParamCount	Ermittelt die Anzahl verfügbarer Programm-Parameter
ParamStr	Stellt einen bestimmten Programm-Parameter zur Verfügung
QSort	Sortiert Werte mit Hilfe des Quick-Sorts
RAND	Ermittelt eine reelle Zufallszahl
RANDOM	Ermittelt eine ganzzahlige Zufallszahl
RANDOMIZE	Bringt den Zufallszahlen-Generator in einen unbekannten Zustand
ScanL	Sucht in einem Speicherblock nach einem Wert (Richtung tiefere Adresse)
ScanNeL	Sucht in einem Speicherblock die erste Stelle, die nicht mit dem gesuchten Wert übereinstimmt (Richtung tiefere Adresse)
ScanNeR	Sucht in einem Speicherblock die erste Stelle, die nicht mit dem gesuchten Wert übereinstimmt (Richtung höhere Adresse)
ScanR	Sucht in einem Speicherblock nach einem Wert (Richtung höhere Adresse)
SetDate[2.0]	Setzt das System-Datum neu
SetInProgramFlag[2.0]	Ermöglicht das Setzen eines Flags, mit dem Überprüft werden kann, ob momentan eine *DOS*-Funktion ausgeführt wird

[1.0] Nur in der Version 1.x von TopSpeed Modula-2 verfügbar.
[2.0] Erst ab der Version 2.0 von TopSpeed Modula-2 verfügbar.

SetJmp	Markiert die aktuelle Stelle als Sprungmarke
SetReturnCode	Legt für das laufende Programm einen Rückkehr-Wert fest
SetTime[2.0]	Setzt die System-Zeit neu
Sound	Schaltet den Tongenerator ein
Speaker[2.0]	Erzeugt für eine bestimmte Zeit einen Ton beliebiger Höhe
SplitAllPath[2.0]	Teilt einen vollständigen Dateinamen in seine Komponenten
SubAddr	Erniedrigt eine Adresse
SysErrno[2.0]	Liefert den aktuellen Fehlercode des Betriebssystems
Terminate	Definiert eine Prozedur, die beim Programm-Ende ausgeführt werden soll
UserBreak	Unterbricht das laufende Programm
WordFill	Initialisiert einen Speicherblock mit einem beliebigen Wert (wortweise)
WordMove	Kopiert einen Speicherblock (wortweise)
WrDosError[2.0]	Schreibt eine zu einem Fehlercode passende Fehlermeldung in den Bildschirm

Folgende Datentypen sind im Modul *Lib* definiert:

```
TYPE
  CompareProc = PROCEDURE (CARDINAL,CARDINAL):BOOLEAN;
  SwapProc    = PROCEDURE (CARDINAL,CARDINAL);
  CommandType = POINTER TO ARRAY [0..126] OF CHAR;

TYPE  (* nur Version 1.x *)
  LongLabel=ARRAY [0..3] OF CARDINAL;

TYPE  (* ab Version 2.0 *)
  TENBYTEREAL=ARRAY [0..9] OF BYTE;
  LongLabelRec=RECORD
    j_sp,j_ss,j_flag,j_cs,j_ip,j_bp,j_di,j_es,j_si,j_ds:CARDINAL;
    st1,st2:TENBYTEREAL;
  END;
  LongLabel=ARRAY [0..0] OF LongLabelRec;

TYPE  (* ab Version 2.0 *)
  MTablePtr=POINTER TO MHeader;
  MHeader=RECORD
    Size:CARDINAL;
    Parent:MTablePtr;
  END;

TYPE  (* ab Version 2.0 *)
  ExecEnvType = ARRAY [0..31] OF ADDRESS;
  ExecEnvPtr  = POINTER TO ExecEnvType;
```

2.0 Erst ab der Version 2.0 von TopSpeed Modula-2 verfügbar.

```
TYPE  (* ab Version 2.0 *)
  CpuKind = (cpu_Unknown,cpu_V20,cpu_V30,
             cpu_8088,cpu_8086,
             cpu_80188,cpu_80186,
             cpu_80286,cpu_80386);
  FpuKind = (fpu_none,fpu_8087,fpu_80287,fpu_80387);
  CpuRec  = RECORD
    cpu:CpuKind;
    fpu:FpuKind;
  END;

TYPE  (* ab Version 2.0 *)
  DayType=(Sunday,Monday,Tuesday,Wednesday,Thursday,Friday,Saturday);
```

Folgende Variablen sind im Modul *Lib* vordefiniert (siehe auch die Beschreibungen im lexikalischen Teil dieses Buches):

```
VAR
  PSP         : CARDINAL;     (* Programmsegment-Präfix       *)
  CommandLine : CommandType;  (* Parameter beim Programmstart *)

VAR  (* ab Version 2.0 *)
  NilStr:ARRAY [0..0] OF CHAR;
  RunTimeError:PROCEDURE(LONGCARD,CARDINAL,ARRAY OF CHAR);
  ExecSearchPath:BOOLEAN;
  BreakChecks:BOOLEAN;
```

- **Ab Version 2.0**: Einige Routinen des Moduls *Lib* rufen im Fehlerfall die der prozeduralen Variablen *Lib.RunTimeError* zugeordneten Routine auf. Standardmäßig schreibt diese Fehlerbehandlungs-Routine eine Fehlermeldung in die Datei *ERRORINF.$$$* und bricht das laufende Programm ab (weitere Informationen bei *RunTimeError*).

LightPen — MsMouse (ab Version 2.0)

Zweck
Schaltet die Emulation eines Lichtstiftes (engl. *light pen*) ein und aus.

Struktur

```
LightPen(ein:BOOLEAN);
```

Bemerkung
Die Prozedur *LightPen* schaltet die Emulation eines Lichtstiftes ein (*LightPen(TRUE)*) oder aus (*LightPen(FALSE)*). Der Zustand "Stift unten" wird durch das gleichzeitige Drücken der linken und rechten Maustaste erreicht.

Line — Graph

Zweck
Zeichnet eine beliebige Linie.

Struktur

```
Line(x1,y1,x2,y2,farbe:CARDINAL);
```

Bemerkung
Die Prozedur *Line* verbindet die beiden Punkte *(x1,y1)* und *(x2,y2)* miteinander, so daß eine Linie entsteht. Der Parameter *farbe* legt die Zeichenfarbe fest (die gültigen Bereiche werden bei *Init<karte>* aufgeführt).

- **Ab Version 2.0:** *Line* verwendet die mit *SetLinestyle* definierte Linien-Art. Der Parameter *farbe* bezeichnet den zu verwendenden Paletten-Eintrag (siehe *RemapAllPalette* und *SelectPalette*).

Beispiel
Das folgende Programm zeichnet einen Baum, den ich im Winter von meinem Fenster aus betrachten kann. Manchmal, wenn ein Auto vorbeirauscht, wiegt er sich sanft im Wind, und manchmal setzt sich eine Amsel in sein Geäst, um sich etwas vom mühseligen Körnersuchen auszuruhen.

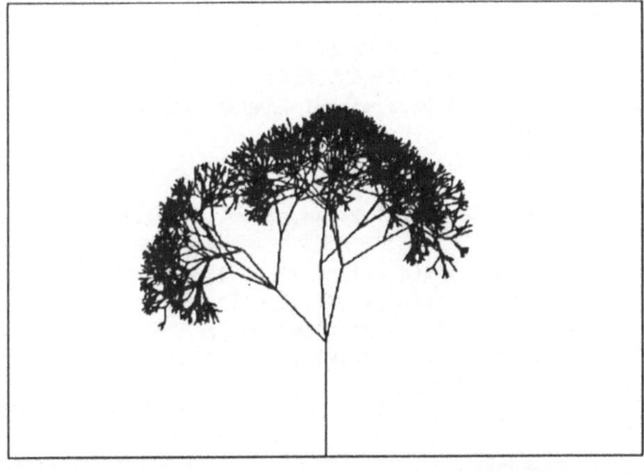

Da die folgende Prozedur *Ast* rekursiv aufgerufen wird, könnte unter Umständen der Stack überlaufen (der Stack läßt sich jedoch vergrößern, siehe Compiler-Anweisung S Anhang E.1 bzw. *data(stack_size ...)* im Anhang E.2).

```
MODULE Line_Test;
IMPORT
  Graph,IO;
FROM Graph IMPORT
  NumColor,Depth,Width;
FROM Lib IMPORT
  RANDOMIZE,RANDOM;
FROM MATHLIB IMPORT
  Sin,Cos;
CONST
  pi=LONGREAL(3.141592654);
```

```
    PROCEDURE Line(x1,y1,x2,y2:CARDINAL);
    BEGIN
      Graph.Line(x1,Depth-y1,x2,Depth-y2,NumColor-1)
    END Line;

    PROCEDURE Linie(x,y,r,winkel:CARDINAL; VAR x2,y2:CARDINAL);
    VAR
      w:LONGREAL;
    BEGIN
      w:=LONGREAL(winkel)/180.0*pi;
      x2:=TRUNC(LONGREAL(x)+Cos(w)*LONGREAL(r));
      y2:=TRUNC(LONGREAL(y)+Sin(w)*LONGREAL(r));
      Line(x,y,x2,y2)
    END Linie;

    PROCEDURE Ast(x,y,r,winkel:CARDINAL);
    VAR
      x2,y2,i:CARDINAL;
    BEGIN
      IF r<7+RANDOM(5) THEN RETURN END;
      IF IO.KeyPressed() THEN RETURN END;
      Linie(x,y,r,winkel,x2,y2);
      r:=TRUNC(LONGREAL(r)*0.7);
      FOR i:=1 TO 2+RANDOM(4) DO
        Ast(x2,y2,r,winkel+RANDOM(120)-60)
      END
    END Ast;

    PROCEDURE Box(x1,y1,x2,y2,col:CARDINAL);
    BEGIN
      Graph.Line(x1,y1,x2,y1,col);
      Graph.Line(x2,y1,x2,y2,col);
      Graph.Line(x2,y2,x1,y2,col);
      Graph.Line(x1,y2,x1,y1,col)
    END Box;

  VAR
    ch:CHAR;
  BEGIN
    RANDOMIZE;
    Graph.GraphMode;  (* siehe auch Init<karte> *)
    Ast(Width DIV 2,0,Depth DIV 4,90);
    Box(0,0,Width-1,Depth-1,NumColor-1);
    ch:=IO.RdKey();
    WHILE IO.KeyPressed() DO ch:=IO.RdKey() END;
    Graph.TextMode
  END Line_Test.
```

Siehe auch

Arc, Circle, Cube, Disc, Ellipse, HLine, Pie, Plot, Point, Polygon, Rectangle, TrueCircle, TrueDisc

Listen

SYSTEM (nur Version 1.x)

Zweck
Ermöglicht das Ausführen aller gesperrten Interrupts.

Struktur

```
Listen(maske:BITSET);
```

Bemerkung
Die Prozedur *Listen* erlaubt das einmalige Auslösen der Interrupts, die zuvor mit der Modul-Priorität gesperrt worden sind (siehe hierzu *MODULE*). Ein Interrupt geht auch im gesperrten Zustand nicht verloren und meldet sich bei freier Leitung sofort wieder.

Jedes Element von *maske* entspricht einem bestimmten Interrupt (Elemente 0..7 = Interrupts 08H..0FH (PC und AT); Elemente 8..15 = Interrupts 70H.. 77H (nur AT)). Nach *Listen* ist die vorhergehende Modul-Priorität wieder aktiv.

Siehe auch
DI, EI, MODULE, NewPriority

LoadControlWord

MATHLIB

Zweck
Schreibt einen Wert ins Coprozessor-Register *control*.

Struktur

```
LoadControlWord(c:BITSET);
```

Bemerkung
Die Prozedur *LoadControlWord* schreibt den Wert *c* ins Coprozessor-Register *control*. Dieses speichert z.B. Rechengenauigkeit oder Rundungsrichtung des Coprozessors; den einzelnen Bits kommen folgende Bedeutungen zu:

15							08	07							00	
..	..	..	IC	RC	RC	PC	PC	IEM	..	PM	UM	OM	ZM	DM	IM	Control

IC *infinity control*; bestimmt die Betrachtungsweise unendlicher Zahlen (*IC=0*: die reellen Zahlen liegen auf einem geschlossenen Kreis, "unendlich" liegt quasi gegenüber von 0 und besitzt kein Vorzeichen; *IC=1*: die reellen Zahlen liegen auf einem Strahl, so-

	mit existieren zwei "unendlich" mit entgegengesetzten Vorzeichen).
RC	*rounding control*; diese zwei Bits legen die Rundungsart fest (00=kaufmännische Rundung; 01=immer Aufrunden; 10=immer Abrunden; 11=negative Werte aufrunden, positive Werte abrunden).
PC	*precision control*; diese zwei Bits legen die Rechengenauigkeit fest (11=Extended (existiert unter TopSpeed Modula-2 nicht); 10= Double (*LONGREAL*); 00=Single (*REAL*)).
IEM	*interrupt enable mask*; falls gesetzt, kann der Coprozessor 8087 die CPU 8086 beim Auftreten eines nicht maskierten Ausnahmezustandes unterbrechen.
PM	*precision mask*; falls gesetzt, unterbricht ein erzwungenes Runden das Programm nicht.
UM	*underflow mask*; falls gesetzt, unterbricht ein Unterlauf das Programm nicht.
OM	*overflow mask*; falls gesetzt, unterbricht ein Überlauf das Programm nicht.
ZM	*zero mask*; falls gesetzt, unterbricht eine Division durch 0 das Programm nicht.
DM	*denormalized mask*; falls gesetzt, wird ein Programm nicht unterbrochen, wenn die letzte Operation versucht hat, einen denormalisierten Registerinhalt zu verwenden.
IM	*invalid mask*; falls gesetzt, unterbricht eine ungültige Operation (z.B. Wurzel einer negativen Zahl) das Programm nicht.

Der aktuelle Inhalt des Coprozessor-Registers *control* kann mit der Funktion *StoreControlWord* gelesen werden.

Falls Ihr Computersystem über keinen mathematischen Coprozessor verfügt, wird dieser bis ins letzte Bit emuliert (d.h. *LoadControlWord* ist auch in diesem Fall anwendbar).

Beispiel

```
LoadControlWord({7..9,11});  (* setzt Bit 7, 8, 9, 11 *)
```

Siehe auch

ClearExceptions, StoreControlWord, StoreEnvironment

Lock — Process

Zweck

Verhindert, daß ein Prozeß unterbrochen werden kann.

Struktur

```
Lock;
```

Bemerkung

Die Prozedur *Lock* sperrt den laufenden Prozeß; dies bedeutet, daß der laufende Prozeß bis zum nächsten *Unlock* vom Scheduler (siehe *StartScheduler*) nicht unterbrochen wird (und somit kein anderer Prozeß zur Ausführung kommt).

Vor dem Aufruf einer Routine der Module *FIO* oder *IO* sollte ein Prozeß gesperrt werden, da diese Routinen DOS-Funktionen benützen, die nicht unterbrochen werden dürfen (falls Sie jedoch das Modul *Window* verwenden, müssen alle Schreib-Routinen des Moduls *IO* nicht mehr gesperrt werden).

Wichtig: Bitte beachten Sie, daß ein Prozeß bei einem Aufruf von *Process.Delay*, *Notify*, *SEND* oder *WAIT* nicht gesperrt sein darf. *Lock* und *Unlock*-Aufrufe können beliebig verschachtelt werden. Folgende Abbildung zeigt, daß zu jedem *Lock* ein passendes *Unlock* geschrieben werden muß:

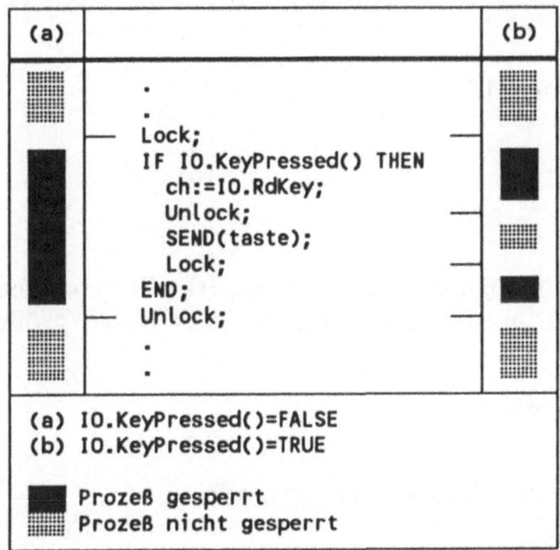

Siehe auch

Delay (Process), SetProcessLocks, StartScheduler, Unlock

Log — MATHLIB

Zweck

Berechnet den natürlichen Logarithmus.

Struktur

```
Log(x:LONGREAL):LONGREAL;
```

Bemerkung
Die Funktion *Log* berechnet den natürlichen Logarithmus zur Basis *e*, wobei *e* dem Wert 2.718... (Eulersche Konstante) entspricht (Wertebereich für *x*: *x > 0*). *Exp* ist die Umkehrfunktion von *Log*. Mit folgender Formel können Logarithmen zu jeder Basis (größer 0) berechnet werden:

```
LogA(x) zur Basis a = Log(x)/Log(a)
```

Siehe auch
Exp, Log10, Pow, Rexp, Sqrt

Log10 MATHLIB

Zweck
Berechnet den Logarithmus zur Basis 10.

Struktur

```
Log10(x:LONGREAL):LONGREAL;
```

Bemerkung
Die Funktion *Log10* berechnet den Logarithmus zur Basis 10 (Wertebereich für *x*: *x > 0*). Mit folgender Formel können Logarithmen zu jeder Basis (größer 0) berechnet werden:

```
LogA(x) zur Basis a = Log10(x)/Log10(a)
```

Beispiel
Folgende Funktion liefert die Anzahl Ziffern einer ganzen Zahl:

```
PROCEDURE Digit(z:LONGCARD):CARDINAL;
BEGIN
  IF z=0 THEN
    RETURN 1
  ELSE
    RETURN CARDINAL(Log10(LONGREAL(z)))+1
  END
END Digit;
```

Siehe auch
Exp, Log, Pow, Rep, Sqrt

LONGCARD Datentyp

Zweck
Typ für die ganzzahligen Werte im Bereich 0..4294967295.

Bemerkung
Ein Datentyp definiert die Art oder Beschaffenheit der Werte, die eine Variable aufnehmen kann. Jeder Variablen kann dabei in einem Programm nur ein einziger Datentyp zugeordnet werden.

Eine Variable des Typs *LONGCARD* kann ganzzahlige Werte im Bereich 0..4294967295 aufnehmen (32-Bit-Variable). *LONGCARD* läßt sich auch bei der Umwandlung von Typen einsetzen:

```
VAR
  c:CARDINAL;
  lc:LONGCARD;
BEGIN
  c:=123;
  lc:=LONGCARD(c);
```

Intern benötigt eine *LONGCARD*-Variable 4 Bytes Speicherplatz.

Siehe auch
CARDINAL, LONGINT, LONGREAL, LONGWORD, SHORTCARD

L

LONGINT Datentyp

Zweck
Typ für die Werte im Bereich -2147483648..2147483647 (ganzzahlig).

Bemerkung
Ein Datentyp definiert die Art oder Beschaffenheit der Werte, die eine Variable aufnehmen kann. Jeder Variablen kann dabei in einem Programm nur ein einziger Datentyp zugeordnet werden.

Eine Variable des Datentyps *LONGINT* kann ganzzahlige Werte im Bereich -2147483648..2147483647 aufnehmen (32-Bit-Variable mit Vorzeichen). *LONGINT* läßt sich auch bei der Umwandlung von Typen einsetzen:

```
VAR
  ch:CHAR;
  i:LONGINT;
BEGIN
  ch:='A';
  i:=LONGINT(ch);
```

Intern benötigt eine *LONGINT*-Variable 4 Bytes Speicherplatz.

Siehe auch
INTEGER, LONGCARD, LONGREAL, LONGWORD, SHORTINT

LongJmp — Lib

Zweck
Springt zu einer zuvor markierten Stelle.

Struktur

```
LongJmp(VAR label:LongLabel; result:CARDINAL);
```

Bemerkung
Die Prozedur *LongJmp* springt zu der zuvor mit *SetJmp* markierten Stelle; *result* kann direkt von *SetJmp* abgefragt werden (ausführliche Erläuterungen finden Sie bei *SetJmp*).

Siehe auch
GOTO, SetJmp

LONGREAL — Datentyp

Zweck
Typ für die reellen Zahlen im Bereich 2.3E-308 bis 1.7E308 und -2.3E-308 bis -1.7E308.

Bemerkung
Ein Datentyp definiert die Art oder Beschaffenheit der Werte, die eine Variable aufnehmen kann. Jeder Variablen kann dabei in einem Programm nur ein einziger Datentyp zugeordnet werden.

Eine Variable dieses Typs kann eine gebrochene (reelle) Zahl im Bereich ±(2.3E-308 bis 1.7E308) aufnehmen (15 signifikante Stellen). *LONGREAL* läßt sich auch bei der Umwandlung von Typen einsetzen:

```
VAR
  lr:LONGREAL;
  i:INTEGER;
BEGIN
  i:=-443;
  lr:=LONGREAL(i);
```

Intern benötigt eine *LONGREAL*-Variable 8 Bytes Speicherplatz.

Siehe auch
LONGCARD, LONGINT, REAL

LongToBcd MATHLIB

Zweck
Wandelt einen *LONGREAL*-Wert in einen Wert im BCD-Format um.

Struktur

```
LongToBcd(x:LONGREAL):PackedBcd;
```

Bemerkung
Die Funktion *LongToBcd* wandelt den Parameter *x* vom Typ *LONGREAL* in einen *PackedBcd*-Typ um. Dieser ist wie folgt im Modul *MATHLIB* definiert:

```
TYPE
  PackedBcd=ARRAY [0..9] OF SHORTCARD;
```

Jedes Byte des Typs *PackedBcd* kann zwei Ziffern aufnehmen (d.h. jede Ziffer verwendet vier Bits). Folgende Abbildung zeigt, wie die Zahl -132 435 465 768 dargestellt wird:

9.	8.	7.	6.	5.	4.	3.	2.	1.	0. Byte
8 0	0 0	0 0	0 0	1 3	2 4	3 5	4 6	5 7	6 8

```
Vorzeichen-Byte (9. Byte)
untere Hälfte (Bit 0..3) des 5. Bytes
obere Hälfte (Bit 4..7) des 5. Bytes
```

Das 9. Byte wird zur Darstellung von negativen Werten benötigt; es enthält den Wert 80H, wenn es sich um eine negative Zahl handelt, andernfalls den Wert 00H.

Bitte beachten Sie, daß *LongToBcd* nur diejenigen Werte *x* korrekt umwandeln kann, für die $-1.0E18 < x < 1.0E18$ gilt.

Da *LongToBcd* die Dezimalstellen vernachlässigt, kann das Funktionspaar *LongToBcd* und *BcdToLong* dazu verwendet werden, um die Kommastellen eines *LONGREAL*-Wertes zu eliminieren (es findet eine Rundung statt). Falls Sie keine automatische Rundung bei der Umwandlung wünschen, subtrahieren Sie den Wert *0.5* vom Argument *x*:

```
VAR
  b1,b2,b3:MATHLIB.PackedBcd;
  x:LONGREAL;
BEGIN
  ...
  b1:=MATHLIB.LongToBcd(x);       (* kaufmännisches Runden *)
```

```
b2:=MATHLIB.LongToBcd(x-0.5);  (* ohne Aufrunden       *)
b3:=MATHLIB.LongToBcd(x+0.5);  (* immer Aufrunden      *)
```

Beispiel

Folgendes Programm führt alle Ziffern einer BCD-Zahl auf (unter Verwendung des Dezimalsystems).

```
MODULE LongToBcd_Test;
FROM MATHLIB IMPORT
  LongToBcd,PackedBcd;
IMPORT
  IO;
VAR
  r:LONGREAL;
  p:PackedBcd;
  i:CARDINAL;
BEGIN
  LOOP
    IO.WrStr('LONGREAL-Wert: '); r:=IO.RdLngReal();
    IF r=0.0 THEN EXIT END;
    p:=LongToBcd(r);
    IF p[9]=80H THEN IO.WrStr('-') END;
    FOR i:=8 TO 0 BY -1 DO
      IO.WrShtCard(p[i] DIV 16,1);  (* obere Hälfte  *)
      IO.WrShtCard(p[i] MOD 16,1)   (* untere Hälfte *)
    END;
    IO.WrLn
  END
END LongToBcd_Test.
```

Da innerhalb eines Bytes zwei Ziffern einer BCD-Zahl gespeichert werden und jede hierzu vier Bits verwendet, können die beiden Programm-Zeilen innerhalb der *FOR*-Schleife durch folgende Anweisungen ersetzt werden:

```
IF p[i]<10H THEN IO.WrStr('0') END;
IO.WrHex(CARDINAL(p[i]),1);
```

Siehe auch

BcdToLong

LONGWORD — Datentyp

Zweck

Universal-Typ, dem alle Werte zugeordnet werden können, die vier Bytes umfassen.

Bemerkung
Ein Datentyp definiert die Art oder Beschaffenheit der Werte, die eine Variable aufnehmen kann. Jeder Variablen kann dabei in einem Programm nur ein einziger Datentyp zugeordnet werden.

Einer Variablen des Universal-Typs *LONGWORD* kann eine beliebige andere Variable zugeordnet werden (und umgekehrt), die 4 Bytes (2 Worte) umfaßt (*LONGINT*, *LONGCARD*, *REAL*, *ADDRESS*).

Siehe auch
BYTE, WORD

LOOP ... END — Reserviertes Wort

Zweck
Definiert eine Endlosschleife.

Bemerkung
Die beiden reservierten Worte *LOOP* und *END* umschließen eine Endlosschleife, die mit Hilfe von *EXIT* verlassen werden kann. Innerhalb einer *LOOP*-Schleife können mehrere *EXIT*-Anweisungen geschrieben werden. Nach *EXIT* wird die erste Anweisung nach der Endlosschleife ausgeführt.

Beispiel

```
VAR
  qd,zd:ARRAY [0..127] OF CHAR;
BEGIN
  LOOP
    IO.WrStr('Quelldatei: '); IO.RdStr(qd);
    IF qd[0]=0C THEN EXIT END;
    IO.WrStr(' Zieldatei: '); IO.RdStr(zd);
    IF zd[0]=0C THEN EXIT END;
    CopyFile(qd,zd);
    IO.WrStr('Datei kopiert ...'); IO.WrLn;
    IO.WrLn
  END;
  IO.WrStr('Nun ist die Schleife mit EXIT verlassen worden ...');
```

Siehe auch
FOR ... TO ... BY ... DO, REPEAT ... UNTIL, WHILE ... DO

Lows — Str (ab Version 2.0)

Zweck
Wandelt die Großbuchstaben einer Zeichenkette in Kleinbuchstaben um.

Struktur

```
Lows(VAR s:ARRAY OF CHAR);
```

Bemerkung
Die Prozedur *Lows* wandelt alle Großbuchstaber der Zeichenkette *s* in die entsprechenden Kleinbuchstaben um. Die deutsche Umlaute werden dabei nicht beachtet.

Siehe auch
CAP, Caps

MakeAllPath Lib (ab Version 2.0)

Zweck
Vervollständigt einen Dateinamen.

Struktur

```
MakeAllPath(VAR total:ARRAY OF CHAR; lauf,pfad,name,erw:ARRAY OF CHAR);
```

Bemerkung
Die Prozedur *MakeAllPath* fügt die Komponenten eines Dateinamens (Laufwerk, Pfad, Dateiname, Dateierweiterung) zusammen und stellt das Ergebnis mit Hilfe des Parameters *total* zur Verfügung. Falls die Dateierweiterung *erw* keinen Punkt enthält, wird ihr automatisch einer vorangestellt; der Pfad *pfad* wird bei Bedarf automatisch mit dem Backslash ('\') abgeschlossen. Das Laufwerk *lauf* wird nicht mit einem Doppelpunkt (':') abgeschlossen, falls dieser fehlt.

MakeAllPath prüft nicht, ob die einzelnen Komponenten gültig sind, deshalb kann *total* nach der Prozedur-Ausführung unter Umständen einen völlig falschen Dateinamen enthalten (siehe jedoch *ExpandPath*).

Beispiel

```
MODULE Test;
IMPORT
  Lib,IO;
VAR
  pfad:ARRAY [0..127] OF CHAR;
  lauf,dir,name,erw:ARRAY [0..20] OF CHAR;
BEGIN
  LOOP
    IO.WrStr('   Laufwerk: '); IO.RdStr(lauf);
    IO.WrStr('       Pfad: '); IO.RdStr(dir);
    IO.WrStr('       Name: '); IO.RdStr(name); IF name[0]=0C THEN EXIT END;
    IO.WrStr('Erweiterung: '); IO.RdStr(erw);
    IO.WrStr('-> '); IO.WrStr(pfad); IO.WrLn;
  END
END Test.
```

Siehe auch
ExpandPath, SplitAllPath

M

MakeHeap Storage

Zweck
Erzeugt einen neuen Heap.

Struktur

```
MakeHeap(seg:CARDINAL; groesse:CARDINAL):HeapRecPtr;
FarMakeHeap(seg:CARDINAL; groesse:CARDINAL):FarHeapRecPtr;
  (* ab Version 2.0 *)
NearMakeHeap(ofs:NearADDRESS; groesse:CARDINAL):NearHeapRecPtr;
  (* ab Version 2.0 *)
```

Bemerkung
Die Funktion *MakeHeap* ermöglicht das Erzeugen eines unabhängigen Heaps, der bei der Speicher-Adresse *[seg:0]* beginnt und *anz* Paragraphen (=16 Byte-Einheiten; Bytes bei *NearMakeHeap*) umfaßt. Als Funktions-Ergebnis wird die Heap-Startadresse als Zeiger zurückgegeben und entspricht der Adresse *[seg:0]*. Der Datentyp *HeapRecPtr* ist im Modul *Storage* wie folgt definiert:

```
TYPE
  HeapRecPtr=POINTER TO HeapRec;
  HeapRec=RECORD
    size:CARDINAL;    (* Größe in Paragraphen; Bytes bei <NearMakeHeap> *)
    next:HeapRecPtr
  END;
```

Zu Beginn eines Programmes wird automatisch der Standard-Heap erzeugt (seine Startadresse ist in *Storage.MainHeap* festgehalten), der den gesamten freien Speicherplatz beansprucht.

Normalerweise wird ein mit *MakeHeap* erzeugter Heap innerhalb des Standard-Heaps angelegt (bitte beachten Sie, daß die Funktion *MakeHeap* keinen Speicherplatz auf dem Heap reserviert; sie anerkennt lediglich einen zuvor reservierten Speicherblock als Heap-Struktur):

```
IMPORT
  SYSTEM;
FROM Storage IMPORT
  HeapRecPtr,HeapAllocate,MainHeap,MakeHeap;
VAR
  teil:HeapRecPtr;
  temp:ADDRESS;
  segment:CARDINAL;
BEGIN
  HeapAllocate(MainHeap,temp,1024);  (* 16 KBytes *)
  segment:=SYSTEM.Seg(temp^);
  teil:=MakeHeap(segment,1024);
```

MakeHeap ist besonders dann praktisch, wenn für eine bestimmte Anwendung (z.B. Menüsystem, Fensterverwaltung, Editor) eine festgelegte Speichergröße reserviert werden soll, die von keiner anderen Anwendungen benützt werden darf.

- **Version 1.x:** Die Größe des Standard-Heaps kann mit dem Programm *SETHEAPS.EXE* verkleinert werden; dieses ist im Zusatzprodukt *TopSpeed Modula-2 Techkit* enthalten.
- **Ab Version 2.0:** *MakeHeap* wird in den Speichermodellen *Small* und *Medium* der Funktion *NearMakeHeap*, in den Speichermodellen *Compact*, *Large*, *XLarge* und *MThread* jedoch *FarMakeHeap* zugeordnet. Mit den beiden Prozeduren *FarMakeHeap* und *NearMakeHeap* kann explizit einer der beiden Zeiger-Typen (*near* oder *far*) gewählt werden (die einzelnen Speichermodelle werden im Anhang D erläutert). Im Original-Handbuch wird empfohlen, die Routinen des Moduls *ShtHeap* anstelle der *near*-Routinen zu verwenden.

Siehe auch
HeapAllocate, HeapAvail HeapDeallocate

MakePath — FIOR (ab Version 2.0)

Zweck
Fügt den Namen eines Suchpfades und einer Datei zusammen.

Struktur

```
MakePath(VAR voll_datei:ARRAY OF CHAR; pfad,datei:ARRAY OF CHAR);
```

Bemerkung
Die Prozedur *MakePath* fügt den Suchpfad (der Laufwerks-Angabe enthalten kann) *pfad* und den Dateinamen *datei* zusammen und stellt den vollständigen Dateinamen mit Hilfe des Parameters *voll_datei* zur Verfügung.

Der Parameter *pfad* wird zunächst mit *ExpandPath* erweitert und erst dann mit *datei* vereinigt (weitere Angaben bei *ExpandPath*).

Siehe auch
SplitPath

Match — Str

Zweck
Prüft, ob eine Zeichenkette mit einer Maske übereinstimmt.

Struktur

```
Match(hpt,maske:ARRAY OF CHAR):BOOLEAN;
```

Bemerkung

Die Funktion *Match* übergibt den Wert *TRUE*, wenn die Zeichenkette *maske* mit *hpt* übereinstimmt. *maske* kann die folgenden Stellvertreterzeichen enthalten:

- * Ersetzt eine beliebige Zeichenfolge, deren Länge auch 0 Zeichen betragen kann
- ? Ersetzt ein beliebiges Zeichen

Beispiel

```
VAR
  ok:BOOLEAN;
BEGIN
  ok:=Str.Match('Mittwoch','*tt*');  (* ok=TRUE *)
  ok:=Str.Match('Meyer','M??er');    (* ok=TRUE *)
  ok:=Str.Match('Müller','M*er');    (* ok=TRUE *)
  ok:=Str.Match('Birne','Bir*ne');   (* ok=TRUE *)
```

Folgendes Programm sucht auf der Festplatte (Laufwerk C) in allen Verzeichnissen nach Dateinamen, die einer bestimmten Maske entsprechen. Ein Aufruf des compilierten *.EXE*-Programmes könnte in der DOS-Umgebung wie folgt lauten:

```
filefind *.mod     (sucht alle Dateien mit der Erweiterung .MOD)
filefind *ja*      (sucht alle Dateinamen, die das Wort JA enthalten)
filefind ?he*.*u*
```

Da die Funktion *Match* im folgenden Programm zur Anwendung kommt, kann die Suchmaske wesentlich flexibler gestaltet werden als bei den gewöhnlichen DOS-Befehlen.

```
MODULE FileFind;
IMPORT
  IO,Str,Lib;
FROM FIO IMPORT
  DirEntry,FileAttr,directory,archive,
  ReadFirstEntry,ReadNextEntry,GetDir;
VAR
  such:ARRAY [0..127] OF CHAR;
  nr:CARDINAL;
  size:LONGCARD;

  PROCEDURE find(pfad:ARRAY OF CHAR);
  VAR
    ok:BOOLEAN;
    erg:DirEntry;
    maske,temp:ARRAY [0..127] OF CHAR;
```

```
    BEGIN
      Str.Concat(maske,pfad,'*.*');
      ok:=ReadFirstEntry(maske,FileAttr{directory,archive},erg);
      WHILE ok DO
        IF Str.Match(erg.Name,such) THEN
          INC(size,erg.size); INC(nr);
          IO.WrCard(nr,3); IO.WrStr(': ');
          IO.WrStr(pfad); IO.WrStr(erg.Name); IO.WrLn
        END;
        IF (directory IN erg.attr) AND (erg.Name[0]<>'.') THEN
          Str.Concat(temp,pfad,erg.Name);
          Str.Append(temp,'\');
          find(temp)
        END;
        ok:=ReadNextEntry(erg)
      END
    END find;

  BEGIN
    IF Lib.ParamCount()=0 THEN
      such:='*.*'
    ELSE
      Lib.ParamStr(such,1);
      Str.Caps(such)
    END;
    nr:=0;
    size:=0;
    find('C:\');  (* Laufwerk eventuell anpassen *)
    IO.WrLn;
    IF nr=0 THEN
      IO.WrStr('Keine entsprechende Datei gefunden ...')
    ELSE
      IO.WrStr('Anzahl Bytes: '); IO.WrLngCard(size,0)
    END;
    IO.WrLn
  END FileFind.
```

Siehe auch

CharPos, FindSubStr, Match, NextPos, Pos, RCharPos, Subst

MathError — Lib, MATHLIB (nur 1.x; ab 2.0 siehe unten)

Zweck

Unterbricht ein Programm und gibt eine Fehlermeldung aus.

Struktur

```
MathError(x:LONGREAL; msg:ARRAY OF CHAR);            (* Lib     *)
VAR MathError:PROCEDURE (LONGREAL,ARRAY OF CHAR);   (* MATHLIB *)
```

Bemerkung

Die Prozedur *MathError* wird im Fehlerfall von folgenden Funktionen des Moduls *MATHLIB* aufgerufen:

```
ACos, ASin, Cos, Log, Log10, Sin, Sqrt, Tan
```

MathError gibt die Fehlermeldung *msg* aus und bricht das laufende Programm ab.

Das Modul *MATHLIB* kennt die prozedurale Variable *MathError* (gleicher Name!), die wie folgt definiert ist:

```
VAR  (* im Modul <MATHLIB> definiert *)
  MathError:PROCEDURE (LONGREAL,ARRAY OF CHAR);
```

Dieser Variablen kann eine eigene Routine zugeordnet werden (entsprechend dem Typ *MathError*), so daß bei ungültigen Parametern diese Fehler-Routine aufgerufen wird (siehe Beispiel).

Beispiel

```
MODULE MathError_Test;
FROM MATHLIB IMPORT
  Sqrt,MathError;
IMPORT
  IO;
VAR
  lr:LONGREAL;
  err:BOOLEAN;

  PROCEDURE fehler1(x:LONGREAL; msg:ARRAY OF CHAR);
  BEGIN
    err:=TRUE
  END fehler1;

BEGIN
  MathError:=fehler1;
  LOOP
    err:=FALSE;
    lr:=IO.RdLngReal();
    IF lr=0.0 THEN EXIT END;
    lr:=Sqrt(lr);
    IF err THEN
      IO.WrStr('Ein Fehler ist aufgetreten ...')
    ELSE
      IO.WrLngReal(lr,10,1)
    END;
    IO.WrLn
  END
END MathError_Test.
```

Siehe auch

MathError2

MathError MATHLIB (ab 2.0; Version 1.x siehe oben)

Zweck
Ermöglicht das Behandeln von Rechenfehlern.

Struktur

```
VAR MathError:PROCEDURE (VAR Exception);
```

Bemerkung
Mit Hilfe der prozeduralen Variablen *MathError* läßt sich eine Fehlerbehandlungs-Routine installieren, die bei einem Rechenfehler (im Zusammenang mit den Routinen des Moduls *MATHLIB*) aufgerufen wird (standardmäßig wird ein Rechenfehler ignoriert). Der Datentyp *Exception* ist dabei wie folgt im Modul *MATHLIB* vordefiniert:

```
TYPE
  StrPtr=POINTER TO ARRAY [0..15] OF CHAR;
  Exception=RECORD
    type:CARDINAL;
    Name:StrPtr;
    arg1,arg2,retval:LONGREAL;
  END;
```

Der Kopf einer Fehlerbehandlungs-Routine könnte wie folgt aussehen:

```
PROCEDURE Error(VAR e:Exception);
```

Das Feld *e.type* enthält einen Code, der den aufgetretenen Fehler beschreibt. Folgende Werte sind möglich:

1 *Parameter nicht im gültigen Bereich*; tritt beispielsweise beim Versuch auf, die Wurzel einer negativen Zahl zu ziehen (*Sqrt(-3.0)*)
2 *Funktionswert kann nicht berechnet werden*
3 *Überlauf, d.h. zu großer bzw. zu kleiner Wert*
4 *Unterlauf, d.h. Wert zu nahe bei 0*
5 *Totaler Verlust der Genauigkeit*
6 *Teilweiser Verlust der Genauigkeit*

Das Feld *e.Name^* enthält den Namen der Funktion, die einen Fehler verursacht hat (im Speichermodell *Compact* enthält *e.Name^* jedoch nur wirre Zeichenfolgen); laut Original-Handbuch sollten *e.arg1* und *e.arg2* die aktuellen Werte der Funktionsargumente enthalten (falls eine Funktion nur ein Argument benötigt, enthält *e.art2* keinen gültigen Wert), bei mir werden die verwendeten Argumente immer auf 0.0 gesetzt. Falls dem Feld *e.retval* (Rückkehrwert) innerhalb der Fehlerbehandlungs-Routine der Wert 0.0 zugeordnet wird, bricht das laufende Programm mit einer Fehlermeldung ab (laut Original-Handbuch; funktioniert bei mir jedoch nicht). Bei Bedarf können innerhalb der Fehlerbehandlungs-Routine die Prozeduren *FatalError* oder *HALT* ausgeführt werden.

Beispiel

```
MODULE Test;
IMPORT
  IO,MATHLIB;

  PROCEDURE Error(VAR e:MATHLIB.Exception);
  BEGIN
    IO.WrLn; IO.WrStr('*** Fehler ***'); IO.WrLn;
    IO.WrStr('  e.type: '); IO.WrCard(e.type,1);
    CASE e.type OF
      1: IO.WrStr(' (Parameter ungültig)');
    | 2: IO.WrStr(' (Funktionswert kann nicht berechnet werden)');
    | 3: IO.WrStr(' (Überlauf, d.h. zu großer/kleiner Wert)');
    | 4: IO.WrStr(' (Unterlauf, d.h. zu nahe bei 0)');
    | 5: IO.WrStr(' (Totaler Verlust der Genauigkeit)');
    | 6: IO.WrStr(' (Teilweiser Verlust der Genauigkeit)');
    ELSE
      IO.WrStr(' (Unbekannter Fehler-Typ)')
    END;
    IO.WrLn;
    IO.WrStr('  e.Name: '); IO.WrStr(e.Name^); IO.WrLn;
    IO.WrStr('  e.arg1: '); IO.WrLngReal(e.arg1,6,20); IO.WrLn;
    IO.WrStr('  e.arg2: '); IO.WrLngReal(e.arg2,6,20); IO.WrLn;
    IO.WrStr('e.retval: '); IO.WrLngReal(e.retval,6,20); IO.WrLn
  END Error;

BEGIN
  MATHLIB.MathError:=Error;
  IO.WrLngReal(MATHLIB.Sqrt(-2.0),6,20); IO.WrLn;
  IO.WrLngReal(MATHLIB.IntPow(20.0,-10000),6,20); IO.WrLn;
END Test.
```

Siehe auch

RunTimeError

MathError2 — Lib, MATHLIB (nur Version 1.x)

Zweck

Unterbricht ein Programm und gibt eine Fehlermeldung aus.

Struktur

```
MathError2(x1,x2:LONGREAL; msg:ARRAY OF CHAR);                  (* Lib     *)
VAR MathError2:PROCEDURE (LONGREAL,LONGREAL,ARRAY OF CHAR);    (* MATHLIB *)
```

Bemerkung
Die Prozedur *MathError2* wird im Fehlerfall von der Funktion *MATHLIB. ATan2* aufgerufen. *MATHLIB* definiert die prozedurale Variable *MathError2* (gleicher Name!) wie folgt:

```
VAR (* im Modul <MATHLIB> definiert *)
  MathError2:PROCEDURE (LONGREAL,LONGREAL,ARRAY OF CHAR);
```

Dieser Variablen kann eine eigene Routine zugeordnet werden (entsprechend dem Typ *MathError2*), so daß bei einer fehlerhaften Ausführung von *ATan2* diese Fehler-Routine aufgerufen wird (siehe Beispiel bei *MathError*).

Siehe auch
MathError

MATHLIB Modul

Zweck
Enthält die wichtigsten mathematischen Funktionen.

Bemerkung
TopSpeed Modula-2 verwendet für die mathematischen Funktionen automatisch den vorhandenen Coprozessor (80x87) oder emuliert diesen vollständig.

ACos	Berechnet den Arcuscosinus
ASin	Berechnet den Arcussinus
ATan	Berechnet den Arcustangens
ATan2	Berechnet den Arcustangens
BcdToLong	Wandelt einen Wert im BCD-Format in einen *LONGREAL*-Wert um
ClearExceptions	Initialisiert das Status-Register des mathematischen Coprozessors
Cos	Berechnet den Cosinus
CosH	Berechnet den hyperbolischen Cosinus
Exp	Berechnet *e* "hoch" *x* (Exponential-Funktion, wobei *e*= 2.718...)
IntPow[2.0]	Potenziert eine Zahl
LoadControlWord	Schreibt einen Wert ins Coprozessor-Register *control*
Log	Berechnet den natürlichen Logarithmus (Basis *e*, wobei *e*=2.718...)
Log10	Berechnet den Logarithmus zur Basis 10
LongToBcd	Wandelt einen *LONGREAL*-Wert in einen Wert im BCD-Format um

2.0 Diese Routine ist erst ab der Version 2.0 von TopSpeed Modula-2 verfügbar.

Mod	Führt eine Modulo-Funktion für reelle Werte aus
Pow	Potenziert oder zieht beliebige Wurzeln
Rexp	Berechnet *y* und *e2* aufgrund folgender Gleichung: *x= y*(2 "hoch" e2)*
Sin	Berechnet den Sinus
SinH	Berechnet den hyperbolischen Sinus
Sqrt	Berechnet die Quadrat-Wurzel
StoreControlWord	Gibt den aktuellen Wert des Coprozessor-Registers *control* zurück
StoreEnvironment	Stellt die wichtigsten Coprozessor-Register zur Verfügung
Tan	Berechnet den Tangens
TanH	Berechnet den hyperbolischen Tangens

Vordefinierte Typen:

```
TYPE
  PackedBcd   = ARRAY [0..9] OF SHORTCARD;
  Environment = RECORD
    ControlWord,StatusWord,TagWord : BITSET;
    IP,Opcode,DataPointer,R80287   : CARDINAL
  END;

TYPE  (* ab Version 2.0, siehe <MathError> *)
  StrPtr = POINTER TO ARRAY [0..15] OF CHAR;
  Exception = RECORD
    type: CARDINAL;
    Name: StrPtr;
    arg1, arg2, retval: LONGREAL;
  END;
```

Vordefinierte Variablen:

```
VAR  (* nur Version 1.x *)
  MathError  : PROCEDURE (LONGREAL,ARRAY OF CHAR);
  MathError2 : PROCEDURE (LONGREAL,LONGREAL,ARRAY OF CHAR);

VAR  (* ab Version 2.0 *)
  MathError:PROCEDURE (VAR Exception);  (* siehe im lexikalischen Teil *)
```

- **Version 1.x:** Rechenfehler werden normalerweise nicht angezeigt (Division durch Null, Überlauf). Diese können jedoch mit Hilfe des Moduls *FloatExc* behandelt werden.

  Falls die mathematischen Funktionen des Moduls *MATHLIB* ungültige Parameter enthalten, werden die den vordefinierten Variablen *MathError* und *MathError2* übergeben Fehler-Routinen aufgerufen (weiteres siehe dort).
- **Ab Version 2.0:** Rechenfehler werden normalerweise nicht angezeigt (z.B. Überlauf, ungültige Argumente; eine Division durch Null wird immer be-

mängelt). Diese können jedoch mit Hilfe der prozeduren Variablen *Math-Error* abgefangen werden (siehe dort).

Obwohl das Modul *FloatExc* weiterhin auf für die Version 2.0 zur Verfügung steht, sollte es nicht wie bei der Version 1.x zur Behandlung von Rechenfehlern verwendet werden (laut Empfehlungen von *Jensen & Partners International*).

MAX — Standard-Funktion

Zweck
Liefert den größten Wert eines Datentyps.

Struktur

```
MAX(num_typ):wie_argument;
```

Bemerkung
Die Funktion *MAX* gibt den größten Wert eines numerischen Typs (siehe *TYPE*) zurück.

Beispiel

```
VAR
  c:CARDINAL;
  r:REAL;
BEGIN
  c:=MAX(CARDINAL);  (* c=65535                 *)
  r:=MAX(REAL);      (* r=3.4028234663852884E+38 *)
```

Siehe auch
HIGH, MIN

MIN — Standard-Funktion

Zweck
Liefert den kleinsten Wert eines Datentyps.

Struktur

```
MIN(num_typ):wie_argument;
```

Bemerkung
Die Funktion *MIN* gibt den kleinsten Wert eines numerischen Typs (siehe *TYPE*) zurück.

Beispiel

```
VAR
  i:INTEGER;
  l:LONGREAL;
BEGIN
  i:=MIN(INTEGER);    (* i=-32768                *)
  l:=MIN(LONGREAL);   (* l=-1.7976931348623158E+308 *)
```

Siehe auch
HIGH, MAX

MkDir FIO

Zweck
Erzeugt ein Verzeichnis.

Struktur

```
MkDir(name:ARRAY OF CHAR);
```

Bemerkung
Die Prozedur *MkDir* erzeugt ein neues Directory (Verzeichnis) mit dem Namen *name*. Falls die Variable *FIO.IOcheck* den Wert *TRUE* enthält, wird ein Laufzeitfehler erzeugt, wenn *name* bereits existiert oder ungültig ist (siehe hierzu *FIO.IOresult*).

Beispiel

```
MkDir('C:\HOT\DOG');  (* Directory erzeugen         *)
MkDir('.\TEST');      (* Im aktuellen Directory ... *)
MkDir('TEMP');        (* ... TEST oder TEMP erzeugen. *)
```

Siehe auch
ChDir, GetDir, GetDrive, ReadFirstEntry, ReadNextEntry, RmDir, SetDrive

MOD Operator

Zweck
Restbetrag einer Division.

Bemerkung
i1 MOD i2 ermittelt den Restbetrag, der bei der Division *i1* durch *i2* entsteht (siehe auch *DIV*).

Typ der Operanden <i1> und <i2>	Ergebnistyp
SHORTINT	SHORTINT
INTEGER	INTEGER
LONGINT	LONGINT
SHORTCARD	SHORTCARD
CARDINAL	CARDINAL
LONGCARD	LONGCARD

MOD kann teilweise durch *bitAND* ersetzt werden (siehe hierzu die Erläuterungen bei *AND*). Bitte beachten Sie, daß *MOD* für ein negatives *i2* nicht definiert ist.

Beispiel

```
VAR
  i:INTEGER;
BEGIN
  i:=7 MOD 2;     (* i= 1 *)
  i:=(-7) MOD 2;  (* i=-1 *)
```

Siehe auch

AND, DIV, Mod

Mod MATHLIB

Zweck

Führt eine Modulo-Funktion für reelle Werte aus.

Struktur

```
Mod(x,y:LONGREAL):LONGREAL;
```

Bemerkung

Die Funktion *Mod* subtrahiert *y* solange von *x*, bis ein Restbetrag *r* entsteht, für den gilt: *0 <= r < y*. Dieser Restbetrag wird als Ergebnis geliefert (eine Art Modulo-Funktion für reelle Werte).

Beispiel

```
FROM MATHLIB IMPORT
  Mod;
VAR
  r:LONGREAL;
BEGIN
  r:=Mod(5.5,1.2);  (* r=0.7 *)
  r:=Mod(0.5,1.2);  (* r=0.5 *)
```

Siehe auch
DIV, MOD

MODULE
Reserviertes Wort

Zweck
Leitet den Modul-Kopf ein.

Bemerkung
Das reservierte Wort *MODULE* leitet das Hauptprogramm oder ein lokales Modul ein (Bibliotheks-Modul siehe *DEFINITION* und *IMPLEMENTATION*). Dem Wort *MODULE* folgt ein Bezeichner, der den Namen des Hauptprogrammes oder des lokalen Moduls angibt. Das Ende eines Moduls wird mit *END*, dem Modulnamen, einem Strichpunkt (';', lokales Modul) oder einem Punkt ('.', Hauptprogramm) markiert.

```
MODULE <name>;
  (* IMPORT-Anweisungen                  *)
  (* TYPE-, CONST-, VAR-, LABEL-, ...    *)
  (* ... MODULE-, PROCEDURE-Deklarationen *)
BEGIN
  (* Programm-Anweisungen *)
END <name>.
```

Modul-Priorität: Jedes Modul kann eine Priorität (in der MS-DOS-Welt ein etwas unglücklicher Ausdruck) erhalten. Diese wird in eckigen Klammern hinter den Modul-Namen gesetzt und bestimmt, welche Interrupts innerhalb des Moduls unterdrückt werden sollen (siehe auch *CurrentPriority* und *NewPriority*). Die angegebene Priorität (*CARDINAL*-Konstante) wird als Bitmuster interpretiert.

Bitte beachten Sie, daß der PC über einen, der AT jedoch über zwei Interrupt-Controller verfügt, die sich programmieren lassen. Folgende Tabelle zeigt, welche Bit-Nummern den einzelnen Interrupts zugeordnet sind:

Bit	Interrupt	PC	AT
0	08H	Timer	Timer
1	09H	Tastatur	Tastatur
2	0AH	I/O-Kanal (EGA-Karte)	I/O-Kanal (EGA-Karte)
3	0BH	COM1	COM2
4	0CH	COM2	COM1
5	0DH	Festplatten-Kontroller	LPT2
6	0EH	Disketten-Kontroller	Disketten-Kontroller
7	0FH	LPT1	LPT1

Bit	Interrupt	PC	AT
8	70H		Echtzeit-Uhr
9	71H		Redirektion zu Intr. 0AH
10	72H		Reserviert
11	73H		Reserviert
12	74H		Reserviert
13	75H		Math. Coprozessor 80x87
14	76H		Festplatten-Kontroller
15	77H		Reserviert

Wie aus obiger Tabelle ersichtlich wird, unterdrück beispielsweise eine Priorität von 9 (Bitmuster 1001) die beiden Interrupts 08H (Timer) und 0BH (COM1 beim PC, COM2 beim AT). Mit Hilfe folgender Funktion läßt sich ermitteln, ob ein AT verwendet wird:

```
PROCEDURE IsAT():BOOLEAN;
TYPE
  byteptr=POINTER TO SHORTCARD;
BEGIN
  RETURN 0FCH=[0F000H:0FFFEH byteptr]^  (* siehe hierzu ADDRESS *)
END IsAT;
```

Somit läßt sich mit obiger Funktion *IsAT* die Modul-Priorität zur Laufzeit für jedes Computer-System korrekt setzen (mit *NewPriority*).

Wenn innerhalb eines Moduls *M1* mit der Priorität *p1* ein weiteres (lokales) Modul *M2* mit der Priorität *p2* definiert wird, muß für das Modul *M2* nicht unbedingt die Priorität *p2* gelten (denn die einzelnen Bits von *p1* und *p2* werden mit dem arithmetischen ODER (siehe *OR*) verknüpft und erzeugen auf diese Weise eine neue Priorität, die innerhalb von *M2* gilt). Die gesperrten Interrupts können vorübergehend mit *Listen* zugelassen werden.

```
MODULE Test;
IMPORT IO;  (* für lokalen Modul *)
VAR
  i:INTEGER;

  MODULE lokal[2];  (* unterdrückt Tastatur-Interrupt 09H *)
  IMPORT IO;
  EXPORT WriteLn;

    PROCEDURE WriteLn(i:INTEGER);
    BEGIN
      IO.WrInt(i,1); IO.WrLn
    END WriteLn;

  BEGIN
  END lokal;
```

M

```
BEGIN
  FOR i:=1 TO 10 DO WriteLn(i) END
END Test.
```

Lokale Module: Innerhalb eines Moduls kann ein lokales Modul definiert werden. Alle Bezeichner (Prozeduren, Konstanten, Variablen ...), die außerhalb eines lokalen Moduls definiert sind, müssen bei Bedarf importiert werden (siehe *IMPORT*); genauso müssen alle Bezeichner, die innerhalb eines lokalen Moduls definiert sind, exportiert werden (siehe *EXPORT* und *QUALIFIED*), wenn ein äußeres Modul diese verwenden möchte; alle nicht exportierten Bezeichner sind für die Außenwelt unsichtbar. Der Aufbau eines lokalen Moduls sieht folgendermaßen aus:

```
MODULE <lokal>;
  (* IMPORT-Anweisungen                   *)
  (* EXPORT-Anweisungen                   *)
  (* TYPE-, CONST-, VAR-, LABEL-, ...     *)
  (* ... MODULE-, PROCEDURE-Deklarationen *)
BEGIN
  (* Initialisierungs-Teil *)
END <lokal>;
```

Der Initialisierungs-Teil des lokalen Moduls wird genau einmal ausgeführt und kann dazu verwendet werden, um Variablen zu initialisieren, Speicherplatz auf dem Heap zu reservieren oder Dateien zu öffnen. Variablen, die in einem lokalen Modul deklariert werden, sind statisch; d.h. sie behalten ihren Wert bei, wenn das lokale Modul verlassen wird.

Innerhalb eines lokalen Moduls kann verhindert werden, daß ein gewisser Interrupt ausgelöst wird (mit Hilfe der Modul-Priorität, siehe weiter oben). Aus diesem Grund stehen Interrupt-Routinen (siehe auch *IOTRANSFER*) oder kritische Routinen, die keinenfalls von einem Interrupt unterbrochen werden dürfen, oft in lokalen Modulen.

Siehe auch

DEFINITION, IMPLEMENTATION, PROCEDURE

Monitor — ProcTrace (nur Version 1.x)

Zweck

Merkt sich die Adresse und den Inhalt einer 16-Bit-Variablen.

Struktur

```
Monitor(VAR w:WORD);
```

Bemerkung

Die Prozedur *Monitor* speichert den Inhalt und die Adresse einer 16-Bit-Variablen (*INTEGER*, *CARDINAL*, *BITSET*, *WORD*) in den folgenden beiden Variablen (im Modul *ProcTrace* definiert):

```
VAR
  MonWrd:WORD;      (* Variablen-Inhalt  *)
  MonAdr:ADDRESS;   (* Variablen-Adresse *)
```

Mit der Prozedur *Check* kann geprüft werden, ob sich der mit *Monitor* markierte Variablen-Inhalt verändert hat:

Beispiel

```
MODULE Monitor_Test;
FROM ProcTrace IMPORT
  Monitor,Check;
VAR
  b:BITSET;
BEGIN
  b:={1..3,7};
  Monitor(b);
  Check('1: Variable <b> verändert');  (* wird nicht angezeigt *)
  b:={3,5,7};
  Check('2: Variable <b> verändert')   (* wird angezeigt       *)
END Monitor_Test.
```

Siehe auch

Check, Get_Name, Install

Move — Lib

Zweck

Kopiert einen Speicherblock (byteweise).

Struktur

```
Move(quelle,ziel:ADDRESS; anz:CARDINAL);
FarMove(quelle,ziel:FarADDRESS; anz:CARDINAL);  (* ab Version 2.0 *)
```

Bemerkung

Die Prozedur *Move* kopiert direkt im Speicher *anz* Bytes von *quelle* nach *ziel*. Somit wird es möglich, den Inhalt beliebiger Variablen beliebig anderen zuzuweisen.

- **Ab Version 2.0**: Der Zeigertyp *ADDRESS* paßt sich dem aktuellen Speichermodell an. Er umfaßt 16 Bits in den Speichermodellen *Small* und *Medium*, jedoch 32 Bits in den Speichermodellen *Compact*, *Large*, *XLarge* und

MThread. Mit der Prozedur *FarMove* kann explizit ein 32-Bit-Zeiger (*far*) gewählt werden (die einzelnen Speichermodelle werden im Anhang D erläutert).

Beispiel

```
MODULE Move_Test;
IMPORT
  Lib,IO;
VAR
  za:ARRAY [0..10] OF SHORTINT;
  te:ARRAY [0..10] OF CHAR;
  i:CARDINAL;
BEGIN
  te:='Move-Test';
  Lib.Move(ADR(te),ADR(za),SIZE(te));
  FOR i:=0 TO 10 DO
    IO.WrShtInt(za[i],4)
  END
END Move_Test.
```

Siehe auch
FastMove, Fill, WordFill, WordMove

MsMouse — Modul (ab Version 2.0)

Zweck
Erlaubt die Verwendung einer Maus als Eingabegerät.

Bemerkung
Um eine Maus betreiben zu können, benötigen Sie neben der Hardware auch einen Maustreiber (*MOUSE.COM* oder *MOUSE.SYS*), der die Funktionen zur Maussteuerung bereitstellt. Für die Installation des Maustreibers stehen Ihnen zwei Wege offen:

MOUSE.COM — wird wie ein gewöhnliches Programm gestartet und kann bei Bedarf in der Datei *AUTOEXEC.BAT* eingetragen werden (somit wird der Treiber bei jedem Systemstart selbständig geladen). Der Treiber bleibt resident im Speicher.

MOUSE.SYS — befindet sich als Eintrag in der Datei *CONFIG.SYS* und lädt den Maustreiber bei jedem Systemstart (erweitern Sie also beispielsweise die Datei *CONFIG.SYS* um die Zeile *DEVICE=C:\MOUSE.SYS*).

Mit Hilfe der Funktion *MsMouse.Reset* kann festgestellt werden, ob momentan ein Maustreiber installiert ist. Folgende Prozeduren und Funktionen sind im Modul *MsMouse* definiert:

Cursor	Schaltet den Mauszeiger ein oder aus
DriverSize	Liefert die Größe eines Puffers, in dem die aktuellen Einstellungen des Maustreibers gesichert werden können
GetMotion	Ermittelt die relative Mausbewegung in der Einheit "Mickey"
GetPage	Ermittelt die Bildschirm-Seite, in der der Mauszeiger angezeigt wird
GetPress	Ermittelt die Position, bei der eine Maustaste gedrückt wurde
GetRelease	Ermittelt die Position, bei der eine Maustaste losgelassen wurde
GetSensitivity	Ermittelt die aktuellen Werte, die für die Auswirkung der Mausbewegung und die Verdoppelung der Mausgeschwindigkeit verantwortlich sind
GetStatus	Ermittelt die gedrückten Maustasten und die aktuelle Position des Mauszeigers
LightPen	Schaltet die Emulation eines Lichtstiftes (engl. *light pen*) ein und aus
Reset	Setzt einige Maus-Parameter auf ihre Anfangswerte zurück
RestoreDriver	Stellt die zuvor gesicherten Parameter des Maustreibers wieder her
SaveDriver	Sichert die aktuellen Parameter des Maustreibers
SetDouble	Legt fest, wann die Geschwindigkeit des Mauszeigers verdoppelt werden soll
SetGraphCursor	Definiert einen neuen Cursor für den Graphik-Modus
SetInterrupt	Installiert eine Prozedur, die bei bestimmten Maus-Ereignissen aufgerufen wird (Event-Handler installieren)
SetMickeys	Legt das Ausmaß einer Mausbewegung fest
SetPage	Legt die Bildschirm-Seite für den Mauszeiger fest
SetPosition	Setzt den Mauszeiger an eine bestimmte Stelle
SetRange	Definiert einen Bereich, in dem sich der Mauszeiger bewegen darf
SetSensitivity	Legt das Ausmaß einer Mausbewegung und die Verdoppelungs-Geschwindigkeit fest
SetTextCursor	Definiert einen neuen Text-Cursor
SwapInterrupt	Ersetzt die mit *SetInterrupt* installierte Prozedur durch eine neue
UpdateScreen	Schaltet den Mauscursor aus, sobald dieser in einen gewissen Bildschirmausschnitt geführt wird

Folgende Konstanten sind im Modul *MsMouse* definiert:

```
CONST
  _MS_ON     = TRUE;
  _MS_OFF    = FALSE;
  _MS_SHOW   = TRUE;
  _MS_HIDE   = FALSE;

  _MS_LEFT   = 0;
  _MS_RIGHT  = 1;
  _MS_MIDDLE = 2;

  _MS_HARD   = TRUE;
  _MS_SOFT   = FALSE;
```

Folgende Typen sind im Modul *MsMouse* definiert:

```
TYPE
  MsData=RECORD
    left_pressed,middle_pressed,right_pressed:BOOLEAN;
    actions:CARDINAL;
    row,col:INTEGER;
  END;

  MsRange=RECORD
    max_col,min_col,max_row,min_row:INTEGER;
  END;

  MsMotion=RECORD
    vert,horiz:INTEGER;
  END;

  MsSense=RECORD
    h_speed,v_speed,threshold:INTEGER;
  END;

  MsGraphcur=RECORD
    row,col:INTEGER;
    screen_mask:ARRAY [0..15] OF CARDINAL;
    cursor_mask:ARRAY [0..15] OF CARDINAL;
  END;

  Hardware=RECORD
    start_scan,end_scan:INTEGER;
  END;
  Software=RECORD
    screen_mask,cursor_mask:CARDINAL;
  END;

  MsTextCur=RECORD
    type:BOOLEAN;
    CASE :BOOLEAN OF
    | TRUE  : H:Hardware;
```

```
    | FALSE : S:Software;
    END;
  END;

  MouseFuncType=PROCEDURE();
  MsInterrupt=RECORD
    IntFunc:MouseFuncType;
    mask:CARDINAL;
  END;
```

Koordinaten-Umwandlung: Der Maustreiber liefert immer Koordinaten für den Graphik-Modus 640x200 Punkte (auch wenn beispielsweise der Textmodus aktiv ist), wobei die linke obere Bildschirmecke dem Punkt *(0,0)*, die rechte untere hingegen dem Punkt *(632,192)* (Textmodus, 80x25 Zeichen) bzw. *(639,199)* (Graphikmodus mit 640x200 Punkten) entspricht (beim *EGA*- und *VGA*-Bildschirm ist standardmäßig nicht der gesamte Bildschirm mit der Maus begehbar, siehe jedoch *SetRange*). Mit Hilfe folgender Prozedur *Convert* können Sie Maus-Koordinaten in Bildschirm-Koordinaten umwandeln (und umgekehrt):

```
VAR
  screenmode[0:449H]:SHORTCARD;  (* aktueller Bildschirm-Modus *)

  PROCEDURE Convert(VAR x,y:INTEGER; MouseToScreen:BOOLEAN);
    (* Wandelt Maus-Koordinaten in Bildschirm-Koordinaten um, *)
    (* wenn der Parameter <MouseToScreen> den Wert TRUE ent-  *)
    (* hält (sonst umgekehrt).                                *)
  BEGIN
    IF MouseToScreen THEN
      CASE screenmode OF
        0,1   : x:=x DIV 16+1; y:=y DIV 8+1;  (* Text, 40x25      *)
      | 2,3,7 : x:=x DIV 8+1; y:=y DIV 8+1;   (* Text, 80x25      *)
      | 4,5   : x:=x DIV 2;                   (* Graphik, 320x200 *)
      END
    ELSE
      CASE screenmode OF
        0,1   : x:=(x-1)*16; y:=(y-1)*8;
      | 2,3,7 : x:=(x-1)*8; y:=(y-1)*8;
      | 4,5   : x:=x*2
      END
    END
  END Convert;
```

Bildschirm-Bereich: Damit der gesamte Bildschirm eines *EGA*- oder *VGA*-Bildschirmes im Graphikmodus für die Maus zugänglich wird, muß mit Hilfe der Prozedur *SetRange* der aktuelle Bereich vergrößert werden (weitere Informationen bei *SetRange*).

Schreib-Routinen: Damit der Mauszeiger nicht von Schreib-Routinen (Text- und Graphik-Bildschirm) überschrieben wird, ist es empfehlenswert, den Mauszeiger vor jedem Schreib-Vorgang auszuschalten:

M

```
MsMouse.Cursor(FALSE);
IO.WrStr('Text-Bildschirm');
MsMouse.Cursor(TRUE);

MsMouse.Cursor(FALSE);
Graph.Line(0,0,100,100,1);  (* Graphik-Bildschirm *)
MsMouse.Cursor(TRUE);
```

Standard-Maßeinheit: Die Standard-Maßeinheit der Mausbewegung wird in "mickey" angegeben (1 mickey = 1/200 Zoll = 0.127 mm); wäre die Maus ein Affe, dann hieße die Standard-Einheit "Fipps".

Nur nebenbei: Dieses Modul kann als Beispiel dafür betrachtet werden, wie ein Modul *nicht* programmiert werden sollte. Neben fünf Programmier-Fehlern (einige bewirken sogar einen Systemabsturz*) werden einige Datentypen nicht einheitlich geschrieben (*MsGraphcur* und *MsTextCur*), darüber hinaus müssen bei den Koordinaten-Angaben meist zuerst die y- und dann die x-Koordinate angegeben werden (aber eben nicht immer), obwohl die Routinen der beiden Module *Graph* und *Window* die Koordinaten genau in umgekehrter Reihenfolge erwarten. Sicher, Sie haben recht, das sind nur Kleinigkeiten, aber in der Praxis stellen sie zusätzliche Fehlerquellen dar.

Die paar erklärenden Seiten zum Modul *MsMouse* im Original-Handbuch ermöglichen dem Computer-Neuling wohl kaum den effektiven Einsatz einer Maus (mein Adrenalin-Spiegel ist während der Beschreibung dieses Moduls merklich gestiegen, und die unschuldige Tastatur und der Reset-Knopf haben es büßen müssen).

MTA — Standard-Funktion (ab Version 2.0)

Zweck
Ermittelt die Adresse einer Methoden-Tabelle.

Struktur

```
MTA(klasse):ADDRESS;
MTA(subklasse):ADDRESS;
MTA(objekt):ADDRESS;
```

Bemerkung
Jeder Klasse (Objekt-Typ) wird eine Tabelle zugeordnet, die alle Adressen der zur Klasse gehörenden Methoden enthält. Die Funktion *MTA* liefert die Adresse

---

* Es soll ja Software-Entwickler geben, die ihre Routinen nicht ein einziges Mal testen ...

dieser Methoden-Tabelle; mit Hilfe dieser Adresse läßt sich erkennen, zu welcher Klasse ein Objekt gehört (siehe Beispiel).

Beispiel

```
MODULE Test;
IMPORT
  IO,GraphOb4;  (* <GraphOb4> siehe reserviertes Wort <CLASS> *)
FROM Storage IMPORT
  ALLOCATE;  (* damit <NEW> funktioniert *)
TYPE
  LinePtr=POINTER TO GraphOb4.Line;
  RectanglePtr=POINTER TO GraphOb4.Rectangle;
VAR
  a:ADDRESS;
  L:GraphOb4.Line;
  R:GraphOb4.Rectangle;
  Lptr:LinePtr;
  Rptr:RectanglePtr;

  PROCEDURE WriteAddr(txt:ARRAY OF CHAR; a:ADDRESS);
  TYPE
    addr=RECORD ofs,seg:CARDINAL END;
  VAR
    one:addr;
  BEGIN
    IO.WrStr(txt); IO.WrStr(': ');
    one:=addr(a);
    IO.WrHex(one.seg,1); IO.WrStr(':'); IO.WrHex(one.ofs,1); IO.WrLn
  END WriteAddr;

  PROCEDURE UnknownObj(o:LinePtr);
  BEGIN
    IF MTA(o^)=MTA(GraphOb4.Line) THEN
      IO.WrStr('Objekt vom Typ <LinePtr>')
    ELSIF MTA(o^)=MTA(GraphOb4.Rectangle) THEN
      IO.WrStr('Objekt vom Typ <RectanglePtr>')
    ELSE
      IO.WrStr('Unbekanntes Objekt ...')
    END;
    IO.WrLn
  END UnknownObj;

BEGIN
  NEW(Lptr); NEW(Rptr);
  WriteAddr('        L',MTA(L));
  WriteAddr('     Line',MTA(GraphOb4.Line));
  WriteAddr('    Lptr^',MTA(Lptr^));
  WriteAddr('        R',MTA(R));
  WriteAddr('Rectangle',MTA(GraphOb4.Rectangle));
  WriteAddr('    Rptr^',MTA(Rptr^));
```

IV

```
    UnknownObj(Lptr);
    UnknownObj(Rptr);
  END Test.
```

Siehe auch
CLASS, IsOfClass

NEW — Standard-Prozedur

Zweck

Reserviert Speicherplatz für eine dynamische Variable.

Struktur

```
NEW(VAR p:ADDRESS);
```

Bemerkung

Die Prozedur *NEW* reserviert auf dem Standard-Heap einen Speicherbereich geeigneter Größe (entspricht *ALLOCATE(p,SIZE(p^));*). Bitte beachten Sie, daß *ALLOCATE* (Modul *Storage*) bei der Verwendung von *NEW* importiert werden muß.

Die Zeigervariable zeigt nach dem Prozeduraufruf auf den reservierten Platz im Heap:

```
FROM Storage IMPORT
  ALLOCATE;  (* damit <NEW> funktioniert *)
VAR
  i:POINTER TO INTEGER;
BEGIN
  NEW(i);
  i^:=12;
  NEW(i);
  i^:=55;
  ...
```

i Enthält die Adresse (den Zeiger, engl. *pointer*) der *INTEGER*-Variablen *i^*, deren Daten auf dem Heap abgelegt werden

i^ Enthält den Wert 55 und ist wie eine gewöhnliche *INTEGER*-Variable zu gebrauchen

Jeder Prozeduraufruf *NEW(i);* bewirkt, daß auf dem Heap neuer Speicherplatz angefordert wird, die einzelnen Speicheradressen der vorher reservierten Speicherblöcke gehen dabei verloren. Der Heap sieht nach den oben aufgeführten Programmzeilen wie folgt aus:

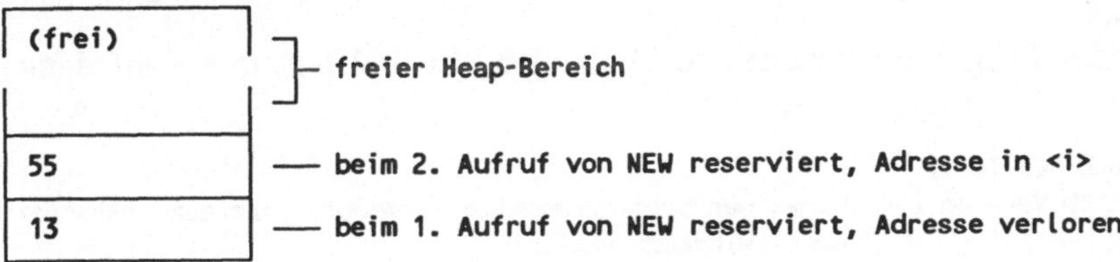

Da beim Freigeben eines Speicherblockes (mit *DISPOSE*) die Speicheradresse bekannt sein muß, bleiben Speicherblöcke, deren Adressen verlorengegangen sind, bis zum Programmende auf dem Heap reserviert.

Auf dem Heap werden gewöhnlicherweise große Strukturen abgelegt (Arrays oder Records). Damit die einzelnen Adressen dieser Strukturen nicht verlorengehen, werden sie oft verkettet. Hierzu wird innerhalb eines Records ein Feld geschaffen, daß die Adresse der vorhergehenden oder der nachfolgenden Komponente enthält:

```
TYPE
  str=ARRAY [0..255] OF CHAR;
  zeileptr=POINTER TO zeile;
  zeile=RECORD
    inhalt:str;
    vor,nach:zeileptr
  END;
VAR
  start,akt:zeileptr;
```

Die Zeigervariable *start* wird immer die Adresse der ersten Komponente enthalten, damit wir jederzeit auf den Kopf (Start) der erzeugten Liste zugreifen können (denn von hier aus sind alle weiteren Komponenten aufgrund der Verkettung erreichbar). *akt* bezeichnet irgendeine Zeigervariable, meist diejenige, mit der wir gerade arbeiten wollen.

zeile ist ein Datentyp, der einen Datensatz (*RECORD*) bezeichnet. Das Feld *inhalt* wird später unsere Werte erhalten, *vor* und *nach* können als Ballast bezeichnet werden, denn diese Felder helfen einzig und allein, andere Zeigervariablen wieder zu finden, die der Liste angehören.

Wichtig: Bei Zeigertypen ist es erlaubt, sich auf Datentypen zu beziehen, die noch nicht definiert sind (in der Deklaration *zeileptr=POINTER TO zeile;* beispielsweise ist *zeile* noch nicht bekannt).

NIL ist eine vordefinierte Konstante, die den Zeigerwert *'Ich zeige auf nichts'* darstellt, d.h. sie wird dann verwendet, wenn für eine Zeigervariable noch kein Speicherplatz auf dem Heap reserviert worden ist.

Das Arbeiten mit Zeigervariablen ist nicht schwer, es erfordert lediglich etwas Übung und eigenes Experimentieren.

Beispiel

Folgendes Programm liest einige Textzeilen ein und legt diese auf dem Heap ab:

```
MODULE NEW_Test;
  (* Ab Version 2.0: Eines der Speichermodelle <Compact>, <Large>, <XLarge> *)
  (*                 oder <MThread> wählen!                                 *)
FROM Storage IMPORT
  ALLOCATE,DEALLOCATE,HeapTotalAvail,MainHeap;
IMPORT
  IO,Str;
```

```
TYPE
  str=ARRAY [0..255] OF CHAR;
  zeileptr=POINTER TO zeile;
  zeile=RECORD
    inhalt:str;
    next:zeileptr
  END;
VAR
  start,akt,temp:zeileptr;

  PROCEDURE WriteHeapSize;
  BEGIN
    IO.WrStr('Freier Speicherplatz: ');
    IO.WrLngCard(LONGCARD(HeapTotalAvail(MainHeap))*16,1);
    IO.WrStr(' Bytes'); IO.WrLn
  END WriteHeapSize;

  PROCEDURE WriteAll(liste:zeileptr);
  BEGIN
    WHILE liste^.next<>NIL DO
      IO.WrStr(liste^.inhalt); IO.WrLn;
      liste:=liste^.next
    END
  END WriteAll;

  PROCEDURE DeleteAll(liste:zeileptr);
  VAR
    temp:zeileptr;
  BEGIN
    temp:=liste;
    WHILE temp<>NIL DO
      temp:=liste^.next;
      DISPOSE(liste);
      liste:=temp
    END
  END DeleteAll;

BEGIN
  WriteHeapSize; IO.WrLn;
  NEW(start);  (* erste Zeile wird erzeugt *)
  start^.next:=NIL;
  akt:=start;
  IO.WrStr('<Texteingabe> Abbruch, wenn Leerzeile eingegeben wird');
  IO.WrLn; IO.WrLn;
  LOOP
    IO.WrStr('> '); IO.RdStr(akt^.inhalt);
    IF Str.Length(akt^.inhalt)=0 THEN EXIT END;
    NEW(akt^.next);  (* hier wird verkettet *)
    akt:=akt^.next;
    akt^.next:=NIL
  END;
  IO.WrStr('<Ausgabe aller Zeilen>'); IO.WrLn; IO.WrLn;
```

N

```
    WriteAll(start);
    IO.WrLn; WriteHeapSize;
    IO.WrStr('<Löschen aller Zeilen>');
    DeleteAll(start);
    IO.WrLn; WriteHeapSize
  END NEW_Test.
```

Siehe auch
ALLOCATE, DISPOSE, Available

NewPriority SYSTEM

Zweck
Teilt dem aktuellen Modul eine neue Priorität zu.

Struktur

```
NewPriority(prior:CARDINAL);
```

Bemerkung
Die Prozedur *NewPriority* setzt die Priorität des aktuellen Moduls neu. Der Parameter *prior* ist als Bitmuster zu interpretieren (weitere Einzelheiten zu diesem Thema finden Sie bei *MODULE*).

Siehe auch
CurrentPriority, MODULE

NEWPROCESS SYSTEM

Zweck
Bereitet eine parameterlose Prozedur als Prozeß vor.

Struktur

```
NEWPROCESS(p:PROC; work:ADDRESS; size:CARDINAL; VAR p1:ADDRESS);
  (* nur Version 1.x *)
NEWPROCESS(p:PROC; work:FarADDRESS; size:CARDINAL; VAR p1:FarADDRESS);
  (* ab Version 2.0 *)
```

Bemerkung
Die Prozedur *NEWPROCESS* erzeugt einen Prozeß (parameterlose Prozedur *p*) und ordnet ihm einen Arbeitsbereich von *size* Bytes zu (empfohlene Mindestgröße 1 KByte), der bei der Adresse *work* beginnt. Der Parameter *p1* liefert eine Referenz des Prozesses zurück. *NEWPROCESS* startet *p* noch nicht (siehe

hierzu *TRANSFER*). Die Eigenschaften eines Prozesses werden bei *StartProcess* aufgeführt.

Siehe auch
CurrentProcess, IOTRANSFER, StartProcess, TRANSFER

NextPos — Str (ab Version 2.0)

Zweck
Sucht innerhalb einer Zeichenkette eine andere ab einer bestimmte Stelle.

Struktur

```
NextPos(hpt,teil:ARRAY OF CHAR; pos:CARDINAL):CARDINAL;
```

Bemerkung
Die Funktion *NextPos* sucht die Zeichenkette *teil* innerhalb von *hpt* ab der Stelle *pos* (0 entspricht dem ersten Zeichen von *hpt*) und gibt bei erfolgreicher Suche die relative Position (gerechnet ab der Startposition *pos*) der Fundstelle bekannt. Das Funktionsergebnis 0 bedeutet also, daß die gesuchte Zeichenkette *teil* bei *pos* gefunden worden ist. Bei erfolgloser Suche wird der Wert *MAX(CARDINAL)* zurückgegeben.

```
VAR
  s:ARRAY [0..255] OF CHAR;
  p:CARDINAL;
BEGIN
  s:='<NextPos> arbeitet nicht ganz korrekt, behaupte ich';
  p:=Str.NextPos(s,'arbeit',0);  (* p=10 *)
  p:=Str.NextPos(s,'arbeit',3);  (* p=7  *)
```

Siehe auch
CharPos, FindSubStr, Match, Pos, RCharPos, Subst

NIL — Konstante

Zweck
Zeigerwert, der auf keinen Wert zeigt.

Bemerkung
Die Konstante *NIL* stellt einen Zeigerwert (zwei Nullwörter) dar, der zu allen Zeigervariablen kompatibel ist. *NIL* wird einer Zeigervariablen zugeordnet, um zu signalisieren, daß diese auf keinen Wert zeigt (siehe auch Compiler-Befehl Z im Anhang E.1 bzw. Compiler-Anweisung *check(nil_ptr ...)* im Anhang E.2).

- **Ab Version 2.0:** Die Zeigerkonstante *NIL* entspricht in den Speichermodellen *Small* und *Compact* einer 16-Bit-Adresse, in allen übrigen Modellen jedoch einer 32-Bit-Adresse. Mit Hilfe der neuen Konstanten *FarNIL* und *NearNIL* kann explizit mit einer 32-Bit- bzw. 16-Bit-Adresse gearbeitet werden.

Siehe auch
NULLPROC

NoSound — Lib

Zweck
Schaltet den Tongenerator aus.

Struktur

```
NoSound;
```

Bemerkung
Die Prozedur *NoSound* schaltet den Tongenerator ab, der zuvor mit *Sound* eingeschaltet worden ist.

Siehe auch
Delay (Lib), Sound

NOT (~) — Operator

Zweck
Logisches NICHT.

Bemerkung
Der Operator *NOT* negiert einen *BOOLEAN*-Wert nach folgender Tabelle (logisches NICHT):

o1	NOT o1
TRUE	FALSE
FALSE	TRUE

NOT (oder ~) wird meist bei Tests verwendet:

```
WHILE NOT ende DO ...
IF NOT enthalten THEN ...
REPEAT ... UNTIL NOT weiter;
```

Ein arithmetisches NICHT (bitweises Negieren, wobei *1=TRUE* und *0=FALSE*) kann mit Hilfe des Typs *BITSET* verwirklicht werden (siehe auch *SET OF*):

```
PROCEDURE bitNOT(a:WORD):WORD;
BEGIN
  RETURN {0..15}-BITSET(a)
END bitNOT;
```

Siehe auch
AND, OR

Notify — Process

Zweck
Sendet ein Signal, wenn mindestens ein Prozeß auf dieses wartet.

Struktur

```
Notify(s:SIGNAL);
```

Bemerkung
Die Prozedur *Notify* sendet das Signal *s*, wenn mindestens ein Prozeß auf dieses wartet. Bitte achten Sie darauf, daß der laufende Prozeß beim Aufruf von *Notify* nicht gesperrt sein darf (siehe auch *Init* und *Unlock*).

Mit Hilfe der Prozedur *Awaited* kann festgestellt werden, ob mindestens ein Prozeß auf ein bestimmtes Signal wartet.

Siehe auch
Awaited, SEND, WAIT

NULLPROC — Konstante

Zweck
Prozedurale Konstante.

Bemerkung
Die Konstante *NULLPROC* kann jeder prozeduralen Variablen zugeordnet werden, um zu signalisieren, daß diese keine ausführbare Prozedur oder Funktion enthält.

Beispiel

```
VAR
  beep:PROCEDURE(CARDINAL);
  calc:PROCEDURE(LONGREAL):LONGREAL;
BEGIN
  beep:=NULLPROC;
  ...
  IF calc=NULLPROC THEN calc:=MATHLIB.Tan END;
```

Siehe auch

NIL, PROCEDURE

ObscuredAt — Window

Zweck
Prüft, ob ein Punkt innerhalb eines Fensters unsichtbar ist.

Struktur

```
ObscuredAt(w:WinType; x,y:RelCoord):BOOLEAN;
```

Bemerkung
Die Funktion *ObscuredAt* liefert den Wert *TRUE*, wenn das Fenster *w* an der Stelle *(x,y)* (bezüglich Fenster *w*) von anderen Fenstern verdeckt wird. Der Punkt *(1,1)* entspricht dabei der linken oberen Fensterecke.

Siehe auch
At, Info, Used

ODD — Standard-Funktion

Zweck
Prüft, ob die Ordnungszahl eines Wertes ungerade ist.

Struktur

```
ODD(x):BOOLEAN;
```

Bemerkung
Die Funktion *ODD* gibt *TRUE* zurück, wenn die Ordnungs-Zahl des Argumentes *x* (alle ordinalen Typen sind erlaubt, siehe *TYPE*) ungerade ist.

Beispiel

```
VAR
  b:BOOLEAN;
BEGIN
  b:=ODD(3);      (* b=TRUE  *)
  b:=ODD(FALSE);  (* b=FALSE *)
  b:=ODD('A');    (* b=TRUE  *)
```

Siehe auch
ABS, CAP, FLOAT, ORD, TRUNC, VAL

Ofs SYSTEM

Zweck
Liefert die Offset-Adresse eines Bezeichners.

Struktur

```
Ofs(a:ARRAY OF WORD):CARDINAL;
```

Bemerkung
Variablen, Prozeduren und Funktionen werden an einer bestimmten Speicherstelle im RAM abgelegt. Eine Speicherstelle wird durch ein Segment und ein Offset definiert.

Die Funktion *Ofs* liefert die Offset-Adresse des Parameters *a*; diesem kann eine Variable, eine Prozedur oder eine Funktion übergeben werden.

Mit den beiden Funktionen *Seg* und *Ofs* können auch Zeigerwerte, die eine 32-Bit-Adresse darstellen, in den Segment- und den Offset-Teil umgewandelt werden:

```
MODULE Test;
  (* Ab Version 2.0: Eines der Speichermodelle <Compact>, <Large>, <XLarge> *)
  (*                 oder <MThread> wählen!                                *)
IMPORT
  IO;
FROM SYSTEM IMPORT
  Seg,Ofs;
FROM Storage IMPORT
  ALLOCATE;  (* damit <NEW> funktioniert *)
VAR
  p:POINTER TO LONGINT;
BEGIN
  NEW(p);
  IO.WrHex(Seg(p),1); IO.WrStr(':'); IO.WrHex(Ofs(p),1);    (* (1) *)
  IO.WrLn;
  IO.WrHex(Seg(p^),1); IO.WrStr(':'); IO.WrHex(Ofs(p^),1);  (* (2) *)
  ...
```

Die Zeile *(1)* ermittelt die Segment- und Offset-Adresse der Variable *p* (diese liegt irgendwo im Datensegment); die Zeile *(2)* hingegen wandelt den Zeigerwert (dieser entspricht der Adresse des mit *NEW* reservierten Heap-Bereiches), der in *p* enthalten ist, in den Segment- und den Offset-Teil um.

Beispiel

```
MODULE Test;
FROM SYSTEM IMPORT
  Seg,Ofs;
IMPORT
  IO;
```

```
VAR
  hallo:ARRAY [0..127] OF CHAR;
  rr:POINTER TO REAL;

  PROCEDURE nix():BOOLEAN;  (* Funktion *)
  BEGIN
    RETURN TRUE
  END nix;

  PROCEDURE Hex(c:CARDINAL);  (* Prozedur *)
  BEGIN
    IO.WrHex(c,1);
  END Hex;

BEGIN
  rr:=NIL;
  IO.WrStr('hallo: '); Hex(Seg(hallo)); IO.WrStr(':'); Hex(Ofs(hallo));
  IO.WrLn;
  IO.WrStr('   rr: '); Hex(Seg(rr)); IO.WrStr(':'); Hex(Ofs(rr));
  IO.WrLn;
  IO.WrStr('  rr^: '); Hex(Seg(rr^)); IO.WrStr(':'); Hex(Ofs(rr^));
  IO.WrLn;
  IO.WrStr('  nix: '); Hex(Seg(nix)); IO.WrStr(':'); Hex(Ofs(nix));
  IO.WrLn;
  IO.WrStr('  Hex: '); Hex(Seg(Hex)); IO.WrStr(':'); Hex(Ofs(Hex));
  IO.WrLn
END Test.
```

Siehe auch
ADR, FieldOfs, Seg

Open FIO

Zweck
Öffnet eine bestehende Datei.

Struktur

```
Open(name:ARRAY OF CHAR):File;
```

Bemerkung
Die Funktion *Open* öffnet die bestehende Datei *name* und ordnet ihr einen Zahlenwert (entspricht der Kanalnummer) zu. Dieser wird als Funktionsergebnis zurückgegeben und muß bei weiteren Datei-Routinen angegeben werden (falls die Variable *FIO.IOcheck* den Wert *FALSE* enthält, wird bei einem Fehler der Wert *MAX(CARDINAL)* zurückgegeben; siehe auch *FIO.IOresult*). Der Parameter *name* stellt einen unter MS-DOS gültigen Dateinamen dar (Laufwerks- und Pfadangaben erlaubt). Der Datentyp *File* ist wie folgt im Modul *FIO* definiert:

```
TYPE
  File=CARDINAL;
```

Eine Datei, die noch nicht existiert, muß mit *Create* erzeugt werden.

- **Ab Version 2.0:** Der Inhalt der Variablen *ShareMode* (siehe dort) legt beim Öffnen die erlaubten gleichzeitigen Zugriffe innerhalb eines Netztes fest.

Siehe auch
Append (FIO), AssignBuffer, Close (FIO), Create, Erase, Open (FIOR), Open-Read, Rename

Open FIOR (ab Version 2.0)

Zweck
Öffnet eine bestehende Datei (mit Hilfe der aktuellen Pfadtabellen-Datei).

Struktur

```
Open(name:ARRAY OF CHAR):File;
```

Bemerkung
Die Funktion *Open* öffnet eine bestehende Datei und entspricht der Funktion *FIO.Open*, wobei *FIOR.Open* den Dateinamen *name* zuerst mit Hilfe von *Find-Path* (siehe dort) erweitert. Als Funktionsergebnis wird eine Kanal-Nummer zurückgegeben, die bei den weiteren Datei-Routinen (siehe Modul *FIO*) angegeben werden muß. Mit Hilfe der Konstanten *Null* kann geprüft werden, ob die Datei *Create* erfolgreich war:

```
CONST
  Null=MAX(CARDINAL);  (* <Open> liefert <Null>, wenn erfolglos *)
```

Der Datentyp *File* ist wie folgt im Modul *FIOR* definiert:

```
TYPE
  File=CARDINAL;
```

Unmittelbar nach der Ausführung von *Open* enthält die in *FIOR* definierte Variable *LastPath* den vollständigen Namen (inkl. Laufwerks- und Pfad-Angabe) der geöffneten Datei:

```
TYPE
  PathStr=ARRAY [0..64] OF CHAR;
VAR
  LastPath:PathStr;
```

Siehe auch
Create (FIOR), Erase (FIOR), Open(FIO)

Open Window

Zweck
Erzeugt ein neues Fenster.

Struktur

```
Open(def:WinDef):WinType;
```

Bemerkung
Die Funktion *Open* erzeugt ein Fenster mit den in *def* enthaltenen Daten. Der Datentyp *WinDef* ist wie folgt im Modul *Window* definiert (weitere Datentypen siehe *Window*):

```
TYPE
  WinDef=RECORD
    X1,Y1,              (* linke obere Ecke   *)
    X2,Y2:AbsCoord;     (* rechte untere Ecke *)
    Foreground,         (* Zeichenfarbe       *)
    Background:Color;   (* Hintergrundfarbe   *)
    CursorOn,           (* Cursor sichtbar?   *)
    WrapOn,             (* Zeilenumbruch ein? *)
    Hidden,             (* Fenster sichtbar?  *)
    FrameOn:BOOLEAN;    (* Rahmen sichtbar?   *)
    FrameDef:FrameStr;  (* Rahmen-Art         *)
    FrameFore,          (* Rahmen-Farbe       *)
    FrameBack:Color;    (* Rahmen-Hintergrund *)
  END;
```

Die Fensterparameter *X1*, *Y1*, *X2* und *Y2* bezeichnen absolute Koordinaten. Dies bedeutet, daß der Punkt *(0,0)* der linken oberen Bildschirmecke entspricht.

Als Funktionsergebnis wird ein Zeigerwert vom Typ *WinType* zurückgegeben, der später zur Identifikation des Fensters benötigt wird. Das zuletzt mit *Open* erzeugte Fenster ist aktiv, d.h. alle Ausgaben werden in dieses geschrieben (siehe hierzu auch *Use*). Nach dem Öffnen befindet sich der Cursor in der linken oberen Fensterecke.

Wichtig: Mit der Prozedur *AsmLib.InitScreenType* (nur Version 1.x) bzw. *CLB._initscreentype* (ab Version 2.0) lassen sich mögliche Bildschirmstörungen ("Schnee") bei der Textausgabe verhindern.

Beispiel

```
MODULE Open_Test;
FROM Window IMPORT
  WinType,WinDef,White,Black,SingleFrame,Open,Close;
IMPORT
  IO,Lib;
VAR
  w:WinType;
  i:INTEGER;
  ch:CHAR;
BEGIN
  IO.WrStr('Diese Zeile wurde vor dem Öffnen des Fensters geschrieben ...');
  w:=Open(WinDef(0,0,79,24,
                 White,Black,
                 TRUE,TRUE,FALSE,TRUE,
                 SingleFrame,White,Black));
  FOR i:=1 TO 2000 DO
    IO.WrChar(CHR(Lib.RANDOM(26)+65))
  END;
  IO.WrStr(' Ende mit jeder Taste ...');
  ch:=IO.RdKey();
  Close(w)
END Open_Test.
```

Siehe auch
Change, Close (Window), Hide, PaletteOpen, PutOnTop, SetTitle

OpenRead FIO (ab Version 2.0)

Zweck
Öffnet eine Datei, in der nur gelesen werden kann.

Struktur

```
OpenRead(name:ARRAY OF CHAR):File;
```

Bemerkung
Die Funktion *OpenRead* öffnet die bestehende Datei *name* und ordnet ihr einen Zahlenwert (entspricht der Kanalnummer) zu. Dieser wird als Funktionsergebnis zurückgegeben und muß bei weiteren Datei-Routinen angegeben werden (falls *FIO.IOcheck* den Wert *FALSE* enthält, wird bei einem Fehler der Wert *MAX(CARDINAL)* zurückgegeben; siehe auch *FIO.IOresult*). Der Datentyp *File* ist wie folgt im Modul *FIO* definiert:

```
TYPE
  File=CARDINAL;
```

Nach dem Öffnen mit *OpenRead* kann in der Datei *name* nur gelesen werden. Jeder Schreib-Versuch erzeugt einen Fehler (wenn *FIO.IOcheck:=TRUE*; siehe auch *FIO.IOresult*). Eine Datei, die noch nicht existiert, muß mit *Create* erzeugt werden.

Der Inhalt der Variablen *ShareMode* (siehe dort) legt beim Öffnen die erlaubten gleichzeitigen Zugriffe innerhalb eines Netzes fest.

Siehe auch
Append (FIO), Close (FIO), Create, Erase, Open (FIO), Rename

OpenRW — FIOR (ab Version 2.0)

Zweck
Öffnet eine bestehende Datei (mit Hilfe der aktuellen Pfadtabellen-Datei).

Struktur

```
OpenRW(name:ARRAY OF CHAR):File;
```

Bemerkung
Die beiden Funktionen *OpenRW* und *FIOR.Open* (siehe dort) sind identisch.

Siehe auch
Open (FIOR)

OR — Operator

Zweck
Logisches UND.

Bemerkung
Der Operator *OR* verknüpft zwei *BOOLEAN*-Werte miteinander (logisches ODER) und liefert einen Wert aufgrund der vordefinierten Logiktabelle:

o1	o2	o1 OR o2
TRUE	TRUE	TRUE
TRUE	FALSE	TRUE
FALSE	TRUE	TRUE
FALSE	FALSE	FALSE

OR wird meist bei Verknüpfungen von Tests verwendet:

O

```
IF (a=b) OR (b=c) THEN ...
WHILE (ch='E') OR (ch='e') DO ...
REPEAT ... UNTIL ok OR IO.KeyPressed();
```

Die Auswertung zusammengesetzter Ausdrücke wird bei *IF ... THEN ... ELSIF ... ELSE* genau beschrieben.

Ein arithmetisches ODER (bitweises Verknüpfen, wobei *1=TRUE* und *0=FALSE*) kann mit Hilfe des Typs *BITSET* erreicht werden (siehe auch *SET OF*):

```
PROCEDURE bitOR(a,b:WORD):WORD;
BEGIN
  RETURN BITSET(a)+BITSET(b)
END bitOR;
```

TopSpeed Modula-2 kennt **kein** logisches *XOR* (EXKLUSIV-ODER oder ENTWEDER-ODER), es läßt sich jedoch leicht nachbilden. Für *BOOLEAN*-Werte entspricht *o1 XOR o2*:

```
a) (o1 <> o2)
b) (o1 OR o2) AND NOT(o1 AND o2)
```

Die Logiktabelle von XOR sieht wie folgt aus:

o1	o2	o1 XOR o2
TRUE	TRUE	FALSE
TRUE	FALSE	TRUE
FALSE	TRUE	TRUE
FALSE	FALSE	FALSE

Ein arithmetisches XOR läßt sich folgendermaßen verwirklichen:

```
PROCEDURE bitXOR(a,b:WORD):WORD;
BEGIN
  RETURN BITSET(a)/BITSET(b)
END bitXOR;
```

Siehe auch
AND, NOT

ORD — Standard-Funktion

Zweck
Liefert die zu einem Wert gehörende Ordnungs-Zahl.

Struktur

```
ORD(x):CARDINAL;
```

Bemerkung
Die Funktion *ORD* ermittelt die Ordnungs-Zahl des Argumentes *x* (alle ordinalen Typen sind erlaubt, siehe *TYPE*).

Beispiel

```
TYPE
  farbe=(rot,gelb,gruen,blau);
VAR
  c:CARDINAL;
BEGIN
  c:=ORD(rot);  (* c=0  *)
  c:=ORD('A');  (* c=65 *)
  c:=ORD(TRUE); (* c=1  *)
```

Siehe auch
ABS, CAP, CHR, FLOAT, ODD, TRUNC, VAL

OSErrorMessage — Lib (ab Version 2.0)

Zweck
Liefert zu einem bestimmten Fehlercode eine entsprechende Fehlermeldung in englischer Sprache.

Struktur

```
OSErrorMessage(nr:CARDINAL; VAR s:ARRAY OF CHAR);
```

Bemerkung
Die Prozedur *OSErrorMessage* stellt mit Hilfe des Parameters *s* einen zum Fehlercode *nr* (siehe hierzu *FIO.IOresult*) passenden englischen Text zur Verfügung. Eine vollständige Liste aller Fehlermeldungen finden Sie im Anhang F.2.

Siehe auch
FatalError, OSFatalError, SysErrno, WrDosError

OSFatalError — Lib (ab Version 2.0)

Zweck
Bricht das laufende Programm mit einer Fehlermeldung ab.

Struktur

```
OSFatalError(s:ARRAY OF CHAR; nr:CARDINAL);
```

Bemerkung
Die Prozedur *OSFatalError* unterbricht das laufende Programm mit einer Fehlermeldung. Der Parameter *s* wird einer englischen Fehlermeldung vorangestellt, die dem Fehlercode *nr* entspricht (*nr* kann mit *FIO.IOresult* ermittelt werden). Eine vollständige Liste aller Fehlermeldungen finden Sie im Anhang F.2.

Siehe auch
FatalError, OSErrorMessage, SysErrno, WrDosError

Out — SYSTEM

Zweck
Schreibt einen Wert (1 Byte) in einen Datenport.

Struktur

```
Out(p:CARDINAL; x:SHORTCARD);
```

Bemerkung
Die Prozedur *Out* schreibt den Wert *x* in den Datenport *p* (weitere Informationen erhalten Sie bei *In*).

Siehe auch
In, OutW

OutText — Graph (ab Version 2.0)

Zweck
Schreibt einen Text in den Graphik-Bildschirm.

Struktur

```
OutText(text:ARRAY OF CHAR);
```

Bemerkung
Die Prozedur *OutText* schreibt an der aktuellen Stelle des Cursors (siehe *SetTextPosition*) den Text *text* in den Graphik-Bildschirm. Die Textfarbe kann mit *SetTextColor* verändert werden, *SetTextWindow* definiert innerhalb des Graphik-

Bildschirmes ein Textfenster. Folgende Programmzeile setzt den Cursor an den Anfang einer neuen Zeile:

```
Graph.OutText(CHR(10)+CHR(13));  (* Neue Zeile; entspricht <IO.WrLn;> *)
```

Bitte beachten Sie, daß *OutText* den *ROM*-Zeichensatz verwendet. Unter Umständen muß deshalb in der *DOS*-Ebene zuerst das speicherresidente Programm *GRAPHTABL.COM* geladen werden, damit die Zeichen im Bereich *CHR(128)..* *CHR(255)* dargestellt werden können.

Siehe auch
DisplayCursor, GetTextPosition, SetTextPosition, SetTextWindow, Wrapon

OutW — SYSTEM (ab Version 2.0)

Zweck
Schreibt ein Wort (= 2 Bytes) in einen Datenport

Struktur

```
OutW(p:CARDINAL; x:CARDINAL);
```

Bemerkung
Die Prozedur *OutW* schreibt den Wert *x* in den Datenport *p* (weitere Informationen erhalten Sie bei *In*).

Siehe auch
InW, Out

PaletteColor — Window

Zweck
Liefert die Nummer des aktuellen Paletten-Eintrages.

Struktur

```
PaletteColor():PaletteRange;
```

Bemerkung
Die Funktion *PaletteColor* gibt die Nummer des aktuellen Paletten-Eintrages zurück, die für die Zeichenausgabe verwendet wird. Der Datentyp *PaletteRange* ist dabei im Modul *Window* wie folgt definiert:

```
CONST
  PaletteSize  = 10;
  PaletteMax   = PaletteSize-1;
TYPE
  PaletteRange = SHORTCARD [0..PaletteMax];
```

Siehe auch
PaletteColorUsed, PaletteOpen, SetPalette, SetPaletteColor

PaletteColorUsed — Window

Zweck
Prüft, ob innerhalb eines Fenster eine bestimmte Farbe verwendet wird.

Struktur

```
PaletteColorUsed(w:WinType; p:PaletteRange):BOOLEAN;
```

Bemerkung
Die Funktion *PaletteColorUsed* liefert den Wert *TRUE*, wenn innerhalb des Fensters *w* der Paletten-Eintrag mit der Nummer *p* verwendet wird. *PaletteRange* ist wie folgt definiert (*WinType* siehe *Window*):

```
CONST
  PaletteSize  = 10;
  PaletteMax   = PaletteSize-1;
TYPE
  PaletteRange = SHORTCARD [0..PaletteMax];  (* kurz: 0..9 *)
```

Siehe auch
PaletteColor, PaletteOpen, SetPalette, SetPaletteColor

PaletteOpen Window

Zweck
Erzeugt ein neues Fenster, dessen Text-Farben mit Hilfe einer Palette bestimmt werden.

Struktur

```
PaletteOpen(def:WinDef; pal:PaletteDef):WinType;
```

Bemerkung
Die Funktion *PaletteOpen* erzeugt ein Fenster mit den in *def* und *pal* enthaltenen Daten (siehe auch *Window.Open*). Der Datentyp *WinDef* ist wie folgt definiert (*WinType* siehe *Window*):

```
TYPE
  WinDef=RECORD
    X1,Y1,             (* linke obere Ecke    *)
    X2,Y2:AbsCoord;    (* rechte untere Ecke *)
    Foreground,        (* (siehe unten)       *)
    Background:Color;  (* (siehe unten)       *)
    CursorOn,          (* Cursor sichtbar?    *)
    WrapOn,            (* Zeilenumbruch ein? *)
    Hidden,            (* Fenster sichtbar?   *)
    FrameOn:BOOLEAN;   (* Rahmen sichtbar?    *)
    FrameDef:FrameStr; (* Rahmen-Art          *)
    FrameFore,         (* (siehe unten)       *)
    FrameBack:Color;   (* (siehe unten)       *)
  END;
```

Ein mit *PaletteOpen* geöffnetes Fenster kann insgesamt 10 verschiedene Kombinationen von Vordergrund- und Hintergrundfarben verwenden (Parameter *pal*). Der hierzu notwendige Datentyp *PaletteDef* ist wie folgt definiert (*Color* siehe *Window*):

```
CONST
  PaletteSize      = 10;
  PaletteMax       = PaletteSize-1;
TYPE
  PaletteRange     = SHORTCARD [0..PaletteMax];
  PaletteColorDef = RECORD Fore,Back:Color END;
  PaletteDef       = ARRAY PaletteRange OF PaletteColorDef;
```

Standardmäßig wird der Fensterinhalt mit den Farben des Paletten-Eintrags 0 (also *pal[0]* oder *pal[NormalPaletteColor]*) und der Fensterrahmen mit denjenigen des Eintrags 1 (also *pal[1]* oder *pal[FramePaletteColor]*) geschrieben. Die aktuelle Zeichen- und Hintergrundfarbe läßt sich mit *SetPaletteColor* verändern.

Wichtig: Mit der Prozedur *AsmLib.InitScreenType* (nur Version 1.x) bzw. *CLB._initscreentype* (ab Version 2.0) lassen sich mögliche Bildschirmstörungen ("Schnee") bei der Textausgabe verhindern.

Siehe auch
Close (Window), Open (Window), PaletteColor, PaletteColorUsed, SetPalette, SetPaletteColor

PalXlat — AsmLib (nur Version 1.x)

Zweck
Wird von der Fensterverwaltung im Zusammenhang mit Farbpaletten verwendet.

Struktur

```
PalXlat(von:ADDRESS; nach:ADDRESS; len:CARDINAL; pal:ADDRESS);
```

Bemerkung
Die Prozedur *PalXlat* wird von der Fensterverwaltung verwendet (im Zusammenhang mit Fenstern, die eine Farbpalette verwenden, siehe *PaletteOpen*).

Siehe auch
PaletteOpen

ParamCount — Lib

Zweck
Ermittelt die Anzahl verfügbarer Programm-Parameter.

Struktur

```
ParamCount():CARDINAL;
```

Bemerkung
Die Funktion *ParamCount* ermittelt die Anzahl der vorliegenden Parameter, die einem .EXE-Programm beim Start übergeben worden sind (das Funktionsergebnis ist 0, wenn kein Parameter vorliegt).

Innerhalb der TopSpeed-Entwicklungsumgebung können Parameter mit Hilfe des Menüpunktes *Options, Run, Command line* angegeben werden (siehe auch Anhang B.1 und B.2).

Siehe auch
CommandLine, Environment, ParamStr

ParamStr Lib

Zweck
Stellt einen bestimmten Programm-Parameter zur Verfügung.

Struktur

```
ParamStr(VAR s:ARRAY OF CHAR; nr:CARDINAL);
```

Bemerkung
Die Prozedur *ParamStr* stellt den Programm-Parameter (beim Start eines .EXE-Programmes angegeben) *nr* mit Hilfe von *s* zur Verfügung (gültiger Bereich für *nr*: *1..ParamCount()*). Alle Parameter stehen auch in der Zeigervariablen *CommandLine* (siehe dort) zur Verfügung.

Innerhalb der TopSpeed-Entwicklungsumgebung können Parameter mit Hilfe des Menüpunktes *Options, Run, Command line* angegeben werden (siehe auch Anhang B.1 und B.2).

- **Ab Version 2.0:** Falls der Parameter *nr* den Wert 0 erhält, wird der vollständige Name (einschließlich Laufwerks- und Pfad-Angabe) des aktuellen Programmes geliefert. Dies ist jedoch nur möglich, wenn Sie mindestens die MS-DOS-Version 3.0 zur Verfügung haben (für TopSpeed Version 1.x siehe *Environment*).

Beispiel
Erzeugen Sie das Programm mit dem Namen TEST.EXE, und verlassen Sie die Entwicklungsumgebung von TopSpeed Modula-2. Geben Sie nach dem DOS-Prompt folgendes ein: TEST HUND KATZE MAUS.

Das folgende Programm erzeugt dabei die Ausgabe: HUND KATZE MAUS.

```
MODULE Test;
FROM Lib IMPORT
  ParamCount,ParamStr;
IMPORT
  IO;
VAR
  i:CARDINAL;
  s:ARRAY [0..20] OF CHAR;
BEGIN
  FOR i:=1 TO ParamCount() DO
    ParamStr(s,i);
    IO.WrStr(s);
    IO.WrStr(' ')
  END
END Test.
```

Siehe auch
CommandLine, Environment, EnvironmentFind, ParamCount

Pie
Graph (ab Version 2.0)

Zweck
Zeichnet einen Sektor (Kuchenstück).

Struktur

```
Pie(xm,ym,a,b,x1,y1,x2,y2:CARDINAL; farbe:CARDINAL; fuellen:BOOLEAN);
```

Bemerkung
Die Prozedur *Pie* zeichnet ein elliptisches Kuchenstück. Der Punkt *(xm,ym)* bezeichnet das Zentrum der vollständigen Ellipse, die Parameter *a* und *b* entsprechen den Halbachsen der Ellipse (*a* bezeichnet die Halbachse in x-Richtung). Die Linien durch die Punkte *(xm,ym)* und *(x1,y1)* sowie *(xm,ym)* und *(x2,y2)* begrenzen das zu zeichnende Kuchenstück (oder schneiden aus der vollständigen Ellipse ein Kuchenstück heraus). Das Kuchenstück erstreckt sich gegen den Uhrzeigersinn von der Linie *(xm,ym,x1,y1)* zur Linie *(xm,ym,x2,y2)*.

Der Parameter *farbe* bezeichnet die Zeichenfarbe und muß im Bereich *0..(Graph.NumColor-1)* liegen (genauere Informationen zur Farbe erhalten Sie bei *RemapAllPalette* und *SetPalette*). Falls *fuellen* den Wert *TRUE* enthält, wird das Kuchenstück mit dem aktuellen Muster gefüllt (siehe hierzu auch *SetFillMask*), andernfalls werden nur die Umrißlinien gezeichnet.

Folgende Prozedur *NewPie* ermöglicht das Zeichnen von elliptischen Kuchenstücken unter Angabe eines Start- und eines Endwinkels (in Grad anzugeben). Ein Winkel von 90° bezeichnet dabei einen Punkt, der senkrecht über dem Zentrum *(xm,ym)* liegt. Eine Vergrößerung des Winkels entspricht einer Drehung gegen den Uhrzeigersinn.

```
PROCEDURE CalcCoords(mx,my,winkel:CARDINAL; VAR x,y:INTEGER);
CONST
  Pi=LONGREAL(3.141592654);
VAR
  rad:LONGREAL;
BEGIN
  winkel:=winkel MOD 360;
  rad:=LONGREAL(winkel)*Pi/180.0;
  x:=INTEGER(mx)+INTEGER(100.0*MATHLIB.Cos(rad));
  y:=INTEGER(my)-INTEGER(100.0*MATHLIB.Sin(rad));
END CalcCoords;

PROCEDURE NewPie(mx,my,a,b,start,ende,col:CARDINAL; fill:BOOLEAN);
VAR
  x1,y1,x2,y2:INTEGER;
```

```
BEGIN
  CalcCoords(mx,my,start,x1,y1);
  CalcCoords(mx,my,ende,x2,y2);
  Graph.Pie(mx,my,a,b,ORD(x1),ORD(y1),ORD(x2),ORD(y2),col,fill)
END NewPie;
```

Beispiel

```
MODULE Test;
IMPORT
  Graph,IO;
CONST
  korb  =Graph.FillMaskType(0FAH,074H,022H,047H,08FH,017H,022H,071H);
  punkt =Graph.FillMaskType(0AAH,055H,0AAH,055H,0AAH,055H,0AAH,055H);
  gitter=Graph.FillMaskType(044H,088H,011H,022H,044H,088H,011H,022H);
VAR
  ch:CHAR;
  mx,my,a,b,col:CARDINAL;
  maxx,maxy:CARDINAL;
BEGIN
  Graph.InitGraph;
  Graph.GraphMode;
  mx:=Graph.Width DIV 2; a:=mx-1;
  my:=Graph.Depth DIV 2; b:=my-1;
  col:=Graph.NumColor-1;
  maxx:=Graph.Width-1; maxy:=Graph.Depth-1;
  Graph.Pie(mx,my,a,b,maxx,0,0,0,col,TRUE);
  Graph.SetFillMask(korb);
  Graph.Pie(mx,my,a,b,0,0,0,maxy,col,TRUE);
  Graph.SetFillMask(punkt);
  Graph.Pie(mx,my,a,b,0,maxy,maxx,maxy,col,TRUE);
  Graph.SetFillMask(gitter);
  Graph.Pie(mx,my,a,b,maxx,maxy,maxx,0,col,TRUE);
  ch:=IO.RdKey();
  Graph.TextMode
END Test.
```

P

Siehe auch

Arc, Circle, Cube, Disc, Ellipse, HLine, Line, Plot, Point, Polygon, Rectangle, TrueCircle, TrueDisc

Plot — Graph

Zweck

Zeichnet einen Punkt.

Struktur

```
Plot(x,y:CARDINAL; farbe:CARDINAL);
```

Bemerkung
Die Prozedur *Plot* setzt an der Stelle *(x,y)* einen Graphik-Punkt mit der Farbe *farbe* (gültige Werte für *farbe* liegen im Bereich *0..(Graph.NumColor-1)*; siehe auch *Init<karte>*).

Beispiel
Dieses Programm füllt Rechtecke mit Punkten, wobei ein stufenloser Übergang von Dunkel zu Hell erreicht werden soll. Die Programm-Ausführung kann mit jeder Taste abgebrochen werden.

```
MODULE Test;
IMPORT
  Graph,IO;
FROM Graph IMPORT
  NumColor,Depth,Width;
FROM Lib IMPORT
  RANDOMIZE,RANDOM;

  PROCEDURE FillSoft(x1,y1,x2,y2,col:CARDINAL);
  VAR
    x,y,b:CARDINAL;
  BEGIN
    IF x1>x2 THEN x:=x1; x1:=x2; x2:=x END;
    IF y1>y2 THEN y:=y1; y1:=y2; y2:=y END;
    IF x1+4>x2 THEN RETURN END;
    IF y1+4>y2 THEN RETURN END;
    b:=y2-y1+1;
    Graph.HLine(x1,y1,x2,0);
    Graph.Plot(x1,y1+1,0); Graph.Plot(x2,y1+1,0);
    Graph.HLine(x1+1,y1+1,x2-1,col+NumColor*col);
    FOR y:=y1+2 TO y2-2 DO
      Graph.Plot(x1,y,0);
      Graph.Plot(x1+1,y,col);
      FOR x:=x1+2 TO x2-2 DO
        IF RANDOM(b)<y-y1 THEN
          Graph.Plot(x,y,col)
        ELSE
          Graph.Plot(x,y,0)
        END
      END;
      Graph.Plot(x2-1,y,col);
      Graph.Plot(x2,y,0)
    END;
    Graph.HLine(x1+1,y2-1,x2-1,col+NumColor*col);
    Graph.Plot(x1,y2-1,0); Graph.Plot(x2,y2-1,0);
```

```
    Graph.HLine(x1,y2,x2,0)
  END FillSoft;

CONST
  RND::=RANDOM;
BEGIN
  RANDOMIZE;
  Graph.GraphMode;  (* siehe auch Init<karte> *)
  REPEAT
    FillSoft(RND(Width),RND(Depth),RND(Width),RND(Depth),NumColor-1)
  UNTIL IO.KeyPressed();
  Graph.TextMode
END Test.
```

Siehe auch

Arc, Circle, Cube, Disc, Ellipse, HLine, Line, Pie, Point, Polygon, Rectangle, TrueCircle, TrueDisc

Point — Graph

Zweck

Ermittelt die aktuelle Farbe eines Graphik-Punktes.

Struktur

```
Point(x,y:CARDINAL):CARDINAL;
```

Bemerkung

Die Funktion *Point* ermittelt die Farbe des Punktes *(x,y)* und gibt diese als Funktionsergebnis zurück (das Funktionsergebnis liegt im Bereich *0..(Graph. NumColor-1)* und ist von der gewählten Bildschirm-Karte abhängig; siehe hierzu auch *Init<karte>*).

Beispiel

Folgendes Programm invertiert den Inhalt von Rechtecken.

```
MODULE Point_Test;
IMPORT
  Graph,IO;
FROM Graph IMPORT
  NumColor,Depth,Width;
FROM Lib IMPORT
  RANDOMIZE,RANDOM;
VAR
  ch:CHAR;

  PROCEDURE Invert(x1,y1,x2,y2:CARDINAL);
  VAR
    x,y:CARDINAL;
```

P

```
    BEGIN
      IF x1>x2 THEN x:=x1; x1:=x2; x2:=x END;
      IF y1>y2 THEN y:=y1; y1:=y2; y2:=y END;
      FOR y:=y1 TO y2 DO
        FOR x:=x1 TO x2 DO
          IF Graph.Point(x,y)=0 THEN
            Graph.Plot(x,y,NumColor-1)
          ELSE
            Graph.Plot(x,y,0)
          END
        END
      END
    END Invert;

  BEGIN
    RANDOMIZE;
    Graph.GraphMode;  (* siehe auch Init<karte> *)
    REPEAT
      Invert(RANDOM(Width),RANDOM(Depth),RANDOM(Width),RANDOM(Depth))
    UNTIL IO.KeyPressed();
    ch:=IO.RdKey();
    WHILE IO.KeyPressed() DO ch:=IO.RdKey() END;
    Graph.TextMode
  END Point_Test.
```

Siehe auch

Arc, Circle, Cube, Disc, Ellipse, HLine, Line, Pie, Plot, Polygon, Rectangle, TrueCircle, TrueDisc

POINTER — Reserviertes Wort

Zweck

Ermöglicht das Arbeiten mit dynamischen Variablen.

Bemerkung

Das reservierte Wort *POINTER* definiert einen Zeiger-Typ oder eine Zeiger-Variable (siehe auch *ALLOCATE* und *New*). Eine *POINTER*-Deklaration hat folgende Struktur:

```
  TYPE
    <typ_name>=POINTER TO <typ>;              (* 32-Bit-Adresse *)
    <typ_name>=POINTER &lt;segment&gt; TO <typ>;    (* 16-Bit-Adresse *)
  VAR
    <var_name>:POINTER TO <typ>;              (* 32-Bit-Adresse *)
    <var_name>:POINTER &lt;segment&gt; TO <typ>;    (* 16-Bit-Adresse *)
```

Um eine 16-Bit-Adresse zu erzeugen, folgt dem reservierten Wort *POINTER* eine Segment-Adresse (*CARDINAL*-Konstante; ab der Version 2.0 ist auch eine

CARDINAL-Variable erlaubt, wobei deren aktueller Inhalt das zu verwendende Segment bestimmt); die Zeiger-Variable selbst enthält nur noch eine Offset-Adresse (im Gegensatz dazu besteht eine 32-Bit-Adresse immer aus den beiden Teilen Segment und Offset).

Eine Zeigervariable enthält nach dem Ausführen von *NEW* oder *ALLOCATE* (und auch anderen Prozeduren) eine Speicher-Adresse, die auf einen Wert zeigt:

```
FROM Storage IMPORT
  ALLOCATE;  (* damit <NEW> funktioniert *)
VAR
  card:POINTER TO CARDINAL;
BEGIN
  NEW(card);
  card^:=1234;
```

Die oben definierte Variable *card* entspricht nun einer 32-Bit-Adresse (bestehend aus den Teilen *Segment* und *Offset*), die auf den Wert *1234* zeigt. Dieser Wert befindet sich auf dem Heap.

Beispiel

```
MODULE Test;
  (* Ab Version 2.0: Eines der Speichermodelle <Compact>, <Large>, <XLarge> *)
  (*                 oder <MThread> wählen!                               *)
FROM Storage IMPORT
  ALLOCATE;  (* damit <NEW> funktioniert *)
TYPE
  treeptr=POINTER TO tree;
  tree=RECORD
    left,right:treeptr;
    element:LONGINT
  END;
VAR
  kopf:treeptr;
  r:POINTER TO REAL;  (* Zeigervariable vom Typ REAL *)
BEGIN
  NEW(r);        (* r  enthält Speicheradresse *)
  r^:=3.14159;   (* r^ enthält Zahlenwert      *)
  NEW(kopf);
  kopf^.left:=NIL; kopf^.right:=NIL;
  kopf^.element:=1234;
  ...
```

Siehe auch

NEW, DISPOSE, Storage

Polygon Graph

Zweck
Zeichnet ein gefülltes Vieleck.

Struktur

```
Polygon(n:CARDINAL; xp,yp:ARRAY OF CARDINAL; fuellfarbe:CARDINAL);
```

Bemerkung
Die Prozedur *Polygon* zeichnet ein mit *fuellfarbe* gefülltes Vieleck mit *n* Ecken. Die beiden Parameter *xp* und *yp* enthalten die Koordinaten der einzelnen Eckpunkte. Der Linienzug wird immer geschlossen, auch dann, wenn die Koordinaten des ersten und des letzten Punktes nicht übereinstimmen.

- **Version 1.x:** Der Parameter *fuellfarbe* ist nach folgender Formel zu berechnen:

```
fuellfarbe:=farbe1+farbe2*Graph.NumColor;
```

farbe1 und *farbe2* sollten im Bereich *0..(Graph.NumColor-1)* liegen; die einzelnen Farben hierzu werden bei *Init<karte>* aufgeführt. Die zu füllende Fläche wird wie folgt gebildet:

Wenn also *farbe1* und *farbe2* dieselben Werte erhalten, wird eine einfarbige Fläche gezeichnet, andernfalls eine gepunktete.

- **Ab Version 2.0:** Das mit *Poygon* gezeichnete Vieleck wird mit dem aktuellen Muster (siehe *SetFillMask*) gefüllt. Für die Umriß-Linien wird die aktuelle Linien-Art (siehe *SetLinestyle*) verwendet.

Beispiel
Folgendes Programm zeichnet solange Vielecke mit verschiedenen Füllmustern, bis es durch einen Tastendruck gestoppt wird.

```
MODULE Polygon_Test;  (* Version 1.0 *)
IMPORT
  Graph,IO,Lib;
FROM Graph IMPORT
  NumColor,Width,Depth;
CONST
  max=5;  (* Anzahl Ecken *)
```

```
VAR
  xp,yp:ARRAY [0..max-1] OF CARDINAL;
  i,maxfill:CARDINAL;
  ch:CHAR;
BEGIN
  Graph.GraphMode;  (* siehe auch Init<karte> *)
  maxfill:=NumColor-1+(NumColor-1)*NumColor;
  REPEAT
    FOR i:=0 TO max-1 DO
      xp[i]:=Lib.RANDOM(Width);
      yp[i]:=Lib.RANDOM(Depth)
    END;
    Graph.Polygon(max,xp,yp,Lib.RANDOM(maxfill+1))
  UNTIL IO.KeyPressed();
  ch:=IO.RdKey();
  Graph.TextMode;
END Polygon_Test.

MODULE Polygon_Test;  (* ab Version 2.0 *)
IMPORT
  Graph,IO,Lib;
CONST
  voll=Graph.FillMaskType(0FFH,0FFH,0FFH,0FFH,0FFH,0FFH,0FFH,0FFH);
  punkt=Graph.FillMaskType(0AAH,55H,0AAH,55H,0AAH,55H,0AAH,55H);
  leer=Graph.FillMaskType(0,0,0,0,0,0,0,0);
  max=5;
VAR
  xp,yp:ARRAY [0..max-1] OF CARDINAL;
  ch:CHAR;
  i:CARDINAL;
BEGIN
  Graph.GraphMode;
  REPEAT
    FOR i:=0 TO max-1 DO
      xp[i]:=Lib.RANDOM(Graph.Width);
      yp[i]:=Lib.RANDOM(Graph.Depth)
    END;
    CASE Lib.RANDOM(3) OF
      0: Graph.SetFillMask(voll);
    | 1: Graph.SetFillMask(leer);
    | 2: Graph.SetFillMask(punkt);
    END;
    Graph.Polygon(max,xp,yp,Graph.NumColor-1);
  UNTIL IO.KeyPressed();
  ch:=IO.RdKey();
  Graph.TextMode
END Polygon_Test.
```

Siehe auch

Arc, Circle, Cube, Disc, Ellipse, HLine, Line, Pie, Plot, Point, Rectangle, TrueCircle, TrueDisc

P

Pos Str

Zweck
Sucht innerhalb einer Zeichenkette eine Teilzeichenkette.

Struktur

```
Pos(hpt,teil:ARRAY OF CHAR):CARDINAL;
```

Bemerkung
Die Funktion *Pos* sucht die Zeichenkette *teil* innerhalb von *hpt* und gibt bei erfolgreicher Suche die Position der Fundstelle bekannt (0 entspricht dem ersten Zeichen). Bei erfolgloser Suche wird der Wert *MAX(CARDINAL)* zurückgegeben.

Beispiel

```
VAR
  p:CARDINAL;
BEGIN
  p:=Str.Pos('Telefon-Anruf','ef');  (* p=3             *)
  p:=Str.Pos('Gummi','Kau');         (* p=MAX(CARDINAL) *)
```

Folgende Prozedur ermöglicht es, eine Zeichenkette ab einer gewissen Stelle in einer anderen zu suchen:

```
PROCEDURE InStr(hpt,teil:ARRAY OF CHAR; ab:CARDINAL):CARDINAL;
VAR
  t:CARDINAL;
BEGIN
  Str.Slice(hpt,hpt,ab,Str.Length(hpt)-ab);
  t:=Str.Pos(hpt,teil);
  IF t=MAX(CARDINAL) THEN  (* Suche erfolglos? *)
    RETURN t
  ELSE
    RETURN t+ab
  END
END InStr;
```

Siehe auch
CharPos, FindSubStr, Match, NextPos, RCharPos, Subst

Pow MATHLIB

Zweck
Potenziert oder zieht beliebige Wurzeln.

Struktur

```
Pow(x,y:LONGREAL):LONGREAL;
```

Bemerkung

Die Funktion *Pow* berechnet *x* "hoch" *y*. Falls *y* der Wert *1/z* übergeben wird, ermittelt *Pow* die *z*-te "Wurzel" von *x*.

Beispiel

```
VAR
  r:LONGREAL;
BEGIN
  r:=Pow(2.0,4.0);        (* ergibt 16.0; 2 hoch 4        *)
  r:=Pow(36.0,1.0/2.0);   (* ergibt 6.0; 2. Wurzel von 36 *)
```

Siehe auch

Exp, IntPow, Log, Log10, Mod, Rexp, Sqrt

Prepend — Str (ab Version 2.0)

Zweck

Stellt einer Zeichenkette eine andere voran.

Struktur

```
Prepend(VAR hpt:ARRAY OF CHAR; teil:ARRAY OF CHAR);
```

Bemerkung

Die Prozedur *Prepend* stellt der Zeichenkette *hpt* die Zeichenkette *teil* voran; der Parameter *hpt* wird jedoch nur dann erweitert, wenn er noch Zeichen aufnehmen kann (d.h. die Gesamtlänge von *hpt* nicht überschritten wird).

Siehe auch

Append (Str), Concat, Copy, Delete, Insert, Slice

PROC — Datentyp

Zweck

Einer Variablen dieses Typs kann eine parameterlose Prozedur zugeordnet werden.

Bemerkung
Ein Datentyp definiert die Art oder Beschaffenheit der Werte, die eine Variable aufnehmen kann. Jeder Variablen kann dabei in einem Programm nur ein einziger Datentyp zugeordnet werden.

Einer Variablen des Typs *PROC* kann eine parameterlose Prozedur zugeordnet werden. *PROC* ist wie folgt definiert:

```
TYPE
  PROC=PROCEDURE;
```

Bei *PROCEDURE* erhalten Sie ausführliche Informationen zu prozeduralen Datentypen.

Siehe auch
PROCEDURE

PROCEDURE Reserviertes Wort

Zweck
Ermöglicht das Schreiben von Unterprogrammen (Prozeduren und Funktionen).

Bemerkung
Mit einer Prozedur- oder Funktions-Deklaration wird eine vom Benutzer definierte Routine (Unterprogramm) vereinbart. Sie wird im Programm mit ihrem Namen aufgerufen. Eine Prozedur oder Funktion kann sich selbst aufrufen (Rekursion).

Das reservierte Wort *PROCEDURE* leitet die Definition einer Prozedur oder Funktion ein (**prozedurale Variablen** werden am Schluß dieses Begriffs erläutert). Dem Wort *PROCEDURE* folgt ein Bezeichner, der den Namen der Prozedur oder Funktion angibt. Eine optionale Parameterliste definiert die Werte und deren Datentypen, die beim Aufruf übergeben und am Ende wieder zurückgegeben werden sollen (die Parameterliste steht in Klammern). Bei einer Funktion wird der Typ des Ergebnisses hinter die Parameterliste geschrieben (bitte beachten Sie, daß dem Namen einer Funktion das Klammernpaar '()' folgen muß, wenn sie keine Parameter verwendet).

```
PROCEDURE Beep(anz,dauer:CARDINAL);          (* Prozedur *)
PROCEDURE Inc(VAR r:REAL; VAR ok:BOOLEAN);   (* Prozedur *)
PROCEDURE Upper(VAR s:ARRAY OF CHAR);        (* Prozedur *)

PROCEDURE Pruef(a,b:REAL):INTEGER;           (* Funktion *)
PROCEDURE Ende():BOOLEAN;                    (* Funktion *)
```

Falls einem Parameter das reservierte Wort *VAR* vorangestellt wird, handelt es sich um einen Ein- und Ausgabe-Parameter (Variablèn-Parameter), andernfalls nur um einen Eingabe-Parameter (Wert-Parameter).* Das Ende einer Prozedur oder Funktion wird mit dem reservierten Wort END, dem Routinen-Namen und einem Strichpunkt (;) markiert.

Funktionsergebnis: Ein Funktionsergebnis wird mit *RETURN* und dem entsprechenden Wert zurückgegeben (mit *RETURN* kann auch jede Prozedur frühzeitig verlassen werden, hier aber fehlt der Rückgabewert):

```
PROCEDURE Teilbar(a,b:CARDINAL):BOOLEAN;
VAR
  rest:CARDINAL;
BEGIN
  rest:=a MOD b;
  IF rest=0 THEN
    RETURN TRUE
  ELSE
    RETURN FALSE
  END
END Teilbar;

PROCEDURE Teilbar(a,b:CARDINAL):BOOLEAN;   (* etwas eleganter *)
BEGIN
  RETURN (a MOD b)=0
END Teilbar;
```

Offene Arrays ermöglichen die Übergabe eines Arrays mit einer variablen Anzahl von Komponenten:

```
PROCEDURE Upper(VAR s:ARRAY OF CHAR);
VAR
  i:CARDINAL;
BEGIN
  FOR i:=0 TO HIGH(s) DO s[i]:=CAP(s[i]) END
END Upper;
```

s[0] bezeichnet die erste, *s[HIGH(s)]* die letzte Komponente des offenen Arrays (siehe auch Compiler-Befehl **V** im Anhang E.1 bzw. Compiler-Anweisung *data (o_a_copy ...)* im Anhang E.2).

Gültigkeits-Bereich: Variablen, Konstanten, Typen, Prozeduren und Funktionen, die in einer Prozedur oder Funktion definiert werden, sind lokal, d.h. sie sind nur innerhalb der definierenden Prozedur oder Funktion bekannt. Lokale Variablen verlieren ihren Inhalt bei jedem Prozedur-Ende wieder. Ein Prozedur-Parameter kann innerhalb der Prozedur wie eine (lokale) Variable verwendet werden.

---

* Einem Variablen-Parameter können nur Variablen übergeben werden; der Prozedur oder Funktion selbst wird die Adresse dieser Variablen übergeben. Einem Wert-Parameter lassen sich Konstanten (fixe Werte) und Variablen übergeben; diese Werte werden direkt der Prozedur oder Funktion geliefert (mit Hilfe der CPU-Register oder des Stacks).

```
PROCEDURE Beep(anz:CARDINAL);                   (* Prozedur *)
VAR
  i:CARDINAL;  (* lokale Variable *)
BEGIN
  FOR i:=1 TO anz DO IO.WrChar(7C) END
END Beep;

PROCEDURE Inc(VAR r:REAL; VAR ok:BOOLEAN);     (* Prozedur *)
BEGIN
  r:=r+1.0;
  ok:=r<1.0E5
END Inc;

PROCEDURE Pruef(a,b:CARDINAL):INTEGER;          (* Funktion *)
BEGIN
  IF a<b THEN
    RETURN -1
  ELSIF a>b THEN
    RETURN 1
  ELSE
    RETURN 0
  END
END Pruef;
```

Aufruf: Eine Prozedur oder Funktion wird mit Hilfe des zugehörigen Namens aufgerufen, wobei die nötigen Parameter zwischen Klammern gesetzt werden (zwischen den einzelnen Parametern steht ein Komma).

```
VAR
  i:INTEGER;
  wert:REAL;
  wort:ARRAY [0..20] OF CHAR;
  ok:BOOLEAN;
  ...
BEGIN
  wert:=3.14159;
  wort:='rechner';
  Beep(2);
  Inc(wert,ok);    (* wert=4.14159 und ok=TRUE *)
  Upper(wort);     (* wort='RECHNER'           *)
  i:=Pruef(3,4);   (* i=-1                     *)
```

Prozedurale Variablen: Es ist unter Modula-2 möglich, einer Variablen eine Prozedur oder Funktion zuzuordnen. Eine solche Variablen-Deklaration sieht wie folgt aus:

```
TYPE
  alarm=PROCEDURE;
VAR
  klingel:PROCEDURE(CARDINAL);
  upper:PROCEDURE(VAR ARRAY OF CHAR);
```

```
install:PROCEDURE(CARDINAL,alarm):BOOLEAN;
calc:PROCEDURE(LONGREAL):LONGREAL;
```

Dem reservieten Wort *PROCEDURE* folgt die Parameterliste, wobei nur die Datentypen der einzelnen Parameter angegeben werden. Bei einer Funktion wird diese Deklaration mit dem Typ des Funktionsergebnisses abgeschlossen.

```
FOR i:=0 TO 2 DO
  CASE i OF
    0: calc:=MATHLIB.Sin;    (* Eine dieser drei ...    *)
  | 1: calc:=MATHLIB.Cos;    (* ... Funktionen wird ... *)
  | 2: calc:=MATHLIB.Tan     (* ... <calc> zugeordnet.  *)
  END;
  IO.WrLngReal(calc(1.12),10,1);  (* Funktion ausführen *)
  IO.WrLn
END;
```

Der Prozedurtyp *install* führt neben dem "gewöhnlichen" Datentyp *CARDINAL* außerdem den Prozedurtyp *alarm* in seiner Parameterliste auf; wie Sie sehen, sind Verschachtelungen ohne weiteres möglich.

- **Nur Version 1.x:** Bitte beachten Sie, daß Prozeduren und Funktionen, die prozeduralen Variablen zugeordnet werden sollen, immer als *far* definiert sein müssen (Compilerbefehl **F**, siehe Anhang E.1).
- **Ab Version 2.0:** Es ist möglich, Prozeduren und Funktionen zu definieren, die direkt Maschinen-Code in ein Programm einbinden (siehe hierzu *INLINE*).

Siehe auch
FORWARD, MODULE, PROC, RETURN

Process — Modul

P

Zweck
Verwaltet sich konkurrierende Prozesse.

Bemerkung
Dieses Modul stellt einen Prozeß-Verwalter zur Verfügung, der automatisch zwischen den einzelnen Prozessen hin- und herschaltet. Jedem Prozeß kann ein eigenes Ausgabefenster zugeordnet werden (siehe Modul *Window*, *Use* und *SetProcessLocks*).

Awaited	Prüft, ob mindestens ein Prozeß auf ein Signal wartet
Delay	Unterbricht den laufenden Prozeß

Idler[2.0]	Prozeß, der ausgeführt wird, wenn keine anderen Prozesse laufen
Init	Initialisiert ein Signal
Lock	Verhindert, daß ein Prozeß unterbrochen werden kann
Notify	Sendet ein Signal, wenn mindestens ein Prozeß auf dieses wartet
SEND	Sendet ein Signal
StartProcess	Startet eine parameterlose Prozedur als Prozeß
StartScheduler	Startet den Prozeß-Verwalter
StopProcess[2.0]	Stoppt einen laufenden Prozeß
StopScheduler	Stoppt den Prozeß-Verwalter
Unlock	Ermöglicht das Unterbrechen eines Prozesses wieder
WAIT	Veranlaßt den laufenden Prozeß, auf ein Signal zu warten

Folgender undurchsichtige Datentyp (siehe hierzu auch *IMPLEMENTATION*) ist im Modul *Process* vordefiniert:

```
TYPE
  SIGNAL;
```

ProcTrace — Modul (nur Version 1.x)

Zweck
Ermöglicht das Beobachten von Prozedur-Aufrufen.

Bemerkung
Dieses Modul ermöglicht das Beobachten von Prozedur-Aufrufen und kann bei der Fehlersuche oder bei der Laufzeit-Optimierung (siehe Bemerkungen bei *Install*) wertvolle Hilfe leisten.

Check	Prüft, ob sich der Inhalt einer 16-Bit-Variablen verändert hat
Get_Name	Liefert den Namen der aktuellen Prozedur oder Funktion
GetCsIp	Liefert die Inhalte der beiden CPU-Register CS und IP
Install	Installiert das System so, daß Prozedur-Aufrufe beobachtet werden können
Monitor	Merkt sich die Adresse und den Inhalt einer 16-Bit-Variablen

Folgender Typ ist im Modul *ProcTrace* vordefiniert:

[2.0] Diese Routine ist erst ab der Version 2.0 von TopSpeed Modula-2 verfügbar.

```
TYPE
  Name=ARRAY [0..30] OF CHAR;
```

Folgende Variablen sind im Modul *ProcTrace* vordefiniert und werden von *Install* und *Monitor* verwendet:

```
VAR
  Entry,           (* Werden beim Eintreten und Ver- ...   *)
  Exit:PROC;       (* ... lassen einer Routine aufgerufen. *)
  MonAdr:ADDRESS;  (* Adresse der Beobacht-Variablen       *)
  MonWrd:WORD;     (* Inhalt der Beobacht-Variablen        *)
```

PSP Lib

Zweck

Enthält die Adresse des Programmvorspanns.

Struktur

```
VAR PSP:CARDINAL;
```

Bemerkung

Die Variable *PSP* enthält den Segment-Teil der Adresse, bei der das Programmsegment-Präfix beginnt; dieses wird jedem gestarteten Programm im Arbeitsspeicher vorangestellt und dient zur Kommunikation zwischen Programm und MS-DOS und umfaßt 256 Bytes. Folgende Daten sind beispielsweise im Programmsegment-Präfix enthalten:

- Parameter, die dem Programm beim Start übergeben werden (*[PSP:80H]*, 128 Bytes)
- Adresse der Environment-Tabelle (*[PSP:2CH]*, 2 Bytes; entspricht dem Segment-Teil)
- Adresse des freien Speicherplatzes (*[PSP:02H]*; 2 Bytes; entspricht dem Segment-Teil)

Beispiel

Die Prozedur *ProgSize* ermittelt die Größe des laufenden Programmes. Dabei werden die Ablaufumgebung (siehe *Environment*), der Programm-Vorspann (*PSP*), der Programm-Code, die Daten, der Stack und der Heap in die Rechnung miteinbezogen.

Bitte beachten Sie, daß der Heap normalerweise den gesamten freien Speicherplatz beansprucht.

```
MODULE Test;
IMPORT
  Lib,IO;
```

P

```
    PROCEDURE ProgSize():LONGCARD;
    VAR
      fre,env:CARDINAL;
    BEGIN
      env:=[Lib.PSP:2CH]^;
      fre:=[Lib.PSP:02H]^;
      RETURN 16*LONGCARD(fre-env)
    END ProgSize;

  BEGIN
    IO.WrStr('Programm-Größe: ');
    IO.WrLngCard(ProgSize(),1);
    IO.WrStr(' Bytes')
  END Test.
```

Siehe auch
CommandLine, HeapBase

PutBeneath — Window

Zweck
Legt ein bestimmtes Fenster vor ein anderes.

Struktur

```
PutBeneath(w:WinType; wa:WinType);
```

Bemerkung
Die Prozedur *PutBeneath* legt das Fenster *wa* über das Fenster *w* (Datentyp *WinType* siehe *Window*). Die Ausgabe wird jedoch erst mit *Use* oder *PutOnTop* in das gewünschtes Fenster geleitet.

Siehe auch
At, ObscuredAt, PutOnTop, Use

PutImage — Graph (ab Version 2.0)

Zweck
Schreibt einen zuvor gesicherten rechteckigen Graphik-Ausschnitt in den Bildschirm.

Struktur

```
PutImage(x,y:CARDINAL; puffer:ADDRESS; art:CARDINAL);
```

Bemerkung
Die Prozedur *PutImage* kopiert ein Bild, das sich in einem Datenpuffer befindet, bei der Stelle *(x,y)* den Graphik-Bildschirm, wobei der Punkt *(x,y)* der linken oberen Ecke des Bildes entspricht. Das im Datenpuffer enthaltene Bild wurde zu einem früheren Zeitpunkt mit Hilfe der Prozedur *GetImage* vom Bildschirm gelesen. Der Parameter *puffer* bezeichnet die Speicher-Adresse des Datenpuffers, *art* bestimmt, auf welche Weise das Bild in den Bildschirm zu schreiben ist. Folgende Konstanten sind im Modul *Graph* definiert und können für den Parameter *art* verwendet werden:

```
CONST
  _GPSET   = 3;  (* Bild kopieren                     *)
  _GPRESET = 2;  (* inverses Bild kopieren            *)
  _GAND    = 1;  (* Bild und Bildschirm mit AND verknüpfen *)
  _GOR     = 0;  (* Bild und Bildschirm mit OR verknüpfen  *)
  _GXOR    = 4;  (* Bild und Bildschirm mit XOR verknüpfen *)
```

Soll beispielsweise eine Kreisfläche mit *PutImage* in den Bildschirm geschrieben werden, ohne daß die Bildfläche außerhalb des Kreises überschrieben werden darf, müssen zwei Bilder in den aktuellen Bildschirm kopiert werden. Innerhalb des ersten Bildes sind all jene Punkte zu setzten, die auf dem Bildschirm nicht verändert werden sollen (Umgebung retten; der Parameter *art* erhält die Konstante *Graph._GAND*). Das zweite Bild enthält die eigentliche Zeichnung und wird mit *PutImage(x,y,pu,Graph._GXOR);* in den Bildschirm geschrieben (siehe Beispiel). Der Mauszeiger arbeitet im Graphik-Modus nach dieser Technik (siehe hierzu *MsMouse.SetGraphCursor*).

Beispiel
Das folgende Programm zeichnet eine ständig wachsende Röhre. Um dies zu erreichen, werden für jede "Scheibe" der Röhre zwei Bilder in den Bildschirm kopiert. Das erste rettet die Umgebung und löscht alle Punkte, die nicht mehr gesehen werden dürfen (*AND*-Verknüpfung), das zweite zeichnet eine Röhren-Scheibe (*XOR*-Verknüpfung). - Dieses Programm kann mit jeder Taste abgebrochen werden.

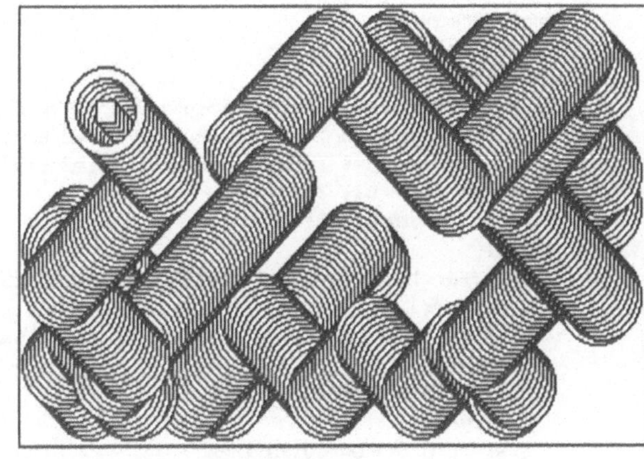

```
MODULE Test;
  (* Achtung: Dieses Programm läuft nur unter folgenden Speichermodellen *)
  (*          (Zeigerwerte müssen 4 Bytes (2 Worte) umfassen):          *)
  (*                                                                    *)
  (*          - Compact, Large, XLarge, MThread                         *)
IMPORT
  Graph,IO,Storage,Lib;
VAR
  ch:CHAR;
  pu1,pu2:ADDRESS;
  x,y:INTEGER;
  dx,dy:INTEGER;

  PROCEDURE BilderErmitteln;
  BEGIN
    Graph.Circle(100,100,20,Graph.NumColor-1);
    Graph.Circle(100,100,15,Graph.NumColor-1);
    Graph.Rectangle(95,95,105,105,Graph.NumColor-1,FALSE);
    Storage.ALLOCATE(pu1,CARDINAL(Graph.ImageSize(80,80,120,120)));
    Storage.ALLOCATE(pu2,CARDINAL(Graph.ImageSize(80,80,120,120)));
    Graph.GetImage(80,80,120,120,pu1);  (* eigentliches Bild *)
    Graph.FloodFill(118,100,Graph.NumColor-1,Graph.NumColor-1);
    Graph.FloodFill(100,100,Graph.NumColor-1,Graph.NumColor-1);
    Graph.GetImage(80,80,120,120,pu2);
    Graph.PutImage(140,80,pu2,Graph._GPRESET);
    Graph.GetImage(140,80,180,120,pu2);  (* dieses Bild rettet Umgebung *)
    Graph.ClearScreen(0)
  END BilderErmitteln;

BEGIN
  Graph.GraphMode;
  BilderErmitteln;
  Lib.RANDOMIZE;
  Graph.Rectangle(0,0,Graph.Width-1,Graph.Depth-1,Graph.NumColor-1,FALSE);
  IF Lib.RANDOM(2)=0 THEN dx:=-2 ELSE dx:=2 END;
  IF Lib.RANDOM(2)=0 THEN dy:=-2 ELSE dy:=2 END;
  x:=Graph.Width DIV 2;
  y:=Graph.Depth DIV 2;
  REPEAT
    IF (x+dx<1) OR (x+dx+42>=INTEGER(Graph.Width)) THEN
      dx:=-dx
    ELSIF (y+dy<1) OR (y+dy+42>=INTEGER(Graph.Depth)) THEN
      dy:=-dy
    ELSIF Lib.RANDOM(40)=0 THEN
      dx:=-dx
    ELSIF Lib.RANDOM(40)=0 THEN
      dy:=-dy
    ELSE
      Lib.Delay(50);
      INC(x,dx); INC(y,dy);
```

```
        Graph.PutImage(ORD(x),ORD(y),pu2,Graph._GAND);
        Graph.PutImage(ORD(x),ORD(y),pu1,Graph._GXOR)
      END
    UNTIL IO.KeyPressed();
    ch:=IO.RdKey();
    Graph.TextMode
  END Test.
```

Siehe auch
GetImage, ImageSize

PutOnTop — Window

Zweck
Legt ein bestimmtes Fenster zuoberst auf den Stapel.

Struktur

```
PutOnTop(w:WinType);
```

Bemerkung
Die Prozedur *PutOnTop* legt das Fenster *w* zuoberst auf den Fenster-Stapel und macht es (wenn nötig) sichtbar (somit wird es von keinem anderen Fenster mehr verdeckt). Alle Ausgaben werden nun in dieses Fenster geschrieben (siehe Beispiel bei *At*).

Siehe auch
At, ObscuredAt, PutBeneath, Use

QSort

Lib

Zweck

Sortiert Werte mit Hilfe des Quick-Sorts.

Struktur

```
QSort(n:CARDINAL; less:CompareProc; swap:SwapProc);
```

Bemerkung

Die Prozedur *QSort* sortiert mit Hilfe des Quick-Sorts beliebige Werte (Zahlen, Zeichenketten ...). Der Quick-Sort ist äußerst schnell, jedoch benötigt er aufgrund rekursiver Aufrufe zusätzlichen Speicherplatz (im Gegensatz zum Heap-Sort; weitere Informationen erhalten Sie bei *HSort*).

- **Nur Version 1.x:** Die beiden Routinen, die den Parametern *less* und *swap* übergeben werden, müssen als *far* (siehe auch Compiler-Befehl **F** im Anhang E.1) definiert sein (andernfalls meldet der Compiler einen Fehler).

Beispiel

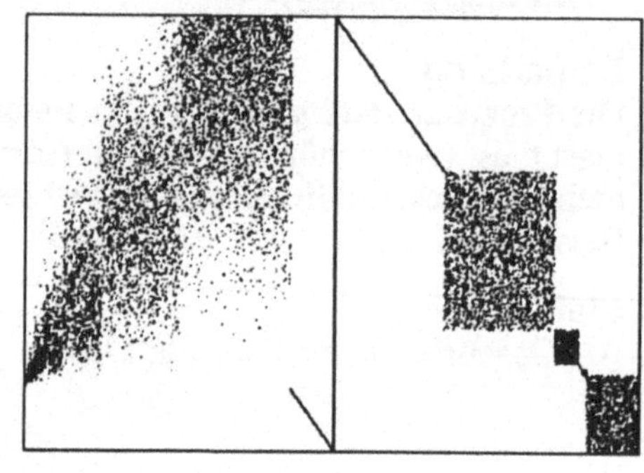

Folgendes Programm zeigt, wie die beiden Sortiermethoden Quick- und Heap-Sort arbeiten. Jede zu sortierende Zahl wird als Graphik-Punkt dargestellt (die X-Koordinate entspricht der Position innerhalb des Arrays, die Y-Koordinate entspricht dem Zahlenwert).

Da beide Soriertmethoden gleichzeitig dargestellt werden (zwei parallele Prozesse laufen ab), können Sie von Auge beurteilen, welche Methode die schnellere ist (links arbeitet der Heap-, rechts der Quick-Sort).

```
MODULE Test;
  (* Ab Version 2.0: Speichermodell <MThread> wählen! *)
IMPORT
  Lib,Graph,IO,Process;
CONST
  max=10000;  (* Anzahl zu sortierende Zahlen *)
TYPE
  feld=ARRAY [1..max] OF CARDINAL;
VAR
  q,h:feld;
  kx,ky:CARDINAL;  (* Korrekturfaktor in X- und Y-Richtung    *)
  qd,hd:CARDINAL;  (* Verschiebung in X-Richtung QSort, HSort *)
  stop,ende:Process.SIGNAL;
```

```
PROCEDURE punkt(x,y,d,c:CARDINAL);
BEGIN
  IF c=0 THEN
    Graph.Plot(d+x DIV kx,y DIV ky,0)
  ELSE
    Graph.Plot(d+x DIV kx,y DIV ky,Graph.NumColor-1)
  END
END punkt;

PROCEDURE erzeugen(VAR f:feld; n,d:CARDINAL);
VAR
  i:CARDINAL;
BEGIN
  FOR i:=1 TO n DO
    f[i]:=i;
    punkt(i,i,d,1)
  END
END erzeugen;

PROCEDURE mischen(VAR f:feld; n,d:CARDINAL);
VAR
  i,j,temp:CARDINAL;
BEGIN
  FOR i:=1 TO n DO
    j:=Lib.RANDOM(n)+1;
    punkt(i,f[i],d,0); punkt(j,f[j],d,0);
    temp:=f[i]; f[i]:=f[j]; f[j]:=temp;
    punkt(i,f[i],d,1); punkt(j,f[j],d,1)
  END
END mischen;

PROCEDURE Qkleiner(i,j:CARDINAL):BOOLEAN;
BEGIN
  RETURN q[i]<q[j]
END Qkleiner;

PROCEDURE Hkleiner(i,j:CARDINAL):BOOLEAN;
BEGIN
  RETURN h[i]<h[j]
END Hkleiner;

PROCEDURE Qtausche(i,j:CARDINAL);
VAR
  temp:CARDINAL;
BEGIN
  punkt(i,q[i],qd,0); punkt(j,q[j],qd,0);
  temp:=q[i]; q[i]:=q[j]; q[j]:=temp;
  punkt(i,q[i],qd,1); punkt(j,q[j],qd,1)
END Qtausche;

PROCEDURE Htausche(i,j:CARDINAL);
VAR
  temp:CARDINAL;
```

Q

```
  BEGIN
    punkt(i,h[i],hd,0); punkt(j,h[j],hd,0);
    temp:=h[i]; h[i]:=h[j]; h[j]:=temp;
    punkt(i,h[i],hd,1); punkt(j,h[j],hd,1)
  END Htausche;

  PROCEDURE QuickSort;
  BEGIN
    LOOP
      erzeugen(q,max,qd);
      mischen(q,max,qd);
      Lib.QSort(max,Qkleiner,Qtausche);
      Process.SEND(ende);
      Process.WAIT(stop)
    END
  END QuickSort;

  PROCEDURE HeapSort;
  BEGIN
    LOOP
      erzeugen(h,max,hd);
      mischen(h,max,hd);
      Lib.HSort(max,Hkleiner,Htausche);
      Process.SEND(ende);
      Process.WAIT(stop);
    END
  END HeapSort;

  PROCEDURE Init;
  BEGIN
    Lib.RANDOMIZE;
    kx:=2*max DIV Graph.Width;
    ky:=max DIV Graph.Depth;
    qd:=Graph.Width DIV 2;  (* Verschiebung in X-Richtung für QSort *)
    hd:=0;                  (* Verschiebung in X-Richtung für HSort *)
  END Init;

BEGIN
  Graph.GraphMode;  (* siehe auch Init<karte> *)
  Init;
  Process.Init(ende);
  Process.Init(stop);
  Process.StartScheduler;
  Process.StartProcess(HeapSort,2000,1);
  Process.StartProcess(QuickSort,2000,1);
  Process.WAIT(ende);
  Process.WAIT(ende)
END Test.
```

Siehe auch

HSort

QUALIFIED — Reserviertes Wort

Zweck
Exportiert Bezeichner eines lokalen Moduls so, daß sie immer zusammen mit dem Modul-Namen aufgerufen werden müssen.

Bemerkung
Das reservierte Wort *QUALIFIED* bewirkt, daß ein exportierter Bezeichner (siehe auch *EXPORT*) nur in qualifizierter Schreibweise benutzt werden kann (d.h. dem Bezeichner muß der Modul-Name und ein Punkt vorangestellt werden).

Bitte beachten Sie, daß der Export innerhalb eines lokalen Moduls einheitlich sein muß (entweder *EXPORT* oder *EXPORT QUALIFIED*, nicht aber beides). Es können nur Bezeichner eines lokalen Moduls exportiert werden.

Beispiel

```
MODULE Test;
FROM Window IMPORT
  GotoXY;
IMPORT
  IO,Lib;

  MODULE Innen;
  IMPORT
    IO,Lib;
  EXPORT QUALIFIED
    Rnd;

    PROCEDURE Rnd(a,b:CARDINAL):CARDINAL;
    VAR
      h:CARDINAL;
    BEGIN
      IF a>b THEN h:=a; a:=b; b:=h END;
      RETURN Lib.RANDOM(b-a+1)+a
    END Rnd;

  BEGIN
    (* Initialisierungs-Teil *)
  END Innen;

CONST
  oben=3;
  unten=22;
VAR
  i:CARDINAL;
  f:ARRAY [oben..unten] OF CARDINAL;
BEGIN
  FOR i:=oben TO unten DO
    f[i]:=0;
```

Q

```
      GotoXY(1,i);
      IO.WrCard(i,2); IO.WrStr(': ')
    END;
    Lib.RANDOMIZE;
    REPEAT
      i:=Innen.Rnd(oben,unten);  (* qualifizierter Aufruf ist zwingend *)
      INC(f[i]);
      GotoXY((f[i] DIV 2)+5,i);
      IF ODD(f[i]) THEN IO.WrChar(CHAR(219)) ELSE IO.WrChar(CHAR(221)) END
    UNTIL f[i]>148
  END Test.
```

Siehe auch

IMPORT, EXPORT

RAND Lib

Zweck
Ermittelt eine reelle Zufallszahl.

Struktur

```
RAND():REAL;
```

Bemerkung
Die Funktion *RAND* übergibt eine reelle Zufallszahl *r* (Wertebereich für *r*: *0.0* <= *r* < *1.0*). Der Zufallszahlengenerator kann mit *RANDOMIZE* in einen unbekannten Zustand gebracht werden. Ausführliche Informationen erhalten Sie bei *RANDOM*.

Siehe auch
RANDOM, RANDOMIZE

RANDOM Lib

Zweck
Ermittelt eine ganzzahlige Zufallszahl.

Struktur

```
RANDOM(bereich:CARDINAL):CARDINAL;
```

Bemerkung
Die Funktion *RANDOM* übergibt eine ganzzahlige Zufallszahl *x* (Wertebereich für *x*: *0 <= x < bereich* (wenn *x>0*); *0 <= x < 65536* (wenn *x=0*)). Der Zufallszahlen-Generator kann mit *RANDOMIZE* in einen unbekannten Zustand gebracht werden.

Als Gütezeichen eines Zufallszahlengenerators wird oft die Periodenlänge herangezogen. Diese ist definiert als Anzahl Zufallszahlen, die gezogen werden können, bis der Generator wieder dieselben Zahlenfolgen liefert. In einem Mammut-Test (Dauer: 30 Stunden) habe ich versucht, die Periodenlänge des verwendeten Zufallszahlengenerators zu ermitteln, jedoch habe ich bei einer Periodenlänge von mehr als 2 500 000 000 das Experiment abgebrochen. Die effektive Periodenlänge liegt vermutlich bei mindestens 4.2 Mia.; da der verwendete Algorithmus jedoch nicht direkt auf eine Periodenlänge schließen läßt, kann diese auch weit größer sein.

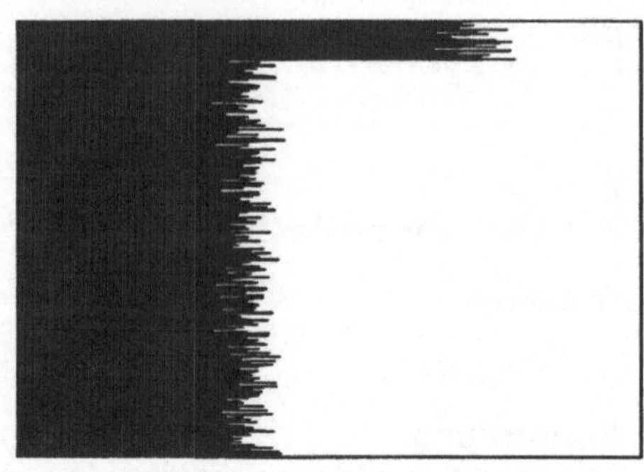

Achtung: Intern berechnet die Funktion *RANDOM* bei jedem Aufruf einen Wert im Bereich 0..65535. Dieser Wert wird fälschlicherweise mit dem Operator *MOD* in den gewünschten Bereich gebracht (entsprechend dem Parameter *bereich*). Dies hat zur Folge, daß in der Regel niedrige Werte häufiger vorkommen als höhere. Die nebenstehende Abbildung verdeutlicht diesen Effekt. In der Vertikalen werden alle Zufallszahlen im Bereich *0..bereich* (siehe Konstante im folgenden Programm) aufgeführt, die horizontalen Linien entsprechen der Häufigkeit einer bestimmten Zahl:

```
MODULE Test;
FROM Graph IMPORT
  Line,Plot,Width,Depth,NumColor;
IMPORT
  Lib,IO,Graph;
CONST
  bereich=60000;
  LR::=LONGREAL;
VAR
  y,col:CARDINAL;
  anz:ARRAY [0..1000] OF CARDINAL;
BEGIN
  Lib.RANDOMIZE;
  Lib.Fill(ADR(anz),SIZE(anz),0);
  Graph.GraphMode;
  col:=NumColor-1;
  Line(0,0,Width-1,0,col); Line(Width-1,0,Width-1,Depth-1,col);
  Line(Width-1,Depth-1,0,Depth-1,col); Line(0,Depth-1,0,0,col);
  REPEAT
    y:=CARDINAL(LR(Lib.RANDOM(bereich))/LR(bereich)*LR(Depth));
    Plot(anz[y],y,col); INC(anz[y])
  UNTIL IO.KeyPressed();
  Graph.TextMode
END Test.
```

Folgende Funktion liefert in jedem Fall eine gute Verteilung der Zufallszahlen:

```
PROCEDURE RANDOM(b:CARDINAL):CARDINAL;  (* korrekte Verteilung *)
VAR
  z:CARDINAL;
BEGIN
  z:=Lib.RANDOM(0);  (* Bereich 0..65535 *)
  IF b=0 THEN
    RETURN z
```

```
  ELSE
    RETURN CARDINAL(LONGCARD(z)*LONGCARD(b-1) DIV LONGCARD(MAX(CARDINAL)))
  END
END RANDOM;
```

Beispiel

Folgendes Programm simuliert einen Würfel, der 60000 Mal geworfen wird.

```
MODULE RANDOM_Test;
FROM Lib IMPORT
  RANDOMIZE,RANDOM,Fill;
IMPORT
  IO,Window;
VAR
  w:ARRAY [0..5] OF CARDINAL;
  x,y,i:CARDINAL;
BEGIN
  RANDOMIZE;
  Fill(ADR(w),SIZE(w),0);
  FOR x:=1 TO 60 DO
    FOR y:=1 TO 1000 DO
      INC(w[RANDOM(6)])
    END;
    Window.GotoXY(1,1);
    IO.WrStr('Anzahl Würfe: '); IO.WrCard(x*1000,1);
    IO.WrLn; IO.WrLn;
    FOR i:=0 TO 5 DO
      IO.WrCard(i+1,1); IO.WrStr(': ');
      IO.WrCard(w[i],5); IO.WrLn
    END
  END
END RANDOM_Test.
```

Siehe auch

RAND, RANDOMIZE

RANDOMIZE Lib

R

Zweck

Bringt den Zufallszahlen-Generator in einen unbekannten Zustand.

Struktur

```
RANDOMIZE;
```

Bemerkung

Die Prozedur *RANDOMIZE* setzt den Zufallszahlen-Generator in einen unbekannten Zustand. Dies ist bei hohen Ansprüchen an die Zufälligkeit oft wünschenswert. Falls *RANDOMIZE* nicht verwendet wird, erzeugen *RAND* und *RANDOM* bei jedem Programm-Start dieselben Zufallszahlen (was durchaus nützlich und erwünscht sein kann).

Siehe auch
RAND, RANDOM

RCharPos — Str (ab Version 2.0)

Zweck
Sucht ein einzelnes Zeichen in einer Zeichenkette (rechts bzw. hinten beginnend).

Struktur

```
RCharPos(s:ARRAY OF CHAR; ch:CHAR):CARDINAL;
```

Bemerkung
Die Funktion *RCharPos* sucht innerhalb der Zeichenkette *s* nach dem Zeichen *ch* (rechts beginnend) und gibt bei erfolgreicher Suche die Position der Fundstelle bekannt (0 entspricht dem ersten Zeichen). Bei erfolgloser Suche wird der Wert *MAX(CARDINAL)* zurückgegeben.

Siehe auch
CharPos, FindSubStr, Match, NextPos, Pos, Subst

Rd<typ> — FIO

Zweck
Liest in einer Datei eine Zeichenkette und wandelt sie in einen bestimmten Typ um.

Struktur

```
RdBool(f:File):BOOLEAN;
RdCard(f:File):CARDINAL;
RdChar(f:File):CHAR;
RdHex(f:File):CARDINAL;
RdInt(f:File):INTEGER;
RdLngCard(f:File):LONGCARD;
RdLngHex(f:File):LONGCARD;
RdLngInt(f:File):LONGINT;
RdLngReal(f:File):LONGREAL;
RdReal(f:File):REAL;
```

```
RdShtCard(f:File):SHORTCARD;
RdShtHex(f:File):SHORTCARD;
RdShtInt(f:File):SHORTINT;
```

Bemerkung
Die Funktion *Rd<typ>* liest eine Zeichenkette von der Datei *f* ein und wandelt diese in den angegebenen Funktionstyp um. Vor dem Lesen eines Wertes werden zuerst alle Trennzeichen übersprungen (alle gültige Trennzeichen sind in der Variablen *FIO.Separators* definiert; Standard-Trennzeichen sind *CR*, *LF*, *TAB*, *CTRL-Z* und *Leerzeichen*). Anschließend liest *Rd<typ>* solange in der Datei *f*, bis wiederum ein Trennzeichen auftaucht.

Nach einem erfolgreichen Lesen enthält die Variable *FIO.OK* den Wert *TRUE*, andernfalls *FALSE*. Wenn die Variable *FIO.EOF* nach einem Lesen den Wert *TRUE* enthält, ist das Dateiende erreicht.

Bitte beachten Sie, daß alle *FIO.Rd<typ>*-Funktionen in einer Textdatei lesen und dabei Zeichenketten in Zahlenwerte umwandeln. Die Funktion *RdBool* gibt nur dann den Wert *TRUE* zurück, wenn sie die Zeichenkette 'TRUE' gelesen hat, andernfalls den Wert *FALSE* (auch dann, wenn 'true' oder 'True' in der Datei steht).

Daten können wesentlich platzsparender in eine Datei geschrieben werden (siehe hierzu die bei *FIO.Wr<typ>* aufgeführten Beispiele).

Serielle Schnittstelle: TopSpeed Modula-2 definiert im Modul *FIO* die Konstante *AuxDevice*, mit deren Hilfe die serielle Schnittstelle *COM1* direkt angesprochen werden kann:

```
VAR
  zeile:ARRAY [0..255] OF CHAR;
BEGIN
  zeile:='Hallo';
  FIO.WrStr(FIO.AuxDevice,zeile);  (* schreiben *)
  FIO.RdStr(FIO.AuxDevice,zeile);  (* lesen     *)
```

Folgendes Programm-Fragment zeigt, wie eine weitere serielle Schnittstelle angesprochen werden kann:

```
VAR
  com2:FIO.File;
  zeile:ARRAY [0..255] OF CHAR;
BEGIN
  com2:=FIO.Open('COM2');  (* COM2 öffnen *)
  zeile:='Hallo';
  FIO.WrStr(com2,zeile);   (* schreiben   *)
  FIO.RdStr(com2,zeile);   (* lesen       *)
```

Bitte beachten Sie, daß die Leseprozeduren (*FIO.RdStr*) in den oben aufgeführten Programm-Fragmenten solange warten, bis eine Zeichenkette gelesen werden kann (andernfalls bleiben diese Prozeduren "hängen").

Folgende Funktionen prüfen, ob Daten von einer seriellen Schnittstelle gekommen sind bzw. erfolgreich gesendet werden konnten:

```
PROCEDURE DatenBereit(s:CARDINAL):BOOLEAN;
VAR
  reg:SYSTEM.Registers;
BEGIN
  reg.AH:=3;
  reg.DX:=s;  (* 0=COM1 oder AUX, 1=COM2, 2=COM3 ... *)
  Lib.Intr(reg,14H);
  RETURN 0 IN BITSET(reg.AH)
END DatenBereit;

PROCEDURE SchreibFehler(s:CARDINAL):BOOLEAN;
VAR
  reg.SYSTEM.Registers;
BEGIN
  reg.AH:=3;
  reg.DX:=s;  (* 0=COM1 oder AUX, 1=COM2, 2=COM3 ... *)
  Lib.Intr(reg,14H);
  RETURN 7 IN BITSET(reg.AH)
END SchreibFehler;
```

Weitere Informationen zu diesem komplexen Thema erhalten Sie in einem System-Handbuch (siehe Literaturhinweise am Ende dieses Buches).

Beispiel

```
MODULE test;
IMPORT
  FIO,IO;
VAR
  f:FIO.File;
  i:CARDINAL;
  r:REAL;
BEGIN
  f:=FIO.Create('TEST.DAT');
  r:=1.1;
  FOR i:=1 TO 10 DO
    FIO.WrReal(f,r,5,20);   (* Daten erzeugen *)
    r:=r*2.1
  END;
  FIO.Seek(f,0);  (* Dateizeiger an den Dateianfang setzen *)
  FOR i:=1 TO 10 DO
    r:=FIO.RdReal(f);  (* Daten lesen *)
    IO.WrReal(r,5,20)
  END;
  FIO.Close(f)
END test.
```

Siehe auch

IOresult (FIO), RdBin, Wr<typ> (FIO), WrBin

Rd<typ> IO

Zweck

Liest von der Tastatur eine Zeichenkette ein und wandelt diese in einen bestimmten Typ um.

Struktur

```
RdBool():BOOLEAN;
RdCard():CARDINAL;
RdChar():CHAR;
RdHex():CARDINAL;
RdInt():INTEGER;
RdLngCard():LONGCARD;
RdLngHex():LONGCARD;
RdLngInt():LONGINT;
RdLngReal():LONGREAL;
RdReal():REAL;
RdShtCard():SHORTCARD;
RdShtHex():SHORTCARD;
RdShtInt():SHORTINT;
```

Bemerkung

Die Funktion *Rd<typ>* liest von der Tastatur eine Zeichenkette ein, die (dem Funktionstyp entsprechend) in den gewünschten Datentyp umgewandelt wird. Nach einem erfolgreichen Lesen enthält die Variable *IO.OK* den Wert *TRUE*, andernfalls *FALSE*. Wenn die Variable *IO.Prompt* den Wert *TRUE* enthält (entspricht dem Standard), wird vor dem Einlesen ein Fragezeichen (*'?'*) ausgegeben.

In einer Zeile können mehrere Werte eingegeben werden (jeder Wert wird einzeln mit *Rd<typ>* eingelesen; siehe hierzu auch *EndOfRd*); als Trennzeichen werden dabei die in der Variablen *IO.Separators* gespeicherten Zeichen akzeptiert (Standard-Trennzeichen sind *CR*, *LF*, *TAB*, *Ctrl-Z* und *Leerzeichen*). Die einem Wert vorangestellten Trennzeichen werden ignoriert.

Mit Hilfe der Prozedur *RedirectInput* kann die Eingabe-Einheit umdefiniert werden.

Siehe auch

Wr<typ> (IO)

RdBin FIO

Zweck

Liest eine beliebige Anzahl Bytes.

Struktur

```
RdBin(f:File; VAR pu:ARRAY OF BYTE; anz:CARDINAL):CARDINAL;
```

Bemerkung

Die Funktion *RdBin* liest *anz* typenlose Bytes der Datei *f* und speichert diese in der Puffervariablen *pu*. Als Funktionsergebnis wird die wirklich gelesene Anzahl Bytes zurückgegeben.

Die beiden Routinen *WrBin* und *RdBin* werden besonders dann benötigt, wenn komplexe Datenstrukturen (siehe auch *ARRAY* und *RECORD*) in einer Datei verwaltet werden sollen (siehe hierzu das bei *WrBin* aufgeführte Beispiel).

Beispiel

Die folgende Funktion *CopyFile* kopiert eine beliebige Datei. Bitte beachten Sie, daß der Datenpuffer *pu* im Hauptmodul definiert sein sollte und nicht innerhalb der Funktion *CopyFile*, da im zweiten Fall der Puffer auf dem Stack erzeugt werden würde (dessen Größe ist meistens nicht ausreichend, siehe auch Compiler-Befehl S im Anhang E.1 bzw. Compiler-Anweisung *data(stack_size ...)* im Anhang E.2).

Vermeiden Sie es, eine Datei in sich selbst zu kopieren, da auf diese Weise wichtige Daten verloren gehen können. Die im Programm eingebaute Prüfung auf Gleichheit (*IF Compare(quelle,ziel)=0 ...*) bemerkt nicht jeden Fall (z.B. werden 'C:\TEST.EXE' und '\TEST.EXE' als verschiedene Dateien angesehen, obwohl dies nicht unbedingt zutreffen muß).

```
MODULE RdBin_Test;
IMPORT
  FIO,IO;
FROM Str IMPORT
  Caps,Compare;
CONST
  max=4000H;  (* 16 KBytes *)
VAR
  pu:ARRAY [1..max] OF BYTE;

  PROCEDURE CopyFile(quelle,ziel:ARRAY OF CHAR):BOOLEAN;
  VAR
    q,z:FIO.File;
    check:BOOLEAN;
    gelesen:CARDINAL;
  BEGIN
    check:=FIO.IOcheck;
    FIO.IOcheck:=FALSE;
    q:=FIO.Open(quelle);
    z:=FIO.Create(ziel);
    IF FIO.IOresult()<>0 THEN FIO.IOcheck:=check; RETURN FALSE END;
    REPEAT
      IO.WrChar('.');
      gelesen:=FIO.RdBin(q,pu,max);
```

```
        FIO.WrBin(z,pu,gelesen)
      UNTIL gelesen<>max;
      FIO.IOcheck:=check;
      RETURN FIO.IOresult()=0
    END CopyFile;

  VAR
    quelle,ziel:ARRAY [0..127] OF CHAR;
    ok:BOOLEAN;
  BEGIN
    IO.WrStr('Kopieren einer Datei'); IO.WrLn;
    IO.WrStr('Quelldatei: '); IO.RdStr(quelle);
    IO.WrStr(' Zieldatei: '); IO.RdStr(ziel);
    Caps(quelle); Caps(ziel);
    IF Compare(quelle,ziel)=0 THEN
      IO.WrStr('Datei kann nicht in sich selbst kopiert werden!');
      HALT
    END;
    ok:=CopyFile(quelle,ziel);
    IO.WrLn;
    IF ok THEN
      IO.WrStr('Datei kopiert ...')
    ELSE
      IO.WrStr('Fehler beim Kopieren ...')
    END
  END RdBin_Test.
```

Siehe auch
WrBin

RdBufferLn — Window

Zweck
Liest innerhalb des Fenster-Puffers eine Zeile.

Struktur

```
RdBufferLn(w:WinType; x,y:RelCoord; wohin:ADDRESS; len:CARDINAL);
```

Bemerkung
Die Prozedur *RdBufferLn* liest innerhalb des Fensters *w*, bei der Stelle *(x,y)* beginnend, *len* Worte (=2 Byte-Einheiten) und übergibt diese der Variablen, die sich bei der Adresse *wohin* befindet (da im Fensterpuffer gelesen wird, treten keine Bildschirmstörungen auf). Der Punkt *(1,1)* entspricht der linken oberen Fensterecke.

Ein einzelnes gelesenes Wort besteht aus dem eigentlichen Bildschirmzeichen (ASCII-Code) und dem dazugehörenden Farb-Attribut; aus diesem Grund kann die gelesene Zeile nicht ohne weiteres mit *IO.WrStr* oder *DirectWrite* geschrieben werden (verwenden Sie hierzu *WrBufferLn*).

Mit *RdBufferLn* ist auch derjenige Fensterinhalt zugänglich, der auf dem Bildschirm nicht sichtbar ist (d.h. von anderen Fenstern verdeckt wird).

Beispiel

```
VAR
  pu:ARRAY [1..10],[1..2] OF BYTE;  (* pu[x,1] = Zeichen  *)
  w:Window.WinType;                 (* pu[x,2] = Attribut *)
  d:Window.WinDef;
BEGIN
  (* hier <d> initialisieren *)
  w:=Window.Open(d);
  IO.WrStr('Grüß den Nachbarn ...');
  Window.RdBufferLn(w,1,1,ADR(pu),SIZE(pu) DIV 2);
```

Siehe auch
DirectWrite, WrBufferLn

RdChar — BiosIO (ab Version 2.0)

Zweck
Liest ein einzelnes Zeichen ein (mit Echo).

Struktur

```
RdChar():CHAR;
```

Bemerkung
Die Funktion *RdChar* liest ein einzelnes Zeichen von der Tastatur ein und zeigt dieses am Bildschirm an (Echo). Falls sich im Tastatur-Puffer kein Zeichen befindet (*KeyPressed* liefert *FALSE*), wartet *RdChar* solange, bis Sie eine Taste drücken.

Siehe auch
RdKey (BiosIO)

RdItem — FIO

Zweck
Liest in einer Datei ein einzelnes Wort.

Struktur

```
RdItem(f:File; VAR x:ARRAY OF CHAR);
```

Bemerkung

Die Prozedur *RdItem* liest in der Datei *f* solange Zeichen, bis ein Trennzeichen auftaucht (diese sind in der Variablen *FIO.Separators* definiert, siehe hierzu auch *FIO.Rd<typ>*). Die gelesenen Zeichen werden als Zeichenkette zurückgegeben (Parameter *x*). Befindet sich der Dateizeiger zu Beginn bereits auf einem Trennzeichen, wird dieser zunächst solange in Richtung Dateiende verschoben, bis er auf kein Trennzeichen mehr zeigt (und erst jetzt werden die einzelnen Zeichen gelesen).

Wenn die Variable *FIO.EOF* nach einem Lesen den Wert *TRUE* enthält, ist das Dateiende erreicht. *FIO.RdStr* liest im Gegensatz zu *RdItem* immer eine ganze Datei-Zeile ein.

Beispiel

Folgendes Programm zählt die in einer Textdatei enthaltenen Wörter:

```
MODULE RdItem_Test;
IMPORT
  FIO,IO,Str;
VAR
  f:FIO.File;
  anz:LONGCARD;
  name,wort:ARRAY [0..127] OF CHAR;
BEGIN
  IO.WrStr('Dateiname: '); IO.RdStr(name);
  IF NOT FIO.Exists(name) THEN
    IO.WrStr('Datei existiert nicht!')
  ELSE
    f:=FIO.Open(name);
    FIO.Separators:=FIO.Separators+Str.CHARSET{',',';','.',':'};
    anz:=0;
    REPEAT
      FIO.RdItem(f,wort);
      IO.WrStr(wort); IO.WrStr(' | ');
      INC(anz)
    UNTIL FIO.EOF;
    IO.WrLn;
    IO.WrStr('Anzahl Wörter: '); IO.WrLngCard(anz,1);
    FIO.Close(f)
  END
END RdItem_Test.
```

Siehe auch

RdStr (FIO), WrStr (FIO)

R

RdItem IO

Zweck
Liest ein einzelnes Wort.

Struktur

```
RdItem(VAR x:ARRAY OF CHAR);
```

Bemerkung
Die Prozedur *RdItem* liest solange Zeichen innerhalb des Eingabe-Puffers, bis eines der definierten Trennzeichen auftaucht; die momentan gültigen Trennzeichen sind in der vordefinierten Mengen-Variablen *IO.Separators* enthalten (Standard-Trennzeichen sind *CR*, *LF*, *TAB*, *CTRL-Z* und *Leerzeichen*):

```
VAR
  Separators:Str.CHARSET;
```

Falls der Eingabe-Puffer bei einem Aufruf von *RdItem* bereits leer ist, werden solange Zeichen eingelesen und in den Eingabe-Puffer geschrieben, bis Sie die RETURN-Taste drücken. *RdItem* liest nun innerhalb des Puffers das erste Wort und stellt dieses zur Verfügung; ein weiterer Aufruf von *RdItem* liest das nächste Wort.

Mit Hilfe der Funktion *EndOfRd* läßt sich feststellen, ob noch Wörter im Eingabe-Puffer enthalten sind (siehe folgendes Beispiel). Die Prozedur *RdLn* löscht alle Daten, die sich im Eingabe-Puffer befinden.

Beispiel

```
MODULE Test;
IMPORT
  IO;
VAR
  wort:ARRAY [0..255] OF CHAR;
BEGIN
  IO.WrStr('Bitte geben Sie mehrere Wörter in einer Zeile ein ...');
  IO.WrLn; IO.WrStr('> ');
  REPEAT
    IO.RdItem(wort);
    IO.WrStr(wort); IO.WrLn
  UNTIL IO.EndOfRd(TRUE)
END Test.
```

Siehe auch
RdStr (IO), WrStr (IO)

RdKey — BiosIO (ab Version 2.0)

Zweck
Liest ein einzelnes Zeichen ein (ohne Echo).

Struktur

```
RdKey():CHAR;
```

Bemerkung
Die Funktion *RdKey* liest von der Tastatur ein einzelnes Zeichen ein. Falls der Tastatur-Puffer beim Aufruf von *RdKey* leer ist (*KeyPressed* liefert *FALSE*), wartet *RdKey* solange, bis Sie eine Taste drücken.

Die Funktion *BiosIO.RdKey* ist im Gegensatz zu *IO.RdKey* reentrant (und schneller); aus diesem Grund kann sie in speicherresidenten Programmen verwendet werden.

Die Funktions- und Cursortasten (und andere) liefern immer zwei Codes. Eine ausführliche Liste der einzelnen Tastencodes finden Sie im Anhang **I**.

Siehe auch
KeyPressed (BiosIO), RdChar (BiosIO)

RdKey — IO

Zweck
Liest ein einzelnes Zeichen ein.

Struktur

```
RdKey():CHAR;
```

Bemerkung
Wenn sich ein Zeichen im Tastatur-Puffer befindet (*KeyPressed* liefert *TRUE*), wird dieses von der Funktion *RdKey* eingelesen; andernfalls wartet *RdKey* solange, bis Sie eine Taste drücken. Das eingelesene Zeichen wird dabei nicht am Bildschirm angezeigt.

Funktions- und Cursortasten erzeugen immer zwei lesbare Einträge im Tastaturpuffer, wobei der erste dem Zeichen *0C* (oder *CHR(0)*) entspricht. Eine vollständige Tabelle aller Tastencodes finden Sie im Anhang **I**).

Beispiel

```
MODULE RdKey_Test;
IMPORT
  IO;
```

R

```
VAR
  ch:CHAR;
BEGIN
  IO.WrStr('Abbruch mit <ESC> ...'); IO.WrLn;
  REPEAT
    ch:=IO.RdKey();
    IF ch=0C THEN
      IO.WrStr('Taste mit 2 Codes: 0 ');
      ch:=IO.RdKey(); IO.WrCard(CARDINAL(ch),1)
    ELSE
      CASE CARDINAL(ch) OF
         8: IO.WrStr('BackSpace-Taste')
      |  9: IO.WrStr('Tab-Taste')
      | 13: IO.WrStr('RETURN- oder ENTER-Taste')
      | 27: IO.WrStr('ESC-Taste')
      | 32: IO.WrStr('Leertaste')
      ELSE
        IO.WrStr('Taste: '); IO.WrChar(ch)
      END
    END;
    IO.WrLn
  UNTIL ch=CHR(27)
END RdKey_Test.
```

Siehe auch
KeyPressed

RdLn IO

Zweck
Überliest alle im Eingabepuffer vorhandenen Daten.

Struktur

```
RdLn;
```

Bemerkung
Eine Lesefunktion (z.B. *Rd<typ>*) liest bei einem Aufruf nur einen einzelnen Wert ein, auch dann, wenn mehrere Werte eingegeben worden sind (diese werden im Eingabepuffer zwischengespeichert). Diese können zu einem späteren Zeitpunkt mit weiteren Lesefunktionen eingelesen werden. Mit Hilfe der Prozedur *RdLn* läßt sich der gesamte Inhalt des Eingabepuffers löschen.

Siehe auch
WrLn (IO)

RdStr FIO

Zweck

Liest in einer Datei eine ganze Zeile.

Struktur

```
RdStr(f:File; VAR s:ARRAY OF CHAR);
```

Bemerkung

Die Prozedur *RdStr* liest in der Datei *f* solange Zeichen, bis *CR* (=*CHR(13)*), *CR/LF* (=*CHR(13)+CHR(10)*) oder *Ctrl-Z* (=*CHR(26)* für Dateiende) auftaucht. Die gelesenen Zeichen werden als Zeichenkette zurückgegeben (Parameter *s*) und entsprechen einer Text-Zeile (die aus mehreren Wörtern besteht; siehe auch *FIO.RdItem*).

Wenn die Variable *FIO.EOF* nach einem Lesen den Wert *TRUE* enthält, ist das Dateiende erreicht.

Beispiel

Folgendes Programm kann dazu verwendet werden, um den Quellcode eines Modula-Programmes auszudrucken:

```
MODULE List;
IMPORT
  FIO,IO,Lib;
CONST
  kopfzeile      = 2;
  randoben       = 4;
  randunten      = 67;
  druckzeilen    = randunten-randoben+1;
  seitenvorschub = CHR(12);
  lst            = FIO.PrinterDevice;
VAR
  znr,rel:CARDINAL;
  name,zeile:ARRAY [0..127] OF CHAR;
  f:FIO.File;

  PROCEDURE WriteHead(name:ARRAY OF CHAR; side:CARDINAL);
  BEGIN
    FIO.WrStr(lst,'Datei <'); FIO.WrStr(lst,name);
    FIO.WrStr(lst,'>, Seite '); FIO.WrCard(lst,side,1);
    FIO.WrLn(lst)
  END WriteHead;

BEGIN
  FIO.IOcheck:=FALSE;
  IF Lib.ParamCount()=0 THEN
    IO.WrStr('Dateiname: ');
    IO.RdStr(name)
```

R

```
  ELSE
    Lib.ParamStr(name,1)
  END;
  f:=FIO.Open(name);
  IF FIO.IOresult()<>0 THEN
    IO.WrStr('Datei <'); IO.WrStr(name); IO.WrStr('> unbekannt!');
    HALT
  END;
  znr:=1; rel:=1;
  FIO.EOF:=FALSE;
  REPEAT
    IO.WrChar(CHR(13)); IO.WrStr('Drucken der Zeile ');
    IO.WrCard(znr,1); IO.WrStr(' ...');
    CASE rel OF
      1..kopfzeile:
        WHILE rel<kopfzeile DO FIO.WrLn(lst); INC(rel) END;
        WriteHead(name,1+znr DIV druckzeilen);
        INC(rel);
    | kopfzeile+1..randoben-1:
        WHILE rel<randoben DO FIO.WrLn(lst); INC(rel) END;
    | randoben..randunten:
        FIO.RdStr(f,zeile);
        FIO.WrCard(lst,znr,5); FIO.WrStr(lst,': ');
        FIO.WrStr(lst,zeile); FIO.WrLn(lst);
        INC(znr); INC(rel)
    ELSE
      FIO.WrStr(lst,seitenvorschub);
      rel:=1;
    END
  UNTIL FIO.EOF;
  IF rel<>1 THEN FIO.WrStr(lst,seitenvorschub) END;
  FIO.Close(f)
END List.
```

Siehe auch

WrStr (FIO), WrStrAdj (FIO)

RdStr IO

Zweck

Liest eine beliebige Zeichenkette ein.

Struktur

```
RdStr(VAR x:ARRAY OF CHAR);
```

Bemerkung

Die Prozedur *RdStr* liest solange Zeichen ein, bis Sie die RETURN-Taste drükken (die Zeichenkette wird hierbei mit *CHR(0)* abgeschlossen). Falls Sie versuchen, mehr Zeichen einzugeben, als der Parameter *x* aufnehmen könnte, ertönt ein kurzer Signalton.

Im Gegensatz zu *RdStr* liest *IO.RdItem* einzelne Wörter ein.

Beispiel

```
MODULE RdStr_Test;
IMPORT
  IO,Str;
VAR
  zeile:ARRAY [0..50] OF CHAR;
  bu:ARRAY [0..255] OF CARDINAL;
  i:CARDINAL;
BEGIN
  IO.WrStr('Programmabbruch durch Leereingabe ...'); IO.WrLn; IO.WrLn;
  LOOP
    IO.WrStr('Eingabe: '); IO.RdStr(zeile);
    IF zeile[0]=0C THEN EXIT END;  (* Leereingabe? *)
    IO.WrStr('-> Zeilenlänge: '); IO.WrCard(Str.Length(zeile),1);
    IO.WrLn; IO.WrLn
  END
END RdStr_Test.
```

Siehe auch

WrStr (IO), WrStrAdj (IO)

RdStrRedirect — IO (ab Version 2.0)

Zweck

Ermöglicht das Definieren einer eigenen Eingabe-Routine.

Struktur

```
VAR RdStrRedirect:RdStrType;
```

Bemerkung

Mit Hilfe der prozeduralen Variablen *RdStrRedirect* wird es möglich, eine Eingabe-Routine zu installieren, die von allen Lese-Routinen des Moduls *IO* aufgerufen wird. Der Datentyp *RdStrType* ist dabei wie folgt im Modul *IO* definiert:

```
TYPE
  RdStrType=PROCEDURE (VAR ARRAY OF CHAR);
```

Der Kopf einer neuen Eingabe-Routine könnte wie folgt aussehen:

```
PROCEDURE Input(VAR s:ARRAY OF CHAR);
```

Nach der Ausführung von *Input* muß der Parameter *s* die gelesene Zeichenkette enthalten (gelesen werden kann z.B. von der Tastatur oder in einer Datei; siehe Modul *FIO*). Innerhalb von *Input* darf keinenfalls eine Lese-Routine des Moduls *IO* aufgerufen werden, da sonst die Prozedur *Input* sich immer wieder selbst aufruft.

Es ist empfehlenswert, die ursprüngliche Lese-Routine zwischenzuspeichern, damit diese später bei Bedarf wieder installiert werden kann (siehe Beispiel). Mit Hilfe der Variablen *InputRedirected* kann signalisiert werden, daß die Eingabe umgeleitet wird (der Inhalt dieser Variablen wird von TopSpeed Modula-2 jedoch nicht überprüft). Sie ist wie folgt im Modul *IO* definiert:

```
VAR
  InputRedirected:BOOLEAN;  (* TRUE, wenn Eingabe umgeleitet *)
```

Beispiel

Folgendes Programm installiert eine eigene Ein- und Ausgabe-Prozedur, die von allen Lese- und Schreib-Routinen des Moduls *IO* verwendet werden:

```
MODULE Test;
IMPORT
  IO,Lib,Str,SYSTEM;

  PROCEDURE WrChar(ch:BYTE);
  VAR
    reg:SYSTEM.Registers;
  BEGIN
    reg.AH:=2;  (* Zeichen schreiben *)
    reg.DL:=ch;
    Lib.Dos(reg);
    Lib.Sound(440); Lib.Delay(10);
    Lib.NoSound; Lib.Delay(10)
  END WrChar;

  PROCEDURE RdChar(VAR ch:BYTE);
  VAR
    reg:SYSTEM.Registers;
  BEGIN
    reg.AH:=8;  (* Zeichen lesen (ohne Echo) *)
    Lib.Dos(reg);
    ch:=reg.AL
  END RdChar;

  PROCEDURE Input(VAR s:ARRAY OF CHAR);
  VAR
    i:CARDINAL;
    max:CARDINAL;
    ch:CHAR;
```

```
  BEGIN
    i:=0;
    max:=IO.MaxRdLength-1; IF HIGH(s)<max THEN max:=HIGH(s) END;
    LOOP
      RdChar(ch);
      IF ch=CHR(13) THEN s[i]:=0C; WrChar(10); WrChar(13); EXIT END;
      IF (ch=CHR(8)) AND (i>0) THEN  (* BackSpace *)
        DEC(i); s[i]:=0C;
        WrChar(8); WrChar(' '); WrChar(8)
      ELSIF (i<max) AND (ch<>CHR(8)) THEN
        s[i]:=ch; WrChar(ch); INC(i)
      ELSE
        Lib.Sound(440); Lib.Delay(250); Lib.NoSound
      END
    END
  END Input;

  PROCEDURE Output(s:ARRAY OF CHAR);
  VAR
    i,len:CARDINAL;
  BEGIN
    len:=Str.Length(s); IF len=0 THEN RETURN END;
    Str.Caps(s);
    FOR i:=0 TO len-1 DO
      WrChar(s[i])
    END
  END Output;

VAR
  OldOutput:IO.WrStrType;
  OldInput:IO.RdStrType;
  name:ARRAY [0..20] OF CHAR;
  i:CARDINAL;
BEGIN
  IO.WrStr('Ausgabe wird umgeleitet ...'); IO.WrLn;
  OldOutput:=IO.WrStrRedirect;
  OldInput:=IO.RdStrRedirect;
  IO.WrStrRedirect:=Output; IO.OutputRedirected:=TRUE;
  IO.RdStrRedirect:=Input; IO.InputRedirected:=TRUE;
  IO.WrStr('Bitte geben Sie Ihren Namen ein: '); IO.RdStr(name);
  FOR i:=1 TO 10 DO
    IO.WrCard(i,3); IO.WrStr(': '); IO.WrStr(name); IO.WrLn
  END;
  IO.WrStrRedirect:=OldOutput; IO.OutputRedirected:=FALSE;
  IO.RdStrRedirect:=OldInput; IO.InputRedirected:=FALSE;
  IO.WrStr('Nun ist wieder alles normal ...');
END Test.
```

Siehe auch

RedirectOutput, WrStrRedirect

ReadFirstEntry FIO

Zweck
Sucht eine Datei auf dem Datenträger.

Struktur

```
ReadFirstEntry(maske:ARRAY OF CHAR; attr:FileAttr; VAR erg:DirEntry):BOOLEAN;
```

Bemerkung
Die Funktion *ReadFirstEntry* sucht eine Datei auf dem Datenträger. Der Parameter *maske* enthält die Maske des zu suchenden Dateinamens; ihr kann ein Laufwerksname und/oder ein Suchpfad vorangestellt werden. Die beiden unter MS-DOS bekannten Stellvertreterzeichen * und ? dürfen verwendet werden.

Der Parameter *attr* legt fest, nach welcher Art von Dateieintrag gesucht werden soll (z.B. Verzeichnis, Diskettenname, Systemdatei ...).

Die Datentypen *FileAttr* und *DirEntry* sind folgendermaßen im Modul FIO definiert:

```
TYPE
  FileAttr = SET OF (readonly,hidden,system,volume,directory,archive);
  PathTail = ARRAY [0..12] OF CHAR;
  DirEntry = RECORD
    rsvd:ARRAY [0..20] OF SHORTCARD;  (* reserviert      *)
    attr:FileAttr;                    (* Dateiattribut   *)
    time,date:CARDINAL;               (* Zeit und Datum  *)
    size:LONGCARD;                    (* Dateigröße      *)
    Name:PathTail                     (* Dateiname       *)
  END;
```

Den einzelnen Elementen von *FileAttr* kommen folgende Beudeutungen zu:

readonly	Datei kann nur gelesen werden
hidden	Versteckte Datei (wird nicht angezeigt, wenn Sie den DOS-Befehl *DIR* verwenden)
system	Systemdatei (gehört zum MS-DOS-Kern)
volume	Name des Datenträgers
directory	Verzeichnis
archive	Archivierungsbit (bei den meisten Text- und Programmdateien gesetzt)

Die beiden Felder *time* und *date* des Datentyps *DirEntry* enthalten die Uhrzeit und das Datum der Datei. Diese komprimierten Werte sind wie folgt zu lesen (siehe auch die Prozeduren *GetFileTime* und *GetFileDate* im Beispielprogramm unten sowie die beiden Prozeduren *PackTimeDate* und *UnpackTimeDate* bei *GetFileDate*):

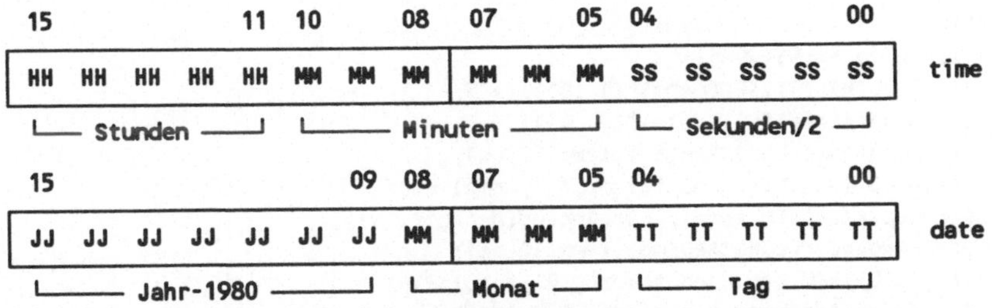

```
15               11  10      08   07       05  04               00
| HH  HH  HH  HH  HH  MM  MM  MM | MM  MM  MM  SS  SS  SS  SS  SS |  time
 └─ Stunden ─┘  └──── Minuten ────┘  └─ Sekunden/2 ─┘
15                        09  08   07       05  04               00
| JJ  JJ  JJ  JJ  JJ  JJ  JJ  MM | MM  MM  MM  TT  TT  TT  TT  TT |  date
 └──── Jahr-1980 ────┘  └─ Monat ─┘  └──── Tag ────┘
```

Nach einer erfolgreichen Suche (Funktionsergebnis ist *TRUE*) enthält *erg* die Daten des gesuchten Datei-Eintrages. Weitere Dateieinträge, die dem Parameter *maske* entsprechen, können mit *ReadNextEntry* gesucht werden.

Beispiel

Folgendes Programm schreibt alle Dateien des aktuellen Verzeichnisses in den Bildschirm (siehe auch Beispiel bei *Match*).

```
MODULE ReadFirstEntry_Test;
FROM FIO IMPORT
  DirEntry,FileAttr,directory,archive,
  ReadFirstEntry,ReadNextEntry;
IMPORT
  IO,Str;

  PROCEDURE GetFileTime(time:CARDINAL; VAR timestr:ARRAY OF CHAR);
  VAR
    std,min,sek:CARDINAL;
    ok:BOOLEAN;
    temp:ARRAY [0..1] OF CHAR;
  BEGIN
    std:=time >> 11;
    min:=CARDINAL(BITSET(time)*{5..10}) >> 5;
    sek:=CARDINAL(BITSET(time)*{0..4})*2;
    Str.CardToStr(LONGCARD(std),temp,10,ok);
    IF std<10 THEN Str.Concat(temp,' ',temp) END;
    Str.Copy(timestr,temp); Str.Append(timestr,':');
    Str.CardToStr(LONGCARD(min),temp,10,ok);
    IF min<10 THEN Str.Concat(temp,'0',temp) END;
    Str.Append(timestr,temp); Str.Append(timestr,':');
    Str.CardToStr(LONGCARD(sek),temp,10,ok);
    IF sek<10 THEN Str.Concat(temp,'0',temp) END;
    Str.Append(timestr,temp)
  END GetFileTime;

  PROCEDURE GetFileDate(date:CARDINAL; VAR datestr:ARRAY OF CHAR);
  VAR
    ja,mo,tg:CARDINAL;
    ok:BOOLEAN;
    temp:ARRAY [0..3] OF CHAR;
```

```
  BEGIN
    ja:=(date >> 9)+1980;
    mo:=CARDINAL(BITSET(date)*{5..8}) >> 5;
    tg:=CARDINAL(BITSET(date)*{0..4});
    Str.CardToStr(LONGCARD(tg),temp,10,ok);
    IF tg<10 THEN Str.Concat(temp,' ',temp) END;
    Str.Copy(datestr,temp); Str.Append(datestr,'.');
    Str.CardToStr(LONGCARD(mo),temp,10,ok);
    IF mo<10 THEN Str.Concat(temp,'0',temp) END;
    Str.Append(datestr,temp); Str.Append(datestr,'.');
    Str.CardToStr(LONGCARD(ja),temp,10,ok);
    Str.Append(datestr,temp);
  END GetFileDate;

VAR
  ok:BOOLEAN;
  erg:DirEntry;
  datum,zeit:ARRAY [0..10] OF CHAR;
BEGIN
  ok:=ReadFirstEntry('*.*',FileAttr{directory,archive},erg);
  WHILE ok DO
    IO.WrStrAdj(erg.Name,-13);
    IF directory IN erg.attr THEN
      IO.WrStr('(Verzeichnis)')
    ELSE
      IO.WrLngCard(erg.size,13)
    END;
    GetFileTime(erg.time,zeit);
    GetFileDate(erg.date,datum);
    IO.WrStr('  '); IO.WrStr(zeit);
    IO.WrStr('  '); IO.WrStr(datum);
    IO.WrLn;
    ok:=ReadNextEntry(erg)
  END
END ReadFirstEntry_Test.
```

Siehe auch

ReadNextEntry

ReadNextEntry FIO

Zweck

Sucht nach weiteren Dateien.

Struktur

```
ReadNextEntry(VAR erg:DirEntry):BOOLEAN;
```

Bemerkung

Die Funktion *ReadNextEntry* setzt die mit *ReadFirstEntry* begonnene Suche nach einem gültigen Dateieintrag fort und liefert bei einem Erfolg *TRUE* als Funktionsergebnis. Die Daten des Dateieintrages sind nun in *erg* enthalten (siehe hierzu *ReadFirstEntry*).

Beispiel

Folgendes Programm liest das gesamte Verzeichnis der Festplatte (Laufwerk C; siehe auch Beispiel bei *Match*).

```
MODULE ReadNextEntry_Test;
FROM FIO IMPORT
  DirEntry,FileAttr,directory,archive,
  ReadFirstEntry,ReadNextEntry;
IMPORT
  IO,Str;

  PROCEDURE rueckein(anz:CARDINAL);
  VAR
    i:CARDINAL;
  BEGIN
    FOR i:=1 TO anz DO IO.WrStr('-, ') END
  END rueckein;

  PROCEDURE ShowDirectory(dir:ARRAY OF CHAR; ebene:CARDINAL);
  VAR
    ok:BOOLEAN;
    erg:DirEntry;
    maske,temp:ARRAY [0..127] OF CHAR;
  BEGIN
    Str.Concat(maske,dir,'*.*');
    ok:=ReadFirstEntry(maske,FileAttr{directory,archive},erg);
    WHILE ok DO
      rueckein(ebene); IO.WrStr(dir); IO.WrStr(erg.Name); IO.WrLn;
      IF (directory IN erg.attr) AND (erg.Name[0]<>'.') THEN
        Str.Concat(temp,dir,erg.Name);
        Str.Append(temp,'\');
        ShowDirectory(temp,ebene+1)
      END;
      ok:=ReadNextEntry(erg);
    END
  END ShowDirectory;

BEGIN
  ShowDirectory('C:\',0)  (* Laufwerk C *)
END ReadNextEntry_Test.
```

Siehe auch

ReadFirstEntry

ReadRedirectionFile FIOR (ab Version 2.0)

Zweck
Liest den Inhalt einer beliebigen Pfadtabellen-Datei ein, die in Zukunft verwendet werden soll.

Struktur

```
ReadRedirectionFile(name:ARRAY OF CHAR);
```

Bemerkung
Die Prozedur *ReadRedirectionFile* liest die Pfadtabelle (siehe hierzu Modul *FIOR*) mit dem Namen *name* ein. Zuvor wird *name* jedoch mit Hilfe des Aufrufs *FindExePath(...,TRUE,...);* erweitert (siehe *FindExePath*).

Unmittelbar nach der Ausführung von *ReadRedirectionFile* enthält die in *FIOR* definierte Variable *LastPath* den vollständigen Namen (inkl. Laufwerks- und Pfad-Angaben) der gelesenen Pfadtabellen-Datei:

```
TYPE
  PathStr=ARRAY [0..64] OF CHAR;
VAR
  LastPath:PathStr;
```

Falls der Inhalt der Variablen *FIOR.TextFile* der Konstanten *FIOR.Null* (= *MAX(CARDINAL)*) entspricht, steht keine Pfadtabelle zur Verfügung.

Im Initialisierungs-Teil des Moduls *FIOR* wird standardmäßig versucht, die Pfadtabellen-Datei *TS.RED* einzulesen.

Siehe auch
Init (FIOR)

REAL Datentyp

Zweck
Typ für die reellen Zahlen im Bereich 1.2E-38 bis 3.4E38 und -1.2E-38 bis -3.4E38.

Bemerkung
Ein Datentyp definiert die Art oder Beschaffenheit der Werte, die eine Variable aufnehmen kann. Jeder Variablen kann dabei in einem Programm nur ein einziger Datentyp zugeordnet werden.

Eine Variable des Typs *REAL* kann einen gebrochenen (reellen) Wert im Bereich ±(1.2E-38 bis 3.4E38) aufnehmen (6 signifikante Stellen). *REAL* läßt sich auch bei der Umwandlung von Typen einsetzen:

```
VAR
  r:REAL;
  i:INTEGER;
BEGIN
  i:=-123;
  r:=REAL(i);
```

Intern benötigt eine *REAL*-Variable 4 Bytes Speicherplatz.

Siehe auch
INTEGER, CARDINAL, LONGREAL, LONGWORD

RealToStr Str

Zweck
Wandelt einen *LONGREAL*-Wert in eine Zeichenkette um.

Struktur

```
RealToStr(x:LONGREAL; k:CARDINAL; eng:BOOLEAN; VAR s:ARRAY OF CHAR;
          VAR ok:BOOLEAN);
```

Bemerkung
Die Prozedur *RealToStr* wandelt den Wert *x* in eine Zeichenkette um. *k* entspricht der gewünschten Anzahl Kommastellen (zulässiger Bereich: 1..17). Falls *eng* den Wert *TRUE* enthält, wird die technisch-wissenschaftliche Schreibweise verwendet (siehe hierzu *IO.Wr<typ>*). Falls *s* zu wenig Zeichen aufnehmen kann, enthält *ok* nach der Prozedur-Ausführung den Wert *FALSE*.

Bitte beachten Sie, daß *RealToStr* im Gegensatz zu *FixRealToStr* immer die Exponenten-Darstellung verwendet.

Beispiel

```
VAR
  s:ARRAY [0..255] OF CHAR;
  ok:BOOLEAN;
BEGIN
  RealToStr(314.159,2,FALSE,s,ok);  (* s='3.14E+2'   *)
  RealToStr(0.314,4,FALSE,s,ok);    (* s='3.1400E-1' *)
```

Siehe auch
CardToStr, FixRealToStr, IntToStr, StrToReal

R

RECORD

Reserviertes Wort

Zweck

Ermöglicht das Bilden einer Datenstruktur, die aus mehreren Komponenten besteht.

Bemerkung

Mit dem reservierten Wort *RECORD* lassen sich komplexe Datenstrukturen bilden, die mehrere Komponenten enthalten; jeder Komponente kann ein beliebiger Typ zugeordnet werden. Eine einzelne Komponente wird Feld (engl. *field*) genannt, die gesamte Datenstruktur heißt Datensatz (engl. *record*). Viele Datensätze der gleichen Struktur (die sich beispielsweise in einer Datei befinden) bilden eine Datenbank (engl. *data base*).

Die Definition eines Datensatzes besteht aus dem reservierten Wort *RECORD*, dem eine Auflistung der einzelnen Felder folgt. Das Ende eines Datensatzes wird mit dem reservierten Wort *END* markiert. Den einzelnen Feldern muß ein Datentyp folgen. Mehrere Felder des gleichen Typs können zusammengefaßt werden, getrennt durch ein Komma:

```
TYPE
  Datum=RECORD
    tag:[1..31];
    monat:[1..12];
    jahr:CARDINAL;
  END;
  akte=RECORD
    name,
    vorname:ARRAY [0..20] OF CHAR;
    geboren:Datum;
    mann:BOOLEAN
  END;
```

name oder *geboren* sind Feldbezeichner; sie sind nur innerhalb des Datentyps *akte* gültig. Ein einzelnes Feld wird durch den Namen einer Variablen und den Feldnamen, getrennt durch einen Punkt, angesprochen:

```
VAR
  klara,hans:akte;
BEGIN
  klara.name:='Traurig';
  klara.vorname:='Klara';
  klara.geboren.jahr:=1966;
  klara.geboren.monat:=12;
```

Ganze Zuweisungen von Datensätzen der gleichen Struktur sind erlaubt:

```
hans:=klara;
```

Wie Sie beim Feld *geboren* sehen, können innerhalb eines Datensatzes wiederum Datensatz-Typen verwendet werden.

Der oben beschriebene Gebrauch von Datensätzen führt manchmal zu langen Anweisungen. Es wäre bedeutend einfacher, wenn auf die einzelnen Felder wie auf Variablen zugegriffen werden könnte. Diesen Wunsch erfüllt die *WITH*-Anweisung: Sie "öffnet" einen Datensatz und ermöglicht so den Zugriff auf die einzelnen Felder:

```
WITH klara DO
  name:='Traurig';
  vorname:='Klara';
  WITH geboren DO
    jahr:=1966;
    monat:=12
  END
END;
```

Variante Records: Wollen wir beispielsweise eine Datenbank aufbauen, die Informationen von Personen enthält, werden wir feststellen, daß Männer, Frauen und Kinder nicht dieselben Felder benötigen (bitte beachten Sie, daß folgendes Beispiel wirklich nur ein Beispiel ist und mit der Wirklichkeit nichts zu tun hat):

Geschlecht	typische Felder
männlich	Name, Gewicht, Alter, IQ (in Zahlen)
weiblich	Name, Augenfarbe, Schönheit, Intelligenz
sächlich	Name, Windelmarke

Nur das Feld *Name* stimmt bei allen überein, die anderen Felder sind individuell. Um nicht unnötigen Ballast in einem Datensatz mitzuschleppen, erlaubt Modula-2 das Verwenden von Varianten.

Ein Variantenteil besteht aus dem Variantenmarkierfeld (engl. *tag field*), dem ein definierter Typ zugeordnet wird (der Inhalt des Variantenmarkierfeldes bestimmt später die jeweilige Variante). Ihm folgen Labels, die zu den einzelnen Werten des Variantenmarkierfeldes die typischen Felder aufführen (der variante Teil eines Datensatzes entspricht eigentlich einer *CASE*-Anweisung):

```
TYPE
  geschlecht=(mann,frau,kind);
  farbe=(grau,gruen,blau,rot);
  person=RECORD
    name:ARRAY [0..10] OF CHAR;
    CASE gesch:geschlecht OF
      mann:
        gewicht,alter,IQ:CARDINAL;
    | frau:
        augen:farbe;
        schoen,gescheit:BOOLEAN;
```

```
      ELSE
        windelmarke:ARRAY [0..10] OF CHAR;
      END;
      einkommen:LONGCARD
    END;
  VAR
    wer:person;
```

Die Feldergruppen *gewicht/alter/IQ*, *augen/schoen/gescheit* und *windelmarke* werden im Arbeitsspeicher übereinandergelegt, um Speicherplatz zu sparen (siehe auch *VSIZE*).

Die feststehenden Felder (hier *name* und *einkommen*) können vor oder hinter dem varianten Teil geschrieben werden. Außerdem sind mehrere variante Teile innerhalb desselben Datensatzes durchaus möglich. Um das Feld *gewicht* anzusprechen, muß geschrieben werden:

```
wer.gesch:=mann;
wer.gewicht:=88;
```

Es ist möglich, nach obiger Zuweisung das Feld *schoen* abzufragen, obwohl ihm explizit kein Wert zugewiesen worden ist. Es wird einfach ein Teil des Feldes *gewicht* als *BOOLEAN*-Wert interpretiert:

```
wer.gesch:=frau;
IO.WrBool(wer.schoen,1);
```

Durch diese Überlappung der Feldgruppen ist es möglich, Werte in die verschiedensten Typen umzuwandeln:

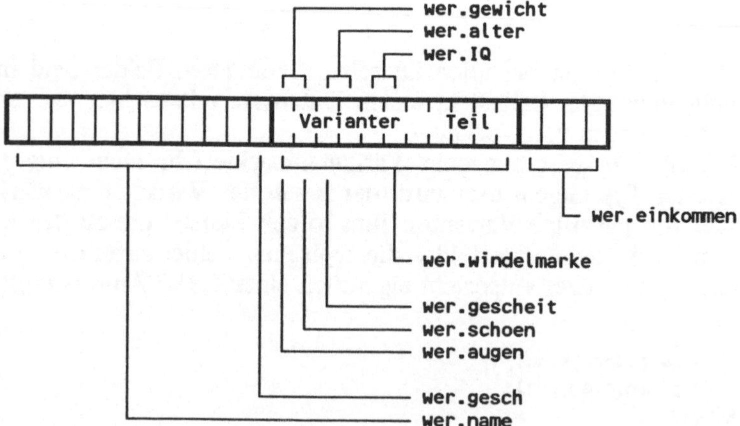

Wie Sie aus obiger Abbildung erkennen können, wird das Variantenmarkierfeld selbst wie ein gewöhnliches Datenfeld behandelt.

Das Variantenmarkierfeld muß nicht unbedingt vorhanden sein; an seiner Stelle kann allein ein Datentyp (dem ein Doppelpunkt vorangestellt wird) angegeben werden:

```
TYPE
  Registers=RECORD
    CASE :BOOLEAN OF
      TRUE :AX,BX,CX,DX,BP,SI,DI,DS,ES:CARDINAL;
            Flags                     :BITSET;
    | FALSE:AL,AH,BL,BH,CL,CH,DL,DH   :SHORTCARD;
    END;
  END;
VAR
  reg:Registers;
BEGIN
  reg.AX:=1234H;
  IO.WrHex(CARDINAL(reg.AL),3);
  IO.WrHex(CARDINAL(reg.AH),3);
```

Derartige Recordtypen dienen lediglich der Datentransformation und werden oft bei systemnaher Programmierung eingesetzt (bitte beachten Sie, daß hier *kein* Speicherplatz für ein Variantenmarkierfeld reserviert wird).

- **Nur Version 1.x:** Die beiden Compiler-Befehle **E** und **Y** werden im Zusammenhang mit varianten Records gebraucht (siehe Anhang E.1).
- **Ab Version 2.0:** Die beiden Compiler-Anweisungen *data(volatile_variant ...)* und *data(ext_redord ...)* werden im Zusammenhang mit varianten Records verwendet (siehe Anhang E.2).

Verwalten von Datensätzen: Falls Sie Datensätze in einer Datei verwalten wollen, lesen Sie bitte die Bemerkungen bei *WrBin*.

Siehe auch
ARRAY, WITH ... DO

Rectangle — Graph (ab Version 2.0)

Zweck
Zeichnet ein (gefülltes) Rechteck.

Struktur

```
Rectangle(x1,y1,x2,y2:CARDINAL; farbe:CARDINAL; fuellen:BOOLEAN);
```

Bemerkung
Die Prozedur *Rectangle* zeichnet ein Rechteck, wobei *(x1,y1)* der linken oberen und *(x2,y2)* der rechten unteren Ecke des Rechteckes entspricht. Falls der Pa-

rameter *fuellen* den Wert *TRUE* enthält, wird das Rechteck mit dem aktuellen Muster ausgefüllt. Mit *SetLinestyle* kann die Linien-Art, mit *SetFillMask* das Füllmuster bestimmt werden. Der Parameter *farbe* bezeichnet die Zeichenfarbe und muß im Bereich *0..(Graph.NumColor-1)* liegen (genauere Informationen zur Farbe erhalten Sie bei *RemapAllPalette* und *SetPalette*).

Wichtig: Damit ein Rechteck ordnungsgemäß gefüllt werden kann, muß der Punkt *(x1,y1)* wirklich der linken oberen Ecke des Rechteckes entsprechen.

Siehe auch

Arc, Circle, Cube, Disc, Ellipse, HLine, Line, Pie, Plot, Point, Polygon, TrueCircle, TrueDisc

RedirectInput — IO

Zweck

Legt eine neue Eingabe-Einheit fest.

Struktur

```
RedirectInput(name:ARRAY OF CHAR);
```

Bemerkung

Die Lese-Routinen des Moduls *IO* lesen normalerweise diejenigen Zeichen ein, die von der Tastatur kommen. Mit Hilfe von *RedirectInput* wird es möglich, die Eingabeeinheit zu ändern.

Der Parameter *name* kann entweder den Namen einer Datei oder eines Gerätes (z.B. serielle Schnittstelle) enthalten. Alle Eingaben werden nun von *name* erwartet. Jeder Aufruf von *RedirectInput* schließt die vorherige Eingabedatei oder -einheit.

- **Ab Version 2.0:** Falls die Eingabe mit *RedirectInput* umgeleitet wird, enthält die Variable *InputRedirected* den Wert *TRUE*. Sie ist wie folgt im Modul *IO* definiert

  ```
  VAR
    InputRedirected:BOOLEAN;  (* TRUE, wenn Eingabe umgeleitet *)
  ```

  Mit Hilfe der prozeduralen Variablen *WrStrRedirect* (siehe dort) kann eine beliebige Eingabe-Prozedur geschrieben werden.

Beispiel

```
RedirectInput('A:MIMI.BRF');  (* Eingabe von Datei *)
RedirectInput('COM1');        (* serieller Eingang *)
RedirectInput('CON');         (* Tastatureingabe   *)
```

Siehe auch
RedirectOutput, WrStrRedirect

RedirectOutput IO

Zweck
Legt eine neue Ausgabe-Einheit fest.

Struktur

```
RedirectOutput(name:ARRAY OF CHAR);
```

Bemerkung
Die Schreib-Routinen des Moduls *IO* schreiben normalerweise in den Bildschirm. Mit Hilfe von *RedirectOutput* wird es aber möglich, die Ausgabe umzuleiten. Der Parameter *name* kann entweder den Namen einer Datei oder eines Gerätes (z.B. Drucker) enthalten. Alle Ausgaben werden nun zu *name* gesendet. Jeder Aufruf von *RedirectOutput* schließt die vorherige Ausgabedatei oder -einheit.

```
RedirectOutput('C:\MOD\TEST.TXT');  (* Ausgabe in Datei    *)
RedirectOutput('LPT1');             (* Druckerausgabe      *)
RedirectOutput('COM1');             (* serieller Ausgang   *)
RedirectOutput('CON');              (* Bildschirmausgabe   *)
RedirectOutput('NUL');              (* Papierkorb-Ausgabe *)
```

Druckerausgabe: Die Druckerausgabe läßt sich einfacher mit den Routinen des Moduls *FIO* verwirklichen (siehe *FIO.Wr<typ>*).

Achtung: Bitte beachten Sie, daß die Lese-Routinen des Moduls *IO* ebenfalls schreiben (Anzeigen der eingegebenen Werte). Aus diesem Grund sollte *RedirectOutput* erst vor den eigentlichen Schreib-Routinen aufgerufen werden (siehe Beispiel).

- **Ab Version 2.0:** Falls die Ausgabe mit *RedirectOutput* umgeleitet wird, enthält die Variable *OutputRedirected* den Wert *TRUE*. Sie ist wie folgt im Modul *IO* definiert

  ```
  VAR
    OutputRedirected:BOOLEAN;  (* TRUE, wenn Ausgabe umgeleitet *)
  ```

  Mit Hilfe der prozeduralen Variablen *RdStrRedirect* (siehe dort) kann eine beliebige Ausgabe-Prozedur geschrieben werden.

R

Beispiel

```
MODULE RedirectOutput_Test;
IMPORT
  IO,Str;
VAR
  s:ARRAY [0..255] OF CHAR;
  aus:CHAR;
BEGIN
  aus:='B';
  LOOP
    IO.RedirectOutput('CON');  (* Bildschirm *)
    IO.RdStr(s);
    IF Str.Length(s)=0 THEN EXIT END;
    IF Str.Compare(s,'lpt')=0 THEN aus:='D' END;
    IF Str.Compare(s,'con')=0 THEN aus:='B' END;
    IF aus='D' THEN IO.RedirectOutput('LPT1') END;
    IO.WrStr(s); IO.WrLn
  END;
  IO.WrStr('Fertig ...'); IO.WrLn
END RedirectOutput_Test.
```

Siehe auch

RedirectInput, RdStrRedirect

RemapAllPalette — Graph (ab Version 2.0)

Zweck

Verändert die gesamte Farb-Palette (nur *EGA* und *VGA*).

Struktur

```
RemapAllPalette(farben:ARRAY OF LONGCARD):CARDINAL;
```

Bemerkung

Mit Hilfe der Funktion *RemapAllPalette* können alle Einträge der aktuellen Farb-Palette verändert werden. Als Funktionsergebnis wird *0* (für fehlerfreie Ausführung) oder *MAX(CARDINAL)* (für erfolglose Ausführung) zurückgegeben.

Dem Parameter *farben* wird ein *ARRAY* übergeben. Die Anzahl der *ARRAY*-Komponenten (vom Typ *LONGCARD*) muß dabei mindestens so groß sein wie die Anzahl der Paletten-Einträge (die maximale Anzahl der Paletten-Einträge läßt sich mit der Variablen *Graph.NumColor* oder der Prozedur *GetVideoConfig* bestimmen):

```
VAR
  farben=ARRAY [0..15] OF LONGCARD;  (* wenn 16 Paletten-Einträge vorhanden *)
```

Für die einzelnen Farben können folgende Konstanten verwendet werden:

```
CONST
  _BLACK   = 0000000H;   _GRAY          = 0151515H;
  _BLUE    = 02A0000H;   _LIGHTBLUE     = 03F1515H;
  _GREEN   = 0002A00H;   _LIGHTGREEN    = 0153F15H;
  _CYAN    = 02A2A00H;   _LIGHTCYAN     = 03F3F15H;
  _RED     = 000002AH;   _LIGHTRED      = 015153FH;
  _MAGENTA = 02A002AH;   _LIGHTMAGENTA  = 03F153FH;
  _BROWN   = 000152AH;   _LIGHTYELLOW   = 0153F3FH;
  _WHITE   = 02A2A2AH;   _BRIGHTWHITE   = 03F3F3FH;
```

Die Werte dieser Konstanten sind wie folgt aufgebaut:

```
  _LIGHTBLUE = 03F1515H;
                └┘└┘└┘
                 │ │ └── Rot-Anteil
                 │ └──── Grün-Anteil
                 └────── Blau-Anteil
```

Die Rot-, Grün- und Blau-Anteile einer Farbe können je die Werte im Bereich *0..63 (00H..3FH)* annehmen; auf diese Weise lassen sich 262 144 (64*64*64) verschiedene Farb-Nuancen definieren.

Die Hintergrund-Farbe (siehe *SetBkColor*) ist immer dem 0. Paletten-Eintrag zugeordnet (siehe *SelectPalette*).

Siehe auch
RemapPalette, SelectPalette, SetBkColor

RemapPalette — Graph (ab Version 2.0)

Zweck
Verändert einen einzigen Eintrag der aktuellen Farb-Palette (nur *EGA* und *VGA*).

Struktur

```
RemapPalette(nummer:CARDINAL; farbe:LONGCARD):LONGCARD;
```

Bemerkung
Mit Hilfe der Funktion *RemapPalette* kann ein beliebiger Eintrag der Farb-Palette verändert werden. Der Parameter *nummer* bezeichnet denjenigen Eintrag (0 entspricht dem 1. Eintrag), der verändert werden soll, *farbe* enthält den neuen Farbwert. Als Funktionsergebnis wird der alte Farbwert zurückgegeben (weitere Informationen erhalten Sie bei *RemapAllPalette*).

Siehe auch
RemapAllPalette, SelectPalette, SetBkColor

R

RemoveExtension — FIOR (ab Version 2.0)

Zweck
Entfernt die Erweiterung eines Dateinamens.

Struktur

```
RemoveExtension(VAR name:ARRAY OF CHAR);
```

Bemerkung
Die Prozedur *RemoveExtension* entfernt die Erweiterung der Datei *name*. Bitte beachten Sie, daß bereits ein Punkt als Dateierweiterung gilt und von *RemoveExtension* ebenfalls entfernt wird.

Siehe auch
AddExtension, ChangeExtension, IsExtension

Rename — FIO

Zweck
Gibt einer Datei einen neuen Namen.

Struktur

```
Rename(alt,neu:ARRAY OF CHAR);
```

Bemerkung
Die Prozedur *Rename* ändert den Dateinamen *alt* in *neu* um. Die umzubenennende Datei sollte geschlossen sein. Mit *Rename* ist es möglich, eine Datei in ein anderes Verzeichnis zu verschieben (für Fehlererkennung siehe *FIO.IOresult*); mit *Rename* kann eine Datei jedoch nicht von einem Laufwerk in ein anderes kopiert werden.

Siehe auch
Append (FIO), Close (FIO), Create, Erase, Open (FIO), OpenRead

REPEAT ... UNTIL — Reserviertes Wort

Zweck
Schleife, deren Abbruch-Bedingung sich am Schluß befindet.

Bemerkung

Die beiden reservierten Worte *REPEAT* und *UNTIL* umschließen eine Schleife, die so oft ausgeführt wird, bis die Bedingung am Schleifenende *TRUE* ergibt.

Vor dem reservierten Wort *UNTIL* braucht kein Strichpunkt (;) zu stehen. Der Ausdruck (die Abbruch-Bedingung), der die Wiederholung kontrolliert, muß vom Typ *BOOLEAN* sein (die Auswertung zusammengesetzter Boolescher Ausdrücke wird bei *IF* genauer betrachtet).

Die *REPEAT*-Schleife wird immer mindestens einmal ausgeführt.

Beispiel

```
MODULE Test;
IMPORT
  IO;
VAR
  ch:CHAR;
BEGIN
  IO.WrStr('Wollen Sie einen Signal-Ton hören (J/N)? ');
  REPEAT
    ch:=CAP(IO.RdKey())
  UNTIL (ch='J') OR (ch='N');
  IF ch='J' THEN
    IO.WrStr('Ja');
    IO.WrChar(CHAR(7))
  ELSE
    IO.WrStr('Nein')
  END
END Test.
```

Siehe auch

FOR ... TO ... BY ... DO, LOOP ... END, WHILE ... DO

Reset — MsMouse (ab Version 2.0)

Zweck

Initialisiert den Maustreiber und setzt die Maus-Parameter auf ihre Standard-Werte.

Struktur

```
Reset():INTEGER;
```

Bemerkung

Die Funktion *Reset* setzt folgende Parameter des Maustreibers:

- Mausposition (Bildschirmmitte); siehe *SetPosition*
- Aussehen des Cursors (Textmodus: *Block*; Graphikmodus: *Pfeil*); siehe *Set-TextCursor* und *SetGraphCursor*
- Bewegungsfreiraum der Maus (gesamter Bildschirm); siehe *SetRange*
- Ausmaß der Bewegung (8 Mickeys pro 8 Punkte in horizontaler, 16 Mickeys pro 8 Punkte in vertikaler Richtung); siehe *SetMickeys*
- Verdoppelungs-Geschwindigkeit (64 Mickeys); siehe *SetDouble*
- Position beim Drücken einer Maustaste (Punkt *(0,0)*); siehe *GetPress*
- Position beim Loslassen einer Maustaste (Punkt *(0,0)*); siehe *GetRelease*
- Event-Prozedur (keine); siehe *SetInterrupt*

Nach dem Ausführen der Funktion *Reset* ist der aktuelle Mauszeiger nicht auf dem Bildschirm zu sehen. Als Funktionsergebnis wird die Anzahl der verfügbaren Maustasten zurückgegeben oder *MAX(INTEGER)*, wenn der Maustreiber nicht verfügbar ist (und die Maus somit nicht betrieben werden kann).

Siehe auch
RestoreDriver, SaveDriver

RestoreDriver — MsMouse (ab Version 2.0)

Zweck
Stellt die zuvor gesicherten Parameter des Maustreibers wieder her.

Struktur

```
RestoreDriver(pu:ADDRESS);
```

Bemerkung
Die Prozedur *RestoreDriver* stellt die zu einem früheren Zeitpunkt gesicherten Maus-Parameter, die sich im Puffer ab der Adresse *pu* befinden, wieder her (weitere Informationen hierzu erhalten Sie bei *SaveDriver*).

Achtung: Die Prozedur *RestoreDriver* arbeiten in den Speichermodellen *Small* und *Medium* nicht korrekt. Folgende Prozedur behebt diesen Mangel:

```
PROCEDURE RestoreDriver(Buffer:ADDRESS);
VAR
  r:SYSTEM.Registers;
BEGIN
  r.AX:=017H;
  r.DX:=Ofs(Buffer);
  r.ES:=Seg(Buffer);
  Lib.Intr(r,33H)
END RestoreDriver;
```

Siehe auch
DriverSize, SaveDriver

RETURN — Reserviertes Wort

Zweck
Verlassen einer Funktion oder Prozedur.

Bemerkung
Das reservierte Wort *RETURN* bewirkt, daß die aktuelle Prozedur oder Funktion augenblicklich verlassen wird. Falls das Wort *RETURN* in einer Funktion verwendet wird, muß ihm ein Funktionsresultat folgen (siehe *PROCEDURE*).

RETURN im Hauptprogramm bricht die Programmausführung unmittelbar ab (entspricht *HALT*). Falls *RETURN* im Initialisierungs-Teil eines Implementations-Moduls oder eines lokalen Moduls aufgeführt ist, wird die Initialisierung an dieser Stelle abgebrochen.

Siehe auch
HALT, PROCEDURE

Rexp — MATHLIB

Zweck
Berechnet *y* und *e2* aufgrund folgender Gleichung: *x=y*(2 "hoch" e2)*.

Struktur

```
Rexp(VAR e2:INTEGER; x:LONGREAL):LONGREAL;
```

Bemerkung
Die Funktion *Rexp* ermittelt den Exponenten und die Mantisse für das Argument *x*. Der Exponent (zur Basis 2) wird in *e2* gespeichert und die Mantisse (*y*) als Funktionsergebnis zurückgegeben (es gilt folgende Formel: *y*(2 "hoch" e2) =x*).

Beispiel

```
VAR
  y:LONGREAL;
  e2:INTEGER;
BEGIN
  y:=Rexp(e2,1024.0);  (* y=1.0 und e2=10   *)
  y:=Rexp(e2,-3.45);   (* y=-1.725 und e2=1 *)
```

R

Siehe auch
Exp, Log, Log10, Pow, Sqrt

RmDir FIO

Zweck
Löscht ein Verzeichnis.

Struktur

```
RmDir(name:ARRAY OF CHAR);
```

Bemerkung
Die Prozedur *RmDir* löscht das Verzeichnis (Directory) mit dem Namen *name*. Falls *name* ungültig oder aktiviert ist oder noch Dateien enthält, wird ein I/O-Fehler erzeugt (siehe hierzu *FIO.IOresult*).

Siehe auch
ChDir, GetDir, GetDrive, MkDir, ReadFirstEntry, ReadNextEntry, SetDrive

RunTimeError Lib (ab Version 2.0)

Zweck
Ermöglicht das Installieren einer eigenen Routine, die bei einem Laufzeitfehler aufgerufen wird.

Struktur

```
VAR RunTimeError:PROCEDURE (LONGCARD,CARDINAL,ARRAY OF CHAR);
```

Bemerkung
Die der prozeduralen Variable *RunTimeError* zugeordnete Prozedur wird von einigen Routinen der Module *FIO*, *FIOR*, *Lib*, *ShtHeap*, *Storage* und *Window* bei einem Fehler aufgerufen. Standardmäßig wird eine Fehlermeldung in die Datei *ERRORINF.$$$* geschrieben und das Programm abgebrochen.

Ordnen Sie der Variablen *RunTimeError* eine eigene Routine zu, wenn Sie mit der von TopSpeed Modula-2 installierten Fehlerroutine nicht zufrieden sind. Der Kopf dieser Routine könnte wie folgt aussehen:

```
PROCEDURE RunTimeErrorProc(ErrAddr:LONGCARD; nr:CARDINAL; s:ARRAY OF CHAR);
```

Der Parameter *ErrAddr* enthält die Fehlerstelle, *nr* einen Fehlercode und *s* eine Fehlermeldung in englischer Sprache (eine ausführliche Liste aller Fehlercodes finden Sie im Anhang F.2).

Siehe auch
MathError

SaveDriver — MsMouse (ab Version 2.0)

Zweck
Sichert die aktuellen Parameter des Maustreibers.

Struktur

```
SaveDriver(pu:ADDRESS);
```

Bemerkung
Die Prozedur *SaveDriver* sichert die aktuellen Einstellungen des Maustreibers und schreibt diese in einen Puffer, der bei der Adresse *pu* beginnt. Die notwendige Puffer-Größe läßt sich mit der Funktion *DriverSize* ermitteln:

```
VAR
  size:CARDINAL;
  pu:ADDRESS;
BEGIN
  size:=MsMouse.DriverSize();
  Storage.ALLOCATE(pu,size);
  MsMouse.SaveDriver(pu);       (* Einstellungen sichern *)
  ...
  MsMouse.RestoreDriver(pu);  (* Einstellungen zurück *)
```

Es ist empfehlenswert, die aktuellen Einstellungen des Maustreibers zu sichern, wenn mit Hilfe von *Execute* oder *Exec* ein Programm gestartet wird, das selbst die Maus verwendet. Auf diese Weise kann sichergestellt werden, daß nach der Rückkehr ins ursprüngliche Programm wieder mit denselben Maus-Parametern gearbeitet werden kann (gesicherte Parameter können mit *RestoreDriver* aktiviert werden).

Achtung: Die Prozedur *SaveDriver* arbeiten in den Speichermodellen *Small* und *Medium* nicht korrekt. Folgende Prozedur behebt diesen Mangel:

```
PROCEDURE SaveDriver(Buffer:ADDRESS);
VAR
  r:SYSTEM.Registers;
BEGIN
  r.AX:=16H;
  r.DX:=Ofs(Buffer);
  r.ES:=Seg(Buffer);
  Lib.Intr(r,33H)
END SaveDriver;
```

Siehe auch
DriverSize, RestoreDriver

ScanL — Lib

Zweck
Sucht in einem Speicherblock nach einem Wert (Richtung tiefere Adresse).

Struktur

```
ScanL(wo:ADDRESS; anz:CARDINAL; wert:BYTE):CARDINAL;
```

Bemerkung
Die Funktion *ScanL* sucht innerhalb eines Blockes, der bei der Adresse *wo* beginnt und *anz* Bytes umfaßt, nach dem ersten Auftreten von *wert* (die Suche findet in Richtung der Adresse *[0:0]* statt). Dem Parameter *wert* kann jeder Wert übergeben werden, der ein Byte umfaßt (z.B. *CHAR*, *SHORTINT*, *SHORTCARD*).

Bei erfolgreicher Suche wird die Fundstelle (ein Wert im Bereich *0..(anz-1)*) zurückgegeben, andernfalls der Wert *anz*.

Beispiel

```
MODULE test;
IMPORT
  Lib,IO,Str;
VAR
  s:ARRAY [0..20] OF CHAR;
  l:CARDINAL;

  PROCEDURE WritePos(c:CARDINAL);
  BEGIN
    IO.WrStr('Position: '); IO.WrCard(c,1); IO.WrLn
  END WritePos;

BEGIN
  s:='8086/8088';
  l:=Str.Length(s);
  WritePos(Lib.ScanL(ADR(s[l]),l,'8'));  (* ergibt 1 *)
  WritePos(Lib.ScanL(ADR(s[l]),l,'0'));  (* ergibt 3 *)
  WritePos(Lib.ScanL(ADR(s[l]),l,'/'))   (* ergibt 5 *)
END test.
```

Siehe auch
ScanNeL, ScanNeR, ScanR

S

ScanNeL Lib

Zweck
Sucht in einem Speicherblock die erste Stelle, die nicht mit dem gesuchten Wert übereinstimmt.

Struktur

```
ScanNeL(wo:ADDRESS; anz:CARDINAL; wert:BYTE):CARDINAL;
```

Bemerkung
Die Funktion *ScanNeL* arbeitet ähnlich wie *ScanL*, jedoch wird nach dem ersten Byte gesucht, das nicht mit *wert* übereinstimmt.

Siehe auch
ScanL, ScanNeR, ScanR

ScanNeR Lib

Zweck
Sucht in einem Speicherblock die erste Stelle, die nicht mit dem gesuchten Wert übereinstimmt.

Struktur

```
ScanNeR(wo:ADDRESS; anz:CARDINAL; wert:BYTE):CARDINAL;
```

Bemerkung
Die Funktion *ScanNeR* arbeitet ähnlich wie *ScanR*, jedoch wird nach dem ersten Byte gesucht, das nicht mit *wert* übereinstimmt.

Siehe auch
ScanL, ScanNeL, ScanR

ScanR Lib

Zweck
Sucht in einem Speicherblock nach einem Wert (Richtung höhere Adresse).

Struktur

```
ScanR(wo:ADDRESS; anz:CARDINAL; wert:BYTE):CARDINAL;
```

Bemerkung
Die Funktion *ScanR* sucht innerhalb eines Blockes, der bei der Adresse *wo* beginnt und *anz* Bytes umfaßt, nach dem ersten Auftreten von *wert* (die Suche findet in Richtung der Adresse *[0FFFFH:0FH]* statt). Dem Parameter *wert* kann jeder Wert übergeben werden, der ein Byte umfaßt (z.B. *CHAR*, *SHORTINT*, *SHORTCARD*).

Bei erfolgreicher Suche wird die Fundstelle (ein Wert im Bereich *0..(anz-1)*) zurückgegeben, andernfalls der Wert *anz*.

Beispiel

```
VAR
  c:ARRAY [0..255] OF CHAR;
  pos:CARDINAL;
BEGIN
  c:=' ... die Overlay-Verwaltung schiebt alle Units ...';
  pos:=ScanR(ADR(c),256,0);  (* entspricht pos:=Str.Length(s) *)
```

Siehe auch
ScanL, ScanNeL, ScanNeR

ScreenToBuffer — AsmLib (nur Version 1.x)

Zweck
Schreibt einen Bildschirm-Ausschnitt in einen Puffer.

Struktur

```
ScreenToBuffer(x,y:CARDINAL; pu:ADDRESS; len:CARDINAL);
```

Bemerkung
Die Prozedur *ScreenToBuffer* überträgt *len* Worte des Bildschirmes ab der Position *(x,y)* in den Puffer *pu*. Ein Wort entspricht einem einzelnen Bildschirmzeichen, das aus ASCII-Code und Farb-Attribut besteht. Der Punkt *(0,0)* entspricht der linken oberen Bildschirm-Ecke.

Die beim Lesen entstehenden Bildschirmstörungen (im Zusammenhang mit einer CGA-Karte) können mit *InitScreenType* unterdrückt werden.

Wichtig: Damit *ScreenToBuffer* ordnungsgemäß arbeitet, muß das Modul *Window* importiert werden.

Siehe auch
BufferToScreen, BufferWrite, InitScreenType, DirectWrite

Seek — FIO

Zweck
Setzt den Datei-Zeiger an eine bestimmte Position.

Struktur

```
Seek(f:File; pos:LONGCARD);
```

Bemerkung
Die Prozedur *Seek* setzt den Dateizeiger der geöffneten Datei *f* an die Stelle *pos* (byteweise). Der ersten Stelle einer Datei ist die Nummer 0 zugeordnet.

Falls Sie den Dateizeiger über das Dateiende hinausführen, wird die Datei bei der nächsten Schreib-Operation entsprechend erweitert.

Siehe auch
GetPos, Size

Seg — SYSTEM

Zweck
Liefert die Segment-Adresse eines Bezeichners.

Struktur

```
Seg(a:ARRAY OF WORD):CARDINAL;
```

Bemerkung
Die Funktion *Seg* liefert den Segment-Teil der Adresse des Parameters *a*; diesem kann eine Variable, eine Prozedur oder eine Funktion übergeben werden.

Eine vollständige Speicher-Adresse besteht aus einem Segment- und einem Offset-Teil (*segment*16+offset* ergibt die endgültige Speicheradresse, die im Bereich 0..1 048 575 liegt). Weitere Informationen erhalten Sie bei *Ofs*.

Siehe auch
ADR, FieldOfs, Ofs

SelectPalette — Graph (ab Version 2.0)

Zweck
Wechselt die aktuelle Farb-Palette (für *CGA*-Modi).

Struktur

```
SelectPalette(palette:CARDINAL):CARDINAL;
```

Bemerkung
Die Funktion *SelectPalette* wechselt die aktuelle Farb-Palette; als Funktionsergebnis wird dabei die vorhergehende Farb-Palette zurückgegeben. Folgende Tabelle gibt darüber Aufschluß, welche Farben bei den einzelnen Paletten verwendet werden können (für *EGA*- oder *VGA*-Karte siehe auch *RemapAllPalette*):

Karte	Modus	Palette	Farben (Nummern 1..3)
CGA	_MRES4COLOR	0	Blau, Rot, Hellgrau
		1	Hellblau, Hellrot, Weiß
EGA, VGA	_MRES4COLOR	0	Grün, Rot, Braun
		1	Türkis, Lila, Hellgrau
		2	Hellgrün, Hellrot, Gelb
		3	Helltükis, Rosa, Weiß
	_MRESNOCOLOR	0	Grün, Rot, Braun
		1	Hellgrün, Hellrot, Gelb
		2	Helltürkis, Rosa, Weiß
		3	Grün, Rot, Braun

Die Farbe mit der Nummer 0 entspricht immer der Hintergrund-Farbe (kann mit *SetBkColor* verändert werden).

Farbangaben: Bei den Zeichen-Routinen des Moduls *Graph* werden immer die Nummern der Paletten-Farben angegeben. Falls also die Palette 0 aktiv ist, wird mit Hilfe der Farbnummer 2 eine rote Figur gezeichnet. Mit Hilfe der Variablen *Graph.NumColor* kann die Anzahl der verfügbaren Farben festgestellt werden.

Siehe auch
RemapAllPalette, RemapPalette, SetBkColor

SELF — Reserviertes Wort (ab Version 2.0)

Zweck
Ermöglicht das exakte Qualifizieren von Bezeichnern eines Objektes.

Bemerkung
Mit Hilfe des reservierten Wortes *SELF* läßt sich ein Bezeichner (Datenfeld oder Methode) eines Objektes qualifizieren und kann zur Vermeidung von Na-

menskonflikten verwenden werden; das reservierte Wort *SELF* und ein Punkt werden dabei einem Bezeichner vorangestellt:

```
MODULE Test;
IMPORT
  IO,Graph;
FROM IO IMPORT
  WrStr;
FROM Graph IMPORT
  Line,Depth,NumColor;
TYPE
  Screen=CLASS
    Width,Depth,NumColor:CARDINAL;

    PROCEDURE Init(w,d,c:CARDINAL);
    BEGIN
      SELF.Width:=w;       (* nicht <Graph.Width>    *)
      SELF.Depth:=d;       (* nicht <Graph.Depth>    *)
      SELF.NumColor:=c     (* nicht <Graph.NumColor> *)
    END Init;

    PROCEDURE WrStr(s:ARRAY OF CHAR);
    BEGIN
      Graph.OutText(s)
    END WrStr;

    PROCEDURE Copyright;
    BEGIN
      SELF.WrStr('(c) 1990 by N.O. Body')  (* nicht <IO.WrStr> *)
    END Copyright;
  END;
...
```

Im obigen Programm-Fragment wird *SELF* dazu verwendet, um zu verdeutlichen, daß die Felder *Width*, *Depth*, *NumColor* und die Methode *WrStr* verwendet werden und nicht etwa die Variablen des Moduls *Graph* oder die Prozedur *WrStr* vom Modul *IO*.

Bitte beachten Sie, daß im obigen Beispiel das reservierte Wort *SELF* überall weggelassen werden kann, da innerhalb der Klassen-Definition von *Screen* automatisch die zuletzt definierten Bezeichner sichtbar (oder gültig) sind.

Siehe auch
CLASS

SEND — Process

Zweck
Sendet ein Signal.

Struktur

```
SEND(s:SIGNAL);
```

Bemerkung

Die Prozedur *SEND* sendet das Signal *s* und aktiviert denjenigen Prozeß, der bereits am längsten auf *s* wartet (siehe auch *WAIT*). Falls kein Prozeß auf dieses Signal wartet, wird es in einer Warteschlange zwischengespeichert.

Mit *Notify* wird nur dann ein Signal gesendet, wenn mindestens ein Prozeß auf dieses wartet.

Bevor ein Signal verwendet wird, muß es mit *Init* initialisiert werden; wird dies unterlassen, kann das laufende Programm abstürzen. Der laufende Prozeß darf beim Aufruf von *SEND* nicht gesperrt sein (siehe hierzu auch *Lock* und *Unlock*).

Beispiel

```
MODULE SEND_Test;
  (* Ab Version 2.0: Speichermodell <MThread> wählen! *)
FROM Process IMPORT
  SIGNAL,SEND,WAIT,Init,StartProcess,Lock,Unlock;
IMPORT
  IO,FIO,Lib;
VAR
  ende,druckerfrei:SIGNAL;

  PROCEDURE p1;
  VAR
    i:INTEGER;
  BEGIN
    LOOP
      WAIT(druckerfrei);  (* wartet, bis Drucker frei wird *)
      FOR i:=1 TO Lib.RANDOM(10)+5 DO
        Lock;
        FIO.WrChar(FIO.PrinterDevice,'1');
        Unlock
      END;
      SEND(druckerfrei)   (* meldet, daß Drucker frei ist *)
    END
  END p1;

  PROCEDURE p2;
  VAR
    i:INTEGER;
  BEGIN
    LOOP
      WAIT(druckerfrei);
      FOR i:=1 TO Lib.RANDOM(20)+1 DO
        Lock;
        FIO.WrChar(FIO.PrinterDevice,'2');
```

S

```
      Unlock
    END;
    SEND(druckerfrei)
  END
END p2;

PROCEDURE p3;
VAR
  ch:CHAR;
BEGIN
  LOOP
    Lock;
    IO.WrChar(CHR(Lib.RANDOM(26)+97));
    IF IO.KeyPressed() THEN
      ch:=IO.RdKey();
      IF ch=CHR(27) THEN  (* <ESC> gedrückt? *)
        Unlock;       (* <SEND> darf nur im un- ... *)
        SEND(ende);   (* ... gesperrten Zustand ... *)
        Lock          (* ... ausgeführt werden.     *)
      END
    END;
    Unlock
  END
END p3;

BEGIN
  Init(ende);
  Init(druckerfrei);
  IO.WrStr('Programm-Abbruch mit <ESC> ... ');
  StartProcess(p1,2000,1);
  StartProcess(p2,2000,1);
  StartProcess(p3,2000,1);
  SEND(druckerfrei);  (* meldet, daß Drucker frei ist    *)
  WAIT(ende)          (* wartet, bis <p3> das Ende meldet *)
END SEND_Test.
```

Siehe auch
Awaited, Init, Notify, WAIT

SET OF — Reserviertes Wort

Zweck
Ermöglicht das Bilden von Mengen.

Bemerkung
Ermöglicht das Definieren von Mengen. Den beiden reservierten Wörtern *SET* und *OF* folgt ein einfacher Typ (*CHAR*, *SHORTCARD*, *CARDINAL*, auch Teilbereichs- oder Aufzähl-Typ):

```
TYPE
  obst=(apfel,kirsche,banane,birne);
  obstmenge=SET OF obst;
  CHARSET=SET OF CHAR;
  UPPER=SET OF ['A'..'Z'];
VAR
  schale,korb:obstmenge;
  zeichen:CHARSET;
  gross:UPPER;
```

Eine Menge besteht aus einer Anzahl von Elementen, die alle demselben Typ angehören; zwei Mengen sind nur dann gleich, wenn auch ihre Elemente dieselben sind (die Reihenfolge der Elemente spielt dabei keine Rolle). Mengen-Zuweisungen sehen wie folgt aus:

```
schale:=obstmenge{apfel,kirsche,banane};
korb:=obstmenge{banane,birne};
zeichen:=CHARSET{'2'..'8','q','?'};
gross:=UPPER{};  (* kein Element zuordnen *)
```

Die Mengenangabe besteht also aus einem oder mehreren Elementen, die voneinander durch Kommas (,) getrennt werden. Die gesamte Menge wird von geschweiften Klammern umschlossen und mit dem entsprechenden Mengentyp gekennzeichnet (falls dieser nicht angegeben wird, wird automatisch der Standard-Mengentyp *BITSET* verwendet). Bereiche innerhalb von Mengen sind ebenfalls erlaubt; Start- und Endwert werden durch zwei Punkte (..) getrennt.

Eine Menge kann unter TopSpeed Modula-2 maximal 65536 Elemente enthalten. Intern wird jedem Element ein einzelnes Bit zugeordnet, das genau dann gesetzt wird, wenn ein bestimmtes Element innerhalb einer Menge vorhanden ist. Der Speicherbedarf einer Mengenvariablen läßt sich wie folgt ermitteln:

```
Speicherbedarf:=(Anzahl_Elemente DIV 8)+1;
```

Die einem Element zugeordnete Bitnummer läßt sich wie folgt ermitteln (das 1. Element entspricht immer dem 0. Bit):

```
Bytenummer:=((Element_Nummer-1) DIV 8);
Bitnummer :=((Element_Nummer-1) MOD 8)+8*Bytenummer;
```

Für weitere Betrachtungen wollen wir nochmals die oben definierten Mengen aufführen:

```
TYPE
  obst=(apfel,kirsche,banane,birne);
  obstmenge=SET OF obst;
VAR
  schale,korb:obstmenge;
BEGIN
  schale:=obstmenge{apfel,kirsche,banane};
  korb:=obstmenge{banane,birne};
```

Folgende **Verknüpfungs-Operationen** können verwendet werden (die unten aufgeführten Mengen ergeben sich aus den Verknüpfungen *schale 'Operator-Zeichen' korb*):

+ *Vereinigung*; alle Elemente, die in *schale* und/oder *korb* enthalten sind (*{apfel,kirsche,banane,birne}*)
- *Differenz*; alle Elemente, die in *schale*, nicht aber in *korb* enthalten sind (*{apfel,kirsche}*)
* *Schnitt*; alle Elemente, die in beiden Mengen enthalten sind (*{banane}*)
/ *Symmetrische Differenz*; alle Elemente, die entweder nur in *schale* oder nur in *korb* enthalten sind (*{apfel,kirsche,birne}*)

Mengen lassen sich wie folgt vergleichen:

= Prüft, ob zwei Mengen gleich sind
Prüft, ob zwei Mengen ungleich sind (auch <> erlaubt)
<= Prüft, ob die erste Menge in der zweiten vollständig enthalten ist (ob erste Menge Teilmenge ist)
>= Prüft, ob die zweite Menge in der ersten vollständig enthalten ist (ob erste Menge Obermenge ist)
IN Prüft, ob ein bestimmtes Element in einer Menge enthalten ist (z.B. *IF apfel IN korb THEN ...*)

Mit den beiden Standard-Prozeduren *EXCL* und *INCL* können Elemente aus einer Menge entfernt oder in eine Menge eingefügt werden.

Siehe auch
BITSET, CHARSET, EXCL, IN, INCL

SetActivePage — Graph (ab Version 2.0)

Zweck
Legt diejenige Bildschirm-Seite fest, auf der gezeichnet werden soll.

Struktur

```
SetActivePage(seite:CARDINAL):CARDINAL;
```

Bemerkung
Die Funktion *SetActivePage* bestimmt diejenige Bildschirm-Seite, auf der die einzelnen Graphik-Routinen zeichnen sollen. Als Funktionsergebnis wird die zuvor aktive Bildschirm-Seite zurückgegeben (die Seite 0 entspricht dem Standard). Mit Hilfe von *GetVideoConfig* läßt sich die Anzahl der verfügbaren Bildschirmseiten feststellen (die maximale Anzahl der Bildschirmseiten hängt vom gewählten Graphik-Modus und von der vorhandenen Graphik-Karte ab).

Bitte beachten Sie, daß die aktuelle Bildschirm-Seite erst dann sichtbar wird, wenn sie mit *SetVisualPage* aktiviert wird (auf diese Weise lassen sich Graphiken im Hintergrund erstellen und auf einen Schlag anzeigen).

Es ist empfehlenswert, am Ende eines Programmes die Bildschirm-Seite 0 zu aktivieren, da sonst die Gefahr besteht, daß der Bildschirm beim nächsten Anwendungsprogramm dunkel bleibt.

Siehe auch

GetPage, SetPage, SetVisualPage

SetBkColor — Graph (ab Version 2.0)

Zweck

Setzt die aktuelle Hintergrund-Farbe neu.

Struktur

```
SetBkColor(farbe:LONGCARD):LONGCARD;
```

Bemerkung

Mit Hilfe der Funktion *SetBkColor* kann die aktuelle Hintergrund-Farbe des Graphik-Bildschirmes verändert werden. Der Parameter *farbe* erhält dabei bei einer *CGA*-Karte einen Wert im Bereich 0..15 (die einzelnen Farben sind hier wie bei der Prozedur *Window.TextColor* numeriert), bei einer *EGA*- oder *VGA*-Karte können folgende Konstanten verwendet werden:

```
CONST
  _BLACK   = 0000000H;   _GRAY         = 0151515H;
  _BLUE    = 02A0000H;   _LIGHTBLUE    = 03F1515H;
  _GREEN   = 0002A00H;   _LIGHTGREEN   = 0153F15H;
  _CYAN    = 02A2A00H;   _LIGHTCYAN    = 03F3F15H;
  _RED     = 000002AH;   _LIGHTRED     = 015153FH;
  _MAGENTA = 02A002AH;   _LIGHTMAGENTA = 03F153FH;
  _BROWN   = 000152AH;   _LIGHTYELLOW  = 0153F3FH;
  _WHITE   = 02A2A2AH;   _BRIGHTWHITE  = 03F3F3FH;
```

Als Funktionsergebnis liefert *SetBkColor* die vorher gesetzte Hintergrund-Farbe.

Bitte beachten Sie, daß in einigen Graphik-Modi der Hintergrund immer schwarz bleibt. Hier besteht jedoch die Möglichkeit, den gesamten Bildschirm mit der Prozedur *Rectangle* einzufärben. Die Hintergrund-Farbe wird immer dem 0. Paletten-Eintrag zugeordnet (siehe auch *RemapPalette* und *SelectPalette*).

Siehe auch

GetBkColor, RemapAllPalette, RemapPalette, SelectPalette

SetClipRgn — Graph (ab Version 2.0)

Zweck
Legt einen rechteckigen Ausschnitt fest; Linien, Muster ... werden von nun an nur noch gezeichnet, wenn sie in diesen definierten Ausschnitt fallen.

Struktur

```
SetClipRgn(x1,y1,x2,y2:CARDINAL);
```

Bemerkung
Die Prozedur *SetClipRgn* definiert einen rechteckigen Ausschnitt innerhalb des Graphik-Bildschirms, *(x1,y1)* entspricht dabei der linken oberen, *(x2,y2)* der rechten unteren Ausschnitts-Ecke (die x-Koordinaten müssen im Bereich *0..(Graph.Width-1)*, die y-Koordinaten hingegen im Bereich *0..(Graph.Depth-1)* liegen). Alle zukünftig gezeichneten Linien, Kreise, Muster ... werden nur noch dargestellt, wenn sie in diesen Bereich fallen; bereits bestehende Zeichnungen werden jedoch nicht beeinflußt.

Bitte beachten Sie, daß nach *SetClipRgn* alle Graphik-Koordinaten weiterhin absolut bleiben, d.h. sich auf die linke obere Bildschirm-Ecke beziehen. Der mit *SetClipRgn* definierte Ausschnit läßt sich mit *ClearScreen(_GVIEWPORT)* löschen.

Mit *SetClipRgn*, *GetImage* und *PutImage* wird es möglich, innerhalb des Graphik-Bildschirmes Fester zu öffnen und zu schließen (siehe Beispiel).

Beispiel
Folgendes Programm stellt die wichtigsten Routinen zur Fenster-Verwaltung im Graphik-Modus zur Verfügung. Ein Fenster wird mit *OpenWindow* geöffnet und mit *CloseWindow* geschlossen. Bitte beachten Sie, daß die Ausgabe immer in das zuletzt geöffnete Fenster erfolgt.

```
MODULE Test;
  (* Achtung: Damit dieses Programm fehlerfrei ablaufen kann, muß eines *)
  (*          der folgenden Speichermodelle gewählt werden (Zeiger-     *)
  (*          werte müssen 4 Bytes (2 Worte) umfassen):                 *)
  (*                                                                    *)
  (*          • Compact, Large, XLarge, MThread                         *)
IMPORT
  Graph,IO,Lib,Storage;
CONST
  MaxWindow=100;       (* maximale Anzahl Fenster *)

  NoError       = 0;   (* Kein Fehler            *)
  NoWindow      = 1;   (* Kein Fenster offen     *)
  ToManyWindows = 2;   (* Zu viele Fenster offen *)
  NoMemory      = 3;   (* Nicht genügend Speicher *)
```

```
TYPE
  WinDat=RECORD
    x1,y1,          (* linke obere Ecke des Fensters            *)
    x2,y2,          (* rechte untere Ecke des Fensters          *)
    s:CARDINAL;     (* Größe des reservierten Speichers         *)
    pu:ADDRESS;     (* Puffer, der Fenster-Hintergrund speichert *)
  END;
VAR
  anz,              (* aktuelle Anzahl der Fenster *)
  err,              (* aktuelle Fehler-Nummer *)
  xkor,             (* Betrag, um den die Koordinaten der Zeichen- *)
  ykor:CARDINAL;    (* ... Routinen verschoben werden müssen       *)
  pu:ARRAY [1..MaxWindow] OF WinDat;

  PROCEDURE InitWindow;
  BEGIN
    anz:=0; err:=NoError; xkor:=0; ykor:=0
  END InitWindow;

  PROCEDURE WindowError():CARDINAL;
  BEGIN
    RETURN err
  END WindowError;

  PROCEDURE OpenWindow(x1,y1,x2,y2:CARDINAL);

    PROCEDURE Check(VAR x1,y1,x2,y2:CARDINAL);
    VAR
      hh:CARDINAL;
    BEGIN
      IF x1>x2 THEN hh:=x1; x1:=x2; x2:=hh END;
      IF y1>y2 THEN hh:=y1; y1:=y2; y2:=hh END
    END Check;

  BEGIN
    IF anz=MaxWindow THEN err:=ToManyWindows; RETURN END;
    INC(anz);
    Check(x1,y1,x2,y2);
    pu[anz].s:=CARDINAL(Graph.ImageSize(x1,y1,x2,y2));
    IF Storage.HeapAvail(Storage.MainHeap)<(pu[anz].s DIV 16)+1 THEN
      DEC(anz); err:=NoMemory; RETURN
    END;
    Storage.ALLOCATE(pu[anz].pu,pu[anz].s);  (* Puffer erzeugen *)
    Graph.GetImage(x1,y1,x2,y2,pu[anz].pu);
    pu[anz].x1:=x1; pu[anz].y1:=y1;
    pu[anz].x2:=x2; pu[anz].y2:=y2;
    xkor:=x1+1; ykor:=y1+1;
    Graph.SetClipRgn(0,0,Graph.Width,Graph.Depth);
    Graph.Rectangle(x1,y1,x2,y2,Graph.NumColor-1,FALSE);
    Graph.SetClipRgn(x1+1,y1+1,x2-1,y2-1);
    Graph.ClearScreen(Graph._GVIEWPORT)
  END OpenWindow;
```

S

```
  PROCEDURE CloseWindow;
    (* Schließt das zuletzt geöffnete Fenster *)
  BEGIN
    IF anz=0 THEN err:=NoWindow; RETURN END;
    Graph.PutImage(pu[anz].x1,pu[anz].y1,pu[anz].pu,Graph._GPSET);
    Storage.DEALLOCATE(pu[anz].pu,pu[anz].s);  (* Puffer freigeben *)
    DEC(anz);
    IF anz=0 THEN
      Graph.SetClipRgn(0,0,Graph.Width-1,Graph.Depth-1);
      xkor:=0; ykor:=0
    ELSE
      Graph.SetClipRgn(pu[anz].x1+1,pu[anz].y1+1,pu[anz].x2-1,pu[anz].y2-1);
      xkor:=pu[anz].x1+1; ykor:=pu[anz].y1+1
    END
  END CloseWindow;

(* Alle Graphik-Routinen müssen wie <Line> und <Circle> abgeändert werden *)

  PROCEDURE Line(x1,y1,x2,y2,col:CARDINAL);
  BEGIN
    Graph.Line(x1+xkor,y1+ykor,x2+xkor,y2+ykor,col)
  END Line;

  PROCEDURE Circle(xm,ym,r,col:CARDINAL);
  BEGIN
    Graph.Circle(xm+xkor,ym+ykor,r,col)
  END Circle;

(* ---- *)

  PROCEDURE RndX(absolut:BOOLEAN):CARDINAL;
  BEGIN
    IF absolut OR (anz=0) THEN RETURN Lib.RANDOM(Graph.Width) END;
    RETURN Lib.RANDOM(pu[anz].x2-pu[anz].x1-1)
  END RndX;

  PROCEDURE RndY(absolut:BOOLEAN):CARDINAL;
  BEGIN
    IF absolut OR (anz=0) THEN RETURN Lib.RANDOM(Graph.Depth) END;
    RETURN Lib.RANDOM(pu[anz].y2-pu[anz].y1-1)
  END RndY;

  PROCEDURE Fill(anz:CARDINAL);
  VAR
    i:CARDINAL;
  BEGIN
    FOR i:=1 TO anz DO
      Circle(RndX(FALSE),RndY(FALSE),Lib.RANDOM(50)+10,Graph.NumColor-1);
      Line(RndX(FALSE),RndY(FALSE),RndX(FALSE),RndY(FALSE),Graph.NumColor-1)
    END
  END Fill;
```

```
VAR
  ch:CHAR;
  i:CARDINAL;
  x1,y1,x2,y2:CARDINAL;
BEGIN
  Graph.GraphMode;
  InitWindow;
  Fill(25);
  Lib.RANDOMIZE;
  FOR i:=1 TO MaxWindow DO
    x1:=RndX(TRUE); x2:=RndX(TRUE);
    WHILE ABS(INTEGER(x1)-INTEGER(x2))<20 DO
      x1:=RndX(TRUE); x2:=RndX(TRUE)
    END;
    y1:=RndY(TRUE); y2:=RndY(TRUE);
    WHILE ABS(INTEGER(y1)-INTEGER(y2))<20 DO
      y1:=RndY(TRUE); y2:=RndY(TRUE)
    END;
    OpenWindow(x1,y1,x2,y2);
    IF WindowError()=NoError THEN Fill(10) END
  END;
  FOR i:=1 TO MaxWindow DO
    CloseWindow;
    IF WindowError()=NoError THEN Fill(10) END
  END;
  ch:=IO.RdKey();
  Graph.TextMode
END Test.
```

Siehe auch
SetTextWindow

SetDate — Lib (ab Version 2.0)

Zweck
Setzt das System-Datum neu.

Struktur

```
SetDate(jahr,monat,tag:CARDINAL; wochentag:DayType):BOOLEAN;
```

Bemerkung
Die Funktion *SetDate* setzt das System-Datum neu und liefert den Funktionswert *TRUE*, wenn *jahr* (Bereich: *1980..2099*), *monat* (Bereich: *1..12*, wobei 1=Januar, ..., 12=Dezember) und *tag* (Bereich: *1..31*) gültige Werte enthalten haben. Der Wert des Parameters *wochentag* spielt keine Rolle; *DayType* ist wie folgt im Modul *Lib* definiert:

```
TYPE
  DayType=(Sunday,Monday,Tuesday,Wednesday,Thursday,Friday,Saturday);
```

Siehe auch
GetCurrentDate, GetDate, GetFileDate, GetTime, SetFileDate, SetTime

SetDouble — MsMouse (ab Version 2.0)

Zweck
Legt fest, wann die Geschwindigkeit des Mauszeigers verdoppelt werden soll.

Struktur

```
SetDouble(speed:INTEGER);
```

Bemerkung
Gemäß der Standard-Einstellung wird die Geschwindigkeit des Mauszeigers verdoppelt, wenn Sie die Maus 64 mickeys (entspricht 8.128 mm) pro Sekunde bewegen. Die Prozedur *SetDouble* ermöglicht das Verändern dieser Grenzgeschwindigkeit, wobei *speed* in mickeys pro Sekunde anzugeben ist (1 mickey = 1/200 Zoll = 0.127 mm).

Ein hoher Wert verhindert die Verdopplung der Maus-Geschwindigkeit:

```
SetThreshold(4000);  (* Grenzgeschwindigkeit: 50.8 cm/Sekunde *)
```

Siehe auch
GetSensitivity, SetSensitivity

SetDrive — FIO (ab Version 2.0)

Zweck
Setzt das aktuelle Laufwerk neu.

Struktur

```
SetDrive(lauf:SHORTCARD):SHORTCARD;
```

Bemerkung
Die Funktion *SetDrive* setzt das aktuelle Laufwerk neu, wobei der Parameter *lauf* der Laufwerks-Nummer entspricht (*1=A*, *2=B*, *3=C ...*). Als Funktionsergebnis wird die maximale Anzahl der verfügbaren Laufwerke zurückgegeben (Disketten-, Festplatten-Laufwerke und RAM-Disks).

Ein Disketten-Laufwerk braucht beim Aktivieren keine Diskette zu enthalten; falls Sie versuchen, ein Laufwerk zu aktivieren, das nicht existiert, bleibt weiterhin das alte Laufwerk voreingestellt.

Das Funktionsergebnis von *SetDrive* muß nicht unbedingt mit der Anzahl der wirklich verfügbaren Laufwerke übereinstimmen, da ab der DOS-Version 3.0 zusätzliche (logische und virtuelle) Laufwerke definiert bzw. über ein Netzwerk erreicht werden können (ab der DOS-Version 3.0 werden immer mindestens 5 Laufwerke angegeben; falls Sie der System-Variablen *LASTDRIVE* innerhalb der Datei *CONFIG.SYS* z.B. das Laufwerk *Z* zuordnen, wird *SetDrive* immer den Wert 26 zurückliefern). Mit Hilfe der Prozedur *GetDrive* kann festgestellt werden, ob das mit *SetDrive* gewählte Laufwerk auch wirklich aktiviert worden (und somit vorhanden) ist.

Beispiel

Folgendes Programm ermittelt die korrekte Anzahl der verfügbaren Laufwerke:

```
MODULE Test;
IMPORT
  FIO,IO;
VAR
  lauf,i,k:SHORTCARD;
BEGIN
  lauf:=FIO.GetDrive();
  IO.WrStr('Aktuelles Laufwerk: ');
  IO.WrChar(CHAR(lauf+64)); IO.WrLn;
  IO.WrStr('  Anzahl Laufwerke: ');
  IO.WrShtCard(FIO.SetDrive(lauf),1); IO.WrLn;
  i:=0;
  REPEAT
    INC(i); k:=FIO.SetDrive(i)
  UNTIL i<>FIO.GetDrive();
  DEC(i);
  IO.WrStr('  Wirkliche Anzahl: '); IO.WrShtCard(i,1); IO.WrLn;
  i:=FIO.SetDrive(lauf);  (* altes Laufwerk wieder aktivieren *)
END Test.
```

Siehe auch

ChDir, GetDir, GetDrive, MkDir, RmDir

S

SetFileDate FIO (ab Version 2.0)

Zweck

Setzt das Datum und die Uhrzeit einer Datei neu.

Struktur

```
SetFileDate(f:File; datum_zeit:LONGCARD);
```

Bemerkung

Mit Hilfe der Prozedur *SetFileDate* wird es möglich, das Datum und die Uhrzeit der geöffneten Datei *f* zu verändern. Der Parameter *datum_zeit* enthält dabei ein Datums- und Zeitangabe in komprimierter Form (siehe hierzu *GetFileDate*). Die Funktion *GetCurrentDate* liefert die aktuelle Zeit des Computer-Systems direkt in komprimierter Form.

Siehe auch

GetCurrentDate, GetDate, GetFileDate, GetTime, SetFileDate, SetTime

SetFillMask — Graph (ab Version 2.0)

Zweck

Definiert ein Füll-Muster.

Struktur

```
SetFillMask(muster:FillMaskType);
```

Bemerkung

Die Prozedur *SetFillMask* legt das Muster fest, das beim Ausfüllen von Graphik-Figuren verwendet wird (standardmäßig werden Figuren vollständig ausgefüllt). Der Datentyp *FillMaskType* ist dabei im Modul *Graph* wie folgt definiert:

```
TYPE
  FillMaskType=ARRAY [0..7] OF SHORTCARD;
```

Jeder *SHORTCARD*-Wert des Parameters *muster* entspricht einer horizontalen Linie, jedes Bit der 8x8-Matrix einem Bildpunkt (Pixel). Ein Bildpunkt erscheint genau dann, wenn das entsprechende Bit des Parameters *muster* auf 1 gesetzt ist. Die Werte eines Musters werden wie folgt ermittelt:

1. Byte	■	■	■	■	■				= 1111'1000 = 0F8H
2. Byte		■	■	■		■			= 0111'0100 = 074H
3. Byte			■				■		= 0010'0010 = 022H
4. Byte		■				■	■	■	= 0100'0111 = 047H
5. Byte	■				■	■	■	■	= 1000'1111 = 08FH
6. Byte				■		■	■	■	= 0001'0111 = 017H
7. Byte			■				■		= 0010'0010 = 022H
8. Byte		■	■	■				■	= 0111'0001 = 071H

Das auf diese Weise ermittelte Muster wird in Wirklichkeit seitenverkehrt (d.h. gespiegelt an der Y-Achse) dargestellt.

Folgende Programm-Zeilen zeigen, wie ein Muster als Aggregat (siehe hierzu auch *CONST*) definiert werden kann:

```
CONST
  korb=Graph.FillMaskType(0F8H,074H,022H,047H,08FH,017H,022H,071H);
```

Das mit *SetFillMask* festgelegte Muster wird von folgenden Graphik-Routinen verwendet:

Cube	Ellipse	Pie	Rectangle	TrueDisc
Disc	FloodFill	Polygon	StackFill	

Achtung: Bitte beachten Sie, daß jede horizontale Linie des Füllmusters mindestens einen einzigen gesetzten Punkt enthalten muß, wenn eine der Routinen *FloodFill*, *StackFill*, *Disc*, *Ellipse*, *Pie* oder *TrueDisc* verwendet wird, da sonst das Computer-System beim Ausfüllen der Graphik-Figur abstürzt (diese Einschränkung gilt nicht für *Cube*, *Polygon* und *Rectangle*).

Siehe auch

GetFillMask, GetLinestyle, SetLinestyle

SetFlags SYSTEM

Zweck

Setzt den Inhalt des CPU-Registers *flags*.

Struktur

```
SetFlags(flags:CARDINAL);
```

Bemerkung

Die Prozedur *SetFlags* setzt das CPU-Register *flags*, das gewisse Zustände speichert (genauere Informationen erhalten Sie bei *GetFlags*).

Siehe auch

GetFlags

SetFrame — Window

Zweck

Zeichnet einen Rahmen um ein Fenster.

Struktur

```
SetFrame(w:WinType; rahmen:FrameStr; vor,hint:Color);
```

Bemerkung

Die Prozedur *SetFrame* zeichnet einen Rahmen um das Fenster *w* und verwendet dabei die in *rahmen* definierten Zeichen (hier können auch die beiden Konstanten *Window.SingleFrame* und *Window.DoubleFrame* verwendet werden). Der Datentyp *FrameStr* ist wie folgt im Modul *Window* definiert:

```
TYPE
  FrameStr=ARRAY [0..8] OF CHAR;
```

Den einzelnen Bytes von *FrameStr* kommen folgende Bedeutungen zu:

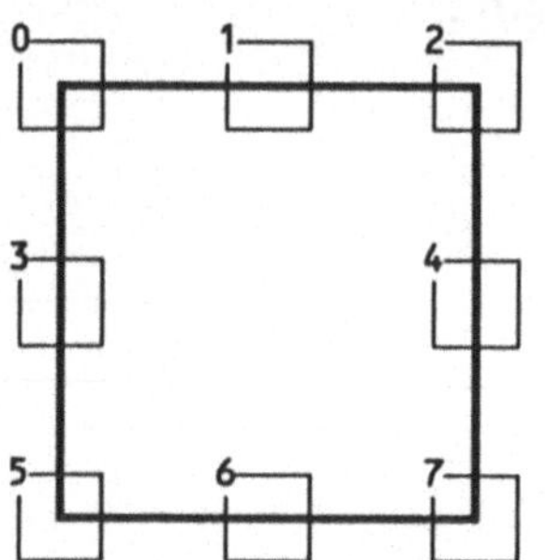


```
0: Rahmen-Zeichen links oben
1: Rahmen-Zeichen oben
2: Rahmen-Zeichen rechts oben
3: Rahmen-Zeichen links
4: Rahmen-Zeichen rechts
5: Rahmen-Zeichen links unten
6: Rahmen-Zeichen unten
7: Rahmen-Zeichen rechts unten
```

Es ist durchaus möglich, die Steuerzeichen (*CHR(0)..CHR(31)*) als Rahmenzeichen zu verwenden (siehe Beispiel).

vor bezeichnet die Zeichenfarbe, *hint* die Hintergrundfarbe des Rahmens. Der Datentyp *Color* ist dabei wie folgt definiert:

```
TYPE
  Color = (Black,    Blue,         Green,      Cyan,
           Red,      Magenta,      Brown,      LightGray,
           DarkGray, LightBlue,    LightGreen, LightCyan,
           LightRed, LightMagenta, Yellow,     White);
```

Ein Fenster-Titel kann mit *SetTitle* geschrieben werden.

Beispiel

```
MODULE Test;
FROM Window IMPORT
  White,Black,FrameStr,CenterUpperTitle,
  Open,Close,WinDef,WinType,SetFrame,SetTitle;
IMPORT
  IO;
CONST
  r1=FrameStr('╒═╕││╘═╛');  (* oben und unten doppelt *)
  r2=FrameStr('▄▄▄██▀▀▀');  (* dicker Rahmen          *)
  r3=FrameStr('≡─┐│▓└▓┘');  (* z.B. für Maussteuerung *)
  r4=FrameStr('┌─'+CHR(24)+'││└─'+CHR(25));
  r5=FrameStr('+-+||+-+');  (* aus der Mode gekommen  *)
VAR
  w:WinType;
  i:CARDINAL;
  ch:CHAR;
  r:FrameStr;
BEGIN
  w:=Open(WinDef(10,5,70,20,White,Black,TRUE,TRUE,FALSE,TRUE,
                 r1,White,Black));
  SetTitle(w,' Fenster-Titel ',CenterUpperTitle);
  IO.WrStr('Ende mit <ESC> ...'); IO.WrLn;
  IO.WrStr('Neuer Rahmen mit jeder anderen Taste ...');
  i:=1;
  LOOP
    ch:=IO.RdKey();
    IF ch=CHR(27) THEN EXIT END;
    INC(i); IF i>5 THEN i:=1 END;
    CASE i OF
      1: r:=r1 | 2: r:=r2 | 3: r:=r3 | 4: r:=r4 | 5: r:=r5
    END;
    SetFrame(w,r,White,Black)
  END;
  Close(w)
END Test.
```

Siehe auch

SetTitle

S

SetGraphCursor — MsMouse (ab Version 2.0)

Zweck

Definiert einen neuen Cursor für den Graphik-Modus.

Struktur

```
SetGraphCursor(VAR dat:MsGraphcur);
```

Bemerkung

Jeder Graphik-Cursor besteht aus 16x16 Bild-Punkten. Die Cursor-Daten selbst belegen zwei 16x16-Bit-Matrizen (je 32 Bytes); die erste wird Bildschirm-, die zweite Cursor-Maske genannt. Alle Punkte, die in der Bildschirm-Maske gesetzt sind, retten den Bildschirm-Hintergrund, nicht gesetzte Punkte löschen diesen. Die Cursor-Maske stellt das eigentliche Bild dar, das als Maus-Zeiger erscheinen soll.

Jeder darzustellende Bildpunkt innerhalb der 16x16-Matrix des Maus-Cursors wird durch die Verknüpfung von zwei logischen Operationen ermittelt:

```
(BildschirmPunkt AND BildschirmMaskenPunkt) XOR CursorMaskenPunkt
```

Folgende Tabelle zeigt die Ergebnisse aller möglichen Verknüpfungen:

BP	BMP	CMP	Ergeb.
0	0	0	0
0	0	1	1
0	1	0	0
0	1	1	1
1	0	0	0
1	0	1	1
1	1	0	1
1	1	1	0

```
    └─ AND ─┘
       └──────── XOR ─┘

BP:  aktueller Bildschirmpunkt
BMP: Bildschirm-Masken-Punkt
CMP: Cursor-Masken-Punkt

AND: arithmetisches UND             (* bitweises Verknüpfen zweier  ... *)
XOR: arithmetisches EXKLUSIV-ODER   (* ... Zahlenwerte: 1=TRUE, 0=FALSE *)
```

Etwas einfacher ausgedrückt: Jeder Punkt, der in der Bildschirm-Maske gesetzt ist, sorgt dafür, daß der auf dem Bildschirm bereits gesetzte Punkt erhalten bleibt. Die einzelnen Werte des Maus-Cursors werden wie folgt ermittelt:

```
Bildschirm-Maske (rettet Umgebung)

■ ■ ■ ■ ■ ■ ■ · ■ ■ ■ ■ ■ ■ ■ ■   = 0FEFFH (=1111'1110'1111'1111)
■ ■ ■ ■ ■ ■ · · ■ ■ ■ ■ ■ ■ ■ ■   = 0FCFFH
■ ■ ■ ■ ■ · · · ■ ■ ■ ■ ■ ■ ■ ■   = 0F8FFH
■ ■ ■ ■ · · · · ■ ■ ■ ■ ■ ■ ■ ■   = 0F0FFH
■ ■ ■ · · · · · ■ ■ ■ ■ ■ ■ ■ ■   = 0E0FFH
■ ■ · · · · · · · · · · · · · ·   = 0C000H
■ · · · · · · · · · · · · · · ·   = 08000H
· · · · · · · · · · · · · · · ·   = 00000H
■ · · · · · · · · · · · · · · ·   = 08000H
■ ■ · · · · · · · · · · · · · ·   = 0C000H
■ ■ ■ · · · · · ■ ■ ■ ■ ■ ■ ■ ■   = 0E0FFH
■ ■ ■ ■ · · · · ■ ■ ■ ■ ■ ■ ■ ■   = 0F0FFH
■ ■ ■ ■ ■ · · · ■ ■ ■ ■ ■ ■ ■ ■   = 0F8FFH
■ ■ ■ ■ ■ ■ · · ■ ■ ■ ■ ■ ■ ■ ■   = 0FCFFH
■ ■ ■ ■ ■ ■ ■ · ■ ■ ■ ■ ■ ■ ■ ■   = 0FEFFH
■ ■ ■ ■ ■ ■ ■ ■ ■ ■ ■ ■ ■ ■ ■ ■   = 0FFFFH
```

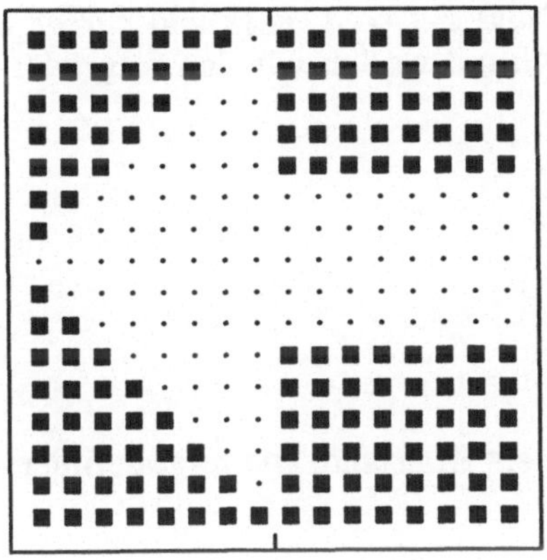

```
Cursor-Maske (eigentlicher Mauszeiger):

· · · · · · · · · · · · · · · ·   = 00000H
· · · · · · · · · · · · · · · ·   = 00000H
· · · · · · ■ · · · · · · · · ·   = 00200H
· · · · · ■ ■ · · · · · · · · ·   = 00600H
· · · · ■ ■ ■ · · · · · · · · ·   = 00E00H
· · · ■ ■ ■ ■ · · · · · · · · ·   = 01E00H
· · ■ ■ ■ ■ ■ ■ ■ ■ ■ ■ ■ ■ ■ ·   = 03FFEH
· ■ ■ ■ ■ ■ ■ ■ ■ ■ ■ ■ ■ ■ ■ ·   = 07FFEH
· · ■ ■ ■ ■ ■ ■ ■ ■ ■ ■ ■ ■ ■ ·   = 03FFEH
· · · ■ ■ ■ ■ · · · · · · · · ·   = 01E00H
· · · · ■ ■ ■ · · · · · · · · ·   = 00E00H
· · · · · ■ ■ · · · · · · · · ·   = 00600H
· · · · · · ■ · · · · · · · · ·   = 00200H
· · · · · · · · · · · · · · · ·   = 00000H
· · · · · · · · · · · · · · · ·   = 00000H
· · · · · · · · · · · · · · · ·   = 00000H
```

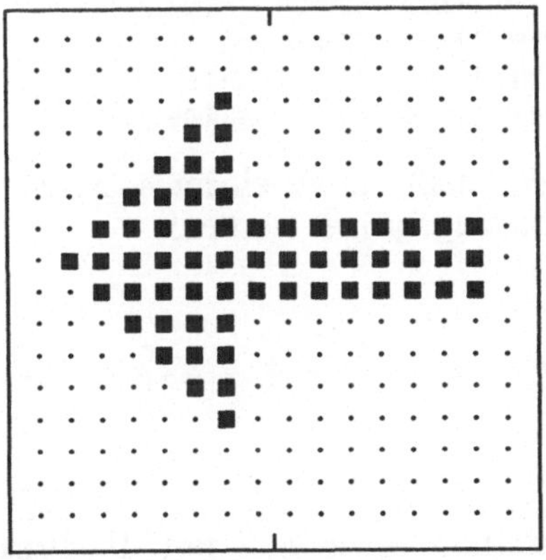

Der Datentyp *MsGraphcur* ist im Modul *MsMouse* wie folgt definiert:

```
TYPE
  MsGraphcur=RECORD
    row,col:INTEGER;           (* "hot spot", siehe weiter unten *)
    screen_mask:ARRAY [0..15] OF CARDINAL;  (* Bildschirm-Maske *)
    cursor_mask:ARRAY [0..15] OF CARDINAL;  (* Cursor-Maske     *)
  END;
```

Die Parameter *dat.row* (y-Koordinate) und *dat.col* (x-Koordinate) der Prozedur *SetGraphCursor* definieren die Koordinaten des sogenannten "heißen Punktes" (engl. *hot spot*), der ausschlaggebend für die aktuelle Maus-Position ist. Der Punkt *(0,0)* entspricht der linken oberen, der Punkt *(15,15)* hingegen der rechten unteren Ecke der 16x16 Matrix. Bei Bedarf kann der "hot spot" auch außerhalb des eigentlichen Maus-Cursors liegen.

S

Leider verunmöglicht der Datentyp *MsGraphcur* das Definieren von Aggregaten (siehe hierzu auch *CONST*), da die Felder *screen_mask* und *cursor_mask* anonyme Datentypen haben. Aus diesem Grund wollen wir den folgenden Datentyp *Graphcur* definieren:

```
TYPE
  mask=ARRAY [0..15] OF CARDINAL;
  Graphcur=RECORD
    row,col:INTEGER;
    screen_mask,
    cursor_mask:mask
  END;
```

Ein vollständiger Mauszeiger läßt sich nun als Konstante wie folgt definieren:

```
CONST
  PfeilLinks=Graphcur
    (7,0,
     mask(0FEFFH,0FCFFH,0F8FFH,0F0FFH,0E0FFH,0C000H,08000H,00000H,
          08000H,0C000H,0E0FFH,0F0FFH,0F8FFH,0FCFFH,0FEFFH,0FFFFH),
     mask(00000H,00000H,00200H,00600H,00E00H,01E00H,03FFEH,07FFEH,
          03FFEH,01E00H,00E00H,00600H,00200H,00000H,00000H,00000H));
```

Um diese Konstante verwenden zu können, muß sie zu einem späteren Zeitpunkt einer Variablen vom Typ *MsGraphcur* zugeordnet werden:

```
  ...
VAR
  cursor:MsMouse.MsGraphcur;
BEGIN
  ...
  cursor:=MsMouse.MsGraphcur(PfeilLinks);
```

Achtung: In den Speichermodellen *Small* und *Medium* liefert die Prozedur *SetGraphCursor* an Stelle schöner Mauszeiger nur häßliche Kleckse (Fehler bei der Ermittlung von Adressen). Folgende Prozedur behebt diesen Mangel:

```
PROCEDURE SetGraphCursor(VAR mp:MsMouse.MsGraphcur);
VAR
  r:SYSTEM.Registers;
BEGIN
  r.AX:=9;
  r.BX:=mp.col;
  r.CX:=mp.row;
  r.DX:=Ofs(mp.screen_mask);
  r.ES:=Seg(mp.screen_mask);
  Lib.Intr(r,33H)
END SetGraphCursor;
```

Beispiel
Folgendes Programm definiert zwei Mauszeiger für den Graphik-Modus. Das Aussehen des Mauszeigers kann mit einem Druck auf die linke Maustaste verändert werden (Programm-Abbruch mit <ESC>).

```
MODULE Test;
IMPORT
  MsMouse,Graph,IO,SYSTEM,Lib,CLB;
CONST
  left  = 0;  middle = 1;
  right = 2;  any    = 3;
TYPE
  mask=ARRAY [0..15] OF CARDINAL;
  Graphcur=RECORD
    row,col:INTEGER;
    screen_mask,
    cursor_mask:mask
  END;
CONST
  PfeilAufAb=Graphcur
    (7,7,
     mask(0FEFFH,0FC7FH,0F83FH,0F01FH,0E00FH,0C007H,08003H,0F83FH,
          0F83FH,08003H,0C007H,0E00FH,0F01FH,0F83FH,0FC7FH,0FEFFH),
     mask(00000H,00100H,00380H,007C0H,00FE0H,01FF0H,00380H,00380H,
          00380H,00380H,01FF0H,00FE0H,007C0H,00380H,00100H,00000H));
  PfeilLinks=Graphcur
    (7,0,
     mask(0FEFFH,0FCFFH,0F8FFH,0F0FFH,0E0FFH,0C000H,08000H,00000H,
          08000H,0C000H,0E0FFH,0F0FFH,0F8FFH,0FCFFH,0FEFFH,0FFFFH),
     mask(00000H,00000H,00200H,00600H,00E00H,01E00H,03FFEH,07FFEH,
          03FFEH,01E00H,00E00H,00600H,00200H,00000H,00000H,00000H));

  PROCEDURE Pressed(key:CARDINAL):BOOLEAN;
  VAR
    d:MsMouse.MsData;
  BEGIN
    MsMouse.GetStatus(d);
    CASE key OF
      left   : RETURN d.left_pressed;
    | middle : RETURN d.middle_pressed;
    | right  : RETURN d.right_pressed;
    | any    : RETURN d.left_pressed OR d.middle_pressed OR d.right_pressed;
    ELSE
      RETURN FALSE
    END
  END Pressed;

  PROCEDURE Wait;
  BEGIN
    WHILE Pressed(any) DO END
  END Wait;
```

S

```
    PROCEDURE SetGraphCursor(VAR mp:MsMouse.MsGraphcur);
    VAR
      r:SYSTEM.Registers;
    BEGIN
      r.AX:=9;
      r.BX:=mp.col;
      r.CX:=mp.row;
      r.DX:=Ofs(mp.screen_mask);
      r.ES:=Seg(mp.screen_mask);
      Lib.Intr(r,33H)
    END SetGraphCursor;

  VAR
    ch:CHAR;
    nr:CARDINAL;
    cursor:MsMouse.MsGraphcur;
    ok:BOOLEAN;
  BEGIN
    IF MsMouse.Reset()=MAX(INTEGER) THEN HALT END;
    Graph.GraphMode;
    ok:=Graph.SetVideoMode(6);
    MsMouse.Cursor(TRUE);
    nr:=0;
    ch:='?';
    REPEAT
      IF Pressed(left) THEN
        CASE nr OF
          0: cursor:=MsMouse.MsGraphcur(PfeilAufAb);
        | 1: cursor:=MsMouse.MsGraphcur(PfeilLinks)
        END;
        SetGraphCursor(cursor);
        INC(nr); IF nr>1 THEN nr:=0 END;
        Wait
      END;
      IF IO.KeyPressed() THEN ch:=IO.RdKey() END;
    UNTIL ch=CHR(27);
    MsMouse.Cursor(FALSE);
    Graph.TextMode
  END Test.
```

Siehe auch

Cursor, SetTextCursor

SetInProgramFlag — AsmLib (nur 1.x), Lib (ab 2.0)

Zweck

Ermöglicht das Setzen eines Flags, mit dessen Hilfe überprüft werden kann, ob momentan eine *DOS*-Funktion ausgeführt wird.

Struktur

```
SetInProgramFlag(on:BOOLEAN);
```

Bemerkung

Die Prozedur *SetInProgramFlag* ermöglicht das Setzen des Flags *InProgram* (weitere Informationen hierzu erhalten Sie bei *GetInProgramFlag*).

Siehe auch

Dos, GetInProgramFlag

SetInterrupt — MsMouse (ab Version 2.0)

Zweck

Installiert eine Prozedur, die bei bestimmten Maus-Ereignissen aufgerufen wird (Event-Handler installieren).

Struktur

```
SetInterrupt(VAR mp:MsInterrupt);
```

Bemerkung

Die Prozedur *SetInterrupt* installiert eine parameterlose Prozedur, die bei einem bestimmten Maus-Ereignis ausgeführt wird. Der Datentyp *MsInterrupt* ist wie folgt im Modul *MsMouse* definiert:

```
TYPE
  MouseFuncType=PROCEDURE();
  MsInterrupt=RECORD
    IntFunc:MouseFuncType;
    mask:CARDINAL;
  END;
```

Jedem Bit des Feldes *mask* ist ein spezielles Ereignis zugeordnet (gültige Bits: *0..6*):

Bit	Ereignis
0	Mausbewegung
1	Linke Maustaste gedrückt
2	Linke Maustaste losgelassen
3	Rechte Maustaste gedrückt
4	Rechte Maustaste losgelassen
5	Mittlere Maustaste gedrückt
6	Mittlere Maustaste losgelassen
7..15	(unbenutzt)

S

Mit Hilfe des Parameters *mp.mask* wird dem Maustreiber mitgeteilt, welche Ereignisse das Ausführen der Event-Prozedur *mp.IntFunc* bewirken sollen. Folgende Programmzeile hat zur Folge, daß die Prozedur *EventProc* bei jeder Mausbewegung oder beim Drücken einer beliebigen Maustaste ausgeführt wird (eine Event-Prozedur muß immer als *far* definiert sein; siehe auch *Speichermodelle* im Anhang D):

```
(*# save, call(near_call => off) *)  (* far-Aufruf einschalten *)
  PROCEDURE EventProc;
  BEGIN
    ...
  END EventProc;
(*# restore *)

VAR
  mp:MsMouse.MsInterrupt;
BEGIN
  mp.mask:=CARDINAL({0,1});
  mp.IntFunc:=EventProc;
```

Achtung: Die von TopSpeed Modula-2 zur Verfügung gestellte Prozedur *SetInterrupt* bewirkt bei Eintreten eines Maus-Ereignisses *immer* einen System-Absturz. Folgende Prozedur behebt diesen Mangel (bitte beachten Sie, daß Event-Prozeduren nur in den Speichermodellen *XLarge* und *MThread* lauffähig sind):

```
PROCEDURE SetInterrupt(VAR mp:MsMouse.MsInterrupt);
VAR
  r:SYSTEM.Registers;
  a:FarADDRESS;
BEGIN
  a:=FarADDRESS(mp.IntFunc);
  r.AX:=0CH;
  r.CX:=mp.mask;
  r.DX:=Ofs(a^);
  r.ES:=Seg(a^);
  Lib.Intr(r,33H)
END SetInterrupt;
```

Zweck einer Event-Prozedur: Mit Hilfe einer Event-Prozedur wird es möglich, Maus-Aktionen zwischenzuspeichern oder kleine Aufgaben zu lösen, ohne daß das Hauptprogramm davon Kenntnis hat.

Einschränkungen: Innerhalb einer Event-Prozedur darf keine DOS-Funktion aufgerufen werden. Aus diesem Grund ist die Verwendung der Prozedur *Lib. Dos* und der Routinen der Module *FIO* und *IO* nicht gestattet (wenn Sie das Modul *Window* eingebunden haben, können jedoch alle Ausgabe-Routinen von *IO* benützt werden). Außerdem ist es empfehlenswert, die Ausführungszeit einer Event-Prozedur zu kurz wie möglich zu halten. Bitte beachten Sie, daß Event-Prozeduren nur in den Speichermodellen *XLarge* und *MThread* lauffähig sind.

Event-Prozedur desaktivieren: Um die aktuelle Event-Prozedur zu desaktivieren, kann folgende Anweisung geschrieben werden:

```
(*# save, call(near_call => off) *)
  PROCEDURE EventProc;
  BEGIN
    ...
  END EventProc;
(* restore *)

VAR
  mp:MsMouse.MsInterrupt;
BEGIN
  mp.mask:=CARDINAL({});  (* oder: mp.mask:=0;            *)
  mp.IntFunc:=EventProc;  (* oder: mp.IntFunc:=NULLPROC; *)
```

Die Funktion *Reset* setzt die aktuelle Event-Prozedur ebenfalls außer Kraft, jedoch werden dadurch weitere Einstellungen des Maustreibers verändert.

Wichtig: Am Ende eines Programmes sollte eine Event-Prozedur immer desaktiviert werden, da sonst ein System-Absturz in der Regel unvermeidlich ist.

Beispiel

```
MODULE Test;  (* Nur Speichermodelle <XLarge> und <MThread> möglich! *)
IMPORT
  MsMouse,Lib,IO,SYSTEM,Window;

  PROCEDURE SetInterrupt(VAR mp:MsMouse.MsInterrupt);
  VAR
    r:SYSTEM.Registers;
    a:FarADDRESS;
  BEGIN
    a:=FarADDRESS(mp.IntFunc);
    r.AX:=0CH;      r.CX:=mp.mask;
    r.DX:=Ofs(a^); r.ES:=Seg(a^);
    Lib.Intr(r,33H)
  END SetInterrupt;

VAR
  screenmode[0:449H]:SHORTCARD;  (* aktueller Bildschirm-Modus *)

  PROCEDURE Convert(VAR x,y:INTEGER; MouseToScreen:BOOLEAN);
    (* Wandelt Maus-Koordinaten in Bildschirm-Koordinaten um, *)
    (* wenn der Parameter <MouseToScreen> den Wert TRUE ent-   *)
    (* hält (sonst umgekehrt).                                  *)
  BEGIN
    IF MouseToScreen THEN
      CASE screenmode OF
        0,1   : x:=x DIV 16+1; y:=y DIV 8+1;  (* Text, 40x25      *)
      | 2,3,7 : x:=x DIV 8+1; y:=y DIV 8+1;   (* Text, 80x25      *)
```

S

```
      | 4,5   : x:=x DIV 2;                     (* Graphik, 320x200 *)
      END
    ELSE
      CASE screenmode OF
        0,1   : x:=(x-1)*16; y:=(y-1)*8;
      | 2,3,7 : x:=(x-1)*8; y:=(y-1)*8;
      | 4,5   : x:=x*2
      END
    END
  END Convert;

  PROCEDURE Write(actions:CARDINAL; txt:ARRAY OF CHAR);
  BEGIN
    IF actions=0 THEN RETURN END;
    IO.WrStrAdj(txt,-20)
  END Write;

  PROCEDURE Event;
  CONST
    left=0; right=1; middle=2;
  VAR
    i:CARDINAL;
    d:MsMouse.MsData;
  BEGIN
    MsMouse.GetStatus(d);
    Window.GotoXY(1,1);
    IO.WrStr(' Mouse: ('); IO.WrCard(d.col,1); IO.WrStr('/');
    IO.WrCard(d.row,1); IO.WrStr(')'); Window.ClrEol; IO.WrLn;
    Convert(d.col,d.row,TRUE);
    IO.WrStr('Screen: ('); IO.WrCard(d.col,1); IO.WrStr('/');
    IO.WrCard(d.row,1); IO.WrStr(')'); Window.ClrEol; IO.WrLn;
    MsMouse.GetPress(left,d); Write(d.actions,'Links gedrückt');
    MsMouse.GetRelease(left,d); Write(d.actions,'Links losgelassen');
    MsMouse.GetPress(middle,d); Write(d.actions,'Mitte gedrückt');
    MsMouse.GetRelease(middle,d); Write(d.actions,'Mitte losgelassen');
    MsMouse.GetPress(right,d); Write(d.actions,'Rechts gedrückt');
    MsMouse.GetRelease(right,d); Write(d.actions,'Rechts losgelassen');
    Window.ClrEol
  END Event;

VAR
  dat:MsMouse.MsInterrupt;
  ch:CHAR;
BEGIN
  IF MsMouse.Reset()=MAX(INTEGER) THEN HALT END;
  Window.GotoXY(1,25);
  IO.WrStr('Ende mit <ESC> ...');
  dat.IntFunc:=Event;
  dat.mask:=CARDINAL({0..6});
  SetInterrupt(dat);
  MsMouse.Cursor(TRUE);
  ch:=IO.RdKey();
```

```
  IF MsMouse.Reset()=0 THEN END;  (* Event-Procedur desaktivieren *)
END Test.
```

Siehe auch
SwapInterrupt

SetJmp — Lib

Zweck
Markiert die aktuelle Programm-Stelle als Sprungmarke.

Struktur

```
SetJmp(VAR label:LongLabel):CARDINAL;
```

Bemerkung
Die Funktion *SetJmp* sichert den Zustand des Programmes (d.h. die Inhalte einiger CPU-Register) in *label* und gibt 0 als Funktionsergebnis zurück. Der Datentyp *LongLabel* ist im Modul *Lib* wie folgt definiert:

```
TYPE  (* nur Version 1.x *)
  LongLabel=ARRAY [0..3] OF CARDINAL;

TYPE  (* ab Version 2.0 *)
  TENBYTEREAL=ARRAY [0..9] OF BYTE;
  LongLabelRec=RECORD
    j_sp,j_ss,j_flag,
    j_cs,j_ip,j_bp,
    j_di,j_es,j_si,j_ds:CARDINAL;
    st1,st2:TENBYTEREAL;
  END;
  LongLabel=ARRAY [0..0] OF LongLabelRec;
```

Mit Hilfe der Prozedur *LongJmp(VAR label:LongLabel; result:CARDINAL);* kann dieser alte Zustand wieder restauriert werden; dies kommt einem Sprung zur Programmstelle gleich, bei der sich die zuvor aufgerufene Funktion *SetJmp* befindet; *SetJmp* liefert nun ein Funktionsergebnis, das von *LongJmp* gesetzt worden ist (Parameter *result*). - Lassen Sie mich die wichtigsten Punkte nochmals zusammenfassen:

- Der Aufruf von *SetJmp* sichert die aktuelle Umgebung (Register-Inhalte). Als Funktionsergebnis wird 0 geliefert.
- *LongJmp* restauriert den gesicherten Zustand, d.h. es wird zur Aufrufsstelle von *SetJmp* gesprungen.
- *SetJmp* liefert nun ein Funktionsergebnis, daß bei *LongJmp* angegeben wurde (Parameter *result*).

Bitte beachten Sie, daß dieser Sprung nur verwendet werden sollte, um aus einer tiefen Verschachtelung herauszukommen (wie es bei rekursiv aufgerufenen Routinen vorkommen kann).

Beispiel

```
MODULE SetJmp_Test;
FROM Lib IMPORT
  LongLabel,LongJmp,SetJmp;
IMPORT
  IO;
VAR
  save:LongLabel;

  PROCEDURE rekursiv(anz:CARDINAL);
  BEGIN
    IF anz>100 THEN LongJmp(save,1) END;  (* Ende *)
    IO.WrCard(anz,5);
    rekursiv(anz+1);
    IO.WrChar('.')  (* wird nie ausgeführt *)
  END rekursiv;

  PROCEDURE rufauf;
  BEGIN
    IF SetJmp(save)=0 THEN
      IO.WrStr('Langer Sprung installiert'); IO.WrLn;
      IO.WrStr('Aufruf von <rekursiv>'); IO.WrLn;
      rekursiv(1)
    ELSE
      IO.WrLn; IO.WrStr('<rekursiv> abgebrochen'); IO.WrLn
    END
  END rufauf;

BEGIN
  rufauf;
  IO.WrStr('Zurück im Hauptprogramm ...')
END SetJmp_Test.
```

Siehe auch
GOTO, LongJmp

SetLinestyle — Graph (ab Version 2.0)

Zweck
Definiert eine Linien-Art.

Struktur

```
SetLinestyle(muster:CARDINAL);
```

Bemerkung
Die Prozedur *SetLinestyle* legt das aktuelle Muster einer Linie fest. Jedes gesetzte Bit des Parameters *muster* setzt dabei einen Punkt im Bildschirm. Um beispielsweise geschrichelte Linien zu erzeugen, schreiben Sie (standardmäßig ist eine durchgezogene Linie definiert):

```
Graph.SetLinestyle(CARDINAL({0..3,8..11}));
```

Die mit *SetLinestyle* gesetzte Linien-Art wird von folgenden Graphik-Routinen verwendet (bei *Pie* nur für die Linien, nicht aber den Bogen):

Cube	Line	Pie	Polygon	Rectangle

Beispiel
Folgendes Programm füllt den gesamten Bildschirm mit einem Bild, das aus 16x16 Bildpunkten besteht:

```
MODULE Test;
IMPORT
  Graph,IO;
TYPE
  mask=ARRAY [0..15] OF CARDINAL;
CONST
  diskette=mask(0000H,7FFEH,40FEH,5EFEH,40F8H,7FF8H,7E7EH,7C3EH,
                7C3EH,7E7EH,7FEEH,7E7EH,7E7EH,7E7EH,7E7EH,0000H);
VAR
  ch:CHAR;
  i:CARDINAL;
BEGIN
  Graph.GraphMode;
  FOR i:=0 TO Graph.Depth-1 DO
    Graph.SetLinestyle(diskette[i MOD 16]);
    Graph.Line(0,i,Graph.Width-1,i,Graph.NumColor-1)
  END;
  ch:=IO.RdKey();
  Graph.TextMode
END Test.
```

Siehe auch
GetFillMask, GetLinestyle, SetFillMask

S

SetMickeys — MsMouse (ab Version 2.0)

Zweck
Legt das Ausmaß einer Mausbewegung fest.

Struktur

```
SetMickeys(y,x:INTEGER);
```

Bemerkung

Gemäß der Voreinstellung müssen Sie die Maus rund 8 cm bewegen, um den Bildschirm mit dem Mauszeiger zu durchqueren (in horizontaler Richtung). Sie benötigen somit 8 mickeys (= 8 x 0.127 mm) für 8 Bildpunkte. Die Prozedur *SetMickeys* verändert dieses Verhältnis, wobei der Parameter *x* bzw. *y* die Anzahl mickeys pro 8 Punkte in horizontaler bzw. vertikaler Richtung festlegt (*SetMickeys(1,1);* verwandelt Ihren Mauszeiger in eine Mexikanische Wüstenspringmaus, während *SetMickeys(1000,1000);* Sie dazu veranlaßt, die Maus 10,16 m für die Durchquerung des Bildschirmes in horizontaler Richtung zu bewegen). *SetMickeys(16,8)* entspricht der Standard-Einstellung (d.h. Sie müssen die Maus 16 bzw. 8 mickeys nach oben/unten bzw. links/rechts bewegen, um den Mauszeiger 8 Bildpunkte in vertikaler bzw. horizontaler Richtung zu verschieben).

Falls einer der Parameter *x* oder *y* einen negativen Wert erhält, bewegt sich der Mauszeiger in entgegengesetzter Richtung zur Maus.

Bitte beachten Sie, daß der erste Parameter der Prozedur *SetMickeys* die vertikale Richtung (y-Koordinate) bezeichnet (etwas ungewohnt und unpraktisch).

Beispiel

Folgendes Programm ruft bei jedem Druck auf die linke Maustaste die Prozedur *SetMickeys* mit unterschiedlichen Parametern auf.

```
MODULE Test;
IMPORT
  MsMouse,IO;
VAR
  ch:CHAR;
  dat:MsMouse.MsData;
  nr:CARDINAL;
BEGIN
  IF MsMouse.Reset()=MAX(INTEGER) THEN
    IO.WrStr('Maus nicht verfügbar ...');
    HALT
  END;
  IO.WrStr('Mit jedem Druck auch die linke Maustaste wird'); IO.WrLn;
  IO.WrStr('die Auswirkung der Mausbewegung verändert.'); IO.WrLn;
  IO.WrLn;
  IO.WrStr('Programm-Abbruch mit <ESC> ...');
  MsMouse.Cursor(TRUE);
  nr:=0;
  LOOP
    IF IO.KeyPressed() THEN
      ch:=IO.RdKey(); IF ch=CHR(27) THEN EXIT END
    END;
    MsMouse.GetStatus(dat);
```

```
      IF dat.left_pressed THEN
        IO.WrChar(7C);  (* Beep *)
        CASE nr OF
          0: MsMouse.SetMickeys(-16,-8);
        | 1: MsMouse.SetMickeys(100,50);
        | 2: MsMouse.SetMickeys(1,-1);
        END;
        INC(nr); IF nr>2 THEN nr:=0 END;
        REPEAT MsMouse.GetStatus(dat) UNTIL NOT dat.left_pressed;
      END;
    END;
    MsMouse.Cursor(FALSE);
  END Test.
```

Siehe auch
GetSensitivity, SetSensitivity

SetPage — MsMouse (ab Version 2.0)

Zweck
Legt die Bildschirm-Seite für den Mauszeiger fest.

Struktur

```
SetPage(Page:CARDINAL);
```

Bemerkung
Die Prozedur *SetPage* legt die Bildschirm-Seite fest, in der der Mauszeiger sichtbar sein soll (weitere Informationen zu diesem Thema erhalten Sie bei *SetActivePage*).

Siehe auch
GetPage, SetActivePage, SetVisualPage

SetPalette — Window

S

Zweck
Verändert alle Einträge der einem Fenster zugeordneten Farbpalette.

Struktur

```
SetPalette(w:WinType; pal:PaletteDef);
```

Bemerkung

Die Prozedur *SetPalette* ändert die aktuelle Farbpalette des Fensters *w*; das gesamte Fenster wird unmittelbar darauf in den neuen Farben angezeigt. Der Datentyp *PaletteDef* ist wie folgt definiert (*WinType* siehe *Window*):

```
CONST
  PaletteSize     = 10;
  PaletteMax      = PaletteSize-1;
TYPE
  PaletteRange    = SHORTCARD [0..PaletteMax];
  PaletteColorDef = RECORD Fore,Back:Color END;  (* <Color> siehe <Window> *)
  PaletteDef      = ARRAY PaletteRange OF PaletteColorDef;
```

Beispiel

```
MODULE Test;
FROM Window IMPORT
  PaletteDef,WinType,WinDef,Black,White,LightGray,SingleFrame,
  PaletteOpen,Close,SetPalette;
IMPORT
  IO,Lib;
VAR
  p1,p2:PaletteDef;
  w:WinType;
  i:INTEGER;
  ch:CHAR;
  one:BOOLEAN;
BEGIN
  p1[0].Fore:=Black;     p1[0].Back:=LightGray;
  p1[1].Fore:=Black;     p1[1].Back:=White;
  p2[0].Fore:=LightGray; p2[0].Back:=Black;
  p2[1].Fore:=White;     p2[1].Back:=Black;
  w:=PaletteOpen(WinDef(10,5,70,20,Black,Black,TRUE,TRUE,FALSE,TRUE,
                 SingleFrame,Black,Black),p1);
  FOR i:=1 TO 1000 DO IO.WrCard(Lib.RANDOM(10),1) END;
  IO.WrStr(' Ende mit jeder Taste ...');
  one:=TRUE;
  REPEAT
    IF one THEN SetPalette(w,p2) ELSE SetPalette(w,p1) END;
    one:=NOT one;
    Lib.Delay(1000)
  UNTIL IO.KeyPressed();
  Close(w)
END Test.
```

Siehe auch

PaletteColor, PaletteColorUsed, PaletteOpen, SetPaletteColor

SetPaletteColor — Window

Zweck
Bestimmt, welcher Eintrag der Palette die Textfarbe festlegt.

Struktur

```
SetPaletteColor(p:PaletteRange);
```

Bemerkung
Die Prozedur *SetPaletteColor* verwendet für die Textausgabe (aktuelles Fenster) die Farben des Paletten-Eintrages mit der Nummer *p*. *PaletteRange* ist wie folgt definiert:

```
CONST
  PaletteSize  = 10;
  PaletteMax   = PaletteSize-1;
TYPE
  PaletteRange = SHORTCARD [0..PaletteMax];  (* kurz: 0..9 *)
```

Nach dem Öffnen eines Fensters wird immer der Eintrag 0 der Farbpalette verwendet (siehe hierzu auch *PaletteOpen*).

Siehe auch
PaletteColor, PaletteColorUsed, PaletteOpen, SetPalette

SetPosition — MsMouse (ab Version 2.0)

Zweck
Setzt den Mauszeiger an eine bestimmte Stelle.

Struktur

```
SetPosition(y,x:INTEGER);
```

Bemerkung
Die Prozedur *SetPosition* setzt den Mauszeiger an den Punkt *(x,y)* (bitte beachten Sie, daß die beiden Parameter von *SetPosition* vertauscht sind). Es ist nicht möglich, die Maus an einen Punkt außerhalb des erlaubten Bereiches zu setzen (siehe auch *SetRange*).

Die Koordinaten *x* und *y* müssen unter Umständen von Ihnen vor dem Prozedur-Aufruf umgewandelt werden (siehe hierzu *MsMouse*). Die aktuelle Position des Mauszeigers läßt sich mit *GetStatus* ermitteln.

Siehe auch
GetPress, GetRelease, GetStatus

SetProcessLocks — Window

Zweck

Registriert zwei Prozeduren, die für das Sperren und Freigeben von Prozessen verantwortlich sind.

Struktur

```
SetProcessLocks(sperren,freigeben:PROC);       (* Version 1.x    *)
SetProcessLocks(sperren,freigeben:LockProc);   (* ab Version 2.0 *)
```

Bemerkung

Die Prozedur *SetProcessLocks* teilt der Fensterverwaltung mit, welche parameterlosen Prozeduren für das Sperren und Freigeben von sich konkurrierenden Prozessen verwendet werden sollen (nur sinnvoll, wenn mit dem **Modul Process** gearbeitet wird). Üblicherweise werden den beiden Parametern *sperren* und *freigeben* die beiden Prozeduren *Process.Lock* und *Process.Unlock* übergeben.

SetProcessLocks sollte immer dann aufgerufen werden, wenn in einem Programm die beiden Module *Window* und *Process* verwendet werden (denn in einigen Routinen des Moduls *Window* werden Prozesse in kritischen Situationen gesperrt).

- **Ab Version 2.0:** Der Datentyp *LockProc* ist wie folgt im Modul *Window* definiert:

  ```
  TYPE
    LockProc=PROCEDURE;
  ```

  Bitte beachten Sie, daß das Modul *Process* nur im Speichermodell *MThread* verwendet werden kann.

Beispiel

```
MODULE Test;
  (* Version 2.0: Speichermodell <MThread> notwendig *)
FROM Window IMPORT
  White,Black,LightGray,SingleFrame,CenterUpperTitle,
  Use,Change,Info,Open,Close,WinDef,WinType,SetTitle,
  FullScreen,SetProcessLocks,GotoXY,PutBeneath,Top;
FROM Process IMPORT
  Lock,Unlock,StartProcess,StartScheduler,
  StopScheduler,Init,SEND,WAIT,SIGNAL,Delay;
IMPORT
  IO,AsmLib,Lib;
VAR
  w1,w2:WinType;
  wd:WinDef;
  ende:SIGNAL;
```

```
PROCEDURE p1;
BEGIN
  Use(w1);
  LOOP
    IO.WrStr('Gestatten, Proceß 1 ... ')
  END
END p1;

PROCEDURE p2;
VAR
  x,y,dx,dy,mx,my:INTEGER;
BEGIN
  Lock;
  Info(w2,wd);
  mx:=wd.X2-wd.X1-1;
  my:=wd.Y2-wd.Y1-1;
  Unlock;
  dx:=1; dy:=1;
  x:=Lib.RANDOM(mx)+1;
  y:=Lib.RANDOM(my)+1;
  Use(w2);
  LOOP
    GotoXY(x,y); IO.WrChar(CHR(219));
    Delay(1);
    IF (x+dx>mx) OR (x+dx<1) THEN dx:=-dx END;
    IF (y+dy>my) OR (y+dy<1) THEN dy:=-dy END;
    GotoXY(x,y); IO.WrChar(' ');
    INC(x,dx);
    INC(y,dy)
  END
END p2;

PROCEDURE p3;
BEGIN
  Use(FullScreen);
  LOOP
    IO.WrStr('Ich bin der dritte Prozeß ... ');
    Lock;
    IF IO.KeyPressed() THEN
      Unlock;
      SEND(ende);
      Lock
    END;
    Unlock
  END
END p3;

PROCEDURE p4;
VAR
  x1,y1,x2,y2,dx,dy:INTEGER;
  pling:BOOLEAN;
```

S

```
  BEGIN
    Lock;
    Info(w2,wd);
    x1:=wd.X1; x2:=wd.X2;
    y1:=wd.Y1; y2:=wd.Y2;
    Unlock;
    dx:=2; dy:=1;
    pling:=FALSE;
    LOOP
      Delay(18);
      IF (x2+dx>79) OR (x1+dx<0) THEN dx:=-dx END;
      IF (y2+dy>24) OR (y1+dy<0) THEN dy:=-dy END;
      INC(x1,dx); INC(x2,dx);
      INC(y1,dy); INC(y2,dy);
      Change(w2,x1,y1,x2,y2);
      IF (x2+dx>79) OR (x1+dx<0) THEN pling:=TRUE END;
      IF (y2+dy>24) OR (y1+dy<0) THEN pling:=TRUE END;
      IF pling THEN
        IF Top()=w1 THEN PutBeneath(w1,w2) ELSE PutBeneath(w2,w1) END;
        pling:=FALSE;
      END
    END
  END p4;

BEGIN
  w1:=Open(WinDef(10,3,70,18,LightGray,Black,TRUE,TRUE,FALSE,TRUE,
                  SingleFrame,White,Black));
  SetTitle(w1,' Prozess 1 ',CenterUpperTitle);
  w2:=Open(WinDef(20,8,49,22,Black,LightGray,FALSE,TRUE,FALSE,TRUE,
                  SingleFrame,Black,LightGray));
  SetTitle(w2,' Prozess 2 ',CenterUpperTitle);
  SetProcessLocks(Lock,Unlock);
  Init(ende);
  StartScheduler;
  StartProcess(p1,1024,1);
  StartProcess(p2,1024,1);
  StartProcess(p3,1024,1);
  StartProcess(p4,1024,1);  (* bewegt Fenster <w2> *)
  WAIT(ende);
  Lock;  (* alle Prozesse sperren *)
  Close(w1);
  Close(w2)
END Test.
```

Siehe auch

Lock, Unlock, Use

SetRange — MsMouse (ab Version 2.0)

Zweck
Definiert einen Bereich, in dem sich der Mauszeiger bewegen darf.

Struktur

```
SetRange(VAR b:MsRange);
```

Bemerkung
Die Prozedur *SetRange* verändert die Größe des Bereiches, in dem sich der Mauszeiger aufhalten darf. Der Punkt *(b.min_col,b.min_row)* entspricht der linken oberen, *(b.max_col,b.max_row)* der rechten unteren Ecke des Rechteckes, in dem sich die Maus bewegen darf. Die linke obere Bildschirmecke entspricht immer dem Punkt *(0,0)* (auch im Text-Modus, siehe hierzu *MsMouse*). Der Datentyp *MsRange* ist wie folgt im Modul *MsMouse* definiert:

```
TYPE
  MsRange=RECORD
    max_col,min_col,
    max_row,min_row:INTEGER;
  END;
```

Die Prozedur *SetRange* erlaubt es, den Bewegungsfreiraum der Maus so zu erweitern, daß sie sich auch außerhalb der physischen Bildschirmgrenzen aufhalten kann:

```
MsMouse.SetRange(-100,-100,100,100);  (* erlaubt *)
```

Folgender Prozeduraufruf garantiert für den Graphik-Modus, daß der gesamte Bildschirm von der Maus angesprochen werden kann (notwendig, wenn Sie eine EGA- oder VGA-Graphikkarte besitzen):

```
MsMouse.SetRange(0,0,Graph.Width-1,Graph.Depth-1);
```

Nach dem Aufruf von *SetRange* befindet sich der Mauszeiger innerhalb des erlaubten Bereiches. Auch nach der Definition eines Bereiches bleiben die Maus-Koordinaten absolut, d.h. sie beziehen sich weiterhin auf die linke obere Bildschirmecke.

S

Beispiel
Folgendes Programm definiert drei voneinander unabhängige Bereiche, in denen sich der Mauszeiger aufhalten darf. Die einzelnen Bereiche können mit den entsprechenden Maustasten aktiviert werden (Programm-Abbruch mit der Taste <ESC>).

```
MODULE Test;
IMPORT
  MsMouse,Graph,IO;
```

```
CONST
  left   = 0;
  middle = 1;
  right  = 2;
  any    = 3;
VAR
  ch:CHAR;
VAR
  screenmode[0:449H]:SHORTCARD;

  PROCEDURE Convert(VAR x,y:INTEGER; MouseToScreen:BOOLEAN);
  BEGIN
    IF MouseToScreen THEN
      CASE screenmode OF
        0,1   : x:=x DIV 16+1; y:=y DIV 8+1;
      | 2,3,7 : x:=x DIV 8+1; y:=y DIV 8+1;
      | 4,5   : x:=x DIV 2;
      END
    ELSE
      CASE screenmode OF
        0,1   : x:=(x-1)*16; y:=(y-1)*8;
      | 2,3,7 : x:=(x-1)*8; y:=(y-1)*8;
      | 4,5   : x:=x*2
      END
    END
  END Convert;

  PROCEDURE SetMouseRange(x1,y1,x2,y2:INTEGER);
  VAR
    d:MsMouse.MsRange;
  BEGIN
    Convert(x1,y1,FALSE); Convert(x2,y2,FALSE);
    d.max_col:=x2; d.min_col:=x1;
    d.max_row:=y2; d.min_row:=y1;
    MsMouse.SetRange(d)
  END SetMouseRange;

  PROCEDURE Pressed(key:CARDINAL):BOOLEAN;
  VAR
    d:MsMouse.MsData;
  BEGIN
    MsMouse.GetStatus(d);
    CASE key OF
      left   : RETURN d.left_pressed;
    | middle : RETURN d.middle_pressed;
    | right  : RETURN d.right_pressed;
    | any    : RETURN d.left_pressed OR d.middle_pressed OR d.right_pressed;
    ELSE
      RETURN FALSE
    END
  END Pressed;
```

```
    PROCEDURE Wait;
    BEGIN
      WHILE Pressed(any) DO END
    END Wait;

  BEGIN
    IF MsMouse.Reset()=MAX(INTEGER) THEN HALT END;
    ch:=0C;
    Graph.GraphMode;
    Graph.Rectangle(0,0,90,150,Graph.NumColor-1,FALSE);
    Graph.Rectangle(100,0,190,150,Graph.NumColor-1,FALSE);
    Graph.Rectangle(200,0,290,150,Graph.NumColor-1,FALSE);
    MsMouse.Cursor(TRUE);
    SetMouseRange(0,0,90,150);
    REPEAT
      IF Pressed(left) THEN
        SetMouseRange(0,0,90,150); Wait
      END;
      IF Pressed(middle) THEN
        SetMouseRange(100,0,190,150); Wait
      END;
      IF Pressed(right) THEN
        SetMouseRange(200,0,290,150); Wait
      END;
      IF IO.KeyPressed() THEN ch:=IO.RdKey() END;
    UNTIL ch=CHR(27);
    MsMouse.Cursor(FALSE);
    Graph.TextMode
  END Test.
```

Siehe auch
GetStatus, UpdateScreen

SetReturnCode — Lib

Zweck
Legt für das laufende Programm einen Rückkehr-Wert fest.

Struktur

```
SetReturnCode(code:SHORTCARD);
```

Bemerkung
Die Prozedur *SetReturnCode* ermöglicht das Setzen eines Return-Codes. Dieser kann in einer *.BAT*-Datei mit Hilfe der DOS-Systemvariablen *ERRORLEVEL* ermittelt werden (siehe Beispiel bei *HALT*).

Innerhalb eines Programmes *P1* kann der Return-Code des Programmes *P2* (zuvor mit *Execute* gestartet) mit folgender Prozedur *GetReturnCode* gelesen werden:

```
PROCEDURE GetReturnCode(VAR code,exit:SHORTCARD);
VAR
  reg:SYSTEM.Registers;
BEGIN
  reg.AH:=4DH;  (* Funktionsnummer für "Return-Code lesen" *)
  Lib.Dos(reg);
  code:=reg.AL;
  exit:=reg.AH
END GetReturnCode;
```

Der Parameter *code* übergibt den Return-Code des Programmes *P2*; *exit* hingegen informiert Sie darüber, wie *P2* zu einem Programm-Ende gekommen ist; folgende Werte sind möglich:

exit	Bedeutung
0	Normales Ende (HALT oder Programm-Ende)
1	Programmabbruch durch Ctrl-C oder Ctrl-Break
2	Programmabbruch aufgrund eines Gerätefehlers
3	Programmabbruch ohne Speicherfreigabe (residentes Programm)

Wichtig: Bitte beachten Sie, daß der Return-Code eines Programmes nur ein einziges Mal gelesen werden kann. Aus diesem Grund ist es nicht möglich, bei den Programmen, die mit Hilfe des Kommando-Interpreters *COMMAND.COM* gestartet worden sind, den Return-Code zu lesen (denn dies hat bereits der Kommando-Interpreter getan):

```
FROM Lib IMPORT
  Execute;
VAR
  err:CARDINAL;
BEGIN
  ...
  err:=Execute('\command.com','/c word /l',wo,anz);  (* Return-Code verloren *)
  err:=Execute('word.com','/l',wo,anz);              (* Return-Code lesbar   *)
```

Siehe auch
HALT

SetSensitivity MsMouse (ab Version 2.0)

Zweck
Legt das Ausmaß einer Mausbewegung und die Verdoppelungs-Geschwindigkeit fest.

Struktur

```
SetSensitivity(VAR dat:MsSense);
```

Bemerkung
Die Prozedur *SetSensitivity* legt das Ausmaß der Mausbewegung und die Verdoppelungs-Geschwindigkeit fest. Der Datentyp *MsSense* ist wie folgt im Modul *MsMouse* definiert:

```
CONST
  MsSense=RECORD
    h_speed,v_speed,threshold:INTEGER;
  END;
```

Das Ausmaß der Mausbewegung kann separat mit *SetMickeys* und die Verdoppelungs-Geschwindigkeit mit *SetDouble* eingestellt werden (weitere Informationen siehe dort).

Siehe auch
GetSensitivity, SetDouble, SetMickeys

SetTextColor Graph (ab Version 2.0)

Zweck
Legt die Farbe eines Textes fest.

Struktur

```
SetTextColor(farbe:CARDINAL):CARDINAL;
```

Bemerkung
Mit *SetTextColor* läßt sich die Farbe des auszugebenden Textes (siehe *OutText*) bestimmen. Der Parameter *farbe* bezeichnet dabei die Nummer der gewünschten Farbe innerhalb der Farbpalette (siehe auch *RemapAllPalette* und *SelectPalette*). Als Funktionsergebnis liefert *SetTextColor* die zuvor gewählte Textfarbe.

Siehe auch
GetTextColor

SetTextCursor — MsMouse (ab Version 2.0)

Zweck
Definiert einen neuen Text-Cursor.

Struktur

```
SetTextCursor(VAR dat:MsTextCur);
```

Bemerkung
Die Prozedur *SetTextCursor* verändert den aktuellen Mauszeiger im Textmodus. Der Datentyp *MsTextCur* ist dabei wie folgt definiert:

```
TYPE
  Hardware=RECORD
    start_scan,end_scan:INTEGER;
  END;
  Software=RECORD
    screen_mask,cursor_mask:CARDINAL;
  END;

  MsTextCur=RECORD
    type:BOOLEAN;
    CASE :BOOLEAN OF
    | TRUE  : H:Hardware;
    | FALSE : S:Software;
    END;
  END;
```

Im Textmodus wird zwischen zwei verschiedenen Cursor-Typen unterschieden:

Hardware-Cursor Blinkender Mauszeiger, dessen Größe sich bestimmen läßt (in Rasterzeilen). *dat.start_scan* enthält dabei die obere, *dat.end_scan* die untere Rasterzeile (*start.scan* ist normalerweise kleiner als *end_scan*). Die gültigen Nummern der Rasterzeilen liegen im Bereich *0..7* (CGA, EGA, VGA) bzw. *0..13* (Hercules, monochromer Adapter)

Software-Cursor Mauszeiger, der ein beliebiges Zeichen darstellen kann. Ähnlich wie bei Graphik-Cursor existieren auch hier eine Bildschirm- und eine Cursor-Maske (je 2 Bytes, bestehend aus Textzeichen und dazugehörendes Farbattribut; genauere Ausführungen etwas weiter unten).

Folgende Konstanten legen den Cursor-Typ fest und können für das Feld *dat. type* verwendet werden:

```
CONST
  _MS_HARD = TRUE;
  _MS_SOFT = FALSE;
```

Software-Cursor: Den einzelnen Bits der beiden Felder *dat.S.screen_mask* und *dat.S.cursor_mask* kommen folgende Bedeutungen zu:

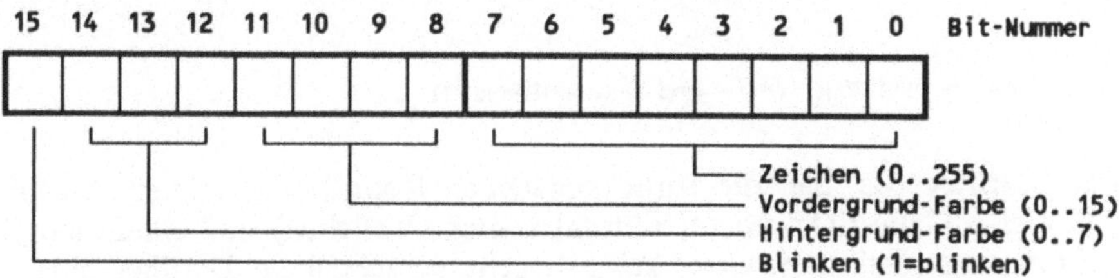

Jedes auf dem Bildschirm dargestellte Zeichen besteht aus zwei Bytes, dem eigentlichen Zeichen und dem Farbattribut. Jedes einzelne Bit wird vom Maustreiber mit den entsprechenden Bits der Felder *dat.S.screen_mask* und *dat.S. cursor_mask* verknüpft (die gesamte Logiktabelle ist bei *SetGraphCursor* aufgeführt):

```
(BildschirmPunkt AND dat.S.screen_mask) XOR dat.S.cursor_mask
```

Bei folgendem Aufruf wird das aktuelle Bildschirmzeichen invertiert:

```
VAR
  dat:MsMouse.MsTextCur;
BEGIN
  ...
  dat.type:=_MS_SOFT;
  dat.S.screen_mask:=77FFH;
  dat.S.cursor_mask:=7700H;
  MsMouse.SetTextCursor(dat);
```

Siehe auch
SetGraphCursor

SetTextPosition — Graph (ab Version 2.0)

S

Zweck
Legt die Position des Text-Cursors fest.

Struktur

```
SetTextPosition(y,x:CARDINAL):TextCoords;
```

Bemerkung
Die Funktion *SetTextPosition* setzt den Text-Cursor im Graphik-Modus auf den Punkt *(x,y)*, wobei die linke obere Fensterecke dem Punkt *(1,1)* entspricht. Als Funktionsergebnis wird die aktuelle Position des Text-Cursors zurückgegeben; der Datentyp *TextCoords* ist dabei wie folgt definiert:

```
TYPE
  TextCoords=RECORD
    row,col:INTEGER  (* y- und x-Koordinate *)
  END;
```

Bitte beachten Sie, daß die zurückgegebenen Koordinaten immer absolut sind (d.h. sich auf die linke obere Bildschirm-Ecke beziehen) und einem möglichen Fenster (siehe *SetTextWindow*) keine Beachtung schenken. Darüber hinaus entspricht die linke obere Bildschirm-Ecke dem Punkt *(0,0)* (vermutlich ein Programmier-Fehler).

Siehe auch
GetTextPosition, OutText, SetTextWindow, Wrapon

SetTextWindow — Graph (ab Version 2.0)

Zweck
Bestimmt einen rechteckigen Ausschnitt als Text-Fenster.

Struktur

```
SetTextWindow(y1,x1,y2,x2:CARDINAL);
```

Bemerkung
Die Prozedur *SetTextWindow* definiert innerhalb des Graphik-Bildschirmes ein Fenster, in das ein mit *OutText* ausgegebener Text geschrieben wird. *(x1,y1)* entspricht dabei der linken oberen, *(x2,y2)* der rechten unteren Ecke des Text-Fensters. Bitte beachten Sie, daß es sich hier um Text-Koordinaten handelt, d.h. die linke obere Bildschirmecke entspricht dem Punkt *(1,1)*, die rechte untere jedoch dem Punkt *(40,25)*, *(80,25)* oder *(80,30)* (in Abhängigkeit des aktuellen Graphik-Modus, siehe *GetVideoConfig*). Die Koordinaten der Routinen *SetTextPosition* und *GetTextPosition* beziehen sich ab nun auf die linke obere Fensterecke.

Der aktuelle Inhalt des Text-Fensters läßt sich mit der Prozedur *ClearScreen(_GWINDOW)* löschen. Da sich mit *SetTextWindow* kein echtes Fenster öffnen läßt (im Gegensatz zum Modul *Window*, das jedoch nur für den Text-Modus geeignet ist), läßt sich dieses auch nicht schließen (der Hintergrund eines Fensters, der verdeckt wird, läßt sich jedoch mit *GetImage* sichern und zu einem späteren Zeitpunkt wieder mit *PutImage* herstellen; auf diese Weise entsteht der Eindruck von einem echten Fenster; siehe Beispiel bei *SetClipRgn*).

Siehe auch
GetTextPosition, OutText, SetClipRgn, SetTextWindow, Wrapon

SetTime — Lib (ab Version 2.0)

Zweck
Setzt die System-Zeit neu.

Struktur

```
SetTime(std,min,sek,sek100:CARDINAL):BOOLEAN;
```

Bemerkung
Die Funktion *SetTime* setzt die System-Zeit neu und liefert den Wert *TRUE*, wenn *std* (Bereich: *0..23*), *min* (Bereich: *0..59*), *sek* (Bereich: *0..59*) und *sek100* (Hundertstel-Sekunden; Bereich: *0..99*) eine gültige Zeit darstellen.

Siehe auch
GetCurrentDate, GetDate, GetFileDate, GetTime, SetDate, SetFileDate

SetTitle — Window

Zweck
Setzt einen Fenster-Titel.

Struktur

```
SetTitle(w:WinType; titel:ARRAY OF CHAR; pos:TitleMode);
```

Bemerkung
Die Prozedur *SetTitle* schreibt eine Titelzeile in den Fensterrahmen (oben oder unten) und verwendet dabei die mit *SetFrame* gesetzten Farben. Der Datentyp *TitleMode* ist wie folgt definiert (*WinType* siehe *Window*):

```
TYPE
  TitleMode=(NoTitle,
    LeftUpperTitle,CenterUpperTitle,RightUpperTitle,
    LeftLowerTitle,CenterLowerTitle,RightLowerTitle);
```

Mit *NoTitle* können bestehende Titelzeilen gelöscht werden. Bitte beachten Sie, daß es mit *SetTitle* nicht möglich ist, ein Fenster gleichzeitig mit einer oberen und unteren Titelzeile zu versehen (dies könnte jedoch mit *AsmLib.BufferToScreen* bzw. *CLB._buffertoscreen* verwirklicht werden).

Innerhalb des Fenstertitels lassen sich auch die Steuerzeichen mit den Codes *CHR(0)..CHR(31)* darstellen.

Siehe auch
SetFrame

SetVideoMode — Graph (ab Version 2.0)

Zweck
Aktiviert einen beliebigen Bildschirm-Modus.

Struktur

```
SetVideoMode(modus:CARDINAL):BOOLEAN;
```

Bemerkung
Mit Hilfe der Funktion *SetVideoMode* läßt sich ein beliebiger (verfügbarer) Bildschirm-Modus aktivieren (Text- oder Graphik-Modus). Als Funktionsergebnis liefert *SetVideoMode* den Wert *TRUE*, wenn der gewünschte Modus aktiviert werden konnte, andernfalls den Wert *FALSE*. Für den Parameter *modus* sind folgende Konstanten im Modul *Graph* vordefiniert:

```
CONST
  _DEFAULTMODE  = MAX(CARDINAL);  (* Standard-Modus *)
  _TEXTBW40     = 0;    (* Text, 40x25 Zeichentext, 16 Grautöne *)
  _TEXTC40      = 1;    (* Text, 40x25 Zeichentext, 16 Farben *)
  _TEXTBW80     = 2;    (* Text, 80x25 Zeichentext, 16 Grautöne *)
  _TEXTC80      = 3;    (* Text, 80x25 Zeichentext, 16 Farben *)
  _MRES4COLOR   = 4;    (* CGA, 320x200 Punkte, 4 Farben *)
  _MRESNOCOLOR  = 5;    (* CGA, 320x200 Punkte, 4 Grautöne *)
  _HRESBW       = 6;    (* CGA, 640x200 Punkte, Schwarz-Weiß *)
  _TEXTMONO     = 7;    (* Text, 80x25 Zeichen, Monochrom-Bildschirm *)
  _HERCMONO     = 8;    (* Hercules, 720x348 Punkte, Scharz-Weiß *)
  _MRES16COLOR  = 13;   (* EGA, 320x200 Punkte, 16 Farben *)
  _HRES16COLOR  = 14;   (* EGA, 640x200 Punkte, 16 Farben *)
  _ERESNOCOLOR  = 15;   (* EGA, 640x350 Punkte, Schwarz-Weiß *)
  _ERESCOLOR    = 16;   (* EGA, 640x350 Punkte, 4 oder 16 Farben *)
  _VRES2COLOR   = 17;   (* VGA, 640x480 Punkte, Schwarz-Weiß *)
  _VRES16COLOR  = 18;   (* VGA, 640x480 Punkte, 16 Farben *)
  _MRES256COLOR = 19;   (* VGA, 320x200 Punkte, 256 Farben *)
```

Normalerweise ist es möglich, mit einer *VGA*-Karte alle *EGA*-, *CGA*- und Text-Modi zu wählen (ev. auch *Hercules*-Modus, nicht aber *_TEXTMONO*), eine *EGA*-Karte beherrscht meist auch die *CGA*- und Text-Modi (außer *_TEXT*-

MONO). Eine Hercules-Karte kennt nur die beiden Modi *_TEXTMONO* und *_HERCMONO*, eine *CGA*-Karte die Modi *_TEXTBW40.._HRESBW*.

Falls mit *SetVideoMode* ein Graphik-Modus gewählt wird, kann auf einen Aufruf der Prozedur *GraphMode* verzichtet werden. Mit dem Prozedur-Aufruf *SetVideoMode(_DEFAULTMODE)* wird automatisch in den beim Programm-Start aktiven Graphik-Modus gewechselt.

Siehe auch
GetVideoConfig, GraphMode, Init<karte>, TextMode

SetVideoPage — AsmLib (nur Version 1.x)

Zweck
Setzt die aktuelle Textbildschirm-Seite.

Struktur

```
SetVideoPage(nr:CARDINAL);
```

Bemerkung
Die Prozedur *SetVideoPage* aktiviert die Textbildschirm-Seite *nr* (0 ist Standard). Jede Seite entspricht einem vollen Bildschirm und kann beliebig beschrieben werden, sobald sie aktiviert ist. Folgende Werte sind für den Parameter *nr* gültig:

0	Monochrom (Bildschirm-Inhalt beginnt bei der Speicher-Adresse *0B000H:0H*)
0..3	Farbbildschirm, 80x25 Zeichen (Bildschirm-Inhalt der ersten Seite beginnt bei der Adresse *0B800H:0H*, wobei eine Seite 4096 Bytes beansprucht)
0..7	Farbbildschirm, 40x25 Zeichen (Bildschirm-Inhalt der ersten Seite beginnt bei der Adresse *0B800H:0H*, wobei eine Seite 2048 Bytes beansprucht)

Die Nummer der momentan aktiven Seite läßt sich mit *ActivePage* ermitteln.

Achtung: Bitte beachten Sie, daß vor dem Verlassen eines Programmes immer wieder die Seite 0 aktiviert wird, da sonst die Gefahr besteht, daß der Bildschirm beim nächsten Anwendungsprogramm dunkel bleibt.

Siehe auch
ActivePage

SetVisualPage
Graph (ab Version 2.0)

Zweck
Legt diejenige Bildschirm-Seite fest, die sichtbar sein soll.

Struktur

```
SetVisualPage(seite:CARDINAL):CARDINAL;
```

Bemerkung
Mit der Funktion *SetVisualPage* läßt sich diejenige Bildschirm-Seite bestimmen, die angezeigt werden soll. Als Funktionsergebnis wird die zuvor sichtbare Seitennummer zurückgegeben (standardmäßig ist die Seite 0 sichtbar; weitere Informationen erhalten Sie bei *SetActivePage*).

Siehe auch
GetPage, SetActivePage, SetPage

SetWrap
Window

Zweck
Legt fest, ob ein automatischer Zeilenumbruch erfolgen soll oder nicht.

Struktur

```
SetWrap(ein:BOOLEAN);
```

Bemerkung
Die Prozedur *SetWrap* legt fest, ob bei den Ausgabe-Routinen des Moduls *IO* bei Bedarf ein Zeilenumbruch erfolgen soll (entspricht *SetWrap(TRUE);*) oder nicht (in diesem Fall bleibt der Cursor am rechten Fensterrand stehen).

SetWrap ist erst dann sinnvoll einzusetzen, wenn mit Fenstern gearbeitet wird; ein Zeilenumbruch findet am Ende einer Zeile immer statt, wenn das Modul *Window* nicht eingebunden ist.

Siehe auch
Change, Info, Open (Window)

ShareMode
FIO (ab Version 2.0)

Zweck
Legt die erlaubten Zugriffe auf eine Datei im Netz fest.

Struktur

```
VAR ShareMode:BITSET;
```

Bemerkung
Da es bei Zugriffen von mehreren Prozessen auf eine Datei zu Konflikten kommen kann, wurde die Funktion "Datei öffnen" ab der DOS-Version 3.0 ergänzt. Derjenige Prozeß, der eine Datei öffnet (mit *Open* oder *OpenRead*), kann festlegen (mit Hilfe der Variablen *ShareMode*), welche Datei-Operationen anderen Prozessen zur Verfügung stehen, wenn sie dieselbe Datei bearbeiten wollen. Beim Schließen der Datei werden diese Einschränkungen wieder selbständig aufgehoben. Den einzelnen Bits von *ShareMode* kommen folgende Bedeutungen zu:

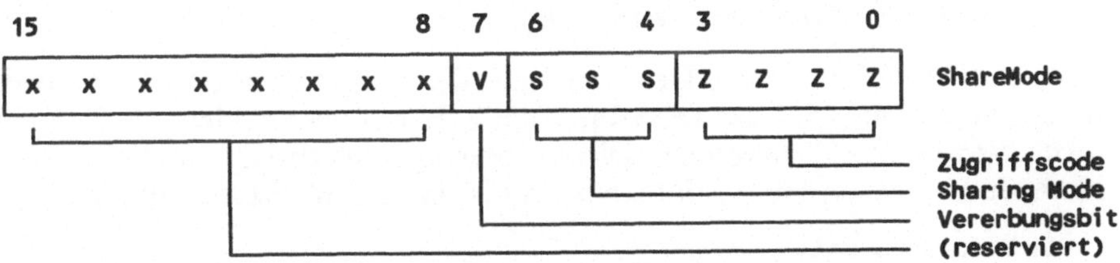


```
Zugriffscode  : Diese Bits werden von TopSpeed Modula-2 gesetzt
Sharing Mode  : Legen mögliche Datei-Operationen fest
Vererbungsbit : Legt fest, ob Kindprozeß auf Datei zugreifen kann
```

Beim Öffnen einer Datei mit *Open* oder *OpenRead* legt der Inhalt der Variablen *ShareMode* die möglichen Datei-Operationen für alle anderen Prozesse fest (mit Hilfe der Bits 4..7; standardmäßig enthält *ShareMode* die Konstante *ShareCompat*, siehe unten). Folgende Konstanten sind hierzu im Modul *FIO* vordefiniert:

ShareCompat	={}; eine Datei läßt sich von allen Prozessen öffnen; kompatibel zur DOS-Version 2.0 (Kompatibilitäts-Modus)
ShareDenyRW	={4}; eine Datei läßt sich von keinem weiteren Prozeß mehr öffnen (eine Datei kann auch nicht von demselben Prozeß ein zweites Mal geöffnet werden)
ShareDenyWR	={5}; eine Datei kann nur geöffnet werden, wenn sie nicht bereits zum Schreiben oder im Kompatibilitäts-Modus von einem anderen Prozeß geöffnet worden ist
ShareDenyRD	={4,5}; eine Datei kann nur geöffnet werden, wenn sie nicht bereits zum Lesen oder im Kompatibilitäts-Modus von einem anderen Prozeß geöffnet worden ist
ShareDenyNone	={6}; eine Datei kann nur geöffnet werden, wenn sie nicht bereits von einem anderen Prozeß im Kompatibilitäts-Modus geöffnet worden ist
ShareAll	={4..6}; (nicht dokumentiert)

S

Mit Hilfe des 7. Bits kann die Zugriffs-Berechtigung eines Kindprozesses festgelegt werden. Hierzu ist folgende Konstante definiert:

ShareNoInherit ={7}; ein Prozeß, der von einem Mutterprozeß gestartet worden ist (z.B. mit *Exec*), hat keinen Zugriff auf eine vom Mutterprozeß geöffnete Datei; ist das 7. Bit nicht gesetzt, kann der Kindprozeß auf alle Dateien des Mutterprozesses zugreifen

Normalerweise wird der Variablen *ShareMode* eine der Konstanten *ShareCompat..ShareAll* zugeordnet. Bei Bedarf kann zusätzlich das 7. Bit mit folgender Anweisung gesetzt werden (Mengenoperationen werden bei *SET* erläutert):

```
ShareMode:=ShareDenyRD+ShareNoInherit;
```

Falls es beim Öffnen einer Datei zu einer der oben beschriebenen Konflikt-Situationen kommt, wird der DOS-Interrupt 24H mit dem Fehlercode 2 (*Laufwerk nicht betriebsbereit*) ausgelöst. Dieser Interrupt unterbricht im Normalfall das laufende Programm mit der folgenden (oder ähnlichen) Fehlermeldung:

```
Gerät nicht bereit!
Abbrechen, Wiederholen, Fortfahren?
```

Mit Hilfe des Moduls *Int24* (im Zusatzprodukt *Techkit* enthalten) kann eine neue Interrupt-Routine installiert werden, so daß das laufende Programm bei einem solchen Fehler nicht mehr abgebrochen werden muß (innerhalb der Entwicklungsumgebung von TopSpeed Modula-2 wird der Interrupt 24H abgefangen, so daß *FIO.IOresult* den Fehlercode 32 (*Verletzung des gemeinsamen Zugriffs*) liefert, wenn die Variable *FIO.IOcheck* den Wert *FALSE* enthält).

Siehe auch
Open (FIO), OpenRead

SHORTADDR — Datentyp

Zweck
Adreß-Typ, der nur den Offset-Teil einer Adresse aufnehmen kann.

Bemerkung
Ein Datentyp definiert die Art oder Beschaffenheit der Werte, die eine Variable aufnehmen kann. Jeder Variablen kann dabei in einem Programm nur ein einziger Datentyp zugeordnet werden.

Der Datentyp *SHORTADDR* enthält den Offset-Teil einer Speicher-Adresse (eine vollständige Adresse besteht aus Segment und Offset, siehe hierzu auch *ADDRESS*) und ist wie folgt definiert:

```
TYPE
  SHORTADDR=POINTER &lt;segment&gt; TO WORD;  (* siehe hierzu <POINTER> *)
```

Intern benötigt eine *SHORTADDR*-Variable 2 Bytes Speicherplatz.

Siehe auch
ADDRESS

SHORTCARD Datentyp

Zweck
Typ für die ganzzahligen Werte im Bereich 0..255.

Bemerkung
Ein Datentyp definiert die Art oder Beschaffenheit der Werte, die eine Variable aufnehmen kann. Jeder Variablen kann dabei in einem Programm nur ein einziger Datentyp zugeordnet werden.

Einer Variablen des Typs *SHORTCARD* können ganzzahlige Werte im Bereich 0..255 zugeordnet werden (8-Bit-Variable). *SHORTCARD* läßt sich auch bei der Umwandlung von Typen einsetzen:

```
VAR
  ch:CHAR;
  s:SHORTCARD;
BEGIN
  ch:='A';
  s:=SHORTCARD(ch);
```

Intern benötigt eine *SHORTCARD*-Variable 1 Byte Speicherplatz.

Siehe auch
BYTE, CARDINAL, REAL, SHORTINT

SHORTINT Datentyp

Zweck
Typ für die ganzzahligen Werte im Bereich -128..127.

Bemerkung
Ein Datentyp definiert die Art oder Beschaffenheit der Werte, die eine Variable aufnehmen kann. Jeder Variablen kann dabei in einem Programm nur ein einziger Datentyp zugeordnet werden.

Einer Variablen des Typs *SHORTINT* können ganzzahlige Werte im Bereich -128..127 zugeordnet werden (8-Bit-Variable mit Vorzeichen). *SHORTINT* läßt sich auch bei der Umwandlung von Typen einsetzen:

```
VAR
  ch:CHAR;
  s:SHORTINT;
BEGIN
  ch:='A';
  s:=SHORTINT(ch);
```

Intern benötigt eine *SHORTINT*-Variable 1 Bytes Speicherplatz.

Siehe auch
BYTE, INTEGER, REAL, SHORTCARD

ShtHeap — Modul (ab Version 2.0)

Zweck
Ermöglicht das Arbeiten mit einem kurzen Heap.

Bemerkung
Das Modul *ShtHeap* stellt Routinen zur Verfügung, mit denen es möglich ist, Daten dynamisch auf einen kleinen Heap (maximal 64 KBytes) zu legen. Obwohl die einzelnen Speichermodelle einen kleinen Heap im Datensegment erzeugen (siehe Anhang D), ist es nicht ohne weiteres möglich, diesen reservierten Bereich als Heap zu verwenden (da die Segment-Adresse nicht unmittelbar zur Verfügung steht). Wenn Sie diesen Bereich nicht benötigen, ist es empfehlenswert, ihn mit der Compiler-Anweisung *data(heap_size ...)* so klein wie möglich zu machen (siehe Anhang E.2).

Allocate	Reserviert auf dem kurzen Heap einen Speicherblock
Free	Gibt einen auf dem kurzen Heap reservierten Speicherblock wieder frei
Increase	Vergrößert einen bereits bestehenden kurzen Heap
Initialize	Initialisiert einen kurzen Heap
Largest	Liefert die Anzahl Bytes des größten Blockes, der auf dem kurzen Heap reserviert werden kann
Test	Prüft, ob der kurze Heap in Ordnung ist
Total	Gibt den gesamten freien Speicherplatz auf dem kurzen Heap zurück

Folgende Datentypen sind im Modul *ShtHeap* vordefiniert:

```
TYPE
  Segment = CARDINAL;
  Size    = CARDINAL;
  Pointer = SHORTADDR;
```

Folgende Konstanten sind im Modul *ShtHeap* vordefiniert:

```
CONST
  Nil   = Pointer(-1);  (* siehe <Allocate> *)
  Align = 4;            (* siehe <Allocate> *)
```

Folgende Variablen sind im Modul *ShtHeap* vordefiniert:

```
VAR
  Clear : BOOLEAN;  (* siehe <Allocate> *)
  Check : BOOLEAN;  (* siehe <Allocate> *)
  Debug : BOOLEAN;  (* siehe <Test>     *)
```

Einige Routinen des Moduls *ShtHeap* rufen im Fehlerfall die der prozeduralen Variablen *Lib.RunTimeError* zugeordneten Routine auf. Standardmäßig schreibt diese Fehlerbehandlungs-Routine eine Fehlermeldung in die Datei *ERRORINF.$$$* und bricht das laufende Programm ab (weitere Informationen bei *RunTimeError*).

Sin MATHLIB

Zweck
Berechnet den Sinus.

Struktur

```
Sin(x:LONGREAL):LONGREAL;
```

Bemerkung
Die Funktion *Sin* berechnet den Sinus des Winkels *x* (Wertebereich für *x*: *beliebig*; Wertebereich des Ergebnisses *y*: *-1 <= y <= 1*). Das Argument *x* entspricht einem Winkel im Bogenmaß.

```
Bogenmaß = Grad*Pi/180
Grad     = Bogenmaß*180/Pi
```

Siehe auch
ASin, Cos, Sin, SinH, Tan

SinH MATHLIB

Zweck
Berechnet den hyperbolischen Sinus.

Struktur

```
SinH(x:LONGREAL):LONGREAL;
```

Bemerkung
Die Funktion *SinH* berechnet den hyperbolischen Sinus des Argumentes *x* (Wertebereich für *x*: ***beliebig***; Wertebereich des Ergebnisses *y*: ***beliebig***). Die Umkehrfunktion von *SinH* lautet wie folgt:

```
PROCEDURE ASinH(x:LONGREAL):LONGREAL;
BEGIN
  RETURN MATHLIB.Log(x+MATHLIB.Sqrt(x*x+1.0))
END ASinH;
```

Siehe auch
ASin, CosH, Sin, TanH

SIZE Standard-Funktion

Zweck
Ermittelt den Speicherbedarf einer Variablen oder eines Typs.

Struktur

```
SIZE(bel_typ):CARDINAL;
SIZE(bel_var):CARDINAL;
```

Bemerkung
Die Funktion *SIZE* liefert die Anzahl Bytes, die eine Variable oder ein Typ beansprucht. *SIZE* kann auch innerhalb einer Prozedur oder Funktion dazu verwendet werden, um die Größe eines offenen Arrays zu ermitteln (genauere Informationen hierzu erhalten Sie bei *HIGH*).

Beispiel

```
TYPE
  kk=RECORD x,y:CARDINAL END;
VAR
  s:CARDINAL;
```

```
BEGIN
  s:=SIZE(LONGREAL);  (* s=8 *)
  s:=SIZE(s);         (* s=2 *)
  s:=SIZE(kk);        (* s=4 *)
```

Siehe auch
VSIZE

Size FIO

Zweck
Ermittelt die Größe einer Datei.

Struktur

```
Size(f:File):LONGCARD;
```

Bemerkung
Die Funktion *Size* ermittelt die Größe der geöffneten Datei *f* (in Bytes).

Siehe auch
GetPos, Seek, Truncate

Slice Str

Zweck
Stellt einen Teil einer Zeichenkette zur Verfügung.

Struktur

```
Slice(VAR teil:ARRAY OF CHAR; hpt:ARRAY OF CHAR; pos,anz:CARDINAL);
```

Bemerkung
Die Prozedur *Slice* übergibt *teil* eine Zeichenkette, die von *hpt* ab der Position *pos* kopiert wird und *anz* Zeichen umfaßt. Dem ersten Zeichen von *hpt* ist die Nummer 0 zugeordnet.

Beispiel

```
VAR
  t,h:ARRAY [0..255] OF CHAR;
BEGIN
  h:='Häuserzeile';
  Slice(t,h,2,4);   (* t='user'            *)
  Slice(t,h,7,10);  (* t='eile'            *)
  Slice(t,h,12,2);  (* t=0C (Null-String) *)
```

S

Siehe auch
Append (Str), Concat, Copy, Delete, Insert, Prepend

SnapShot Window

Zweck
Fotografiert den gesamten Bildschirm.

Struktur

```
SnapShot;
```

Bemerkung
Die Prozedur *SnapShot* fotografiert den gesamten Bildschirm und übergibt dem Grund-Fenster (gesamter Bildschirm, Variable *Window.FullScreen*) das Foto, so daß nun das Grund-Fenster dem aktuellen Bildschirminhalt entspricht.

Bitte beachten Sie, daß vor der Ausführung von *SnapShot* das Grund-Fenster mit *Use(FullScreen);* aktiviert werden sollte. *SnapShot* arbeitet nicht korrekt mit Paletten-Fenstern (siehe *PaletteOpen*) zusammen.

Beispiel

```
MODULE SnapShot_Test;
FROM Window IMPORT
  WinType,WinDef,Black,LightGray,SingleFrame,
  FullScreen,Open,Close,Use,SnapShot,Change;
IMPORT
  IO,Lib;
VAR
  w:WinType;
  ch:CHAR;
BEGIN
  w:=Open(WinDef(4,4,40,20,Black,LightGray,
          TRUE,TRUE,FALSE,TRUE,SingleFrame,Black,LightGray));
  REPEAT
    IO.WrCard(Lib.RANDOM(10),1);
    CASE Lib.RANDOM(100) OF
      75:Use(w);
    | 25:Use(FullScreen)
    END;
  UNTIL IO.KeyPressed();
  ch:=IO.RdKey();
  Use(FullScreen);
  SnapShot;           (* Bildschirm fotografieren *)
  Change(w,6,6,42,22);       (* Fenster verschieben *)
  ch:=IO.RdKey();         (* auf Tastendruck warten *)
  SnapShot;     (* neuen Bildschirm fotografieren *)
  Change(w,8,8,44,24);       (* Fenster verschieben *)
```

```
  ch:=IO.RdKey();
  Close(w)
END SnapShot_Test.
```

Sound — Lib

Zweck
Schaltet den Tongenerator ein.

Struktur

```
Sound(frequenz:CARDINAL);
```

Bemerkung
Die Prozedur *Sound* schaltet den Tongenerator für eine unbeschränkte Zeit ein; *frequenz* gibt dabei die Tonhöhe in Hertz (Hz) an. 440 Hz entspricht dem Kammerton a.

Sound wird oft zusammen mit den Prozeduren *NoSound* und *Lib.Delay* verwendet. *NoSound* schaltet den Tongenerator aus.

Beispiel

```
MODULE Test;
FROM Lib IMPORT
  Sound,NoSound,Delay;
VAR
  r:REAL;
BEGIN
  r:=100.0;
  REPEAT
    Sound(TRUNC(r));
    Delay(10);
    r:=r*1.1
  UNTIL r>20000.0;
  NoSound
END Test.
```

Siehe auch
Delay (Lib), NoSound, Speaker

S

Speaker — AsmLib (nur 1.x), Lib (ab 2.0)

Zweck
Erzeugt für eine bestimmte Zeit einen Ton beliebiger Höhe.

Struktur

```
Speaker(total,on,off:CARDINAL);  (* nur Version 1.x *)
Speaker(frequ,zeit:CARDINAL);    (* ab Version 2.0  *)
```

Bemerkung

Die Prozedur *Speaker* arbeitet unter den verschiedenen Versionen von TopSpeed Modula-2 sehr unterschiedlich.

- **Nur Version 1.x:** Die Prozedur *Speaker* schaltet den Lautsprecher für *on* Zeit-Einheiten (vom Computer-System abhängig) ein und *off* Zeit-Einheiten aus, wobei diese Sequenz *total* Mal wiederholt wird (diese Prozedur hat auf allen mir zugänglichen Rechnern einen Systemabsturz herbeigeführt). *Sound*, *Delay* und *NoSound* erzeugen Töne, die vom verwendeten Computer-System unabhängig sind.
- **Ab Version 2.0:** Die Prozedur *Speaker* erzeugt einen Ton von *frequ* Hertz und einer Dauer von *zeit* Milli-Sekunden.

Siehe auch

NoSound, Sound

SplitAllPath — Lib (ab Version 2.0)

Zweck

Teilt einen vollständigen Dateinamen in seine Komponenten.

Struktur

```
SplitAllPath(total:ARRAY OF CHAR; VAR lauf,pfad,name,erw:ARRAY OF CHAR);
```

Bemerkung

Die Prozedur *SplitAllPath* teilt den vollständigen Dateinamen *total* in die Komponenten Laufwerk (*lauf*), Pfad (*pfad*), Dateiname (*name*) und Dateierweiterung (*erw*). Falls *total* keinen vollständigen Dateinamen enthält, können einige der Parameter *lauf*, *pfad*, *name* oder *erw* eine leere Zeichenkette enthalten.

Siehe auch

ExpandPath, MakeAllPath, SplitPath

SplitPath — FIOR (ab Version 2.0)

Zweck

Teilt den vollständigen Datei-Namen in Suchpfad und einfachen Datei-Namen.

Struktur

```
SplitPath(dateiname:ARRAY OF CHAR; VAR suchpfad,name:ARRAY OF CHAR);
```

Bemerkung

Die Prozedur *SplitPath* teilt den Dateinamen *dateiname* in Suchpfad (inkl. Laufwerks-Angabe) und einfachen Datei-Namen (ohne Laufwerks- und Pfad-Angabe). Bitte beachten Sie, daß *dateiname* von *SplitPath* nicht automatisch erweitert wird (siehe jedoch *ExpandPath* oder *MakePath*).

Falls *dateiname* keines der beiden Zeichen ':' oder '\' enthält, ist *suchpfad* nach der Prozedur-Ausführung leer; *name* enthält in diesem Fall die gesamte Zeichenkette. Der Inhalt des Parameters *suchpfad* wird nie mit dem Zeichen '\' abgeschlossen.

Siehe auch

MakePath, SplitAllPath

Sqrt MATHLIB

Zweck

Berechnet die Quadrat-Wurzel.

Struktur

```
Sqrt(x:LONGREAL):LONGREAL;
```

Bemerkung

Die Funktion *Sqrt* ermittelt die Quadrat-Wurzel von *x* (für *x* muß gelten: *x>=0*). Beliebige Wurzeln können Sie mit der Funktion *Pow* ziehen.

Beispiel

```
FROM MATHLIB IMPORT
  Sqrt;
VAR
  y:LONGREAL;
BEGIN
  y:=Sqrt(9.0);  (* ergibt 3.0, denn 3.0*3.0=9.0 *)
```

Siehe auch

Exp, Log, Log10, Pow, Rexp

StackFill — Graph (ab Version 2.0)

Zweck
Füllt eine beliebige Figur mit einem Muster.

Struktur

```
StackFill(x,y,musterfarbe,grenzfarbe:CARDINAL);
```

Bemerkung
Die Prozedur *StackFill* füllt beliebige Graphik-Figuren. Der Füll-Vorgang beginnt beim Punkt *(x,y)*, als Füll-Muster wird das aktuelle Muster verwendet (siehe *SetFillMask*), *musterfarbe* legt die Farbe des Füll-Musters fest (im Bereich *0..(Graph.NumColor-1)*; bezeichnet einen Paletten-Eintrag, siehe hierzu *RemapAllPalette* oder *SelectPalette*). Der Parameter *grenzfarbe* legt die Farbe der Umrandung fest, bis zu der eine Figur gefüllt werden soll.

Laut Original-Handbuch soll *StackFill* besonders bei mageren Mustern und bei konvexen Figuren schneller als *FloodFill* sein. Bei mir arbeitet *StackFill* jedoch wesentlich langsamer (denn *StackFill* bleibt in einer Endlosschleife hängen und findet erst mit Hilfe des Reset-Knopfs wieder etwas Ruhe).

Siehe auch
FloodFill

Standard — Modul

Zweck
Pseudo-Modul, das alle Standard-Routinen und Datentypen enthält.

Bemerkung
Das Modul *Standard* enthält Prozeduren, Funktionen, Konstanten und Datentypen, die in jedem Programm unmittelbar zur Verfügung stehen und nicht importiert werden müssen.

ABS	Berechnet den absoluten Betrag einer Zahl
ADR	Liefert die Adresse einer Variablen oder einer Prozedur (ab der Version 2.0 werden zusätzlich die Funktionen *FarADR* und *NearADR* zur Verfügung gestellt)
CAP	Wandelt einen Kleinbuchstaben in den entsprechenden Großbuchstaben um
CHR	Liefert das zu einem ASCII-Code gehörende Zeichen
DEC	Erniedrigt den Inhalt einer ordinalen Variablen
DISPOSE	Gibt den für eine dynamische Variable reservierten Speicherplatz frei

EXCL	Entfernt ein Element aus einer Menge
FieldOfs[2.0]	Liefert die Offset-Adresse eine Datenfeldes
FLOAT	Wandelt einen ganzzahligen Wert in einen reellen um
HALT	Bricht das laufende Programm ab
HIGH	Liefert den größten Index eines offenen Arrays
INC	Erhöht den Inhalt einer ordinalen Variablen
INCL	Fügt ein Element in eine Menge ein
MAX	Liefert den größten Wert eines Datentyps
MIN	Liefert den kleinsten Wert eines Datentyps
MTA[2.0]	Ermittelt die Adresse einer Methoden-Tabelle
NEW	Reserviert Speicherplatz für eine dynamische Variable
ODD	Prüft, ob die Ordnungszahl eines Wertes ungerade ist
Ofs[2.0]	Liefert die Offset-Adresse eines Bezeichners (in der Version 1.x ist diese Funktion im Modul *SYSTEM* definiert)
ORD	Liefert die zu einem Zeichen gehörende Ordnungs-Zahl
Seg[2.0]	Liefert die Segment-Adresse eines Bezeichners (in der Version 1.x ist diese Funktion im Modul *SYSTEM* definiert)
SIZE	Ermittelt den Speicherbedarf einer Variablen oder eines Typs
TRUNC	Wandelt einen reellen Wert in einen ganzzahligen um
VAL	Wandelt einen Wert in einen beliebigen Typ um
VSIZE	Liefert den Speicherbedarf eines Records (bis zu einem bestimmten Feld)

Folgende Konstanten sind im Modul *Standard* enthalten:

FALSE	Wahrheitswert FALSCH
NIL	Zeigerwert, zeigt auf keinen Wert (ab der Version 2.0 sind zusätzlich die Konstanten *FarNIL* und *NearNIL* definiert)
NULLPROC	Prozedurale Konstante
TRUE	Wahrheitswert WAHR

Folgende Datentypen sind im Modul *Standard* definiert:

ADDRESS	Allgemeiner Adreß- oder Zeigertyp (ab der Version 2.0 sind zusätzlich die Datentypen *FarADDRESS* und *NearADDRESS* definiert)
BITSET	Mengentyp, der 16 Elemente aufnehmen kann
BOOLEAN	Datentyp für die beiden logischen Werte TRUE und FALSE

2.0 Diese Routine ist erst ab der Version 2.0 von TopSpeed Modula-2 verfügbar.

BYTE	Universal-Typ, dem alle Werte zugeordnet werden können, die ein Byte umfassen
CARDINAL	Typ für die ganzzahligen Werte 0..65535 (2 Bytes)
CHAR	Typ, der alle Zeichen (IBM-Zeichensatz) bezeichnet
CHARSET	Mengentyp, der alle Zeichen (IBM-Zeichensatz) aufnehmen kann (in den Modulen **IO** und **Str** definiert)
INTEGER	Typ für die ganzzahligen Werte im Bereich -32768..32767 (2 Bytes mit Vorzeichen)
LONGCARD	Datentyp für die ganzzahligen Werte im Bereich 0..4294967295 (4 Bytes)
LONGINT	Datentyp für die ganzzahligen Werte im Bereich -2147483648..2147483647 (4 Bytes mit Vorzeichen)
LONGREAL	Typ für die reellen Zahlen im Bereich 2.3E-308 bis 1.7E308 und -2.3E-308 bis -1.7E308 (8 Bytes, 15 signifikante Stellen)
LONGWORD	Universal-Typ, dem alle Werte zugeordnet werden können, die vier Bytes umfassen
PROC	Einer Variablen dieses Typs kann eine parameterlose Prozedur zugeordnet werden
REAL	Typ für die reellen Zahlen im Bereich 1.2E-38 bis 3.4E38 und -1.2E-38 bis -3.4E38 (4 Bytes, 6 signifikante Stellen)
SHORTADDR	Adreß-Typ, der nur den Offset-Teil einer Adresse aufnehmen kann
SHORTCARD	Typ für die ganzzahligen Werte im Bereich 0..255 (1 Byte)
SHORTINT	Typ für die ganzzahligen Werte im Bereich -128..127 (1 Byte mit Vorzeichen)
WORD	Universal-Typ, dem alle Werte zugeordnet werden können, die zwei Bytes umfassen

StartProcess — Process

Zweck
Startet eine parameterlose Prozedur als Prozeß.

Struktur

```
StartProcess(p:PROC; speicher:CARDINAL; pr:CARDINAL);
```

Bemerkung
Die Prozedur *StartProcess* erzeugt einen Prozeß (parameterlose Prozedur *p*) und stellt ihm einen Arbeitsspeicher von *speicher* Bytes zur Verfügung (empfohlene Minimalgröße: 1 KByte). Jeder Prozeß erhält eine Priorität *pr* (nicht

dasselbe wie die Modul-Priorität, siehe *MODULE*), die im Bereich 1..65535 liegt.

Hauptprogramm: Das Hauptprogramm wird automatisch als Prozeß mit einer Priorität von 1 (=geringste Priorität) angesehen.

Eigenschaften eines Prozesses: Ein Prozeß muß als parameterlose Prozedur geschrieben werden und darf nie enden (dies kann einerseits mit einer Endlos-Schleife (siehe *Proz1*) und andererseits mit der endlosen Warterei auf ein Signal (siehe *Proz2*) erreicht werden):

```
PROCEDURE Proz1;
(* lokale Variablen *)
BEGIN
  (* Initialisierung der lokalen Variablen *)
  LOOP
    (* eigentlicher Code des Prozesses *)
  END
END Proz1;

PROCEDURE Proz2;
(* lokale Variablen *)
BEGIN
  (* Initialisierung der lokalen Variablen *)
  (* eigentlicher Code des Prozesses *)
  WAIT(forever)  (* Signal wird nie gesendet *)
END Proz2;
```

Prozesse "klonen": Ein und dieselbe Prozedur kann innerhalb eines Programmes mehrmals mit *StartProcess* als Prozeß installiert werden (siehe Beispiel bei *Process.Delay*). Auch in diesem Fall erzeugen Sie voneinander unabhängige Prozesse (jeder hat seinen eigenen Arbeitsspeicher), obwohl sie alle dieselbe Arbeit verrichten.

Prozeß-Verwaltung: Die Prozeß-Verwaltung (siehe *StartScheduler*) schaltet automatisch zwischen den installierten Prozessen um, so daß der Eindruck von gleichzeitig (parallel) ablaufenden Prozessen entsteht.

Priorität: Prozesse mit der höchsten Priorität (1 = niedrigste Priorität) beanspruchen die gesamte CPU-Zeit; Prozesse mit einer niedrigeren Priorität kommen in diesem Fall nur dann zur Ausführung, wenn alle anderen Prozesse mit *Process.Delay* vorübergehend unterbrochen werden.

Fensterverwaltung: Die Fensterverwaltung von TopSpeed Modula-2 (Modul *Window*) arbeitet hervorragend mit den parallelen Prozessen zusammen, denn jedem Prozeß kann ein eigenes Ausgabefenster zugeordnet werden (siehe *Use*, *SetProcessLocks* und folgendes Beispiel).

- **Ab Version 2.0:** Bitte beachten Sie, daß innerhalb von *StartProcess* die Priorität um eins erhöht wird. Aus diesem Grund entspricht die Priorität

MAX(CARDINAL) der eigentlichen Priorität *0* (= geringste Priorität). Somit ist die höchst mögliche Priorität also *MAX(CARDINAL)-1*.

Beispiel

```
MODULE StartProcess_Test;
  (* Ab Version 2.0: Speichermodell <MThread> wählen! *)
FROM Window IMPORT
  WinDef,WinType,White,Black,SingleFrame,
  Open,Close,Use,SetProcessLocks,FullScreen;
FROM Process IMPORT
  SIGNAL,WAIT,SEND,Init,Delay,
  StartProcess,Lock,Unlock,StartScheduler;
IMPORT
  IO,Lib;
VAR
  w1,w2:WinType;
  ende:SIGNAL;

  PROCEDURE proc1;
  VAR
    ch:CHAR;
  BEGIN
    Use(w1);
    LOOP
      IO.WrChar(CHR(Lib.RANDOM(26)+97));
      Lock;
      IF IO.KeyPressed() THEN
        ch:=IO.RdKey();
        Unlock;
        IF ch=CHR(27) THEN
          SEND(ende)
        ELSE
          IO.WrStr(' ... Abbruch mit <ESC> ... ');
          Delay(36)  (* 2 Sekunden Pause *)
        END;
        Lock
      END;
      Unlock
    END
  END proc1;

  PROCEDURE proc2;
  BEGIN
    Use(w2);
    LOOP
      IO.WrCard(Lib.RANDOM(10),1);
    END
  END proc2;
```

```
    PROCEDURE proc3;
    BEGIN
      Use(FullScreen);
      LOOP
        IO.WrStr('Drei parallele Prozesse ... ')
      END
    END proc3;

  BEGIN
    SetProcessLocks(Lock,Unlock);
    w1:=Open(WinDef(2,2,40,23,White,Black,
                    FALSE,TRUE,FALSE,TRUE,
                    SingleFrame,White,Black));
    w2:=Open(WinDef(30,5,70,19,White,Black,
                    FALSE,TRUE,FALSE,TRUE,
                    SingleFrame,White,Black));
    Init(ende);
    StartScheduler();
    StartProcess(proc1,2000,1);
    StartProcess(proc2,2000,1);
    StartProcess(proc3,2000,1);
    WAIT(ende);
    Lock;  (* damit alle Prozesse gestoppt werden *)
    Close(w1);
    Close(w2)
  END StartProcess_Test.
```

Siehe auch

NEWPROCESS, StartScheduler, StopProcess

StartScheduler Process

Zweck

Startet den Prozeß-Verwalter.

Struktur

```
  StartScheduler;
```

Bemerkung

Die Prozedur *StartScheduler* installiert den Scheduler (Steuerprogramm). Dieser sorgt dafür, daß die verfügbare CPU-Zeit zwischen den mit *StartProcess* installierten Prozessen gerecht aufgeteilt wird (d.h. er schaltet automatisch zwischen den einzelnen Prozessen um).

Die Zuteilung der Zeiteinheiten kann mit der Prozedur *Process.Delay* verändert werden.

S

Siehe auch
StopScheduler

StopProcess Process (ab Version 2.0)

Zweck
Stoppt einen laufenden Prozeß.

Struktur

```
StopProcess;
```

Bemerkung
Die Prozedur *StopProcess* wird innerhalb eines laufenden Prozesses ausgeführt und stoppt diesen unmittelbar (der Prozeß wird entfernt); darüber hinaus wird der von diesem Prozeß verwendete Speicher (siehe *StartProcess*) wieder freigegeben. Ein zu stoppender Prozeß sollte nicht gesperrt sein (siehe *Lock* und *Unlock*).

Es ist nicht empfehlenswert, *StopProcess* im Hauptprogramm aufzurufen. Auf diese Weise wird der Haupt-Prozeß eliminiert (das Hauptprogramm wird automatisch als Prozeß mit einer Priorität von 1 betrachtet); somit kann ein Programm in der Regel nicht mehr abgebrochen werden.

Beispiel

```
MODULE Test;
  (* Dieses Programm läuft nur unter dem Speichermodell <MThread> *)
IMPORT
  Window,IO,Process;

VAR
  ende:Process.SIGNAL;
(*# save, data(volatile => on) *)
  LastChar:CHAR;
(*# restore *)

  PROCEDURE p1;
  VAR
    ch:CHAR;
  BEGIN
    LOOP
      IO.WrChar('1');
      IF LastChar=CHR(13) THEN EXIT END
    END;
    Process.StopProcess  (* entfernt Prozeß *)
  END p1;
```

```
  PROCEDURE p2;
  BEGIN
    LOOP
      IO.WrChar('2');
      IF LastChar=CHR(27) THEN
        Process.SEND(ende)
      END
    END
  END p2;

  PROCEDURE ReadKbd;
  BEGIN
    LastChar:=0C;
    LOOP
      Process.Lock;
      IF IO.KeyPressed() THEN
        LastChar:=IO.RdKey()
      END;
      Process.Unlock;
      Process.Delay(4)
    END
  END ReadKbd;

BEGIN
  Window.SetProcessLocks(Process.Lock,Process.Unlock);
  IO.WrStr('Prozeß 1 mit <RETURN> abbrechen ...'); IO.WrLn;
  IO.WrStr('Programm-Ende mit <ESC> ...'); IO.WrLn;
  LastChar:=0C;
  Process.Init(ende);
  Process.StartScheduler;
  Process.StartProcess(p1,2000,1);
  Process.StartProcess(p2,2000,1);
  Process.StartProcess(ReadKbd,2000,1);
  Process.WAIT(ende)
END Test.
```

Siehe auch

StartProcess

StopScheduler Process

Zweck

Stoppt den Prozeß-Verwalter.

Struktur

```
StopScheduler;
```

Bemerkung
Desinstalliert den Scheduler (siehe *StartScheduler*), so daß die gesamte CPU-Zeit dem aktuellen Prozeß zugeteilt wird.

Siehe auch
StartScheduler, StopProcess

Storage — Modul

Zweck
Ermöglicht das Arbeiten mit dynamischen Variablen.

Bemerkung
Die in diesem Modul enthaltenen Routinen ermöglichen das Arbeiten mit dynamischen Variablen, die bei Bedarf auf dem Heap erzeugt werden können. Als Heap wird ein Speicherbereich bezeichnet, der dem Programmierer frei zur Verfügung steht und mit Daten belegt werden kann.

Bevor Daten auf den Heap gelegt werden können, muß zuerst Speicherplätz angefordert werden (z.B. mit *ALLOCATE* oder *NEW*). Nach dem Freigeben eines reservierten Speicherpatzes kann auf dem Heap ein "Loch" entstehen, d.h. hinter und vor dem freigegebenen Speicherplatz befinden sich reservierte Zonen, die zu einem früheren Zeitpunkt reserviert worden sind. Die Heap-Verwaltung von TopSpeed Modula-2 füllt entstandene Löcher jedoch bei den kommenden Reservationen wieder aus.

ALLOCATE	Reserviert auf dem Standard-Heap Speicherplatz
Available	Prüft, ob der Heap noch über genügend Speicherplatz verfügt
DEALLOCATE	Gibt zuvor reservierten Speicherplatz auf dem Standard-Heap frei
HeapAllocate	Reserviert Speicherplatz auf einem definierten Heap
HeapAvail	Ermittelt den freien Speicherplatz eines definierten Heaps
HeapChangeAlloc	Ändert die Größe eines zuvor reservierten Speicherblockes
HeapChangeSize	Ändert die Größe eines zuvor reservierten Speicherblockes
HeapDeallocate	Gibt zuvor reservierten Speicherplatz auf einem definierten Heap frei
HeapTotalAvail	Ermittelt den gesamten verfügbaren Speicherplatz eines definierten Heaps
MakeHeap	Erzeugt einen neuen Heap

Folgende Datentypen sind im Modul *Storage* vordefiniert:

```
TYPE
  HeapRecPtr=POINTER TO HeapRec;
  HeapRec=RECORD
    size:CARDINAL;
    next:HeapRecPtr
  END;

TYPE  (* ab Version 2.0 *)
  FarHeapRecPtr=POINTER TO FarHeapRec;
  FarHeapRec=RECORD
    size:CARDINAL;
    next:FarHeapRecPtr;
  END;

  NearHeapRecPtr=POINTER TO NearHeapRec;
  NearHeapRec=RECORD
    size:CARDINAL;
    next:NearHeapRecPtr;
  END;
```

Folgende Variablen sind im Modul *Storage* vordefiniet:

```
VAR
  ClearOnAllocate:BOOLEAN;
    (* TRUE, wenn beim Reservieren der Speicher initiali- ...  *)
    (* ... siert werden soll                                  *)

VAR  (* nur Version 1.x *)
  MainHeap:HeapRecPtr;         (* Haupt- oder Standard-Heap     *)

VAR  (* ab Version 2.0 *)
  MainHeap:FarHeapRecPtr;      (* Haupt- oder Standard-Heap     *)
  Check:BOOLEAN;
    (* Nur bei <NearHeapAllocate> verwendet; wenn <FALSE>, ... *)
    (* ... dann wird keinenfalls ein Laufzeitfehler ausge- ... *)
    (* ... gegeben, sondern <NearNIL> zurückgeliefert.         *)
```

- **Version 1.x:** Der Heap beansprucht den gesamten freien Speicherplatz des Computer-Systems und läßt sich mit dem Programm *SETHEAPS.EXE* verkleinern; dieses Programm liegt dem TopSpeed-Zusatzprodukt *TechKit* bei.
- **Ab Version 2.0:** Einige Routinen des Moduls *Storage* rufen im Fehlerfall die der prozeduralen Variablen *Lib.RunTimeError* zugeordneten Routine auf. Standardmäßig schreibt diese Fehlerbehandlungs-Routine eine Fehlermeldung in die Datei *ERRORINF.$$$* und bricht das laufende Programm ab (weitere Informationen bei *RunTimeError*).

  Alle im Modul *Storage* enthaltenen Routinen sind explizit auch als *far*- bzw. *near*-Routinen definiert (den Routinen-Namen werden die Wörter *Far* bzw. *Near* vorangestellt). Die oben aufgeführten Routinen werden in den Speichermodellen *Small* und *Medium* automatisch den entsprechenden *near*-Routinen, in allen übrigen Speichermodellen jedoch den *far*-Routinen zuge-

S

ordnet. Die Größen-Angaben sind bei den *near*-Routinen in Bytes, bei den *far*-Routinen in Paragraphen (= 16-Byte-Einheiten) anzugeben (außer bei *FarAllocate*, *FarAvailable* und *FarDeallocate*).*

Den *near*-Routinen steht ein Heap von maximal 65535 Bytes zur Verfügung; die *far*-Routinen können auf einen Heap zugreifen, der den gesamten freien Speicherplatz beansprucht. Ich empfehle Ihnen, die Routinen des Moduls *ShtHeap* zu verwenden, wenn Sie mit einem kleinen Heap arbeiten wollen.

StoreControlWord MATHLIB

Zweck

Gibt den aktuellen Wert des Coprozessor-Registers *control* zurück.

Struktur

```
StoreControlWord():BITSET;
```

Bemerkung

Die Funktion *StoreControlWord* stellt das Coprozessor-Register *control* zur Verfügung. Dieses speichert z.B. Rechengenauigkeit oder Rundungsrichtung des Coprozessors (genaueres hierzu bei *LoadControlWord*).

Falls Ihr Computersystem über keinen mathematischen Coprozessor verfügt, wird dieser bis ins letzte Bit emuliert (d.h. *StoreControlWord* ist auch in diesem Fall anwendbar).

Siehe auch

ClearExceptions, LoadControlWord, StoreEnvironment

StoreEnvironment MATHLIB

Zweck

Stellt die wichtigsten Coprozessor-Register zur Verfügung.

Struktur

```
StoreEnvironment():Environment;
```

* Manchmal höre ich es in meinem Hirn knacken (Getriebe-Schaden?), wenn ich solchen Kleinigkeiten nachspüre. - Der Autor des Original-Handbuches schweigt sich an so manchen Stellen tüchtig aus und wird sich beim Schreiben gedacht haben: »Probier doch einfach mal aus ...«

Bemerkung

Die Funktion *StoreEnvironment* ermittelt die aktuelle Umgebung des Coprozessors. Der Datentyp *Environment* ist wie folgt im Modul *MATHLIB* definiert:

```
TYPE
  Environment=RECORD
    ControlWord,      (* Kontroll-Register, siehe <LoadControlWord> *)
    StatusWord,       (* Status-Register, siehe <ClearExceptions>   *)
    TagWord:BITSET;   (* Zustands-Register, siehe weiter unten      *)
    IP,
    Opcode,
    DataPointer,
    R80287:CARDINAL
  END;
```

Der Coprozessor verfügt neben den 8 Rechenregistern (jedes umfaßt 10 Bytes) über die drei Register *control* (siehe *LoadControlWord*), *status* (siehe *ClearExceptions*) und *tag*, die gewisse Zustände, Ereignisse oder Verhaltensregeln speichern. Das Zustands-Register *tag* gibt Auskunft über die einzelnen Rechenregister-Inhalte:

15							08	07							00	
R7	R7	R6	R6	R5	R5	R4	R4	R3	R3	R2	R2	R1	R1	R0	R0	Tag

Je zwei zusammengehörenden Bits des Registers *tag* enthalten Angaben zu einem der acht Rechenregister. Folgende Werte sind möglich:

00 Das entsprechende Rechenregister enthält einen gültigen Wert
01 Das Rechenregister enthält den Wert Null
10 Das Rechenregister enthält einen ungültigen Wert (z.B. entstanden bei einem Über- oder Unterlauf oder bei einer unerlaubten Operation (Wurzel negativer Zahlen)); die Fehlerursache läßt sich mit Hilfe des Registers *status* ermitteln (siehe *ClearExceptions*)
11 Der Inhalt des Rechenregisters ist nicht definiert

Falls Ihr Computersystem über keinen mathematischen Coprozessor verfügt, wird dieser bis ins letzte Bit emuliert (d.h. *StoreEnvironment* ist auch in diesem Fall anwendbar).

Siehe auch

ClearExceptions, LoadControlWord, StoreControlWord

Str — Modul

Zweck
Enthält alle Routinen zur Bearbeitung von Zeichenketten.

Bemerkung
Dieses Modul ermöglicht das Arbeiten mit Zeichenketten (auch 'Strings' genannt). Eine Zeichenkette wird wie folgt definiert:

```
CONST
  u=0;    (* sollte immer 0 sein *)
  o=255;  (* möglicher Bereich: 0..65535 *)
VAR
  strvar:ARRAY [u..o] OF CHAR;
  var2:ARRAY [0..30] OF CHAR;
BEGIN
  strvar:='Kandinsky';  (* alle Zeichen außer ' erlaubt *)
  var2:="im Bauhaus";   (* alle Zeichen außer " erlaubt *)
```

Konstante Zeichenketten und einzelne Zeichen können mit dem Zeichen + zusammengefügt werden:

```
MODULE test;
IMPORT IO;
CONST
  msg='Ein Socken kommt selten allein ...';
  CRLF=CHR(13)+12C;
  beep=CHAR(7);
VAR
  a,b:ARRAY [0..1000] OF CHAR;
BEGIN
  b:='Hallo';  (* a:=b+b; ist verboten, da <b> nicht ... *)
               (* ... konstant ist; siehe <Concat>.     *)
  a:='Einmal ganz ehrlich: Wer hätte gedacht, '+
    'daß der Fischer '+beep+'(wie war doch gleich'+CRLF+
    'sein Name?) nur einen alten '+
    'Socken findet?'+CHR(13)+CHR(10)+msg+beep;
  IO.WrStr(a)
END test.
```

Das Ende einer Zeichenkette wird automatisch mit dem Zeichen *0C* (entspricht *CHR(0)*) markiert, falls nicht der gesamte Platz einer Variablen benötigt wird:

0	1	2	3	4	5	6	7	
H	a	u	s	•				`var:='Haus';     (* var[4] enthält 0C *)`
H	a	u	s	m	a	n	n	`var:='Hausmann'; (* kein 0C am Ende *)`

Für das **Vergleichen** von zwei Zeichenketten dürfen nicht die Symbole =, <>, <= ... verwendet werden. Hierzu steht die Funktion *Compare* zur Verfügung.

Zuweisung: Einer String-Variablen kann mit dem Symbol := nur eine konstante Zeichenkette zugeordnet werden. In allen anderen Fällen ist hierzu die Prozedur *Copy* zu verwenden.

Folgende Prozeduren und Funktionen sind im Modul *Str* enthalten:

Append	Erweitert eine Zeichenkette
Caps	Wandelt alle Kleinbuchstaben einer Zeichenkette in Großbuchstaben um
CardToStr	Wandelt einen *LONGCARD*-Wert in eine Zeichenkette um
CharPos[2.0]	Sucht ein einzelnes Zeichen in einer Zeichenkette
Compare	Vergleicht zwei Zeichenketten miteinander
Concat	Fügt zwei Zeichenketten zusammen
Copy	Kopiert eine Zeichenkette in eine Variable
Delete	Löscht einen Teil einer Zeichenkette
FindSubStr[2.0]	Prüft, ob eine bestimmte Maske (die Stellvertreterzeichen enthalten darf) einer Zeichenkette entspricht
FixRealToStr	Wandelt einen *LONGREAL*-Wert in eine Zeichenkette um
Insert	Fügt eine Zeichenkette in eine andere ein
IntToStr	Wandelt einen *LONGINT*-Wert in eine Zeichenkette um
Item	Sucht innerhalb einer Zeichenkette ein einzelnes Wort und stellt dieses zur Verfügung
ItemS	Sucht innerhalb einer Zeichenkette ein einzelnes Wort und stellt dieses zur Verfügung
Length	Ermittelt die Länge einer Zeichenkette
Lows[2.0]	Wandelt die Großbuchstaben einer Zeichenkette in Kleinbuchstaben um
Match	Prüft, ob eine Zeichenkette mit einer Maske übereinstimmt (wobei innerhalb der Maske die Stellvertreter-Zeichen * und ? verwendet werden können)
NextPos[2.0]	Sucht innerhalb einer Zeichenkette eine andere ab einer bestimmte Stelle
Pos	Sucht innerhalb einer Zeichenkette eine Teilzeichenkette
Prepend[2.0]	Stellt einer Zeichenkette eine andere voran
RCharPos[2.0]	Sucht ein einzelnes Zeichen in einer Zeichenkette (hinten bzw. rechts beginnend)
RealToStr	Wandelt einen *LONGREAL*-Wert in eine Zeichenkette um

[2.0] Diese Routine ist erst ab der Version 2.0 von TopSpeed Modula-2 verfügbar.

Slice	Stellt einen Teil einer Zeichenkette zur Verfügung
StrToCard	Wandelt eine Zeichenkette in einen *LONGCARD*-Wert um
StrToInt	Wandelt eine Zeichenkette in einen *LONGINT*-Wert um
StrToReal	Wandelt eine Zeichenkette in einen *LONGREAL*-Wert um
Subst[2.0]	Sucht innerhalb einer Zeichenkette eine andere und vertauscht diese mit einer dritten

Folgende Datentypen sind im Modul *Str* vordefiniert:

```
TYPE
  CHARSET=SET OF CHAR;

TYPE  (* ab Version 2.0 *)
  PosLen=RECORD
    Pos,Len:CARDINAL;
  END;
```

StrToCard Str

Zweck

Wandelt eine Zeichenkette in einen *LONGCARD*-Wert um.

Struktur

```
StrToCard(s:ARRAY OF CHAR; ba:CARDINAL; VAR ok:BOOLEAN):LONGCARD;
```

Bemerkung

Die Funktion *StrToCard* wandelt eine Zeichenkette in einen *LONGCARD*-Wert um. *ba* bezeichnet die Basis (zulässiger Bereich: 2..16), in der die in *s* enthaltene Zahl dargestellt ist. Falls *ok* innerhalb der Funktion den Wert *FALSE* zugewiesen bekommt, enthält *s* keinen gültigen *LONGCARD*-Wert.

Beispiel

```
VAR
  lc:LONGCARD;
  ok:BOOLEAN;
BEGIN
  lc:=StrToCard('1FA4',16,ok);  (* lc=8100 *)
  lc:=StrToCard('123',10,ok);   (* lc=123  *)
  lc:=StrToCard('1011',2,ok);   (* lc=11   *)
```

2.0 Diese Routine ist erst ab der Version 2.0 von TopSpeed Modula-2 verfügbar.

Siehe auch
CardToStr, StrToInt, StrToReal

StrToInt — Str

Zweck
Wandelt eine Zeichenkette in einen *LONGINT*-Wert um.

Struktur

```
StrToInt(s:ARRAY OF CHAR; ba:CARDINAL; VAR ok:BOOLEAN):LONGINT;
```

Bemerkung
Die Funktion *StrToInt* wandelt eine Zeichenkette in einen *LONGINT*-Wert um (weitere Informationen zu den Parametern *ba* und *ok* erhalten Sie bei *StrToCard*).

Siehe auch
IntToStr, StrToCard, StrToReal

StrToReal — Str

Zweck
Wandelt eine Zeichenkette in einen *LONGREAL*-Wert um.

Struktur

```
StrToReal(s:ARRAY OF CHAR; VAR ok:BOOLEAN):LONGREAL;
```

Bemerkung
Die Funktion *StrToReal* wandelt eine Zeichenkette in einen *LONGREAL*-Wert um. *ok* enthält nach der Funktionsausführung den Wert *FALSE*, wenn *s* keinen gültigen Wert darstellt.

Beispiel

```
VAR
  lr:LONGREAL;
  ok:BOOLEAN;
BEGIN
  lr:=StrToReal('1.234',ok);   (* lr=1.234E0 *)
  lr:=StrToReal('0.23E3',ok);  (* lr=2.3E2   *)
```

Siehe auch
FixRealToStr, RealToStr, StrToCard, StrToInt, StrToReal

SubAddr — Lib

Zweck
Erniedrigt eine Adresse.

Struktur

```
SubAddr(a:ADDRESS; dec:CARDINAL):ADDRESS;
SubFarAddr(a:FarADDRESS; dec:CARDINAL):FarADDRESS;      (* ab Version 2.0 *)
SubNearAddr(a:NearADDRESS; dec:CARDINAL):NearADDRESS;   (* ab Version 2.0 *)
```

Bemerkung
Die Funktion *SubAddr* subtrahiert den Wert *dec* von der Adresse *a* und gibt die neue, niedrigere Adresse zurück.

- **Ab Version 2.0**: Der Zeigertyp *ADDRESS* paßt sich dem aktuellen Speichermodell an. Er umfaßt 2 Bytes (*near*) in den Speichermodellen *Small* und *Medium*, jedoch 4 Bytes (*far*) in den Speichermodellen *Compact*, *Large*, *XLarge* und *MThread*. Mit den beiden Funktionen *SubFarAddr* und *SubNearAddr* kann explizit einer der beiden Zeiger-Typen (*near* oder *far*) gewählt werden (die einzelnen Speichermodelle werden im Anhang D erläutert).

Siehe auch
AddAddr, DecAddr, IncAddr

Subst — Str (ab Version 2.0)

Zweck
Sucht innerhalb einer Zeichenkette eine andere und vertauscht diese mit einer dritten.

Struktur

```
Subst(VAR hpt:ARRAY OF CHAR; was:ARRAY OF CHAR; womit:ARRAY OF CHAR);
```

Bemerkung
Die Prozedur *Subst* sucht innerhalb von *hpt* die Zeichenkette *was* und tauscht diese mit *womit* aus (suchen und ersetzen).

Bitte beachten Sie, daß *Subst* immer das erste Vorkommen von *was* aufsucht und nur dieses mit *womit* austauscht. Falls die von *hpt* begrenzte Zeichenketten-Länge durch den Tauschvorgang überschritten wird, werden die Zeichen ganz rechts eliminiert.

Folgende Prozedur *NextSubst* ermöglichen das Suchen und Ersetzen ab einer bestimmten Position (0 entspricht dem ersten Zeichen von *s*).

```
PROCEDURE NextSubst(VAR s:ARRAY OF CHAR; was,womit:ARRAY OF CHAR;
                    VAR pos:CARDINAL);
  (* Sucht <was> in <s> ab der Position <pos> und vertauscht es durch *)
  (* <womit>. <pos> enthält nach der Prozedur-Ausführung die Nummer   *)
  (* des Zeichens, das genau hinter <womit> liegt.                    *)
VAR
  p:CARDINAL;
BEGIN
  p:=Str.NextPos(s,was,pos);
  IF p=MAX(CARDINAL) THEN pos:=p; RETURN END;
  INC(pos,p);  (* da <NextPos> relative Position liefert *)
  Str.Delete(s,pos,Str.Length(was));
  Str.Insert(s,womit,pos);
  INC(pos,Str.Length(womit))
END NextSubst;
```

Mit der folgenden Prozedur *SubstAll* werden in *s* alle Zeichenketten *was* gesucht und durch *womit* vertauscht:

```
PROCEDURE SubstAll(VAR s:ARRAY OF CHAR; was,womit:ARRAY OF CHAR);
VAR
  pos:CARDINAL;
BEGIN
  pos:=0;
  LOOP
    NextSubst(s,was,womit,pos);
    IF pos=MAX(CARDINAL) THEN EXIT END
  END
END SubstAll;
```

Siehe auch
CharPos, FindSubStr, Match, NextPos, Pos, RCharPos

SwapInterrupt — MsMouse (ab Version 2.0)

Zweck
Ersetzt die mit *SetInterrupt* installierte Prozedur durch eine neue.

Struktur

```
SwapInterrupt(VAR mp:MsInterrupt);
```

Bemerkung
Die Prozedur *SwapInterrupt* ersetzt die aktuelle Event-Prozedur durch die in *mp* spezifizierte (genauere Informationen zu diesem Thema erhalten Sie bei *SetInterrupt*).

Achtung: Die von TopSpeed Modula-2 zur Verfügung gestellte Prozedur *SwapInterrupt* bewirkt bei Eintreten eines Maus-Ereignisses *immer* einen System-Absturz. Folgende Prozedur behebt diesen Mangel (bitte beachten Sie, daß Event-Prozeduren nur in den Speichermodellen *XLarge* und *MThread* lauffähig sind):

```
PROCEDURE SwapInterrupt(VAR mp:MsMouse.MsInterrupt);
VAR
  r:SYSTEM.Registers;
  a:FarADDRESS;
BEGIN
  a:=FarADDRESS(mp.IntFunc);
  r.AX:=14H;
  r.CX:=mp.mask;
  r.DX:=Ofs(a^);
  r.ES:=Seg(a^);
  Lib.Intr(r,33H);
  mp.mask:=r.CX;
  mp.IntFunc:=MsMouse.MouseFuncType( [r.ES:r.DX] );
END SwapInterrupt;
```

Siehe auch
SetInterrupt

SysErrno — Lib (ab Version 2.0)

Zweck
Liefert den aktuellen Fehlercode des Betriebssystems.

Struktur

```
SysErrno():CARDINAL;
```

Bemerkung
Die Funktion *SysErrno* liefert die Nummer eines Fehlers, der während der letzten *DOS*-Routine (siehe auch *Dos*) aufgetreten ist. Bitte beachten Sie, daß das Funktionsergebnis von *SysErrno* intern nicht auf 0 zurückgesetzt wird, wenn eine *DOS*-Routine fehlerfrei ausgeführt werden konnte.

Fehlercodes des Betriebssystem können auch mit der Funktion *IOresult* (Module *FIO* und *FIOR*) abgefragt werden. Eine vollständige Liste aller Fehlercodes finden Sie im Anhang F.2.

Siehe auch
FatalError, OSErrorMessage, OSFatalError, WrDosError

SYSTEM Modul

Zweck
Enthält systemnahe Routinen.

Bemerkung
Dieses Modul enthält systemnahe Routinen (Prioritäten von Modulen, Arbeiten mit Daten-Ports ...).

CurrentPriority	Ermittelt die aktuelle Priorität eines Moduls
CurrentProcess	Ermittelt die Adresse des aktuellen Prozesses
DI	Verbietet das Auslösen von Hardware-Interrupts
EI	Erlaubt das Auslösen von Hardware-Interrupts
GetFlags	Liefert den Inhalt des CPU-Registers *flags*
In	Liest den aktuellen Wert (1 Byte) eines Ports ein
InterruptRegisters[1.0]	Liest die wichtigsten Register eines unterbrochenen Prozesses
InW[2.0]	Liest ein Wort (= 2 Bytes) eines bestimmten Ports ein
IOTRANSFER	Ordnet einem Interrupt einen Prozeß zu
Listen[1.0]	Ermöglicht das Ausführen aller gesperrten Interrupts
NewPriority	Ordnet dem aktuellen Modul eine neue Priorität zu
NEWPROCESS	Bereitet eine parameterlose Prozedur als Prozeß vor
Ofs	Liefert die Offset-Adresse eines Bezeichners
Out	Schreibt einen Wert (1 Byte) in einen Datenport
OutW[2.0]	Schreibt ein Wort (= 2 Bytes) in einen Datenport
Seg	Liefert die Segment-Adresse eines Bezeichners
SetFlags	Setzt den Inhalt des CPU-Registers *flags*
TRANSFER	Sichert den Zustand des laufenden Prozesses und übergibt die Kontrolle einem nächsten Prozeß

Folgende Konstanten sind im Modul *SYSTEM* vordefiniert und können zusammen mit den Routinen *GetFlags* und *SetFlags* verwendet werden:

```
CONST
  CarryFlag = 0;
  ZeroFlag  = 6;

CONST  (* ab Version 2.0 *)
  Ret = 0CBH;  (* far-Return *)
  Ret = 0C3H;  (* near-Return *)
```

Folgende Datentypen sind im Modul *SYSTEM* vordefiniert:

[1.0] Diese Routine ist nur in der Version 1.x von TopSpeed Modula-2 verfügbar.
[2.0] Diese Routine ist erst ab der Version 2.0 von TopSpeed Modula-2 verfügbar.

S

```
TYPE
  Registers = RECORD
    CASE :BOOLEAN OF
    | TRUE  : AX,BX,CX,DX,BP,SI,DI,DS,ES : CARDINAL;
              Flags                      : BITSET;
    | FALSE : AL,AH,BL,BH,CL,CH,DL,DH    : SHORTCARD;
    END;
  END;

TYPE  (* nur Version 1.x *)
  PROCESS = ADDRESS;

TYPE  (* ab Version 2.0 *)
  PROCESS = FarADDRESS;
```

Folgende Variable ist im Modul *SYSTEM* vordefiniert:

```
VAR
  HeapBase:CARDINAL;  (* Segment des Haupt-Heaps; siehe im lexikalischen Teil *)
```

Tan MATHLIB

Zweck
Berechnet den Tangens.

Struktur

```
Tan(x:LONGREAL):LONGREAL;
```

Bemerkung
Die Funktion *Tan* berechnet den Tangens des Winkels x (Wertebereich für x: $-Pi/2 < x < Pi/2$; Wertebereich des Ergebnisses: *beliebig*). Das Argument x entspricht einem Winkel im Bogenmaß.

```
Bogenmaß = Grad*Pi/180
```

Siehe auch
ATan, ATan2, Cos, Sin, TanH

TanH MATHLIB

Zweck
Berechnet den hyperbolischen Tangens.

Struktur

```
TanH(x:LONGREAL):LONGREAL;
```

Bemerkung
Die Funktion *TanH* berechnet den hyperbolischen Tangens des Argumentes x (Wertebereich für x: *beliebig*; Wertebereich des Ergebnisses y: $-1 < y < 1$). Die Umkehrfunktion von *TanH* lautet wie folgt:

```
PROCEDURE ATanH(x:LONGREAL):LONGREAL;
BEGIN
  RETURN 0.5*MATHLIB.Log((1.0+x)/(1.0-x))
END ATanH;
```

Siehe auch
ATan, ATan2, CosH, SinH, Tan

Terminate

Lib

Zweck
Definiert eine Prozedur, die beim Programm-Ende ausgeführt werden soll.

Struktur

```
Terminate(neu:PROC; VAR alt:PROC);
```

Bemerkung
Die Prozedur *Terminate* installiert die parameterlose Prozedur *neu*, die bei einem Programm-Abbruch oder -Ende automatisch ausgeführt wird. Mit Hilfe des Parameters *alt* wird die vorherige Abbruch-Routine zurückgegeben (diese sollte innerhalb der neuen aufgerufen werden, denn so ist eine ganze Kette von Abbruch-Routinen möglich; siehe Beispiel).

Es ist oft üblich, in jedem einzelnen Modul eine Abbruch-Routine zu definieren (siehe *IMPLEMENTATION*). Diese sorgt meistens dafür, daß noch offene Dateien geschlossen oder veränderte System-Eigenschaften zurückgesetzt werden (z.B. Cursor-Größe).

Beispiel

```
MODULE Terminate_Test;
IMPORT
  IO;
FROM Lib IMPORT
  Terminate;
VAR
  altsave:PROC;

  PROCEDURE ende;
  BEGIN
    IO.WrStr('Programm-Ende ...');
    IO.WrLn;
    altsave  (* ruft die alte Prozedur auf *)
  END ende;

BEGIN
  Terminate(ende,altsave)
END Terminate_Test.
```

Siehe auch
HALT, UserBreak

Test ShtHeap (ab Version 2.0)

Zweck
Prüft, ob der kurze Heap in Ordnung ist.

Struktur

```
Test(heap:Segment);
```

Bemerkung
Die Prozedur *Test* prüft, ob der kurze Heap *heap* in Ordnung ist. Falls die in *ShtHeap* definierte Variable *Debug* den Wert *TRUE* enthält (Standard ist *FALSE*), führt jede Routine des Moduls *ShtHeap* die Prozedur *Test* aus.

TextBackground Window

Zweck
Setzt die Hintergrundfarbe eines Textes.

Struktur

```
TextBackground(c:Color);
```

Bemerkung
Die Prozedur *TextBackground* setzt die Hintergrundfarbe *c* innerhalb des aktiven Fensters neu. Der Datentyp *Color* ist dabei wie folgt im Modul *Window* definiert:

```
TYPE
  Color=(Black,Blue,Green,Cyan,
         Red,Magenta,Brown,LightGray,
         DarkGray,LightBlue,LightGreen,LightCyan,
         LightRed,LightMagenta,Yellow,White);
```

Falls *c* einen Wert im Bereich *DarkGray..White* enthält, werden Zeichen **blinkend** dargestellt; die Hintergrundfarbe wird dabei transformiert (*DEC(c,8);*). Dies trifft jedoch nur zu, wenn der Menüpunkt *Options, Setup, High Background* auf *OFF* steht (siehe auch Anhang B.1 und B.2). Bei **Monochrom-Bildschirmen** gelten folgende Zustände:

```
TextBackground(Black)     und TextColor(Black): unsichtbar
TextBackground(Black)     und TextColor(Blue) : unterstrichen
TextBackground(LightGray) und TextColor(Black): invertiert
```

Siehe auch
TextColor

T

TextColor Window

Zweck
Setzt die Zeichenfarbe eines Textes.

Struktur

```
TextColor(c:Color);
```

Bemerkung
Die Prozedur *TextColor* setzt die Zeichenfarbe innerhalb des aktiven Fensters neu. Der Datentyp *Color* ist wie folgt im Modul *Window* definiert:

```
TYPE
  Color=(Black,Blue,Green,Cyan,
         Red,Magenta,Brown,LightGray,
         DarkGray,LightBlue,LightGreen,LightCyan,
         LightRed,LightMagenta,Yellow,White);
```

Bei *TextBackground* wird beschrieben, wie sich ein Text blinkend darstellen läßt.

Beispiel
Folgendes Programm zeigt alle möglichen Farbkombinationen:

```
MODULE Test;
FROM Window IMPORT
  Color,Black,White,
  TextBackground,TextColor,GotoXY;
IMPORT
  IO;
VAR
  x,y:CARDINAL;
BEGIN
  TextColor(White); TextBackground(Black);
  FOR x:=0 TO 15 DO GotoXY(x*3+3,1); IO.WrCard(x,2) END;
  FOR y:=0 TO 15 DO GotoXY(1,y+2); IO.WrCard(y,2) END;
  FOR y:=0 TO 15 DO
    FOR x:=0 TO 15 DO
      GotoXY(3*x+4,y+2);
      TextColor(Color(x));
      TextBackground(Color(y));
      IO.WrChar('*')
    END
  END;
END Test.
```

Siehe auch
TextBackground

TextMode — Graph

Zweck
Aktiviert den Text-Modus.

Struktur

```
TextMode;
```

Bemerkung
Die Prozedur *TextMode* schaltet bei aktivem Graphikmodus in den Textmodus zurück (siehe auch *GraphMode*) und sollte am Ende jedes Graphik-Programmes aufgerufen werden.

- **Ab Version 2.0:** Mit Hilfe des Prozedur-Aufrufs *SetVideoMode(_DEFAULTMODE);* kann der zu Beginn eines Programmes aktive Bildschirm-Modus eingestellt werden.

Siehe auch
GraphMode, Init<karte>, SetVideoMode

Top — Window

Zweck
Teilt mit, welches Fenster zuorberst auf dem Stapel liegt.

Struktur

```
Top():WinType;
```

Bemerkung
Die Funktion *Top* gibt die Referenz desjenigen Fensters zurück, das zuoberst auf dem Fensterstapel liegt und somit von keinem anderen Fenster verdeckt wird (*WinType* siehe *Window*). Die Textausgabe muß nicht unbedingt in das oberste Fenster erfolgen (siehe hierzu *Used*).

Siehe auch
PutBeneath, PutOnTop, Use, Used

T

Total — ShtHeap (ab Version 2.0)

Zweck
Gibt den gesamten freien Speicherplatz auf dem kurzen Heap zurück.

Struktur

```
Total(heap:Segment):Size;
```

Bemerkung

Die Funktion *Total* gibt den gesamten freien Speicherplatz (in Bytes) des kurzen Heaps *heap* (siehe *Initialize*) zurück. Die hierzu notwendigen Datentypen sind im Modul *ShtHeap* wie folgt definiert:

```
TYPE
  Segment = CARDINAL;
  Size    = CARDINAL;
```

Siehe auch

Largest

TRANSFER SYSTEM

Zweck

Sichert den Zustand des laufenden Prozesses und übergibt die Kontrolle einem nächsten Prozeß.

Struktur

```
TRANSFER(VAR pa,pn:ADDRESS);      (* nur Version 1.x *)
TRANSFER(VAR pa,pn:FarADDRESS);   (* ab Version 2.0  *)
```

Bemerkung

Die Prozedur *TRANSFER* unterbricht den Prozeß *pa* und veranlaßt die Ausführung des Prozesses *pn*. Die Ausführung des Prozesses *pa* wird zu einem späteren Zeitpunkt (bei einem erneuten Aufruf von *TRANSFER*) wieder an der unterbrochenen Stelle aufgenommen. Bitte beachten Sie, daß das Hauptprogramm automatisch als Prozeß angesehen wird.

Der Prozeß-Verwalter (Scheduler) des Moduls *Process* ist in der Lage, selbständig zwischen den verschiedenen Prozessen umzuschalten (siehe hierzu *StartProcess* und *StartScheduler*).

Beispiel

```
MODULE TRANSFER_Test;
FROM SYSTEM IMPORT
  NEWPROCESS,TRANSFER;
IMPORT
  IO;
VAR
  p1,p2,main:ADDRESS;
  pu1,pu2:ARRAY [1..2000] OF BYTE;
```

```
  PROCEDURE proc1;
  BEGIN
    LOOP
      IO.WrChar('1');
      TRANSFER(p1,p2)  (* überläßt <proc2> die Kontrolle *)
    END
  END proc1;

  PROCEDURE proc2;
  BEGIN
    LOOP
      IO.WrChar('2');
      TRANSFER(p2,main)  (* überläßt dem Hauptprogramm die Kontrolle *)
    END
  END proc2;

BEGIN
  NEWPROCESS(proc1,ADR(pu1),SIZE(pu1),p1);
  NEWPROCESS(proc2,ADR(pu2),SIZE(pu2),p2);
  REPEAT
    TRANSFER(main,p1);  (* Das Hauptprogramm ist ...   *)
    IO.WrChar('*');     (* ... automatisch ein Prozeß. *)
  UNTIL IO.KeyPressed()
END TRANSFER_Test.
```

Siehe auch
IOTRANSFER, NEWPROCESS, StartProcess

TRUE — Konstante

Zweck
Wahrheitswert WAHR.

Bemerkung
Die Konstante *TRUE* entspricht dem Wahrheitswert WAHR und kann einer Variablen vom Typ *BOOLEAN* übergeben werden.

Siehe auch
BOOLEAN, FALSE

TrueCircle — Graph (ab Version 2.0)

Zweck
Zeichnet einen echten Kreis.

T

Struktur

```
TrueCircle(xm,ym,r:CARDINAL; farbe:CARDINAL);
```

Bemerkung
Die Prozedur *TrueCircle* zeichnet einen echten Kreis (und keine Ellipse) auf jedem Bildschirm. *(xm,ym)* entspricht dabei dem Kreismittelpunkt, *r* hingegen dem Radius. Der Parameter *farbe* bezeichnet die Zeichenfarbe und muß im Bereich *0..(Graph.NumColor-1)* liegen (genauere Informationen zur Farbe erhalten Sie bei *RemapAllPalette* und *SetPalette*).

Damit *TrueCircle* auf jedem Bildschirm einen echten Kreis darstellt, wird in Wirklichkeit eine Ellipse mit den beiden Halbachsen *a* (x-Richtung) und *b* (y-Richtung) gezeichnet, wobei *a* dem Kreisradius *r* entspricht und *b* neu berechnet wird.

Bitte beachten Sie, daß *TrueCircle* nicht in allen Graphik-Modi einen echten Kreis zeichnet (z.B. nicht im Modus *_HRESBW*, siehe hierzu auch *SetVideoMode*).

Siehe auch
Arc, Circle, Cube, Disc, Ellipse, HLine, Line, Pie, Plot, Point, Polygon, Rectangle, TrueDisc

TrueDisc — Graph (ab Version 2.0)

Zweck
Zeichnet einen echten gefüllten Kreis.

Struktur

```
TrueDisc(xm,ym,r:CARDINAL; farbe:CARDINAL);
```

Bemerkung
Die Prozedur *TrueDisc* zeichnet einen echten gefüllten Kreis (und keine Ellipse) auf jedem Bildschirm. *(xm,ym)* entspricht dabei dem Kreismittelpunkt, *r* hingegen dem Radius. Der Parameter *farbe* bezeichnet die Zeichenfarbe und muß im Bereich *0..(Graph.NumColor-1)* liegen (genauere Informationen zur Farbe erhalten Sie bei *RemapAllPalette* und *SetPalette*). Das aktuelle Füllmuster kann mit *GetFillMask* ermittelt und mit *SetFillMask* verändert werden.

Damit *TrueDisc* auf jedem Bildschirm einen echten Kreis darstellt, wird in Wirklichkeit eine Ellipse mit den beiden Halbachsen *a* (x-Richtung) und *b* (y-Richtung) gezeichnet, wobei *a* dem Kreisradius *r* entspricht und *b* neu berechnet wird.

Bitte beachten Sie, daß *TrueDisc* nicht in allen Graphik-Modi einen echten Kreis zeichnet (z.B. nicht im Modus *_HRESBW*, siehe hierzu auch *SetVideoMode*).

Siehe auch
Arc, Circle, Cube, Disc, Ellipse, HLine, Line, Pie, Plot, Point, Polygon, Rectangle, TrueCircle

TRUNC — Standard-Funktion

Zweck
Wandelt einen reellen Wert in einen ganzzahligen um.

Struktur

```
TRUNC(x):int_oder_card;
```

Bemerkung
Die Funktion *TRUNC* wandelt das Argument *x* (*REAL* oder *LONGREAL*) in einen ganzzahligen Wert (*CARDINAL* oder *INTEGER*) um, wobei vorhandene Kommastellen abgeschnitten werden. Da die Möglichkeit besteht, der Funktion *TRUNC* zu große oder zu kleine Werte zu übergeben (die nicht dem Wertebereich von *INTEGER* oder *CARDINAL* entsprechen), wird das Argument *x* zuerst mit der Funktion *Mod* in einen gültigen Bereich umgewandelt.

Die Funktion *TRUNC* kann durch die beiden Datentypen *INTEGER* und *CARDINAL* wie folgt ersetzt werden:

```
VAR
  r1,r2:REAL;
  i:INTEGER;
  c:CARDINAL;
BEGIN
  r1:=-123.0;
  r2:=123.0;
  i:=INTEGER(r1);   (* entspricht i:=TRUNC(r1); *)
  c:=CARDINAL(r2);  (* entspricht c:=TRUNC(r2); *)
```

Siehe auch
FLOAT, VAL

Truncate — FIO

Zweck
Schneidet die Datei an der aktuellen Position des Datei-Zeigers ab.

Struktur

```
Truncate(f:File);
```

T

Bemerkung
Die Prozedur *Truncate* löscht alle Komponenten der Datei *f*, die hinter dem aktuellen Dateizeiger stehen (der Dateizeiger befindet sich danach am Ende der Datei):

```
                                    ┌── Dateizeiger
Datei <f>:  | | | | | | | | | | | |     vorher

Datei <f>:  | | | | | |                 nachher
                      └── Dateizeiger
```

Siehe auch
GetPos, Seek, Size

TYPE — Reserviertes Wort

Zweck
Ermöglicht das Definieren eigener Datentypen.

Bemerkung
Ermöglicht das Definieren von Datentypen, d.h. in der *TYPE*-Anweisung wird einem Namen ein Datentyp zugeordnet. Die Datentypen lassen sich in verschiedene Gruppen einteilen:

- Aufzähl-Typen (z.B. *farbe=(rot,blau,gelb);*)
- Teilbereichs-Typen (z.B. *monat=[1..12];*)
- Ordinale Datentypen (*BOOLEAN*, *CHAR*, *SHORTINT*, *INTEGER*, *LONGINT*, *SHORTCARD*, *CARDINAL*, *LONGCARD*, Aufzähl- und Teilbereichs-Typen)
- Reelle Typen (*REAL*, *LONGREAL*)
- Numerische Datentypen (*SHORTINT*, *INTEGER*, *LONGINT*, *SHORTCARD*, *CARDINAL*, *LONGCARD*, *REAL*, *LONGREAL*)
- Strukturierte Typen (*ARRAY ...*, *RECORD ...*, *SET ...*, *BITSET*, *CHARSET*)
- Zeiger-Typen (*POINTER TO ...*)
- Prozedur-Typen (*PROC*, *PROCEDURE ...*)
- Universal-Typen (*BYTE*, *WORD*, *LONGWORD*, *SHORTADDRESS*, *ADDRESS*)

Ein neuer Datentyp kann direkt im Variablen-Deklarationsteil (siehe *VAR*) beschrieben werden:

```
VAR
  person:RECORD
    name,ort:ARRAY [0..10] OF CHAR;
    beruf:ARRAY [0..20] OF CHAR
  END;
```

Datentypen mit einem eigenen Namen werden im Typen-Deklarationsteil definiert. Das reservierte Wort *TYPE* steht dabei am Anfang einer Definition; ihm folgt eine Zuweisung (mehrere Zuweisungen sind mit einem Strichpunkt (;) zu trennen):

```
TYPE
  bereich=[12..34];
  operation=(plus,minus,mal,geteilt);
  str255=ARRAY [0..255] OF CHAR;
  akte=RECORD
    name,vorname:str255;
    einkommen:LONGCARD
  END;
VAR
  zeile:str255;
  dorf_hintergupf:ARRAY [1..40] OF akte;
```

Die Typenprüfung bei Zuweisungen ist unter Modula-2 äußerst streng:

```
TYPE
  str20=ARRAY [0..20] OF CHAR;
VAR
  a:ARRAY [0..20] OF CHAR;
  b:ARRAY [0..20] OF CHAR;
  x,y:ARRAY [0..20] OF CHAR;
  i:str20;
  j:str20;
BEGIN
  a:=b;  (* nicht möglich, da 'verschiedene' Typen *)
  x:=y;  (* erlaubt, da derselbe (anonyme) Typ     *)
  i:=j;  (* erlaubt, da derselbe vordefinierte Typ *)
```

Typumwandlung: Um in TopSpeed Modula-2 Werte in verschiedene Typen umzuwandeln, kann die Funktion *VAL* verwendet werden:

```
VAR
  r:REAL;
  c:CARDINAL;
BEGIN
  c:=33;
  r:=VAL(REAL,c);
```

Ein Datentyp läßt sich außerdem wie eine Umwandlungs-Funktion verwenden:

```
VAR
  r:REAL;
  c:CARDINAL;
BEGIN
  c:=33;
  r:=REAL(c);
```

Datentypen müssen im Programmtext immer vor ihrem ersten Gebrauch definiert sein. Eine Ausnahme bilden hier die Zeigertypen:

```
TYPE
  wo=POINTER TO txt;  (* <txt> hier noch nicht definiert *)
  txt=RECORD
    vorn,dann:wo;
    inhalt:ARRAY [0..255] OF CHAR
  END;
```

Siehe auch
CONST, LABEL, VAR

Unlock — Process

Zweck
Ermöglicht das Unterbrechen eines Prozesses.

Struktur

```
Unlock;
```

Bemerkung
Die Prozedur *Unlock* gibt einen mit *Lock* gesperrten Prozeß frei (d.h. der laufende Prozeß kann wieder von anderen unterbrochen werden).

Siehe auch
Delay (Process), Lock, SetProcessLocks

UpdateScreen — MsMouse (ab Version 2.0)

Zweck
Schaltet den Mauszeiger aus, sobald dieser in einen bestimmten Bildschirmbereich geführt wird.

Struktur

```
UpdateScreen(x1,y1,x2,y2:INTEGER);
```

Bemerkung
Der Punkt *(x1,y1)* bezeichnet die linke obere, der Punkt *(x2,y2)* die rechte untere Ecke eines rechteckigen Ausschnittes. Falls der Mauszeiger in dieses Rechteck geführt wird, bleibt dieser bis zum nächsten Aufruf von *MsMouse. Cursor(TRUE)* unsichtbar. Die linke obere Bildschirmecke entspricht dem Punkt *(0,0)*, die rechte untere hingegen *(632,192)* (Textmodus) bzw. *(639,199)* (Graphikmodus; weitere Informationen hierzu erhalten Sie bei *MsMouse*).

Bitte beachten Sie, daß die Prozedur *UpdateScreen* nur dann eine Wirkung zeigt, wenn sie nach *MsMouse.Cursor(TRUE)* ausgeführt wird (*MsMouse.Cursor(TRUE)* setzt *UpdateScreen* außer Kraft).

Siehe auch
Cursor

Use

Window

Zweck
Legt das aktuelle Ausgabefenster fest.

Struktur

```
Use(w:WinType);
```

Bemerkung
Die Prozedur *Use* teilt der Fensterverwaltung mit, in welches Fenster alle kommenden Ausgaben geschrieben werden sollen. Das Fenster *w* muß dabei nicht zuoberst auf dem Fenster-Stapel liegen, es kann teilweise oder ganz verdeckt sein. *WinType* wird bei *Window* aufgeführt. Mit Hilfe der vordefinierten Variablen *Window.FullScreen* kann in den Bildschirm-Hintergrund geschrieben werden (Grundfenster).

Wird *Use* innerhalb eines Prozesses (siehe Beispiel bei *SetProcessLocks*) aufgerufen, verwendet dieser Prozeß immer das ihm zugeordnete Ausgabefenster (auch dann, wenn in anderen Prozessen *Use* erneut aufgerufen wird).

Beispiel

```
MODULE Use_Test;
FROM Window IMPORT
  WinType,WinDef,Black,LightGray,SingleFrame,
  FullScreen,Open,Close,Use;
IMPORT
  IO,Lib;
VAR
  w:WinType;
  ch:CHAR;
BEGIN
  w:=Open(WinDef(4,4,40,20,Black,LightGray,
          TRUE,TRUE,FALSE,TRUE,SingleFrame,Black,LightGray));
  REPEAT
    IO.WrCard(Lib.RANDOM(10),1);
    CASE Lib.RANDOM(100) OF
      75:Use(w);
    | 25:Use(FullScreen)
    END;
  UNTIL IO.KeyPressed();
  ch:=IO.RdKey();
  Close(w)
END Use_Test.
```

Siehe auch
PutOnTop, Top, Used

Used

Window

Zweck
Teilt mit, welches Fenster zur Ausgabe verwendet wird.

Struktur

```
Used():WinType;
```

Bemerkung
Die Funktion *Used* liefert die Referenz desjenigen Fensters zurück, in das alle Ausgaben geschrieben werden (*WinType* siehe *Window*).

Siehe auch
PutOnTop, Top, Use

UserBreak

Lib

Zweck
Unterbricht das laufende Programm.

Struktur

```
UserBreak;
```

Bemerkung
Die Prozedur *UserBreak* unterbricht das laufende Programm mit einem Laufzeitfehler; die mit *Terminate* installierte Abbruch-Prozedur wird jedoch zuvor ausgeführt.

Siehe auch
HALT, Terminate, RETURN

VAL — Standard-Funktion

Zweck
Wandelt einen Wert in einen beliebigen Typ um.

Struktur

```
VAL(bel_typ,bel_wert):wie_argument_1;
```

Bemerkung
Die Funktion *VAL* wandelt den Wert *bel_wert* in den Datentyp *bel_typ* um. Der Typ des Funktionsergebnis entspricht dem 1. Parameter *bel_typ* (nicht erlaubt sind Adreß-Typen und strukturierte Typen).

Bitte beachten Sie, daß zur Typumwandlung auch die einzelnen Datentypen herangezogen werden können (siehe Erläuterungen bei *TYPE*).

Beispiel

```
VAR
  r:REAL;
  i:INTEGER;
  c:CARDINAL;
BEGIN
  r:=VAL(REAL,4);             (* r=4.0 *)
  i:=VAL(INTEGER,3.14159);    (* i=3   *)
  c:=VAL(CARDINAL,'A');       (* c=65  *)
```

Siehe auch
FLOAT, TRUNC

VAR — Reserviertes Wort

Zweck
Ermöglicht das Definieren von Variablen.

Bemerkung
Jede Variable, die in einem Programm erscheint, muß vor ihrem ersten Gebrauch definiert werden. Die Variablen-Deklaration besteht aus dem reservierten Wort *VAR*, dem eine Liste von Bezeichnern folgt. Die Bezeichner werden mit einem Komma (,) voneinander getrennt. Am Ende der Liste steht ein Doppelpunkt (:), dem der Variablentyp folgen muß:

```
VAR
  a,b:CARDINAL;
  ok:BOOLEAN;
```

Variablen können an bestimmte (absolute) Adressen gelegt werden; hierzu folgt dem Variablen-Name eine in eckigen Klammern stehende Speicher-Adresse (diese besteht aus zwei *CARDINAL*-Werten):

```
CONST
  seg=0B800H;  (* 0B000H für Monochrom *)
VAR
  kbd[0:41EH]:ARRAY [0..15] OF CARDINAL;
  scr[seg:0]:ARRAY [1..25],[1..80],[1..2] OF CHAR;
```

Variablen enthalten beim Programmstart einen undefinierten Wert (werden also nicht auf 0 gesetzt). Variablen, die innerhalb einer Prozedur oder Funktion definiert sind, verlieren ihre Werte beim Routinen-Ende wieder (nicht so aber Variablen in lokalen Modulen, siehe hierzu *MODULE*).

Variablen können sich zugewiesen werden, wenn sie demselben Datentyp angehören. Da die Typenprüfung von TopSpeed Modula-2 äußerst streng ist, meldet der Compiler beim folgenden Programm-Fragment einen Fehler:

```
VAR
  a:ARRAY [0..4] OF CHAR;
  b:ARRAY [0..4] OF CHAR;
BEGIN
  a:=b;  (* falsch aufgrund der strengen Typenprüfung *)
```

Folgende Zuweisungen sind jedoch einwandfrei:

```
TYPE
  typ=ARRAY [0..4] OF CHAR;
VAR
  a,b:ARRAY [0..4] OF CHAR;
  r1:typ;
  r2:typ;
BEGIN
  a:=b;    (* korrekt *)
  r1:=r2;  (* korrekt *)
```

Siehe auch
CONST, LABEL, TYPE

VIRTUAL — Reserviertes Wort (ab Version 2.0)

Zweck
Ermöglicht das Definieren von virtuellen Methoden.

Bemerkung
Normalerweise sind Methoden eines Objekts statisch, d.h. die Adressen der Methoden werden bereits bei der Compilierung festgelegt. Mit Hilfe des reser-

vierten Wortes *VIRTUAL* lassen sich virtuelle Methoden definieren, deren Adressen erst zur Laufzeit einem Objekt übergeben werden (ausführliche Informationen hierzu erhalten Sie bei *CLASS*).

Siehe auch
CLASS

VSIZE — Standard-Funktion

Zweck
Liefert den Speicherbedarf eines Records (bis zu einem bestimmten Feld).

Struktur

```
VSIZE(record_feld):CARDINAL;
```

Bemerkung
Die Funktion *VSIZE* gibt den Platzbedarf (in Bytes) eines Records zurück, wobei nur die Felder bis und mit dem angegebenen Feld (Parameter *record_feld*) berechnet werden. Bitte beachten Sie, daß dem Feldnamen der zugehörige Datentyp und ein Punkt vorangestellt werden muß.

VSIZE kann besonders im Zusammenhang mit varianten Records nützlich sein (siehe hierzu *RECORD*).

Beispiel

```
TYPE
  hint=RECORD
    s:ARRAY [0..24] OF CHAR;  (* 25 Bytes *)
    CASE wasnun:BOOLEAN OF    (*  1 Byte  *)
      TRUE: ja,nein:INTEGER;  (*  4 Bytes *)
            he,du:CARDINAL;   (*  4 Bytes *)
    | FALSE:wie,so:CHAR;      (*  2 Bytes *)
    END
  END;
VAR
  rec:hint;
  c:CARDINAL;
BEGIN
  c:=VSIZE(hint.s);       (* c=25                     *)
  c:=VSIZE(hint.wasnun);  (* c=26                     *)
  c:=VSIZE(hint.wie);     (* c=27 (Varianten-Record!) *)
  c:=SIZE(hint);          (* c=34 (Varianten-Record!) *)
  c:=VSIZE(rec.wasnun);   (* ACHTUNG: In der Version 1.x nicht erlaubt! *)
```

Siehe auch
FieldOfs, SIZE

WAIT Process

Zweck
Veranlaßt den laufenden Prozeß, auf ein Signal zu warten.

Struktur

```
WAIT(s:SIGNAL);
```

Bemerkung
Die Prozedur *WAIT* wartet auf das Signal *s*, das von einem anderen Prozeß mit *Notify* oder *SEND* gesendet werden kann. Bitte achten Sie darauf, daß vor dem ersten Aufruf von *WAIT* das Signal *s* initialisiert worden ist (siehe *Init*).

Derjenige Prozeß, der als erster auf ein bestimmtes Signal wartet, kann beim nächsten Senden des Signals mit der Arbeit fortfahren (die Reihenfolge der *WAIT*-Aufrufe wird also berücksichtigt).

Wichtig: Der laufende Prozeß darf beim Aufruf von *WAIT* nicht gesperrt sein (siehe *Lock* und *Unlock*).

Siehe auch
Awaited, Init, Notify, SEND

WhereX/WhereY Window

Zweck
Liefert die X- bzw. Y-Koordinate des Cursors.

Struktur

```
WhereX():RelCoord;
WhereY():RelCoord;
```

Bemerkung
Die Funktionen *WhereX* und *WhereY* ermitteln die relative X- bzw. Y-Koordinate der aktuellen Cursorposition. Die linke obere Fensterecke entspricht dem Punkt *(1,1)*. Der Typ *RelCoord* ist wie folgt definiert:

```
TYPE
  RelCoord=CARDINAL;
```

Siehe auch
GotoXY

WHILE ... DO — Reserviertes Wort

Zweck
Schleife, deren Abbruchbedingung sich am Anfang befindet.

Bemerkung
Definiert eine Schleife, die so oft ausgeführt wird, bis die Bedingung am Schleifenanfang *FALSE* ergibt. Der Ausdruck (die Abbruch-Bedingung), der die Wiederholung kontrolliert, muß vom Typ *BOOLEAN* sein (die Auswertung zusammengesetzter Boolescher Ausdrücke wird bei *IF* genauer betrachtet).

Zur Schleife gehören alle Anweisung, die zwischen *WHILE ... DO* und dem zugehörigen *END* stehen.

Beispiel

```
IMPORT
  FIO,IO;
VAR
  f:FIO.File;
  zeile:ARRAY [0..255] OF CHAR;
BEGIN
WHILE NOT FIO.EOF DO
  FIO.RdStr(f,zeile);
  FIO.WrStr(FIO.PrinterDevice,zeile)
END;
IO.WrStr('Schleifen-Ende erreicht ...');
```

Siehe auch
FOR ... TO ... BY ... DO, LOOP ... END, REPEAT ... UNTIL

Window — Modul

Zweck
Stellt eine mächtige Fenster-Verwaltung zur Verfügung.

Bemerkung
Dieses Modul enthält alle Routinen, die das Verwalten von sich überlappenden Fenstern ermöglichen. Jedem Prozeß kann ein eigenes Ausgabefenster zugeordnet werden (siehe Beispiel bei *SetProcessLocks*).

At	Ermittelt, in welchem Fenster sich ein bestimmter absoluter Punkt befindet
Change	Verändert die Größe und/oder Lage eines Fensters
Clear	Löscht den Inhalt des aktiven Fensters
Close	Schließt ein Fenster

ClrEol	Löscht alle Zeichen von der aktuellen Cursor-Position bis zum rechten Fensterrand
ConvertCoords	Rechnet relative Koordinaten in absolute um
CursorOff	Schalten den Cursor aus
CursorOn	Schaltet den Cursor ein
DelLine	Löscht diejenige Zeile, in der sich der Cursor befindet
DirectWrite	Schreibt eine Zeichenkette direkt in den Bildschirm-Speicher
GotoXY	Setzt den Cursor an eine bestimmte Position
Hide	Macht ein Fenster unsichtbar
Info	Stellt die aktuellen Einstellungen eines Fensters zur Verfügung
InputStr[2.0]	Liest eine Zeichenkette ein (Eingabe kann editiert werden)
InsLine	Fügt eine Leerzeile an der aktuellen Cursor-Position ein
ObscuredAt	Prüft, ob ein Punkt innerhalb eines Fensters sichtbar ist
Open	Erzeugt ein neues Fenster
PaletteColor	Liefert die Nummer des aktuellen Paletten-Eintrages
PaletteColorUsed	Prüft, ob innerhalb eines Fensters eine bestimmte Farbe verwendet wird
PaletteOpen	Erzeugt ein neues Fenster, dessen Text-Farben mit Hilfe einer Palette bestimmt werden können
PutBeneath	Legt ein bestimmtes Fenster vor ein anderes
PutOnTop	Legt ein bestimmtes Fenster zuoberst auf den Stapel
RdBufferLn	Liest innerhalb des Fenster-Puffers eine Zeile
SetFrame	Zeichnet einen Rahmen um ein Fenster
SetPalette	Verändert alle Einträge der einem Fenster zugeordneten Farbpalette
SetPaletteColor	Legt einen Eintrag der Farbpalette als zu verwendende Textfarbe fest
SetProcessLocks	Registriert zwei Prozeduren, die für das Sperren und Freigeben von Prozessen verantwortlich sind
SetTitle	Setzt einen Fenster-Titel
SetWrap	Legt fest, ob innerhalb eines Fensters ein automatischer Zeilenumbruch erfolgen soll oder nicht
SnapShot	Fotografiert den gesamten Bildschirm
TextBackground	Setzt die Hintergrundfarbe eines Textes
TextColor	Setzt die Zeichenfarbe eines Textes
Top	Teilt mit, welches Fenster zuorberst auf dem Stapel liegt
Use	Legt das aktuelle Ausgabefenster fest

[2.0] Diese Routine ist erst ab der Version 2.0 von TopSpeed Modula-2 verfügbar.

Used	Teilt mit, in welches Fenster die aktuelle Ausgabe erfolgt
WhereX	Liefert die X-Koordinate des Cursors
WhereY	Liefert die Y-Koordinate des Cursors
WrBufferLn	Fügt eine Zeichenkette in den Fensterpuffer ein

Folgende Konstanten sind im Modul *Window* vordefiniert:

```
CONST
  ScreenWidth = 80;  (* Anzahl Bildschirm-Zeichen *)
  ScreenDepth = 25;  (* Anzahl Bildschirm-Zeilen  *)
  PaletteSize = 10;
  PaletteMax  = PaletteSize-1;
  SingleFrame = FrameStr('┌─┐││└─┘') ;  (* einfacher Rahmen *)
  DoubleFrame = FrameStr('╔═╗║║╚═╝') ;  (* doppelter Rahmen *)

  NormalPaletteColor = 0;
  FramePaletteColor  = 1;

  FullScreenDef = WinDef(0,0,ScreenWidth-1,ScreenDepth-1,
    White,Black,TRUE,TRUE,FALSE,FALSE,'        ',Black,Black);

CONST  (* ab Version 2.0 *)
  CGASnow = FALSE;  (* siehe <_initscreentype>  *)
```

Folgende Datentypen sind im Modul *Window* vordefiniert:

```
TYPE
  BufferPtr = POINTER TO ARRAY [0..ScreenWidth*ScreenDepth-1]
    OF CARDINAL;
  WinDescriptor = RECORD
    Guard         : CARDINAL;
    Next          : WinType;
    CursorChain   : WinType;
    WDef          : WinDef;
    XA,YA,XB,YB   : AbsCoord;
    OWidth,ODepth : CARDINAL;
    Width, Depth  : CARDINAL;
    Title         : POINTER TO TitleStr;
    TMode         : TitleMode;
    CurrentX,
    CurrentY      : RelCoord;
    IsPalette     : BOOLEAN;
    PalAttr       : ARRAY PaletteRange OF SHORTCARD;
    CurPalColor   : PaletteRange;
    Buffer        : BufferPtr;
    UserRecord    : ADDRESS;
  END;
  WinType = POINTER TO WinDescriptor;
```

```
  WinDef = RECORD
    X1,Y1,                     (* Ecke links oben     *)
    X2,Y2        : AbsCoord;   (* Ecke rechts unten   *)
    Foreground,                (* Vordergrund-Farbe   *)
    Background   : Color;      (* Hintergrund-Farbe   *)
    CursorOn     : BOOLEAN;    (* Cursor sichtbar?    *)
    WrapOn       : BOOLEAN;    (* Zeilenumbruch?      *)
    Hidden       : BOOLEAN;    (* Fenster sichtbar?   *)
    FrameOn      : BOOLEAN;    (* Rahmen sichtbar?    *)
    FrameDef     : FrameStr;   (* Rahmen-Art          *)
    FrameFore,                 (* Rahmen-Farbe        *)
    FrameBack    : Color;      (* Rahmen-Hintergrund  *)
  END;

  RelCoord = CARDINAL;  (* (1,1) entspricht Ecke links oben *)
  AbsCoord = CARDINAL;  (* (0,0) entspricht Ecke links oben *)
  Color    = (Black,    Blue,          Green,      Cyan,
              Red,      Magenta,       Brown,      LightGray,
              DarkGray, LightBlue,     LightGreen, LightCyan,
              LightRed, LightMagenta,  Yellow,     White);

  TitleMode = (NoTitle,
    LeftUpperTitle,CenterUpperTitle,RightUpperTitle,
    LeftLowerTitle,CenterLowerTitle,RightLowerTitle);
  TitleStr  = ARRAY [0..ScreenWidth-1] OF CHAR;
  FrameStr  = ARRAY [0..8] OF CHAR;

  PaletteRange    = SHORTCARD [0..PaletteMax];
  PaletteColorDef = RECORD Fore,Back:Color END;
  PaletteDef      = ARRAY PaletteRange OF PaletteColorDef;

TYPE  (* ab Version 2.0 *)
  LockProc=PROCEDURE;
```

Folgende Variable ist im Modul *Window* vordefiniert:

```
VAR
  FullScreen:WinType;  (* Hintergrund-, Hauptfenster *)

VAR  (* ab Version 2.0 *)
  CursorLines:CARDINAL;  (* aktuelle Anzahl Bildschirm-Zeilen *)
```

- **Ab Version 2.0**: Einige Routinen des Moduls *Window* rufen im Fehlerfall die der prozeduralen Variablen *Lib.RunTimeError* zugeordneten Routine auf. Standardmäßig schreibt diese Fehlerbehandlungs-Routine eine Fehlermeldung in die Datei *ERRORINF.$$$* und bricht das laufende Programm ab (weitere Informationen bei *RunTimeError*).

W

WITH ... DO

Reserviertes Wort

Zweck

Verkürzt Ausdrücke, die bei der Verwendung von Datensätzen entstehen können.

Bemerkung

Der Gebrauch von Datensätzen führt manchmal zu langen Anweisungen. Es wäre bedeutend einfacher, wenn auf die einzelnen Felder wie auf gewöhnliche Variablen zugegriffen werden könnte. Diesen Wunsch erfüllt die *WITH*-Anweisung: Sie "öffnet" einen Datensatz und ermöglicht auf diese Weise den Zugriff auf die einzelnen Felder. *WITH*-Anweisungen lassen sich beliebig schachteln.

Beispiel

```
TYPE
  loc=RECORD
    x,y:CARDINAL
  END;
  circle=RECORD
    m:loc;
    rad:CARDINAL
  END;
VAR
  kreis:circle;
BEGIN
  kreis.rad:=50;
  kreis.m.x:=100; kreis.m.y:=50;

  WITH kreis DO
    rad:=50;
    WITH m DO
      x:=100; y:=50
    END
  END;
```

Wie im obigen Beispiel gezeigt wird, kann im *WITH*-Block auf die Angabe der *RECORD*-Variablen verzichtet werden.

Siehe auch

RECORD

WORD — Datentyp

Zweck
Universal-Typ, dem alle Werte zugeordnet werden können, die zwei Bytes umfassen.

Bemerkung
Ein Datentyp definiert die Art oder Beschaffenheit der Werte, die eine Variable aufnehmen kann. Jeder Variablen kann dabei in einem Programm nur ein einziger Datentyp zugeordnet werden.

Einer Variablen des Universal-Typs *WORD* kann eine beliebige andere Variable zugeordnet werden (und umgekehrt), die 2 Bytes (1 Wort) umfaßt (*BITSET, INTEGER, CARDINAL, SHORTADDR*).

Der Datentyp *WORD* ist auch interessant im Zusammenhang mit offenen Arrays (siehe hierzu *HIGH* und *PROCEDURE*).

Siehe auch
ADDRESS, BYTE, LONGWORD

WordFill — Lib

Zweck
Initialisiert einen Speicherblock mit einem beliebigen Wert.

Struktur

```
WordFill(was:ADDRESS; anz:CARDINAL; wert:WORD);
FarWordFill(was:FarADDRESS; anz:CARDINAL; wert:WORD);  (* ab Version 2.0 *)
```

Bemerkung
Die Prozedur *WordFill* initialisiert den Speicherbereich an der Adresse *was* mit dem Wert *wert*. Insgesamt werden *anz* Worte (1 Wort entspricht 2 Bytes) geschrieben.

- **Ab Version 2.0:** Der Zeigertyp *ADDRESS* paßt sich dem aktuellen Speichermodell an. Er umfaßt 16 Bits in den Speichermodellen *Small* und *Medium*, jedoch 32 Bits in den Speichermodellen *Compact*, *Large*, *XLarge* und *MThread*. Mit der Prozedur *FarWordFill* kann explizit ein 32-Bit-Zeiger (*far*) gewählt werden (die einzelnen Speichermodelle werden im Anhang D erläutert).

Beispiel

```
MODULE WordFill_Test;
IMPORT
  Lib;
VAR
  lang:ARRAY [1..1000] OF CHAR;
BEGIN
  Lib.WordFill(ADR(lang),500,0)  (* initialiesiert <lang> *)
END WordFill_Test.
```

Siehe auch
Fill, Move, WordMove

WordMove Lib

Zweck
Kopiert einen Speicherblock (wortweise).

Struktur

```
WordMove(quelle,ziel:ADDRESS; anz:CARDINAL);
FarWordMove(quelle,ziel:FarADDRESS; anz:CARDINAL);  (* ab Version 2.0 *)
```

Bemerkung
Die Prozedur *WordMove* kopiert direkt im Speicher *anz* Worte (1 Wort entspricht 2 Bytes) von *quelle* nach *ziel*.

- **Ab Version 2.0:** Der Zeigertyp *ADDRESS* paßt sich dem aktuellen Speichermodell an. Er umfaßt 16 Bits in den Speichermodellen *Small* und *Medium*, jedoch 32 Bits in den Speichermodellen *Compact*, *Large*, *XLarge* und *MThread*. Mit der Prozedur *FarWordMove* kann explizit ein 32-Bit-Zeiger (*far*) gewählt werden (die einzelnen Speichermodelle werden im Anhang D erläutert).

Beispiel

```
MODULE WordMove_Test;
IMPORT
  Lib;
VAR
  c:ARRAY [1..10] OF CHAR;
  i:ARRAY [1..5] OF INTEGER;
BEGIN
  Lib.WordMove(ADR(c),ADR(i),5)  (* kopiert 10 Bytes *)
END WordMove_Test.
```

Siehe auch
FastMove, Fill, Move, WordFill

Wr<typ> FIO

Zweck
Schreibt einen Wert beliebigen Typs als Zeichenkette in eine Datei.

Struktur

```
WrBool(f:File; x:BOOLEAN; len:INTEGER);
WrCard(f:File; x:CARDINAL; len:INTEGER);
WrChar(f:File; x:CHAR);
WrHex(f:File; x:CARDINAL; len:INTEGER);
WrInt(f:File; x:INTEGER; len:INTEGER);
WrLngCard(f:File; x:LONGCARD; len:INTEGER);
WrLngHex(f:File; x:LONGCARD; len:INTEGER);
WrLngInt(f:File; x:LONGINT; len:INTEGER);
WrLngReal(f:File; x:LONGREAL; k:CARDINAL; len:INTEGER);
WrReal(f:File; x:REAL; k:CARDINAL; len:INTEGER);
WrShtCard(f:File; x:SHORTCARD; len:INTEGER);
WrShtHex(f:File; x:SHORTCARD; len:INTEGER);
WrShtInt(f:File; x:SHORTINT; len:INTEGER);
```

Bemerkung
Die Prozedur *Wr<typ>* schreibt den Wert *x* in die Datei *f*. Zahlenwerte werden zuvor in Zeichenketten umgewandelt und als solche geschrieben. *ABS(len)* bezeichnet die Länge des Feldes, in das der Wert *x* geschrieben werden soll. Falls *len* einen negativen Wert enthält, wird *x* linksbündig ausgerichtet, andernfalls rechtsbündig. Der Parameter *k* (bei *WrLngReal* und *WrReal*) bezeichnet die Anzahl der auszugebenden Kommastellen.

Wissenschaftliche Schreibweise: Die Variable *FIO.Eng* legt fest, ob reelle Zahlen in technisch-wissenschaftlicher Schreibweise dargestellt werden sollen (Standard-Wert ist *FALSE*). Enthält *FIO.Eng* den Wert *TRUE*, werden reelle Zahlen so umgeformt, daß der Exponent immer ein Vielfaches von 3 ist.

Druckerausgabe: Mit Hilfe der Konstanten *FIO.PrinterDevice* (=5; vordefinierte Datei- oder Kanalnummer) kann die Ausgabe zum Drucker (LPT1:) geschickt werden:

```
WrInt(PrinterDevice,234,5);  (* Druckerausgabe *)

Create(f,'TEST.TXT');
WrInt(f,234,5);              (* Dateiausgabe   *)
```

Serielle Schnittstelle: Im Modul *FIO* ist die Konstante *AuxDevice* vordefiniert, mit deren Hilfe die serielle Schnittstelle *COM1* (oder *AUX*) angesprochen werden kann (genauere Informationen erhalten sie hierzu bei *FIO.Rd<typ>*).

Feldlänge: Falls die Länge des Wertes *x* größer ist als *len*, wird das Ausgabe-Feld automatisch erweitert (nur wenn *FIO.ChopOff=TRUE*, entspricht Standard). Enthält die Variable *FIO.ChopOff* hingegen den Wert *FALSE*, wird bei zu kleinem Feld *len* Mal ein Fragezeichen (*'?'*) ausgegeben.

Datenstrukturen: Komplexe Datenstrukturen (siehe *ARRAY* und *RECORD*) lassen sich mit der Prozedur *WrBin* in Dateien schreiben (siehe dort).

Beispiel
Folgendes Programm erzeugt eine Textdatei, die *REAL*-Zahlen enthält (diese können z.B. mit dem DOS-Befehl *TYPE* angesehen werden). Eine einzelne *REAL*-Zahl benötigt hier 20 Bytes.

```
MODULE test1;
IMPORT
  FIO,IO;
VAR
  f:FIO.File;
  i:CARDINAL;
  r:REAL;
BEGIN
  f:=FIO.Create('TEST1.DAT');
  r:=1.1;
  FOR i:=1 TO 10 DO
    FIO.WrReal(f,r,5,20);
    r:=r*2.1
  END;
  FIO.Seek(f,0);
  FOR i:=1 TO 10 DO
    r:=FIO.RdReal(f);
    IO.WrReal(r,5,20)
  END;
  FIO.Close(f)
END test1.
```

Folgendes Programm schreibt *REAL*-Zahlen in eine Datei, wobei jede *REAL*-Zahl hier nur 4 Bytes benötigt (die einzelnen Wert können nicht mehr (wie oben) mit *TYPE* angesehen werden). Die Datenspeicherung mit dieser Methode ist im Normalfall der oberen vorzuziehen.

```
MODULE test2;
IMPORT
  FIO,IO;
```

```
VAR
  f:FIO.File;
  i,anz:CARDINAL;
  r:REAL;
BEGIN
  f:=FIO.Create('TEST2.DAT');
  r:=1.1;
  FOR i:=1 TO 10 DO
    FIO.WrBin(f,r,SIZE(r));
    r:=r*2.1
  END;
  FIO.Seek(f,0);
  FOR i:=1 TO 10 DO
    anz:=FIO.RdBin(f,r,SIZE(r));
    IO.WrReal(r,5,20)
  END;
  FIO.Close(f)
END test2.
```

Siehe auch
IOresult (FIO), Rd<typ> (FIO), RdBin, WrBin

Wr<typ> IO

Zweck
Schreibt einen Wert beliebigen Typs als Zeichenkette in den Bildschirm.

Struktur

```
WrBool(x:BOOLEAN; len:INTEGER);
WrCard(x:CARDINAL; len:INTEGER);
WrChar(x:CHAR);
WrHex(x:CARDINAL; len:INTEGER);
WrInt(x:INTEGER; len:INTEGER);
WrLngCard(x:LONGCARD; len:INTEGER);
WrLngHex(x:LONGCARD; len:INTEGER);
WrLngInt(x:LONGINT; len:INTEGER);
WrLngReal(x:LONGREAL; k:CARDINAL; len:INTEGER);
WrReal(x:REAL; k:CARDINAL; len:INTEGER);
WrShtCard(x:SHORTCARD; len:INTEGER);
WrShtHex(x:SHORTCARD; len:INTEGER);
WrShtInt(x:SHORTINT; len:INTEGER);
```

Bemerkung
Die Prozedur *Wr<typ>* schreibt den Wert *x* in den Bildschirm (Standard-Ausgabegerät). *ABS(len)* bezeichnet die Zeichenlänge des Feldes, in das der Wert *x* geschrieben werden soll. Falls *len* einen negativen Wert enthält, wird *x* links-

bündig ausgerichtet, andernfalls rechtsbündig. Der Parameter *k* (bei *WrLngReal* und *WrReal*) bezeichnet die Anzahl der auszugebenden Kommastellen.

```
IO.WrBool(1<>2,6);    (* Ausgabe: '  TRUE' *)
IO.WrHex(41394,-6);   (* Ausgabe: 'A1B2  ' *)
```

Feldlänge: Falls die Länge von *x* größer ist als *len*, wird das Ausgabe-Feld automatisch erweitert (nur wenn *IO.ChopOff=TRUE*, entspricht Standard). Enthält die Variable *IO.ChopOff* hingegen den Wert *FALSE*, wird bei zu kleinem Feld *len* Mal ein Fragezeichen (*'?'*) ausgegeben.

Wissenschaftliche Schreibweise: Die Variable *IO.Eng* legt fest, ob reelle Zahlen in technisch-wissenschaftlicher Schreibweise dargestellt werden sollen (Standard-Wert ist *FALSE*). Enthält *IO.Eng* den Wert *TRUE*, werden reelle Zahlen so umgeformt, daß der Exponent immer ein Vielfaches von 3 ist.

Eingabe-Puffer löschen: Wird der Variablen *IO.RdLnOnWr* der Wert *TRUE* zugewiesen (*FALSE* ist Standard), löscht jeder Aufruf einer Schreib-Prozedur *Wr<typ>* den Eingabe-Puffer (siehe auch *RdLn*).

Ausgabe umleiten: Mit der Prozedur *RedirectOutput* kann die Ausgabe umgeleitet werden.

Druckerausgabe: Es ist mit den Routinen des Moduls *IO* durchaus möglich, Ausgaben zum Drucker zu schicken (mit Hilfe von *RedirectOutput*). Wesentlich einfacher und flexibler ist jedoch die Druckerausgabe mit den Routinen des Moduls *FIO* (siehe hierzu *FIO.Wr<typ>*).

Beispiel

Folgendes Programm stellt *LONGREAL*-Werte mit Fließkomma dar (d.h. es werden nur so viele Kommastellen wie nötig dargestellt).

```
MODULE Test;
IMPORT
  IO,Str,MATHLIB;
TYPE
  STRING=ARRAY [0..255] OF CHAR;

  PROCEDURE FixRealToStr(x:LONGREAL; k:CARDINAL;
                         VAR s:ARRAY OF CHAR; VAR ok:BOOLEAN);
  VAR
    c:CARDINAL;
  BEGIN
    c:=CARDINAL(MATHLIB.Log10(ABS(x)))+1;
    IF k+c>17 THEN k:=17-c END;  (* Siehe auch Bemerkungen ... *)
    Str.FixRealToStr(x,k,s,ok)   (* ... bei <FixRealToStr>.    *)
  END FixRealToStr;
```

```
  PROCEDURE floating(r:LONGREAL):STRING;
  VAR
    temp:STRING;
    i:CARDINAL;
    ok:BOOLEAN;
  BEGIN
    FixRealToStr(r,17,temp,ok);
    IF NOT ok THEN RETURN 'Zahl zu groß oder zu klein ...' END;
    FOR i:=Str.Length(temp)-1 TO 0 BY -1 DO
      IF temp[i]='0' THEN
        temp[i]:=0C
      ELSE
        IF temp[i]='.' THEN temp[i]:=0C END;
        RETURN temp
      END
    END;
    RETURN temp
  END floating;

VAR
  r:LONGREAL;
  i:CARDINAL;
BEGIN
  r:=1.0;
  FOR i:=1 TO 20 DO
    IO.WrStr(floating(r)); IO.WrLn;
    r:=r*2.25
  END
END Test.
```

Siehe auch

Rd<typ> (IO)

Wrapon

Graph (ab Version 2.0)

Zweck

Legt fest, ob Text am Rande eines Fensters abgeschnitten werden soll oder nicht.

Struktur

```
Wrapon(ein:BOOLEAN):BOOLEAN;
```

Bemerkung

Mit der Funktion *Wrapon* läßt sich festlegen, ob ein Text, der mit *OutText* ausgegeben wird, am Rande des aktuellen Fensters abgeschnitten werden soll (*ein=TRUE*; der Cursor bleibt am Fensterrand stehen) oder nicht (*ein=FALSE*; der verbleibende Text wird in der folgenden Zeile ausgegeben; entspricht der Standard-Einstellung).

Siehe auch
GetTextPosition, OutText, SetTextPosition, SetTextWindow

WrBin FIO

Zweck
Schreibt eine beliebige Anzahl Bytes in eine Datei.

Struktur

```
WrBin(f:File; pu:ARRAY OF BYTE; anz:CARDINAL);
```

Bemerkung
Die Prozedur *WrBin* schreibt *anz* untypisierte Bytes der Puffervariablen *pu* in die Datei *f*.

Da sich unter TopSpeed Modula-2 nicht unmittelbar typisierte Dateien definieren lassen, die nur für bestimmte Daten geeignet sind (z.B. Datei für *REAL*-Werte oder Datei für einen *RECORD* mit dem Namen *Person*), werden die beiden Routinen *WrBin* und *RdBin* zu diesem Zweck eingesetzt (siehe Beispiel).

Bitte beachten Sie, daß die Prozedur *FIO.Wr<typ>* den Wert eines Datentyps zunächst in eine Zeichenkette umwandelt und diese schließlich in eine Datei schreibt. Natürlich geht diese Datenspeicherung nicht besonders sparsam mit dem Speicherplatz um und ist deshalb im Normalfall nicht zu empfehlen.

Beispiel
Folgendes Programm stellt einige Datei-Routinen zur Verfügung, die das Schreiben und Lesen beliebiger Datenstrukturen ermöglicht.

```
MODULE test;
IMPORT
  FIO,IO,Str;
FROM FIO IMPORT
  File;
TYPE
  buch=RECORD
    autor,
    titel,
    verlag:ARRAY [0..39] OF CHAR;
    isbn:ARRAY [0..15] OF CHAR;
    jahr,
    auflage:CARDINAL;
  END;
```

```
  PROCEDURE SeekRec(f:File; nr,recsize:CARDINAL);
  BEGIN
    FIO.Seek(f,LONGCARD(nr*recsize))
  END SeekRec;

  PROCEDURE ReadRec(f:File; VAR rec:ARRAY OF BYTE);
  VAR
    gel:CARDINAL;
  BEGIN
    gel:=FIO.RdBin(f,rec,SIZE(rec))
  END ReadRec;

  PROCEDURE WriteRec(f:File; VAR rec:ARRAY OF BYTE);
  BEGIN
    FIO.WrBin(f,rec,SIZE(rec))
  END WriteRec;

  PROCEDURE MaxRec(f:File; recsize:CARDINAL):CARDINAL;
  BEGIN
    RETURN CARDINAL(FIO.Size(f) DIV LONGCARD(recsize))
  END MaxRec;

  PROCEDURE RecPos(f:File; recsize:CARDINAL):CARDINAL;
  BEGIN
    RETURN CARDINAL(FIO.GetPos(f) DIV LONGCARD(recsize))
  END RecPos;

(* ---- *)

  PROCEDURE Aufnehmen(f:File);
  VAR
    b:buch;
  BEGIN
    IO.WrLn;
    IO.WrStr('  Autor : '); IO.RdStr(b.autor);
    IO.WrStr('  Titel : '); IO.RdStr(b.titel);
    IO.WrStr(' Verlag : '); IO.RdStr(b.verlag);
    IO.WrStr('   ISBN : '); IO.RdStr(b.isbn);
    IO.WrStr('   Jahr : '); b.jahr:=IO.RdCard();
    IO.WrStr('Auflage : '); b.auflage:=IO.RdCard();
    SeekRec(f,MaxRec(f,SIZE(buch)),SIZE(buch));  (* ans Ende setzten *)
    WriteRec(f,b)
  END Aufnehmen;

  PROCEDURE WriteOne(b:buch);
  BEGIN
    IO.WrLn;
    IO.WrStr(b.autor); IO.WrStr('; ');
    IO.WrStr(b.titel); IO.WrLn;
    IO.WrStr(b.verlag); IO.WrStr('; ');
    IO.WrStr(b.isbn); IO.WrStr('; ');
    IO.WrCard(b.jahr,1); IO.WrStr(', ');
```

```
      IO.WrCard(b.auflage,1); IO.WrStr('. Auflage');
      IO.WrLn
    END WriteOne;

    PROCEDURE Suchen(f:File);
    VAR
      b:buch;
      i:CARDINAL;
      aut:ARRAY [0..127] OF CHAR;
    BEGIN
      IO.WrLn; IO.WrStr('Autor: '); IO.RdStr(aut);
      SeekRec(f,0,SIZE(buch));  (* an den Anfang setzten *)
      FOR i:=0 TO MaxRec(f,SIZE(buch))-1 DO
        ReadRec(f,b);
        IF Str.Compare(b.autor,aut)=0 THEN WriteOne(b) END
      END
    END Suchen;

    PROCEDURE Liste(f:File);
    VAR
      b:buch;
      i:CARDINAL;
    BEGIN
      SeekRec(f,0,SIZE(buch));
      FOR i:=0 TO MaxRec(f,SIZE(buch))-1 DO
        ReadRec(f,b);
        WriteOne(b)
      END
    END Liste;

  VAR
    f:File;
    name:ARRAY [0..127] OF CHAR;
    ch:CHAR;
  BEGIN
    IO.WrStr('Datei: '); IO.RdStr(name);
    IF name[0]=0C THEN HALT END;
    IF FIO.Exists(name) THEN f:=FIO.Open(name) ELSE f:=FIO.Create(name) END;
    LOOP
      IO.WrLn; IO.WrStr('A)ufnehmen, S)uchen, L)iste, E)nde: ');
      REPEAT
        ch:=CAP(IO.RdKey())
      UNTIL Str.Pos('ASLE',ch)<>MAX(CARDINAL);
      IO.WrChar(ch); IO.WrLn;
      CASE ch OF
        'A': Aufnehmen(f);
      | 'S': Suchen(f);
      | 'L': Liste(f);
      | 'E': EXIT
      END
    END;
    IO.WrLn; IO.WrStr('Anzahl Datensätze: ');
```

```
    IO.WrCard(MaxRec(f,SIZE(buch)),1);
    FIO.Close(f)
  END test.
```

Siehe auch
IOresult (FIO), RdBin

WrBufferLn — Window

Zweck
Fügt eine Zeichenkette in den Fensterpuffer ein.

Struktur

```
WrBufferLn(w:WinType; x,y:RelCoord; woher:ADDRESS; len:CARDINAL);
```

Bemerkung
Die Prozedur *WrBufferLn* schreibt den Inhalt der Variablen (*len* Worte), die bei *woher* beginnt, in das Fenster *w*; das erste Zeichen kommt dabei auf dem Punkt *(x,y)* zu liegen (bei Bildschirmstörungen siehe *AsmLib.InitScreenType* (nur Version 1.x) bzw. *CLB._initscreentype*), wobei *(1,1)* der linken oberen Fensterecke entspricht.

Bitte beachten Sie, daß ein einzelnes Zeichen, das hier in den Bildschirm geschrieben wird, aus 2 Bytes (Zeichen und Farb-Attribut) besteht. Weitere Informationen erhalten Sie bei *RdBufferLn*.

Siehe auch
DirectWrite, RdBufferLn

WrCharRep — FIO

Zweck
Schreibt eine Zeichenkette, die aus ein und demselben Zeichen besteht, in eine Datei.

Struktur

```
WrCharRep(f:File; ch:CHAR; anz:CARDINAL);
```

Bemerkung
Die Prozedur *WrCharRep* schreibt das Zeichen *ch* *anz* Mal in die Datei *f* (für Druckerausgabe siehe *FIO.Wr<typ>*).

WrCharRep IO

Zweck
Schreibt eine Zeichenkette, die aus ein und demselben Zeichen besteht, in den Bildschirm.

Struktur

```
WrCharRep(ch:CHAR; anz:CARDINAL);
```

Bemerkung
Die Prozedur *WrCharRep* schreibt das Zeichen *ch anz* Mal in den Bildschirm.

Beispiel
Folgendes Programm stellt die Sinuskurve mit Hilfe von Balken dar und läßt sich mit einem beliebigen Tastendruck stoppen.

```
MODULE Test;
IMPORT
  IO,MATHLIB;
VAR
  r:LONGREAL;
  i:INTEGER;
BEGIN
  r:=0.0;
  REPEAT
    i:=INTEGER(MATHLIB.Sin(r)*39.0);
    IF i>=0 THEN
      IO.WrCharRep(' ',40);
      IO.WrCharRep('*',i)
    ELSE
      IO.WrCharRep(' ',40+i);
      IO.WrCharRep('*',ABS(i))
    END;
    IO.WrLn;
    r:=r+0.2
  UNTIL IO.KeyPressed();
END Test.
```

WrDosError Lib (ab Version 2.0)

Zweck
Schreibt eine zu einem Fehlercode passende Fehlermeldung in den Bildschirm.

Struktur

```
WrDosError(nr:SHORTCARD);
```

Bemerkung
Die Prozedur *WrDosError* schreibt einen zur Fehlernummer *nr* (kann mit *FIO.IOresult* ermittelt werden) passenden englischen Text in den Bildschirm. Falls eine Fehlernummer nicht gültig (bzw. reserviert) ist, wird der Text *Unknown DOS Error* ausgegeben (hierbei verhaspelt sich TopSpeed Modula-2 jedoch etwas). Eine vollständige Liste aller Fehlercodes finden Sie im Anhang F.2.

Siehe auch
FatalError, OSErrorMessage, OSFatalError, SysErrno

WrLn FIO

Zweck
Schreibt ein Zeilenende in eine Datei.

Struktur

```
WrLn(f:File);
```

Bemerkung
Die Prozedur *WrLn* schreibt einen Zeilenumbruch *CR*, *LF* (*CHR(13)*, *CHR(10)*) in die Datei *f* (für Druckerausgabe siehe *FIO.Wr<typ>*) und wird häufig bei Textdateien verwendet, um die einzelnen Zeilen voneinander zu trennen.

Siehe auch
WrStr (FIO)

WrLn IO

Zweck
Erzeugt auf dem Bildschirm einen Zeilenumbruch.

Struktur

```
WrLn;
```

Bemerkung
Die Prozedur *WrLn* setzt den Bildschirm-Cursor an den Anfang einer neuen Zeile.

Siehe auch
RdLn (IO)

WrStr FIO

Zweck
Schreibt eine Zeichenkette in eine Datei.

Struktur

```
WrStr(f:File; s:ARRAY OF CHAR);
```

Bemerkung
Die Prozedur *WrStr* schreibt die Zeichenkette *s* in die Datei *f* (für Druckerausgabe siehe *FIO.Wr<typ>*). Das Zeilenende kann mit *FIO.WrLn* markiert werden.

Eine Zeichenkette kann mit der Prozedur *FIO.WrStrAdj* in einem Feld bestimmter Länge links- oder rechtbündig ausgerichtet werden.

Beispiel
Folgendes Programm schreibt zwei Textzeilen in die Datei *TEST.DAT*, die mit Hilfe der Prozedur *FIO.WrLn* voneinander getrennt werden:

```
MODULE Test;
IMPORT
  FIO,IO;
VAR
  f:FIO.File;
  z:ARRAY [0..255] OF CHAR;
BEGIN
  f:=FIO.Create('TEST.DAT');
  FIO.WrStr(f,'Die'); FIO.WrCard(f,1,1);
  FIO.WrStr(f,'. Zeile'); FIO.WrLn(f);
  FIO.WrStr(f,'Die zweite Zeile');
  FIO.Seek(f,0);
  FIO.RdStr(f,z); IO.WrStr(z); IO.WrLn;  (* 1. Textzeile *)
  FIO.RdStr(f,z); IO.WrStr(z); IO.WrLn;  (* 2. Textzeile *)
  FIO.Close(f)
END Test.
```

Siehe auch
RdItem (FIO), RdItemS (FIO), RdStr (FIO), WrStrAdj (FIO)

WrStr IO

Zweck
Schreibt eine beliebige Zeichenkette in den Bildschirm.

Struktur

```
WrStr(s:ARRAY OF CHAR);
```

Bemerkung
Die Prozedur *WrStr* schreibt die Zeichenkette *s* in den Bildschirm (siehe auch *RedirectOutput*). Mit Hilfe von *WrStrAdj* kann die auszugebende Zeichenkette in einem Feld beliebiger Länge ausgerichtet werden.

Siehe auch
RdItem (IO), RdStr (IO), WrStrAdj (IO)

WrStrAdj FIO

Zweck
Schreibt eine Zeichenkette, die ausgerichtet werden kann, in eine Datei.

Struktur

```
WrStrAdj(f:File; s:ARRAY OF CHAR; len:INTEGER);
```

Bemerkung
Die Prozedur *WrStrAdj* schreibt die Zeichenkette *s* in die Datei *f*, wobei der Text in ein Feld geschrieben wird, das *ABS(len)* Zeichen umfaßt. Bei einem negativen Wert von *len* erfolgt die Ausrichtung linksbündig, andernfalls rechtsbündig (für Druckerausgabe siehe *FIO.Wr<typ>*).

Falls die Länge der Zeichenkette *s* größer ist als *len*, wird das Ausgabe-Feld automatisch erweitert (nur wenn *FIO.ChopOff=TRUE*, entspricht der Standard-Einstellung). Enthält die Variable *FIO.ChopOff* den Wert *FALSE*, wird bei einem zu kleinen Feld *len* Mal ein Fragezeichen (*'?'*) ausgegeben.

Siehe auch
WrStr (FIO)

WrStrAdj IO

Zweck
Schreibt eine beliebige Zeichenkette, die ausgerichtet werden kann, in den Bildschirm.

Struktur

```
WrStrAdj(s:ARRAY OF CHAR; len:INTEGER);
```

Bemerkung
Die Prozedur *WrStrAdj* schreibt die Zeichenkette *s* in den Bildschirm (siehe hierzu auch *RedirectOutput*), wobei der Text in ein Feld geschrieben wird, das *ABS(len)* Zeichen umfaßt. Bei einem negativen Wert von *len* erfolgt die Ausrichtung linksbündig, andernfalls rechtsbündig (für Druckerausgabe siehe *FIO. Wr<typ>*).

Falls die Länge der Zeichenkette *s* größer ist als *len*, wird das Ausgabe-Feld automatisch erweitert (nur wenn *IO.ChopOff=TRUE*, entspricht der Standard-Einstellung). Enthält die Variable *IO.ChopOff* den Wert *FALSE*, wird bei zu kleinem Feld *len* Mal ein Fragezeichen (*'?'*) ausgegeben.

Wird der Variablen *IO.RdLnOnWr* der Wert *TRUE* zugewiesen (*FALSE* ist Standard), löscht jeder Aufruf von *WrStrAdj* den Eingabe-Puffer (siehe auch *RdLn*).

Siehe auch
WrStr (IO)

WrStrRedirect — IO (ab Version 2.0)

Zweck
Ermöglicht das Definieren einer eigenen Ausgabe-Routine.

Struktur

```
VAR WrStrRedirect:WrStrType;
```

Bemerkung
Mit Hilfe der prozeduralen Variablen *WrStrRedirect* wird es möglich, eine Ausgabe-Routine zu installieren, die von allen Schreib-Routinen des Moduls *IO* aufgerufen wird. Der Datentyp *WrStrType* ist dabei wie folgt im Modul *IO* definiert:

```
TYPE
  WrStrType=PROCEDURE (ARRAY OF CHAR);
```

Der Kopf einer neuen Ausgabe-Routine könnte wie folgt aussehen:

```
PROCEDURE Output(s:ARRAY OF CHAR);
```

Der Parameter *s* enthält die auszugebende Zeichenkette (die Ausgabe kann z.B. in eine Datei (siehe Modul *FIO*) erfolgen). Innerhalb von *Output* darf keinesfalls eine Schreib-Routine des Moduls *IO* aufgerufen werden, da sonst die Prozedur *Output* sich immer wieder selbst aufruft.

Es ist empfehlenswert, die ursprüngliche Schreib-Routine zwischenzuspeichern, damit diese später bei Bedarf wieder installiert werden kann (siehe Beispiel bei *RdStrRedirect*). Mit Hilfe der Variablen *OutputRedirected* kann signalisiert werden, daß die Ausgabe umgeleitet wird (der Inhalt dieser Variablen wird von TopSpeed Modula-2 jedoch nicht überprüft). Sie ist wie folgt im Modul *IO* definiert:

```
VAR
  OutputRedirected:BOOLEAN;  (* TRUE, wenn Ausgabe umgeleitet *)
```

Siehe auch
RedirectInput, RdStrRedirect

Anhang

Anhang A
Begriffe nach Gruppen geordnet

An dieser Stelle werden alle zusammengehörigen Routinen und Bezeichner zusammengefaßt. Jeden hier aufgeführten Begriff finden Sie in diesem Buch beschrieben.

Reservierte Wörter

Folgende Wörter sind in TopSpeed Modula-2 reserviert und können nicht verändert werden:

ARRAY	Definieren eines Feldes, einer Zeichenkette
BEGIN	Einleiten des Programm- oder Prozedur-Codes
CASE ... OF	Auswahl aus mehreren Möglichkeiten
CLASS[2.0]	Ermöglicht das Definieren von Objekten
CONST	Deklarieren von Konstanten
DEFINITION	Definitions-Modul einleiten
END	Abschließen eines Blockes
EXIT	Endlos-Schleife (*LOOP ... END*) verlassen
EXPORT	Bezeichner eines inneren Moduls exportieren
FOR ... TO	Schleife
FORWARD	Prozedur vor ihrem ersten Auftreten bekannt machen
FROM ... IMPORT	Bezeichner importieren
GOTO	Unbedingter Sprung
IF ... THEN	Bedingte Ausführung
INLINE[2.0]	Ermöglicht das Definieren von kurzen Maschinen-Routinen (innerhalb eines Definitions-Moduls)
IMPLEMENTATION	Implementations-Modul einleiten
IMPORT	Gesamte Module importieren
LABEL	Deklarieren von Sprungmarken
LOOP ... END	Endlosschleife
MODULE	Modul-Kopf definieren
POINTER	Zeigervariable definieren
PROCEDURE	Prozedur oder Funktion (Routine) definieren
QUALIFIED	Qualifizierter Export (einzelne Begriffe müssen später mit dem Modulnamen aufgerufen werden)
RECORD	Definieren eines Datensatzes
REPEAT ... UNTIL	Schleife, Abbruchbedingung am Schluß
RETURN	Verlassen einer Prozedur oder Funktion

2.0 Erst ab der Version 2.0 von TopSpeed Modula-2 verfügbar.

SELF[2.0] Ermöglicht das exakte Qualifizieren von Bezeichnern eines Objektes (bei Namenskonflikten notwendig)
SET OF Definieren einer Menge
TYPE Eigene Datentypen definieren
VAR Deklarieren von Variablen
VIRTUAL[2.0] Ermöglicht das Definieren von virtuellen Methoden
WHILE ... DO Schleife, Abbruchbedingung am Anfang
WITH ... DO Vereinfachen von *RECORD*-Ausdrücken

Datentypen (Modul *Standard*)

Folgende Datentypen sind im Pseudo-Modul *Standard* definiert und brauchen nicht importiert zu werden (außer *CHARSET*):

ADDRESS Allgemeiner Adreß- oder Zeigertyp (ab der Version 2.0 sind zusätzlich die Datentypen *FarADDRESS* und *NearADDRESS* definiert)
BITSET Mengentyp, der 16 Elemente aufnehmen kann
BOOLEAN Datentyp für die beiden logischen Werte *TRUE* und *FALSE*
BYTE Universal-Typ, dem alle Werte zugeordnet werden können, die ein Byte umfassen (*BOOLEAN*, *CHAR*, *SHORTCARD*, *SHORTINT*)
CARDINAL Typ für die ganzzahligen Werte 0..65535 (2 Bytes)
CHAR Typ, der alle Zeichen (IBM-Zeichensatz) bezeichnet
CHARSET Mengentyp, der alle Zeichen (IBM-Zeichensatz) aufnehmen kann (in den Modulen **IO** und **Str** definiert)
INTEGER Datentyp für die ganzzahligen Werte im Bereich -32768..32767 (2 Byte mit Vorzeichen)
LONGCARD Datentyp für die ganzzahligen Werte im Bereich 0..4294967295 (4 Bytes)
LONGINT Datentyp für die ganzzahligen Werte im Bereich -2147483648..2147483647 (4 Bytes mit Vorzeichen)
LONGREAL Typ für die reellen Zahlen im Bereich 2.3E-308 bis 1.7E308 und -2.3E-308 bis -1.7E308 (8 Bytes, 15 signifikante Stellen)
LONGWORD Universal-Typ, dem alle Werte zugeordnet werden können, die vier Bytes umfassen (*ADDRESS*, *LONGCARD*, *LONGINT*, *PROC*, *REAL*)
PROC Einer Variablen dieses Typs kann eine parameterlose Prozedur zugeordnet werden

[2.0] Erst ab der Version 2.0 von TopSpeed Modula-2 verfügbar.

REAL	Typ für die reellen Zahlen im Bereich 1.2E-38 bis 3.4E38 und -1.2E-38 bis -3.4E38 (4 Bytes, 6 signifikante Stellen)
SHORTADDR	Adreß-Typ, der nur den Offset-Teil einer Adresse aufnehmen kann
SHORTCARD	Typ für die ganzzahligen Werte im Bereich 0..255 (1 Byte)
SHORTINT	Typ für die ganzzahligen Werte im Bereich -128..127 (1 Byte mit Vorzeichen)
WORD	Universal-Typ, dem alle Werte zugeordnet werden können, die zwei Bytes umfassen (*BITSET*, *CARDINAL*, *INTEGER*, *SHORTADDR*)

Operatoren

Folgende Operatoren sind in Modula-2 reserviert und können nicht verändert werden:

AND	Logisches UND
DIV	Ganzzahlige Division
IN	Prüft, ob Element in Menge enthalten ist
MOD	Restbetrag einer Division
NOT	Logisches NICHT
OR	Logisches UND
XOR	Logisches ENTWEDER-ODER (muß nachgebildet werden, siehe *OR)*

Konstanten (Modul *Standard*)

Folgende Konstanten sind im Pseudo-Modul *Standard* definiert und brauchen nicht importiert zu werden:

FALSE	Wahrheitswert FALSCH
NIL	Zeigerwert, zeigt auf keinen Wert (ab der Version 2.0 sind zusätzlich die Konstanten *FarNIL* und *NearNIL* definiert)
NULLPROC	Prozedurale Konstante
TRUE	Wahrheitswert WAHR

Module

AsmLib[1.0]	Enthält alle in Maschinen-Code geschriebenen Routinen und braucht normalerweise nicht eingebunden zu werden
BiosIO[2.0]	Stellt Tastatur-Routinen zur Verfügung
CLB[2.0]	Enthält alle in Maschinen-Code geschriebenen Routinen und braucht normalerweise nicht eingebunden zu werden
FIO	Enthält alle Routinen, die für das komfortable Arbeiten mit der Festplatte/Diskette notwendig sind
FIOR[2.0]	Stellt Datei-Routinen zur Verfügung, die mit einer Pfadtabellen-Datei zusammenarbeiten
FloatExc	Installiert bei der Einbindung eine Fehlerbehandlungs-Routine für den mathematischen Coprozessor (nur Version 1.x; ab Version 2.0 siehe *MathError* im lexikalischen Teil)
Graph	Ermöglicht das Zeichnen von Graphiken auf allen handelsüblichen Graphik-Karten
IO	Stellt alle Routinen zur Verfügung, die zur Ein- und Ausgabe benötigt werden (Tastatur und Bildschirm)
Lib	Enthält systemnahe Routinen, die die Möglichkeiten des Programmierers erweitern (Tongenerator, Zufallszahlen, Sortier-Routinen ...)
MATHLIB	Enthält die wichtigsten mathematischen Funktionen
MsMouse[2.0]	Stellt Routinen zur Abfrage einer Maus zur Verfügung
Process	Verwaltet sich konkurrierende Prozesse
ProcTrace[1.0]	Ermöglicht das Beobachten von Prozedur-Aufrufen
ShtHeap[2.0]	Ermöglicht das Arbeiten mit dynamischen Variablen unter Verwendung der Speicherverwaltung des Betriebssystems
Standard	Pseudo-Modul, das alle Standard-Routinen und Datentypen enthält; diese müssen jedoch nicht importiert werden
Storage	Ermöglicht das Arbeiten mit dynamischen Variablen
Str	Enthält alle Routinen zur Bearbeitung von Zeichenketten
SYSTEM	Enthält systemnahe Routinen (Prioritäten von Modulen, Arbeiten mit Daten-Ports ...)
Window	Stellt eine mächtige Fenster-Verwaltung zur Verfügung

1.0 Nur in der Version 1.x von TopSpeed Modula-2 verfügbar.
2.0 Erst ab der Version 2.0 von TopSpeed Modula-2 verfügbar.

Standard-Routinen (Modul *Standard*)

Folgende Routinen sind im Pseudo-Modul *Standard* enthalten und brauchen nicht importiert zu werden:

ABS	Berechnet den absoluten Betrag einer Zahl
ADR	Liefert die Adresse einer Variablen oder einer Prozedur (ab der Version 2.0 werden zusätzlich die Funktionen *FarADR* und *NearADR* zur Verfügung gestellt)
CAP	Wandelt einen Kleinbuchstaben in den entsprechenden Großbuchstaben um
CHR	Liefert das zu einem ASCII-Code gehörende Zeichen
DEC	Erniedrigt den Inhalt einer ordinalen Variablen
DISPOSE	Gibt den für eine dynamische Variable reservierten Speicherplatz frei
EXCL	Entfernt ein Element aus einer Menge
FieldOfs[2.0]	Liefert die Offset-Adresse eine Datenfeldes
FLOAT	Wandelt einen ganzzahligen Wert in einen reellen um
HALT	Bricht das laufende Programm ab
HIGH	Liefert den größten Index eines offenen Arrays
INC	Erhöht den Inhalt einer ordinalen Variablen
INCL	Fügt ein Element in eine Menge ein
MAX	Liefert den größten Wert eines Datentyps
MIN	Liefert den kleinsten Wert eines Datentyps
MTA[2.0]	Ermittelt die Adresse einer Methoden-Tabelle
NEW	Reserviert Speicherplatz für eine dynamische Variable
ODD	Prüft, ob die Ordnungszahl eines Wertes ungerade ist
Ofs[2.0]	Liefert die Offset-Adresse eines Bezeichners (in der Version 1.x ist diese Funktion im Modul *SYSTEM* definiert)
ORD	Liefert die zu einem Zeichen gehörende Ordnungs-Zahl
Seg[2.0]	Liefert die Segment-Adresse eines Bezeichners (in der Version 1.x ist diese Funktion im Modul *SYSTEM* definiert)
SIZE	Ermittelt den Speicherbedarf einer Variablen oder eines Typs
TRUNC	Wandelt einen reellen Wert in einen ganzzahligen um
VAL	Wandelt einen Wert in einen beliebigen Typ um
VSIZE	Liefert den Speicherbedarf eines Records (bis zu einem bestimmten Feld)

[2.0] Erst ab der Version 2.0 von TopSpeed Modula-2 verfügbar.

Modul *AsmLib* (nur Version 1.x)

ActivePage	Ermittelt die aktuelle Textbildschirm-Seite
BufferToScreen	Schreibt den Inhalt eines Puffers in den Bildschirm
BufferWrite	Fügt eine Zeichenkette in den Puffer ein
CompareStr	Vergleicht zwei Zeichenketten miteinander
DosExec	Startet ein Programm
GetInProgramFlag	Prüft, ob momentan eine Funktion des Betriebssystem (Interrupt 21H) ausgeführt wird
InitScreenType	Ermöglicht das Verhindern von "Schnee", der beim Schreiben in den Bildschirm-Speicher entstehen kann (bei CGA-Karten)
PalXlat	Wird von der Fensterverwaltung im Zusammenhang mit Farbpaletten verwendet
ScreenToBuffer	Schreibt einen Bildschirm-Ausschnitt in einen Puffer
SetInProgramFlag	Ermöglicht das Setzten eines Flags, mit dem überprüft werden kann, ob momentan eine DOS-Funktion (Interrupt 21H) ausgeführt wird
SetVideoPage	Setzt die aktuelle Textbildschirm-Seite
Speaker	Entlockt dem Computersystem einen Ton

Modul *BiosIO* (ab Version 2.0)

KBFlags	Prüft, welche der Umschalttasten momentan gedrückt werden bzw. aktiv sind
KeyPressed	Prüft, ob sich ein Zeichen im Tastatur-Puffer befindet
RdChar	Liest ein einzelnes Zeichen ein (mit Echo)
RdKey	Liest ein einzelnes Zeichen ein (ohne Echo)

Modul *CLB* (ab Version 2.0)

_activepage	Ermittelt die aktuelle Textbildschirm-Seite
_buffertoscreen	Schreibt den Inhalt eines Puffers in den Bildschirm
_bufferwrite	Fügt eine Zeichenkette in den Puffer ein
_initscreentype	Ermöglicht das Verhindern von "Schnee", der beim Schreiben in den Bildschirm-Speicher entstehen kann
_screentobuffer	Schreibt einen Bildschirm-Ausschnitt in einen Puffer

Modul *FIO*

Append	Öffnet eine bestehende Datei, die erweitert werden soll
AppendStream[2.0]	Wandelt einen Dateizeiger der Programmiersprache C in eine unter Modula-2 gültige Kanalnummer um
AssignBuffer	Ordnet einer Datei einen Puffer zu
ChDir	Wechselt das aktuelle Verzeichnis
Close	Schließt eine Datei
Create	Erzeugt eine Datei
Erase	Löscht eine Datei
Exists	Prüft, ob eine bestimmte Datei vorhanden ist
Flush[2.0]	Schreibt den Pufferinhalt auf Diskette/Festplatte
GetCurrentDate[2.0]	Ermittelt das Datum und die Uhrzeit des Systems
GetDir	Ermittelt das aktuelle Verzeichnis
GetDrive[2.0]	Ermittelt das aktuelle Laufwerk
GetFileDate[2.0]	Ermittelt das Datum und die Uhrzeit einer Datei
GetPos	Ermittelt die Position des Datei-Zeigers
GetStreamPointer[2.0]	Wandelt eine Kanalnummer von Modula-2 in einen unter der Programmiersprache C gültigen Dateizeiger um
IOresult	Liefert einen Fehlercode
MkDir	Erzeugt ein Verzeichnis
Open	Öffnet eine bestehende Datei
OpenRead[2.0]	Öffnen eine Datei, in die nur geschrieben werden kann
Rd<typ>	Liest in einer Datei eine Zeichenkette und wandelt sie in einen bestimmten Typ um
RdBin	Liest eine beliebige Anzahl Bytes
RdItem	Liest in einer Datei ein einzelnes Wort
RdStr	Liest in einer Datei eine ganze Zeile
Rename	Gibt einer Datei einen neuen Namen
ReadFirstEntry	Sucht eine Datei auf dem Datenträger
ReadNextEntry	Sucht nach weiteren Dateien
RmDir	Löscht ein Verzeichnis
Seek	Setzt den Datei-Zeiger an eine bestimmte Position
SetDrive[2.0]	Setzt das aktuelle Laufwerk neu
SetFileDate[2.0]	Setzt das Datum und die Uhrzeit einer Datei neu
Size	Ermittelt die Größe einer Datei
Truncate	Schneidet die Datei an der aktuellen Position des Datei-Zeigers ab
Wr<typ>	Schreibt einen beliebigen Typ als Zeichenkette in eine Datei
WrBin	Schreibt eine beliebige Anzahl Bytes

[2.0] Erst ab der Version 2.0 von TopSpeed Modula-2 verfügbar.

WrCharRep	Schreibt eine Zeichenkette, die aus ein und demselben Zeichen besteht, in eine Datei
WrLn	Schreibt ein Zeilenende in eine Datei
WrStr	Schreibt eine Zeichenkette in eine Datei
WrStrAdj	Schreibt eine Zeichenkette, die ausgerichtet werden kann, in eine Datei

Modul *FIOR* (ab Version 2.0)

AddExtension	Fügt einem Dateinamen eine Erweiterung hinzu (der Dateiname darf zuvor keine Erweiterung besitzen)
ChangeExtension	Tauscht die aktuelle Erweiterung eines Dateinamens gegen eine neue aus
Create	Erzeugt eine neue Datei (mit Hilfe der aktuellen Pfadtabellen-Datei)
Erase	Löscht eine Datei (mit Hilfe der aktuellen Pfadtabellen-Datei)
ExpandPath	Vervollständigt einen Verzeichnis- oder Datei-Namen
FindExePath	Sucht den vollständigen Namen einer existierenden Datei, wobei die Verzeichnisse in der aktuellen Pfadtabelle, das *.EXE*-Verzeichnis (in diesem wurde das Programm gestartet) und die mit *PATH* definierten Verzeichnisse durchsucht werden
FindNewPath	Sucht den vollständigen Namen einer Datei, die noch nicht existiert (mit Hilfe der aktuellen Pfadtabellen-Datei)
FindPath	Sucht den vollständigen Namen einer existierenden Datei (mit Hilfe der aktuellen Pfadtabellen-Datei)
Init	Initialisiert gewisse Variablen, die vom Modul *FIOR* verwendet werden
IOresult	Liefert einen Fehlercode
IsExtension	Prüft, ob ein Dateiname eine bestimmte Erweiterung besitzt
MakePath	Fügt den Namen eines Suchpfades und einer Datei zusammen
Open	Öffnet eine bestehende Datei (mit Hilfe der aktuellen Pfadtabellen-Datei)
OpenRW	Öffnet eine bestehende Datei (mit Hilfe der aktuellen Pfadtabellen-Datei)
ReadRedirectionFile	Liest den Inhalt einer beliebigen Pfadtabellen-Datei ein, die in Zukunft verwendet werden soll
RemoveExtension	Entfernt die Erweiterung eines Dateinamens

SplitPath	Teilt den vollständigen Datei-Namen in Suchpfad und einfachen Datei-Namen

Modul *FloatExc*

DisableExceptionHandling	Schaltet die Behandlung von Rechenfehlern ab (bei *LONGREAL*-Werten)
EnableExceptionHandling	Schaltet die Behandlung von Rechenfehlern ein (bei *LONGREAL*-Werten)

Modul *Graph*

Arc[2.0]	Zeichnet einen elliptischen Bogen
Circle	Zeichnet einen Kreis
ClearScreen[2.0]	Löscht den Inhalt des Bildschirmes oder eines Fensters
Cube[2.0]	Zeichnet ein Quader
Disc	Zeichnet einen gefüllten Kreis
DisplayCursor[2.0]	Schaltet den Textcursor im Graphik-Modus ein bzw. aus
Ellipse	Zeichnet eine (gefüllte) Ellipse
FloodFill[2.0]	Füllt eine beliebige Figur mit einem Muster
GetBkColor[2.0]	Liefert die aktuelle Hintergrund-Farbe
GetFillMask[2.0]	Liefert das aktuelle Füllmuster
GetImage[2.0]	Kopiert einen rechteckigen Graphik-Ausschnitt in einen Puffer
GetLinestyle[2.0]	Liefert die aktuelle Linien-Art
GetTextColor[2.0]	Liefert die aktuelle Farbe eines Textes im Graphik-Modus
GetTextPosition[2.0]	Ermittelt die aktuelle Position des Text-Cursors
GetVideoConfig[2.0]	Ermittelt die für eine Graphik-Karte typischen Werte
GraphMode	Aktiviert den Graphik-Modus
HLine	Zeichnet eine horizontale Linie
ImageSize[2.0]	Ermittelt die Größe des Puffers, der einen rechteckigen Graphik-Ausschnitt aufnehmen soll
Init<karte>	Initialisiert das Graphik-Paket
Line	Zeichnet eine Linie
OutText[2.0]	Schreibt einen Text in den Graphik-Bildschirm
Pie[2.0]	Zeichnet einen Sektor (Kuchenstück)

[2.0] Erst ab der Version 2.0 von TopSpeed Modula-2 verfügbar.

Plot	Zeichnet einen Punkt
Point	Ermittelt die Farbe eines Punktes
Polygon	Zeichnet ein gefülltes Vieleck
PutImage[2.0]	Schreibt einen zuvor gesicherten rechteckigen Graphik-Ausschnitt in den Bildschirm
Rectangle[2.0]	Zeichnet ein (gefülltes) Rechteck
RemapAllPalette[2.0]	Verändert die gesamte Farb-Palette (nur *EGA* und *VGA*)
RemapPalette[2.0]	Verändert einen einzigen Eintrag der aktuellen Farb-Palette (nur *EGA* und *VGA*)
SelectPalette[2.0]	Wechselt die aktuelle Farb-Palette (nur *CGA*)
SetActivePage[2.0]	Legt diejenige Bildschirm-Seite fest, auf der gezeichnet werden soll
SetBkColor[2.0]	Setzt die aktuelle Hintergrund-Farbe neu
SetClipRgn[2.0]	Legt einen rechteckigen Ausschnitt fest; Linien, Muster ... werden von nun an nur noch gezeichnet, wenn sie in diesen definierten Ausschnitt fallen
SetFillMask[2.0]	Definiert ein Füll-Muster
SetLinestyle[2.0]	Definiert eine Linien-Art
SetTextColor[2.0]	Legt die Farbe eines Textes fest
SetTextPosition[2.0]	Legt die Position des Text-Cursors fest
SetTextWindow[2.0]	Bestimmt einen rechteckigen Ausschnitt als Text-Fenster
SetVideoMode[2.0]	Aktiviert einen beliebigen Bildschirm-Modus
SetVisualPage[2.0]	Legt diejenige Bildschirm-Seite fest, die sichtbar sein soll
StackFill[2.0]	Füllt eine beliebige Figur mit einem Muster
TextMode	Aktiviert den Text-Modus
TrueCircle[2.0]	Zeichnet einen echten Kreis
TrueDisc[2.0]	Zeichnet einen echten gefüllten Kreis
Wrapon[2.0]	Legt fest, ob Text am Rande eines Fensters abgeschnitten werden soll oder nicht

Modul *IO*

EndOfRd	Ermittelt, ob das Ende des Eingabepuffers erreicht ist
KeyPressed	Prüft, ob sich Daten im Tastaturpuffer befinden
Rd<typ>	Liest von der Tastatur eine Zeichenkette ein und wandelt diese in einen bestimmten Typ um
RdItem	Liest ein einzelnes Wort ein
RdKey	Liest ein einzelnes Zeichen ein

2.0 Erst ab der Version 2.0 von TopSpeed Modula-2 verfügbar.

RdLn	Überliest alle Daten, die sich im Eingabepuffer befinden
RdStr	Liest eine beliebige Zeichenkette ein
RedirectInput	Legt eine neue Eingabe-Einheit fest
RedirectOutput	Legt eine neue Ausgabe-Einheit fest
Wr<typ>	Schreibt einen Wert beliebigen Typs als Zeichenkette in den Bildschirm
WrCharRep	Schreibt eine Zeichenkette, die aus ein und demselben Zeichen besteht, in den Bildschirm
WrLn	Erzeugt einen Zeilenumbruch
WrStr	Schreibt eine beliebige Zeichenkette in den Bildschirm
WrStrAdj	Schreibt eine beliebige Zeichenkette, die in einem Feld ausgerichtet werden kann, in den Bildschirm

Modul *Lib*

AddAddr	Erhöht eine Adresse
Compare	Vergleicht zwei Speicherblöcke miteinander
CpuId[2.0]	Ermittelt den verfügbaren Prozessor und Coprozessor
DecAddr	Erniedrigt eine Adresse
Delay	Unterbricht das laufende Programm für eine gewisse Zeit
DisableBreakCheck	Verhindert die Unterbrechung eines Programmes mit *Ctrl-Break*
Dos	Ruft eine DOS-Funktion mit Hilfe des Interrupts 21H auf
EnableBreakCheck	Erlaubt die Unterbrechung eines Programmes mit *Ctrl-Break*
Environment	Stellt einen Eintrag der Environment-Tabelle zur Verfügung
EnvironmentFind[2.0]	Sucht in der Environment-Tabelle nach einem bestimmten Eintrag
Exec[2.0]	Startet ein Programm (*.EXE*- oder *.COM*-Datei)
ExecCmd[2.0]	Führt einen internen *DOS*-Befehl (z.B. *COPY*), eine *.BAT*-Datei oder ein Programm (*.COM*- oder *.EXE*-Datei) aus
Execute	Führt ein Programm (*.EXE*- oder *.COM*-Datei) aus
FastMove[2.0]	Kopiert den Inhalt einer Variable in eine andere
FatalError	Unterbricht ein Programm mit einer Fehlermeldung
Fill	Initialisiert einen Speicherblock mit einem beliebigen Wert (byteweise)

[2.0] Erst ab der Version 2.0 von TopSpeed Modula-2 verfügbar.

GetDate[2.0]	Ermittelt das aktuelle System-Datum
GetInProgramFlag[2.0]	Prüft, ob momentan eine Funktion des Betriebssystems (Interrupt 21H) ausgeführt wird
GetTime[2.0]	Ermittelt die aktuelle System-Zeit
HashString	Ordnet einer Zeichenkette einen Zahlenwert zu
HSort	Sortiert Werte mit Hilfe des Heap-Sorts
IncAddr	Erhöht eine Adresse
Intr	Führt eine Interrupt-Routine aus
IsOfClass[2.0]	Prüft, ob ein Objekt zu einer bestimmten Klasse gehört
LongJmp	Springt zu einer zuvor markierten Stelle
MakeAllPath[2.0]	Vervollständigt einen Dateinamen
MathError[1.0]	Unterbricht ein Programm und gibt eine Fehlermeldung aus
MathError2[1.0]	Unterbricht ein Programm und gibt eine Fehlermeldung aus
Move	Kopiert einen Speicherblock (byteweise)
NoSound	Schaltet den Tongenerator aus
OSErrorMessage[2.0]	Liefert zu einem bestimmten Fehlercode eine entsprechende Fehlermeldung in englischer Sprache
OSFatalError[2.0]	Bricht das laufende Programm mit einer Fehlermeldung ab
ParamCount	Ermittelt die Anzahl verfügbarer Programm-Parameter
ParamStr	Stellt einen bestimmten Programm-Parameter zur Verfügung
QSort	Sortiert Werte mit Hilfe des Quick-Sorts
RAND	Ermittelt eine reelle Zufallszahl
RANDOM	Ermittelt eine ganzzahlige Zufallszahl
RANDOMIZE	Bringt den Zufallszahlen-Generator in einen unbekannten Zustand
ScanL	Sucht in einem Speicherblock nach einem Wert (Richtung tiefere Adresse)
ScanNeL	Sucht in einem Speicherblock die erste Stelle, die nicht mit dem gesuchten Wert übereinstimmt (Richtung tiefere Adresse)
ScanNeR	Sucht in einem Speicherblock die erste Stelle, die nicht mit dem gesuchten Wert übereinstimmt (Richtung höhere Adresse)
ScanR	Sucht in einem Speicherblock nach einem Wert (Richtung höhere Adresse)
SetDate[2.0]	Setzt das System-Datum neu

[1.0] Nur in der Version 1.x von TopSpeed Modula-2 verfügbar.
[2.0] Erst ab der Version 2.0 von TopSpeed Modula-2 verfügbar.

SetInProgramFlag[2.0]	Ermöglicht das Setzen eines Flags, mit dem Überprüft werden kann, ob momentan eine *DOS*-Funktion ausgeführt wird
SetJmp	Markiert die aktuelle Stelle als Sprungmarke
SetReturnCode	Legt für das laufende Programm einen Rückkehr-Wert fest
SetTime[2.0]	Setzt die System-Zeit neu
Sound	Schaltet den Tongenerator ein
Speaker[2.0]	Erzeugt für eine bestimmte Zeit einen Ton beliebiger Höhe
SplitAllPath[2.0]	Teilt einen vollständigen Dateinamen in seine Komponenten
SubAddr	Erniedrigt eine Adresse
SysErrno[2.0]	Liefert den aktuellen Fehlercode des Betriebssystems
Terminate	Definiert eine Prozedur, die beim Programm-Ende ausgeführt werden soll
UserBreak	Unterbricht das laufende Programm
WordFill	Initialisiert einen Speicherblock mit einem beliebigen Wert (wortweise)
WordMove	Kopiert einen Speicherblock (wortweise)
WrDosError[2.0]	Schreibt eine zu einem Fehlercode passende Fehlermeldung in den Bildschirm

Modul *MATHLIB*

Dieses Modul enthält die wichtigsten mathematischen Funktionen für *LONGREAL*-Werte (bitte beachten Sie, daß der mathematische Coprozessor bei Bedarf emuliert wird):

ACos	Berechnet den Arcuscosinus
ASin	Berechnet den Arcussinus
ATan	Berechnet den Arcustangens
ATan2	Berechnet den Arcustangens
BcdToLong	Wandelt einen Wert im BCD-Format in einen *LONGREAL*-Wert um
ClearExceptions	Initialisiert das Status-Register des mathematischen Coprozessors
Cos	Berechnet den Cosinus
CosH	Berechnet den hyperbolischen Cosinus
Exp	Berechnet *e* "hoch" *x* (Exponential-Funktion, wobei *e*= 2.718...)

2.0 Erst ab der Version 2.0 von TopSpeed Modula-2 verfügbar.

IntPow$^{2.0}$	Potenziert eine Zahl
LoadControlWord	Schreibt einen Wert ins Coprozessor-Register *control*
Log	Berechnet den natürlichen Logarithmus (Basis *e*, wobei *e*=2.718...)
Log10	Berechnet den Logarithmus zur Basis 10
LongToBcd	Wandelt einen *LONGREAL*-Wert in einen Wert im BCD-Format um
Mod	Führt eine Modulo-Funktion für reelle Werte aus
Pow	Potenziert oder zieht beliebige Wurzeln
Rexp	Berechnet *y* und *e2* aufgrund der folgenden Gleichung: *x=y*(2 "hoch" e2)*
Sin	Berechnet den Sinus
SinH	Berechnet den hyperbolischen Sinus
Sqrt	Berechnet die Quadrat-Wurzel
StoreControlWord	Gibt den aktuellen Wert des Coprozessor-Registers *control* zurück
StoreEnvironment	Stellt die wichtigsten Coprozessor-Register zur Verfügung
Tan	Berechnet den Tangens
TanH	Berechnet den hyperbolischen Tangens

Anhang A

Modul *MsMouse* (ab Version 2.0)

Cursor	Schaltet den Mauszeiger ein oder aus
DriverSize	Liefert die Größe eines Puffers, in dem die aktuellen Einstellungen des Maustreibers gesichert werden können
GetMotion	Ermittelt die relative Mausbewegung in der Einheit "Mickey"
GetPage	Ermittelt die Bildschirm-Seite, in der der Mauszeiger angezeigt wird
GetPress	Ermittelt die Position, bei der eine Maustaste gedrückt wurde
GetRelease	Ermittelt die Position, bei der eine Maustaste losgelassen wurde
GetSensitivity	Ermittelt die aktuellen Werte, die für die Auswirkung der Mausbewegung und die Verdoppelung der Mausgeschwindigkeit verantwortlich sind
GetStatus	Ermittelt die gedrückten Maustasten und die aktuelle Position des Mauszeigers
LightPen	Schaltet die Emulation eines Lichtstiftes (engl. *light pen*) ein und aus

Reset	Setzt einige Maus-Parameter auf ihre Anfangswerte zurück
RestoreDriver	Stellt die zuvor gesicherten Parameter des Maustreibers wieder her
SaveDriver	Sichert die aktuellen Parameter des Maustreibers
SetDouble	Legt fest, wann die Geschwindigkeit des Mauszeigers verdoppelt werden soll
SetGraphCursor	Definiert einen neuen Cursor für den Graphik-Modus
SetInterrupt	Installiert eine Prozedur, die bei bestimmten Maus-Ereignissen aufgerufen wird (Event-Handler installieren)
SetMickeys	Legt das Ausmaß einer Mausbewegung fest
SetPage	Legt die Bildschirm-Seite für den Mauszeiger fest
SetPosition	Setzt den Mauszeiger an eine bestimmte Stelle
SetRange	Definiert einen Bereich, in dem sich der Mauszeiger bewegen darf
SetSensitivity	Legt das Ausmaß einer Mausbewegung und die Verdoppelungs-Geschwindigkeit fest
SetTextCursor	Definiert einen neuen Text-Cursor
SwapInterrupt	Ersetzt die mit *SetInterrupt* installierte Prozedur durch eine neue
UpdateScreen	Schaltet den Mauscursor aus, sobald dieser in einen gewissen Bildschirmausschnitt geführt wird

Modul *Process*

Awaited	Prüft, ob mindestens ein Prozeß auf ein Signal wartet
Delay	Unterbricht den laufenden Prozeß
Idler[2.0]	Prozeß, der ausgeführt wird, wenn keine anderen Prozesse laufen
Init	Initialisiert ein Signal
Lock	Verhindert, daß ein Prozeß unterbrochen werden kann
Notify	Sendet ein Signal, wenn mindestens ein Prozeß auf dieses wartet
SEND	Sendet ein Signal
StartProcess	Startet eine parameterlose Prozedur als Prozeß
StartScheduler	Startet den Prozeß-Verwalter
StopProcess[2.0]	Stoppt einen laufenden Prozeß
StopScheduler	Stoppt den Prozeß-Verwalter
Unlock	Ermöglicht das Unterbrechen eines Prozesses wieder
WAIT	Veranlaßt den laufenden Prozeß, auf ein Signal zu warten

2.0 Erst ab der Version 2.0 von TopSpeed Modula-2 verfügbar.

Modul *ProcTrace* (nur Version 1.x)

Dieses Modul ermöglicht das Beobachten von Prozedur-Aufrufen:

Check	Prüft, ob sich der Inhalt einer 16-Bit-Variablen verändert hat
Get_Name	Liefert den Namen der aktuellen Prozedur oder Funktion
GetCsIp	Liefert die Inhalte der beiden CPU-Register *CS* und *IP*
Install	Installiert das System so, daß Prozedur-Aufrufe beobachtet werden können
Monitor	Merkt sich die Adresse und den Inhalt einer 16-Bit-Variablen

Modul *ShtHeap* (ab Version 2.0)

Allocate	Reserviert auf dem kurzen Heap einen Speicherblock
Free	Gibt einen auf dem kurzen Heap reservierten Speicherblock wieder frei
Increase	Vergrößert einen bereits bestehenden kurzen Heap
Initialize	Initialisiert einen kurzen Heap
Largest	Liefert die Anzahl Bytes des größten Blockes, der auf dem kurzen Heap reserviert werden kann
Test	Prüft, ob der kurze Heap in Ordnung ist
Total	Gibt den gesamten freien Speicherplatz auf dem kurzen Heap zurück

Modul *Storage*

Alle im Modul *Storage* enthaltenen Routinen sind ab der **Version 2.0** explizit auch als *far*- bzw. *near*-Routinen definiert (den Routinen-Namen werden die Wörter *Far* bzw. *Near* vorangestellt).

ALLOCATE	Reserviert auf dem Standard-Heap Speicherplatz
Available	Prüft, ob der Heap noch über genügend Speicherplatz verfügt
DEALLOCATE	Gibt zuvor reservierten Speicherplatz auf dem Standard-Heap frei
HeapAllocate	Reserviert Speicherplatz auf einem definierten Heap

HeapAvail	Ermittelt den freien Speicherplatz eines definierten Heaps
HeapChangeAlloc	Ändert die Größe eines zuvor reservierten Speicherblockes
HeapChangeSize	Ändert die Größe eines zuvor reservierten Speicherblockes
HeapDeallocate	Gibt zuvor reservierten Speicherplatz auf einem definierten Heap frei
HeapTotalAvail	Ermittelt den gesamten verfügbaren Speicherplatz eines definierten Heaps
MakeHeap	Erzeugt einen neuen Heap

Modul *Str*

Append	Erweitert eine Zeichenkette
Caps	Wandelt alle Kleinbuchstaben einer Zeichenkette in Großbuchstaben um
CardToStr	Wandelt einen *LONGCARD*-Wert in eine Zeichenkette um
CharPos[2.0]	Sucht ein einzelnes Zeichen in einer Zeichenkette
Compare	Vergleicht zwei Zeichenketten miteinander
Concat	Fügt zwei Zeichenketten zusammen
Copy	Kopiert eine Zeichenkette in eine Variable
Delete	Löscht einen Teil einer Zeichenkette
FindSubStr[2.0]	Prüft, ob eine bestimmte Maske (die Stellvertreterzeichen enthalten darf) einer Zeichenkette entspricht
FixRealToStr	Wandelt einen *LONGREAL*-Wert in eine Zeichenkette um
Insert	Fügt eine Zeichenkette in eine andere ein
IntToStr	Wandelt einen *LONGINT*-Wert in eine Zeichenkette um
Item	Sucht innerhalb einer Zeichenkette ein einzelnes Wort und stellt dieses zur Verfügung
ItemS	Sucht innerhalb einer Zeichenkette ein einzelnes Wort und stellt dieses zur Verfügung
Length	Ermittelt die Länge einer Zeichenkette
Lows[2.0]	Wandelt die Großbuchstaben einer Zeichenkette in Kleinbuchstaben um
Match	Prüft, ob eine Zeichenkette mit einer Maske übereinstimmt (wobei innerhalb der Maske die Stellvertreter-Zeichen * und ? verwendet werden können)

[2.0] Erst ab der Version 2.0 von TopSpeed Modula-2 verfügbar.

NextPos[2.0]	Sucht innerhalb einer Zeichenkette eine andere ab einer bestimmte Stelle
Pos	Sucht innerhalb einer Zeichenkette eine Teilzeichenkette
Prepend[2.0]	Stellt einer Zeichenkette eine andere voran
RCharPos[2.0]	Sucht ein einzelnes Zeichen in einer Zeichenkette (rechts bzw. hinten beginnend)
RealToStr	Wandelt einen *LONGREAL*-Wert in eine Zeichenkette um
Slice	Stellt einen Teil einer Zeichenkette zur Verfügung
StrToCard	Wandelt eine Zeichenkette in einen *LONGCARD*-Wert um
StrToInt	Wandelt eine Zeichenkette in einen *LONGINT*-Wert um
StrToReal	Wandelt eine Zeichenkette in einen *LONGREAL*-Wert um
Subst[2.0]	Sucht innerhalb einer Zeichenkette eine andere und vertauscht diese mit einer dritten

Modul *SYSTEM*

CurrentPriority	Ermittelt die aktuelle Priorität eines Moduls
CurrentProcess	Ermittelt die Adresse des aktuellen Prozesses
DI	Verbietet das Auslösen von Hardware-Interrupts
EI	Erlaubt das Auslösen von Hardware-Interrupts
GetFlags	Liefert den Inhalt des CPU-Registers *flags*
In	Liest den aktuellen Wert (1 Byte) eines Ports ein
InterruptRegisters[1.0]	Liest die wichtigsten Register eines unterbrochenen Prozesses
InW[2.0]	Liest ein Wort (= 2 Bytes) eines bestimmten Ports ein
IOTRANSFER	Ordnet einem Interrupt einen Prozeß zu
Listen[1.0]	Ermöglicht das Ausführen aller gesperrten Interrupts
NewPriority	Ordnet dem aktuellen Modul eine neue Priorität zu
NEWPROCESS	Bereitet eine parameterlose Prozedur als Prozeß vor
Ofs	Liefert die Offset-Adresse eines Bezeichners
Out	Schreibt einen Wert (1 Byte) in einen Datenport
OutW[2.0]	Schreibt ein Wort (= 2 Bytes) in einen Datenport
Seg	Liefert die Segment-Adresse eines Bezeichners
SetFlags	Setzt den Inhalt des CPU-Registers *flags*

1.0 Nur in der Version 1.x von TopSpeed Modula-2 verfügbar.
2.0 Erst ab der Version 2.0 von TopSpeed Modula-2 verfügbar.

TRANSFER	Sichert den Zustand des laufenden Prozesses und übergibt die Kontrolle einem nächsten Prozeß

Modul *Window*

At	Ermittelt, in welchem Fenster sich ein bestimmter absoluter Punkt befindet
Change	Verändert die Größe und/oder Lage eines Fensters
Clear	Löscht den Inhalt des aktiven Fensters
Close	Schließt ein Fenster
ClrEol	Löscht alle Zeichen von der aktuellen Cursor-Position bis zum rechten Fensterrand
ConvertCoords	Rechnet relative Koordinaten in absolute um
CursorOff	Schalten den Cursor aus
CursorOn	Schaltet den Cursor ein
DelLine	Löscht diejenige Zeile, in der sich der Cursor befindet
DirectWrite	Schreibt eine Zeichenkette direkt in den Bildschirm-Speicher
GotoXY	Setzt den Cursor an eine bestimmte Position
Hide	Macht ein Fenster unsichtbar
Info	Stellt die aktuellen Einstellungen eines Fensters zur Verfügung
InputStr[2.0]	Liest eine Zeichenkette ein (Eingabe kann editiert werden)
InsLine	Fügt eine Leerzeile an der aktuellen Cursor-Position ein
ObscuredAt	Prüft, ob ein Punkt innerhalb eines Fensters sichtbar ist
Open	Erzeugt ein neues Fenster
PaletteColor	Liefert die Nummer des aktuellen Paletten-Eintrages
PaletteColorUsed	Prüft, ob innerhalb eines Fensters eine bestimmte Farbe verwendet wird
PaletteOpen	Erzeugt ein neues Fenster, dessen Text-Farben mit Hilfe einer Palette bestimmt werden können
PutBeneath	Legt ein bestimmtes Fenster vor ein anderes
PutOnTop	Legt ein bestimmtes Fenster zuoberst auf den Stapel
RdBufferLn	Liest innerhalb des Fenster-Puffers eine Zeile
SetFrame	Zeichnet einen Rahmen um ein Fenster
SetPalette	Verändert alle Einträge der einem Fenster zugeordneten Farbpalette

[2.0] Erst ab der Version 2.0 von TopSpeed Modula-2 verfügbar.

SetPaletteColor	Legt einen Eintrag der Farbpalette als zu verwendende Textfarbe fest
SetProcessLocks	Registriert zwei Prozeduren, die für das Sperren und Freigeben von Prozessen verantwortlich sind
SetTitle	Setzt einen Fenster-Titel
SetWrap	Legt fest, ob innerhalb eines Fensters ein automatischer Zeilenumbruch erfolgen soll oder nicht
SnapShot	Fotografiert den gesamten Bildschirm
TextBackground	Setzt die Hintergrundfarbe eines Textes
TextColor	Setzt die Zeichenfarbe eines Textes
Top	Teilt mit, welches Fenster zuoberst auf dem Stapel liegt
Use	Legt das aktuelle Ausgabefenster fest
Used	Teilt mit, in welches Fenster die aktuelle Ausgabe erfolgt
WhereX	Liefert die X-Koordinate des Cursors
WhereY	Liefert die Y-Koordinate des Cursors
WrBufferLn	Fügt eine Zeichenkette in den Fensterpuffer ein

Anhang B.1
Die Entwicklungsumgebung

TopSpeed Modula-2 stellt eine vorzügliche Entwicklungsumgebung zur Verfügung, die mit Hilfe von Pull-Down-Menüs ein einfaches und schnelles Arbeiten ermöglicht. Sie läßt sich komplett umgestalten und den speziellen Wünschen des Benutzers anpassen (das gesamte Menü-System befindet sich in der Datei *M2.MNU*). Folgende Dateien gehören zur Entwicklungsumgebung:

M2.ERR	Enthält die Compiler-Fehlermeldungen (Text kann verändert werden)
M2.EXE	Hauptprogramm
M2.HLP	Enthält alle Hilfetexte (kann verändert werden)
M2.MNU	Enthält das gesamte Menü-System (kann verändert werden)
M2.OVL	Overlay-Datei
M2.RED	Enthält Suchpfade (siehe Erläuterungen weiter unten)
M2.SES	Enthält aktuelle Daten und Einstellungen der Entwicklungs-Umgebung (z.B. die Namen der Dateien, die gerade bearbeitet werden)

Pfadtabelle: Die von TopSpeed Modula-2 zu verwendenden Suchpfade lassen sich in der Datei *M2.RED* definieren. Einem Dateinamen (der die Stellvertreterzeichen '*' und '?' enthalten kann) wird hierbei ein Suchpfad (auch mehrere Suchpfade möglich) zugeordnet. Der Inhalt von *M2.RED* könnte beispielsweise wie folgt aussehen (mit dem Editor von TopSpeed Modula-2 erstellt):

```
GL*.* = c:\modula\gl
*.DEF = c:\modula\demoprog;c:\modula\def;c:\modula\techkit
*.OBJ = c:\modula\demoprog;c:\modula\obj;c:\modula\techkit
*.MOD = c:\modula\demoprog;c:\modula\mod;c:\modula\techkit
*.MAP = c:\modula\exe
*.EXE = c:\modula\exe
```

Somit werden alle Dateien mit der Erweiterung *.DEF* in den oben aufgeführen Pfaden gesucht oder alle *.EXE*-Dateien ins Verzeichnis *c:\modula\exe* geschrieben. Falls TopSpeed Modula-2 für eine Datei keinen passenden Eintrag in *M2.RED* findet, sucht oder speichert sie diese Datei im aktuellen Verzeichnis.

Bitte beachten Sie, daß mehrere Suchpfad innerhalb einer Zeile mit einem Strichpunkt (;) zu trennen sind. Außerdem dürfen keine Leerzeichen zwischen den einzelnen Suchpfaden geschrieben werden.

Das **Hauptmenü** der Entwicklungsumgebung kann jederzeit mit der Taste *F10* aktiviert werden und enthält folgende Menüpunkte:

Files	Zeigt ein Untermenü an, das die gesamte Dateiverwaltung steuert

Edit	Ruft den integrierten Editor auf (siehe auch Anhang C)
Compile	Compiliert das aktuelle Modul
Make	Compiliert und linkt eine Anwendung
Link	Linkt die zu einer Anwendung gehörenden Dateien
Run	Startet ein Programm
Options	Ruft ein Untermenü auf, das das Einstellen verschiedener Optionen ermöglicht
Info	Öffnet ein Fenster, das Sie über den aktuellen Zustand der Entwicklungsumgebung informiert
Assemble	Ruft den zu TopSpeed Modula-2 gehörenden Assembler auf

Das Menü *Files*

Das Menü *Files* stellt die gesamte Dateiverwaltung von TopSpeed Modula-2 zur Verfügung.

Load file
Mit *Load file* werden Sie nach dem Namen einer Datei gefragt, die in den Editor geladen werden soll. Falls Sie bei der Eingabe die Stellvertreterzeichen * und ? verwenden, werden (den Regeln von DOS entsprechend) in einer Dateiauswahl-Box eine ganze Reihe von Dateien angezeigt. Mit Hilfe der Cursortasten können Sie nun eine der aufgeführten Dateien auswählen (die Leertaste schaltet zwischen zwei verschiedenen Darstellungsweisen der Dateiauswahl-Box um).

Pick file
Wenn Sie an einem großen Projekt arbeiten, werden Sie gezwungen sein, zwischen mehreren Dateien hin und her zu springen. TopSpeed Modula-2 speichert automatisch die letzten acht Namen der Dateien, mit denen Sie gearbeitet haben. Wollen Sie diese Dateien sehen, rufen Sie *Pick file* auf. Mit den Cursortasten [↑] und [↓] können Sie nun einen Dateinamen auswählen, und mit einem Druck auf die *RETURN*-Taste wird die gewünschte Datei in den Editor geladen.

Der Menüeintrag -- *Load file* -- entspricht dem Menüpunkt *Load file* (siehe oben); mit dem Tastenbefehl *Alt F3* können Sie genauso den Menüpunkt *Pick file* aktivieren.

Save file
Mit *Save file* wird die aktuelle Datei unter einem bestimmten Namen auf den Datenträger geschrieben (entspricht dem Editorbefehl *Ctrl K D* oder dem Tastenbefehl *F2*).

Die ältere Version einer Datei befindet sich als *.BAK*-Datei auf dem Datenträger (siehe aber auch *Options, Editor, Number of backups*).

All save
Sichert alle Dateien, die sich momentan in den einzelnen Editor-Fenstern befinden.

Main module
Die hier angegebene Datei wird als Hauptmodul angesehen und bei einem *Make* automatisch compiliert und gelinkt.

Change dir
Mit diesem Menüpunkt kann das aktuelle Verzeichnis oder Laufwerk gewechselt werden (siehe aber auch die Beschreibungen oben zur Datei *M2.RED*).

Files dir
Zeigt ein Verzeichnis der in einem Directory oder Laufwerk vorhandenen Dateien an. Mit den beiden Stellvertreter-Zeichen * und ? kann (den Regeln von DOS entsprechend) ein Verzeichnis nach gewissen Kriterien erstellt werden.

Dos shell
Wählen Sie *Dos shell*, wenn Sie kurz auf der DOS-Ebene etwas ausprobieren möchten (Dateien kopieren, *.EXE-* oder *.COM-*Dateien ausführen lassen).

Mit dem internen DOS-Befehl *EXIT* gelangen Sie wieder in die Entwicklungsumgebung von TopSpeed Modula-2 zurück. - Der Tastaturbefehl *Alt D* entspricht dem Menüpunkt *Dos shell*.

Execute
Erlaubt es Ihnen, einen einzigen DOS-Befehl ausführen zu lassen.

Quit
Mit *Quit* wird TopSpeed Modula-2 verlassen. Falls die aktuellen Dateien im Editor noch nicht gesichert sind, werden Sie darauf hingewiesen. - *Alt X* entspricht dem Menüpunkt *Quit*.

Der Befehl *Edit* (Alt E)

Edit ruft den integrierten Editor von TopSpeed Modula-2 auf. Er wird immer dann gebraucht, wenn ein Quelltext verändert oder erweitert werden soll. Der Befehlssatz des Editors ist weitgehend mit dem Textverarbeitungsprogramm *WordStar* identisch und wird im Anhang C beschrieben.

Innerhalb des Editors kann mit der Taste *F9* ein Menü aufgerufen werden, das folgende Menüpunkte enthält:

Load new file	Entspricht dem Menüpunkt *Files, Load file* und lädt eine Datei in den Editor
Save file	Entspricht dem Menüpunkt *Files, Save file* und sichert die aktuelle Datei

Write to ... Sichert die aktuelle Datei unter einem bestimmten Namen

Quick commands Zeigt alle Editor-Befehle, die mit *Ctrl Q* eingeleitet werden (siehe Anhang C)

Block commands Zeigt alle Editor-Befehle, die mit *Ctrl K* eingeleitet werden (siehe Anhang C)

Editor options Dieser Menüpunkt öffnet ein weiteres Menü mit folgenden Einträgen:

- *Insert mode*; falls dieser Menüpunkt auf *ON* steht, ist der Einfüge-Modus aktiv (mit der Taste *Ins* läßt sich ebenso zwischen dem Einfüge- und dem Überschreib-Modus umschalten)
- *Auto indent*; falls dieser Menüpunkt auf *ON* steht, ist das automatische Einrücken am Anfang einer Zeile aktiv
- *Hard tabs*; bestimmt, ob bei einem Druck auf die *Tab*-Taste ein Tabulator-Zeichen oder eine entsprechende Anzahl Leerzeichen eingefügt werden soll (*ON* für Tabulatorzeichen einfügen)
- *Tab width*; legt die Schrittweite eines Tabulators fest (in Zeichen)

Wichtig: Mit Hilfe der Menüpunkte *Options, Editor* und *Options, Setup* können Sie die Arbeitsweise des Editors beeinflussen.

Der Befehl *Compile* (Alt C)

Mit *Compile* wird ein kleines Fenster geöffnet, das nach dem Namen des zu compilierenden Quellcodes fragt (standardmäßig wird angenommen, daß Sie die aktuelle Datei compilieren wollen). Anschließend wird der Quellcode compiliert, d.h. in Maschinencode übersetzt (es entsteht dabei eine Datei mit der Erweiterung *.OBJ*).

Während der Compilation wird der aktuelle Stand der Arbeit angezeigt. Bei einem Syntax-Fehler wird direkt die fehlerhafte Stelle im Programmtext angesprungen, und eine Fehlermeldung erscheint im unteren Teil des Bildschirmes. Falls der Menüpunkt *Options, Compiler, Stop on 1st error* auf *OFF* steht, versucht TopSpeed Modula-2, trotz eines Fehlers den gesamten Quelltext zu compilieren, um auf diese Weise weitere Fehler zu entdecken. Im Quelltext kann mit den Tasten *F7* und *F8* zum vorhergehenden bzw. nächsten Fehler gesprungen werden.

Falls ein Fehler entdeckt wird, erscheint der entsprechende Quellcode im Fenster C (dieses kann auch mit *Alt 0* aktiviert werden). Nach der Fehler-Korrektur können Sie mit einem Druck auf die *ESC*-Taste den Compilier-Vorgang wieder starten.

Ein Definitions-Modul braucht nicht unbedingt compiliert zu werden. Das Compilieren kann hier jedoch zur Syntax-Überprüfung eingesetzt werden. Um ein Implementations-Modul zu compilieren, muß das entsprechende Definitions-Modul existieren.

Eine Anwendung ist erst dann lauffähig, wenn alle zu ihr gehörenden (Bibliotheks-) Module compiliert sind und schließlich mit *Link* zusammengebunden werden. Mit *Make* kann dieser Vorgang automatisiert werden.

Compilieren von Software-Projekten: Ein umfangreiches Software-Projekt, das mehrere Module einbindet, kann bereits compiliert werden, wenn alle Definitions-Module (nicht aber Implementations-Module) vorhanden sind (ein Linken ist jedoch noch nicht möglich). Auf diese Weise kann geprüft werden, ob alle Routinen mit den korrekten Parametern verwendet werden.

Wichtig: Bitte beachten Sie, daß mit dem Menüpunkt *Options, Compiler* und den Compiler-Befehlen und -Anweisungen (siehe Anhang E.1) die Code-Erzeugung beeinflußt werden kann.

Der Befehl *Make* (Alt M)

Mit *Make* wir ein Programm compiliert und gelinkt, das modular (aufgeteilt in Module) aufgebaut ist. Dabei brauchen Sie sich nicht zu kümmern, wie die einzelnen Module voneinander abhängen. Nach dem Anwählen von *Make* öffnet sich ein kleines Fenster, das den Namen des Haupt-Moduls verlangt (diesen können Sie auch mit Hilfe des Menüpunktes *Files, Main module* festlegen). Nun werden alle (Bibliotheks-) Module compiliert, die jünger als das Haupt-Modul sind (der aktuelle Stand des Compilers wird jeweils angezeigt). Entdeckt der Compiler keinen Fehler, bindet der Linker alle entstandenen *.OBJ*-Dateien zur endgültigen Anwendung zusammen (es entsteht eine ausführbare *.EXE*-Datei).

Folgende Punkte veranschaulichen nochmals die Arbeitsweise der *Make*-Funktion:

a) Alle Bibliotheks-Module, die im zu compilierenden Haupt-Modul mit dem reservierten Wort *IMPORT* (oder *FROM ... IMPORT*) eingebunden werden, werden nur dann compiliert, wenn ihr Datum jünger ist als dasjenige des Haupt-Moduls.
b) Bei einer Veränderung des Definitions-Moduls *M1* werden alle Module neu compiliert, die dieses Modul *M1* einbinden.

Falls der Linker nach einem *Make* einen Fehler meldet, empfiehlt es sich, die gesamte Anwendung mit *Options, Make all* (siehe weiter unten) neu zu compilieren und zu linken.

Wichtig: Die Arbeitsweise des Compilers und des Linkers kann beeinflußt werden (siehe hierzu *Der Befehl Compile* und *Der Befehl Link*).

Der Befehl *Link* (Alt L)

Nach dem Aufrufen des Linkers und der Angabe des Haupt-Moduls werden alle zur Anwendung gehörenden *.OBJ*-Dateien zu einem *.EXE*-Programm zusammengebunden. Der intelligente Linker von TopSpeed Modula-2 sorgt dafür, daß importierte Prozeduren und Funktionen, die innerhalb des Programmes nicht zum Einsatz kommen, nicht in den ausführbaren Programm-Code (*.EXE*-Datei) aufgenommen werden.

Falls der Linker nach der Arbeit einen Fehler meldet, empfiehlt es sich, die gesamte Anwendung mit *Make* (siehe oben) oder *Options, Make all* (siehe weiter unten) neu zu compilieren und zu linken.

Wichtig: Bitte beachten Sie, daß mit dem Menüpunkt *Options, Linker* die Arbeitsweise des Linkers beeinflußt werden kann.

Der Befehl *Run* (Alt R)

Mit *Run* läßt sich ein Programm starten. Falls der Menüpunkt *Options, Run, Auto make* auf *ON* steht, wird ein Programm bei Bedarf zuerst vollständig compiliert und gelinkt (mögliche Laufzeitfehler werden im Anhang E.1 aufgeführt).

Wichtig: Mit Hilfe des Menüpunktes *Options, Run* kann die Arbeitsweise des Systems beeinflußt werden.

Das Menü *Options*

Mit Hilfe dieses Menüs kann die Arbeitsweise des Compilers, des Linkers und der Entwicklungs-Umgebung beeinflußt werden. Viele der hier zur Verfügung gestellten Menüpunkte sind Schalter, die sich mit der RETURN-Taste verändern lassen.

Compiler

- *Stop on 1st error*; wenn auf *ON* gesetzt, wird die Compilation beim ersten Syntax-Fehler abgebrochen; andernfalls versucht TopSpeed Modula-2, den gesamten Quellcode zu compilieren, um so weitere Fehler zu entdecken (innerhalb des Editors kann mit den Tasten *F7* und *F8* zum vorhergehenden bzw. zum nächsten Fehler gesprungen werden).

- *Filename check*; wenn auf *ON* gesetzt, muß der Modul-Name mit dem Dateinamen (nur die ersten 8 Zeichen sind dabei relevant) übereinstimmen.
- *Line numbers*; falls auf *ON* gesetzt, werden die Zeilennummern in eine *.MAP*-Datei geschrieben (nur im Zusammenhang mit einem Debugger von Bedeutung).
- *Volatile variables*; falls auf *ON* gesetzt, werden während der Laufzeit eines Programmes Variablen im Speicher (RAM) des Computers gehalten; andernfalls versucht TopSpeed Modula-2, Variablen so lange wie möglich in den CPU-Registern zu halten (entspricht dem Compiler-Befehl W, siehe Anhang E.1); ein Compiler-Befehl innerhalb des Quell-Textes überschreibt die Wirkung dieses Menüpunktes.
- *Generate debug info*; falls auf *ON* gesetzt, werden Informationen für einen Debugger erzeugt (es entsteht eine *.DBD*-Datei).
- *Runtime checks default*; falls auf *ON* gesetzt, werden die Compiler-Befehle **I**, **O**, **R**, **S** und **Z** aktiviert (siehe auch Anhang E.1); entsprechende Compiler-Befehle innerhalb des Quelltextes überschreiben die Wirkung dieses Menüpunktes (es ist empfehlenswert, diesen Schalter während der Entwicklungs-Phase eines Programmes auf *ON* zu setzen).
- *Suppress libraries*; falls auf *ON* gesetzt, erzeugt der Compiler gewisse Informationen, die von einem fremden Linker benötigt werden (nur relevant, wenn Sie Ihre Anwendung nicht mit dem integrierten Linker von TopSpeed Modula-2 linken wollen).

Linker

- *Map file*; falls auf *ON* gesetzt, erzeugt der Linker eine *.MAP*-Datei, die Informationen (Einsprungstellen von Prozeduren, Speicheradressen von Variablen) über das aktuelle Modul enthält; bitte beachten Sie, daß eine *.MAP*-Datei existieren muß, wenn Sie Laufzeitfehler finden oder das Modul *ProcTrace* verwenden wollen.
- *Initialize segments*; falls auf *ON* gesetzt, werden die Daten-Segmente beim Programmstart auf 0 gesetzt.
- *Detailed segment map*; falls auf *ON* gesetzt, wird eine ausführliche *.MAP*-Datei erzeugt (gleichzeitig muß aber auch *Map file* auf *ON* stehen).
- *Trace module references*; falls auf *ON* gesetzt, sucht der Compiler die Einsprungsstellen aller importierten Module, der Linker selbst erstellt zu allen gelinkten Modulen einen Versions-Record; diese Informationen können wichtig sein, wenn Versions-Konflikten nachgegangen werden muß.
- *Case sensitive link*; falls auf *ON* gesetzt, unterscheidet der Linker zwischen Groß- und Kleinschreibung, andernfalls nicht.
- *Suppress warnings*; falls auf *ON* gesetzt, unterdrückt der Linker mögliche Warnungen.

Run

- *Command line*; ermöglicht die Eingabe von Parametern, die dem Programm beim Start übergeben werden und mit der Prozedur *ParamStr* gelesen werden können.
- *Auto make*; falls auf *ON* gesetzt, wird bei einem Programm vor dem Start zuerst die *Make*-Funktion ausgeführt (wenn nötig).
- *Time run*; falls auf *ON* gesetzt, wird die Laufzeit eines Programmes gemessen und beim Programmende angezeigt (auf die angegebenen Werte sollten Sie sich jedoch nicht verlassen, da es sehr leicht ist, die interne Uhr anzuhalten).
- *Find error*; ermöglicht das Suchen eines Laufzeitfehlers (dieser Menüpunkt setzt voraus, daß die zum Programm gehörende *.MAP*-Datei vorhanden ist; hierzu muß *Options, Linker, Map file* auf *ON* stehen).

Editor

- *Auto save files*; falls auf *ON* gesetzt, werden alle veränderten Dateien automatisch gespeichert beim Verlassen der Entwicklungsumgebung, beim Starten eines Programmes oder beim Aufruf der Menüpunkte *Files, Dos shell* und *Files, Execute*; ist dieser Menüpunkt auf *OFF* gesetzt, werden Sie in den oben aufgeführten Fällen gefragt, ob die veränderten Dateien gespeichert werden sollen.
- *Default filenames*; ermöglicht die Eingabe von vier Dateimasken (für jedes Editor-Fenster eine), die später beim Laden von Dateien verwendet werden.
- *Default extensions*; ermöglicht die Eingabe von vier Dateierweiterungen (für jedes Editor-Fenster eine), die automatisch bei Dateien ohne Erweiterung angehängt werden.
- *Number of backups*; legt die Anzahl (gültiger Bereich: *0..9*) der Sicherungsdateien fest; die aktuellste Sicherungsdatei erhält die Dateierweiterung *.BAK*, die zweite *.BK2*, die dritte *.BK3* usw.
- *Top scroll zone*; legt fest, wieviele Zeilen oberhalb des Cursors im Minimum sichtbar sein sollen.
- *Bottom scroll zone*; legt fest, wieviele Zeilen unterhalb des Cursors im Minimum sichtbar sein sollen.

Setup

- *CGA snow check*; falls auf *ON* gesetzt, werden mögliche Bildschirmstörungen ("Schnee") unterdrückt, die bei *CGA*-Bildschirmen auftreten können.
- *Bios scrolling*; falls auf *ON* gesetzt, werden für das Auf- und Abrollen von Textzeilen *BIOS*-Routinen verwendet (kann den Bildschirm-Aufbau etwas beschleunigen, wenn *Options, Setup, CGA snow check* auf *ON* steht).
- *High background*; falls auf *ON* gesetzt, wird der Texthintergrund hell dargestellt (und auf eine blinkende Schrift verzichtet); dieser Menüpunkt ist nur im Zusammenhang mit der Prozedur *TextBackground* interessant, wenn ihr Parameter einen Wert im Bereich *DarkGray..White* annimmt.

- *Solid cursor*; legt fest, ob der Text-Cursor als Block oder als Strich erscheinen soll.
- *Load redirection file*; dieser Menüpunkt lädt eine Datei, die Pfadangaben enthält (siehe auch die Beschreibung zur Datei *M2.RED* oben).
- *Load options/windows*; lädt eine *.CFG*-Datei, die Angaben zu den einzelnen Fenstern (Farben, Größe, Position) enthält; auf diese Weise kann das Aussehen der Entwicklungsumgebung schnell geändert werden (wichtig, wenn mehrere Personen mit verschiedenen Schönheitsidealen gezwungen sind, TopSpeed Modula-2 auf einem einzigen System zu verwenden).
- *Save options/windows*; dieser Menüpunkt speichert die aktuellen Einstellungen (Farben, Position, Größe) aller Fenster in einer *.CFG*-Datei ab.

Make all

Im Gegensatz zu *Make* compiliert dieser Menüpunkt alle Module, deren Quellcode vorhanden ist und die zu einer Anwendung gehören. Der Linker schließlich bindet alle entstanden *.OBJ*-Dateien zu einem lauffähigen *.EXE*-Programm zusammen.

Dieser Menüpunkt kann dann wertvoll sein, wenn der Linker beim Ausführen von *Make* einen Versions-Konflikte findet.

Der Befehl *Info* (Alt I)

Mit diesem Menüpunkt läßt sich ein Fenster öffnen, das Informationen über die aktuelle Umgebung enthält (Uhrzeit und Datum, aktuelles Verzeichnis, Editor-Dateien, Größe des freien Arbeitsspeichers und des aktuellen Laufwerkes).

Der Befehl *Assemble* (Alt A)

Mit diesem Menüpunkt können Sie den TopSpeed Assembler *M2ASM.EXE* aufrufen (er gehört zum Zusatzprodukt *TechKit*). Nach dem Anwählen von *Assemble* öffnet sich ein kleines Fenster, das den Namen des zu assemblierenden Quellcodes verlangt (üblicherweise eine *.A*-Datei); anschließend wird in einem weiteren Fenster der aktuelle Stand des Assemblers angezeigt.

Falls während des Assemblierens ein Fehler auftritt, wird die fehlerhafte Stelle im Quelltext angesprungen (mit den Tasten *F7* und *F8* kann zum vorhergehenden bzw. nächsten Fehler gesprungen werden). Falls der Quelltext ohne Fehler assembliert werden konnte, wird eine *.OBJ*-Datei erzeugt (diese kann zusammen mit einem passenden Definitions-Modul zu einem späteren Zeitpunkt als Modul in ein Programm eingebunden werden). Wie Sie erkennen, ist der TopSpeed Assembler vollständig in die Entwicklungsumgebung von TopSpeed Modula-2 integriert, obwohl er nicht dem Grundpaket angehört.

Da eine ausführliche Beschreibung des Assemblers in diesem Buch nicht möglich ist, möchte ich an dieser Stelle gern auf das Original-Handbuch des Zusatzproduktes *TechKit* verweisen. Bitte beachten Sie, daß der TopSpeed Assembler sich von anderen handelsüblichen Assemblern (z.B. *Turbo Assembler* oder *MicroSoft Assembler*) wesentlich unterscheidet, da er auf die speziellen Anforderungen von Modula-2 zugeschnitten ist.

Anhang B.2
Die Entwicklungsumgebung (ab Version 2.0)

TopSpeed Modula-2 stellt eine vorzügliche Entwicklungsumgebung zur Verfügung, die mit Hilfe von Pull-Down-Menüs ein einfaches und schnelles Arbeiten ermöglicht (wobei die Maus unterstützt wird). Sie läßt sich komplett umgestalten und den speziellen Wünschen des Benutzers anpassen (das gesamte Menü-System befindet sich in der Datei *TSDATA.OVL*). Folgende Dateien gehören zur Entwicklungsumgebung:

TS.EXE	Hauptprogramm
TSDATA.OVL	Daten der Entwicklungsumgebung (Menü-Struktur; kann verändert werden, siehe weiter unten)
TSISL.DLL	Code-Generator 1
TSISL2.DLL	Code-Generator 2
TSLINK.DLL	Linker
TSMAIN.DLL	Entwicklungsumgebung von TopSpeed Modula-2
TSMAIN.HLP	Datei mit Hilfe-Texten
TSMAKE.DLL	Make-Programm
TSOVL1.DLL	Entwicklungsumgebung (Overlay 1)
TSOVL2.DLL	Entwicklungsumgebung (Overlay 2)

Zusätzlich existieren folgende Dateien, die von der Entwicklungs-Umgebung erzeugt werden:

TS.CFG	Enthält Angaben zu den einzelnen Fenstern (Farben, Größe, Position; siehe auch *Options, Setup, Load options/windows* etwas weiter unten)
TS.MAC	Tastatur-Makros (werden in diesem Buch aus Platzgründen nicht beschrieben)
TS.RED	Pfad-Tabelle (siehe weiter unten)
TS.SES	Enthält aktuelle Daten und Einstellungen der Entwicklungsumgebung (z.B. die Namen der Dateien, die gerade bearbeitet werden)

Menü-Struktur verändern (TSDATA.OVL): Die gesamte Menü-Struktur der TopSpeed-Entwicklungsumgebung befindet sich in compilierter Form in der Datei *TSDATA.OVL*. Die Datei *TSCFG.TXT* (auf einer der System-Disketten gespeichert) enthält den Quell-Code der Menü-Struktur und kann leicht verändert werden (Syntax ist leicht verständlich); eine veränderte Menü-Struktur muß zuerst mit dem Programm *TSCFG.EXE* compiliert werden (es entsteht eine Datei mit dem Namen *TSDATA.OVL*), damit diese von der TopSpeed-Entwicklungsumgebung verwendet werden kann.

Pfadtabelle (TS.RED): Die von TopSpeed Modula-2 zu verwendenden Suchpfade lassen sich in der Datei *TS.RED* definieren. Einem Dateinamen (der die

Stellvertreterzeichen '*' und '?' enthalten kann) wird hierbei ein Suchpfad (auch mehrere Suchpfade möglich) zugeordnet. Der Inhalt von *TS.RED* könnte beispielsweise wie folgt aussehen (mit dem Editor von TopSpeed Modula-2 erstellt):

```
*.$$$ = C:\TSM2;
*.SES = C:\TSM2;
*.PRJ = .; C:\TSM2\PRJ;
*.DEF = .; C:\TSM2\INCLUDE;
*.MOD = .; C:\TSM2\SRC; C:\TSM2\EXAMPLES

*.OBJ = .; C:\TSM2\LIB;
*.LIB = .; C:\TSM2\LIB;
*.DLL = .;

*.DOC = .; C:\TSM2\DOC;
*.HLP = C:\TSM2\DOC;
```

Somit werden alle Dateien mit der Erweiterung *.MOD* in den oben angegebenen Verzeichnissen gesucht oder alle *.$$$*-Dateien ins Verzeichnis *c:\TSM2* geschrieben. Falls TopSpeed Modula-2 für einen Datei-Namen keinen passenden Eintrag in *TS.RED* findet, sucht oder speichert es diese Datei im aktuellen Verzeichnis (die Zeichenfolge *.;* in der Datei *TS.RED* steht übrigens für das aktuelle Verzeichnis).

Die Routinen des Moduls *FIOR* arbeiten wie die TopSpeed-Entwicklungsumgebung mit Pfad-Tabellen zusammen.

Das **Hauptmenü** der Entwicklungsumgebung kann jederzeit mit der Taste *F10* aktiviert werden und enthält folgende Menüpunkte:

Files	Zeigt ein Untermenü an, das die gesamte Dateiverwaltung steuert
Edit	Ruft den integrierten Editor auf (siehe auch Anhang C)
Compile	Compiliert das aktuelle Modul
Make	Compiliert und linkt eine Anwendung
Run	Startet ein Programm
Project	Ruft ein Untermenü auf, das die Verwaltung von Programm-Projekten erlaubt
Options	Ruft ein Untermenü auf, das das Einstellen verschiedener Optionen ermöglicht
Utilities	Ruft ein Untermenü auf, daß viele Hilfsmittel (Rechner, ASCII-Tabelle ...) zur Verfügung stellt
VID	Ruft den TopSpeed-Debugger auf

Das Menü *Files* (Alt F)

Diese Menü stellt die gesamte Dateiverwaltung von TopSpeed Modula-2 zur Verfügung.

Load file
Mit *Load file* werden Sie nach dem Namen einer Datei gefragt, die in den Editor geladen werden soll. Falls Sie bei der Eingabe die Stellvertreterzeichen * und ? verwenden, werden (den Regeln von DOS entsprechend) in einer Dateiauswahl-Box eine ganze Reihe von Dateien angezeigt. Mit Hilfe der Cursortasten oder der Maus können Sie nun eine der aufgeführten Dateien auswählen (die Leertaste schaltet zwischen zwei verschiedenen Darstellungsweisen der Dateiauswahl-Box um).

View file
Ermöglicht das Anzeigen einer Datei (die jedoch nicht verändert werden kann).

Pick file
Wenn Sie an einem großen Projekt arbeiten, werden Sie gezwungen sein, zwischen mehreren Dateien hin und her zu springen. TopSpeed Modula-2 speichert automatisch die letzten Namen der Dateien, mit denen Sie gearbeitet haben. Wollen Sie diese Dateien sehen, rufen Sie *Pick file* auf. Mit den Cursortasten [↑] und [↓] können Sie nun einen Dateinamen auswählen, und mit einem Druck auf die *RETURN*-Taste wird die gewünschte Datei in den Editor geladen (der Editor (siehe Anhang C) kann übrigens maximal 9 Texte gleichzeitig bearbeiten).

Save file
Mit *Save file* wird die aktuelle Datei unter einem bestimmten Namen auf den Datenträger geschrieben (entspricht dem Editorbefehl *Ctrl K D* oder dem Tastenbefehl *F2*).

Die ältere Version einer Datei befindet sich als *.BAK*-Datei auf dem Datenträger (siehe aber auch *Options, Editor, Number of backups*).

All save
Sichert alle Dateien, die sich momentan in den einzelnen Editor-Fenstern befinden.

Change dir
Mit diesem Menüpunkt kann das aktuelle Verzeichnis oder Laufwerk gewechselt werden (siehe aber auch die Beschreibungen oben zur Datei *TS.RED*).

Files dir
Zeigt eine Liste der in einem Directory oder Laufwerk enthalteten Dateien an. Mit den beiden Stellvertreter-Zeichen *'*'* und *'?'* kann (den Regeln von DOS entsprechend) eine Liste nach gewissen Kriterien erstellt werden.

DOS shell

Wählen Sie *DOS shell*, wenn Sie kurz auf der DOS-Ebene etwas ausprobieren möchten (Dateien kopieren, *.EXE*- oder *.COM*-Dateien ausführen lassen).

Mit dem internen DOS-Befehl *EXIT* gelangen Sie wieder in die Entwicklungsumgebung von TopSpeed Modula-2 zurück (der Tastaturbefehl *Alt D* entspricht dem Menüpunkt *Dos shell*).

Execute

Dieser Menüpunkt ermöglicht es, einen einzigen DOS-Befehl auszuführen.

Quit

Mit *Quit* wird die TopSpeed-Entwicklungsumgebung verlassen. Falls die aktuellen Dateien im Editor noch nicht gesichert sind, werden Sie darauf hingewiesen (*Alt X* entspricht dem Menüpunkt *Quit*).

Der Befehl *Edit* (Alt E)

Edit ruft den integrierten Editor von TopSpeed Modula-2 auf. Er wird immer dann gebraucht, wenn ein Quelltext verändert, erweitert oder geschrieben werden soll. Der Befehlssatz des Editors ist weitgehend mit dem Textverarbeitungsprogramm *WordStar* identisch und wird im Anhang C beschrieben.

Innerhalb des Editors kann mit der Taste *F9* ein Menü aufgerufen werden, das folgende Menüpunkte enthält:

Load new file — Entspricht dem Menüpunkt *Files, Load file* und lädt eine Datei in den Editor (Taste *F3*)

View file read only — Entspricht dem Menüpunkt *Files, View file* und lädt eine Datei in den Editor, die nicht verändert werden kann

Save file — Entspricht dem Menüpunkt *Files, Save file* und sichert die aktuelle Datei (Taste *F2*)

Write to ... — Sichert die aktuelle Datei unter einem bestimmten Namen

Quick commands — Zeigt alle Editor-Befehle, die mit *Ctrl Q* eingeleitet werden (siehe Anhang C)

Block commands — Zeigt alle Editor-Befehle, die mit *Ctrl K* eingeleitet werden (siehe Anhang C)

Editor options — Dieser Menüpunkt öffnet ein weiteres Menü mit folgenden Einträgen:

- *Insert mode*; falls dieser Menüpunkt auf *ON* steht, ist der Einfüge-Modus, andernfalls der Überschreib-Modus aktiv (mit der Taste *Ins* läßt sich ebenso zwischen dem Einfüge- und dem Überschreib-Modus umschalten)

- *Auto indent*; falls dieser Menüpunkt auf *ON* steht, ist das automatische Einrücken am Anfang einer Zeile aktiv
- *Hard tabs*; bestimmt, ob bei einem Druck auf die *Tab*-Taste ein Tabulator-Zeichen oder eine entsprechende Anzahl Leerzeichen eingefügt werden soll (*ON* für Tabulatorzeichen einfügen)
- *Control chars*; bestimmt, ob die Steuerzeichen innerhalb einer Datei angezeigt werden sollen (*ON*) oder nicht
- *Read only*; mit diesem Schalter läßt sich festlegen, ob eine Datei nur gelesen werden kann (*ON*); *File, Load file* setzt diesen Schalter auf *OFF*, *File, View file* hingegen auf *ON*.
- *Tab width*; legt die Schrittweite eines Tabulators fest (in Zeichen)
- *Auto uppercase*; falls *ON*, werden eingegebene Kleinbuchstaben bei den reservierte Wörter automatisch in Großbuchstaben umgewandelt

Der Befehl *Compile* (Alt C)

Mit *Compile* wird der aktuelle Quellcode compiliert, d.h. in Maschinencode übersetzt (es entsteht dabei eine Datei mit der Erweiterung *.OBJ*).

Während der Compilation wird der aktuelle Stand der Arbeit angezeigt. Bei einem Syntax-Fehler wird direkt die fehlerhafte Stelle im Programmtext angesprungen, und eine Fehlermeldung erscheint am unteren Rand des Bildschirmes. Standardmäßig versucht TopSpeed Modula-2, trotz eines Fehlers den gesamten Quelltext zu compilieren, um auf diese Weise weitere Fehler zu entdecken. Im Quelltext kann mit den Tasten *F7* und *F8* zum vorhergehenden bzw. nächsten Fehler gesprungen werden.

Falls ein Fehler entdeckt wird, erscheint der entsprechende Quellcode im Fenster 0 (dieses kann auch mit *Alt 0* aktiviert werden). Nach der Fehler-Korrektur können Sie mit einem Druck auf die *ESC*-Taste den Compilier-Vorgang wieder starten.

Ein Definitions-Modul braucht nicht unbedingt compiliert zu werden. Das Compilieren kann hier jedoch zur Syntax-Überprüfung eingesetzt werden. Um ein Implementations-Modul erfolgreich zu compilieren, muß das entsprechende Definitions-Modul existieren.

Eine Anwendung ist erst dann lauffähig, wenn alle zu ihr gehörenden (Bibliotheks-) Module compiliert sind und schließlich mit dem Linker zusammengebunden werden. Dieser wird automatisch von *Make* (siehe weiter unten) aufgerufen.

Compilieren von Software-Projekten: Ein umfangreiches Software-Projekt, das mehrere Module einbindet, kann bereits compiliert werden, wenn alle Definitions-Module (nicht aber Implementations-Module) vorhanden sind (ein Linken ist jedoch noch nicht möglich). Auf diese Weise kann geprüft werden, ob alle Routinen mit den korrekten Parametern verwendet werden.

Wichtig: Bitte beachten Sie, daß mit dem Menüpunkt *Options, Compiler* und mit den Compiler-Anweisungen (siehe Anhang E.2) die Code-Erzeugung beeinflußt werden kann.

Der Befehl *Make* (Alt M)

Mit *Make* wird ein Programm compiliert und gelinkt, das modular (aufgeteilt in Module) aufgebaut ist. Dabei brauchen Sie sich nicht darum zu kümmern, wie die einzelnen Module voneinander abhängig sind. Nach dem Anwählen von *Make* öffnet sich ein kleines Fenster, das den Namen des Haupt-Moduls oder Projektes verlangt (dieses können Sie auch mit Hilfe des Menüpunktes *Project, New project* festlegen). Nun werden alle (Bibliotheks-) Module compiliert, die jünger als das Haupt-Modul sind (der aktuelle Stand des Compilers wird jeweils angezeigt). Entdeckt der Compiler keinen Fehler, bindet der Linker alle entstandenen *.OBJ*-Dateien zur endgültigen Anwendung zusammen (es entsteht dabei eine ausführbare *.EXE*-Datei).

Folgende Punkte veranschaulichen nochmals die Arbeitsweise der *Make*-Funktion:

a) Alle Bibliotheks-Module, die im zu compilierenden Haupt-Modul mit dem reservierte Wort *IMPORT* (oder *FROM ... IMPORT*) eingebunden werden, werden nur dann compiliert, wenn ihr Datum jünger ist als dasjenige des Haupt-Moduls.
b) Bei einer Veränderung des Definitions-Moduls *M1* werden alle Module neu compiliert, die dieses Modul *M1* einbinden.

Wichtig: Die Arbeitsweise des Compilers und des Linkers kann beeinflußt werden (siehe hierzu *Options, Compiler* und *Project, Link options*).

Der Befehl *Run* (Alt R)

Mit *Run* läßt sich ein Programm starten. Falls der Menüpunkt *Options, Run, Auto make* auf *ON* steht, wird ein Programm bei Bedarf zuerst vollständig compiliert und gelinkt (mögliche Laufzeitfehler werden im Anhang E.2 aufgeführt).

Das Menü *Project* (Alt P)

Unter einem Projekt wird ein Programm verstanden, das aus vielen Modulen bestehen kann und schlußendlich zu einer einzigen Anwendung (normalerweise zu einer *.EXE*-Datei) zusammengebunden wird (mit Hilfe der Funktion *Make*).

Innerhalb des Menüs *Project* können Sie den Namen des aktuellen Projektes, die zu erzeugende Datei-Art, das Speichermodell und die Optionen des Linkers festlegen (die aktuellen Daten eines Projektes werden dabei in eine *.PRJ*-Datei geschrieben; diese kann auch mit *Project, Edit project file* verändert werden). Im Anhang D wird auf die einzelnen Punkte des Menüs *Project* ausführlicher eingegangen.

New project
Ermöglicht die Eingabe eines Projekt-Namens (entspricht in der Regel dem Namen des Haupt-Moduls).

Edit project file
Öffnet das Editor-Fenster 9 und ermöglicht das Verändern der aktuellen Projekt-Datei (*.PRJ*).

File type
Mit Hilfe dieses Menüpunktes kann der zu erzeugende Datei-Typ festgelegt werden (siehe Anhang D).

Memory models
Dieser Menüpunkt ermöglicht das Festlegen eines bestimmten Speichermodelles (genauere Informationen zu den einzelnen Speichermodellen erhalten Sie im Anhang D).

- *Model*; ermöglicht die Wahl eines bestimmten Speichermodells.
- *Far calls*; wenn *ON*, kann das Code-Segment 1 MByte Speicher umfassen (andernfalls 64 KBytes).
- *Large data*; wenn *ON*, kann das Daten-Segment 1 MByte Speicher umfassen (andernfalls 64 KBytes).
- *Double word pointers*; wenn *ON*, wird bei Zeigern mit 32-Bit-Adressen gearbeitet (andernfalls mit 16-Bit-Adressen).

- *Global threshold*; legt eine Größe in Bytes fest, bis zu der ein Daten-Objekt (Variable, Konstante) im Standard-Datensegment plaziert wird (ist ein Daten-Objekt größer als der angegebene Wert, gelangt es in ein eigenes Datensegment).
- *JPI calling convention*; wenn *ON*, wird die Aufrufs-Konvention von den TopSpeed-Sprachen verwendet.
- *Multi-thread*; wenn *ON*, kann das Modul *Process* in ein Programm eingebunden werden.
- *Library id*; Identität einer Bibliothek (*.LIB*-Datei).

Link options

- *Case-sensitive link*; falls *ON*, unterscheidet der Linker zwischen Groß- und Kleinschreibung, andernfalls nicht (standardmäßig *ON*).
- *Generate VID info*; wenn *ON*, werden Daten für den Debugger in die ausführbare Datei geschrieben (standardmäßig *OFF*; siehe auch *Der Befehl VID* weiter unten).
- *Fixed (no remake)*; wenn *ON*, werden *.LIB*-Dateien keinenfalls neu compiliert (standardmäßig *OFF*).
- *Generate map*; falls *ON*, erzeugt der Linker eine *.MAP*-Datei, die Informationen (Einsprungstellen von Prozeduren, Speicheradressen von Variablen) über das aktuelle Modul enthält.
- *Pack segments*; wenn *ON*, minimiert der Linker die Anzahl der zu verwendenden Segmente (standardmäßig *ON*).
- *Manual export*; wenn *ON*, wird die *.LIB*-Datei einer dynamisch eingebundenen Bibilothek (engl. *dynamic link library*) keinenfalls neu compiliert (standardmäßig *OFF*).

Das Menü *Options* (Alt O)

Mit Hilfe dieses Menüs kann die Arbeitsweise des Compilers, der Make-Funktion, des Editors und der TopSpeed-Entwicklungsumgebung beeinflußt werden (die Arbeitsweise des Linkers läßt sich mit Hilfe des Menüpunktes *Project, Link options* beinflussen). Viele der hier zur Verfügung gestellten Menüpunkte sind Schalter, die mit der RETURN-Taste verändert werden können.

Compiler

- *Warnings limit*; legt die maximale Anzahl der Warnungen fest, die TopSpeed Modula-2 während einer Compilation speichern soll (standardmäßig *100*).
- *Errors limit*; legt die maximale Anzahl der Fehler fest (standardmäßig *300*), die TopSpeed Modula-2 während einer Compilation speichern soll (innerhalb

des Editors kann mit den Tasten *F7* und *F8* zum vorhergehenden bzw. zum nächsten Fehler gesprungen werden).

- *VID debug level*; diese Compiler-Option entspricht der Compiler-Anweisung *debug(vid ...)*; standardmäßig *OFF* (siehe Anhang E.2).
- *Line number info*; wenn *ON*, erzeugt der Compiler Zeilen-Nummern in den *.MAP*- und *.OBJ*-Dateien; diese Zeilen-Nummern können von einem Debugger gelesen und angezeigt werden (standardmäßig *OFF*).
- *Smart linking*; wenn *ON*, bindet der Linker nur diejenigen Prozeduren und Funktionen in ein Programm ein, die auch wirklich verwendet werden (standardmäßig *ON*).
- *Modula options*; dieses Untermenü ermöglicht das Ein- bzw. Ausschalten von Prüf-Routinen (siehe Anhang E.2, Compiler-Anweisung *check*).
- *Optimizations*; dieses Untermenü ermöglicht die verschiedensten Code-Optimierungen (siehe Anhang E.2, Compiler-Anweisungen *optimize*).

Make

- *Remake all project OBJs unconditionally*; wenn *ON*, werden beim nächsten *Make* alle Bibliotheks-Module neu compiliert, auch dann, wenn dies nicht notwendig wäre (siehe auch Bemerkung bei *Der Befehl Make* oben); nach einem erfolgreichen Ausführen der Funktion *Make* wird dieser Schalter automatisch wieder auf *OFF* gestellt (standardmäßig *OFF*).
- *Single make (i.e. sublibraries not made)*; wenn *ON*, prüft die *Make*-Funktion keine Projekt-Datei, die vom aktuellen Projekt eingebunden werden (standardmäßig *OFF*).
- *Trace make actions to MAKE.LST*; wenn *ON*, werden die Aktionen der Funktion *Make* in die Datei *MAKE.LST* geschrieben (standardmäßig *ON*).
- *Suppress automatic recompilation*; wenn *ON*, compiliert die Funktion *Make* kein *.OBJ*-Dateien neu, auch dann nicht, wenn sie bereits veraltet sind (standardmäßig *OFF*).
- *Check compiler options consistent for make*; wenn *ON*, compiliert die Funktion *Make* ein Modul auch dann neu, wenn sich die Compiler-Optionen verändert haben (standardmäßig *OFF*).

Run

- *Command line*; ermöglicht die Eingabe von Parametern, die dem Programm bei Start übergeben werden und mit der Prozedur *ParamStr* gelesen werden können.
- *Auto make*; falls auf *ON* gesetzt, wird bei einem Programm vor dem Start zuerst die *Make*-Funktion ausgeführt (wenn nötig).
- *Timed run*; falls auf *ON* gesetzt, wird die Laufzeit eines Programmes gemessen und beim Programmende angezeigt (auf die angegebenen Werte sollten Sie sich jedoch nicht verlassen, da es sehr leicht ist, die interne Uhr mit *SYSTEM.DI* anzuhalten).

Editor

- *Auto save files*; falls auf *ON* gesetzt, werden alle veränderten Dateien automatisch gespeichert beim Verlassen der Entwicklungsumgebung, beim Starten eines Programmes oder beim Aufruf der Menüpunkte *Files, DOS shell* und *Files, Execute*; ist dieser Menüpunkt auf *OFF* gesetzt, werden Sie in den oben aufgeführten Fällen gefragt, ob die veränderten Dateien gespeichert werden sollen.
- *Default filenames*; ermöglicht die Eingabe von neun Dateimasken (für jedes Editor-Fenster eine), die später beim Laden von Dateien verwendet werden.
- *Default extensions*; ermöglicht die Eingabe von neuen Dateierweiterungen (für jedes Editor-Fenster eine), die automatisch bei Dateien ohne Erweiterung angehängt werden.
- *Number of backups*; legt die Anzahl (gültiger Bereich: *0..9*) der Sicherungsdateien fest; die aktuellste Sicherungsdatei erhält die Dateierweiterung *.BAK*, die zweite *.BK2*, die dritte *.BK3* usw.
- *Top scroll zone*; legt fest, wieviele Zeilen oberhalb des Cursors im Minimum sichtbar sein sollen.
- *Bottom scroll zone*; legt fest, wieviele Zeilen unterhalb des Cursors im Minimum sichtbar sein sollen.

Setup

- *Snow check*; falls auf *ON* gesetzt, werden mögliche Bildschirmstörungen ("Schnee") unterdrückt, die bei *CGA*-Bildschirmen auftreten können.
- *Delayed screen update*; wenn *ON*, baut der Editor den Inhalt eines Fensters nur dann vollständig auf, wenn kein Tastendruck erfolgt ist (ermöglicht ein sehr schnelles Blättern durch den Quell-Code mit den Tasten *PgUp* und *PgDn*).
- *High background*; falls auf *ON* gesetzt, wird der Texthintergrund hell dargestellt (und auf eine blinkende Schrift verzichtet); dieser Menüpunkt ist nur im Zusammenhang mit der Prozedur *TextBackground* interessant, wenn ihr Parameter einen Wert im Bereich *DarkGray..White* annimmt.
- *Solid cursor*; legt fest, ob der Text-Cursor als Block oder als Strich erscheinen soll.
- *Use expanded memory*; legt fest, ob der Expansions-Speicher mittels einer LIM-Karte (= EMS-Karte) verwendet werden soll.
- *Enable mouse*; legt fest, ob eine Maus innerhalb der Entwicklungsumgebung verwendet werden kann.
- *Help line*; legt fest, ob die Hilfe-Zeile am unteren Bildschirm-Rand angezeigt werden soll.
- *Load redirection file*; dieser Menüpunkt lädt eine Datei, die Pfadangaben enthält (siehe auch die Beschreibung zur Datei *TS.RED* oben).
- *Edit redirection file*; öffnet das Editor-Fenster 9 und ermöglicht das Verändern der Datei *TS.RED*; wenn nach getaner Arbeit das Fenster mit *ESC* ver-

lassen oder die Datei *TS.RED* mit *F2* bzw. *Ctrl K D* gesichert wird, lädt die Entwicklungsumgebung *TS.RED* neu in den Speicher.
- *Load keyboard macros*; lädt Tastatur-Makros (in diesem Buch nicht beschrieben).
- *Save keyboard macros*; sichert Tastatur-Makros.
- *Load options/windows*; lädt eine *.CFG*-Datei, die Angaben zu den einzelnen Fenstern (Farben, Größe, Position) enthält; auf diese Weise kann das Aussehen der Entwicklungsumgebung schnell geändert werden (wichtig, wenn mehrere Personen mit verschiedenen Schönheitsidealen gezwungen sind, TopSpeed Modula-2 auf einem einzigen System zu verwenden).
- *Save options/windows*; dieser Menüpunkt speichert die aktuellen Einstellungen (Farben, Position, Größe) aller Fenster in einer *.CFG*-Datei ab.

Das Menü *Utilities* (Alt U)

Dieses Menü enthält eine Vielzahl von Programmen, die das Entwickeln von Software wesentlich erleichtern.

ASCII table
Öffnet ein Fenster, das eine ASCII-Tabelle und die Farbcodes enthält.

Calculator
Stellt einen Taschenrechner zur Verfügung.

Find run-time error
Sucht einen Laufzeit-Fehler.

File search
Sucht innerhalb von beliebigen Dateien (oder Datei-Gruppen) eine bestimmte Zeichenkette; alle Dateien, die die gesuchte Zeichenkette enthalten, werden in einem Fenster angezeigt; sobald eine Datei mit der RETURN-Taste gewählt worden ist, wird diese in den Editor geladen, und der Cursor steht auf der ersten gesuchten Zeichenkette (mit *Ctrl L* können Sie jeweils zur nächsten gesuchten Zeichenkette springen).

Search list
Stellt die mit *File search* gefundenen Dateien in einem Fenster dar

Keyboard codes
Öffnet ein kleines Fenster, in dem die Codes der momentan gedrückten Tasten angezeigt werden.

Print file
Druckt den Inhalt einer Datei aus, wobei das Aussehen des Ausdruckes mit dem Menü-Punkt *Print settings* beeinflußt werden kann.

Print settings
Legt gewisse Einstellungen (Kopfzeile, Zeilenbreite, Zeilenanzahl ...) für die Funktion *Print file* fest.

Review DOS screen
Zeigt den aktuellen Ausgabe-Bildschirm an (entspricht der Tastenfolge *Alt F5*)

View file as data
Stellt den Inhalt einer Datei im ASCII-Format und mit Hilfe von hexadezimalen Zahlen dar.

Help window
Ruft das Hilfe-Fenster auf (entspricht der Taste *F1*).

System Info
Öffnet ein Fenster, das gewisse Informationen über die aktuelle Umgebung enthält (Datum, Uhrzeit, aktuelles Laufwerk, Editor-Dateien, freier Speicherplatz der aktuellen Diskette oder Festplatte, Prozessor- und Coprozessor-Typ).

Der Befehl *VID* (Alt V)

Ruft den äußerst leistungsfähigen TopSpeed-Debugger auf (*VID* steht für *Virtual Interactive Debugger*). Damit ein Quelltext mit dem Debugger Schritt für Schritt verfolgt werden kann, müssen neben der Compiler-Anweisung *debug (vid => full)* (siehe Anhang E.2) auch die Menü-Punkte *Project, Link options, Generate VID info* und *Project, Link options, Generate map* auf *ON* stehen. Unter Umständen muß ein Programm zunächst mit *Make* neu compiliert und gelinkt werden, damit der Debugger seine Arbeit aufnehmen kann (der Debugger wird in diesem Buch aus Platzgründen nicht beschrieben).

Anhang C
Der Editor

Top Speed Modula-2 stellt einen vorzüglichen Bildschirm-Editor zur Verfügung, dessen Bedienung weitgehend dem Textsystem *WordStar* entspricht. Sie können an beliebigen Stellen Zeilen einfügen oder löschen, Blöcke markieren und verschieben oder kopieren, den Programmtext nach einem bestimmten Wort durchsuchen lassen und weiteres mehr.

Viele Kommandos werden mit der Taste *Ctrl*, einige mit der Taste *Alt* eingeleitet. Beispielsweise bedeutet *Alt R*, daß Sie die Taste *Alt* gedrückt halten müssen, wenn Sie den Buchstaben *R* eingeben.

Der Editor von TopSpeed Modula-2 ermöglicht das gleichzeitige Bearbeiten von 4 (Version 1.x) bzw. 9 (ab Version 2.0) Texten, wobei ein einzelner Text maximal 500 KBytes umfassen kann und allen Texte zusammen 1 MByte (Version 1.x) bzw. die gesamte Disketten- oder Festplatten-Kapazität (ab Version 2.0) zur Verfügung stehen. In einer einzelnen Textzeile können bis zu 500 Zeichen enthalten sein.

Die temporäre Datei *M2.$$$* (Version 1.x) bzw. *TS.$$$* (ab Version 2.0) wird zur Zwischenspeicherung der einzelnen Texte benötigt und sollte auf keinen Fall gelöscht oder verändert werden (Gefahr von Datenverlust); sie wird beim Verlassen der Entwicklungsumgebung selbständig gelöscht.

Editor verlassen

F10	Haupt-Menü aktivieren
Alt X	Die Entwicklungs-Umgebung von TopSpeed Modula-2 verlassen (wobei die Möglichkeit besteht, noch nicht gesicherte Texte zu speichern)

Text sichern und laden

Ctrl K D	Aktuellen Text speichern
Ctrl K A[2.0]	Alle Dateien sichern, die sich in den neuen Fenstern befinden
F2	Aktuellen Text speichern
F3	Text laden (mit Hilfe einer Dateiauswahl-Box)

[2.0] Erst ab der Version 2.0 von TopSpeed Modula-2 verfügbar.

Alt F2[1.0]	Alle Dateien sichern, die sich in den vier Editor-Fenstern befinden
Alt F3	Laden eines zuvor bearbeiteten Textes

Cursor-Steuerung

←	Zeichen nach links
→	Zeichen nach rechts
Ctrl ←	Wort nach links
Ctrl →	Wort nach rechts
↑	Zeile nach oben
↓	Zeile nach unten
Home	Zeilenanfang
End	Zeilenende
Ctrl Home	Bildschirmanfang
Ctrl End	Bildschirmende
PgUp	Seite nach oben
PgDn	Seite nach unten
Ctrl PgUp	Textanfang
Ctrl PgDn	Textende
Ctrl W	Aufwärtsrollen
Ctrl Z	Abwärtsrollen

Tabulator

|⇆| (Tab)	Sprung zum nächsten Tabulatorstopp
Ctrl O I	Automatisches Einrücken am Anfang einer Zeile ein/aus
Ctrl O T	Bestimmt, ob der Druck auf die Tabulator-Taste das Einfügen von Leerzeichen oder eines Tabulatorzeichens bewirkt
Ctrl O W	Legt die Schrittweite eines Tabulators fest

[1.0] Nur in der Version 1.x von TopSpeed Modula-2 verfügbar.

Löschen

Del	Löscht das Zeichen, bei dem sich momentan der Cursor befindet
|← (BS)	Löscht das Zeichen, das links des Cursors steht
Ctrl T	Löscht das Wort rechts des Cursors
Ctrl Y	Löscht eine Zeile
Ctrl Q Y	Löscht das Ende einer Zeile
Ctrl K Y	Löscht den markierten Block
Ctrl Q L	Verwirft die Veränderungen in der aktuellen Zeile
Ctrl K U[2.0]	Macht Löschvorgang mit *Ctrl Y* oder *Ctrl K Y* rückgängig

Einfügen

Ins	Einfügmodus ein/aus
Ctrl N	Fügt eine Zeile ein
Ctrl Q L	Verwirft die Veränderungen in der aktuellen Zeile
Ctrl K U[2.0]	Macht Löschvorgang rückgängig

Blockoperationen

Ctrl K B	Blockanfang markieren
Ctrl K K	Blockende markieren
Ctrl K T	Wort markieren
Ctrl K L	Zeile markieren
Ctrl K H	Blockmarkierung ein/aus
Ctrl K C	Block kopieren
Ctrl K V	Block verschieben
Ctrl K Y	Block löschen (kann mit *Ctrl K U* rückgängig gemacht werden)
Ctrl K R	Block von Festplatte/Diskette lesen (mit Hilfe einer Dateiauswahl-Box)
Ctrl K W	Block auf Festplatte/Diskette schreiben

2.0 Erst ab der Version 2.0 von TopSpeed Modula-2 verfügbar.

Ctrl K G Block von anderem Fenster in das aktuelle Fenster kopieren

Ctrl K P Block drucken (LPT1)

Ctrl K I Block nach links oder rechts verschieben (einrücken)

Alt J[2.0] Kopiert einen zuvor mit *Alt K* markierten Block

Alt K[2.0] Leitet das Markieren eines Blocks im Spalten-Modus ein (d.h. ermöglicht das Kopieren von rechteckigen Blöcken).

Um einen rechteckigen Block zu kopieren, bewegen Sie den Cursor nach *Alt K* in die linke obere Ecke des zu markierenden Block und drücken die Taste *B*. Legen Sie nun die Größe des Blockes mit Hilfe der Cursortasten [↑], [↓], [←] und [→] fest (der markierte Block wird invers dargestellt) und fixieren die rechte untere Blockecke mit der Taste *Return* (der Block wird nun in einen internen Speicher aufgenommen). Mit der Tasten-Kombination *Alt J* kann der auf diese Weise gespeicherte Block nun an die aktuelle Cursor-Position kopiert werden (beliebig oft).

Bitte beachten Sie, daß auch die Inhalte der Hilfe-Fenster auf diese Weise in ein Editor-Fenster kopiert werden können.

Springen

Ctrl Q B Springt zum Blockanfang

Ctrl Q K Springt zum Blockende

Ctrl Q <n> Springt zu einer zuvor mit **Ctrl K <n>** gesetzten Marke (*<n>* kann die beiden Werte 1 und 2 annehmen)

Ctrl Q G Springt zu einer bestimmten Zeile

Ctrl Q P Springt zur vorletzten Cursorposition

F7 Springt zur vorhergehenden Fehlermeldung

F8 Springt zur nächsten Fehlermeldung

[2.0] Erst ab der Version 2.0 von TopSpeed Modula-2 verfügbar.

Suchen und Ersetzen

Der Steuerbefehl **Ctrl P A** erlaubt während der Eingabe des Suchstrings das Setzen eines Stellvertreterzeichens, das für jedes beliebige Zeichen stehen kann (entspricht dem MS-DOS-Stellvertreter '?').

Ctrl Q A	Suchen und Ersetzen eines Wortes
Ctrl Q F	Suchen eines Wortes
Ctrl L	Letzten Suchvorhang wiederholen

Optionen beim Suchen und Ersetzen

Die folgenden Optionen können beliebig kombiniert werden. So durchsucht beispielsweise **NUL** nur den markierten Text, achtet nicht auf die Groß- und Kleinschreibung des Suchstrings und ersetzt die Wörter ohne Rückfrage.

G	Gesamten Text durchsuchen (vorwärts)
B	Gesamten Text durchsuchen (rückwärts)
R	Text ab der aktuellen Cursorposition durchsuchen (falls auch die Option **B** gesetzt ist, erfolgt die Suche in Richtung Textanfang, andernfalls in Richtung Textende)
L	Nur markierten Block durchsuchen
U	Ignorieren der Groß- bzw. Kleinschreibung
W	Suche nur von ganzen Wörtern
N	Ersetzen ohne Rückfrage
<anz>	<anz> Mal ersetzen (bei **Ctrl Q A**) oder zum <anz>-ten Vorkommen springen (bei **Ctrl Q F**)

Spezielle Steuerbefehle

Ctrl Q L	Verwirft die Änderungen der aktuellen Zeile
Ctrl K U[2.0]	Macht Löschvorgang rückgängig
Ctrl U	Wandelt alle Zeichen eines Wortes in die entsprechenden Großbuchstaben um
Ctrl O U[2.0]	Schaltet das automatische Großschreiben von Schlüsselwörtern ein bzw. aus

[2.0] Erst ab der Version 2.0 von TopSpeed Modula-2 verfügbar.

Shift F7 — Paßt die Schreibweise eines Wortes derjenigen des gleichen Wortes an, das in derselben Zeile steht

Ctrl P — Nächste Eingabe soll nicht als Steuerzeichen interpretiert werden (sondern als Textzeichen)

ScrollLock — Falls diese Taste gedrückt wird, können Fenster-Größen und -Farben eingestellt werden

Ctrl O C[2.0] — Schaltet um zwischen anzeigen/nicht anzeigen spezieller Steuerzeichen

Ctrl O R[2.0] — Schaltet um zwischen veränderbare/nicht veränderbare Datei

Alt W[2.0] — Ermöglicht das Verändern von Fenster-Parametern (entspricht der Taste *ScrollLock*)

Funktionstasten

F1 — Ruft ein Hilfefenster auf (ab Version 2.0: falls der Cursor beim Druck auf die *F1*-Taste innerhalb eines Prozedur- oder Funktions-Namens steht, wird zu dieser Routine ein passender Hilfe-Text gezeigt)

F2 — Sichert den Text des aktuellen Fensters

F3 — Lädt einen Text ins aktuelle Fenster (mit Hilfe einer Dateiauswahl-Box)

F4[2.0] — Sucht innerhalb von beliebigen Dateien (oder Datei-Gruppen) eine bestimmte Zeichenkette

F5 — Vergrößert bzw. verkleinert das aktuelle Fenster

F6 — Aktiviert das folgende Editor-Fenster

F7 — Springt zur vorhergehenden Fehlerstelle

F8 — Springt zur nächsten Fehlerstelle

F9 — Aktiviert das Editor-Menü (siehe *Der Befehl Edit* im Anhang B.1 und B.2)

F10 — Aktiviert das Haupt-Menü (siehe Anhang B.1 und B.2)

Shift F3[2.0] — Lädt eine Datei, die nicht verändert werden kann

Shift F7 — Paßt die Schreibweise eines Wortes derjenigen des gleichen Wortes an, das in derselben Zeile steht

Alt F1[2.0] — Aktiviert das zuletzt geöffnete Hilfe-Fenster

Alt F2[1.0] — Sichert alle Dateien, die sich in den vier Editor-Fenstern befinden (ab der Version 2.0 kann diese Funktion mit *Ctrl K A* ausgelöst werden)

[2.0] Erst ab der Version 2.0 von TopSpeed Modula-2 verfügbar.
[1.0] Nur in der Version 1.x von TopSpeed Modula-2 verfügbar.

Alt F3 Ermöglicht das Laden einer Datei, die zuvor bearbeitet worden ist

Alt F4[2.0] Stellt die mit *F4* gefundenen Dateien in einem Fenster dar

Alt F5 Aktiviert den Ausgabe-Bildschirm

Kurzbefehle

Alt 0 Aktiviert das Fehlerfenster (nur möglich, wenn ein Compiler-Fehler aufgetreten ist)

Alt <n> Aktiviert das <n>-te Textfenster (wobei <n> im Bereich 1..4 (Version 1.x) bzw. 1..9 (ab Version 2.0) liegen muß)

Alt A[1.0] Ruft den TopSpeed Assembler auf

Alt A[2.0] Öffnet ein Fenster, das eine ASCII-Tabelle und die Farbcodes enthält

Alt C Compiliert eine Datei (es entsteht eine *.OBJ*-Datei)

Alt D Ruft MS-DOS auf (bitte beachten Sie, daß zur Sicherheit zuerst alle Texte gespeichert werden sollten); die DOS-Ebene kann mit dem Befehl *EXIT* wieder verlassen werden

Alt E Ruft den Editor auf; falls Sie sich bereits im Editor befinden, wird das zuletzt aktive Text-Fenster geöffnet

Alt F[2.0] Ruft das Menü *Files* auf

Alt I Ruft ein Fenster auf, das Informationen zur TopSpeed-Umgebung enthält

Alt J[2.0] Kopiert einen zuvor mit *Alt K* markierten Block

Alt K[2.0] Leitet das Markieren eines Blocks im Spalten-Modus ein (siehe auch Beschreibung bei *Blockoperationen*)

Alt L[1.0] Linkt alle zu einer Anwendung gehörenden Dateien zusammen (es entsteht eine *.EXE*-Datei); ab der Version 2.0 kann der Linker nicht mehr separat aufgerufen werden (dieser wird von der Funktion *Make* automatisch gestartet)

Alt L[2.0] Stellt einen Taschenrechner zur Verfügung

Alt M Compiliert und linkt eine Anwendung (*Make*)

Alt O[2.0] Ruft das Menü *Options* auf

Alt P[2.0] Ruft das Menü *Project* auf

Alt R Startet ein Programm

[1.0] Nur in der Version 1.x von TopSpeed Modula-2 verfügbar.
[2.0] Erst ab der Version 2.0 von TopSpeed Modula-2 verfügbar.

Alt U[2.0]	Ruft das Menü *Utilities* auf
Alt V[2.0]	Ruft den Debugger (*VID*) auf
Alt W[2.0]	Ermöglicht das Verändern von Fenster-Parametern (entspricht der Taste *ScrollLock*)
Alt X	Verläßt die Entwicklungsumgebung von TopSpeed Modula-2; es besteht die Möglichkeit, noch nicht gesicherte Dateien zu speichern

2.0 Erst ab der Version 2.0 von TopSpeed Modula-2 verfügbar.

Anhang D
Projekte (ab Version 2.0)

Unter einem Projekt wird ein Programm verstanden, das aus vielen Modulen bestehen kann (siehe *MODULE*, *DEFINITION* und *IMPLEMENTATION* im lexikalischen Teil) und schlußendlich zu einer einzigen Anwendung (normalerweise zu einer *.EXE*-Datei) zusammengebunden wird (mit Hilfe von *Make*, siehe Anhang B.2).

Der Compiler und die Make-Funktion benötigen vor dem Start den Namen des aktuellen Projektes, da die allgemeinen Einstellungen (z.B. Speichermodell) eines Projektes die Code-Generierung beeinflussen. Diese Daten werden in einer *.PRJ*-Datei gespeichert und können innerhalb der Entwicklungsumgebung mit Hilfe des Menüs *Project* festgelegt werden (siehe auch Anhang B.2). Den einzelnen Menüpunkten von *Project* kommen folgende Bedeutungen zu:

New project Ermöglicht die Eingabe eines Projekt-Namens (entspricht in der Regel dem Namen des Haupt-Moduls)

Edit project file Öffnet das Editor-Fenster 9 und ermöglicht das Verändern der aktuellen Projekt-Datei (*.PRJ*)

File type Mit Hilfe dieses Menüpunktes kann der zu erzeugende Dateityp festgelegt werden (siehe *Dateitypen* weiter unten)

Memory models Ermöglicht das Festlegen eines Speichermodelles (siehe *Speichermodelle* weiter unten)

Link options Legt die Optionen des Linkers fest (siehe *Project, Link options* im Anhang B.2)

Dateitypen

Mit Hilfe des Menüpunktes *Project, File type* kann festgelegt werden, welchen Dateityp die Make-Funktion erzeugen soll (normalerweise wird eine *.EXE*-Datei erstellt):

DOS DLL Erzeugt *MS-DOS*-Bibliotheken (engl. *libraries*), die erst zur Laufzeit in ein Programm eingebunden werden (es entstehen *.DLL*-Dateien; *DLL* steht für *DOS Link Libraries*)

DOS EXE Erzeugt eine unter *MS-DOS* ausführbare Programm-Datei (*.EXE*)

DynaEXE Erzeugt eine unter MS-DOS ausführbare Programm-Datei, die erst zur Laufzeit die notwendigen Bibliotheken (*.DLL*-Dateien) einbindet

Library Erzeugt Bibliotheken (*.LIB*-Dateien), die viele Module enthalten können

OS2 DLL Erzeugt *OS/2*-Bibliotheken, die erst zur Laufzeit in ein Programm eingebunden werden

OS2 EXE Erzeugt eine unter *OS/2* ausführbare Programm-Datei

WinDLL Erzeugt *Microsoft Windows*-Bibliotheken, die erst zur Laufzeit in ein Programm eingebunden werden

WinEXE Erzeugt eine unter *Microsoft Windows* ausführbare Programm-Datei

Bitte beachten Sie, daß Sie das Zusatzprodukt *TechKit* benötigen, wenn Sie die Datei-Typen *WinEXE*, *WinDLL*, *DOS DLL* und *DynaEXE* erzeugen wollen. Die Datei-Typen *OS2 EXE* und *OS2 DLL* sind nur in der OS/2-Version von TopSpeed Modula-2 möglich.

Speichermodelle

TopSpeed Modula-2 stellt eine Vielzahl von Speichermodellen zur Verfügung, wobei das Speichermodell *Small* standardmäßig gewählt wird. Jedes Speichermodell besitzt seine eigene *.LIB*-Datei, die alle verfügbaren Prozeduren und Funktionen enthält (wenn eine *.LIB*-Datei fehlt, kann das entsprechende Speichermodell nicht verwendet werden).

Bitte beachten Sie, daß bei der Installation von TopSpeed Modula-2 (mit dem Programm *INSTALL.EXE*) angegeben werden muß, welche Speichermodelle Sie zu einem späteren Zeitpunkt benützen wollen. Folgende Speichermodelle sind verfügbar:

	Small	Compact	Medium	Large	XLarge	MThread
Far calls	Off	Off	On	On	On	On
Large data	Off	On	Off	On	On	On
Double word pointers	Off	Off	On	On	On	On
Global threshold	64K	32K	64K	32K	64K	64K
JPI calling convention	On	On	On	On	On	On
Multi-thread	Off	Off	Off	Off	Off	Off
Library id	S	C	M	L	X	MT

Den einzelnen oben aufgeführten Optionen kommen folgende Bedeutungen zu:

Far calls Legt die Größe des Codesegments fest; falls *ON*, wird eine Prozedur oder Funktion mit einem weiten (*far*) Sprung aufgerufen; das Codesegment kann in diesem Fall maximal 1 MByte Speicher umfassen (wenn *OFF*, ist das Codesegment auf 64 KBytes beschränkt, und

	die Routinen werden mit einem nahen (*near*) Sprung aufgerufen).
Large data	Legt die Größe des Datensegmentes fest; falls *ON*, können Daten bis zu 1 MByte Speicher belegen (andernfalls nur 64 KBytes)
Double word pointers	Falls *ON*, entspricht ein Zeiger einer 32-Bit-Adresse (andernfalls einer 16-Bit-Adresse)
Global threshold	Dieser Wert legt fest, ab welcher Größe (in Bytes) eine Variable oder Konstante in einem eigenen Segment plaziert werden soll
JPI calling convention	Regelt die Parameter-Übergabe bei Prozeduren und Funktionen (siehe *Aufrufskonventionen* unten)
Multi-thread	Falls *ON*, kann das Modul *Process* in einem Programm verwendet werden
Library id	Legt den Kurznamen (die Identität) einer Bibliothek (*.LIB*-Datei) fest; dieser kann maximal 3 Zeichen umfassen und wird von der Make-Funktion benötigt

Jedes Speichermodell organisiert den Arbeitsspeicher (RAM) auf seine Weise. Unter dem Speichermodell *Small* läuft ein Programm am schnellsten, dafür kann der Code nicht besonders umfangreich werden. Bei den Speichermodellen *XLarge* und *MThread* wird auf eine maximale Geschwindigkeit verzichtet, um in der Code-Größe nicht beschränkt zu sein.

Speichermodell *Small*

- Dieses Speichermodell verfügt über je ein Code- und Datensegment, die maximal 64 KBytes Speicher umfassen können. Der Stack und der Heap (siehe auch Modul *ShtHeap*) werden dabei im Datensegment plaziert.
- Variablen und Konstanten, die mehr Bytes als die Grenz-Größe (siehe *Global threshold* oben) umfassen, sind nicht erlaubt.

```
(höchste Adresse)

FAR HEAP                          (restlicher Speicherplatz)
STACK                             <—— SP-Register wächst gegen den HEAP
HEAP
_BSS Klasse DATA
(uninitialisierte Daten)
DGROUP
...
```

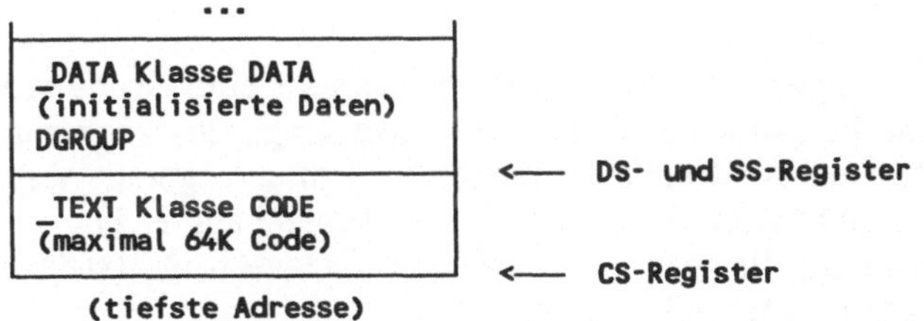

Speichermodell *Compact*

- Einzelne Variablen oder Konstanten dürfen eine Größe von 64 KBytes nicht überschreiten.
- Die Variablen und Konstanten, die die Grenz-Größe (siehe *Global threshold* oben) nicht überschreiten, werden im Segment *DGROUP* plaziert und dürfen zusammen nicht größer als 64 KBytes sein; der *HEAP* wird nur bei Bedarf erzeugt (siehe Modul *ShtHeap*) und wird im Segment *DGROUP* plaziert.
- Die Variablen oder Konstanten, die die Grenz-Größe überschreiten, werden in einem eigenen Segment plaziert.
- Dieses Speichermodell verfügt über ein einziges Codesegment, das maximal 64 KBytes Speicher umfassen darf.

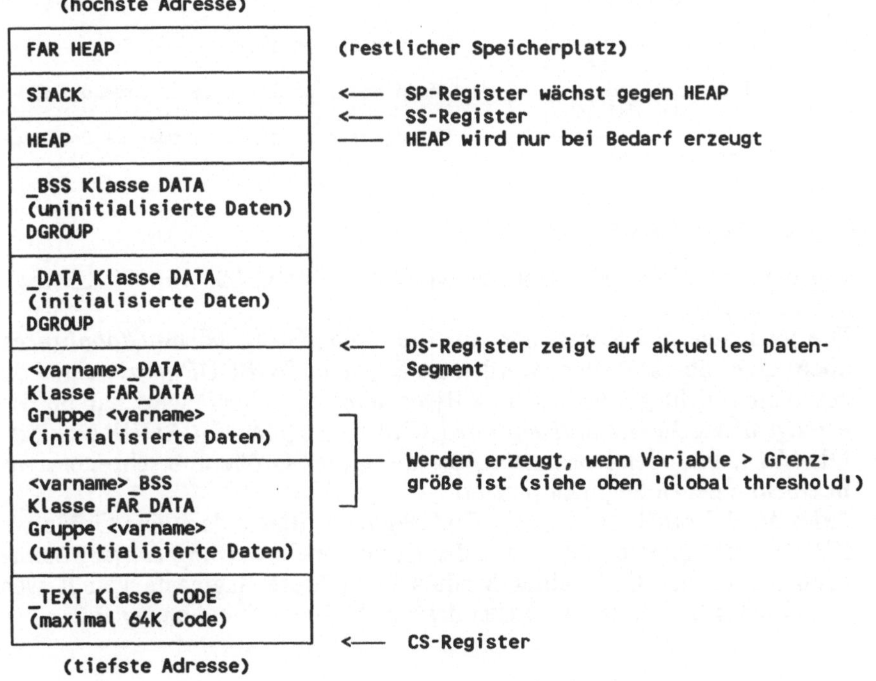

Speichermodell *Medium*

- Jedes Modul erhält ein eigenes Codesegment; dieses darf eine Größe von 64 KBytes nicht überschreiten (mit der Compiler-Anweisung *call(seg_name ...)* kann jedoch der Code eines Moduls in mehrere Segmente geteilt werden, wobei jedes 64 KBytes umfassen darf; siehe hierzu im Anhang E.2).
- Variablen und Konstanten, die mehr Bytes als die Grenz-Größe (siehe *Global threshold* oben) umfassen, sind nicht erlaubt.
- Das Datensegment kann eine Größe von 64 KBytes nicht überschreiten und enthält neben den globalen Variablen und Konstanten auch den Stack und Heap (siehe hierzu das Modul *ShtHeap*).

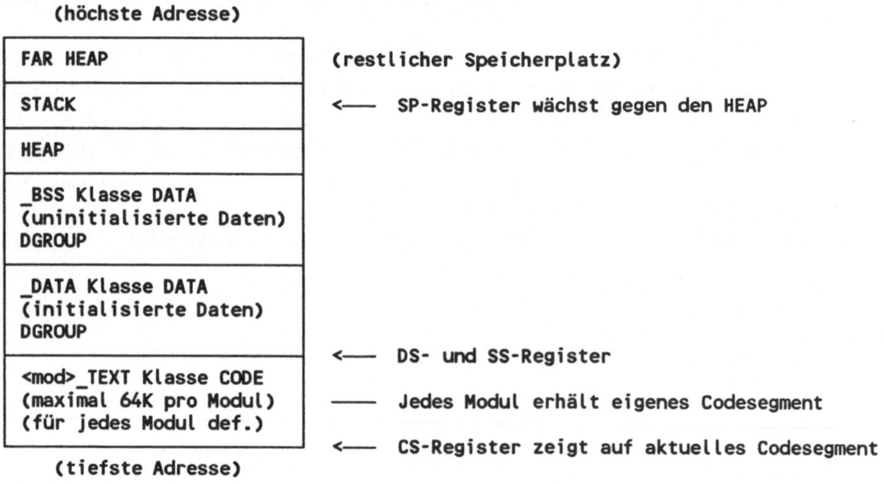

```
        (höchste Adresse)
 ______________________________
| FAR HEAP                     |   (restlicher Speicherplatz)
|______________________________|
| STACK                        |   <—— SP-Register wächst gegen den HEAP
|______________________________|
| HEAP                         |
|______________________________|
| _BSS Klasse DATA             |
| (uninitialisierte Daten)     |
| DGROUP                       |
|______________________________|
| _DATA Klasse DATA            |
| (initialisierte Daten)       |
| DGROUP                       |
|______________________________|   <—— DS- und SS-Register
| <mod>_TEXT Klasse CODE       |
| (maximal 64K pro Modul)      |   ——  Jedes Modul erhält eigenes Codesegment
| (für jedes Modul def.)       |
|______________________________|   <—— CS-Register zeigt auf aktuelles Codesegment
        (tiefste Adresse)
```

Speichermodell *Large*

- Einzelne Variablen oder Konstanten dürfen eine Größe von 64 KBytes nicht überschreiten.
- Die Variablen und Konstanten, die die Grenz-Größe (siehe *Global threshold* oben) nicht überschreiten, werden im Segment *DGROUP* plaziert und dürfen zusammen nicht größer als 64 KBytes sein; der *HEAP* wird nur bei Bedarf erzeugt (siehe Modul *ShtHeap*) und wird im Segment *DGROUP* plaziert.
- Die Variablen oder Konstanten, die die Grenz-Größe überschreiten, werden in einem eigenen Segment plaziert.
- Jedes Modul erhält ein eigenes Codesegment; dieses darf eine Größe von 64 KBytes nicht überschreiten (mit der Compiler-Anweisung *call(seg_name ...)* kann jedoch der Code eines Moduls in mehrere Segmente geteilt werden, wobei jedes 64 KBytes umfassen darf; siehe hierzu im Anhang E.2).

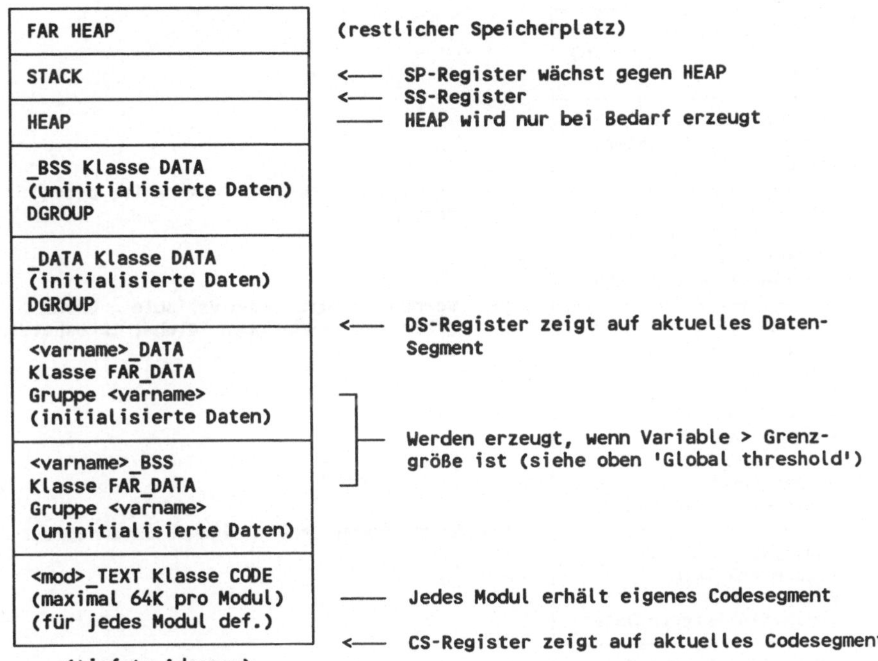

Speichermodell *XLarge*

- Die Variablen und Konstanten eines Moduls, die die Grenz-Größe (siehe *Global threshold* oben) nicht überschreiten, werden in einem eigenen Segment plaziert und dürfen zusammen nicht größer als 64 KBytes sein.
- Die Variablen oder Konstanten, die die Grenz-Größe überschreiten, werden in einem eigenen Segment plaziert.
- Der *HEAP* wird (siehe Modul *ShtHeap*) nur bei Bedarf erzeugt und im Standard-Datensegment (*DGROUP*) plaziert.
- Jedes Modul erhält ein eigenes Codesegment; dieses darf eine Größe von 64 KBytes nicht überschreiten (mit der Compiler-Anweisung *call(seg_name ...)* kann jedoch der Code eines Moduls in mehrere Segmente geteilt werden, wobei jedes 64 KBytes umfassen darf; siehe hierzu im Anhang E.2).

```
       (höchste Adresse)

 ┌──────────────────────────┐
 │ FAR HEAP                 │   (restlicher Speicherplatz)
 ├──────────────────────────┤
 │ STACK                    │   <——  SP-Register wächst gegen HEAP
 ├──────────────────────────┤   <——  SS-Register
 │ HEAP                     │   ———  HEAP wird nur bei Bedarf erzeugt
 ├──────────────────────────┤
             ...
```

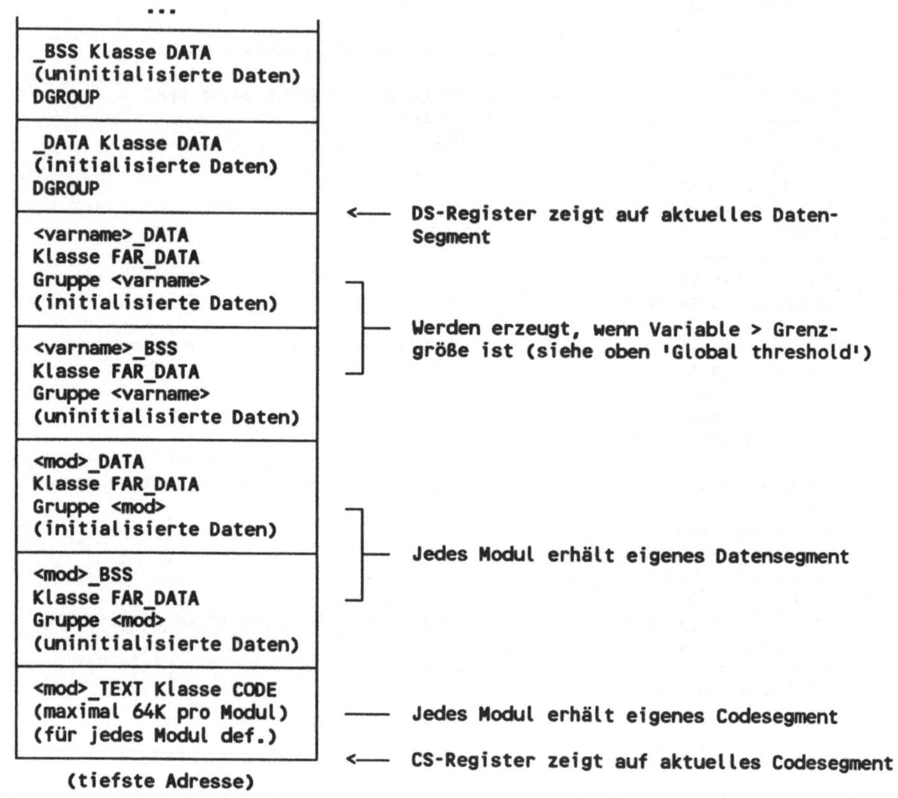

Speichermodell *MThread*

Das Speichermodell *MThread* entspricht in der Speicherorganisation dem Modell *XLarge*, die Routinen der *.LIB*-Datei sind jedoch reentrant. Verwenden Sie dieses Speichermodell, wenn Sie die Routinen des Moduls *Process* einsetzen möchten.

Aufrufskonventionen

Die Parameter-Übergabe bei Prozeduren und Funktionen wird in den einzelnen Programmiersprachen nicht auf dieselbe Art gelöst. Dies hat normalerweise zur Folge, daß die Module (oder *.OBJ*-Dateien) der verschiedenen Programmiersprachen nicht ohne weiteres ausgetauscht werden können. TopSpeed Modula-2 ermöglicht es jedoch mit Hilfe der Compiler-Anweisungen, die standardmäßig verwendete Parameterübergabe so zu verändern, daß die Module vieler Programmiersprachen verwendet werden können. Beachten Sie besonders folgende Compiler-Anweisungen im Anhang E.2:

```
call(c_conv => on|off)
call(reg_param => <register-liste>)
call(reg_return => <register-liste>)
call(reg_saved => <register-liste>)
call(result_optional => on|off)
call(var_arg => on|off)
call(windows => on|off)
```

Für weitere Betrachtungen wollen wir den Kopf folgender Prozedur *TestProc* definieren:

```
PROCEDURE TestProc(a,b,c:CARDINAL);
```

Wenn *TestProc* in einem Programm aufgerufen wird, müssen die Werte der Parameter *a*, *b* und *c* der Prozedur *TestProc* übergeben werden. Hierbei stellen sich folgende Fragen:

1) In welcher Reihenfolge werden die Werte übergeben?
2) Werden die Parameter mit Hilfe eines Stacks oder der CPU-Register übergeben?
3) Wer sorgt dafür (die Prozedur *TestProc* oder das aufrufende Programm), daß der Stack nach der Prozedur-Ausführung wieder leer ist (daß die Parameter wieder vom Stack entfernt werden)?

Standard C	▪ Die Prozedur-Parameter werden auf den Stack gebracht, der letzte Parameter zuerst (*c*, *b*, *a*) ▪ Der Stack wird nach dem Prozedur-Ende vom Aufrufer bereinigt
Pascal	▪ Die Prozedur-Parameter werden auf den Stack gebracht, der erste Parameter zuerst (*a*, *b*, *c*) ▪ Der Stack wird von der aufgerufenen Prozedur selbst bereinigt
JPI*	▪ Die Prozedur-Parameter werden wenn möglich mit Hilfe der CPU-Register übergeben; falls diese nicht ausreichen, werden die verbleibenden Parameter auf den Stack gebracht (siehe hierzu auch die Compiler-Anweisung *call(reg_param ...)* im Anhang E.2) ▪ Die Parameter werden von links nach rechts (wie bei Pascal) in die Register geschrieben bzw. auf den Stack gebracht (Reihenfolge: *a*, *b*, *c*) ▪ Der Stack wird von der aufgerufenen Prozedur am Ende selbst bereinigt

* Steht für *Jensen & Partners International* (diese Unternehmung hat TopSpeed Modula-2 entwickelt)

Anhang E.1
Compiler-Befehle und -Anweisungen (nur Version 1.x)

Compiler-Befehle und -Anweisungen teilen dem Compiler mit, wie er einen Maschinencode zu erzeugen hat. Meist handelt es sich hierbei um die Frage, ob Prüfroutinen in ein Programm eingebaut werden sollen (und somit aus Sicherheitsgründen auf maximale Geschwindigkeit zu verzichten ist) oder nicht.

Compiler-Befehle werden wie Kommentare geschrieben: Auf **(*** folgen ein Dollarzeichen (**$**) und ein Großbuchstabe, der einen der Compiler-Befehle bezeichnet. Das letzte Zeichen, ein Plus (+), Minus (-) oder Gleich (=), zeigt an, ob die Eigenschaft eines Compiler-Befehls aktiviert (+) oder ausgeschaltet (-) werden soll; das Gleichheitszeichen (=) bringt den Compilerbefehl in den vorletzten Zustand.

```
(*$B-*)  (* B ausschalten                  *)
(*$R+*)  (* R aktivieren                   *)
(*$Q=*)  (* Q in ursprünglichen Zustand bringen *)
```

Es ist möglich, eine ganze Liste von Compiler-Befehlen anzugeben:

```
(*$S-,R+,I-,V-,O+*)
```

Bitte beachten Sie, daß vor und nach dem Dollarzeichen kein Leerzeichen geschrieben werden darf, da sonst der Compiler die gesetzten Befehle nicht mehr richtig erkennen würde.

Compiler-Anweisungen werden ebenfalls wie Kommentare geschrieben, jedoch nicht mit einem der Zeichen +, - oder = ein- oder ausgeschaltet. An ihre Stelle treten Zahlenwerte oder Namen, die gewisse Größen festlegen. Zu den Compiler-Anweisungen gehören die folgenden Buchstaben: **C**, **D**, **M** und **S** (für **S** existiert auch ein Compiler-Befehl).

Bitte beachten Sie, daß gewisse Compiler-Befehle auch mit Hilfe des Untermenüs *Options, Compiler* verändert werden können (diese werden jedoch von Compiler-Befehlen, die innerhalb des Quellcodes stehen, außer Kraft gesetzt).

A - Alias-Bezeichnung

Voreinstellung *(*$A+*)*; mit der Zeichenfolge ::= kann einer Variablen ein neuer Name zugeordnet werden (es wird eine "Alias-Variable" erzeugt; siehe *CONST*); falls der Compiler-Befehl **A** bei einer Variablen-Deklaration desaktiviert ist, kann eine solche Variable nicht zugleich direkt und indirekt angesprochen werden.

B - *Ctrl-Break* erlauben

Voreinstellung *(*$B+*)*; falls aktiviert, kann ein Programm mit *Ctrl-Break* abgebrochen werden. Dieser Compiler-Schalter muß im Haupt-Programm (-Modul) stehen. Mit den beiden Prozeduren *EnableBreakCheck* und *DisableBreakCheck* kann die *Ctrl-Break*-Prüfung an beliebigen Stellen ein- und ausgeschaltet werden.

Weitere Informationen zu diesem Thema erhalten Sie bei *DisableBreakCheck* im lexikalischen Teil dieses Buches.

C - CPU-Register sichern

Voreinstellung *(*$C F0*)*; diese Compiler-Anweisung legt fest, welche Register bei einem Prozedur-Aufruf auf dem Stack gesichert werden müssen, um sie beim Prozedur-Ende wieder restaurieren zu können. Die einzelnen CPU-Register werden wie folgt codiert (hexadezimale Werte):

```
AX=01   CX=02   DX=04   BX=08
DS=10   ES=20   SI=40   DI=80
```

Standardmäßig werden die Register *DS*, *ES*, *SI* und *DI* gesichert (daraus ergibt sich der Wert F0 (=10+20+40+80; alles Hex-Werte)). Das *BP*-Register wird immer auf den Stack gebracht.

D - Datensegment-Name

Diese Compiler-Anweisung definiert den Namen des Segmentes neu, in das die globalen Variablen gelegt werden sollen (standardmäßig verwendet der Compiler den Namen des Haupt-Moduls).

Bei einer Änderung des Datensegment-Namens muß die Compiler-Anweisung **D** im Haupt-Modul oder im Definitions- und Implementations-Modul vor dem reservierten Wort *MODULE* stehen; außerdem muß der neue Name mit der Zeichenfolge **D_** eingeleitet werden.

E - Volatiler varianter Records

Voreinstellung *(*$E-*)*; falls aktiviert, werden die varianten Teile eines Records solange wie möglich in den CPU-Registern gehalten, andernfalls sofort wieder in den Arbeits-Speicher kopiert (siehe auch Compiler-Befehl **W**).

G - Modulangabe in externen Namen

Voreinstellung *(*$F*)*; dieser Compiler-Befehl veranlaßt den Compiler, alle Routinen als *far* zu definieren. Dies bedeutet, daß eine solche Routine von beliebiger Stelle aus aufgerufen werden kann (siehe auch Compiler-Befehl **N**).

Routinen, die innerhalb anderer Routinen definiert werden, sind immer *near* (auch wenn Sie explizit den Compiler-Befehl **F** schreiben).

G - Modulangabe in externen Namen

Voreinstellung *(*$G+*)*; falls desaktiviert, werden den externen Namen keine Modul-Namen vorangestellt (kann zu Namenskonflikten führen).

H - Konstante Aggregate

Voreinstellung *(*$H-*)*; falls aktiviert, können konstante Aggregate (siehe *CONST*) wie initialisierte Variablen verwendet werden.

I - Index-Prüfung

Voreinstellung *(*$I-*)*; im aktivierten Zustand werden alle Indizes von Arrays geprüft und das Programm durch einen Laufzeit-Fehler abgebrochen, wenn ein Index einen unzulässigen Wert aufweist:

```
VAR
  feld:ARRAY [0..20] OF INTEGER;
BEGIN
  feld[40]:=234;  (* erzeugt normalerweise keinen Fehler *)
```

Es ist empfehlenswert, diesen Compiler-Befehl während der Entwicklungsphase eines Programmes zu aktivieren (siehe auch *Options, Compiler, Runtime checks default* im Anhang B.1).

J - Interrupt-Prozeduren

Voreinstellung *(*$J-*)*; wenn für eine Routine *(*$J+*)* gilt, wird sie mit dem Befehl *IRET* (Assembler-Befehl) verlassen; somit läßt sie sich als Interrupt-Routine verwenden (viele Anwendungen lassen sich jedoch mit *IOTRANSFER* verwirklichen, so daß dieser Compiler-Befehl nur selten zur Anwendung kommt).

K - Aufrufs-Konvention von C

Voreinstellung *(*$K-*)*; die Programmiersprache C geht mit den Parametern von Prozeduren und Funktionen anders um als Modula-2 (oder Pascal). Mit dem Compiler-Befehl **K** kann jedoch diese Umgangsform angenommen werden (nötig, wenn C- und Modula-Programme zusammengelinkt werden).

M - Codesegment-Name

Diese Compiler-Anweisung definiert den Namen des Segmentes neu, in das der Programm-Code geschrieben wird (standardmäßig verwendet der Compiler den Namen des aktuellen Moduls; jedes Bibliotheks-Modul erhält sein eigenes Code-Segment, das eine Größe von 64 KBytes nicht überschreiten darf).

Bei einer Änderung des Codesegment-Namens muß die Compiler-Anweisung **M** vor dem reservierten Wort *MODULE* stehen; außerdem muß der neue Name mit der Zeichenfolge **C_** eingeleitet werden.

N - *Near*-Aufruf

Voreinstellung *(*$F*)*, siehe auch Compiler-Befehl **F**; dieser Compiler-Befehl veranlaßt den Compiler, alle Prozeduren und Funktion als *near* zu definieren. Dies bedeutet, daß diese Routinen nur innerhalb eines einzigen Segmentes (64 KBytes) aufgerufen werden können (jedes Modul liegt in einem separaten Segment). Der Compiler-Befehl **N** gilt solange, bis der Compiler-Befehl **F** geschrieben wird.

Routinen, die innerhalb anderer Routinen definiert werden, sind immer *near* (auch wenn Sie explizit den Compiler-Befehl **F** schreiben).

O - Überlauf-Prüfung (bei ganzen Zahlen)

Voreinstellung *(*$O-*)*; wenn aktiviert, werden arithmetische Überläufe bei ganzen Zahlen (alle Integer- und Cardinal-Typen) durch einen Laufzeit-Fehler signalisiert (für reelle Zahlen siehe *FloatExc*).

Es ist empfehlenswert, diesen Compiler-Befehl während der Entwicklungsphase eines Programmes zu aktivieren (siehe auch *Options, Compiler, Runtime checks default* im Anhang B.1).

P - Generieren externer Namen

Voreinstellung *(*$P-*)*; falls dieser Compiler-Befehl aktiviert wird, werden für lokale Prozeduren (sie sind beispielsweise innerhalb von Prozeduren definiert) externe Namen erzeugt. Diese Namenserweiterung kann einerseits das Arbeiten mit einem Debugger erleichtern, andererseits aber auch zu Namenskonflikten führen (mehrere identische Prozedur-Namen).

Q - Tracing von Prozeduren

Voreinstellung *(*$Q-*)*; alle Routinen, für die der Compiler-Befehl *(*$Q+*)* gilt, werden speziell behandelt, sobald das Modul *ProcTrace* importiert wird (siehe *Install* im lexikalischen Teil dieses Buches).

R - Teilbereichs- und Aufzähltypen

Voreinstellung *(*$R-*)*; bei aktivierter Schalterstellung wird ein Programm durch einen Laufzeit-Fehler unterbrochen, wenn versucht wird, einer Variablen einen Wert zuzuordnen, der nicht im definierten Bereich liegt:

```
TYPE
  bewertung=(ausgezeichnet,gut,genuegend,naja);  (* Aufzähl-Typ *)
```

```
VAR
  klein:[0..10];        (* Teilbereichs-Variable *)
  noten:bewertung;
BEGIN
  klein:=20;              (* Diese beiden Zeilen erzeugen ... *)
  noten:=bewertung(7);  (* ... normalerweise keinen Fehler  *)
```

Es ist empfehlenswert, diesen Compiler-Befehl während der Entwicklungsphase eines Programmes zu aktivieren (siehe auch *Options, Compiler, Runtime checks default* im Anhang B.1).

S - Stackgröße

Voreinstellung *($S 4000*)*; ermöglicht das Festlegen der Stackgröße (in Bytes) und muß im Hauptmodul stehen. Folgende Compiler-Anweisung definiert einen Stack von 32 KBytes:

```
(*$S 8000*)  (* 32 KBytes, denn 8000 ist ein Hex-Wert *)
```

Der Stack kann eine Größe von *0FFFFH* Bytes (65535 Bytes) nicht überschreiten. Bitte beachten Sie, daß TopSpeed Modula-2 auch den Compiler-Befehl mit dem Buchstaben S kennt (siehe folgende Beschreibung).

S - Stacküberlauf-Prüfung

Voreinstellung *(*$S-*)*; bei aktiver Schalterstellung wird ein Laufzeitfehler gemeldet, wenn versucht wird, auf dem vollen Stack weitere Werte abzulegen. Der Stack enthält beispielsweise Rücksprung-Adressen von Prozeduren und die Inhalte lokaler Variablen oder Prozedur-Parametern (siehe auch Compiler-Anweisung S (*Stackgröße*)). Die Standard-Größe des Stacks beträgt 16 KBytes.

Es ist empfehlenswert, diesen Compiler-Befehl während der Entwicklungsphase eines Programmes zu aktivieren (siehe auch *Options, Compiler, Runtime checks default* im Anhang B.1).

V - Kopieren von offenen Arrays

Voreinstellung *(*$V+*)*; offene Arrays werden normalerweise auf den Stack kopiert, wenn es sich **nicht** um Variablen-Parameter handelt (Variablen-Parametern wird das reservierte Wort *VAR* vorangestellt):

```
PROCEDURE WriteUpper(txt:ARRAY OF CHAR);  (* <txt> wird auf Stack kopiert *)
```

Bei der Desaktivierung des Compiler-Befehls **V** bleibt dieser einleitende Kopiervorgang beim Prozedur-Eintritt aus (Geschwindigkeit einer Routine wird gesteigert, denn ein offener Array kann ja maximal 64 KBytes umfassen); dies hat jedoch zur Folge, daß innerhalb der Prozedur direkt auf die Originaldaten zugegriffen werden kann. Aus diesem Grund dürfen die Daten eines solchen offenen Arrays keinenfalls verändert werden, da sonst auch die Original-Daten verändert würden (unerwünschter Schatteneffekt).

Es ist sicherlich kein guter Programmier-Stil, wenn ein Variablen-Parameter durch einen Wert-Parameter und den Compiler-Befehl **V** ersetzt wird:

```
PROCEDURE Upper1(VAR txt:ARRAY OF CHAR);  (* richtig *)
VAR
  i:CARDINAL;
BEGIN
  FOR i:=0 TO HIGH(txt) DO txt[i]:=CAP(txt[i]) END
END Upper1;

(*$V+*)
PROCEDURE Upper2(txt:ARRAY OF CHAR);  (* Nicht so! *)
VAR
  i:CARDINAL;
BEGIN
  FOR i:=0 TO HIGH(txt) DO txt[i]:=CAP(txt[i]) END
END Upper2;
(*$V-*)
```

Obwohl die beiden Prozeduren *Upper1* und *Upper2* dasselbe tun (sie wandeln die Kleinbuchstaben einer Zeichenkette in Großbuchstaben um), ist die Art des Parameters (Variablen-Parameter oder Wert-Parameter?) von *Upper2* nicht sofort erkennbar, da sie von einem Compiler-Befehl abhängt (der auch irgenwo weiter oben im Programm-Text stehen könnte). Und was geschieht eigentlich, wenn Sie *Upper2* mit einem konstanten Wert aufrufen (z.B. *Upper2('test');*)? Ja, auch konstante Werte werden verändert:

```
MODULE Test;
IMPORT
  IO;

(*$V-*)
  PROCEDURE Upper(s:ARRAY OF CHAR);
  VAR
    i:CARDINAL;
  BEGIN
    FOR i:=0 TO HIGH(s) DO s[i]:=CAP(s[i]) END
  END Upper;
(*$V+*)

CONST
  txt='Wie kommt es denn?';
```

```
BEGIN
  IO.WrStr(txt); IO.WrLn;
  Upper(txt);  (* Verändert den konstanten Wert! *)
  IO.WrStr(txt); IO.WrLn
END Test.
```

Empfehlung: Wenn Sie den Compiler-Befehl **V** verwenden, ist es empfehlenswert, sich aus Sicherheitsgründen an folgende Regeln zu halten (nur relevant, wenn die offenen Arrays Werte-Parameter sind):

- Das Ausschalten des Kopiervorganges bei offenen Arrays sollte bei jedem Routine-Ende wieder rückgängig gemacht werden (umschließen Sie also bei Bedarf eine Routine mit den Compiler-Befehlen *(*$V-*)* und *(*$V+*)*).
- Offene Arrays, für die *(*$V-*)* gilt, sollten innerhalb der Routine nicht verändert werden.

W - Volatile Variablen

Voreinstellung *(*$W-*)*; TopSpeed Modula-2 versucht, eine Variable solange wie möglich in einem CPU-Register zu halten. Ist dies nicht erwünscht, kann mit dem Compiler-Befehl *(*$W+*)* der Compiler gezwungen werden, eine Variable sofort wieder in den Arbeits-Speicher zu schreiben (Variablen werden volatil (flüchtig) gemacht). Alle globalen Variablen, die zur Kommunikation zwischen parallelen Prozessen eingesetzt werden, sollten volatil sein; ebenso ist es beim Einsatz eines Sourcecode-Debuggers empfehlenswert, mit volantilen Variablen zu arbeiten (da auf diese Weise jederzeit die aktuellen Variablen-Inhalte angezeigt werden).

```
VAR
  ch:CHAR;
(*$W+*)
  ok:BOOLEAN;  (* volatile Variable *)
(*$W-*)
  i:CARDINAL;
```

X - Stack-Erweiterung für 8087

Voreinstellung *(*$X-*)*; bei einer tiefen Verschachtelung von mathematischen Routinen kann der Stack des Coprozessors 8087 überfordert sein (er verfügt über 8 Zahlenregister). Bei aktiviertem Compiler-Befehl **X** wird in diesem Fall auf den Haupt-Stack (siehe auch Compiler-Anweisung **S**) ausgewichen.

Y - Identische variante Teile

Voreinstellung *(*$Y-*)*; falls aktiviert, können variante Teile eines Records dieselben Namen haben. Zu beachten ist jedoch, daß diese Namen identische Daten-Typen und gleiche Offset-Adressen aufweisen müssen:

```
(*$Y+*)
TYPE
  rang=(hoch,mittel,tief);
  person=RECORD
    name:ARRAY [0..20] OF CHAR;
    CASE pos:rang OF
      hoch   : lohn:LONGREAL; dienstjahre:CARDINAL;
    | mittel : lohn:LONGREAL; prokurist:BOOLEAN;
    | tief   : loehnlein:REAL; rebellisch:BOOLEAN;
    END
  END;
(*$Y-*)
```

Obiger Datentyp *person* ist bei *(*$Y-*)* nicht erlaubt, da das Datenfeld *lohn* zwei Mal vorkommt.

Z - Zeiger-Prüfung

Voreinstellung *(*$Z-*)*; im aktivierten Zustand wird ein Laufzeit-Fehler erzeugt, wenn auf den Inhalt einer Zeigervariablen zugegriffen werden soll, obwohl diese den Wert *NIL* enthält (und somit auf "nichts" zeigt):

```
IMPORT
  IO;
VAR
  i:POINTER TO INTEGER;
BEGIN
  i:=NIL;
  IO.WrInt(i^,1);  (* meldet normalerweise keinen Fehler *)
```

Es ist empfehlenswert, diesen Compiler-Befehl während der Entwicklungsphase eines Programmes zu aktivieren (siehe auch *Options, Compiler, Runtime checks default* im Anhang B.1).

Anhang E.2
Compiler-Anweisungen (ab Version 2.0)

Compiler-Anweisungen (engl. *pragma*) teilen dem Compiler mit, wie er einen Maschinencode zu generieren hat. Meist handelt es sich hierbei um die Frage, ob Prüfroutinen in ein Programm eingebaut werden sollen, ob der Programm-Code optimiert oder wie groß der Stack gewählt werden muß.

Compiler-Anweisungen werden wie Kommentare geschrieben: Auf (* folgen ein Doppenkreuz (#) und eine Anweisung, die gewisse Eigenschaften bei der Code-Erzeugung festlegt:

```
(*# call(o_a_copy => off) *)
(*# check(range => on) *)
(*# data(stack_size => 8000H) *)
```

Es ist möglich, eine ganze Liste von Compiler-Anweisungen anzugeben:

```
(*# call(o_a_copy => off), check(range => on), data(stack_size => 8000H) *)
(*# check(range => on, overflow => on, nil_ptr => on) *)
(*# save, data(volatile => on, stack_size => 8000H), check(range => on) *)
```

Anweisungs-Typen
Anweisungen vom selben Typ

Mit Hilfe der Anweisung *save* lassen sich die aktuellen Einstellungen der meisten Compiler-Anweisungen sichern und mit *restore* wieder herstellen:

```
VAR
  pu:ARRAY [0..1023] OF CHAR;
(*# save, data(volatile => on) *)
  LastChar:CHAR;
(*# restore *)
  temp:CARDINAL;
```

Bitte beachten Sie, daß die Zeichenfolge (*# kein Leerzeichen enthalten darf, da sonst eine Compiler-Anweisung nicht erkannt werden kann. Falls eine Compiler-Anweisung nicht korrekt geschrieben wird, meldet der Compiler einen Fehler.

Unter TopSpeed Modula-2 sind folgende Compiler-Anweisungs-Typen definiert:

call	Beeinflußt den Aufruf von Prozeduren und Funktionen
check	Ermöglicht das Einbinden von Prüf-Routinen, die gewisse Fehler-Quellen aufspüren sollen
data	Beeinflußt die Daten (Variablen) eines Programmes sowie die Stack- und Heap-Größe

debug	Ermöglicht das Erzeugen von Informationen für den Debugger (*VID*, in diesem Buch aus Platzgründen nicht beschrieben)
module	Legt gewisse Eigenschaften eines Moduls fest
name	Bestimmt, für welche Programmier-Sprache (oder Umgebung) die einzelnen Bezeichner gebildet werden sollen
optimize	Ermöglicht das Optimieren des Programm-Codes
restore	Stellt die zuvor mit *save* gesicherten Einstellungen wieder her
save	Sichert die aktuellen Einstellungen vieler Compiler-Anweisungen

Folgend möchte ich kurz erläutern, wie die weiter unten verwendeten Notationen der Compiler-Anweisungen zu lesen sind:

```
debug(vid => off|min|full)
optimize(x87|x287|x387 => on|off)
call(near_call => on|off)
                    └────────── Dieses Zeichen steht für "oder"

call(reg_param => <register-liste>)
data(seg_name => none|<name>)
data(heap_size => <größe>)
                  └────┴────── Diese spitzen Klammern umschließen eine Zahlen-
                               Wert, eine Register-Liste oder eine Zeichenkette
```

Somit sind folgende Compiler-Anweisungen möglich (nur eine Auswahl):

```
(*# debug(vid => min) *)
(*# optimize(x287 => on) *)
(*# call(near_call => off) *)
(*# call(reg_param => (ax,bx)) *)
(*# data(seg_name => special) *)
(*# data(seg_name => none) *)
(*# data(heap_size => 2000H) *)  (* hexadezimaler Wert *)
(*# data(heap_size => 32000) *)  (* dezimaler Wert     *)
```

Bitte beachten Sie, daß die unter der Version 1.x gültige Schreibweise für Compiler-Anweisungen auch ab der Version 2.0 beschränkt möglich ist:

```
(*$I+*)  entspricht  (*# check(index => on) *)
```

Diese Schreibweise wird in diesem Buch jedoch nicht erläutert. Einige Compiler-Optionen können auch mit Hilfe des Menü-Systems von TopSpeed Moduls-2 verändert werden (siehe Anhang B.2). Die Compiler-Anweisungen innerhalb des Quell-Textes überschreiben jedoch immer die gewählten Menü-Optionen.

call

Mit den folgenden Compiler-Anweisungen können die Prozedur-Aufrufe beeinflußt werden.

Aufrufs-Konvention von C

```
Struktur: call(c_conv => on|off)
Standard: call(c_conv => off)
```

Gewöhnlicherweise geht die Programmiersprache C mit den Parametern von Prozeduren und Funktionen anders um als die TopSpeed-Sprachen (TopSpeed Pascal, TopSpeed Modula-2, auch TopSpeed C ...), d.h. die Parameter werden von rechts nach links auf den Stack übertragen (siehe auch Anhang D). Falls die *.OBJ*-Dateien eines fremden C-Compilers in einer TopSpeed-Sprache verwendet werden sollen, muß diese Option auf *on* geschaltet werden.

Datensegment-Adresse beim Prozedur-Eintritt

```
Struktur: call(ds_entry => null|none|<name>)
Standard: call(ds_entry => null)  (für Small, Compact, Medium, Large)
          call(ds_entry => none)  (für XLarge, MThread)
```

Der Ausdruck *call(ds_entry => <name>)* bedeutet, daß das DS-Register während der Ausführung einer Prozedur oder Funktion auf das Datensegment mit dem Namen *<name>_DATA* zeigt. Falls *<name>* der Zeichenkette *null* entspricht, erhält das Datensegment den Namen *_DATA*; bei *none* schließlich ist das DS-Register nicht auf einen festen Wert festgelegt, dieses wird als allgemeines Segment-Register (wie z.B. das ES-Register) verwendet.

Inline-Code

```
Struktur: call(inline => on|off)
Standard: call(inline => off)
```

Mit Hilfe dieser Compiler-Anweisung können *Inline*-Routinen geschrieben werden (weitere Informationen hierzu erhalten Sie im lexikalischen Teil unter dem reservierten Wort *INLINE*).

Interrupt-Routine

```
Struktur: call(interrupt => on|off)
Standard: call(interrupt => off)
```

Wenn für eine Routine *call(interrupt => on)* gilt, wird sie mit dem Befehl *IRET* (Assembler-Befehl) verlassen; somit läßt sie sich als Interrupt-Routine verwenden (viele Anwendungen können jedoch bereits mit *IOTRANSFER* verwirklicht werden, so daß diese Compiler-Anweisung nur selten zur Anwendung kommt).

OS/2 IOPL

```
Struktur: call(iopl => on|off)
Standard: call(iopl => off)
```

Diese Compiler-Anweisung kann zusammen mit dem Betriebssystem OS/2 eingesetzt werden (weitere Informationen hierzu fehlen mir leider).

Erzwingen von *near*- bzw. *far*-Aufrufen

```
Struktur: call(near_call => on|off)
Standard: call(near_call => on)   (für Small, Compact)
          call(near_call => off)  (für Medium, Large, XLarge, MThread)
```

Mit Hilfe dieser Compiler-Anweisung können explizit *near*- bzw. *far*-Aufrufe bei Prozeduren und Funktionen erzwungen werden; *near*-Routinen können sich nur dann gegenseitig aufrufen, wenn sie sich im selben Segment (max. 64 KBytes) befinden (der Compiler meldet einen Fehler, wenn diese Bedingung nicht erfüllt wird).

Kopieren von offenen Arrays

```
Struktur: call(o_a_copy => on|off)
Standard: call(o_a_copy => on)
```

Offene Arrays werden normalerweise auf den Stack kopiert, wenn es sich **nicht** um Variablen-Parameter handelt (Variablen-Parametern wird das reservierte Wort *VAR* vorangestellt):

```
PROCEDURE WriteUpper(txt:ARRAY OF CHAR);  (* <txt> wird auf Stack kopiert *)
```

Bei der Desaktivierung der Compiler-Option *o_a_copy* bleibt dieser einleitende Kopiervorgang beim Prozedur-Eintritt aus (Geschwindigkeit einer Routine wird gesteigert, denn ein offener Array kann maximal 64 KBytes umfassen); dies hat jedoch zur Folge, daß innerhalb der Prozedur direkt auf die Originaldaten zugegriffen werden kann. Aus diesem Grund dürfen die Daten eines solchen offenen Arrays keinenfalls verändert werden, da sonst auch die Original-Daten verändert würden (unerwünschter Schatteneffekt).

Es ist sicherlich kein guter Programmier-Stil, wenn ein Variablen-Parameter durch einen Wert-Parameter und die Compiler-Anweisung *call(o_a_copy => off)* ersetzt wird:

```
PROCEDURE Upper1(VAR txt:ARRAY OF CHAR);  (* richtig *)
VAR
  i:CARDINAL;
```

```
BEGIN
  FOR i:=0 TO HIGH(txt) DO txt[i]:=CAP(txt[i]) END
END Upper1;

(*# save, call(o_a_copy => off) *)
PROCEDURE Upper2(txt:ARRAY OF CHAR);  (* Nicht so! *)
VAR
  i:CARDINAL;
BEGIN
  FOR i:=0 TO HIGH(txt) DO txt[i]:=CAP(txt[i]) END
END Upper2;
(*# restore *)
```

Obwohl die beiden Prozeduren *Upper1* und *Upper2* dasselbe tun (sie wandeln die Kleinbuchstaben einer Zeichenkette in Großbuchstaben um), ist die Art des Parameters (Variablen-Parameter oder Wert-Parameter?) von *Upper2* nicht sofort erkennbar, da sie von einer Compiler-Anweisung abhängt (die auch irgenwo weiter oben im Programm-Text stehen könnte). Und was geschieht eigentlich, wenn Sie *Upper2* mit einem konstanten Wert aufrufen (z.B. *Upper2('test');*)? Ja, auch konstante Werte werden verändert:

```
MODULE Test;
IMPORT
  IO;

(*# save, call(o_a_copy => off) *)
  PROCEDURE Upper(s:ARRAY OF CHAR);
  VAR
    i:CARDINAL;
  BEGIN
    FOR i:=0 TO HIGH(s) DO s[i]:=CAP(s[i]) END
  END Upper;
(*# restore *)

CONST
  txt='Wie kommt es denn?';
BEGIN
  IO.WrStr(txt); IO.WrLn;
  Upper(txt);  (* Verändert den konstanten Wert! *)
  IO.WrStr(txt); IO.WrLn
END Test.
```

Empfehlung: Wenn Sie die Compiler-Option *o_a_copy* verwenden, ist es empfehlenswert, sich aus Sicherheitsgründen an folgende Regeln zu halten (nur relevant, wenn die offenen Arrays Werte-Parameter sind):

- Das Ausschalten des Kopiervorganges bei offenen Arrays sollte bei jedem Routine-Ende wieder rückgängig gemacht werden (umschließen Sie also bei Bedarf eine Routine mit den Compiler-Anweisungen *(*# save *)* und *(*# restore *)*).

- Offene Arrays, für die *call(o_a_copy => off)* gilt, sollten innerhalb der Routine nicht verändert werden.

Größe eines offenen Arrays auf Stack übertragen

```
Struktur: call(o_a_size => on|off)
Standard: call(o_a_size => on)
```

Wenn *off*, wird die Größe eines offenen Arrays (nur bei Wert-Parametern) nicht einer Prozedur oder Funktion übergeben (d.h. nicht auf den Stack gebracht). Dies hat zur Folge, daß die Funktion *HIGH* innerhalb einer betroffenen Routine nicht verwendet werden kann (Compiler meldet Fehler). *call(o_a_size => off)* zeigt nur nur dann eine Wirkung, wenn auch *call(o_a_copy => off)* gilt.

Verwenden der CPU-Register für Parameter

```
Struktur: call(reg_param => <register-liste>)
Standard: call(reg_param => (ax,bx,cx,dx,st0,st6,st5,st4,st3))
```

TopSpeed Modula-2 versucht standardmäßig, die Parameter von Prozeduren und Funktionen aus Geschwindigkeits-Gründen in den CPU-Registern zu halten (anstatt sie auf den Stack zu bringen). Da der von anderen Compilern erzeugte Code gewöhnlicherweise die Werte von Parametern in den Stack schreibt, kann es zu Schwierigkeiten kommen, wenn dieser Code zusammen mit den TopSpeed-Compilern verwendet werden soll. Mit Hilfe der Compiler-Anweisung *call(reg_param => <register-liste>)* können diese Schwierigkeiten behoben werden. *<register-liste>* entspricht einer Liste von CPU-Registern, die beim Aufruf einer Routine für die Parameter verwendet werden sollen (die einzelnen Register sind dabei mit Kommas voneinander zu trennen, und die ganze Liste ist mit runden Klammern zu umschließen):

```
(*# call(reg_param => (ax,bx) *)  (* Register AX und BX verwenden *)
```

Obige Compiler-Anweisung bedeutet, daß die Register AX und BX für Parameter verwendet werden dürfen; falls diese Register nicht ausreichen, werden die restlichen Parameter mit Hilfe des Stacks einer Routine übergeben (die Verwendung der Register erfolgt von links nach rechts, d.h. für den ersten Parameter wird AX benutzt, für den zweiten BX). Falls die Parameter-Liste leer ist, werden alle Parameter auf den Stack übertragen:

```
(*# call(reg_param => () *)  (* alle Parameter auf Stack übertragen *)
```

Folgende Tabelle zeigt, welche Parameter-Typen in welche Register geladen werden können:

Parameter-Typ	Mögliche Register
1 Byte (a)	AX, BX, CX, DX
2 Bytes (b)	AX, BX, CX, DX, SI, DI
4 Bytes (c)	AX, BX, CX, DX, SI, DI
FarADDRESS	AX, BX, CX, DX, SI, DI (niederwertiges Wort)
	AX, BX, CX, DX, ES, DS (höherwertiges Wort)
REAL, LONGREAL	st0, st1, st2, st3, st4, st5, st6 (Coprozessor-Register)

(a) BYTE, CHAR, SHORTCARD, SHORTINT
(b) CARDINAL, INTEGER, WORD
(c) LONGCARD, LONGINT, LONGWORD

Wenn eine Adresse oder ein 4-Byte-Wert (c) nicht vollständig in den Registern untergebracht werden kann, wird automatisch der Stack für die Parameter-Übergabe verwendet.

Betrachten wir uns folgende Programm-Zeilen:

```
(*# call(reg_param => (es,si,bx,ax) *)
PROCEDURE TestProc(ch:CHAR; d:LONGCARD; p:FarADDRESS);
```

Der Parameter *ch* der Prozedur *TestProc* verwendet somit das BX-Register (da die ES- und SI-Register laut obiger Tabelle nicht erlaubt sind), *d* wird vollständig auf den Stack gebracht (da nur das SI-Register möglich ist, dieses jedoch nur 2 Bytes aufnehmen kann), *p* schließlich verwendet die beiden Register ES und SI (siehe auch *call(var_arg ...)*).

Strukturierte Datentypen (Arrays, Records) werden immer vollständig auf den Stack gebracht.

Verwenden der CPU-Register für Funktions-Werte

```
Struktur: call(reg_return => <register-liste>)
Standard: call(reg_return => (ax,dx,st0))
```

Mit dieser Compiler-Anweisung können diejenigen CPU-Register angegeben werden, die eine Funktion für die Rückgabe des Funktions-Wertes verwenden soll. Standardmäßig wird in AX ein Byte oder eine Wort zurückgegeben (Datentypen *BYTE*, *CHAR*, *SHORTCARD*, *SHORTINT* und *CARDINAL*, *INTEGER*, *WORD*), das Register-Paar DX:AX wird für 4 Bytes verwendet (*FarADDRESS*, *LONGCARD*, *LONGINT*, *LONGWORD*; das DX-Register enthält dabei das höherwertige Byte), ST0 (Coprozessor-Register) schließlich liefert *REAL*- und *LONGREAL*-Werte zurück.

Sichern von CPU-Registern

```
Struktur: call(reg_saved => <register-liste>)
Standard: call(reg_saved => (si,di,ds,st1,st2))
```

Mit Hilfe dieser Compiler-Anweisung kann festgelegt werden, welche (Co-) Prozessor-Register vor dem Aufruf einer Prozedur oder Funktion gesichert werden sollen (damit diese nach dem Ausführen der Prozedur oder Funktion wieder hergestellt werden können). Normalerweise werden die Compiler-Anweisungen *call(reg_saved ...)*, *call(c_conv ...)* und *call(reg_param ...)* miteinander verwendet, wenn eine Assembler-Routine aufgerufen werden soll.

Optionales Funktions-Ergebnis

```
Struktur: call(result_optional => on|off)
Standard: call(result_optional => off)
```

Wenn *on*, lassen sich Funktionen definieren, die innerhalb eines Programmes als Prozeduren und/oder Funktionen verwendet werden können:

```
MODULE Test;
IMPORT
  IO,Str;

(*# save, call(result_optional => on) *)
  PROCEDURE Upper(VAR s:ARRAY OF CHAR):BOOLEAN;
  VAR
    changed:BOOLEAN;
    i:CARDINAL;
  BEGIN
    changed:=FALSE;
    FOR i:=0 TO Str.Length(s) DO
      IF (s[i]>='a') AND (s[i]<='z') THEN
        s[i]:=CAP(s[i]); changed:=TRUE
      END
    END;
    RETURN changed
  END Upper;
(*# restore *)

VAR
  changed:BOOLEAN;
  s:ARRAY [0..20] OF CHAR;
BEGIN
  s:='Mittelstreifen';
  changed:=Upper(s);
  IO.WrStr('<s> wurde verändert: '); IO.WrBool(changed,1);
  Upper(s)
END Test.
```

Gleiches Datensegment

```
Struktur: call(same_ds => on|off)
Standard: call(same_ds => on)  (für Small, Compact, Medium, Large)
          call(same_ds => off) (für XLarge, MThread)
```

Wenn *on*, läßt die aufgerufene Prozedur oder Funktion das DS-Register unverändert (dies ist nur dann korrekt, wenn das DS-Register (Datensegment-Register) bereits den richtigen Wert enthält; der Compiler meldet jedoch bei Bedarf einen Fehler).

Codesegment-Name festlegen

```
Struktur: call(seg_name => null|<name>)
Standard: call(seg_name => null)              (für Small, Compact)
          call(seg_name => <modulname> )  (für Medium, Large, XLarge, MThread)
```

Mit Hilfe dieser Compiler-Anweisung kann der Name des Codesegmentes festgelegt werden. *call(seg_name => <name>)* bedeutet, daß der Compiler den Programm-Code von Prozeduren und Funktionen in das Codesegment mit dem Namen *<name>_TEXT* schreibt. *call(seg_name => null)* erzeugt ein Codesegment mit dem Namen *_TEXT* (siehe auch *Speichermodelle* im Anhang D).

Bitte beachten Sie, daß in den Speichermodellen *Medium*, *Large*, *XLarge* und *MThread* der Code jedes Moduls in ein eigenes Codesegment geschrieben wird (dem Namen *_TEXT* wird dabei der Modulname vorangestellt).

Variable Anzahl Parameter

```
Struktur: call(var_arg => on|off)
Standard: call(var_arg => off)
```

Wenn für eine Prozedur oder Funktion *call(var_arg => on)* gilt, kann diese zu einem späteren Zeitpunkt mit einer variablen Anzahl von Parametern aufgerufen werden (d.h. der Compiler unterdrückt die Fehlermeldung *Too many arguments*). Dies hat jedoch auch zur Folge, daß der Compiler von TopSpeed Modula-2 keine Typenprüfung mehr für die einzelnen Parameter durchführen kann (alle angegebenen Parameter werden automatisch auf den Stack gebracht und nicht in die CPU-Register geschrieben; siehe hierzu auch *call(reg_param ...)*).

Programm für Microsoft-Windows

```
Struktur: call(windows => on|off)
Standard: call(windows => off)
```

Wenn *on*, wird die Aufrufs-Konvention von *Microsoft Windows* aktiviert. Um jedoch Windows-Anwendungen schreiben zu können, benötigen Sie das TopSpeed-Zusatzprodukt *Techkit* sowie den *Windows Software Development Kit* von Microsoft (siehe auch Compiler-Anweisung *name(prefix ...)*).

check

Mit folgenden Compiler-Anweisungen können gewisse Prüf-Routinen in den Programm-Code eingebunden werden.

Es ist empfehlenswert, diese Compiler-Optionen während der Entwicklungsphase eines Programmes zu aktivieren (diese Optionen können auch mit Hilfe des Menü-Punktes *Options, Compiler, Modula options* ein- bzw. ausgeschaltet werden).

Index-Prüfung

```
Struktur: check(index => on|off)
Standard: check(index => off)
```

Falls *on*, werden alle Indizes von Arrays geprüft und das Programm durch einen Laufzeit-Fehler abgebrochen, wenn ein Index einen unzulässigen Wert aufweist:

```
VAR
  feld:ARRAY [0..20] OF INTEGER;
BEGIN
  feld[40]:=234;  (* erzeugt normalerweise keinen Fehler *)
```

Zeiger-Prüfung

```
Struktur: check(nil_ptr => on|off)
Standard: check(nil_ptr => off)
```

Falls *on*, wird ein Laufzeit-Fehler erzeugt, wenn auf den Inhalt einer Zeigervariablen zugegriffen werden soll, obwohl diese den Wert *NIL* enthält (und somit auf "nichts" zeigt).

Überlauf-Prüfung (bei ganzen Zahlen)

```
Struktur: check(overflow => on|off)
Standard: check(overflow => off)
```

Falls *on*, wird ein Programm durch einen Laufzeit-Fehler unterbrochen, wenn Überläufe bei ganzen Zahlen (Integer- und Cardinal-Werten) entstehen (für reelle Werte siehe *MathError* im lexikalischen Teil).

Teilbereichs-Prüfung

```
Struktur: check(range => on|off)
Standard: check(range => off)
```

Falls *on*, wird ein Laufzeit-Fehler erzeugt, wenn versucht wird, einer Variablen einen Wert zuzuordnen, der nicht im gültigen Bereich liegt:

```
TYPE
  bewertung=(ausgezeichnet,gut,genuegend,naja);  (* Aufzähl-Typ *)
VAR
  klein:[0..10];      (* Teilbereichs-Variable *)
  noten:bewertung;
BEGIN
  klein:=20;              (* Diese beiden Zeilen erzeugen ... *)
  noten:=bewertung(7);    (* ... normalerweise keinen Fehler  *)
```

Stücküberlauf-Prüfung

```
Struktur: check(stack => on|off)
Standard: check(stack => off)
```

Falls *on*, wird ein Laufzeit-Fehler gemeldet, wenn versucht wird, auf dem vollen Stack weitere Werte abzulegen. Der Stack enthält beispielsweise Rücksprung-Adressen von Prozeduren, die Inhalte lokaler Variablen oder die Werte der Prozedur-Parameter (siehe auch die Compiler-Anweisung *data(stack_size ...)*, mit der die Größe des Stacks verändert werden kann; standardmäßig beträgt die Stack-Größe 16 KBytes).

data

Mit den folgenden Compiler-Anweisungen können die Behandlung der Variablen und Konstanten sowie die Stack- und Heap-Größe beeinflußt werden.

Plazieren von Konstanten

```
Struktur: data(const_in_code => on|off)
Standard: data(const_in_code => off)
```

Wenn *on*, werden die Konstanten eines Moduls im aktuellen Codesegment (siehe auch *call(seg_name ...)*) plaziert, andernfalls im Datensegment.

Verwendung des DS-Registers bei Prozessen

```
Struktur: data(ds_dynamic => on|off)
Standard: data(ds_dynamic => off)  (für Small, Compact, Medium, Large)
          data(ds_dynamic => on)   (für XLarge, MThread)
```

Diese Compiler-Anweisung kontrolliert die Verwendung des DS-Registers (Datensegment-Register). Ein Prozeß kommuniziert mit einem anderen, indem er den Segment-Selektor für einen Meldungs-Block dem empfangenden Prozeß übergibt. Nachdem die Meldung empfangen worden ist, wird der verwendete Speicher wieder dem Betriebssystem zurückgegeben (und somit zeigt der Segment-Selektor auf einen undefinierten Block). Wenn die Compiler-Anweisung *data(ds_dynamic => on)* gilt, wird das DS-Register korrekt verwaltet.

Identisches Daten- und Stacksegment

```
Struktur: data(ds_eq_ss => on|off)
Standard: data(ds_eq_ss => on)   (für Small)
          data(ds_eq_ss => off)  (für Compact, Medium, Large, XLarge, MThread)
```

Wenn *on*, nimmt der Compiler an, daß das DS-Register (Daten) und das SS-Register (Stack) auf das selbe Segment zeigen.

Identische variante Teile

```
Struktur: data(ext_record => on|off)
Standard: data(ext_record => off)
```

Falls *on*, können variante Teile eines Records dieselben Namen haben. Zu beachten ist jedoch, daß diese Namen identische Daten-Typen und gleiche Offset-Adressen aufweisen müssen:

```
(*# save, data(ext_record => on) *)
TYPE
  rang=(hoch,mittel,tief);
  person=RECORD
    name:ARRAY [0..20] OF CHAR;
    CASE pos:rang OF
      hoch   : lohn:LONGREAL; dienstjahre:CARDINAL;
    | mittel : lohn:LONGREAL; prokurist:BOOLEAN;
    | tief   : loehnlein:REAL; rebellisch:BOOLEAN;
    END
  END;
(*# restore *)
```

Obiger Datentyp *person* ist bei *data(ext_record => off)* nicht erlaubt, da das Datenfeld *lohn* zwei Mal vorkommt.

Externe Variablen im spezifizierten Datensegment

```
Struktur: data(far_ext => on|off)
Standard: data(far_ext => off)
```

Wenn *on*, nimmt der Compiler an, daß sich externe Variablen *nicht* in demjenigen Datensegment befinden, das mit *data(seg_name ...)* definiert worden ist (diese Compiler-Anweisung ist nur sinnvoll, wenn *.OBJ*-Dateien von einem C-Compiler eingebunden werden sollen).

Heap-Größe festlegen

```
Struktur: data(heap_size => <größe>)
Standard: data(heap_size => 0FFFFH)
```

Mit Hilfe dieser Compiler-Anweisung wird die maximale Größe des kurzen Heaps festgelegt (dieser Heap kann vom Modul *ShtHeap* verwendet werden; der große Heap belegt immer den gesamten freien Speicherplatz und kann mit dem Modul *Storage* verwendet werden). Der angegebene Wert (dezimale oder hexadezimale Darstellung möglich) muß nicht unbedingt mit der wirklichen Größe des Heaps übereinstimmen, da dieser im Standard-Datensegment (*DGROUP*, max. 64 KBytes) liegt und sich den Platz mit dem Stack und den Variablen teilt (siehe auch *Speichermodelle* im Anhang D). Um einen möglichst kleinen Heap zu erzeugen, schreiben Sie bitte:

```
(*# data(heap_size => 800H) *)  (* = 2 KBytes *)
```

Kleinere Werte können zu einem Laufzeitfehler führen (der Wert 0 entspricht übrigens dem Wert 0FFFFH).

Speicherplatz von Variablen

```
Struktur: data(packed => on|off)
Standard: data(packed => off)
```

Wenn *on*, werden die Felder eines Records so platzsparend wie möglich im Speicher gehalten:

```
TYPE
  one=RECORD
    a,b:[0..31];   (* <a> und <b> benötigen je 1 Byte *)
    c,d:BOOLEAN    (* <c> und <d> benötigen je 1 Byte *)
  END;
(*# save, data(packed => on) *)
  two=RECORD
    a,b:[0..31];   (* <a> und <b> benötigen je 5 Bits *)
    c,d:BOOLEAN    (* <c> und <d> benötigen je 1 Bit  *)
  END;
(*# restore *)
```

Erzwingen von *near*- bzw. *far*-Zeigern

```
Struktur: data(near_ptr => on|off)
Standard: data(near_ptr => on)   (für Small, Medium)
          data(near_ptr => off)  (für Compact, Large, XLarge MThread)
```

Mit Hilfe dieser Compiler-Anweisung kann explizit festgelegt werden, ob ein Zeiger einer 16- (*near*) oder 32-Bit-Adresse (*far*) entspricht.

```
VAR
(*# save, data(near_ptr => on) *)
  pu1:ADDRESS;  (* 16-Bit-Adresse *)
(*# data(near_ptr => off) *)
  pu2:ADDRESS;  (* 32-Bit-Adresse *)
(*# restore *)
```

Datensegment-Name festlegen

```
Struktur: data(seg_name => null|<name>)
Standard: data(seg_name => null)          (für Small, Compact, Medium, Large)
          data(seg_name => <modulname>)   (für XLarge, MThread
```

Mit Hilfe dieser Compiler-Anweisung *(data(seg_name => <name>)* kann der Name des Datensegmentes festgelegt werden (im Datensegment werden globale Variablen und Konstanten (siehe aber auch *data(const_in_code ...)*) abgelegt). Initialisierte Daten gelangen dabei ins Segment mit dem Namen *<name>_DATA*, uninitialisierte jedoch ins Segment *<name>_BSS*. Diese beiden Segmente haben den Gruppen-Namen *<name>* und gehören zur *FAR_DATA* Klasse. Wenn ein Datenobjekt (Variable oder Konstante) größer ist als die bei den Speichermodellen angegebene Grenz-Größe (engl. *global threshold*; siehe Anhang D), wird dieses in ein separates Segment geschrieben.

Folgende Anweisung definiert die beiden Datensegmente *TEST_DATA* und *TEST_BSS*. Diese Segmente sind in der Gruppe *TEST* platziert und gehören zur Klasse *FAR_DATA*:

```
(*# data(seg_name => test) *)
```

Die Anweisung *data(seg_name => null)* bewirkt, daß die Segment-Namen *_DATA* und *_BSS* erzeugt werden. Diese gehören zur Gruppe *DATA* und zur Klasse *DGROUP*.

In den Speichermodellen *XLarge* und *MThread* erhält jedes Modul seine eigenen Datensegmente (siehe auch *Speichermodelle* im Anhang D).

Datensegment für mehrere Prozesse (OS/2)

```
Struktur: data(share_global => on|off)
Standard: data(share_global => off)
```

Diese Compiler-Anweisung ist für das Betriebssystem OS/2 gedacht. Wenn *on*, können verschiedene Programme mit Hilfe eines gemeinsamen Datensegmentes miteinander kommunizieren.

Stack im Standard-Datensegment

```
Struktur: data(ss_in_dgroup => on|off)
Standard: data(ss_in_dgroup => on)   (für Small, Medium)
          data(ss_in_dgroup => off)  (für Compact, Large, XLarge, MThread)
```

Mit dieser Compiler-Anweisung läßt sich festlegen, ob der Stack im Standard-Datensegment (*DGROUP*) erzeugt werden soll (*on*) oder nicht (*off*).

Stack-Größe festlegen

```
Struktur: data(stack_size => <größe>)
Standard: data(stack_size => 4000H)  (= 16 KBytes)
```

Diese Compiler-Anweisung ermöglicht das Festlegen der Stackgröße (in Bytes) und muß im Hauptmodul stehen. Die Stackgröße kann als dezimaler oder hexadezimaler Wert (Schreibweise von TopSpeed Modula-2 verwenden) angegeben werden (siehe auch *Speichermodelle* im Anhang D).

Der Stack kann eine Größe von *0FFFFH* Bytes (65535 Bytes) nicht überschreiten. Bitte beachten Sie, daß mit Hilfe der Compiler-Anweisung *check (stack => on)* eine Routine ins Programm aufgenommen werden kann, die prüft, ob der Stack während der Programm-Ausführung überfüllt wird.

Anzahl Bytes für Aufzähl-Typen

```
Struktur: data(var_enum_size => on|off)
Standard: data(var_enum_size => on)
```

Variablen von Aufzähl-Typen, die weniger als 256 verschiedene Werte haben, beanspruchen 1 Byte Speicherplatz. Mit *data(var_enum_size => on)* wird der Compiler dazu veranlaßt, diesen Variablen 1 Wort (2 Bytes) zur Verfügung zu stellen (im Zusammenhang mit Betriebssystem-Routinen nützlich).

Volatile Variablen

```
Struktur: data(volatile => on|off)
Standard: data(volatile => off)
```

TopSpeed Modula-2 versucht, eine Variable solange wie möglich in einem CPU-Register zu halten. Ist dies nicht erwünscht, kann mit der Compiler-Anweisung *data(volatile => on)* der Compiler gezwungen werden, eine Variable sofort wieder in den Arbeits-Speicher zu schreiben (Variablen werden volatil (flüchtig) gemacht). Alle globalen Variablen, die von Interrupt-Routinen oder zur Kommunikation zwischen parallelen Prozessen eingesetzt werden, sollten volatil sein; ebenso ist es beim Einsatz eines Sourcecode-Debuggers empfehlenswert, mit volantilen Variablen zu arbeiten (da auf diese Weise jederzeit die aktuellen Variablen-Inhalte angezeigt werden; die Compiler-Anweisung *debug(vid => full)* setzt jedoch die *volatile*-Option automatisch auf *on*).

```
VAR
  ch:CHAR;
(*# save, data(volatile => on) *)
  ok:BOOLEAN;  (* volatile Variable *)
(*# restore *)
  i:CARDINAL;
```

Volatile variante Records

```
Struktur: data(volatile_variant => on|off)
Standard: data(volatile_variant => off)
```

Falls *off*, werden die varianten Teile eines Records solange wie möglich in den CPU-Registern gehalten, andernfalls sofort wieder in den Arbeits-Speicher kopiert (weitere Informationen bei der Compiler-Anweisung *data(volatile ...)*).

debug

Folgende Compiler-Anweisungen ermöglichen das Erzeugen von Informationen für den Debugger (*VID*, in diesem Buch aus Platzgründen nicht beschrieben).

Tracing von Prozeduren und Funktionen

```
Struktur: debug(proc_trace => on|off)
Standard: debug(proc_trace => off)
```

Falls *on*, wird vor jedem Aufruf bzw. nach jedem Ende einer Prozedur oder Funktion automatisch die parameterlose Prozedur *EnterProc* bzw. *ExitProc* aufgerufen (dasselbe gilt für das Hauptprogramm); innerhalb von *EnterProc* und *ExitProc* können beliebige Routinen ausgeführt werden.

Bitte beachten Sie, daß für *EnterProc* und *ExitProc* die Option *proc_trace* auf *off* stehen muß und diese beiden Prozeduren zuoberst in einem Modul stehen oder mit Hilfe von *FROM ... IMPORT* importiert werden sollten:

```
MODULE Test;
IMPORT
  IO;

  PROCEDURE EnterProc;
  BEGIN
    IO.WrStr('--> '); IO.WrLn
  END EnterProc;

  PROCEDURE ExitProc;
  BEGIN
    IO.WrStr('<--'); IO.WrLn
  END ExitProc;
```

```
(*# debug(proc_trace => on) *)

  PROCEDURE Eins;
  BEGIN  (* hier Aufruf von <EnterProc> *)
    IO.WrStr('Proc Eins ...'); IO.WrLn
  END Eins;  (* hier Aufruf von <ExitProc> *)

  PROCEDURE Zwei;
  BEGIN  (* hier Aufruf von <EnterProc> *)
    IO.WrStr('Proc Zwei ...'); IO.WrLn
    Eins
  END Zwei;  (* hier Aufruf von <ExitProc> *)

BEGIN  (* hier Aufruf von <EnterProc> *)
  Eins;
  Zwei
END Test.  (* hier Aufruf von <ExitProc> *)
```

Informationen für Debugger generieren

```
Struktur: debug(vid => off|min|full)
Standard: debug(vid => off)
```

Mit Hilfe dieser Compiler-Anweisung können Informationen für einen Debugger erzeugt werden (*min* und *full* veranlassen, daß eine *.DBD*-Datei mit Informationen für den Debugger erzeugt wird; mit *min* können die Werte von lokalen Variablen nicht mit einem Debuggere eingesehen werden).

Um ein Programm mit dem TopSpeed VID-Debugger schrittweise beobachten zu können, müssen neben der Anweisung *debug(vid => full)* zusätzlich die Menü-Punkte *Project, Link options, Generate VID info* und *Project, Link options, Generate map* auf *ON* stehen (der Debugger (*VID*) selbst wird im Hauptmenü gestartet). Unter Umständen muß ein Programm zunächst mit *Make* compiliert und gelinkt werden, damit der Debugger seine Arbeit ausführen kann.

Der Zustand der Compiler-Anweisung *debug(vid ...)* kann auch mit Hilfe des Menü-Punktes *Options, Compiler, VID debug level* verändert werden.

Bitte beachten Sie, daß *debug(vid ...)* zuoberst in einem Haupt- oder Implementations-Modul stehen muß und innerhalb derselben Datei nicht verändert werden sollte.

module

Mit folgenden Compiler-Anweisungen können gewisse Eigenschaften eines Moduls festgelegt werden.

Modul verfügt über Implementations-Teil

```
Struktur: module(implementation => on|off)
Standard: module(implementation => on)
```

Diese Compiler-Anweisung kann in einem Definitions- oder Implementations-Modul stehen:

- **Im Definitions-Modul:** Wenn *off*, geht der Linker davon aus, daß keine *.OBJ*-Datei existiert und die im Definitions-Modul aufgeführten Routinen und Daten zu einem späteren Zeitpunkt mit einer Bibliothek (*.LIB*-Datei) importiert werden.
- **Im Implementations-Modul:** Normalerweise entspricht der Name der *.OBJ*-Datei (vom Compiler erzeugt) dem Modul-Namen. Steht *module(implementation => off)* als erste Anweisung im Implementations-Modul, erhält die *.OBJ*-Datei den Namen der Implemtations-Datei.

Modul verfügt über Initialisierungs-Teil

```
Struktur: module(init_code => on|off)
Standard: module(init_code => on)
```

Wenn *on*, wird der Initialisierungs-Teil eines Moduls, der normalerweise innerhalb eines Implementations-Moduls codifiziert ist, ausgeführt (entspricht dem Standard). *module(init_code => off)* sollte nur dann geschrieben werden, wenn Module von fremden Compilern eingebunden werden und der Linker einen Fehler meldet (*undefined symbols*).

Bitte beachten Sie, daß bei allen Modulen, die in das Modul mit der Anweisung *module(init_code => off)* eingebunden werden, diese Option auf *off* gestellt werden muß.

name

Schreibweise von externen Namen festlegen

```
Struktur: name(prefix => none|modula|c|os2_lib|windows)
Standard: name(prefix => modula)
```

Mit Hilfe dieser Compiler-Anweisung kann festgelegt werden, wie externe Namen (Prozeduren, Variablen ...) innerhalb von *.OBJ*-Dateien dargestellt werden sollen:

none	Den externen Namen wird keine Zeichenkette vorangestellt

modula	Den externen Namen wird der Modul-Name und eines der Zeichen '@' (für *near*) oder '$' (für *far*) vorangestellt
c	Den externen Namen wird ein Tiefstrich ('_') vorangestellt
os2_lib	Den externen Namen wird der Modul-Name vorangestellt
windows	Verwendet die Namens-Konvention von Microsoft Windows

optimize

Mit folgenden Compiler-Anweisungen können gewisse Optimierungs-Typen ein- bzw. ausgeschalten werden (diese Optionen können auch mit Hilfe des Menü-Punktes *Options, Compiler, Optimizations* ein- bzw. ausgeschaltet werden).

Optimieren von Variablen-Zugriffen

```
Struktur: optimize(alias => on|off)
Standard: optimize(alias => on)
```

Wenn *on*, nimmt der Compiler an, daß eine Variable innerhalb einer Prozedur nicht auch gleichzeitig indirekt mittels eines Zeigers verwendet wird (innerhalb der gleichen Prozedur).

Optimieren von Konstanten-Zugriffen

```
Struktur: optimize(const => on|off)
Standard: optimize(const => on)
```

Wenn *on*, werden regelmäßig verwendete Konstanten in den CPU-Registern gehalten (soweit möglich).

Optimieren von komplexen Berechnungen

```
Struktur: optimize(cse => on|off)
Standard: optimize(cse => on)
```

Wenn *on*, minimiert der Compiler den Aufwand für die Berechnung komplexer Ausdrücke, indem Teilresultate in den CPU-Registern gehalten werden (soweit möglich).

Wahl des Prozessors

```
Struktur: optimize(i186|i286|i386|i486 => on|off)
Standard: optimize(i186 => on)  (Prozessor 8088 oder 8086)
```

Mit dieser Compiler-Anweisung kann gewählt werden, für welchen Prozessor der Programm-Code erzeugt werden soll. Bitte beachten Sie, daß alle Prozessoren aufwärtskompatibel sind, d.h. daß beispielsweise ein 8086-Code auch auf einem 80386-Prozessor lauffähig ist.

Optimieren von Sprüngen

```
Struktur: optimize(jump => on|off)
Standard: optimize(jump => on)
```

Wenn *on*, werden Schleifen so angeordnet, daß so wenig Sprünge wie möglich notwendig sind.

Optimieren von Schleifen

```
Struktur: optimize(loop => on|off)
Standard: optimize(loop => on)
```

Wenn *on*, werden berechnete Ausdrücke innerhalb einer Schleife wenn möglich außerhalb der Schleife platziert.

Allgemeine Optimierungen

```
Struktur: optimize(peep_hole => on|off)
Standard: optimize(peep_hole => on)
```

Wenn *on*, werden verschiedene Code-Umstellungen gemacht, um auf diese Weise schnelleren und kürzeren Code zu erhalten.

Optimale Register-Zuteilung

```
Struktur: optimize(regass => on|off)
Standard: optimize(regass => on)
```

Wenn *on*, werden die CPU-Register den einzelnen Variablen so zugeordnet, daß diese so wenig wie möglich hin- und herkopiert werden müssen.

Optimieren der Ausführ-Geschwindigkeit

```
Struktur: optimize(speed => on|off)
Standard: optimize(speed => on)
```

Falls *on*, wird der Programm-Code so erzeugt, daß er möglichst schnell ausgeführt werden kann; falls *off*, wird auf eine minimale Code-Größe geachtet.

Optimieren des Stack-Zugriffs

```
Struktur: optimize(stk_frame => on|off)
Standard: optimize(stk_frame => on)
```

Falls *on*, setzt der Compiler das *BP*-Register innerhalb von Prozeduren und Funktionen nur bei Notwendigkeit. Diese Optimierung kann nur dann gemacht werden, wenn alle lokalen Variablen und Parameter einer Prozedur in den CPU-Registern Platz finden (diese Bedingung prüft der Compiler selbständig).

Wahl des mathematischen Coprozessors

```
Struktur: optimize(x87|x287|x387 => on|off)
Standard: optimize(x87 => off)  (d.h. Coprozessor wird bei Bedarf emuliert)
```

Mit dieser Compiler-Anweisung kann gewählt werden, welcher mathematische Coprozessor verwendet werden soll. Bitte beachten Sie, daß alle Coprozessoren aufwärtskompatibel sind, d.h. daß beispielsweise ein 8087-Code auch auf einem 80387-Coprozessor lauffähig ist.

restore

Herstellen von gespeicherten Einstellungen

```
Struktur: restore
```

Mit der Compiler-Anweisung *restore* können die zu einem früheren Zeitpunkt mit *save* gesicherten Compiler-Einstellungen wieder hergestellt werden.

save

Sichern der Compiler-Einstellungen

```
Struktur: save
```

Mit *save* können die aktuellen Einstellungen der meisten Compiler-Anweisungen gesichert werden (damit diese später mit *restore* wieder hergestellt werden können).

Bedingte Compilierung

TopSpeed Modula-2 erlaubt es, Programmteile unter gewissen Umständen von der Compilation auszuschließen oder bei der Compilation zu berücksichtigen (bedingte Compilierung). Hierzu werden folgende Konstrukte verwendet:

(*%T <bool_const> *) Wenn die Boolesche Konstante *bool_const* dem Wert *TRUE* entspricht, werden alle folgenden Programm-Zeilen bis zur Zeichenfolge *(*%E *)* bei der Compilation berücksichtigt.

(*%F <bool_const> *) Wenn die Boolesche Konstante *bool_const* dem Wert *FALSE* entspricht, werden alle folgenden Programm-Zeilen bis zur Zeichenfolge *(*%E *)* bei der Compilation berücksichtig.

(*%E *) Markiert das Ende einer bedingt zu compilierenden Programm-Stelle

Folgendes Programm zeigt die Verwendung der Konstrukte zur bedingten Compilierung innerhalb eines Quelltextes:

```
MODULE Test;
IMPORT
  IO;
CONST
  debug=TRUE;

  PROCEDURE EnterProc(name:ARRAY OF CHAR);
  BEGIN
    IO.WrStr('--> '); IO.WrStr(name); IO.WrLn
  END EnterProc;

  PROCEDURE ExitProc(name:ARRAY OF CHAR);
  BEGIN
    IO.WrStr('<-- '); IO.WrStr(name); IO.WrLn
  END ExitProc;

  PROCEDURE Eins;
  BEGIN
    (*%T debug *) EnterProc('Eins'); (*%E*)
    IO.WrStr('Ich bin die Prozedur <Eins> ... '); IO.WrLn;
    (*%T debug *) ExitProc('Eins'); (*%E*)
  END Eins;

  PROCEDURE Zwei;
  BEGIN
    (*%T debug *) EnterProc('Zwei'); (*%E*)
    IO.WrStr('Ich bin die Prozedur <Zwei> ... '); IO.WrLn;
```

```
    Eins;
    (*%T debug *) ExitProc('Zwei'); (*%E*)
  END Zwei;

VAR
  f:ARRAY [0..20] OF CARDINAL;
  i:CARDINAL;
BEGIN
  (*%T debug *)
    EnterProc('Hauptprogramm');
    IO.WrStr('Vor jedem Aufruf einer Prozedur wird <EnterProc>,'); IO.WrLn;
    IO.WrStr('am Ende hingegen <ExitProc> aufgerufen.'); IO.WrLn;
  (*%E*)
  Eins;
  Zwei;
  (*%T debug *) ExitProc('Hauptprogramm'); (*%E*)
END Test.
```

Folgende Booleschen Konstanten sind unter TopSpeed Modula-2 vordefiniert und lassen sich bei der bedingten Compilierung einsetzen:

_fcall — *TRUE*, wenn Prozeduren und Funktionen mit einem weiten Sprung (32-Bit-Adresse) erreicht werden (in den Speichermodellen *Medium*, *Large*, *XLarge* und *MThread* der Fall; siehe jedoch auch die Compiler-Anweisung *call(near_call ...)*)

_fdata — *TRUE*, wenn das Datensegment mehr als 64 KBytes Speicher umfaßt (in den Speichermodellen *Compact*, *Large*, *XLarge* und *MThread* der Fall)

_fptr — *TRUE*, wenn Zeiger-Adressen 32-Bits umfassen (in den Speichermodellen *Compact*, *Large*, *XLarge* und *MThread* der Fall; siehe jedoch auch die Compiler-Anweisung *data(near_ptr ...)*)

_mthread — *TRUE*, wenn das Speichermodell *MThread* gewählt wird (sonst *FALSE*); nur in diesem Speichermodell können übrigens die Routinen des Moduls *Process* verwendet werden (siehe auch *Speichermodelle* im Anhang D)

_rparam — *TRUE*, wenn die Aufrufs-Konvention bei den Prozeduren und Funktionen derjenigen von JPI entspricht (diese wird standardmäßig bei allen TopSpeed-Sprachen verwendet; weitere Informationen hierzu erhalten Sie im Anhang D).

Anhang F.1
Fehlermeldungen (nur Version 1.x)

Fehlermeldungen sind wohl die unbeliebtesten Begleiterscheinungen bei der Programmierung. Peinlich werden sie jedoch erst, wenn sie unkontrolliert in einer auf dem Software-Markt angebotenen Anwendung auftreten.

Unter TopSpeed Modula-2 können folgende Fehler-Arten während der Laufzeit eines Programmes auftreten:

I/O-Fehler	Werden von den Routinen des Moduls *FIO* ausgelöst
Kritische Fehler	Treten auf, wenn beispielsweise das Disketten-Laufwerk nicht bereit ist oder der Drucker nicht antwortet
Fatale Fehler	Brechen ein Programm ab und entstehen, wenn beispielsweise versucht wird, einen Wert durch 0 zu dividieren oder eine Array-Komponente anzusprechen, die nicht existiert

Mit Hilfe der Prozedur *Terminate* lassen sich Abbruch-Routinen installieren, die vor einem Programm-Abbruch automatisch ausgeführt werden. Meistens werden diese dazu verwendet, um offene Dateien zu schließen oder gewisse System-Eigenschaften zurückzusetzen.

I/O-Fehler

I/O-Fehler (auch *Ein-, Ausgabe-Fehler* genannt) werden von den Routinen des Moduls *FIO* ausgelöst. Sie können jedoch leicht abgefangen werden, wenn der Variablen *FIO.IOcheck* der Wert *FALSE* zugeordnet wird. In diesem Fall unterbrechen auftretende I/O-Fehler das laufende Programm nicht mehr, vielmehr lassen sich nun folgende Fehlernummern mit der Funktion *FIO.IOresult* ermitteln:

0	Es ist kein Fehler aufgetreten
1	Ungültige Funktion
2	Datei nicht gefunden
3	Suchpfad nicht gefunden
4	Zu viele Dateien offen (wenn dieser Fehler auftritt, erweitern Sie bitte die Datei *CONFIG.SYS* um die Zeile *FILES=20*)
5	Dateizugriff verweigert
6	Datei-Handler zerstört oder nicht definiert
7	Speicherkontrollblock zerstört
8	Speicher zu klein (um mit *Execute* ein Programm auszuführen)
9	Ungültige Segment-Adresse
10	Umgebung zu groß (siehe *Environment* im lexikalischen Teil)

11	Falsches Format
12	Ungültige Zugriffsart
13	Ungültige Daten
14	(reserviert)
15	Unzulässige Laufwerksnummer
16	Aktuelles Verzeichnis kann nicht gelöscht werden
17	*Rename* kann nicht ausgeführt werden (tritt auf, wenn Sie versuchen, eine Datei mit Hilfe von *Rename* von einem Laufwerk in ein anderes zu kopieren)
18	Keine weiteren Dateien gefunden
240	Diskette/Festplatte voll (hierzu existiert die Konstante *FIO.DiskFull*)

Kritische Fehler

Kritische Fehler treten immer im Zusammenhang mit den Peripherie-Geräten (Laufwerke, Drucker ...) auf und können mit Hilfe einer eigenen Interrupt-Routine abgefangen werden (siehe Beispiel und Bemerkungen bei *InterruptRegisters* im lexikalischen Teil). Folgende Fehlernummern werden von der Funktion *GetError* (siehe Beispiel bei *InterruptRegisters*) geliefert:

0	Es ist kein Fehler aufgetreten
1	Diskette ist schreibgeschützt
2	Peripheriegerät (z.B. Drucker, Laufwerk) nicht bekannt oder nicht angeschlossen
3	Laufwerk ist nicht bereit (Klappe offen)
4	Ungültiger Platten-Befehl
5	Prüfsumme beim Lesen vom Datenträger nicht korrekt
6	Ungültiger Laufwerks-Parameterkopf
7	Positionierungsfehler des Schreib-/Lesekopfes (im Zusammenhang mit der Festplatte/Diskette)
8	Unbekanntes Sektorformat
9	Diskettensektor nicht gefunden
10	Drucker ohne Papier
11	Schreibfehler beim Peripheriegerät
12	Lesefehler beim Peripheriegerät
13	Nicht definierbarer Hardware-Fehler

Fatale Fehler

Die meisten fatalen Fehler (oder Laufzeitfehler) können bereits mit Hilfe der Compiler-Befehle (siehe Anhang E.1) während des Compilierens entdeckt werden.

Falls während der Ausführung eines Programmes ein Laufzeitfehler auftritt, öffnet sich ein Fenster mit folgendem Inhalt:

```
Runtime error: ((Fehlermeldung)), Abort/Continue/Find ?
```

Durch die Eingabe einer der Buchstaben *A*, *C* oder *F* kann die Reaktion von TopSpeed Modula-2 bestimmt werden. *Abort* bricht das laufende Programm ab (Rückkehr zur Entwicklungsumgebung); *Continue* führt die Programm-Ausführung trotz Fehler fort; *Find* schließlich veranlaßt TopSpeed Modula-2, die fehlerhafte Programm-Stelle aufzusuchen (wenn die Fehler-Stelle gefunden werden soll, muß der Menüpunkt *Options, Linker, Map file* auf *ON* stehen).

Folgende Fehlermeldungen sind denkbar:

- *Arithmetic overflow*; eine Rechenoperation mit Integer- oder Cardinal-Werten führt zu einem Überlauf (siehe auch Compiler-Befehl **O** im Anhang E.1); für reelle Zahlen siehe *FloatExc*
- *Attempt to call NULLPROC*; Sie haben versucht, *NULLPROC* auszuführen
- *Dereference of nil pointer*; Sie haben versucht, den Wert einer Zeigervariablen, die auf "nichts" zeigt, zu verwenden (siehe auch Compiler-Befehl **Z** im Anhang E.1)
- *Divide by zero*; Sie haben versucht, eine Division durch 0 auszuführen (tritt nur bei Integer- und Cardinal-Werten auf; für *REAL*- und *LONGREAL*-Werte siehe *FloatExc*)
- *Enumeration value out of range*; Sie haben versucht, einer Aufzähl-Variablen einen ungültigen Wert zuzuweisen (siehe auch Compiler-Befehl **R** im Anhang E.1)
- *Index out of range*; der Index eines Arrays liegt nicht im zulässigen Bereich (siehe auch Compiler-Befehl **I** im Anhang E.1)
- *No return in function*; eine Funktion wurde ohne *RETURN*-Anweisung verlassen (der Compiler meldet jedoch bereits einen Fehler, wenn eine Funktion keine einzige *RETURN*-Anweisung enthält; siehe Beispiel im Anhang E.2)
- *Stack overflow*; der Stack kann keine weiteren Werte mehr aufnehmen; auf dem Stack werden Rücksprung-Adressen von Prozeduren und Funktionen und die Inhalte von Parametern gespeichert (siehe auch Compiler-Befehl **S** im Anhang E.1)
- *Subrange value out of range*; Sie haben versucht, einer Variablen einen Wert zuzuweisen, der nicht in einem vordefinierten Bereich liegt (siehe auch Compiler-Befehl **R** im Anhang E.1)

- *User break*; tritt auf, wenn ein laufendes Programm mit der Tastenkombination *Ctrl-Break* abgebrochen wird

Anhang F.2
Fehlermeldungen (ab Version 2.0)

Fehlermeldungen sind wohl die unbeliebtesten Begleiterscheinungen bei der Programmierung. Peinlich werden sie jedoch erst, wenn sie unkontrolliert in einer auf dem Software-Markt angebotenen Anwendung auftreten.

Unter TopSpeed Modula-2 stehen drei Möglichkeiten zur Verfügung, um Laufzeitfehler abzufangen:

1) Die Routinen der Module *FIO* und *FIOR* rufen im Fehlerfall die der prozeduralen Variablen *RunTimeError* zugeordneten Fehler-Routine auf. Wird jedoch der Variablen *IOcheck* der Wert *FALSE* übergeben, liefert die Funktion *IOresult* bei einem Fehler einen Code, der über die Fehlerart Aufschluß gibt (die Fehler-Routine wird dabei nicht mehr aufgerufen).
2) Die Routinen der Module *FIO*, *FIOR*, *Lib*, *ShtHeap*, *Storage* und *Window* rufen im Fehlerfall die der prozeduralen Variablen *RunTimeError* zugeordneten Fehler-Routine auf. Diese kann bei Bedarf durch eine eigene Routine ersetzt werden.
3) Die Routinen des Moduls *MATHLIB* rufen im Fehlerfall die der prozeduralen Variablen *MathError* zugeordneten Fehler-Routine auf. Diese kann leicht durch eine eigene ersetzt werden.

Mit Hilfe der Prozedur *Terminate* lassen sich Abbruch-Routinen installieren, die vor einem Programm-Ende automatisch ausgeführt werden. Meistens werden diese dazu verwendet, um offene Dateien zu schließen oder gewisse System-Eigenschaften zurückzusetzen.

Funktion *IOresult*

Die Routinen der Module *FIO* und *FIOR* rufen im Fehlerfall (bei einem I/O-Fehler) die der variablen *RunTimeError* zugeordneten Fehler-Routine auf (siehe weiter unten), wenn die Variable *IOcheck* den Wert *FALSE* enthält; andernfalls liefert die Funktion *IOresult* (in den Modulen *FIO* und *FIOR* definiert) bei einem Fehler einen Wert ungleich 0, ohne daß das laufende Programm unterbrochen wird. Den einzelnen Werten kommen folgende Bedeutungen zu:

0 Es ist kein Fehler aufgetreten
1 Ungültige Funktion
2 Datei nicht gefunden
3 Suchpfad nicht gefunden
4 Zu viele Dateien offen (wenn dieser Fehler auftritt, erweitern Sie bitte die Datei *CONFIG.SYS* um die Zeile *FILES=20*)
5 Dateizugriff verweigert

6	Datei-Handler zerstört oder nicht definiert
7	Speicherkontrollblock zerstört
8	Speicher zu klein (um mit *Execute* ein Programm auszuführen)
9	Ungültige Segment-Adresse
10	Umgebung zu groß (siehe *Environment* im lexikalischen Teil)
11	Falsches Format
12	Ungültige Zugriffsart
13	Ungültige Daten
14	(reserviert)
15	Unzulässige Laufwerksnummer
16	Aktuelles Verzeichnis kann nicht gelöscht werden
17	*Rename* kann nicht ausgeführt werden (tritt auf, wenn Sie versuchen, eine Datei mit Hilfe von *Rename* von einem Laufwerk in ein anderes zu kopieren)
18	Keine weiteren Dateien gefunden
19	Dateiträger ist Schreibgeschützt
20	Falsche Platteneinheit
21	Laufwerk nicht bereit
22	Ungültiges Plattenkommando
23	CRC-Fehler
24	Falsche Längenangabe
25	Fehler beim Suchen
26	Kein MS-DOS Datenträger
27	Sektor nicht gefunden
28	Papierende (Drucker)
29	Fehler beim Schreiben
30	Fehler beim Lesen
31	Allgemeiner Fehler
32	Verletzung des gemeinsamen Zugriffs
33	Verletzung des Zugriffsschutzes
34	Ungültiger Diskettenwechsel
35	Dateikontrollblock (FCB) steht nicht zur Verfügung
36..79	(reserviert)
80	Datei existiert bereits
81	(reserviert)
82	Durchführung nicht möglich
83	Fehler beim Interrupt 24H
112	Diskette/Festplatte voll (hierzu existiert die Konstante *FIO.DiskFull*)

Mit Hilfe der Routinen *OSErrorMessage* und *WrDosError* kann zu den oben aufgeführten Fehlercodes eine Meldung in englischer Sprache ermittelt bzw. geschrieben werden (der Fehlercode 112 muß jedoch in den Wert 240 umgewandelt werden, damit eine korrekte Fehlermeldung ausgegeben wird).

Falls einer der Fehler im Bereich *19..83* in einem Programm auftritt, das nicht innerhalb der Entwicklungsumgebung von TopSpeed Modula-2 gestartet worden ist, wird der Interrupt 24H ausgelöst und folgende (oder ähnliche) Fehlermeldung ausgegeben (auch dann, wenn *IOcheck* den Wert *FALSE* enthält):

```
((Fehlermeldung))
Abbruch, Wiederholen, Fortfahren?
```

Diese Programm-Unterbrechung kann mit dem Modul *Int24* (im Zusatzprodukt *TechKit* enthalten) verhindert werden.

Fehlerbehandlung mit *RunTimeError*

Einige Routinen der Module *Lib*, *ShtHeap*, *Storage* und *Window* (außerdem *FIO* und *FIOR*, wenn *FIO.IOcheck=TRUE*) rufen im Fehlerfall die der prozeduralen Variablen *RunTimeError* zugeordneten Fehler-Routine auf. Diese kann bei Bedarf durch eine eigene Routine ersetzt werden. Der Kopf einer neuen Fehler-Routine könnte wie folgt aussehen (lesen Sie bitte auch die Beschreibung im lexikalischen Teil):

```
PROCEDURE RTError(ErrAddr:LONGCARD; ErrCode:CARDINAL; Msg:ARRAY OF CHAR);
```

Der Parameter *ErrAddr* enthält die Fehlerstelle, *ErrCode* den Fehlercode und *Msg* eine Fehlermeldung in englischer Sprache. Den einzelnen Werten von *ErrCode* kommen folgende Bedeutungen zu:

Module *FIO* und *FIOR*

Falls die Variable *FIO.IOcheck* den Wert *TRUE* enthält, wird bei einem Fehler der Routinen von *FIO* und *FIOR* die der Variablen *RunTimeError* zugeordnete Fehlerbehandlungs-Routine aufgerufen. Als Fehlercodes (Parameter *ErrCode*) werden die Werte *IOresult+160* verwendet (die Werte von *IOresult* werden oben beschrieben; *163* entspricht somit *Suchpfad nicht gefunden*).

Modul *Lib*

74	Zu wenig Speicher (*ExecCmd*)
75	Parameter-Liste zu lang (*ExecCmd*)
76	Fehler beim Starten (*ExecCmd*)
210	(wenn *Lib.OSFatalError* aufgerufen)

Modul *ShtHeap*

154	Größe zu klein (*Initialize*)
155	Block zu groß (*Increase*)
156	Block zu klein (*Allocate*)
157	Nicht genügend Speicher (*Allocate*)
158	Ungültiges Argument (*Free*)
159	Heap nicht in Ordnung (*Test*)

Modul *Storage*

144	Nicht genügend Speicher (*FarHeapAllocate*)
145	Ungültiges Argument (*FarHeapDeallocate*)
146	Unzulässiger Heap (*FarHeapDeallocate*)
147	Ungültiges Argument (*FarHeapChangeAlloc*)
148	Nicht genügend Speicher (*FarAllocate* und *FarHeapChangeSize*)
137	Ungültiges Argument (*NearMakeHeap*)
138	Ungültiges Argument (*NearHeapAllocate*)
139	Ungültiges Argument (*NearHeapDeallocate*)
140	Ungültiges Argument (*NearHeapAvail*)
141	Ungültiges Argument (*NearHeapTotalAvail*)
142	Ungültiges Argument (*NearHeapChangeSize*)
143	Ungültiges Argument (*NearHeapChangeAlloc*)
149	Größe zu klein (*NearMakeHeap*)
150	Nicht genügend Speicher (*NearHeapAllocate*)
152	Nicht genügend Speicher (*NearAllocate*)

Modul *Window*

48	Ungültiges Fenster

Da das Modul *Window* die Routinen des Modul *Storage* verwendet, können auch alle Fehlercodes dieses Moduls der Fehlerbehandlungs-Routine übergeben werden.

Fehlerbehandlung mit *MathError*

Die Routinen des Moduls *MATHLIB* rufen im Fehlerfall die der prozeduralen Variablen *MathError* zugeordnete Fehler-Routine auf (die standardmässig Fehler ignoriert). Diese kann leicht durch eine eigene ersetzt werden. Der Kopf einer neuen Fehler-Routine könnte wie folgt aussehen (lesen Sie bitte auch die Beschreibung im lexikalischen Teil):

```
PROCEDURE MError(VAR e:Exception);
```

Der Datentyp *Exception* ist dabei wie folgt im Modul *MATHLIB* definiert:

```
TYPE
  StrPtr=POINTER TO ARRAY [0..15] OF CHAR;
  Exception=RECORD
    type:CARDINAL;
    Name:StrPtr;
    arg1,arg2,retval:LONGREAL;
  END;
```

Das Feld *e.type* enthält innerhalb der Fehler-Routine einen Code, der den aufgetretenen Fehler beschreibt. Folgende Werte sind möglich:

1 Parameter nicht im gültigen Bereich
2 Funktionswert kann nicht berechnet werden
3 Überlauf, d.h. zu großer bzw. zu kleiner Wert
4 Unterlauf, d.h. Wert zu nahe bei 0
5 Totaler Verlust der Genauigkeit
6 Teilweiser Verlust der Genauigkeit

Fatale Fehler

Fatale Fehler entstehen zur Laufzeit eines Programmes und bewirken immer einen Programm-Abbruch (der nicht verhindert werden kann). Die meisten fatalen Fehler lassen sich mit der Compiler-Anweisung *check* (siehe Anhang E.2) aufspüren.

Falls während der Laufzeit ein fataler Fehler auftritt, öffnet sich ein Fenster mit einer Fehlermeldung. Wenn der Menüpunkt *Project, Link options, Generate VID info* auf *ON* steht, kann TopSpeed Modula-2 bei Bedarf die fehlerhafte Stelle innerhalb des Quell-Codes aufsuchen.

Folgende Fehlermeldungen sind denkbar:

- *Arithmetic overflow*; eine Rechenoperation mit Integer- oder Cardinal-Werten führt zu einem Überlauf (siehe auch Compiler-Anweisung *check(overflow ...)* im Anhang E.2); für reelle Zahlen siehe *MathError*
- *Index out of range*; der Index eines Arrays liegt nicht im zulässigen Bereich (siehe auch Compiler-Anweisung *check(index ...)* im Anhang E.2)
- *No return value from function*; eine Funktion wurde ohne *RETURN*-Anweisung verlassen (der Compiler meldet jedoch bereits einen Fehler, wenn eine Funktion keine einzige *RETURN*-Anweisung enthält); dieser Laufzeitfehler tritt beispielsweise bei der folgenden Funktion *InStr* auf, wenn das Zeichen *ch* nicht in der Zeichenkette *s* gefunden wird:

```
PROCEDURE InStr(ch:CHAR; s:ARRAY OF CHAR):CARDINAL;
VAR
  i:CARDINAL;
BEGIN
  FOR i:=0 TO HIGH(s) DO
    IF ch=s[i] THEN RETURN i END
  END;
  (* hier sollte z.B. stehen: RETURN MAX(CARDINAL) *)
END InStr;
```

- *Null pointer dereference*; Sie haben versucht, den Wert einer Zeigervariablen, die auf "nichts" (*NIL*) zeigt, zu verwenden (siehe auch Compiler-Anweisung *check(nil_ptr ...)* im Anhang E.2)
- *NullProc called*; Sie haben versucht, *NULLPROC* auszuführen
- *Stack overflow*; der Stack kann keine weiteren Werte mehr aufnehmen; auf dem Stack werden Rücksprung-Adressen von Prozeduren und Funktionen sowie die Inhalte der Parameter gespeichert (siehe auch Compiler-Anweisung *check(stack ...)* im Anhang E.2)
- *User break*; wird von der Prozedur *UserBreak* erzeugt oder dann hervorgerufen, wenn Sie ein Programm mit *Ctrl-Break* abbrechen (siehe hierzu jedoch auch die Prozeduren *DisableBreakCheck* und *EnableBreakCheck*)
- *User error*; wird von der Prozedur *FatalError* erzeugt
- *Variable out of range*; Sie haben versucht, einer Variablen einen Wert zuzuweisen, der nicht in einem vordefinierten Bereich liegt (siehe auch Compiler-Anweisung *check(range ...)* im Anhang E.2)

Anhang G
Spezielle Zeichen im Programmtext

+ Addition, Mengenvereinigung, String-Verkettung (siehe _Str_)

- Subtraktion, Vorzeichen, Mengendifferenz

* Multiplikation, Mengendurchschnitt

/ Division, symmetrische Mengendifferenz

<< Bitweises Verschieben nach links (z.B. _c:=c<<1;_ entspricht einer Multiplikation mit 2; dieser Operator ist bei allen Integer- und Cardinal-Werten erlaubt)

>> Bitweises Verschieben nach rechts (z.B. _c:=c>>3;_ entspricht einer Division durch 8 (2 "hoch" 3); dieser Operator ist bei allen Integer- und Cardinal-Werten erlaubt)

= Gleich

<> Ungleich (auch _#_)

Ungleich (auch <>)

< Kleiner als

<= Kleiner oder gleich

> Größer als

>= Größer oder gleich

& Logischer Operator UND (entspricht _AND_)

~ Logischer Operator NICHT (entspricht _NOT_)

( ) Runde Klammern (Mathematik)

[ ] Index- und Teilbereichsklammern

{ } Mengen-Klammern

(* Beginn eines Kommentars

) Ende eines Kommentars (ein Kommentar kann an beliebiger Stelle eingefügt werden und kann sich über mehrere Zeilen erstrecken; Kommentare können außerdem beliebig tief geschachelt werden, z.B.: _(Ich bin ein (* geschachtelter *) Kommentar *)_)

:= Wertzuweisung

::= Alias-Deklaration (siehe _CONST_)

^ Inhalt von Zeigervariablen

. Dezimalpunkt bei reellen Zahlen

.. Bereichs-Symbol

| Trennstrich (siehe _CASE ... OF_)

' Umschließt eine Zeichenkette, die alle Zeichen außer ' enthalten kann

" Umschließt eine Zeichenkette, die alle Zeichen außer " enthalten kann

(*$ Compiler-Befehl oder -Anweisung einleiten (nur Version 1.x)
(*# Einleiten einer Compiler-Anweisung (ab Version 2.0)
(*% Einleiten einer Compiler-Anweisung zur bedingten Compilierung (ab Version 2.0)

B Kennzeichnet eine oktale Zahl (z.B. *123B*)
C Kennzeichnet ein Zeichen (siehe *CHAR*)
H Kennzeichnet eine hexadezimale Zahl (das erste Zeichen muß immer eine Ziffer im Bereich 0..9 sein, also *0FFH* und nicht *FFH*)

Anhang H
Prioritäten der Operatoren

Operatoren werden in vier Rangstufen (Prioritäten) aufgeteilt. Ein Operator mit niedriger Rangstufe wird bei der Berechnung vor denjenigen mit höherer Rangstufe behandelt:

Rangstufe	Operator
1	NOT (~)
2	*, /, AND (&), DIV, MOD, <<, >>
3	+, -, OR
4	=, <> (#), <, <=, >, >=, IN

Operatoren gleicher Rangstufen werden von links nach rechts abgearbeitet. Mit den runden Klammern (und) lassen sich die Prioritäten beliebig verändern, da ein Ausdruck in Klammern immer zuerst berechnet wird.

Bitte beachten Sie, daß die Booleschen Operatoren *AND* und *OR* vor den Relations-Operatoren =, <>, <, <=, >, >= behandelt werden. Dies erzwingt ein Setzen von Klammern bei verknüpften Vergleichen:

```
IF (a=5) AND (b>7) THEN ...  (* richtig *)
IF a=5 AND b>7 THEN ...      (* falsch! *)
     └─────┘
        └──── würde zuerst verknüpft werden
```

Anhang I
Tastencodes

Allen Tasten können zwei Codes zugeordnet werden; sie werden ASCII- und Scan-Code genannt. Der Scan-Code gibt über die Lage einer Taste Auskunft und bleibt bei Buchstaben-Tasten unverändert, auch wenn zusätzlich zur Taste noch eine der Umschalttasten *Shift*, *Ctrl* oder *Alt* gedrückt wird.

Falls in den unten folgenden Tabellen für eine bestimmte Taste nur ein Code angegeben ist, handelt es sich immer um den ASCII-Code. Bei zwei Codes entspricht der erste Wert dem ASCII- (er ist immer 0) und der zweite dem Scan-Code.

Die Codes der einzelnen Tasten wurden mit folgendem Programm ermittelt:

```
MODULE Tastencodes;
IMPORT
  IO;
VAR
  ch:CHAR;
BEGIN
  IO.WrStr('Dieses Programm kann mit <ESC> abgebrochen werden.');
  IO.WrLn; IO.WrLn;
  IO.WrStr('Bitte drücken Sie eine Taste ...'); IO.WrLn;
  REPEAT
    ch:=IO.RdKey();
    IF ch=0C THEN
      ch:=IO.RdKey();
      IO.WrStr('2 Codes: 0, '); IO.WrCard(CARDINAL(ch),1); IO.WrLn
    ELSE
      IO.WrStr('Code: '); IO.WrCard(CARDINAL(ch),1); IO.WrLn
    END
  UNTIL ch=CHR(27)
END Tastencodes.
```

Funktionstasten

Taste	allein	Shift	Ctrl	Alt
F1	0 59	0 84	0 94	0 104
F2	0 60	0 85	0 95	0 105
F3	0 61	0 86	0 96	0 106
F4	0 62	0 87	0 97	0 107
F5	0 63	0 88	0 98	0 108

Taste	allein	Shift	Ctrl	Alt
F6	0 64	0 89	0 99	0 109
F7	0 65	0 90	0 100	0 110
F8	0 66	0 91	0 101	0 111
F9	0 67	0 92	0 102	0 112
F10	0 68	0 93	0 103	0 113

Cursor-Steuertasten

Taste	allein	Shift	Ctrl	Alt
<-	0 75	52	0 115	4
->	0 77	54	0 116	6
Pfeil auf	0 72	56	--	8
Pfeil ab	0 80	50	--	2
Home	0 71	55	0 119	7
End	0 79	49	0 117	1
PgUp	0 73	57	0 132	9
PgDn	0 81	51	0 118	3

Sonstige Tasten

Taste	allein	Shift	Ctrl	Alt
Ins	0 82	48	--	--
Del	0 83	46	--	80
Esc	27	27	27	--
|<- (BS)	8	8	127	--
->| (Tab)	9	0 15	--	--
Return	13	13	10	--

Buchstaben-Tasten

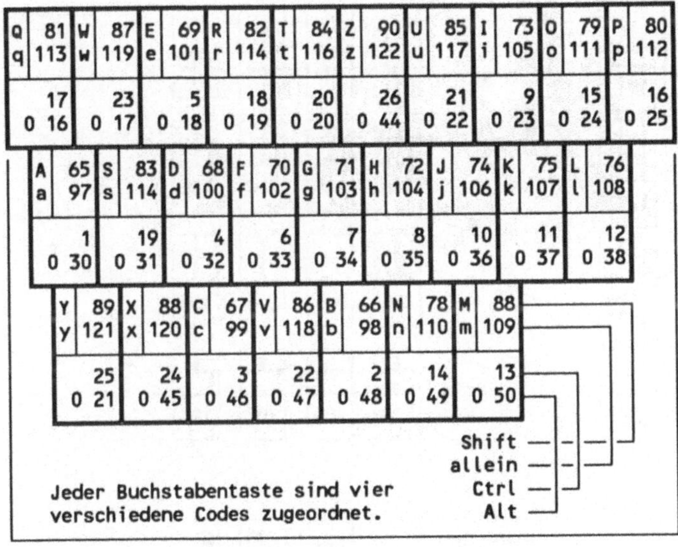

Anhang J
Graphikzeichen für Tabellen

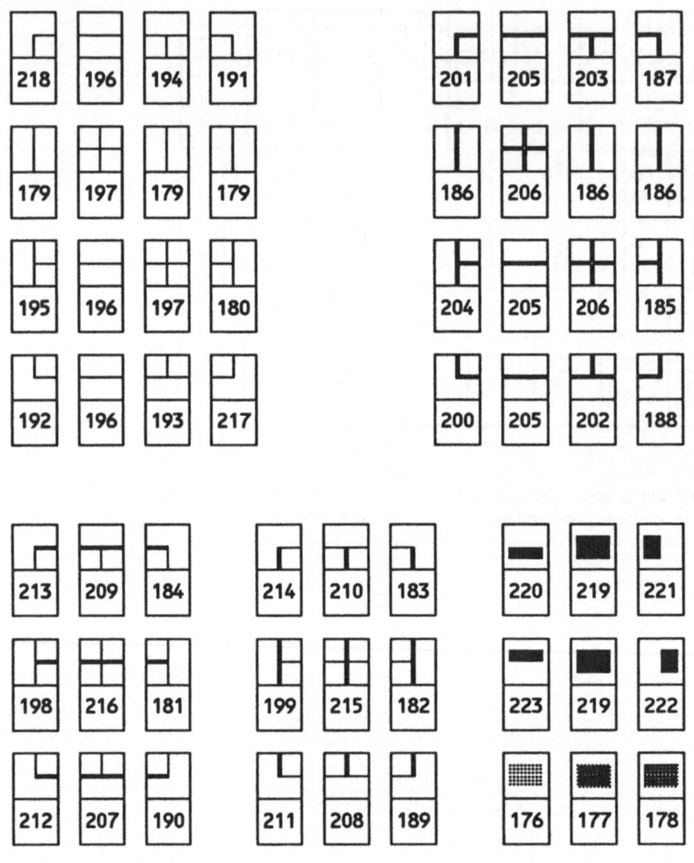

Anhang K
IBM-Zeichensatz

Dez	Hex	Oct	Zch	Dez	Hex	Oct	Zch	Dez	Hex	Oct	Zch	Dez	Hex	Oct	Zch
0	00	00	nul	32	20	40		64	40	100	@	96	60	140	`
1	01	01	soh	33	21	41	!	65	41	101	A	97	61	141	a
2	02	02	stx	34	22	42	"	66	42	102	B	98	62	142	b
3	03	03	etx	35	23	43	#	67	43	103	C	99	63	143	c
4	04	04	eot	36	24	44	$	68	44	104	D	100	64	144	d
5	05	05	enq	37	25	45	%	69	45	105	E	101	65	145	e
6	06	06	ack	38	26	46	&	70	46	106	F	102	66	146	f
7	07	07	bel	39	27	47	'	71	47	107	G	103	67	147	g
8	08	10	bs	40	28	50	(	72	48	110	H	104	68	150	h
9	09	11	ht	41	29	51	)	73	49	111	I	105	69	151	i
10	0A	12	lf	42	2A	52	*	74	4A	112	J	106	6A	152	j
11	0B	13	vt	43	2B	53	+	75	4B	113	K	107	6B	153	k
12	0C	14	ff	44	2C	54	,	76	4C	114	L	108	6C	154	l
13	0D	15	cr	45	2D	55	-	77	4D	115	M	109	6D	155	m
14	0E	16	so	46	2E	56	.	78	4E	116	N	110	6E	156	n
15	0F	17	si	47	2F	57	/	79	4F	117	O	111	6F	157	o
16	10	20	dle	48	30	60	0	80	50	120	P	112	70	160	p
17	11	21	dc1	49	31	61	1	81	51	121	Q	113	71	161	q
18	12	22	dc2	50	32	62	2	82	52	122	R	114	72	162	r
19	13	23	dc3	51	33	63	3	83	53	123	S	115	73	163	s
20	14	24	dc4	52	34	64	4	84	54	124	T	116	74	164	t
21	15	25	nak	53	35	65	5	85	55	125	U	117	75	165	u
22	16	26	syn	54	36	66	6	86	56	126	V	118	76	166	v
23	17	27	etb	55	37	67	7	87	57	127	W	119	77	167	w
24	18	30	can	56	38	70	8	88	58	130	X	120	78	170	x
25	19	31	em	57	39	71	9	89	59	131	Y	121	79	171	y
26	1A	32	sub	58	3A	72	:	90	5A	132	Z	122	7A	172	z
27	1B	33	esc	59	3B	73	;	91	5B	133	[	123	7B	173	{
28	1C	34	fs	60	3C	74	<	92	5C	134	\	124	7C	174	|
29	1D	35	gs	61	3D	75	=	93	5D	135	]	125	7D	175	}
30	1E	36	rs	62	3E	76	>	94	5E	136	^	126	7E	176	~
31	1F	37	us	63	3F	77	?	95	5F	137	_	127	7F	177	del

Die Zeichen im Bereich 0..31 und 127 (alles dezimale Werte) werden zu den Steuerzeichen gerechnet. Sie sind im Standard-Modul *ASCII* als Konstanten vordefiniert (in diesem Buch jedoch nicht aufgeführt).

Dez	Hex	Oct	Zch	Dez	Hex	Oct	Zch	Dez	Hex	Oct	Zch	Dez	Hex	Oct	Zch
128	80	200	Ç	160	A0	240	á	192	C0	300	└	224	E0	340	α
129	81	201	ü	161	A1	241	í	193	C1	301	┴	225	E1	341	ß
130	82	202	é	162	A2	242	ó	194	C2	302	┬	226	E2	342	Γ
131	83	203	â	163	A3	243	ú	195	C3	303	├	227	E3	343	π
132	84	204	ä	164	A4	244	ñ	196	C4	304	─	228	E4	344	Σ
133	85	205	à	165	A5	245	Ñ	197	C5	305	┼	229	E5	345	σ
134	86	206	å	166	A6	246	ª	198	C6	306	╞	230	E6	346	µ
135	87	207	ç	167	A7	247	º	199	C7	307	╟	231	E7	347	τ
136	88	210	ê	168	A8	250	¿	200	C8	310	╚	232	E8	350	Φ
137	89	211	ë	169	A9	251	⌐	201	C9	311	╔	233	E9	351	Θ
138	8A	212	è	170	AA	252	¬	202	CA	312	╩	234	EA	352	Ω
139	8B	213	ï	171	AB	253	½	203	CB	313	╦	235	EB	353	δ
140	8C	214	î	172	AC	254	¼	204	CC	314	╠	236	EC	354	∞
141	8D	215	ì	173	AD	255	¡	205	CD	315	═	237	ED	355	φ
142	8E	216	Ä	174	AE	256	«	206	CE	316	╬	238	EE	356	ε
143	8F	217	Å	175	AF	257	»	207	CF	317	╧	239	EF	357	∩
144	90	220	É	176	B0	260	░	208	D0	320	╨	240	F0	360	≡
145	91	221	æ	177	B1	261	▒	209	D1	321	╤	241	F1	361	±
146	92	222	Æ	178	B2	262	▓	210	D2	322	╥	242	F2	362	≥
147	93	223	ô	179	B3	263	│	211	D3	323	╙	243	F3	363	≤
148	94	224	ö	180	B4	264	┤	212	D4	324	╘	244	F4	364	⌠
149	95	225	ò	181	B5	265	╡	213	D5	325	╒	245	F5	365	⌡
150	96	226	û	182	B6	266	╢	214	D6	326	╓	246	F6	366	÷
151	97	227	ù	183	B7	267	╖	215	D7	327	╫	247	F7	367	≈
152	98	230	ÿ	184	B8	270	╕	216	D8	330	╪	248	F8	370	°
153	99	231	Ö	185	B9	271	╣	217	D9	331	┘	249	F9	371	∙
154	9A	232	Ü	186	BA	272	║	218	DA	332	┌	250	FA	372	·
155	9B	233	¢	187	BB	273	╗	219	DB	333	█	251	FB	373	√
156	9C	234	£	188	BC	274	╝	220	DC	334	▄	252	FC	374	ⁿ
157	9D	235	¥	189	BD	275	╜	221	DD	335	▌	253	FD	375	²
158	9E	236	₧	190	BE	276	╛	222	DE	336	▐	254	FE	376	■
159	9F	237	ƒ	191	BF	277	┐	223	DF	337	▀	255	FF	377	

Literaturhinweise

BLASCHEK, Günther; POMBERGER, Gustav; RITZINGER, Fritz:
Einführung in die Programmierung mit Modula-2; Springer-Verlag, Berlin
DUNCAN, Ray;
Ray Duncans neues MS-DOS für Fortgeschrittene; MICROSOFT PRESS/ Vieweg-Verlag, Wiesbaden
HEINZ, Ernst H.:
Parallele Programmierung mit Modula-2; Vieweg-Verlag, Wiesbaden
HÖFS, Wolfgang:
MS-DOS; Software-Ratgeber; Sybex-Verlag, Düsseldorf
HOGAN, Thom:
Die PC-Referenz für Programmierer; SYSTHEMA-Verlag, München
KERN, Ulrich:
Wie man in Modula-2 programmiert; Vogel-Verlag, Würzburg
LAMMERS, Susan:
Faszination Programmieren; Interviews mit neunzehn führenden PC-Programmierern; Markt & Technik, Haar bei München
LIEBETRAU, Anton:
TopSpeed Modula-2 griffbereit; Vieweg-Verlag, Wiesbaden
NORTON, Peter:
Die verborgenen Möglichkeiten des IBM PC; Hanser-Verlag, München
NORTON, Peter; SOCHA, John:
Peter Norton's Assemblerbuch; Eine meisterhafte Einführung in die Maschinensprache-Programmierung; Markt & Technik, Haar bei München
NORTON, Peter; WILTON, Richard:
Peter Nortons neues Programmierhandbuch für IBM PC und PS/2; MICROSOFT PRESS/Vieweg-Verlag, Wiesbaden
SMODE, Dieter:
Das große DOS-Profi-Arbeitsbuch; Die Interna von PC-DOS und MS-DOS; Franzis-Verlag, München
WIRTH, Niklaus:
Algorithmen und Datenstrukturen mit Modula-2; Teubner-Verlag, Stuttgart
WIRTH, Niklaus:
Programmieren in Modula-2; Springer-Verlag, Berlin
WOLVERTON, Van:
MS-DOS; MICROSOFT PRESS/Vieweg-Verlag, Wiesbaden

Nachwort

Draußen vor meinem Fenster ist es Nacht, und die letzten Betrunkenen torkeln aus dem Wirtshaus vis-à-vis, lehnen sich für kurze Zeit an die Hausmauer und überlegen scharf, in welche Richtung sie nun zu gehen haben, lachen dann laut und rufen:

»Komisch, gestern hat's hier noch ganz anders ausgesehen!«

»Tschau Karli, ich muß dann!«

»So! - Tschau Sepp!«

Karli sucht in seinen Taschen nach Zigaretten und zündet sich endlich eine an, nimmt einen tiefen Zug und seufzt zufrieden:

»Ah, diese frische Luft!«

Die Wirtin öffnet ein Fenster, beugt sich heraus, schließt die Fensterläden und ruft noch durch einen Spalt:

»Jetzt wird's aber Zeit, Karli!«

»Ja, ja, tschau Berta.«

Er schneuzt sich ausgiebig in die Hände und wischt sie an den Hosen ab, stolpert und wankt davon, singt noch ein Liedlein vom Rosenstock, seine Stimme wird immer leiser und leiser und entschwindet in der Nacht, während ich in meinem Arbeitszimmer sitze und schreibe, diese Geschichte erzähle, halb erfunden, halb wahr - zugegeben.

Manchmal nimmt die Unordnung in meinem Arbeitszimmer unvorstellbare Dimensionen an. Am Boden liegen Bücher, Probeausdrucke des Manuskriptes, Disketten, ein Schraubenzieher, und nur ein kleiner Pfad (einem Wildwechsel gleich) führt zu meinem Schreibtisch; hier tobt die Unordnung weiter: Bücherstapel, Stempelkissen, Taschenrechner, Stoppuhr, Kaffeetasse (in der noch ein Löffel im übriggebliebenen Zucker steckt), eine einzelne Wäscheklammer und meine geliebte Katze Philio mit den fast menschlichen Gesichtszügen, die sich tiefsinnig hinterm Ohr kratzt und mir bei der Arbeit zuschaut, stundenlang (denn sie ist aus Ton und in der Keramik-Werkstatt meiner Mutter geboren), ohne auch nur einen einzigen lüsternen Blick auf meine Maus zu werfen. - Manchmal fällt ein Bücherstapel um und schreibt auf der Tastatur *qxfwä ipqvwe*, dann wieder blockiert der Rechtschreibe-Duden die linke Maustaste, so daß MS-Word mir nicht mehr gehorchen will, dann wieder suche ich das Buch »Die allerletzten Geheimisse des mathematischen Coprozessors!« und finde stattdessen »Kennen Sie Klara?«; natürlich kenne ich sie nicht, und so fange ich an zu lesen und lasse die Zeit verstreichen.

An den Wänden, am Büchergestell und am Fensterrahmen kleben diese selbsthaftenden gelben Notizzettel; sie alle helfen mir bei der Arbeit und erinnern mich rechtzeitig daran, daß nur *die* Funktion das gewünschte Ergebnis in *dem* Spezialfall liefert, daß der Text in *dem* Kapitel noch wie eine heisere Lachmöve klingt oder daß ich jeweils montags und donnerstags die Blumen gießen sollte. Auf einem der Zettel steht »19^{50} Bahnhof« und ist vermutlich schon etwas veraltet, auf einem anderen sinniert eine weibliche Schrift: »Wann hast

Du eigentlich wieder Zeit für mich?« - Sie sind hübsch anzusehen, diese unzähligen gelben Zettel, und sie sind inzwischen zu einem wertvollen Stilmittel meiner Arbeitsplatz-Gestaltung geworden, gelb regt an (wie der Psychologe Etienne Grandjean in seinem Buch *Wohnphysiologie* schreibt) und erinnert mich auch bei Regenwetter an den Sonnenschein. - Mit bangem Herzen warte ich auf den Tag, an dem mein Vermieter an der Haustüre klingelt und mich wütend ermahnt, daß ich ohne seine Einwilligung meine Wände nicht schindeln darf.

Fragen Sie mich bitte nicht, wie es möglich ist, in einer solchen Unordnung zu arbeiten. Es ist mir bis zu diesem Zeitpunkt immer irgendwie gelungen, Sie sehen ja selbst ...

Sachwortverzeichnis

B

C

F

G

N

O

P

Q

R

S

T